应用数学译丛

Introduction
to Bayesian Statistics

贝叶斯统计导论

[新西兰] 威廉·M.鲍尔斯塔德 (WILLIAM M. BOLSTAD) 著
[新西兰] 詹姆斯·M.柯伦 (JAMES M. CURRAN)

陈曦 译

清华大学出版社
北 京

北京市版权局著作权合同登记号　图字：01-2021-3126

图书在版编目(CIP)数据

贝叶斯统计导论/(新西兰)威廉·M.鲍尔斯塔德(William M. Bolstad), (新西兰)詹姆斯·M.柯伦(James M. Curran)著；陈曦译.—北京：清华大学出版社，2021.5 (2023.2重印)

（应用数学译丛）

书名原文: Introduction to Bayesian Statistics

ISBN 978-7-302-57908-3

Ⅰ.①贝… Ⅱ.①威… ②詹… ③陈… Ⅲ.①贝叶斯统计量－研究 Ⅳ.①O212.8

中国版本图书馆 CIP 数据核字(2021)第 060944 号

责任编辑：刘　颖
封面设计：常雪影
责任校对：刘玉霞
责任印制：刘海龙

出版发行：清华大学出版社
　　　　网　　　址：http://www.tup.com.cn, http://www.wqbook.com
　　　　地　　　址：北京清华大学学研大厦 A 座　　　　邮　　编：100084
　　　　社 总 机：010-83470000　　　　邮　　购：010-62786544
　　　　投稿与读者服务：010-62776969, c-service@tup.tsinghua.edu.cn
　　　　质量反馈：010-62772015, zhiliang@tup.tsinghua.edu.cn
印 装 者：三河市君旺印务有限公司
经　　销：全国新华书店
开　　本：185mm×260mm　　　　印　张：28　　　　字　数：642 千字
版　　次：2021 年 7 月第 1 版　　　　印　次：2023 年 2 月第 2 次印刷
定　　价：89.90 元

产品编号：084377-01

译 者 前 言

本书与大多数关于贝叶斯统计的书不同, 它没有涉及决策论或损失函数, 而是聚焦于贝叶斯统计推断。原著从第 1 版到第 3 版, 其内容不断充实和深化, 极大地满足了读者的需求, 是关于贝叶斯统计的一本难得的教材。

贝叶斯统计推断的精髓在于后验分布。本书介绍常用分布中参数的贝叶斯定理, 选取先验和计算后验的技巧和方法。本书针对参数估计和假设检验分析比较频率论方法与贝叶斯方法, 帮助我们认清贝叶斯方法的优势。

我们可以利用贝叶斯定理由先验分布和观测数据得到后验分布, 然后将后验分布作为新的先验分布并与新的观测数据结合得到新的后验分布, 重复这个过程能让我们更深入、更准确地认识事物。因此, 贝叶斯统计的应用范围极广, 几乎遍及人类生活的方方面面。

感谢韩广泓、李紫璇、郑稀唯、刘安邦、张京辉、代发安等同学阅读译稿的部分章节并提出修改意见。感谢出版社刘颖老师等编辑的校对、修改和审订。

本书的翻译工作得到国家高速列车研发创新中心 (项目名称: 新型高效能城市轨道交通系统建模与综合智能优化) 的资助, 特此致谢!

译本中存在的错漏或不妥之处, 责任概由译者承担, 同时也恳请读者批评指正。

陈 曦

2021 年 2 月 清华大学自动化系

前　　言

　　我们写本书的初衷是要尽早地向数学背景较好的学生介绍贝叶斯统计。本书所涉及的范围与统计学入门课本相类似，只不过是从贝叶斯的观点来阐述。本书的重点是统计推断：我们想要说明如何用贝叶斯方法进行推断，贝叶斯方法为什么比频率论的方法好。本书旨在成为学习贝叶斯统计的启蒙教材。第 1 章至第 14 章包含这部分的内容。我们收到了许多读者的正面评价，相信本书的目标已经达到。

　　我们得到的反馈还表明，很多读者在开始学习本书时是处于中级水平而不是最初设想的入门水平，对这些读者来说第 2 章和第 3 章的内容有些过时，所以我们加入一些更高级的材料以迎合这个群体的需要。第 2 版在达到初始目标之余需要更进一步，我们纳入了更多的模型，主要是单变量模型。我们还用近似法处理冗余参数，第 4 章至第 16 章包含这部分内容。

第 3 版的变化

　　后来的反馈表明，具有较强数学和统计学背景的读者希望本书有更多关于多参数模型的细节，为此我们在第 3 版新增了 4 章，同时重写了已有的部分章节。第 17 章包括均值与方差均未知的正态观测的贝叶斯推断，这一章扩展了第 11 章的思路，还讨论了两个样本的情况，从而让读者考虑基于均值差的推断。为了在第 19 章中讨论多元线性回归，我们在第 18 章介绍了多元正态分布。最后，第 20 章让读者超越本书大部分章节所考虑的共轭分析的范畴，进入计算贝叶斯推断的王国。第 20 章对所涉及的话题只是点到为止，但还是为用户提供了处理不同问题的有价值的信息和技巧。我们选了一些新的习题以及使用 Minitab 宏和 R 函数的计算机练习，从本书的网址 http://introbayes.ac.nz 可以下载 Minitab 宏。经过改进的新版 R 包 Bolstad 已纳入新的 R 函数，这个版本可以从 CRAN 镜像下载或在 R 中利用互联网直接安装。附录 C 和附录 D 分别是 Minitab 包和 R 包 Bolstad 的使用与安装说明，为适应自第 2 版以来 R 和 Minitab 的变化，我们重写了这两个附录。

我们对贝叶斯统计的看法

　　一本书的特色在于它在内容上的取舍，我们试图在本书中说明贝叶斯统计是一个好的统计推断方法。超出本书范围的细节在脚注中说明。我们选择主题的一些理由如下。

在讨论贝叶斯统计时我们并没有提及决策论或损失函数。在很多书中, 贝叶斯统计被划分到决策论中, 同时以频率论的方式讲解推断。决策论本身是个有趣的话题, 但我们要介绍的是贝叶斯统计推断而不想偏离正轨。

我们认为, 为了充分利用贝叶斯统计, 必须考虑到所有的先验都是主观的, 它们要么是 (1) 你的信念的总结, 要么是 (2) 你最初允许自己相信的一切的总结。我们认为主观先验是在看到数据之前赋予每个可能的参数值的相对权重, 即使采用平坦先验让所有可能的值有相等的先验权重, 因为它是由我们选择的, 所以也是主观的。无论如何, 它仅在该参数化中让所有的值具有相等的权重, 所以只在这种情况下可以认为它是 "客观的"。我们不希望本书详细讨论在贝叶斯统计中要力求客观的问题。因为不想分散读者的注意力, 但会在脚注中解释为什么不可能有普遍的客观性, 我们想让读者了解在参数化中先验的 "相对权重" 的思路。

第 1 版没有明确提及杰佛瑞先验, 尽管二项的贝塔先验 $Be\left(\frac{1}{2}, \frac{1}{2}\right)$ 和正态均值的平坦先验分别就是这些观测分布的杰佛瑞先验。第 2 版提及二项、泊松、正态均值和正态标准差的杰佛瑞先验。第 3 版提及正态均值和标准差的独立杰佛瑞先验。我们尤其不想让读者在有关杰佛瑞先验的问题上纠缠, 如均值和方差合在一起的杰佛瑞先验, 因为它与独立杰佛瑞先验相反; 或者杰佛瑞先验违反似然原理的问题, 这些都超出了我们希望的知识水平。读者只需要知道在这些情况下杰佛瑞先验也可以作为先验, 知道它赋予的相对权重应该在何时用以及如何用。所有的参数化在数学上都同等有效; 不过通常只有主要的那一个才有意义, 我们希望读者聚焦在作为先验的参数化的相对权重。它应该是 (1) 先验信念的概括 (与矩或中位数的先验信念匹配的共轭先验), (2) 参数化的平坦先验, 或者 (3) 在整个取值范围上具有合理权重的其他一些形式。对于在整个取值范围内能合理分配权重的所有先验而言, 所得的后验会是相似的。

若均值为已知的参数, 我们可以对正态分布的标准差进行贝叶斯推断。方差的共轭先验是逆卡方分布, 虽然是将贝叶斯定理用在方差上, 但对我们来说标准差更直观, 因此需要引入先验密度的换元公式。

在第 2 版中, 我们假设均值为已知参数, 因此没有考虑均值和标准差均未知这种在数学上更复杂的情况, 第 3 版的第 17 章阐述了这种情况下的贝叶斯推断。在前两版中, 当通过数据估计方差时, 需要用学生 t 分布来调整均值的可信区间, 而在第 3 版的第 17 章中, 我们证明它其实就是在得到后验并通过边缘化消去方差之后所得的结果。第 17 章还包括对两个均值的差的推断, 若不再假设两个总体的方差相同, 问题会变得相当困难。对于方差不同的两个总体的均值差, 第 17 章推导出著名的 Behrens-Fisher 问题的贝叶斯解。本书的 R 包中的 `bayes.t.test` 函数实际上为用户提供了利用 Gibbs 采样的数值解。新版中的第 20 章介绍了 Gibbs 采样。

致谢

威廉感谢读者的批评指正, 已对前两版中的印刷错误做了修改。威廉还要感谢 Minitab 的 Cathy Akritas 和 Gonzalo Ovalles 帮助改进 Minitab 宏。威廉和詹姆斯感谢

Jon Gurstelle, Steve Quigley, Sari Friedman, Allison McGinniss 以及 John Wiley & Sons 团队的支持。

最后，威廉要感谢妻子 Sylvie 对他的永恒的爱与支持。

威廉·M. 鲍尔斯塔德

新西兰哈密尔顿

詹姆斯·M. 柯伦

新西兰奥克兰

目　　录

第 1 章　统计学绪论

统计学是将数据与我们感兴趣的具体问题联系起来的科学。如何收集与问题有关的数据,如何汇总和展示数据以阐明问题,以及如何才能得到藏在数据背后的答案,统计学要设计出一系列方法来解决这些问题。数据总是包含着不确定性,这种不确定性可能源于对待测项的选择或是测量过程的变异性。由数据得出的一般性结论会增进我们对世界的认知,所有理性的科学探索也是以此为基础的。尽管数据中存在不确定性,统计推断为我们提供了从数据到结论的方法和工具。用不同方式收集到的数据所用的分析方法也会不同,最重要的是,要有一个概率模型能够解释数据中的不确定性。

展示由数据得到的因果关系

假设观测到两个变量 X 和 Y,变量 X 可能与变量 Y 相关。如果 X 的较大值与变量 Y 的较大值同时出现, X 的较小值与 Y 的较小值同时出现,则称关联是正的。关联也可以是负的,这时变量 X 的较大值与变量 Y 的较小值同时出现。图 1.1 为示意图,其中关联关系用连接 X 和 Y 的虚线表示,非阴影区域表示 X 和 Y 是观测到的变量,阴影区域表示可能存在未观测到的附加变量。

两个变量关联的原因有几种可能的解释,关联可能源于因果关系。例如, X 可能是 Y 的起因,如图 1.2 所示,其中的因果关系用从 X 到 Y 的箭头表示。

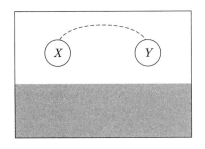

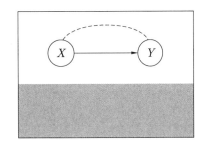

图 1.1　两个变量的关联　　　　　　　　图 1.2　由于因果关系的关联

另一方面,可能存在未知的第三个变量 Z,它对 X 和 Y 都有因果效应。如图 1.3 所示, X 和 Y 并无直接的因果关系,它们之间的关联是由于 Z 的影响。 Z 被称为潜在变量,因为它藏在幕后对数据造成影响。

图 1.4 显示, 有可能因果效应和潜在变量都是关联的原因, 我们称这种现象为因果效应和潜在变量效应的混杂, 它意味着在关联中这两种效应兼而有之。

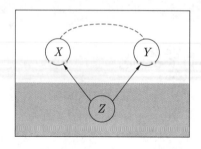 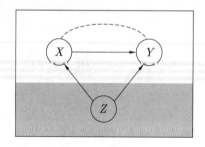

图 1.3　由于潜在变量的关联　　　　　　　　图 1.4　混杂的因果和潜在变量效应

我们的首要目标是确定关联的原因。如果断定是由于因果效应的原因, 下一个目标就是确定效应的大小。如果断定关联是由于因果效应与潜在变量效应的混杂, 下一个目标就是确定这两种效应的大小。

1.1　科学方法: 学习的过程

中世纪时的科学是由几个世纪之前的像亚里士多德那样的权威所制定的原则推断而来的。科学理论应该经受真实数据的检验, 这个观点彻底改变了我们的想法, 这种以科学方法著称的思考方式引发了文艺复兴。

科学方法基于下列前提:

- 一个科学假设永远不能被证明为绝对正确;
- 不过, 它一定是无可辩驳的;
- 在确认它并不正确之前它是一个有用的模型;
- 总是做最简单的假设, 除非它会被证明是错误的。

奥卡姆在 13 世纪详细阐述了最后一条原则, 如今它以奥卡姆剃刀著称并深植于科学中, 它让科学远离花哨的过于繁杂的理论。如果一个模型弄错了, 通过改进会得到新的模型, 科学方法引导我们对模型进行一系列的改进。科学方法通常遵循下列程序:

1. 依据当前的科学假设提出问题;
2. 收集当前所有可用的相关信息, 包括对模型参数的认知;
3. 针对在第 1 步中提出的问题, 安排调查或实验, 如果当前假设为真, 实验结果与预期结果应该一样, 如果假设不对, 结果则是另一回事;
4. 从实验中收集数据;
5. 根据实验结果下结论, 考虑到当前的结果对关于参数的知识做相应修改。

科学方法是寻求实验变量与结果变量的因果关系, 换言之, 结果变量会随实验变量的改变如何变化。科学建模开发出这些关系的数学模型。建模需要将实验与可能影响实验结果的外部因素隔离开来, 可能影响结果的所有外部因素只要被识别出来就必须受到控制。这个方法最早在物理学和化学中获得成功并非是因为巧合，在物理学和化学中，少量的外部因素能被识别并受到控制，所以并没有潜在变量。其他所有相关的变量能够被识别并让它们保持不变，这些变量不会影响实验的结果，由此我们能够确定实验变量对结果变量的影响。在生物学、医学、工程、技术和社会科学中，要识别出需要控制的相关因素并非易事，在这些领域中，外部因素事先很难被识别或受到实际控制，要控制它们需要使用不同的方法。

1.2　　统计在科学方法中的角色

若数据中存在随机变异性，就可以使用统计推断的方法，通过设计相应的调查或实验可以验证数据的概率模型是否合理，这种科学方法可以扩展到外部相关因素不甚明了的情境。我们无法直接控制那些不能被识别的外部因素，因此它们可能会对数据产生影响。因为存在这些不受控的外部因素，所以通过实验得到的结论就存在出错的风险。

为应对这种可能的风险，随机化作为统计的一个重要思想被提了出来，通过随机指派每一个单元进入治疗组或对照组，可以将不明的外部因素"平均化"。这样做会为数据带来变异性，因为数据的变异性统计结论存在某些不确定性或误差，基于所使用的随机化方法，我们可以开发出数据变异性的概率模型。随机化不仅降低了因外部因素带来的不确定性，还允许我们用概率模型度量余下的不确定性的总量，随机化让我们在统计上通过平均来控制外部因素的影响。

总体的概念是统计学的基础，它由所有可能的观测值组成。由样本得到的观测值构成数据。若要从样本统计量得到关于总体参数的有效推断，样本必须能够代表总体。令人惊讶的是，要获得代表性样本的最有效的方法就是随机选择样本!

1.3　　统计的主要方法

统计学有两种主要的哲学方法。首先是经常被提及的频率论方法，有时候也被称为经典方法。统计程序的性能取决于它们在所有可能的随机样本上的表现。概率与具体的随机样本无关，这种间接的方法在很多方面都本末倒置。

本书采用另一种方法，即贝叶斯方法，它对问题直接应用概率定律。与常用的频率论方法相比，它有很多根本的优势，我们会在本书中一一说明。

统计的频率论方法

大多数统计学入门的书籍都采用统计的频率论方法，其基本思想如下:
- 参数作为总体的数字特征是固定但未知的常数;
- 总是用长期相对频率解释概率;
- 对统计程序的评判基于其在无限次重复实验上的长期表现。

频率论方法只对随机量作出概率表述，未知参数是固定而非随机的，因此对它们的取值不会有概率表述。从总体抽样得到样本，因此可以计算样本的统计量。统计量在所有可能的随机样本上的概率分布被称为统计量的抽样分布, 总体的参数也是抽样分布的参数。将基于抽样分布的统计量的概率表述转化为对参数值的信心的表述。对参数值的信心基于统计程序在所有可能样本上的平均行为。

统计的贝叶斯方法

贝叶斯定理最先由托马斯·贝叶斯 (Thomas Bayes) 教士发现, 因此以他的名字命名。贝叶斯在一篇题为《机遇理论中一个问题的解》(*An essay towards solving a problem in the doctrine of chances*, 1763) 的文章中描述了这个定理, 这篇论文在他去世后被他的好友理查德·普莱斯 (Richard Price) 发现, 并于 1763 年发表在《皇家学会哲学会刊》上。贝叶斯说明如何使用逆概率由后续事件的发生来计算先前事件的概率, 他的方法在 19 世纪被拉普拉斯 (Laplace) 和其他科学家采用, 但到 20 世纪初期基本上不再受欢迎。在 20 世纪中叶, 包括德·福内梯 (de Finetti)、杰佛瑞 (Jeffreys)、萨维奇 (Savage) 和林德利 (Lindley) 在内的学者重新点燃了人们对贝叶斯方法的兴趣, 他们基于贝叶斯定理发展出完整的统计推断方法。

本书介绍贝叶斯统计方法, 下面的思想为这种方法奠定了基础。

- 因为参数的真值尚不确定, 我们将其看成是随机变量;
- 用概率规则直接对参数进行推断;
- 对参数的概率表述必须理解为 "可信度", 先验分布一定是主观的, 每个人可以有自己的先验, 它包括对参数的每一个值的相对权重, 先验分布度量人们在观测到数据之前对每个参数值的合理性的认定;
- 在获得数据后, 应用贝叶斯定理修改我们对参数的信念, 由此产生后验分布, 它是我们在分析数据之后给予每个参数值的相对权重, 后验分布来源于先验分布和我们观测到的数据。

相对于传统的频率论方法, 贝叶斯方法有许多优势。给定实际发生的数据, 贝叶斯定理以一种一以贯之的方式修正对参数的信念, 也就是说, 推断是基于实际发生的数据, 而非所有可能会发生但实际并未发生的数据集! 允许参数为随机变量让我们可以在得到数据之后对它作出概率表述。这与传统方法截然不同。在传统方法中, 推断概率是基于当参数值固定时所有可能发生的数据集, 给定实际的数据, 固定的参数值就不再有任何随机的成分, 因此人们只能基于可能会发生的情况作出信心的表述。贝叶斯统计还有一种处理冗余参数的通用方法, 冗余参数是我们不想推断的参数, 但也不想让其干扰我们对主要参数的推断。频率论统计对处理冗余参数并没有一个通用的程序。贝叶斯统计与频率论统计不同, 它是预言性的, 若给定样本数据, 我们很容易找出下一个观测的条件概率分布。

蒙特卡罗研究

在频率论统计中, 参数被认为是固定但未知的常数。像参数的特定的估计器这类统计程序, 不能由它所给的值来判断其好坏, 由于参数的值未知, 我们并不知道估计器应该给出什么值。如果我们知道参数的值, 就不需要估计。

统计程序在参数取某个值时的性能要根据其在所有可能的数据样本上的长期表现来评估。例如, 我们将参数固定为某个值, 估计器依赖于随机样本, 因此它被认为是具有概率分布的随机变量, 由于它的概率分布来源于所有可能的随机抽样, 这个分布被称为估计器的抽样分布, 然后, 我们检视估计器在参数值的周围如何分布, 它被称为样本空间平均。在得到数据之前, 基本上可以用它来比较统计程序的性能。

贝叶斯程序把参数看成是随机变量, 它的后验分布基于实际发生的样本数据, 而不是那些可能发生但未发生的样本。不过, 在实验之前, 我们也许想知道贝叶斯程序在域内某些具体的参数值处有多管用。

为了利用样本空间平均来评估贝叶斯程序, 我们不得不认为参数既是随机变量同时又是固定但未知的值。我们加在参数上的概率分布是对其真值的不确定性的度量, 它能避免关于参数值的明显分歧。这个概率分布反映出我们对未知参数可能的取值的相对信念的权重! 在看到数据之后, 我们对参数分布的信念会发生改变。将参数看成是固定但未知的值同时又是随机变量, 这样一来我们就可以用样本空间平均来评估贝叶斯程序, 因为在得到数据之前就能实施, 所以被称为后验前分析。

在第 4 章中我们会看到, 概率规则是对不确定性建模的最好方式。因此, 在已知实际发生的数据之后贝叶斯过程是最优的。在第 9 章和第 11 章中, 若用后验前分析法评估, 在得到实际数据之前贝叶斯程序的表现也很好。事实上, 即使没有实际数据贝叶斯程序也胜过常用的频率论程序。

蒙特卡罗研究可用于样本空间平均。我们用计算机随机抽取大量样本并计算每个样本的 (频率论或贝叶斯) 统计量, (在大量随机样本上的) 统计量的经验分布近似于它 (在所有可能的随机样本上的) 的抽样分布。我们可以在这个蒙特卡罗样本上计算像均值和标准差这样的统计量来近似抽样分布的均值和标准差。本书的习题中包含一些小规模的蒙特卡罗研究。

1.4 本书的目的和结构

大部分本科生都必须修读一门统计方面的课程, 这些课程几乎都是基于频率论的概念, 它们中的大部分甚至对贝叶斯思想只字不提。作为一名统计学家, 我知道贝叶斯方法在理论上具有很大的优势, 应该在一开始就向最好的学生介绍贝叶斯思想。基于贝叶斯思想的统计学入门课本并不多, 除了本书之外还有几本, 如 Berry (1996)、Press (1989) 和 Lee (1989)。

本书旨在向数学背景较强的学生介绍贝叶斯统计, 它只从贝叶斯的角度讲解标准的统计概论所涵盖的问题, 学生要有相当的代数技能才能读懂本书。贝叶斯统计利用了概率论的规则, 因此需要具有应用数学公式的能力, 学生会发现在阅读本书时会用到微积分的一般知识。具体而言, 他们需要了解通过积分求曲线下方的面积, 以及让函数导数等于零以找出连续可微函数的极大值或极小值, 但实际的演算很少, 本书有一个关于微积分的附录供学生参考。

第 2 章介绍科学数据采集的一些基本原则, 这些原则用来控制不明因素的影响, 它包括随机抽样的必要性和随机抽样的一些技巧。这一章说明分别由观察性研究产生的数据和随机化实验产生的数据得出的结论存在差异的原因, 并讨论了完全随机化设计和随机化区组设计。

第 3 章包含图形显示和数据汇总的基本方法。一个好的数据显示总是必不可少的, 本章强调显示设计的原则要与数据相符。

第 4 章说明演绎与归纳的区别。似然推理是在不确定的情况下对逻辑的推广, 事实证明似然推理必须遵循与概率相同的规则。本章还介绍了概率公理以及包括条件概率和贝叶斯定理在内的概率规则。

第 5 章讲述离散随机变量, 包括联合和边缘离散随机变量, 介绍了二项分布, 超几何分布和泊松分布, 并描述这些分布适用的情境。

第 6 章用表格介绍离散随机变量的贝叶斯定理。这个方法的两个重要结果是, 先验乘以一个常数或似然乘以一个常数对所得的后验分布并无影响, 由此给出贝叶斯定理的 "比例形式"。由上一次观测得到的后验作为下一次观测的先验, 按这种方式依次分析观测到的数据所得的结果, 与利用联合似然和原始先验一次性分析所有观测数据所得的结果完全相同。我们还证明了使用离散先验的二项观测和使用离散先验的泊松观测的贝叶斯定理。

第 7 章讲述连续随机变量, 包括联合、边缘和条件随机变量。本章还介绍了贝塔分布, 伽马分布和正态分布。

第 8 章介绍使用连续先验的 (二项) 总体比例的贝叶斯定理; 讲解如何使用均匀先验或贝塔先验找出总体比例的后验分布; 解释如何选择一个合适的先验, 并说明总结后验分布的方法。

第 9 章比较贝叶斯推断与频率论推断。我们证明, 在大部分取值范围上, 贝叶斯估计 (使用均匀先验的后验均值) 比频率论估计 (样本比例) 在均方意义下的性能更好。在进行贝叶斯分析之前这种频率论分析是有用的, 贝叶斯可信区间对总体比例的解释比频率论置信区间的解释更有用。本章还介绍了利用贝叶斯方法的单边和双边假设检验。

第 10 章介绍使用连续先验的泊松观测的贝叶斯定理。所用的先验分布包括正均匀分布, 杰佛瑞先验分布和伽马先验分布, 利用所得后验对泊松参数的贝叶斯推断包括贝叶斯可信区间、双边假设检验和单边假设检验。

第 11 章介绍已知方差的正态分布均值的贝叶斯定理, 说明如何选择正态先验, 讨论如何利用边缘化处理冗余参数, 以及通过将总体均值看成冗余参数并边缘化, 从而找出下一个观测的预测密度。

第 12 章比较正态分布均值的贝叶斯推断和频率论推断, 它们包括点估计和区间估计, 还涉及单边和双边两种情境下的假设检验。

第 13 章介绍对正态分布均值差的贝叶斯推断, 以及利用正态近似对比例差的贝叶斯推断。

第 14 章介绍简单线性回归模型并说明模型斜率的贝叶斯推断, 将斜率和截距看成是冗余参数并利用边缘化找出下一个观测的预测分布。

第 15 章介绍当得到正态观测的随机样本且均值 μ 已知时, 标准差 σ 的贝叶斯推断。本章的层次比前几章高, 需要使用密度的变量变换公式, 所用的先验包括标准差的正均匀, 方差的正均匀, 杰佛瑞先验以及逆卡方先验。本章讨论如何选择与我们对中位数的先验信念相匹配的逆卡方先验, 由所得的后验进行的贝叶斯推断包括点估计、可信区间以及单边与双边假设检验。

第 16 章说明通过使用混合先验和边缘化混合参数, 如何让贝叶斯推断对错误指定的先验具有很好的稳健性。本章的层次也比前几章高, 它说明如何才能避免贝叶斯分析的一个主要风险。

第 17 章回到第 11 章的问题, 即对正态分布的均值作出推断, 不过, 本章对未知的总体标准差建模, 并证明在第 11 章中的近似完全正确。本章还处理两个样本的情况, 所以能对两个均值的差做推断。

第 18 章介绍多元正态分布并将第 11 章和第 17 章的理论推广到多元的情境。多元正态分布对线性模型特别是多元回归的讨论至关重要。

第 19 章将第 14 章的简单线性回归推广到我们更熟悉的多元回归的设置中, 就解释变量在预测响应时的用处给出了一套推断方法。本章还推导出新观测的后验预测分布。

第 20 章简要介绍现代计算贝叶斯统计。计算贝叶斯统计在很大程度上取决于能否高效地从潜在复杂分布中抽样, 本章介绍计算贝叶斯统计所用的诸多技术。但读者也许会感到失望, 因为我们没有提到如 BUGS 和 JAGS 这些流行的计算机程序, 对许多贝叶斯方法而言, 它们既高效又通用并与 R 联系紧密, 仅介绍这些内容差不多就需要一整本书的篇幅, 本书因篇幅所限很难对它们做全面的阐述。

本 章 要 点

- 两个变量的关联并不意味着其中一个一定就是另一个的原因。它可能是因果关系, 可能是因为第三个 (潜在) 变量对其他两个变量都有影响, 或者是因果关系和潜在变量影响的组合。
- 科学方法是寻找因果关系并度量其强度的方法。它使用对照实验, 让可能影响测量的外部因素受到控制, 这样做能将两个变量的关系与外部因素隔离开来, 以便确定其关系。
- 统计方法将科学方法扩展到外部因素不明因而不能控制的情境, 利用随机化的原理通过平均这些不明外部因素的影响从而在统计学意义上控制它们, 数据因此会具有变异性。
- 可以使用 (基于随机化方法的) 概率模型度量不确定性。
- 统计的频率论方法将参数看成是固定但未知的常数, 它允许的概率类型只有一种, 即长期相对频率。给定未知参数, 这些概率只是观测和样本统计量的概率。对统计程序的评判基于其在无限次实验的假设重复上的长期表现。
- 统计的贝叶斯方法允许将参数看成是随机变量, 可以计算参数、观测和样本统计量的概率。计算所得的参数的概率可理解为"可信度", 它一定是主观的。对给定的数据, 用概率规则修正我们对参数的信念。

- 对频率论估计器的评价基于它对固定参数值的样本分布及其在所有可能的重复实验的分布情况。

- 如果我们考虑贝叶斯估计对固定参数值的样本分布, 这是所谓的后验前分析, 因为在获得数据之前就可以做。

- 在蒙特卡罗研究中, 我们要进行大量试验并计算每次试验的统计量。我们使用统计量在学习中所得的全部样本上的经验分布, 而不是统计量在所有可能样本上的样本分布。

第 2 章　科学数据收集

科学家为了找到特定问题的答案会有目的地收集数据。统计科学已经表明，数据应该与特定的问题相关，但是要采用随机化的方法收集。统计领域对科学实践最伟大的贡献正是开发出既有目的又随机化的收集数据的方法。

通过增加样本的规模可以平均化那些缘于偶然的数据变异，但是对于其他原因导致的变异这样做就行不通了。随机采集数据的统计方法与具体问题相关，这些方法可以分为两种：抽样调查理论和实验设计。前者研究从有限的实际总体中抽样的方法，后者则研究设计实验的方法，让实验聚焦在预期的因素上，避免受到可能未知的其他因素的影响。

推断总是依赖于概率模型，我们假定由模型生成的观测数据是正确的，若数据不是随机采集的，观测到的模式可能会来自未被发现的潜在变量，而不是基本模式的真实映像。一个设计合理的实验要降低任何一个潜在变量的影响。潜在变量虽然存在但对我们来说却是未知的。

从设计合理的随机调查或实验中收集数据，在用这些数据进行推断时，由调查或实验设计确定观测的概率模型。我们能够相信它是正确的，让推断建立在坚实的基础上。另一方面，若利用由非随机化的设计采集到的数据进行推断，我们就无法解释概率模型而只是假设它是正确的！观测的假设概率模型有可能并不正确，若如此我们的推断就会站不住脚。

2.1　从真实的总体中抽样

首先定义一些基本术语。

- 总体—— 受调查的整组目标或整群人。例如，总体可能由新西兰 18 岁以上的居民组成。通常我们想知道关于总体的一些特定属性。总体的每一个成员都有一个数字与其关联，比如年收入。可以将模型总体看成是实际总体中每个个体的数字的集合。我们的模型总体是新西兰 18 岁以上的所有居民的收入的集合。我们想要了解总体的分布，具体而言，我们想知道总体参数的信息。参数是与总体分布相关的数，如总体均值、中位数和标准差。通常不大可能得到总体中每一个体的信息，总体可能过大，或者分散在一个很大的区域中，或者因费用过高而无法获得全体数据。因为无法计算这些参数，所以不知道它们的值。

- 样本——总体的一个子集。研究者从总体中抽样并由样本中的个体获得信息, 利用样本数据计算样本统计量, 它们是概括样本分布的数值特征, 如样本均值、中位数和标准差。统计量与样本的关系类似于参数与总体的关系, 不过, 样本是已知的, 所以可以计算统计量。

- 统计推断——基于样本统计量对总体参数作出陈述。如果样本代表整个总体, 就可以有好的推断, 样本的分布一定与其总体的分布类似。抽样偏差是指采集到的样本不能代表总体的系统化趋势。抽样偏差会令样本分布与总体分布不同, 从而产生非常糟糕的推断, 我们必须避免抽样偏差。

即使我们了解有关总体的某些方面并试图令其在样本中得到体现, 可能仍然存在其他一些我们并不知晓的因素, 对这些因素而言样本最终也不具代表性。

例 2.1　假设哈密尔顿市议会提议融资建设一个新的英式橄榄球体育场, 我们想要估计赞成该建议的选民比例, 我们决定在午餐时到市中心从路人中抽样。也许应该在样本中平衡男女人数使其与选民中的男女比例一致。我们可以得到一个男女比例均衡的样本, 却没有意识到白天采访的主要是在工作时间上街的人, 其中在写字楼工作的员工占比过高, 工厂工人的占比却很低, 用这种方式采集到的样本可能还存在其他固有的偏差, 而我们可能对此一无所知, 一些组别被系统性地放大或缩小, 这样得到的样本并不能代表那些我们还不知道的类别。　　　　　　　　　　　　　　　　　　　　　　　　　　　■

让人吃惊的是, 随机抽样, 比如配额抽样或判断抽样, 所得的样本比任何非随机方法所得的样本都更具代表性, 它们不但让推断的误差最小, 还允许对残留误差的 (概率) 度量。

简单随机抽样 (不放回)

简单随机抽样需要一个抽样框, 它是总体中个体从 1 到 N 编号的列表。在这 N 个数字中随机抽取 n 个数, 每抽取一个数, 就不再考虑它, 所以它不再会被抽中。在列表中与被选中的数字相对应的个体包含在样本中。因此, 每一个未被选中的个体在每次都有相同的机会被抽中, 每一个体有同等的机会出现在最后的样本中。此外, 按所需大小选出的每一个样本都是等可能的。

假设从一个大城市的注册选民的总体中简单随机抽样, 样本中男性所占比例很可能接近于总体中男性的比例。大多数样本都接近正确的比例; 但我们未必能得到精确的比例。所有大小为 n 的样本, 包括那些在性别方面没有代表性的样本, 都是等可能的。

分层随机抽样

假设由选民名单获悉了男女性别比, 在抽样方法中就应该考虑这一信息。分层随机抽样将总体划分为子总体, 子总体被称为层。在我们的案例中子总体是男性和女性, 相应于这两层有各自独立的抽样框。从每层采集简单随机样本, 每层的样本大小与该层的大小成正比。每个个体有同等的机会被选中, 代表正确比例的层中的每一个样本都是等可能的, 由这种方法得到的样本能准确代表性别。因此, 如果我们感兴趣的量在不同层上的分布不同时, 由这些类型的样本的推断比由简单随机抽样的推断更准确。如果感兴趣的量在所有的层中分布都相同, 则分层随机抽样不会比简单随机抽样更准确 (或更不准确)。分层对推断的准确性没有潜在的负面影响。不过, 由于必须为各层设置独立的抽样框, 分层的代价更高。

整群随机抽样

有时候我们并没有一个好的抽样框。另外就是个体可能分散在一个广大的区域中。在整群随机抽样中, 我们将区域分成多个邻域, 邻域被称为聚类, 然后为聚类生成抽样框。挑选聚类的随机样本, 将被选出的聚类中的所有的项都放在样本中, 这样做很划算, 可以节省采访者的时间。不过它的缺点在于, 与不同聚类中的项相比, 同一聚类中的项会更相似。例如, 住在同一小区的邻居的经济水平相同, 因为房子建造的时间相同且价格也处于相同的范围。这意味着每个观测能提供的关于总体参数的信息较少, 就样本规模而言, 其效率较低。然而, 要获得一个较大的样本用这种方法的成本通常更低, 所以它常常最划算。

抽样调查中的非抽样误差

在样本调查或全面普查中, 误差可能并非源于抽样方法。这些非抽样误差包括响应偏差, 回答问题的人与不回应的人可能多少有些不同, 他们对调查的事项可能有不同的观点, 这种不同会让结果出现偏差, 因为我们只能从回答问题的人那里得到观测值。计划周详的调查会通过回调再次联系在初始样本中还没有回答问题的人以取得尽可能多的回应, 这样做会产生额外的费用。但是, 我们并没有理由相信不回应者与回应者的观点一致, 所以回调很重要。含义不清的问题同样会导致误差, 在初始研究中应该审核调查问卷以确定问题是否有歧义。

随机化响应方法

社会科学和医学方面的研究人员经常希望获得整个总体的信息, 但对于受调查个体而言, 这些信息却很敏感。例如, 性伴侣数在整个群体中的分布能反映人群患性传播疾病的风险, 受调查个体可能并不愿意泄露这种敏感的个人信息, 他们也许拒绝回答, 更糟的是他们可能会撒谎。无论如何, 它都会威胁到调查结果的有效性。随机化响应方法可以解决这个难题, 它设置两个问题, 敏感问题和伪问题, 两个问题有相同的一套答案, 回答问题的人利用随机化选择所要回答的问题, 如果选中的是伪问题就用随机化选出答案。在调查数据中, 一些是敏感问题的答案, 一些是伪问题的答案, 采访者对此全然不知。然而, 不正确的答案以已知的随机化概率进入数据, 这样一来, 我们获得总体信息但实际上并不知道受调查个体的个人信息, 只有回答问题的人知道其回答的是哪一个问题。Bolstad, Hunt, McWhirter (2001) 描述了为获得总体的敏感信息, 用随机化响应方法进行的有关性、毒品和摇滚乐的调查。

2.2   观察研究与设计性实验

科学探索的目的是要深入认识某个因素与其响应变量的因果关系, 我们收集数据以便确定这些关系并开发出数学模型进行解释。世界是复杂的, 还有许多其他因素会影响到响应变量, 我们可能连这些因素是什么都不知道。如果对它们一无所知, 就不能直接控制它们, 不能控制它们, 也就不能作出有关因果关系的推断! 例如, 假设我们要研究一种草药的减肥作用, 研究中的每个人是一个实验单元。实验单元之间有很大的差异, 因为每个人都是独一无二的个体, 都有各自特有的遗传基因和化学成分, 饮食和锻炼的习惯, 实验单元之间的差异增加了检验疗效的难度。图 2.1 所示为一些实验单元的集合, 每个单元中阴影的深浅表示它们在某一个未知变量上的差别, 实验中的响应变量可能依赖于那一个未知变量, 它可能就是实验中的潜在变量。

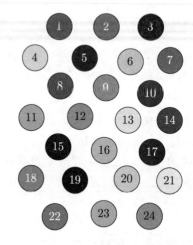

图 2.1   实验单元之间的差异

观察研究

假设一组受试者决定服用草药, 如果记录他们的数据并与不服用草药的对照组比较, 这便是一个观察研究。如果治疗不是随机地施于治疗组和对照组, 而是由他们自主选择, 即使观察到两组之间有实质性差异, 我们也不能从观察研究中得出存在因果关系的结论。我们不能排除这种关联是缘于未知的潜在变量。在研究中, 接受治疗的人也许比那些没有接受治疗的人会更积极地减肥, 或在两组之间存在其他不同的因素。在观察研究中所做的任何推断都依赖于这样一个假设, 即分配到治疗组和对照组的单元的分布并没有差别。我们无法知道在观察研究中这个假设实际上是否正确。

设计性实验

如果想对因果关系作出可靠的推断, 我们需要从设计性实验中获取数据。实验人员利用随机化方法确定进入治疗组或对照组的受试者, 如用随机数表或掷硬币来确定。

我们会把实验单元分成 4 个治疗组 (其中一组可能是对照组), 我们必须保证每一组中单元的变化范围相似, 否则就可能将治疗组之间的差异归因于不同的治疗方案, 而实际上这种差异是缘于潜在变量以及治疗组实验单元在分配上的偏差。

完全随机化设计。将实验单元随机分配到各组, 每一个实验单元进入任意一组的可能性都相等。每个实验单元的分配 (几乎) 独立于其他实验单元的分配, 在不同分配之间唯一的依赖关系是, 若一个单元分配到治疗 1 组, 其他单元被分配到 1 组的概率会略微减小, 这是因为 1 组中少了一个位置, 这就是所谓的完全随机化设计。大量的 (几乎) 独立的随机化能确保治疗组与对照组之间的比较是公平的, 因为所有组中的实验单元的变化范围都相似。在所有的治疗组中, 潜在变量的值较大和较小的单元的比例也相似。由图 2.2 可见, 对未知的潜在变量而言, 4 个治疗组的实验单元的变化范围相同。

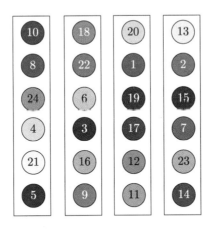

图 2.2　完全随机化设计。实验单元被随机分配到 4 个治疗组

　　随机化分配会平均各组实验单元之间的差异, 各组的潜在变量的期望也因随机化而不再有差别。由于存在大量的独立随机化, 每组的潜在变量的平均值会接近于它在总体中的均值。实验单元越多, 每组的潜在变量的平均值就越接近于总体中的均值。如果发现治疗与响应之间的关联, 这个关联就不太可能是由潜在变量引起的。对大规模实验而言, 可以有效排除潜在变量的影响, 治疗与响应之间的关联正是缘于不同治疗方案的疗效。

　　随机化区组设计。如果我们能识别出变量就可以直接控制它, 它也不再是潜在变量。可能有人会认为, 经过评价再将实验单元分配到治疗组和对照组, 所得分组的单元变化范围也会相似。实验人员根据其所用的标准 (识别出的变量) 可能得到相似的分组。不过, 这样做并不能免除其他未被考虑的潜在变量的影响。如果不进行随机分配, 我们不能期望最终会得到平均的结果!

　　在随机化之前应该使用与实验单元有关的所有先验知识。如图 2.3 所示, 在识别出的变量上取值相似的单元应该组成块, 每一块中的实验单元对该变量而言是相似的, 然后在块内进行随机化。块中的实验单元随机分配到每一个治疗组。由分区来控制那个特定的变量, 因为我们确信一个块中的所有单元都是相似的, 并且每个治疗组都会有其中的一个单元。随机选择进入每一组的单元, 通过随机化以免受其他潜在变量的影响, 任何一个治疗组都不太可能因潜在变量而独具优势或劣势, 平均来说对所有的组都是一视同仁。图 2.4 所示为通过随机化区组设计创立的治疗组, 可以看出 4 个治疗组甚至比完全随机化设计的治疗组更相似。

　　例如, 如果想确定 4 个小麦品种中哪一种产量更高, 我们将田地分成相邻的 4 小块, 因为相邻的小块土地比彼此远离的土地的肥力更相似, 然后在每一块内部, 每小块土地被随机分配给各个品种。这种随机化区组设计确保 4 个品种被分配给相似的一组小块土地, 通过块内随机化让它免受其他潜在变量的影响。

若响应变量与我们分区的特性相关, 分区就会起作用。与在相同小块田地上的完全随机化设计相比, 随机化区组设计会得到有关产量的更精确的推断。将图 2.2 中的完全随机化设计治疗组与图 2.4 的随机化区组设计治疗组进行比较, 我们就可以看到这一点。随机化区组设计产生的治疗组比完全随机化设计产生的治疗组更相似。

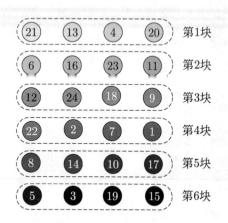

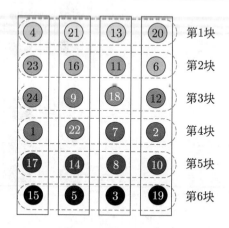

图 2.3   相似的单元放在同一块中   图 2.4   随机化区组设计。各块中的单元被随机分配到各治疗组, 不同块中的随机化互相独立

本 章 要 点

- **总体**。被研究的目标或人口的全集。总体的各个成员有一个数与总体关联, 因此我们常常将总体看作一组数。我们想知道这些数的分布。
- **样本**。总体的子集, 我们从其中获得数据。
- **参数**。总体分布特征的数值, 如均值、中位数、标准差和整个总体的四分位数间距。
- **统计量**。样本分布特征的数值, 如均值、中位数、标准差和样本的四分位数间距。
- **统计推断**。基于样本统计量对总体参数的陈述。
- **简单随机抽样**。没被抽中的各项在每次抽样中都有同等的机会被选进样本。
- **分层随机抽样**。总体被划分为子总体, 子总体被称为层, 从各层中抽取简单随机样本, 层的样本大小与层在总体中的占比成正比。层的样本合起来形成总体的样本。
- **整群随机抽样**。总体被分成多个邻域, 邻域被称为聚类。对聚类抽样, 被选中的聚类中的所有成员组成总体样本。
- **随机化响应方法**。这种方法允许回答问题的人随机决定是回答敏感问题或伪问题, 两种问题的答案范围相同, 因此回答问题的人不会因所答问题而泄露个人信息, 因为采访者并不知道其回答的是哪一个问题。

- 观察研究。研究人员从非随机选择或非随机化分配的实验组或对照组的一组实验单元收集数据。由于缺乏随机化, 可能存在潜在变量。
- 设计性实验。研究人员以某种随机化方式将实验单元分配给治疗组和对照组。
- 完全随机化设计。研究人员 (几乎) 独立地将单元随机分配到治疗组, 唯一的依赖关系是要求治疗组的大小正确。
- 随机化区组设计。研究人员首先将单元按相似单元分块, 然后各块中的单元随机分配, 每组一个, 各块中独立实施随机化。

蒙特卡罗练习

2.1　利用蒙特卡罗研究比较随机抽样方法。我们将利用蒙特卡罗仿真评估随机抽样方法。如果想评估一个方法, 需要看它的长期性能, 在现实情况中, 我们不能由所得的样本估计来评判一个方法。如果知道总体参数, 我们就不会采集样本并用样本统计量来估计它。

评估统计程序的一个方法是, 对于我们知道的总体参数, 评估基于该程序所给的估计的抽样分布, 从长期来看 (在所有可能的随机样本上) 会如何变化。我们可以看到样本分布是否紧密围绕在参数真值的周围, 越接近参数的真值, 证明统计程序越好, 在参数未知的实际情况下我们对它就越有信心。

如果用已知的参数利用计算机仿真大量重复运行程序, 这就是所谓的蒙特卡罗研究, 蒙特卡罗是一个著名赌场的名字。我们并没有理论上的抽样分布, 而是通过重复仿真得到样本统计的经验分布, 通过观察估计的经验分布是否紧密围绕在已知参数的周围来判断统计程序的性能。

总体。假设总体中有 100 个个体, 我们要用大小为 20 的随机样本估计总体的平均收入, 个体来自占比分别为 40%, 40% 和 20% 的三个族群。有 20 个街区, 每个街区有 5 个个体, 三个族群的收入分布可能不同, 处在同一个街区的个体的收入会更接近。

[Minitab:] 总体的细节列在 Minitab 工作表 sscsample.mtw 中, 此表的每行包括一个个体的信息, 第一列为收入, 第二列为族群, 第三列则是街区。计算总体的平均收入, 它是我们要估计的参数的真值。

[R:] 输入下列指令可以看到有关总体的细节

```
help(sscsample.data)
```

在蒙特卡罗研究中, 针对简单随机抽样、分层随机抽样和整群随机抽样这三类随机抽样, 我们计算样本均值的近似抽样分布。用每种抽样方法从总体中抽取大量 (本例中是 200 个) 随机样本, 计算样本均值作为我们的估计。这 200 个样本均值的经验分布是估计的近似抽样分布。

(1) 用箱型图以相同尺度显示三个族群的收入。计算三个族群的平均收入, 收入分布有差异吗?

[R:] 在 R 中输入下列命令可以绘制箱型图:

```
boxplot(income~ethnicity, data = sscsample.data)
```

(2) [**Minitab:**] 用宏 sscsample 以简单随机抽样方法从总体中抽取 200 个大小为 20 的随机样本, 并将结果放在 c6-c9 列中, 此宏的细节参见附录 C。

[**R:**] 用 sscsampl 函数以简单随机抽样方法从总体中抽取 200 个大小为 20 的随机样本。

```
mySamples = list(simple = NULL, strat = NULL,cluster = NULL)
mySamples$simple = sscsample(20, 200)
```

要看到由每个族群抽样得到的均值和观测数可以输入以下命令

```
mySamples$simple
```

此函数的更多细节参见附录 D。

根据输出回答下列问题:

① 简单随机抽样总能按正确的比例代表层吗?

② 平均来说, 简单随机抽样得到的层的比例是正确的吗?

③ 简单随机抽样的样本均值的抽样分布的均值是否足够接近总体均值, 以至于我们可以认为其差异仅仅是缘于偶然性? (只采集了 200 个样本, 不是所有可能样本)

(3) [**Minitab:**] 用宏采集 200 个分层随机样本, 并将输出保存在 c11-c14 列中。

[**R:**] 用函数采集 200 个分层随机样本, 并将输出保存到 mySamples$strat。

```
mySamples$strat = sscsample(20, 200, "stratified")
mySamples$strat
```

根据输出回答以下问题:

① 分层随机抽样总能按正确的比例代表层吗?

② 平均来说, 分层随机抽样得到的层的比例是正确的吗?

③ 分层随机抽样的样本均值的抽样分布的均值是否足够接近于总体均值, 以至于我们可以认为差异仅仅是缘于偶然性? (只采集了 200 个样本, 而不是所有可能样本)

(4) [**Minitab:**] 使用宏抽取 200 个整群随机样本并将结果保存在 c16-c19 列中。

[**R:**] 用函数抽取 200 个整群随机样本, 并将结果保存到 mySamples$cluster。

```
mySamples$cluster = sscsample(20, 200, "cluster")
mySamples$cluster
```

根据输出回答以下问题:

① 整群随机抽样总能按正确的比例代表层吗?

② 平均来说, 整群随机抽样得到的层的比例是正确的吗?

③ 整群随机抽样的样本均值的抽样分布的均值是否足够接近于总体均值, 以至于我们可以认为其差异仅仅是缘于偶然性? (只采集了 200 个样本, 而不是所有可能样本)

(5) 比较抽样分布的离差 (标准差和四分位数间距)。哪一种随机抽样的方法得到的样本均值更有效地集中在真实均值附近?

[**R:**]

```
sapply(mySamples, function(x)sd(x$means))
sapply(mySamples, function(x)IQR(x$means))
```

(6) 说明理由。

2.2 利用蒙特卡罗研究比较完全随机化设计与随机化区组设计。我们经常要通过设置实验来确定几种治疗的效果,将一组实验单元划分为几个治疗组,我们要测量的是实验单元对潜在响应变量的变异性。假设有一个加性模型,其中每个治疗方案的效果恒定,这意味着,给定治疗 j,我们获得的实验单元 i 的测量值是单元 i 的基本值加上它所获治疗的效果

$$y_{i,j} = u_i + T_j,$$

其中 u_i 是实验单元 i 的基本值,而 T_j 是治疗 j 的疗效。实验单元的分配对治疗组来说至关重要。

在将实验单元分配到治疗组时应该处理两件事情。首先,可能存在与测量变量正相关或负相关的"潜在变量",如果将潜在变量值较大的实验单元分配到一个治疗组,该组就会处于有利或不利的位置,具体是有利或不利取决于是正相关或负相关。当潜在变量会导致明显的差异时,我们很可能断定该治疗相对于其他治疗更好或更差,这显然不是一件好事。为避免这样的事情发生,应该采用随机化的方法将实验单元分配到治疗组,我们想让所有治疗组中的实验单元的潜在变量平均来说都处于相似的范围,否则实验结果会出现偏差。

其次,实验单元的潜在值的差异会掩盖疗效上的差异,这一定会让疗效的细微差异更难被发现。将实验单元分配到治疗组时应该让各组尽量相似,当然,我们要让每组中的潜在值的均值都差不多相等。

完全随机化设计将一组实验单元随机地分配到治疗组,每一个单元分配的随机化 (几乎) 是独立的。我们要确保各个治疗组中的单元数相同,满足这个标准的每次分配都是等可能的。这一设计并没有考虑另一个变量的值,它可能是一个潜在变量。

随机化区组设计考虑另一个变量的值。首先,对实验单元分块,在另一个变量上取值相似的实验单元分在同一块中,然后每一块中的单元被随机分配到各个治疗组,换言之,在块内进行随机化。不同块的随机化互相独立,这一设计利用了另外这个变量,该变量不再是潜在变量而成为分块变量。

在本练习中,我们比较这两种随机分配实验单元的方法,每个实验单元有一个响应变量的潜在值以及与之相关的另一个变量的值 (如果不考虑另外这个变量,它就是潜在变量)。我们将进行小规模蒙特卡罗研究,在两个情境下比较这两种设计的表现。

(1) 首先,当响应变量与另一个变量强相关时,分别用这两种设计对 500 个单元的随机分配进行小规模蒙特卡罗研究,设两个变量的相关性为 $\rho = 0.8$。

[**Minitab:**] 通过指定 Minitab 宏 Xdesign 的变量 k_1 的值设定关联性。

[**R:**] 通过指定 R 函数 xdesign 的 corr 值设定关联性。

Minitab 宏 Xdesign 或 R 函数 xdesign 的用法分别参见附录 C 和附录 D。考虑箱体图和汇总统计量。

① 当使用完全随机化设计时,平均来看所有的组对另一个 (潜在) 变量是否具有相同的基本均值?

② 当使用随机化区组设计时, 平均来看所有的组对另一个 (分块) 变量是否具有相同的基本均值?

③ 对这两种设计而言, 治疗组的另一个变量的分布是否相同? 解释不同之处。

④ 哪一种设计对另一个变量的控制更有效? 说明理由。

⑤ 当使用完全随机化设计时, 平均来看所有的组对响应变量是否具有相同的基本均值?

⑥ 当使用随机化区组设计时, 平均来看所有的组对响应变量是否具有相同的基本均值?

⑦ 对这两种设计而言, 治疗组的响应变量分布是否相同? 解释不同之处。

⑧ 哪一种设计会有更大的机会发现疗效的微小差异? 说明理由。

⑨ 当响应变量与另一个变量强相关时, 在另一个变量上分块有效吗?

(2) 当响应变量与另一个变量弱相关时, 分别用这两种设计对 500 个单元的随机分配进行小规模蒙特卡罗研究, 设它们的相关性为 $\rho = 0.4$。考虑箱体图和汇总统计量。

① 当使用完全随机化设计时, 平均来看所有的组对另一个 (潜在) 变量是否具有相同的基本均值?

② 当使用随机化区组设计时, 平均来看所有的组对另一个 (分块) 变量是否具有相同的基本均值?

③ 对这两种设计而言, 治疗组的另一个变量的分布是否相同? 解释不同之处。

④ 哪一种设计对另一个变量的控制更有效? 说明理由。

⑤ 当使用完全随机化设计时, 平均来看所有的组对响应变量是否具有相同的基本均值?

⑥ 当使用随机化区组设计时, 平均来看所有的组对响应变量是否具有相同的基本均值?

⑦ 对这两种设计而言, 治疗组的响应变量分布是否相同? 解释不同之处。

⑧ 哪一种设计会有更大的机会发现疗效的微小差异? 说明理由。

⑨ 当响应变量与另一个变量弱相关时, 在另一个变量上分块有效吗?

(3) 当响应变量与另一个变量不相关时, 分别用这两种设计对 500 个单元的随机分配进行小规模蒙特卡罗研究, 设它们的相关性为 $\rho = 0.0$, 即响应变量独立于另一个变量。考虑对另一个变量治疗组均值的箱体图。

① 当使用完全随机化设计时, 平均来看所有的组对另一个 (潜在) 变量是否具有相同的基本均值?

② 当使用随机化区组设计时, 平均来看所有的组对另一个 (分块) 变量是否具有相同的基本均值?

③ 对这两种设计而言, 治疗组的另一个变量的分布是否相同? 解释不同之处。

④ 哪一种设计对另一个变量的控制更有效? 说明理由。

⑤ 当使用完全随机化设计时, 平均来看所有的组对响应变量是否具有相同的基本均值?

⑥ 当使用随机化区组设计时, 平均来看所有的组对响应变量是否具有相同的基本均值?

⑦ 对这两种设计而言, 治疗组的响应变量分布是否相同? 解释不同之处。

⑧ 哪一种设计会有更大的机会发现疗效的微小差异? 说明理由。

⑨ 当响应变量独立于另一个变量时, 在另一个变量上分块有效吗?

⑩ 针对与响应不相关的变量分块会让随机化区组设计失效吗?

第 3 章　数据的展示与汇总

我们利用统计方法从数据中提取信息并深入了解数据生成的基本过程。通常, 数据集由样本中实验单元的一个或多个变量的测量值构成, 我们能够从样本数据的分布了解总体分布的全貌。

只通过一组数就要深入了解总体并非易事, 我们的大脑不是为此设计的, 为便于发现数据的重要特征, 我们需要找出展示数据的方法, 若将数据形象地表示出来, 大脑中的视觉处理系统就能让我们快速了解概况, 人们常说一张图胜过千言万语。只要图是正确的, 这句话就没错; 如果图是错的, 则会严重地误导我们自己和他人!

3.1　单变量的图形展示

我们的数据集常常由目标或实验单元样本的单一变量的一组测量值组成, 测量值的图形展示有助于我们了解整个总体的分布。

例 3.1　英国科学家卡文迪什 (Cavendish) 于 1798 年用扭秤对地球密度进行了 29 次测量。Stigler (1977) 描述了这次实验及其数据集, 表 3.1 所示为这 29 次的测量值。　∎

表 3.1　卡文迪什的地球密度的测量值 (单位: g/cm^3)

5.50	5.61	4.88	5.07	5.26	5.55	5.36	5.29	5.58	5.65	5.42	5.47	5.63	5.34	5.46
5.57	5.53	5.62	5.29	5.44	5.34	5.79	5.10	5.27	5.39	5.30	5.75	5.68	5.85	

点图

点图是展示单变量数据最简单的方式。沿着横轴用点表示每次观测的值, 由此显示所有测量值的相对位置并得到其分布的大概, 图 3.1 所示为卡文迪什地球密度测量值的点图。

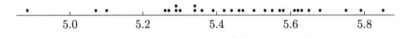

图 3.1　卡文迪什地球密度测量值的点图

箱形图 (盒须图)

另一个概括数据分布的简单图示方法是绘制箱形图。首先要对数据进行排序和汇总。

样本原始的值为 $y_1, y_2, \cdots, y_n$，下标表示观测的顺序 (以时间为序)，y_1 是第一个观测，y_2 是第二个观测，以此类推，y_n 是最后一个观测。将样本的值由小到大排序，就得到次序统计量，记为 $y_{[1]}, y_{[2]}, \cdots, y_{[n]}$，其中 $y_{[1]}$ 最小，$y_{[2]}$ 次之，直至最大的 $y_{[n]}$。我们用四分位法将排序后的测量四等分，下四分位数 Q_1 是这样的一个值：在所有的测量值中，有 25% 的测量值小于或等于它，75% 的测量值大于或等于它；中四分位数 Q_2 则是有 50% 的测量值小于或等于它而 50% 的测量值大于或等于它，Q_2 也被称为样本中位数；同埋，上四分位数 Q_3 是在所有的测量值中有 75% 的测量值小于或等于它而 25% 的测量值大于或等于它。由次序统计量，可以得到这些值：

$$Q_1 = y_{\left[\frac{n+1}{4}\right]}, \quad Q_2 = y_{\left[\frac{n+1}{2}\right]}, \quad Q_3 = y_{\left[\frac{3(n+1)}{4}\right]} \circ$$

如果下标不是整数，就取相邻的两个次序统计量的加权平均。例如，卡文迪什的地球密度数据 $n = 29$，则 $Q_1 = y_{\left[\frac{30}{4}\right]}$，这是第 7 位和第 8 位的次序统计量的中间位置，所以

$$Q_1 = \frac{1}{2}y_{[7]} + \frac{1}{2}y_{[8]} \circ$$

数据集的五数概括是 $y_{[1]}, Q_1, Q_2, Q_3, y_{[n]}$，即观测的最小值，三个四分位数和最大值。箱形图 (或称盒须图) 是表示五数概括的图形方法，其步骤为：

- 画一条数轴并标注刻度；
- 画一个盒子，其两端分别位于第一个和第三个四分位数；
- 在第二个四分位数 (中位数) 处画一条贯穿盒子的直线；
- 画一条从下四分位数到最小测量值的直线 (触须)，再画一条从上四分位数到最大测量值的直线 (触须)；
- **[Minitab:]** Minitab 只能将触须延长到最大为 1.5 倍四分位数间距的长度，凡是超出这个范围的测量值都用星号 (*) 标记以表明此测量值是一个离群值。这样做会严重扭曲样本的图形，因为判断标准并不依赖于样本的大小。当离群值的比例在正常范围内时，大样本看起来尾部会很重，因为用星号显示的离群值可能很多。在习题 3.6 中，我们将说明这种扭曲是如何形成的以及如何通过编辑 Minitab 箱形图中的离群值符号来控制它。

箱形图把测量值一分为四，它显示出数据分布形状的很多信息。通过分析比较触须与盒子的长度可以知道数据集的尾部是轻、正常或是重；比较触须的长度可知数据的分布是偏斜或是对称。图 3.2 是卡文迪什地球密度测量值的箱形图，它表明数据分布比较对称，但下尾稍长。

茎叶图

绘制茎叶图是提取数字样本分布信息的一种既快速又方便的方法，其茎表示各个数

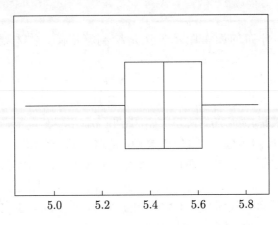

图 3.2   卡文迪什地球密度测量值的箱形图

据项某个深度 (10 的幂) 的首位 (可以多位) 数字, 而叶则表示数据项的下一位数字, 数据集较小的茎叶图可以手工绘制。在一组数字上常常最先采用绘制茎叶图的方法, 其步骤如下:

- 画一条纵轴 (茎) 并为茎的单元标上刻度, 始终使用线性刻度。
- 为下一位数字画叶子。可对叶的数字舍入, 但是手工绘制时通常不这样做, 无论舍入或是截断都会令一些信息丢失。
- 对叶排序, 最小的叶距离茎最近, 最大的叶则离茎最远。
- 在图上标出叶子单位。

把茎叶图向左转 90° (茎的纵轴变为横轴), 就得到数字分布的图形, 它以叶子单位的精度保留实际数字, 由左向右由下往上数可以得到次序统计量, 这样做便于找出四分位数和中位数。图 3.3 是卡文迪什地球密度测量值的茎叶图, 其中的茎用到个位和十分位这两位数, 叶为百分位这一位数。

地球密度的测量总共有 29 个值, 我们数到 $X_{\left[\frac{29+1}{2}\right]} = X_{[15]}$, 得到中位数是 5.46; 数到 $X_{\left[\frac{29+1}{4}\right]} = X_{\left[7\frac{1}{2}\right]}$, 因此第一个四分位数 $Q_1 = \frac{1}{2}X_{[7]} + \frac{1}{2}X_{[8]}$, 它是 5.295。

频率表

简化一组数字的另一个主要方法是将它们放到频率表中, 这种方法有时被称为装箱数据, 其步骤如下:

- 将可能的取值分成互相不重叠的组 (箱子), 通常我们使用宽度相等的组, 但并非必须如此;
- 将每一项放入它所属的组中;
- 计算每组中项的总数。

频率表是用来概括数据的一个有用的工具, 数据概括是要在信息的取舍与概括的简洁明了之间达成一个平衡。若将一个数字放进某一组中, 这个数字准确的值就没有了, 我

叶的单位 .01

48	8
49	
50	7
51	0
52	6799
53	04460
54	2467
55	03578
56	12358
57	59
58	5

图 3.3 卡文迪什地球密度测量值的茎叶图

们只知道它在该组的边界之内, 用的组越少, 概括就越简明, 丢失的信息也越多。如果用的组较多, 丢失的信息较少, 但概括不够简洁且更难理解。由于不再有组中各值的精确信息, 最合理的假设应该是在组中的每个数值都是等可能的。表 3.2 以频率表的形式展示卡文迪什地球密度测量值。

表 3.2 卡文迪什地球密度测量值频率表

边界	$4.80 < x \leqslant 5.00$	$5.00 < x \leqslant 5.20$	$5.20 < x \leqslant 5.40$	$5.40 < x \leqslant 5.60$	$5.60 < x \leqslant 5.80$	$5.80 < x \leqslant 6.00$
频率	1	2	9	9	7	1

如果分组过多, 在一些组中可能一个测量值都没有, 此时最好将两个或多个相邻的组合并为一个更大的组, 以使每一组中都有测量值。可以用两种图形展示频率表中的数据, 它们是直方图和累积频率多边形。

直方图

直方图是最常用来展示频率表中数据分布的方法, 构建直方图的步骤如下:
- 在横轴上标出每一组的边界, 横轴采用线性刻度;
- 每组画一个矩形条, 其面积与该组的频率成正比, 例如, 如果一组的宽度是两倍宽, 它的高度就是该组频率的一半, 长条的顶部是平的, 它表示的是组中每一个值的可能性相等这个假设;
- 如果数据是连续的, 两个矩形条之间就不要有缝隙;
- 纵轴的刻度是密度, 即组频率除以组的宽度, 当每组的宽度相等时, 刻度与频率或相对频率成正比, 可以用它们代替密度, 如果组的宽度不等, 就不能用频率或相对频率代替密度, 在纵轴上不需要标注刻度, 重要的是图的形状而不是纵轴上的刻度。

- [**Minitab:**] 如果在 Minitab 中使用宽度不等的组, 必须在选项(options) 对话框中单击密度(density); 否则直方图的形状会出错。

直方图为我们展示了样本数据是如何分布的, 由直方图可以看出分布的形状和相对尾重, 我们视之为表示样本的潜在总体的图形。总体的这个潜在分布[1]一般来说相当光滑, 在分组的多少之间总是需要权衡。如果分的组太多, 直方图会出现 "锯齿" 因而不能很好地表示总体的分布, 如果分的组太少, 就丢掉了形状的细节。图 3.4(a)、(b)、(c) 是分别

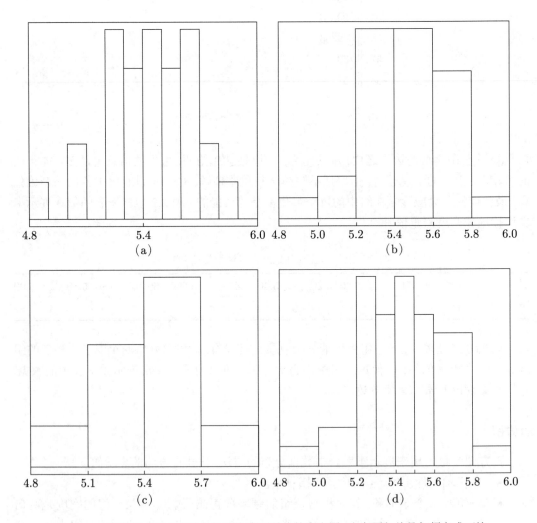

图 3.4   在不同边界下卡文迪什地球密度测量值的直方图, 注意面积总是与频率成正比

---

[1]在本例中, 总体是卡文迪什从他的实验中能得到的所有可能的地球密度测量值的集合, 这是理论上的总体, 因为它的每一个元素只有通过卡文迪什的实验产生。

使用 12 组、6 组以及 4 组时的卡文迪什地球密度测量值的直方图, 它们说明在分组的多少之间的折中。由图 3.4 可见, 分为 12 组的直方图有缝隙并且出现了锯齿; 分为 6 组的直方图更好地展现了地球密度测量值的潜在分布; 分为 4 组的直方图丢掉了太多的细节。图 3.4(d) 的直方图中各组的宽度不同, 为了让面积与频率成比例, 较宽的矩形条的高度变短了。

累积频率多边形

构建累积频率多边形是展示频率表中数据的另一个方法, 累积频率多边形有时被称为肩行图。它特别有用, 因为由此图可以估计出中位数和四分位数, 其步骤如下:

- 在横轴上标出每一组的边界, 横轴采用线性刻度;
- 在纵轴上标出频率或百分比;
- 绘出坐标为 (最低层的下界, 0) 的点;
- 对每一组, 绘出坐标为 (组的上界, 累积频率) 的点, 我们不知道组中各个观测的确切的值, 但很清楚组中所有的值一定小于等于它的上界;
- 将标绘出的点用折线连接, 因为我们认为在同一组中的各个值的可能性相等所以用直线连接邻近的点。

根据图形可以估计中位数和四分位数。为找出中位数, 从纵轴刻度的 50% 处画一条水平线与累积频率多边形相交, 然后从交点画一条垂线到横轴, 与横轴相交的点的值就是中位数的估计值。同理, 为找出四分位数, 从纵轴刻度的 25% 或 75% 处画一条水平线与累积频率多边形相交, 并从交点向下画垂线到横轴分别找出下四分位数和上四分位数。这些估计背后隐含的假设是所有的值在组中都均匀分布, 图 3.5 所示为卡文迪什地球密度测量值的累积频率多边形。

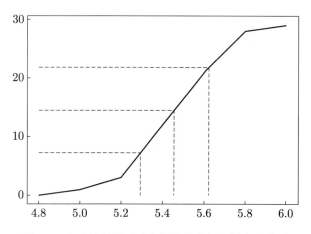

图 3.5　卡文迪什地球密度测量值的累积频率多边形

3.2   两个样本的图形比较

有时候我们用相同的变量记录两个样本, 例如, 我们得到随机实验的治疗组和对照组的响应, 需要确定治疗是否有效。

无须复杂的统计推断, 我们用一张图就能清楚说明这个问题。用图形比较两个样本数据的关键是 "不要将苹果与橙子比较", 也就是说两个样本的图形必须排列在一起并以同一尺度绘制, 当它们排列在相同的轴上时, 用堆叠点图和堆叠箱形图就能很好地进行对比。比较两个小型数据集的另一个较好的方式是背靠背的茎叶图, 两个样本使用共同的茎, 样本的叶分列在茎的两边, 两个样本的叶经过排序, 最小的离茎最近, 最大的离茎最远。还可以让直方图背靠背或将它们叠加起来, 也可以在同一个数轴上为两个样本绘制累积频率多边形, 如果其中一个总是在另一个的左边, 我们可以推断它的分布相对于另一个的有偏移。

所有这些图形都能展示两个分布之间是否存在差异, 例如, 分布在数轴上的位置是否相同, 或者其中一个相对于另一个有没有偏移? 分布的离差是否相同, 或者其中一个比另一个散得更开? 形状相似吗? 如果有多于两个的样本, 我们可以将它们的图形叠起来。当然, 背靠背只对两个样本有效。

例 3.2   在 1879 年至 1882 年期间, 科学家为测定光速进行了多个实验, 表 3.3 所示为迈克尔逊 (Michelson) 在一系列光速实验中采集的测量值, 前面的 20 个采集于 1879 年, 其后的 23 个补充测量值采集于 1882 年。Stigler (1977) 介绍了实验和数据。

表 3.3   迈克尔逊对光速的测量值 (表中数值加 299000km/s)

迈克尔逊 (1879)		迈克尔逊 (1882)	
850	740	883	816
900	1070	778	796
930	850	682	711
950	980	611	599
980	880	1051	781
1000	980	578	796
930	650	774	820
760	810	772	696
1000	1000	573	748
960	960	748	797
		851	809
		723	

图 3.6 所示为两个数据集的堆叠点图, 图 3.7 是两个数据集的堆叠箱形图, 空气中光

速的实际值是 299971km/s。从这些图中可以看出, 在开始的一系列实验中存在系统误差 (偏差), 后来的实验中系统误差显著减小。

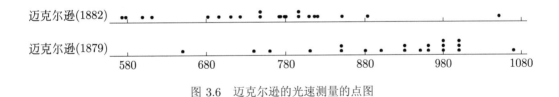

图 3.6　迈克尔逊的光速测量的点图

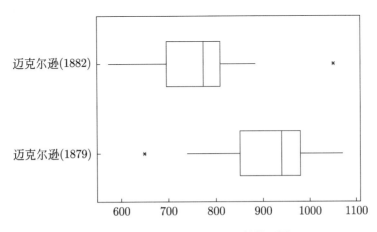

图 3.7　迈克尔逊的光速测量的箱形图

背靠背茎叶图是显示两组数据之间关系的另一方法, 茎在中间, 将其中一组数据的叶放在右边, 另一组放在左边, 叶按升序排开。图 3.8 为迈克尔逊实验数据的背靠背茎叶图, 茎的单位是 100, 叶的单位是 10。　■

977	5		叶的单位10
1	6		
98	6	5	
4412	7	4	
9998777	7	6	
210	8	1	
85	8	558	
	9	033	
	9	566888	
	10	000	
5	10	7	

图 3.8　迈克尔逊的数据的背靠背茎叶图

3.3   位 置 度 量

有时候我们要用数字概括数据集。对于数据的分布, 最重要的是要确定一个数值, 由它来概括分布在数轴上的位置。位置度量最常用的是均值和中位数, 我们会讨论其各自的优缺点。

均值和中位数都是切尾均值族的成员, 该族中还包括二者之间的折中值, 它取决于修剪的量。我们并不认为众数 (最常见的值) 是一个合适的位置度量, 对连续的数据而言, 在测量足够精确的情况下, 每个数值都是唯一的。在很多情况下, 众数靠近分布的一端而非中心区域。众数可能并不唯一。

均值: 优缺点

均值既简单又具有好的数学性质, 因此均值是最常用的位置度量。一个数据集 $y_1, y_2, \cdots, y_n$ 的均值是这些数的简单算术平均, 即

$$\bar{y} = \frac{1}{n} \sum_{i=1}^{n} y_i = \frac{1}{n}(y_1 + y_2 + \cdots + y_n)。$$

均值既简单又易于计算, 仅需遍历每一个数并将它们加起来, 然后再除以样本的大小。

均值具有好的数学性质。和的均值等于均值之和。例如, 如果 y 是总收入, u 是"劳动收入"(薪金报酬), v 是"非劳动所得"(利息, 红利, 租金), 而 w 是"其他收入"(社会保险津贴和养老金, 等等)。显然, 一个人的总收入是其所有收入的总和 $y_i = u_i + v_i + w_i$, 则

$$\bar{y} = \bar{u} + \bar{v} + \bar{w}。$$

因此, 取各项收入的均值然后相加得到总收入的均值, 或者将个人收入相加得到其总收入后再取均值, 这两种方法会得到相同的值。

均值的组合性质很好。由多个集合组合起来的集合的均值是其中各个集合的均值的加权平均, 权重是各个集合在组合集中所占的比例。例如, 来自独立访谈的男性和女性的数据, 总的均值将是男性的均值和女性的均值的加权平均, 其中权重是男性和女性的人数在样本中所占的比例。

均值是一阶矩或一组数的重心。如果在 (无重量的) 数轴上的每个数据点上放相同的重量, 均值可被视为平衡点。均值会是直线的平衡点, 这也正是均值的主要缺点, 它会受到离群值的左右。一个远远大于其他测量值的观测对均值的影响很大, 因此将均值用于像个人收入这种极不平衡的数据时就会出问题, 图 3.9 显示离群值是如何影响均值的。

计算分组数据的均值。数据被放入频率表后, 我们只知道各个观测的边界, 不再有数据实际的值。关于实际的值可以有两个假设。

1. 一组中的所有值均落在该组的中点;
2. 一组中的所有值在该组中均匀分布。

图 3.9 移动离群值会影响到作为数据平衡点的均值

幸运的是, 在这两个假设下算出来的均值相同。一组中的所有观测的总贡献等于它的中间点乘以频率, 即

$$\bar{y} = \frac{1}{n} \sum_{j=1}^{J} n_j m_j = \sum_{j=1}^{J} \frac{n_j}{n} m_j,$$

其中 n_j 是第 j 个区间中观测的个数, n 是观测的总数, 而 m_j 是第 j 个区间的中点。

中位数: 优缺点

一组数的中位数是这样的一个数, 在这组数中的 50% 不比它大, 50% 不比它小。要找到中位数需要对数排序, 样本的大小是奇数时, 它是中间的数; 样本大小是偶数时, 它是中间两个数的平均值, 即

$$m = y_{\left[\frac{n+1}{2}\right]}。$$

中位数完全不受离群值的影响。因为这个性质, 如图 3.10 所示, 中位数非常适合用于像个人收入这种极不平衡的数据。然而, 它不像均值那样具有的好的数学性质, 和的中位数不一定是中位数之和。它也没有与均值相似的好的组合性质, 组合样本的中位数不一定是中位数的加权平均。因此, 中位数不如均值常用, 它主要用于像收入这类极不平衡的数据, 这些数据中有过度影响均值但不影响中位数的离群值。

图 3.10 移动离群值不会影响作为数据中点的中位数

切尾均值。通过下面的方法可获得裁剪度为 k 的切尾均值。首先对测量值排序, 然后去掉 k 个最小和 k 个最大的次序统计量, 并取剩余测量值的平均值。

$$\bar{x}_k = \frac{\sum_{i=k+1}^{n-k} x_{[i]}}{n-2k}。$$

我们看到 $\bar{x}_0$ (没有裁剪) 是均值。如果 n 是奇数并且设 $k = \dfrac{n-1}{2}$, 则 $\bar{x}_k$ 是中位数; 如果 n 是偶数并令 $k = \dfrac{n-2}{2}$, 则 $\bar{x}_k$ 是中位数。如果 k 较小, 切尾均值会具有与均值类似的性质; 如果 k 较大, 切尾均值则具有与中位数类似的性质。

3.4　离　差　度　量

在数轴上确定了数据集的位置之后, 重要的是要确定数据集中各数据的分布形状。如果数据的变化很大, 数据集将非常分散, 所以度量离差是对变异性的度量。我们来看看某些常用的变异性度量。

极差: 优缺点

极差是最大测量值减去最小测量值, 即

$$R = y_{[n]} - y_{[1]}。$$

极差易于计算, 然而, 最大和最小测量值最有可能是离群值, 显然离群值对极差的影响很大。

四分位数间距: 优缺点

四分位数间距度量全部观测的中间 50% 的观测的离差, 它是第三个四分位数与第一个四分位数的差, 即

$$\text{IQR} = Q_3 - Q_1。$$

四分位数不是离群值, 所以四分位数间距不受离群值的影响。尽管如此, 四分位数间距在推断中并不常用, 因为它与中位数一样, 也没有好的数学性质或组合性质。

方差: 优缺点

数据集的方差是数据与均值之差的平方的平均,[1]即

$$\text{Var}[y] = \frac{1}{n} \sum_{i=1}^{n} (y_i - \bar{y})^2。$$

在物理意义上, 它是关于均值的二阶惯性矩, 工程师称方差为均方差, 它有良好的数学性质, 虽然比均值的性质复杂。(独立变量的) 和的方差等于单个变量的方差之和。

它有良好的组合性质, 虽然比均值的组合性质复杂, 组合的方差等于各组成部分的方差的加权平均, 加上各个组成部分的均值减去组合均值的加权均方差, 其中权重是各个组成部分在组合数据集中所占的比例。

---

[1]注意, 我们用因子 n 定义数据集的方差, 我们并未区分数据集是整个总体或只是总体的一个样本。一些书中用因子 $n-1$ 定义样本数据集的方差, 因为对样本而言, 用样本均值代替未知的总体均值会失去一个自由度。用因子 $n-1$ 时, 计算的是样本方差的估计, 而非方差本身。

对均值的偏差在平方之后会让远离均值的观测值更加突出。偏差很大的观测，无论正或负，在平方后会变得更大并且全部为正，因此离群值会严重地影响方差。方差是平方单位所以它不能与均值比大小。

计算分组数据的方差。方差是数据与均值之差的平方的平均。将数据放进频率表后，我们不再有各个数据实际的值，对实际的值可以有两个假设。

1. 一组中的所有值均落在此组的中点；
2. 一组中的所有值在此组中均匀分布。

不幸的是，根据这两个假设对方差的计算会不同。基于第一个假设，我们得到近似公式

$$\text{Var}[y] = \frac{1}{n} \sum_{j=1}^{J} n_j(m_j - \bar{y})^2,$$

其中 n_j 是第 j 个区间中观测的个数，n 是观测的总数，m_j 是第 j 个区间的中点。该式只包含组间方差，而忽略了同一组内观测的变异性。基于第二个假设，我们添加各组内的变异性，得到公式

$$\text{Var}[y] = \frac{1}{n} \sum_{j=1}^{J} \left(n_j(m_j - \bar{y})^2 + n_j \frac{R_j^2}{12} \right),$$

其中 R_j 是第 j 组的上界与下界的差。

标准差：优缺点

标准差是方差的平方根，即

$$\text{sd}(y) = \sqrt{\frac{1}{n} \sum_{i=1}^{n} (y_i - \bar{y})^2}.$$

工程师们称之为均方根。离群值对标准差的影响弱于对方差的影响，它继承了方差良好的数学性质和组合性质。标准差被广泛应用于度量离差。它与均值的单位相同，所以可以直接与均值比大小。

3.5 展示两个或多个变量之间的关系

有时候，我们的数据是在每个实验单元中对两个变量的测量，即所谓的双变量数据。我们想研究这两个变量之间的关系。

散点图

散点图只是一个二维点图，横轴用来标记第一个变量，纵轴用来标记第二个变量，将

各点绘制在图上。"点云"的形状让我们了解这两个变量是否关联，如果关联，是何种类型的关系。

如果我们有两个双变量数据的样本并想看看这两个样本中变量之间的关系是否相似，为便于区分，可以在同一个散点图中用不同的符号绘制这两个样本的点。

例 3.3　保存于 Minitab 中的文件 Bears.mtw 包括对野熊的 143 个测量，研究人员将这些野熊麻醉后进行测量并装上追踪器，然后将它们放归野外。图 3.11 所示为这些野熊的头长和头宽的散点图。由图可见，头长与头宽相关。头越宽的熊往往头也越长。我们还可以看出雄性野熊的头往往比雌性野熊的头大。 ■

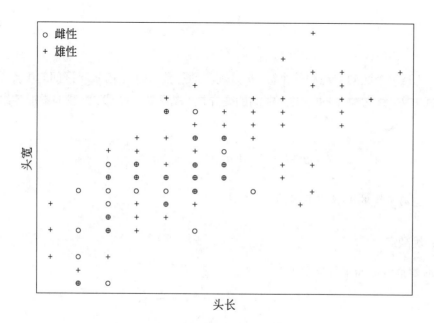

图 3.11　野熊的头长与头宽

散点图矩阵

有时候，我们的数据是对每个实验单元的多个变量的测量，即所谓的多变量数据。为研究变量之间的关系，可以生成散点图矩阵，即为每一对变量构造散点图，然后像矩阵一样以阵列的形式展示出来，逐一查看每个散点图以研究变量对之间的关系。在这张图上，很难看出三个及以上变量之间更复杂的关系。

例 3.3(续)　图 3.12 所示为一个散点图矩阵，表示野熊的头长、头宽、颈围、身长、胸围和体重等测量数据，由图可见，这些变量之间存在很强的正相关的关系，而有一些关系看起来是非线性的。 ■

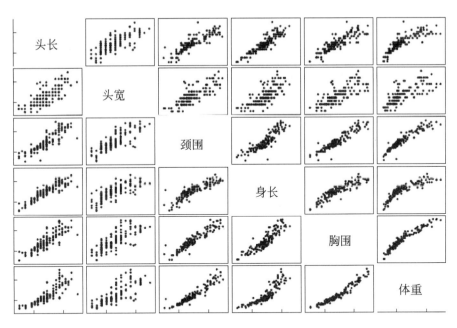

图 3.12　野熊数据的散点图矩阵

3.6　两个或多个变量关联的度量

协方差与两个变量的相关性

　　两个变量的协方差是第一个变量与其均值的差乘以第二个变量与其均值的差的平均, 即

$$\mathrm{Cov}[x, y] = \frac{1}{n} \sum_{i=1}^{n} (x_i - \bar{x})(y_i - \bar{y})。$$

协方差度量两个变量是如何一起变化的。两个变量的相关性是两个变量的协方差除以两个变量的标准差的乘积, 它将相关性标准化, 使其取值在 −1 和 +1 之间, 即

$$\mathrm{Cor}[x, y] = \frac{\mathrm{Cov}[x, y]}{\sqrt{\mathrm{Var}[x]\mathrm{Var}[y]}}。$$

相关性度量两个变量线性相关的强度。相关性为 +1 表明两个变量的点以正斜率分布在直线上; 相关性为 −1 表明这些点以负斜率分布在直线上。小于 1 的正相关表示点是分散的, 但通常第一个变量的较小的值与第二个变量的较小的值相关, 而第一个变量的较大的值与第二个变量的较大的值相关, 相关性越强, 这些点就越靠近一条直线。负相关则表示第一个变量的较小的值与第二个变量的较大的值相关, 第一个变量的较大的值与第二个变量的较小的值相关。相关性为 0 表示第一个变量的较小的值或较大的值与第二个变量的较大的值或较小的值没有关联, 这并不意味着变量不相关, 只是表示它们非线性相关。

　　当多于两个变量时, 将相关性放到矩阵中。x 和 y 的相关性等于 y 和 x 的相关性, 所以, 相关性矩阵关于主对角线对称, 任何变量与自身的相关性都等于 1。

例 3.3(续) 表 3.4 所示为野熊数据的相关性矩阵, 我们看到, 所有的变量都相关。查矩阵图可知头长和头宽的相关性为 0.744, 而这两个变量的散点图是散开的; 头长和身长的相关性为 0.895, 在这两个变量的散点图中, 我们看到点非常接近于直线分布; 胸围和体重高度相关, 相关性为 0.966, 由散点图可见, 这些点非常接近于一条直线, 尽管看起来它们实际上处在与一条直线相当接近的曲线上。 ■

表 3.4 野熊数据的相关性矩阵

	头长	头宽	颈围	身长	胸围	体重
头长	1.000	0.744	0.862	0.895	0.854	0.833
头宽	0.744	1.000	0.805	0.736	0.756	0.756
颈围	0.862	0.805	1.000	0.873	0.940	0.943
身长	0.895	0.736	0.873	1.000	0.889	0.875
胸围	0.854	0.756	0.940	0.889	1.000	0.966
体重	0.833	0.756	0.943	0.875	0.966	1.000

本 章 要 点

- 作为统计分析的第一步, 应该用多种方式查看数据, 通常, 一个好的图形无须更多的分析, 就足够展示数据的特征。一些基本的数据分析工具为:
  - 次序统计量。由小到大排序的数据 $y_{[1]}, y_{[2]}, \cdots, y_{[n]}$。
  - 中位数。50% 的测量值在其上, 50% 的测量值在其下的值, $y_{\left[\frac{n+1}{2}\right]}$。

    若 n 为奇数, 中位数是次序统计量的中间值; 若 n 为偶数, 中位数是最中间的两个次序统计量的加权平均:

$$y_{\left[\frac{n+1}{2}\right]} = \frac{1}{2} y_{\left[\frac{n}{2}\right]} + \frac{1}{2} y_{\left[\frac{n}{2}+1\right]}。$$

  中位数又被称为第二个四分位数。
  - 下四分位数。25% 的观测在其下, 75% 的观测在其上的值, 它又被称为第一个四分位数, 其值是

$$Q_1 = y_{\left[\frac{n+1}{4}\right]}。$$

    如果 $\frac{n+1}{4}$ 不是整数, 我们取最接近的两个次序统计量的加权平均。
  - 上四分位数。75% 的观测在其下, 25% 的观测在其上的值, 它又被称为第三个四分位数, 其值是

$$Q_3 = x_{\left[\frac{3(n+1)}{4}\right]}。$$

    如果 $\frac{3(n+1)}{4}$ 不是整数, 我们取与之最接近的两个次序统计量的加权平均。

- 在我们用图形来比较两个样本时, 重要的是使用相同的尺度, 不读取坐标轴上的数也能够从视觉上得到正确的比较, 基本的图形数据展示方法有:
  - 茎叶图。允许我们简单快捷地从样本中抽取信息的图形, 沿线性刻度的垂直数轴上标出茎位的数, 茎位以下的一位数字作为叶的数字排在与茎相应的位置, 叶应该按与茎的距离顺序排列。沿着图计数, 很容易 (近似地) 算出四分位数, 在进行比较时可以用背靠背茎叶图。
  - 箱形图。沿着线性轴的图形, 中央处的盒子包含中间 50% 的观测, 而触须从盒子两端出发至最小和最大的观测值。在中位数处的一根直线贯穿盒子, 所以它是五个数 $y_{[1]}, Q_1, Q_2, Q_3, y_{[n]}$ 的可视化表达, 这五个数快速概括了数据的分布。在进行比较时可以用堆叠箱形图。
  - 直方图。数据分组的边界置于线性刻度的横轴上的图形, 每组由一个矩形条表示, 其面积与组的频率成正比。
  - 累积频率多边形。组边界置于线性刻度横轴上的图形, 绘制坐标为 (最小组的下边界, 0) 的点和坐标为 (上边界, 累积频率) 的点并用折线连接。用此图很容易找出中位数和四分位数。
- 用一些数值统计量来概括数据集也很有用。一个变量最重要的统计量是位置度量, 它指明数值处于数轴的什么位置, 位置度量可为:
  - 均值。数的平均, 它易于使用, 具有良好的数学性质和组合性质, 广泛地用于位置度量, 它对离群值敏感, 因此对重尾分布来说不是特别好。
  - 中位数。中间的次序统计量, 或者最中间的两个统计量的平均。要找出中位数较难, 因为需要对数据排序, 它不受离群值的影响。中位数的数学性质欠佳, 也没有均值所拥有的良好的组合性质, 因此, 它不像均值那么常用。主要用于有重尾或离群值的分布, 在这些情况下它比均值合适。
  - 切尾均值。它是在均值和中位数之间的一个折中, 去掉 k 个最大的和 k 个最小的次序统计量, 余下数据的平均为切尾均值。
- 第二个重要的统计量是离差度量, 它说明数据如何分布。一些常用的离差度量有:
  - 极差。最大次序统计量与最小次序统计量的差, 显然它对离群值非常敏感。
  - 四分位数间距(IQR)。上四分位数与下四分位数的差, 它度量所有观测的中间 50% 的观测值的离差, 它对离群值不敏感。
  - 方差。与均值之差的平方的平均, 受到离群值的强烈影响。方差具有良好的数学性质和组合性质, 但它是平方单位因此不能直接与均值比较。
  - 标准差。方差的平方根。与方差相比, 它对离群值不太敏感并能直接与均值比较, 因为它们的单位相同, 它继承了方差的好的数学性质和组合性质。
- 两个或多个变量之间关系的图形展示。
  - 散点图。用于寻找模式。
  - 散点图矩阵。所有变量对的散点图阵列。
- 相关性是两个变量线性关系强度的数值度量, 将其标准化使之总是介于 −1 和 +1 之间。如果点位于斜率为负的直线上, 相关性为 −1, 如果它们位于斜率为正

的直线上, 相关性就为 +1; 相关性为 0 并不意味着没有关系, 只表明二者不存在
线性关系。

习   题

3.1   为研究某大城市的空气污染, 研究人员在夏季测量了 25 天中二氧化硫的浓度,
测量值如下:

3 9 16 23 29 3 11 17 25 35 5 13 18 26 43 7 13 19 27 44 9 14
23 28 46

(1) 绘制二氧化硫测量值的茎叶图;

(2) 找出测量值的中位数、下四分位数和上四分位数;

(3) 画出测量值的箱形图。

3.2   荷兰榆树病是由树皮甲虫在病树间传播的。现有 100 个受感染的榆树的样本,
每棵树上的树皮甲虫的个数汇总如下:

边界	$0 < x \leqslant 50$	$50 < x \leqslant 100$	$100 < x \leqslant 150$	$150 < x \leqslant 200$	$200 < x \leqslant 400$
频率	8	24	33	21	14

(1) 画出树皮甲虫数据的直方图;

(2) 绘制树皮甲虫数据的累积频率多边形, 在图中标明中位数和四分位数。

3.3   一家制造商想确定在金属零件上打的两个孔的间距是否满足规格要求。他们取
了 50 个零件作为样本并测量孔距, 孔距精确到 0.1 mm, 测量结果如下:

300.6	299.7	300.2	300.0	300.1	300.0	300.1	299.9	300.2	300.1
300.5	299.6	300.7	299.9	300.2	299.9	300.4	299.8	300.4	300.4
300.4	300.2	299.4	300.6	299.8	299.7	300.1	299.9	300.0	300.0
300.5	300.1	299.9	299.8	300.2	300.7	300.4	300.1	300.0
300.2	300.3	300.5	300.0	300.1	300.3	299.9	300.1	300.2	299.5

(1) 画出测量值的茎叶图;

(2) 找出测量值的中位数、下四分位数和上四分位数;

(3) 画出测量值的箱形图;

(4) 将测量值按如下分组放进频率表中;

边界	$299.2 < x \leqslant 299.6$	$299.6 < x \leqslant 299.8$	$299.8 < x \leqslant 300.0$
频率			

边界	$300.0 < x \leqslant 300.2$	$300.2 < x \leqslant 300.4$	$300.4 < x \leqslant 300.8$
频率			

(5) 绘制测量值的直方图;

(6) 绘制测量值的累积频率多边形, 标明中位数和四分位数。

3.4 政府部门的一位经理关心其部门的服务效率, 他特别在意公众在等候服务时耽搁的时间。他取了 50 位顾客作为样本, 测量每一位顾客等候服务的时间, 数据如下 (精确到秒):

98	5	6	39	31	46	129	17	1	64
40	121	88	102	50	123	50	20	37	65
75	191	110	28	44	47	6	43	60	12
150	16	182	32	5	106	32	26	87	137
44	13	18	69	107	5	53	54	173	118

(1) 画出测量值的茎叶图;

(2) 找出测量值的中位数、下四分位数和上四分位数;

(3) 画出测量值的箱形图;

(4) 将测量值按下列分组放进频率表中:

边界	$0 < x \leqslant 20$	$20 < x \leqslant 40$	$40 < x \leqslant 60$	$60 < x \leqslant 80$	$80 < x \leqslant 100$	$100 < x \leqslant 200$
频率						

(5) 画出测量值的直方图;

(6) 画出测量值的累积频率多边形, 标明中位数和四分位数。

3.5 现有 50 个家庭可支配流动现金储蓄的随机样本, 数据列在下面的频率表中:

边界	$0<x \leqslant 500$	$500<x \leqslant 1000$	$1000<x \leqslant 2000$	$2000<x \leqslant 4000$	$4000<x \leqslant 6000$	$6000<x \leqslant 10000$
频率	17	15	7	5	3	3

(1) 画出测量值的直方图;

(2) 画出测量值的累积频率多边形, 标明中位数和四分位数;

(3) 计算数据的分组均值。

3.6 本习题说明在 Minitab 和 R 中, 生成箱形图时默认的设置因未考虑样本大小会出现误导的情况。我们用相同的分布生成大小不同的三个样本并比较它们的箱形图。

[Minitab:] 生成 250 个正态分布 $N(0,1)$ 的观测值并把它们存入 c1 列: 下拉 Calc 菜单到 Random Data 命令, 选择 Normal 并填写对话框。以相同的方式生成 1000 个正态分布 $N(0,1)$ 的观测值并存入 c2 列, 再生成 4000 个正态分布 $N(0,1)$ 的观测值并存入 c3 列。把这三列堆叠起来: 下拉 Data[1] 菜单到 Stack 停在 Columns 处并填写对话框, 将堆叠列存入 c4 列, 下标移到 c5。下拉 Graph 菜单到 Boxplot 命令并填写对话框, 形成堆叠箱形图, 图形变量是 c4 而类别变量是 c5。

---

[1]注意它曾经标示为 Manip 菜单。

[R:]

```
# 我们可以只用 y = rnorm(5250)
# 若要让三组的大小清清楚楚，就用
y = rnorm(sum(c(250, 1000, 4000)))
x = rep(1:3, c(250, 1000, 4000))
boxplot(y~ x)
```

(1) 从输出的箱形图你注意到什么?

(2) 哪一个样本看起来尾部较重?

(3) 为什么这是误导?

(4) **[Minitab:]** 单击箱形图, 下拉 Editor 菜单到 Select Item 并停在 Outlier Symbols, 在对话框中单击 Custom 并选择 Dot。

[Minitab version 17.2:] 在箱形图中的任意离群点上单击鼠标左键, 然后单击鼠标右键弹出上下文菜单并选择 Edit Outlier Symbols, 将符号改为 Custom 并在下拉框中选择 Dot 符号。

[R:] 在 R 中使用参数varwidth很容易让盒子的宽度与样本大小 (平方根) 成比例, 直接输入:

```
boxplot(y~ x, varwidth = TRUE)
```

(5) 图形仍然像原来一样让人误解吗?

3.7 Barker and McGhie (1984) 在新西兰哈密尔顿周围收集了 100 只大蛞蝓属蛞蝓, 让它们放松并记录其身长 (单位: mm) 和体重 (单位: g), 其中的 30 个观测值见下表。

身长/mm	体重/g	身长/mm	体重/g	身长/mm	体重/g
73	3.68	21	0.14	75	4.94
78	5.48	26	0.35	78	5.48
75	4.94	26	0.29	22	0.36
69	3.47	36	0.88	61	3.16
60	3.26	16	0.12	59	1.91
74	4.36	35	0.66	78	8.44
85	6.44	36	0.62	90	13.62
86	8.37	22	0.17	93	8.70
82	6.40	24	0.25	71	4.39
85	8.23	42	2.28	94	8.23

[Minitab:] 在 Minitab 的工作表 slug.mtw 中有全部数据。

[R:] 在 R 中输入下列命令可以获得全部数据

```
data(slug)
```

(1) **[Minitab:]** 用 Minitab 绘制体重对身长图。

[**R:**] 用 R 绘制体重对身长图

```
plot(weight~length, data = slug)
```

二者之间关系的形状是怎样的?

(2) 当存在非线性关系时, 我们经常通过取对数对变量进行转换以达到线性性。本例中, 体重与体积相关, 而体积与身长、宽度和高度三者的乘积相关。取体重和身长的对数应该得到更加线性的关系。

[**Minitab:**] 用 Minitab 画出 log(体重) 对 log(身长) 的图。

[**R:**] 用 R 画出 log(体重) 对 log(身长) 的图

```
plot(log.wt~log.len, data = slug)
```

这个关系看起来是线性的吗?

(3) 从 log(体重) 对 log(身长) 的散点图中, 你能识别出不适合该模式的点吗?

第 4 章　逻辑、概率与不确定性

我们在日常生活中遇到的大多数情况都无法完全预测。如果想一想明天中午的天气，我不能肯定是否会下雨，我可以查询气象服务以获得最新的天气预报，这个预报基于从地面站和卫星图像所获得的最新数据，预报可能是个晴天，所以我不带雨伞。尽管预报是晴天，但还是有可能下雨，我也许会在去吃午饭时被雨淋透，不确定性无处不在。

在本章中，我们会看到逻辑推理只能处理确定性。在大多数实际情境中逻辑推理的用处非常有限，我们需要开发能处理不确定性的归纳逻辑。

由于不能完全消除不确定性，我们需要对它建模。在现实生活中，当面对不确定性时我们会用似然推理，根据另外的事件是否发生来调整对某个事件的信念。下面我们会看到如何基于概率规则进行似然推理，概率规则最初是用来分析基于随机偶然性的游戏的结果。因此概率规则将逻辑扩展为具有不确定性的似然推理。

4.1　演绎逻辑与似然推理

假设我们知道"如果命题 A 为真，则命题 B 为真"。随后我们得知"命题 A 为真"，由此可知"B 为真"。它是与条件相符的唯一结论，这就是推理。

仍然假设我们知道"如果命题 A 为真，则命题 B 为真"。随后我们得知"B 不真"，由此可知"A 不真"，这也是推理。当我们利用逻辑规则通过推理确定一个命题为真时，它是确定无疑的。演绎是从一般到特殊。

我们可以用图来表示命题，如图 4.1 所示，命题"A 为真"和"B 为真"分别用圆的内部表示。命题"如果 A 为真，则 B 为真"用代表 A 的圆完全落在代表 B 的圆内表示。第一个推论的本质是，如果我们在完全处于圆 B 内部的圆 A 中，就一定在圆 B 中；第二个推论的本质与前一个类似，如果我们在完全包含圆 A 的圆 B 的外部，就一定在圆 A 的外部。

由图可见其他命题。命题"A 和 B 都为真"用交集表示，即同时属于两个圆的区域。在图 4.1 所示的情况下，交集等于 A 本身。命题"A 或 B 为真"用并集表示，它是其中一个圆或两个圆的区域。在图 4.1 所示的情况下，并集等于 B 本身。

另一方面，假设我们得知"A 不真"，我们对 B 可以说什么呢？传统的逻辑对此无能为力。"B 为真"和"B 不真"都符合"A 不真"的条件。圆 A 之外的一些点在圆 B 之内，一些点又在圆 B 之外，没有合适的推论。然而在我们得知"A 不真"之后，直觉上"B 为真"就不像以前那么可信了。这是因为, B 可能为真的方式之一, 即 A 和 B 都为真, 已经不再可能。而 B 可能为假的方式却未受到影响。

当得知"B 为真", 情况与前面的类似, 传统的逻辑仍然无所建树。"A 为真"和"A 不真"都符合给定的条件。但我们知道"B 为真"让"A 为真"似乎更有可能, 因为 A 可能为假的方式之一, 即 A 和 B 都为假, 已不再可能, 而 A 为真的方式却未受到影响。

由命题的这种相关方式经常得不到什么推论。"A 为真"和"A 为假"都与"B 为真"和"B 为假"不矛盾, 如图 4.2 所示, 其中的两个圆相交而不是一个圆完全落在另一个圆中。

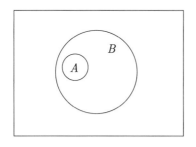 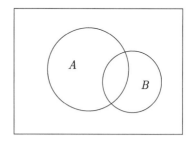

图 4.1 "如果 A 为真, 则 B 为真"   图 4.2 "A 为真"和"A 为假"都与"B 为真"
的推论是合理的   和"B 为假"不矛盾。这里没有合理的推论

假设我们试图用数来度量命题的似然性。如果因其他命题的出现而改变对某个命题的似然性, 我们就是在做归纳。归纳是从特殊到一般。

似然性度量所需的性质

1. 用非负实数表示似然度。
2. 在性质上它们与常识一致, 较大的值意味着更大的似然性。
3. 如果一个命题的表示方式不止一种, 则所有的表示方式得到的似然性相同。
4. 我们必须考虑所有相关的证据。
5. 同等的认知状态所得的似然性相同。

可以证明, 满足上述性质的似然性的任意集合一定遵循与概率相同的规则, 因此, 修正似然性的一种明智的方法是利用概率规则。给定数据, 贝叶斯统计运用概率规则修正我们的信念。概率作为逻辑的一种扩展被用于无法进行推理的情境。Jaynes, Bretthorst (2003) 对如何将概率当逻辑来使用做了深入的讨论。

4.2 概 率

我们从随机实验的概念开始。在随机实验中, 尽管是在已知的可重复条件下进行观测, 其结果仍然是不确定的, 在完全相同的条件下重复实验时, 所得结果可能不同。我们先从下列定义开始:

- 随机实验。不能完全预知其结果的实验, 在相同条件下重复实验但得不到相同的结果。掷硬币就是随机实验的一个例子。
- 结果。随机实验的单次试验的结果。
- 样本空间。随机实验的单次试验的所有可能的结果的集合, 记为 Ω。样本空间包含我们在分析实验时所考虑的一切, 所以也可以称为全域, 在示意图中我们称之为 U。
- 事件。随机实验的可能结果的任意一个集合。

可能事件包括全域 U 和没有结果的集合, 即空集 $\varnothing$。由任意两个事件 E 和 F 经过下列运算可以生成其他事件。

1. 两个事件的并集。E 和 F 的并集为 E 或 F(逻辑运算 "或") 的结果的集合, 记作 $E \cup F$
2. 两个事件的交集。两个事件 E 和 F 的交集为同时是 E 和 F 的结果的集合, 记作 $E \cap F$。
3. 一个事件的补集。一个事件 E 的补集为不在 E 中的结果的集合, 记作 $\tilde{E}$

我们用维恩图说明事件之间的关系, 如图 4.3 所示, 事件用全域中的区域表示。两个集合之间的关系取决于它们共有的结果。如果一个事件的所有结果也在另一个事件中, 则第一个事件是另一个的子集; 如果两个事件有一些共同结果, 但是每个事件都有一些结果不在另一个之中, 它们就是相交事件, 如图 4.4 所示, 一个事件并不包含在另一个中。如图 4.5 所示, 如果两个事件没有共同的结果, 它们是互斥事件。此时, 一个事件的发生排除了另一个事件, 反之亦然。它们也被称为不相交事件。

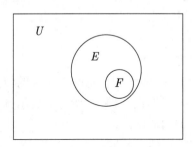

图 4.3　事件 F 是事件 E 的一个子集

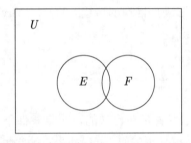

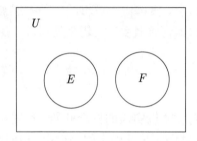

图 4.4　事件 E 和 F 是相交事件　　　　图 4.5　事件 E 和 F 为互斥或不相交事件

4.3 概 率 公 理

随机实验的概率分配是为实验所产生的所有可能事件分配概率, 这些概率是 0 和 1 之间的实数。一个事件的概率越大, 它就越有可能发生。概率等于 1 意味着事件一定会发生, 而 0 概率意味着事件不可能发生。为了保持一致, 事件的概率分配必须满足以下公理。

1. 对任一事件 A, $P(A) \geqslant 0$。(概率是非负数)
2. $P(U) = 1$。(全域的概率为 1, 每次实验总会出现某个结果)
3. 如果 A 和 B 为互斥事件, 则 $P(A \cup B) = P(A) + P(B)$。(不相交事件的概率等于各个事件的概率之和)

由概率公理可以证明其他的概率规则。

1. $P(\varnothing) = 0$。(空集的概率为零)
   - $U = U \cup \varnothing$ 且 $U \cap \varnothing = \varnothing$, 因此根据公理 3 得
   - $1 = 1 + P(\varnothing)$。证毕
2. $P(\tilde{A}) = 1 - P(A)$。(事件的补集的概率)
   - $U = A \cup \tilde{A}$ 且 $A \cap \tilde{A} = \varnothing$, 因此根据公理 3 得
   - $1 = P(A) + P(\tilde{A})$。证毕
3. $P(A \cup B) = P(A) + P(B) - P(A \cap B)$。(概率的加法规则)
   - $A \cup B = A \cup (\tilde{A} \cap B)$, 并且它们是互斥的, 因此根据公理 3 得
   - $P(A \cup B) = P(A) + P(\tilde{A} \cap B)$。
   - $B = (A \cap B) \cup (\tilde{A} \cap B)$, 并且它们是互斥的, 因此根据公理 3 得
   - $P(B) = P(A \cap B) + P(\tilde{A} \cap B)$。替换上一个等式中的 $P(\tilde{A} \cap B)$, 得到
   - $P(A \cup B) = P(A) + P(B) - P(A \cap B)$。证毕

事件的维恩图能帮助我们记住这个规则。$A \cap B$ 部分的概率分别包含在 $P(A)$ 和 $P(B)$ 中, 共有两次, 所以必须减去一次。

4.4 联合概率与独立事件

图 4.6 所示为全域 U 中两个事件 A 和 B 的维恩图。事件 A 和 B 的联合概率是指: 在重复随机实验中, 两个事件同时发生的概率。这是事件 A 和事件 B 的共同结果的集合, 即交集 $A \cap B$ 的概率。换言之, 事件 A 和 B 的联合概率为 $P(A \cap B)$, 也就是它们交集的概率。

如果事件 A 和事件 B 是独立的, 则 $P(A \cap B) = P(A)P(B)$, 联合概率是各个概率的乘积。如果此式不成立, 则称事件为相关的事件。请注意, A 和 B 这两个事件是独立或是相关取决于它们的概率。

独立事件和互斥事件的区别。人们常常将独立事件与互斥事件混淆, 其中的原因是独立一词有多个含义。某个事件不受其他事件支配的本意是第二件事对第一件事没有影

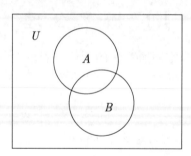

图 4.6　全域 U 中的两个事件，事件 A 和事件 B

响。我们在定义独立事件时所用的独立一词的含义是一个事件的发生不会影响到其他事件的发生或不发生。

独立一词还有另一个含义，也就是独立的政治含义。当一个殖民地从宗主国独立，它成为一个独立的国家。在互斥或不相交事件的定义中包含这个含义。

两个事件的独立并非事件本身的性质，而是由事件的概率以及事件的交集的概率所确定的性质，它与互斥事件不同，互斥事件不包含共同的元素。两个概率都非零的互斥事件不可能是独立的。因为它们的交集是空集，所以交集的概率一定会为零，不可能等于两个事件的概率的乘积。

边缘概率。联合事件中的一个事件 A 的概率称为边缘概率。利用概率公理将 $P(A \cap B)$ 和 $P(A \cap \tilde{B})$ 相加找出边缘概率。

- $A = (A \cap B) \cup (A \cap \tilde{B})$，并且它们是互斥的，因此根据公理 3 得
- $P(A) = P(A \cap B) + P(A \cap \tilde{B})$。通过将事件 A 的不相交部分相加得到它的边缘概率。证毕

4.5　条件概率

如果我们知道一个事件已经发生，它会影响另一个事件发生的概率吗？要回答这个问题，需要考虑条件概率。

假定事件 A 已发生，A 之外的一切都不再可能发生。我们只需考虑在事件 A 内部的结果，缩减全域 $U_r = A$。事件 B 中与缩减全域相关的那一部分是在 A 中的那一部分，即 $B \cap A$，如图 4.7 所示，已知事件 A 发生，缩减全域是事件 A，而与事件 B 唯一相关的那一部分为 $B \cap A$。

已知事件 A 的发生，缩减全域的总概率一定等于 1。给定 A，B 的概率为同在 A 中的 B 的那一部分的非条件概率乘以比例因子 $\dfrac{1}{P(A)}$。

给定事件 A，事件 B 的条件概率为

$$P(B|A) = \frac{P(A \cap B)}{P(A)}。\tag{4.1}$$

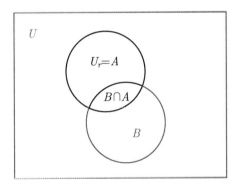

图 4.7 已知发生了事件 A 的缩减全域

我们看到, 条件概率 $P(B|A)$ 与联合概率 $P(A \cap B)$ 成正比, 但经过缩放使缩减全域的概率等于 1。

独立事件的条件概率。注意, 若 A 和 B 是独立事件, 则

$$P(B|A) = P(B)。$$

因为对于独立事件而言, $P(B \cap A) = P(B)P(A)$, 因子 $P(A)$ 将被约去。若 A 和 B 是独立事件, 对 A 的认知就不会影响到 B 发生的概率, 这表明我们对独立事件的定义是合理的。

乘法规则。在形式上, 我们可以将两个事件 A 和 B 的角色反转。给定 B, A 的条件概率为

$$P(A|B) = \frac{P(A \cap B)}{P(B)}。$$

不过, 我们不会用同样的方式考虑这两个事件。B 是不可观测事件, 也就是说, 我们观测不到事件 B 是否发生。A 是可观测事件, 它可以随事件 B 发生或随着其补集 $\tilde{B}$ 发生, 然而, A 发生的机会可能取决于是 B 发生还是 $\tilde{B}$ 发生。换言之, 事件 A 的概率以事件 B 的发生或不发生为条件。将上式的等式两边同时乘以 $P(B)$ 就得到

$$P(A \cap B) = P(B)P(A|B), \tag{4.2}$$

这就是所谓的概率乘法规则。它重新表述当给定不可观测事件时可观测事件的条件概率, 这种关系对找出联合概率 $P(A \cap B)$ 很有用。同理

$$P(A \cap \tilde{B}) = P(\tilde{B})P(A|\tilde{B})。$$

4.6 贝叶斯定理

由条件概率的定义

$$P(B|A) = \frac{P(A \cap B)}{P(A)}$$

可知, 通过将事件 A 的不相交部分的概率相加可以得到它的边缘概率。由于 $A = (A \cap B) \cup (A \cap \tilde{B})$ 并且 $A \cap B$ 与 $A \cap \tilde{B}$ 不相交, 得

$$P(A) = P(A \cap B) + P(A \cap \tilde{B})。$$

将此式代入条件概率公式, 得到

$$P(B|A) = \frac{P(A \cap B)}{P(A \cap B) + P(A \cap \tilde{B})}。$$

现在运用乘法规则找出各个联合概率, 则得到单一事件的贝叶斯定理

$$P(B|A) = \frac{P(A|B)P(B)}{P(A|B)P(B) + P(A|\tilde{B})P(\tilde{B})}。 \tag{4.3}$$

总而言之, 贝叶斯定理是对条件概率 $P(B|A)$ 的重新表述, 其中:

1. A 的概率是它的不相交部分 $A \cap B$ 和 $A \cap \tilde{B}$ 的概率之和, 并且
2. 用乘法规则找出各个联合概率。

需要注意的两个重点是, B 和 $\tilde{B}$ 不相交, 它们的并集是整个全域 U, 我们称事件 B 和事件 $\tilde{B}$ 划分全域。

一组事件划分全域。通常会有多于两个的一组事件划分全域。例如, 假设有 n 个事件 $B_1, B_2, \cdots, B_n$ 满足:

- 并集 $B_1 \cup B_2 \cup \cdots \cup B_n = U$ 是全域, 并且
- 每对不同的事件不相交, $B_i \cap B_j = \varnothing (i, j = 1, 2, \cdots, n,$ 且 $i \neq j)$。

则称此组事件 $B_1, B_2, \cdots, B_n$ 划分全域, 事件 A 被这些分区分成小块, $A = (A \cap B_1) \cup (A \cap B_2) \cup \cdots \cup (A \cap B_n)$。$A \cap B_i$ 与 $A \cap B_j$ 不相交, 因为 B_i 与 B_j 不相交。因此

$$P(A) = \sum_{j=1}^{n} P(A \cap B_j),$$

这就是所谓的全概率定律。它说的是一个事件 A 的概率是其各个互不相交部分的概率之和。对每个联合概率运用乘法规则, 得到

$$P(A) = \sum_{j=1}^{n} P(A|B_j)P(B_j)。$$

由每个联合概率除以 A 的概率就得到条件概率 $P(B_i|A)$ $(i = 1, 2, \cdots, n)$。

$$P(B_i|A) = \frac{P(A \cap B_i)}{P(A)}。$$

用乘法规则计算分子的联合概率, 并在分母中使用全概率定律, 得到

$$P(B_i|A) = \frac{P(A|B_i)P(B_i)}{\sum_{j=1}^{n} P(A|B_j)P(B_j)}, \tag{4.4}$$

这就是著名的贝叶斯定理。在它的发明者托马斯•贝叶斯教士逝世之后, 贝叶斯定理于 1763 年发表。

例 4.1 假设 $n = 4$, 图 4.8 所示为划分全域 U 的 4 个不可观测事件 $B_1, B_2, \cdots, B_4$, 以及一个可观测事件 A。现在我们来看看假定 A 发生的情况下 B_i 的条件概率。图 4.9 所示为假设 A 发生之后的缩减全域, 条件概率是在缩减全域上的概率, 经过缩放使其和为 1, 根据公式 (4.4) 式得到条件概率。贝叶斯定理实际上只是条件概率公式的重新表述, 这里用乘法规则算出分子的联合概率, 并由全概率定律和乘法规则得到分母的边缘概率。注意, 对事件 A 和 $B_i(i = 1, 2, \cdots, n)$ 的处理不是对称的。事件 $B_i(i = 1, 2, \cdots, n)$ 被认为是不可观测的, 我们根本不知道发生的事件是哪一个 B_i, 事件 A 是可观测事件。假设预先知道边缘概率 $P(B_i)(i = 1, 2, \cdots, n)$, 我们称之为先验概率。 ■

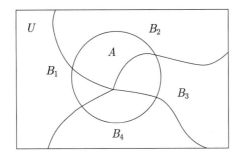

图 4.8 划分全域 U 的 4 个事件 $B_i(i = 1, 2, 3, 4)$ 和事件 A

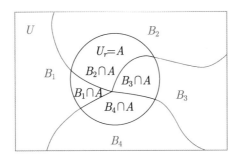

图 4.9 A 发生后的缩减全域与划分全域的 4 个事件

贝叶斯定理: 贝叶斯统计的关键

为探究贝叶斯定理如何基于证据来修正我们的信念, 需要明白定理涉及的每一个部分。设 $B_1, B_2, \cdots, B_n$ 为划分全域的一组不可观测事件, 我们从事件 $B_i(i = 1, 2, \cdots, n)$ 的先验概率 $P(B_i)(i = 1, 2, \cdots, n)$ 开始。该分布根据我们的先验信念给出 B_i 的权重, 然后我们发现事件 A 已经发生。

不可观测事件 $B_1, B_2, \cdots, B_n$ 的似然是给定 $B_i(i = 1, 2, \cdots, n)$ 的情况下, A 发生的条件概率, 所以事件 B_i 的似然为 $P(A|B_i)$。我们看到, 似然是定义在事件 $B_1, B_2, \cdots, B_n$

上的函数, 是依据 A 的发生而赋予每一个 B_i 的权重。

$P(B_i|A)(i = 1, 2, \cdots, n)$ 是假定事件 A 发生的情况下, 事件 B_i 的后验概率, 该分布包含在知道事件 A 发生之后, 赋予每个事件 $B_i(i = 1, 2, \cdots, n)$ 的权重, 它结合我们的先验信念以及因事件 A 的发生所提供的证据。

贝叶斯全域。如果我们将全域看成具有可观测和不可观测两个维度, 就能够更好地理解贝叶斯定理。设可观测维度是水平的, 不可观测维度是垂直的。不可观测事件不再随意划分全域, 而是将全域划分成矩形, 它们在水平方向贯穿切割全域, 整个全域由这些垂直叠加的水平矩形组成。由于观察不到发生的具体是哪些事件, 我们永远不知道发生的事件处于贝叶斯全域的哪一个垂直位置。

可观测事件是垂直的矩形, 从上到下切割全域。我们观察到垂直矩形 A 的发生, 所以知道在全域中的水平位置。

每个事件 $B_i \cap A$ 都是 B_i 和 A 相交处的一个矩形, 事件 $B_i \cap A$ 的概率是 B_i 的先验概率与给定 B_i, A 的条件概率的乘积, 这是乘法规则。

事件 A 是不相交部分 $A \cap B_i(i = 1, 2, \cdots, n)$ 的并集。显然, A 的概率是每个不相交部分的概率之和, 沿着以 A 表示的垂直列将不相交部分的概率相加就得到 A 的概率, 这是 A 的边缘概率。

给定 A, 任意一个特定的 B_i 的后验概率是 A 在 B_i 中的占比, 即, $B_i \cap A$ 的概率除以对所有 $j = 1, 2, \cdots, n$, $B_j \cap A$ 的概率的总和。

在贝叶斯定理中, 由先验概率 $P(B_i)$ 乘以似然 $P(A|B_i)$ 得到联合概率。我们在第 5 章会看到, 两个联合分布的离散随机变量的二维全域与图 4.10 和图 4.11 所示的情景非常类似。观测到其中一个随机变量, 给定这个变量的测量值, 我们将确定另一个随机变量的条件概率分布。在第 6 章中, 我们会用与本章中类似的方式推导两个离散随机变量的贝叶斯定理。

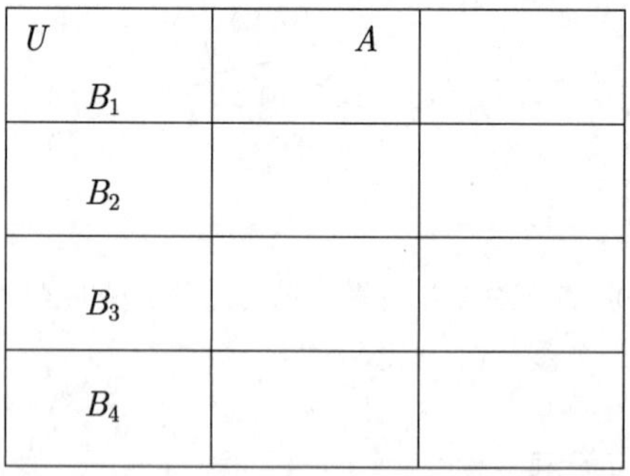

图 4.10   贝叶斯全域 U 和 4 个不可观测事件 $B_i(i = 1, 2, 3, 4)$, 它们在垂直维度上划分全域, 而可观测事件 A 在水平维度上

例 4.1(续)   图 4.10 所示为划分贝叶斯全域的 4 个不可观测事件 $B_i(i = 1, 2, 3, 4)$ 和可观测事件 A; 图 4.11 所示为假定事件 A 发生后的缩减全域。这两张图比图 4.8 和图 4.9 能让我们更深入了解贝叶斯定理, 由于事件 A 已经发生, 我们知道在贝叶斯全域

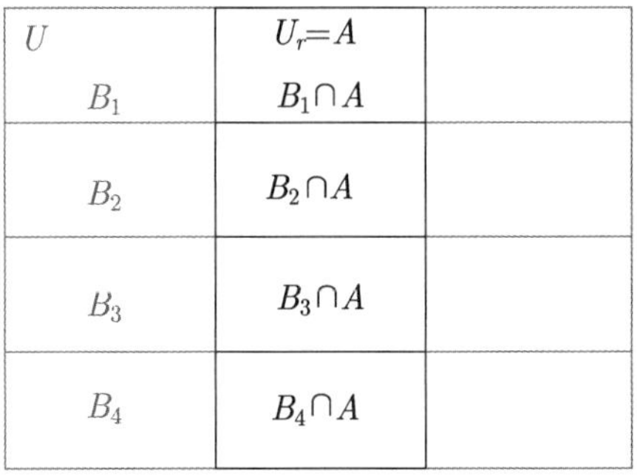

U	$U_r = A$
B_1	$B_1 \cap A$
B_2	$B_2 \cap A$
B_3	$B_3 \cap A$
B_4	$B_4 \cap A$

图 4.11 已知 A 发生后的缩减贝叶斯全域以及划分它的 4 个不可观测事件 $B_i(i = 1, 2, 3, 4)$

的水平方向上所处的位置, 但并不知道在垂直方向处于何处, 因为我们不知道发生的是哪一个 B_i。

乘以常数。贝叶斯定理的分子是先验概率与似然的乘积, 分母则是先验概率与似然的乘积在整个划分上的总和。先验概率与似然的乘积除以先验概率与似然的乘积的总和使得后验概率之和等于 1。

注意, 如果每个似然都乘以一个常数, 分母也将乘以相同的常数, 常数在商中会被约去, 从而得到相同的后验概率。因此, 我们所需要的是似然赋予每一种可能的相对权重。同理, 我们可以对每个先验概率乘以一个常数, 分母也会乘以相同常数, 因而会得到相同的后验概率。对于先验我们需要做的也只是赋予每一种可能相对权重。贝叶斯定理经常会被写成比例的形式

$$\text{后验} \propto \text{先验} \times \text{似然}。$$

该式给出在事件 A 发生之后每个事件 $B_i(i = 1, 2, \cdots, n)$ 的相对权重, 这个相对权重除以其总和令调整后的权重之和等于 1, 这样一来调整后的权重就成为概率分布。

关于事件的贝叶斯定理的用法可以总结为以下 3 步:

1. 先验乘以每个 B_i 的似然, 即根据乘法规则得到的 $B_i \cap A$ 的概率。
2. 对于 $i = 1, 2, \cdots, n$ 将 $B_i \cap A$ 的概率相加, 即根据全概率定律得到的 A 的概率。
3. 对每一个先验与其似然的乘积除以它们的总和, 由此得到 B_i 在给定 A 时的条件概率。

4.7　概率的分配

分配给所有可能事件的概率必须满足概率公理。当然, 分配给事件的概率必须符合实际情况才有用。有两种概率分配的方法:

1. 长期相对频率的概率分配: 如果无限次地重复进行实验, 一个事件的概率与它发生的次数成正比, 这是在频率论统计中使用的分配概率的方法。例如, 如果我想得到掷硬币时出现正面的概率, 我会掷很多次并用正面次数的占比作为概率的近似。

2. 信任度的概率分配: 一个事件的概率是由经验所得的信念而定, 这是主观的。不同的人信念也可能不同。例如, 因为相信硬币是均匀的, 所以我认为, 掷硬币出现正面的概率是 0.5; 另外一个人也许研究过硬币并发现它有些许的不对称, 因此会将出现正面的概率定为 0.49。

在贝叶斯统计中, 事件是随机实验的结果, 给定不可观测变量的值, 我们会按长期相对频率为事件分配概率。我们称不可观测变量为参数。试想, 让 (不可观测) 参数的值固定, 反复实验无限次。实验的所有可能的可观测值的集合被称为实验的样本空间。在所有假设重复下事件发生的长期相对频率为该事件的概率。由此可见, 样本空间是贝叶斯全域的可观测 (水平) 维度。

(不可观测) 参数的所有可能的取值的集合称为参数空间, 它是贝叶斯全域的不可观测 (垂直) 维度。在贝叶斯统计中, 我们也将参数的值看成是随机的。我认为 "参数取某个值" 这个事件所指定的概率不能通过长期相对频率来分配。为了与参数值固定但未知的想法一致, 我必须通过信任度来分配概率, 这个概率是在实验之前给予每一个可能的参数值的相对合理性。他人也会根据其信念为参数值指定不同的概率。

现在从我的先验分布的单次随机抽样, 对参数值的不确定性进行建模。我不考虑重复抽样, 已知这个特定的数据, 我想利用这次抽样对参数值作出推断。我们在本章的前面看到, 当数据已知, 使用概率规则是更新信念的唯一不变的方式, 所以, 对参数值的概率表述总是主观的, 因为其始于主观的先验信念。

4.8   几率与贝叶斯因子

处理不确定事件的另一种方式是将其建模为随机事件从而生成事件的几率。事件 C 的几率 (odds) 等于事件发生的概率除以事件不发生的概率, 即

$$\text{odds}(C) = \frac{P(C)}{P(\tilde{C})}。$$

因为事件不发生的概率等于 1 减去事件发生的概率, 一个事件的几率与其概率存在一对一的关系, 即

$$\text{odds}(C) = \frac{P(C)}{1 - P(C)}。$$

如果用先验概率, 我们会得到先验几率 (prior odds), 也就是在我们分析数据之前的比率。如果用后验概率, 就会得到后验几率 (posterior odds)。

由几率计算事件 C 的概率, 有

$$P(C) = \frac{\text{odds}(C)}{1 + \text{odds}(C)}。$$

由此可见, 几率和概率之间存在一对一的关系。

贝叶斯因子 (B)

贝叶斯因子 B 包含了在数据 D 中与 C 相关的证据。通过这个因子，先验几率变成后验几率：

$$\text{prior odds}(C)B = \text{posterior odds}(C)。$$

我们能算出这个贝叶斯因子，即

$$B = \frac{\text{posterior odds}(C)}{\text{prior odds}(C)}。$$

用概率的比率替换后验几率和先验几率，有

$$B = \frac{P(D|C)}{P(D|\tilde{C})}。$$

因此，贝叶斯因子是已知某事件发生时所得数据的概率与已知某事件的补集发生时所得数据的概率的比值。如果贝叶斯因子大于 1，则所得数据让我们相信事件发生的可能性比我们以前设想的大；如果贝叶斯因子小于 1，则所得数据让我们相信事件发生的可能性比我们以前设想的小。

4.9　击败庄家

在本节中我们将注意力转移到博彩界，这个故事讲的是美国一位数学家在拉斯维加斯关于 21 点游戏的经历。凭借对概率定律的理解并利用计算机进行计算，数学教授爱德华·索普 (Edward Thorp) 开发出了一套可以在游戏中击败赌场的策略，它说明对一个事件的观测会改变另一个事件的概率，也解释了在本章中介绍的其他统计思想。

在黑杰克或 21 点游戏中，玩家和庄家竞争，看谁拿到牌的分数更接近 21 点而不爆掉 (超过 21 点)。一开始给两人各发两张牌，一张牌面朝上 (明牌) 一张牌面朝下 (暗牌)，每张头像牌 (J、Q 和 K) 算 10 点，数字牌则按它的数值算点数，A 牌可以算 1 点或 11 点，以有利者为准。只要没有爆掉，玩家可以一直要牌，发的牌为明牌。如果玩家在爆掉之前不再要牌，那么，庄家的总点数不及 16 点时就必须给自己发一张明牌，而总点数达到 17 或以上时就不能再要牌。

赌场假设玩家赢的概率从刚刚洗完牌开始计算并设定了回报，赌场认为庄家会稍占优势。长远来看，平均定律会保证让庄家赢玩家输。

然而，在实际玩牌时，不是每手过后都会洗牌，而是将玩过的牌 (其中的一些被看到过) 放到一旁，下一手发剩下的牌，所以在洗牌之前几乎所有的牌都用过了。索普意识到，玩家赢一手的实际概率取决于这副牌中剩下的牌。

- 最重要的是在已知剩余牌的情况下获胜的条件概率，而不是假设完全洗牌的情况下算出来的无条件概率。

尽管长期几率对玩家不利，但有时候实际几率却对玩家有利。如果索普能够识别何时对玩家有利，并在那个时候加大赌注而在其他时候将赌注减到最小，最终他还是会赢。早期他用 IBM 704 计算机进行计算, 他编写程序模拟 21 点游戏, 所用的决策取决于已经出现的牌, 他让程序运行了成千上万次。

- 这是蒙特卡罗研究。他断定简单的策略就有效, 这一策略仅仅取决于观测到的点数在 5 以上的牌的张数与点数为 5 及以下的牌的张数的比率, 这一策略被称为 "算牌", 它并不违法。

他去拉斯维加斯赢了很多钱, 由此证明其策略是对的。当然, 赌场并不情愿付钱, 但赌场并不是每手都会重新洗牌, 因为在洗牌的时候赌场赚不到钱。它们不想每一手都重新洗牌, 只是当有人在算牌的情况下才洗牌。赌场想到的第一个对策是同时用多副纸牌, 这会使 5 点以上的牌的张数对 5 点或以下牌的张数的比率的变化更小, 然而, 索普用多副牌继续他的蒙特卡罗研究并发现其仍然有效, 在玩了很多手后仅剩几张牌的情况下尤其有效, 他继续赢钱直到赌场下了逐客令。感兴趣的读者在 Thorp (1962) 中会看到更多相关的内容。算牌仍然合法, 但是赌场试图识别算牌的人并禁止他们玩。由于赌场为私人场所, 有权禁止想禁的任何人, 当然, 赌场也可以在每手之间都洗牌。不过, 它们认定最优策略是允许算牌但要识别出靠算牌赢钱的玩家并禁止他们继续玩。

也许有人会问 "已经发出去但未被观测到的那些牌呢? 难道不应该考虑吗?" 当然, 获胜的实际概率取决于这副牌中剩下的所有牌。索普算出的概率只依赖于已经出现的牌, 这个概率对已发出但未被看到的牌在所有可能的值上做了平均。

本 章 要 点

- **演绎逻辑**: 假设某一陈述是其他陈述的结果, 演绎逻辑是已知后者的真伪, 确定前者的真实性的逻辑过程。演绎是从一般到特殊。我们可以由给定的总体分布通过演绎来确定统计量的样本分布。
- 演绎不会出错。
- **归纳逻辑**: 假设其他陈述是某一陈述的结果, 归纳逻辑是基于似然推理, 由已知前者的真伪推断后者的真实性的过程。归纳是从特殊到一般。统计推断是一个归纳过程, 它由给定参数的样本分布的观测统计量作出对参数的推断。
- 在推断时总是存在出错的可能。
- 似然推理应该基于概率规则, 它们是:
  - 一个事件的概率是一个非负实数;
  - 样本空间 (全域) 的概率等于 1;
  - 不相交事件的概率是加性的。
- 随机实验即使在完全相同的条件下重复进行, 其结果也并非完全可预测。
- 随机实验的所有可能的结果的集合被称为样本空间 Ω。在频率论统计中, 当基于实验分析事件时, 样本空间是全域。
- 两个事件 A 和 B 的并集是在 A 或 B 中的结果的集合, 并集用 $A \cup B$ 表示。
- 两个事件 A 和 B 的交集是同时在 A 和 B 中的结果的集合, 交集用 $A \cap B$ 表示。
- 事件 A 的补集是不在 A 中的结果的集合, 事件 A 的补集记作 $\tilde{A}$。

- 互斥事件没有共同的元素, 它们的交集 $A \cap B$ 等于空集 $\varnothing$。
- 给定事件 A, 事件 B 的条件概率是

$$P(B|A) = \frac{P(A \cap B)}{P(A)}.$$

- 事件 B 不可观测。事件 A 可观测。名义上可以写出 $P(A|B)$ 的条件概率公式, 但它没有利用 A 和 B 的这个关系。我们不会对称地对待这两个事件。乘法规则是不用分数定义的条件概率。

$$P(A \cap B) = P(B)P(A|B).$$

它用于复合事件的概率分配。

- 全概率定律指的是, 给定划分样本空间 (全域) 的事件 $B_1, B_2, \cdots, B_n$ 和另一个事件 A, 则

$$P(A) = \sum_{j=1}^{n} P(B_j \cap A).$$

因为概率在不相交事件 $(A \cap B_1), (A \cap B_2), \cdots, (A \cap B_n)$ 上是加性的, 当找出每个交集 $A \cap B_j$ 的概率之后, 由乘法规则我们得到

$$P(A) = \sum_{j=1}^{n} P(B_j)P(A|B_j).$$

- 贝叶斯定理是贝叶斯统计的关键:

$$P(B_i|A) = \frac{P(B_i)P(A|B_i)}{\sum_{j=1}^{n} P(B_j)P(A|B_j)}.$$

它源于条件概率的定义。由全概率定律找出事件 A 的边缘概率, 由乘法规则计算每一个联合概率。$P(B_i)$ 被称为事件 B_i 的先验概率, 而 $P(B_i|A)$ 被称为事件 B_i 的后验概率。

- 在贝叶斯全域中, 划分全域的不可观测事件 $B_1, B_2, \cdots, B_n$ 是水平切片, 而可观测事件 A 是一个垂直切片。将 $P(A \cap B_i)$ 相加得到概率 $P(A)$。每个 $P(A \cap B_i)$ 由先验概率 $P(B_i)$ 乘以似然 $P(A|B_i)$ 得到, 所以贝叶斯定理可以概括为, 后验概率是先验概率乘以似然, 除以先验概率与似然的乘积之和。
- 贝叶斯全域有两个维度: 样本空间形成贝叶斯全域的可观测 (水平) 维度, 参数空间是不可观测 (垂直) 维度。在贝叶斯统计中, 概率定义在贝叶斯全域的两个维度上。
- 事件 A 的几率是事件的概率与其补集的概率的比值:

$$\mathrm{odds}(A) = \frac{P(A)}{P(\tilde{A})}.$$

如果在分析数据之前计算, 得到的是先验几率。如果在分析数据之后计算, 得到的就是后验几率。

- 贝叶斯因子是数据中证据的量, 它将先验几率变为后验几率:

$$B \cdot \text{prior odds} = \text{posterior odds}。$$

习　　题

4.1　有两个事件 A 和 B, $P(A) = 0.4$, $P(B) = 0.5$, 事件 A 和 B 是独立的。求:
(1) $P(\tilde{A})$; (2) $P(A \cap B)$; (3) $P(A \cup B)$。

4.2　有两个事件 A 和 B, $P(A) = 0.5$, $P(B) = 0.3$, 事件 A 和 B 是独立的。求:
(1) $P(\tilde{A})$; (2) $P(A \cap B)$; (3) $P(A \cup B)$。

4.3　有两个事件 A 和 B, $P(A) = 0.4$, $P(B) = 0.4$, $P(\tilde{A} \cap B) = 0.24$。
(1) A 和 B 是独立事件吗? 为什么?
(2) 求 $P(A \cup B)$。

4.4　有两个事件 A 和 B, $P(A) = 0.7$, $P(B) = 0.8$, $P(\tilde{A} \cap \tilde{B}) = 0.1$。
(1) A 和 B 是独立事件吗? 为什么?
(2) 求 $P(A \cup B)$。

4.5　掷一个均匀的骰子, 设事件 A 是"出现偶数的一面", 事件 B 是"出现的数字可以被 3 整除"。
(1) 列出实验的样本空间;
(2) 列出 A 中的结果, 并求 $P(A)$;
(3) 列出 B 中的结果, 并求 $P(B)$;
(4) 列出在 $A \cap B$ 中的结果, 并求 $P(A \cap B)$;
(5) 事件 A 和 B 独立吗? 为什么?

4.6　掷两个均匀的骰子, 一个红色另一个绿色。设事件 A 为"出现的两个数字之和等于 7", 事件 B 为"出现的两个数字相等"。
(1) 列出实验的样本空间;
(2) 列出 A 中的结果, 并求 $P(A)$;
(3) 列出 B 中的结果, 并求 $P(B)$;
(4) 列出 $A \cap B$ 中的结果, 并求 $P(A \cap B)$;
(5) 事件 A 和 B 独立吗? 为什么?
(6) 如何描述事件 A 和事件 B 的关系?

4.7　掷两个均匀的骰子, 一个红色另一个绿色。设事件 A 为"出现的两个数字之和是偶数", 事件 B 为"出现的两个数字之和能被 3 整除"。
(1) 列出 A 中的结果, 并求 $P(A)$;
(2) 列出 B 中的结果, 并求 $P(B)$;
(3) 列出 $A \cap B$ 中的结果, 并求 $P(A \cap B)$;
(4) 事件 A 和 B 独立吗? 为什么?

4.8 掷两个骰子, 红色骰子有偏向, 它的概率是 $P(1) = P(2) = P(3) = P(4) = \dfrac{1}{5}$, 且 $P(5) = P(6) = \dfrac{1}{10}$, 绿色的骰子是均匀的。设事件 A 为 "出现的两个数字之和是偶数", 事件 B 为 "出现的两个数字之和能被 3 整除"。

(1) 列出 A 中的结果, 并求 $P(A)$;

(2) 列出 B 中的结果, 并求 $P(B)$;

(3) 列出 $A \cap B$ 中的结果, 并求 $P(A \cap B)$;

(4) 事件 A 和 B 独立吗? 为什么?

4.9 假设有一种疾病的医学诊断测试, 测试的敏感性是 0.95, 这意味着如果某人患有该病, 测试出阳性反应的概率是 0.95。测试的特异性是 0.90, 它意味着, 如果某人没有感染该病, 测试出阴性反应的概率是 0.90, 或者测试的假阳性率是 0.10。在总体中有 1% 的人口患有该病。已知测试结果阳性时, 某人被测出患有该病的概率是多少? 设 D 是事件 "此人患有该病", 并设 T 是事件 "测试结果阳性"。

4.10 假设有一种癌症的医学筛查程序, 其敏感性是 0.90, 而特异性是 0.95。假设在总体中该癌症的潜在率为 0.001, 设 B 是事件 "此人患该癌症", 且设 A 是事件 "筛查程序给出阳性结果"。

(1) 已知筛查结果为阳性时, 一个人患该病的概率是多少?

(2) 用这种筛查检测这种癌症有效吗?

4.11 在黑杰克又称 21 点的游戏中, 玩家和庄家各发一张明牌和一张暗牌。游戏目标是得分尽可能接近但不超过 21, A 牌计 1 点或 11 点, 头像牌计 10 点, 其他牌都是以其数字计点数。在没有爆分 (超过 21 点) 并输掉之前, 玩家可以要求发更多的牌, 发牌得到 21 点 (一张 A 牌和一个头像牌或 10) 被称为 "黑杰克"。假设 4 副牌混在一起发, 玩家得到 21 点的概率是多少?

4.12 一手之后弃牌, 下一手继续用这副牌中剩下的牌。玩家有机会看到上一手的一些牌, 即发过的明牌。假设它看到 4 张牌, 其中没有 A 牌也没有头像牌或 10, 玩家在这一手中得到 21 点的概率是多少?

第 5 章　离散随机变量

前一章讨论了以事件表示的随机实验并介绍了事件的概率, 它是我们理解随机实验的工具。前一章还说明了当观测到另一个相关的事件时, 我们通过条件概率修正对不可观测事件的信念的逻辑。本章介绍离散随机变量和概率分布。

随机变量通过数字描述实验结果, 如果实验可能的结果是彼此分开的不同的数 (如计数), 则称随机变量是离散的。我们有充分的理由引入随机变量及其符号:

- 将结果描述为具有特定值的随机变量比用词汇描述更迅速。任何事件均可以由随机变量的并集、交集和补集所描述的结果组成。
- 离散随机变量的概率分布是一个数值函数。处理数值函数比处理定义在集合 (事件) 上的概率更容易, 由随机变量的概率分布通过概率规则可得到任何一个可能事件的概率, 因此, 我们只需要知道随机变量的概率分布而不必了解每一个可能事件的概率。
- 更易处理由重复实验构成的复合事件。

5.1　离散随机变量的定义及示例

由随机实验的结果所决定的数被称为随机变量, 随机变量用大写字母表示, 如 Y。随机变量的取值以小写字母表示, 如 y。离散随机变量 Y 只能取特定的值 y_k, 可以存在有限个可能的取值, 例如, 定义为 "掷 n 次硬币, 出现正面的次数" 的随机变量可能的取值为 $0, 1, 2, \cdots, n$; 或者是有可数的无限多的可取值, 例如, 定义为 "在首次出现正面之前掷硬币的次数" 的随机变量可能的取值为 $1, 2, \cdots, \infty$。离散随机变量的关键是其可能的取值之间存在间隙。

思维实验 1 (掷骰子)　假设有一个均匀的 6 面骰子。我们的随机实验是掷骰子。设随机变量 Y 是骰子朝上一面的数字, 有 1, 2, $\cdots$, 6 这 6 个值, 因为骰子是均匀的, 出现这 6 个数字的可能性相等。现在, 假设独立重复随机实验, 记录每次出现的 Y。表 5.1 所示为在典型的掷骰子序列中, 经过 10, 100, 1000 和 10000 次抛掷后, 每一面出现次数的比例, 最后一列是均匀骰子的真实概率。

我们注意到, 随着 n 增加到 ∞, 任一数字的比例都越来越接近其真实的概率。在图 5.1 中, 我们绘制每个数字占比的图形, 在每个可能的取值处都有一个脉冲, 其高度等于该值出现次数的占比, 而在其他的 y 值处图形在 0 点, 所有的脉冲高度的总和等于 1。

思维实验 2 (有限总体的随机抽样)　假设有一个大小为 N 的有限总体, 存在有限个

表 5.1 掷均匀骰子的典型结果

值	之后的比例					概率
	10 次	100 次	1000 次	10000 次	$\cdots$	
1	0.1	0.17	0.182	0.1668	$\cdots$	0.1666
2	0.2	0.13	0.182	0.1739	$\cdots$	0.1666
3	0.3	0.20	0.176	0.1716	$\cdots$	0.1666
4	0.1	0.21	0.159	0.1685	$\cdots$	0.1666
5	0.1	0.09	0.150	0.1592	$\cdots$	0.1666
6	0.2	0.20	0.151	0.1600	$\cdots$	0.1666

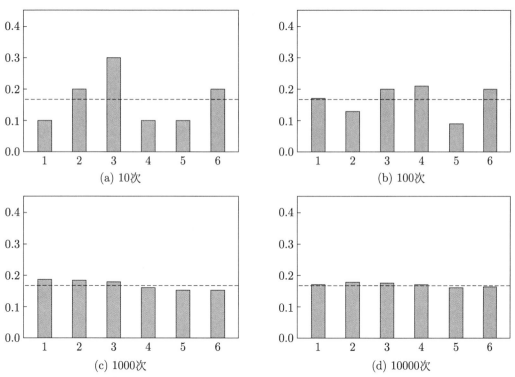

图 5.1 10, 100, 1000 和 10000 次掷骰子结果的占比

可能的取值, 它们一定是离散的, 因为每两个实数之间肯定存在缝隙. 总体中一些成员的值相同, 所以只有 K 个可能的取值 $y_1, y_2, \cdots, y_K$. 观测到 y_k 的概率是取该值的成员在总体中的占比.

我们从总体中随机抽样, 然后将样本放回总体, 每次抽样都在同等条件下进行. 如果连续抽样, 最后就会看到所有可能的取值. 每次抽样后, 更新已有各值的累积样本占比, 以各值处的脉冲表示该值在样本中的占比并绘图. 在第 n 步更新图形, 以比例 $\dfrac{n-1}{n}$ 缩小已有脉冲, 并将 $\frac{1}{n}$ 添加到所得值的脉冲中, 将缩放比例由开始 $n-1$ 次观测的比例变为 n 次观测的比例。随着样本规模的增加, 样本比例很少变化。在样本大小 n 趋于无穷大的极限情况下, 各个值的脉冲趋近其概率。

思维实验 3 (独立抛掷硬币首次出现正面之前背面出现的次数) 每次掷硬币, 出现正面或背面的结果, 每次掷硬币得到正面的概率都一样, 每次的结果与其他各次的结果是独立的, 这是所谓的伯努利试验的一个例子。一次试验的结果要么是成功 (正面) 要么是失败 (背面), 在所有试验中的成功概率保持不变, 并且试验是独立的。我们计算在首次成功之前失败的次数。每个非负整数都是可能的取值, 并且存在一个无穷大的数。它们一定是离散的, 因为在每两个非负整数之间存在缝隙。

我们开始掷硬币并计算背面次数直至首次出现正面, 然后重复整个过程。最后, 绝大多数情况下会得到以前已经得到的值。在每个试验序列首次出现正面之后, 更新已有的各个值的比例。用在各个值处的脉冲表示该值在样本中的占比并绘图。与上一个例子一样, 在第 n 步更新图形, 以比例 $\frac{n-1}{n}$ 缩小已有脉冲, 并将 $\frac{1}{n}$ 添加到所得值的脉冲中。随着样本规模的增大, 样本的比例变化会越来越小, 在样本大小 n 趋于无穷大的极限情况下, 各个值的脉冲趋近其概率。

5.2   离散随机变量的概率分布

我们在 3 个思维实验中看到的比例函数是脉冲函数, 它们在每个可能的取值处有一个脉冲, 其他的值处为零, 而脉冲的高度之和等于 1。当样本趋于无穷大时, 一个值出现的次数的比例接近该值的概率, 而比例图趋近于概率函数

$$f(y_k) = P(Y = y_k)$$

对离散随机变量所有可能的取值 $y_1, y_2, \cdots, y_n$ 都成立。对其他的值 y, 概率函数等于 0。

离散随机变量的期望

离散随机变量 Y 的期望定义为在所有可能的取值上, 每一个值与其概率乘积之和:

$$\mathrm{E}[Y] = \sum_{k=1}^{n} y_k f(y_k)。 \tag{5.1}$$

随机变量的期望经常被称为随机变量的均值并用 μ 表示, 它就像是随机变量的无限次独立重复的样本均值。随机变量重复 n 次的样本均值为

$$\bar{y} = \frac{1}{n} \sum_{i=1}^{n} y_i,$$

这里 y_i 是第 i 次重复时出现的值。我们将所有重复相加, 相同的值归在一组, 得到

$$\bar{y} = \sum_{k=1}^{n} \frac{n_k}{n} y_k,$$

其中 n_k 是观测到值 y_k 的次数, 将所有可能的取值加起来。注意, 每个 y_i(测量值) 等于其中一个 y_k(可能的取值), 但是在 n 趋于 ∞ 的极限中, 相对频率 $\frac{n_k}{n}$ 趋于概率 $f(y_k)$, 因此样本均值 $\bar{y}$ 趋于期望 $\mathrm{E}[Y]$, 这表明随机变量的期望就是该变量的无穷大的随机样本的均值。

离散随机变量的方差

随机变量的方差是随机变量与其均值之差的平方的期望, 即

$$\mathrm{Var}[Y] = \mathrm{E}[Y - \mathrm{E}[Y]]^2 = \sum_{k=1}^{n}(y_k - \mu)^2 f(y_k)。 \tag{5.2}$$

它像该变量的无穷大随机样本的样本方差。我们注意到, 如果将平方项展开并分为三个求和运算, 再将常数提到求和符号之外就得到

$$\mathrm{Var}[Y] = \sum_{k=1}^{n} y_k^2 f(y_k) - 2\mu \sum_{k=1}^{n} y_k f(y_k) + \mu^2 \sum_{k=1}^{n} f(y_k) = \mathrm{E}[Y^2] - \mu^2。$$

因为 $\mu = \mathrm{E}[Y]$, 由此得到计算方差的另一个有用的公式:

$$\mathrm{Var}[Y] = \mathrm{E}[Y^2] - [\mathrm{E}[Y]]^2。 \tag{5.3}$$

例 5.1 设 Y 为离散随机变量, 其概率函数见下表。

y_i	0	1	2	3	4
$f(y_i)$	0.20	0.15	0.25	0.35	0.05

我们用 (5.1) 式求 $\mathrm{E}[Y]$, 得到

$$\mathrm{E}[Y] = 0 \times 0.20 + 1 \times 0.15 + 2 \times 0.25 + 3 \times 0.35 + 4 \times 0.05 = 1.90。$$

注意, 期望不一定是随机变量 Y 的一个可能的取值, 它表示的是平均。我们将用两种方式求 $\mathrm{Var}[Y]$, 但会得到相同的结果。首先用方差的定义, 即 (5.2) 式, 有

$$\begin{aligned}\mathrm{Var}[Y] &= (0 - 1.90)^2 \times 0.20 + (1 - 1.90)^2 \times 0.15 + (2 - 1.90)^2 \times 0.25 + \\ &\quad (3 - 1.90)^2 \times 0.35 + (4 - 1.90)^2 \times 0.05 \\ &= 1.49。\end{aligned}$$

再用 (5.3) 式, 先计算

$$\mathrm{E}[Y^2] = 0^2 \times 0.20 + 1^2 \times 0.15 + 2^2 \times 0.25 + 3^2 \times 0.35 + 4^2 \times 0.05 = 5.10,$$

将结果代入 (5.3) 式, 得到

$$\mathrm{Var}[Y] = 5.10 - 1.90^2 = 1.49。 \qquad\blacksquare$$

随机变量线性函数的均值和方差

假设 $W = aY + b$, 其中 Y 是一个离散随机变量。显然, W 是另一个数, 它是 Y 的同一个随机实验的结果, 因此, 随机变量 Y 的线性函数 W 是另一个随机变量。我们想求出它的均值。

$$\mathrm{E}[aY+b] = \sum_{k=1}^{n}(ay_k+b)f(y_k) = \sum_{k=1}^{n}ay_kf(y_k) + \sum_{k=1}^{n}bf(y_k) = a\sum_{k=1}^{n}y_kf(y_k) + b\sum_{k=1}^{n}f(y_k)。$$

因为 $\sum_{k=1}^{n}y_kf(y_k) = \mu$, $\sum_{k=1}^{n}f(y_k) = 1$, 线性函数的均值为均值的线性函数, 即

$$\mathrm{E}[aY+b] = a\mathrm{E}[Y] + b。 \tag{5.4}$$

我们还想知道它的方差。

$$\begin{aligned}
\mathrm{Var}[aY+b] &= \sum_{k=1}^{n}(ay_k + b - \mathrm{E}[aY+b])^2 f(y_k) \\
&= \sum_{k=1}^{n}[a(y_k - \mathrm{E}[Y]) + b - b)]^2 f(y_k) \\
&= a^2\sum_{k=1}^{n}(y_k - \mathrm{E}[Y])^2 f(y_k)。
\end{aligned}$$

因此, 线性函数的方差为乘性常数的平方与方差的乘积, 即

$$\mathrm{Var}[aY+b] = a^2\mathrm{Var}[Y]。 \tag{5.5}$$

加性常数 b 并没有在方差中出现。

例 5.1(续)   假设 $W = -2Y + 3$, 则根据 (5.4) 式, 有

$$\mathrm{E}[W] = -2\mathrm{E}[Y] + 3 = -2 \times 1.90 + 3 = -0.80。$$

根据 (5.5) 式, 得到

$$\mathrm{Var}[W] = (-2)^2 \times \mathrm{Var}[Y] = 4 \times 1.49 = 5.96。 \qquad \blacksquare$$

5.3   二 项 分 布

让我们来研究下列 3 个案例, 看看它们有什么共同点。

掷硬币: 假设掷同一枚硬币 n 次, 并记下出现正面的次数。每一次抛掷都不受前面结果的影响; 换句话说, 每次掷硬币的结果都独立于以前的结果。因为是同一枚硬币, 所以每次出现正面的概率不变, 掷 n 次硬币出现正面的总次数可能为 $0, 1, 2, \cdots, n$。

从罐子中摸球并放回: 一只罐子中有两种颜色的球, 红球和绿球, 红球的比例是 π。从罐子中摸出一只球记下颜色, 在下一次摸球前将球放回罐子并让球重新混合。总共从罐子中摸了 n 次并记录摸到红球的次数。因为我们把球放回并在再次摸球之间将球混匀, 每次都是在同等条件下摸球, 每次摸到的球都不会受到以前结果的影响, 具体到每一次, 所摸到的球为红球的概率始终等于 π, 即罐子中红球的比例。摸到红球的总次数可能为 $0, 1, 2, \cdots, n$。

从非常大的总体中随机抽样: 假设我们从一个非常大的总体中抽取大小为 n 的样本, 在总体中具有某种属性的项的比例是 π。我们记下样本中具有该属性的项的总数, 由于总体相对样本而言非常大, 从总体中去除 些项并不会明显改变余下的项中具有该属性的项的比例, 总而言之, π 保持不变。随机抽样几乎是在同等条件下进行的, 每次抽取的结果都不会受到以前抽样结果的影响。抽中的具有该属性的项的总数可能为 $0, 1, 2 \cdots, n$。

二项分布的特点

这 3 个案例具有下列几个共同点。

- 进行了 n 次独立的试验, 每次试验的结果不是"成功"就是"失败"。
- 所有试验"成功"的概率恒定不变, 令 π 为"成功"的概率。
- Y 是 n 次试验中出现"成功"的次数, Y 取整数值 $0, 1, 2, \cdots, n$。

这就是二项分布 $B(n, \pi)$ 的特点, 根据这些特点用概率法则可找出二项分布的概率函数。n 次独立试验中, 不考虑成功的顺序但成功次数正好为 y 的任意一个序列的概率等于 $\pi^y(1-\pi)^{n-y}$。事件 $\{Y = y\}$ 是所有这些序列的集合, 这些序列是互斥的。给定参数 π 的值, 二项分布随机变量 Y 的概率函数为

$$f(y|\pi) = \binom{n}{y} \pi^y (1-\pi)^{n-y}, \ y = 0, 1, 2, \cdots, n, \tag{5.6}$$

其中二项分布系数

$$\binom{n}{y} = \frac{n!}{y!(n-y)!}$$

表示在 n 次试验中正好有 y 次成功的序列数, 而 $\pi^y(1-\pi)^{n-y}$ 是任何一个具体序列的 n 次试验中正好有 y 次成功的概率。

二项分布的均值: 二项分布 $B(n, \pi)$ 的均值为样本大小 n 乘以成功概率 π, 因为

$$E[Y|\pi] = \sum_{y=0}^{n} y f(y|\pi) = \sum_{y=0}^{n} y \binom{n}{y} \pi^y (1-\pi)^{n-y}。$$

我们将它写成条件均值, 因为它是在给定参数 π 的条件下 Y 的均值。第一项的和为 0, 所以可以从 $y = 1$ 开始求和, 从余下的项中消去 y, 并提取因子 $n\pi$, 得到

$$E[Y|\pi] = \sum_{y=1}^{n} n\pi \binom{n-1}{y-1} \pi^{y-1} (1-\pi)^{n-y}。$$

将因子 $n\pi$ 提取到求和符号之外并进行替换 $n' = n - 1$, $y' = y - 1$, 得到

$$E[Y|\pi] = n\pi \sum_{y'=0}^{n'} \binom{n'}{y'} \pi^{y'}(1-\pi)^{n'-y'},$$

其中的和是对二项分布概率函数在所有可能的取值上求和, 因此它等于 1, 二项分布的均值为

$$E[Y|\pi] = n\pi。 \tag{5.7}$$

　　二项分布的方差: 方差为样本大小与成功概率和失败概率的乘积, 我们将它写成条件方差, 因为它是当给定参数 π 的值时 Y 的方差。注意

$$\begin{aligned}
E[Y(Y-1)|\pi] &= \sum_{y=0}^{n} y(y-1) f(y|\pi) \\
&= \sum_{y=0}^{n} y(y-1) \binom{n}{y} \pi^{y}(1-\pi)^{n-y}。
\end{aligned}$$

求和运算中的前两项之和为 0, 因此我们从 $y = 2$ 开始求和。从剩下的项中消去 $y(y-1)$ 并提取因子 $n(n-1)\pi^2$, 得到

$$E[Y(Y-1)|\pi] = \sum_{y=2}^{n} n(n-1)\pi^2 \binom{n-2}{y-2} \pi^{y-2}(1-\pi)^{n-y}。$$

在上式中令 $y' = y - 2$, $n' = n - 2$, 得到

$$E[Y(Y-1)|\pi] = n(n-1)\pi^2 \sum_{y'=0}^{n-2} \binom{n'}{y'} \pi^{y'}(1-\pi)^{n'-y'} = n(n-1)\pi^2。$$

因为是在所有可能的取值上对二项分布求和, 我们可以由下式求方差

$$\begin{aligned}
\text{Var}[Y|\pi] &= E[Y^2|\pi] - [E[Y|\pi]]^2 \\
&= E[Y(Y-1)|\pi] + E[Y|\pi] - [E[Y|\pi]]^2 \\
&= n(n-1)\pi^2 + n\pi - [n\pi]^2。
\end{aligned}$$

因此, 二项分布的方差等于样本大小与成功概率和失败概率的乘积。

$$\text{Var}[Y|\pi] = n\pi(1-\pi)。 \tag{5.8}$$

5.4　超几何分布

　　超几何分布针对从罐子抽样但不放回建模。罐子中有 N 只球, 其中 R 只为红球, 从罐子中连续随机抽取 n 只球, 每次抽取后不放回, 抽中红球为 "成功"。成功概率 π 在每次抽取时并非恒定, 每次抽取 "成功" 的概率是罐子中余下红球的占比, 它取决于以前抽取的结果。设 Y 是 n 次试验中 "成功" 的次数, Y 可以取整数值 $0, 1, 2, \cdots, n$。

超几何分布的概率函数

已知参数为 N, n, R 的超几何随机变量 Y 的概率函数

$$f(y|N, R, n) = \frac{\begin{pmatrix} R \\ y \end{pmatrix} \cdot \begin{pmatrix} N-R \\ n-y \end{pmatrix}}{\begin{pmatrix} N \\ n \end{pmatrix}}, \ \ y = 0, 1, 2, \cdots, n。$$

超几何分布的均值和方差: 超几何分布的条件均值为

$$\mathrm{E}[Y|N, R, n] = n \cdot \frac{R}{N}。$$

超几何分布的条件方差为

$$\mathrm{Var}[Y|N, R, n] = n \cdot \frac{R}{N} \cdot \left(1 - \frac{R}{N}\right) \cdot \left(\frac{N-n}{N-1}\right)。$$

我们注意到, $\frac{R}{N}$ 是罐子中红球的占比。超几何分布的均值和方差与二项分布的类似, 但因为存在有限总体校正因子 $\frac{N-n}{N-1}$, 它的方差比二项分布的方差小一些。

5.5 泊 松 分 布

泊松分布是另一个计数分布。[1]具体来说, 泊松分布计算在一段时间或空间上稀有事件发生次数的分布。与二项分布不同, 泊松分布不是在已知次数的独立试验中 (成功) 事件的计数, 泊松分布的试验次数太大, 大到不可知的程度, 不过, 二项分布为我们开辟了研究泊松分布的途径。设 Y 是二项分布随机变量, 其中 n 很大, π 很小, 二项分布的概率函数为

$$P(Y = y|\pi) = \begin{pmatrix} n \\ y \end{pmatrix} \pi^y (1-\pi)^{n-y} = \frac{n!}{(n-y)!y!} \pi^y (1-\pi)^{n-y},$$

$y = 0, 1, 2, \cdots, n$。由于 π 很小, 只有当 y 远小于 n 的时候才会有较大的概率。我们来看看当 y 的值较小时的概率, 设 $\mu = n\pi$, 概率函数为

$$P(Y = y|\mu) = \frac{n!}{(n-y)!y!} \left(\frac{\mu}{n}\right)^y \left(1 - \frac{\mu}{n}\right)^{n-y}。$$

重新整理这些项, 得到

$$P(Y = y|\mu) = \frac{n}{n} \cdot \frac{n-1}{n} \cdot \cdots \cdot \frac{n-y+1}{n} \cdot \frac{\mu^y}{y!} \left(1 - \frac{\mu}{n}\right)^n \left(1 - \frac{\mu}{n}\right)^{-y}。$$

---

[1]Simeon Poisson (1781—1840) 最先研究泊松分布。

但是, 由于 y 远小于 n, $\dfrac{n}{n}, \dfrac{n}{n-1}, \cdots, \dfrac{n-y+1}{n}$ 这些值都约等于 1。让 n 趋于无穷大, π 趋于 0 以使 $\mu = n\pi$ 不变。我们知道

$$\lim_{n \to \infty} \left(1 - \frac{\mu}{n}\right)^n = \mathrm{e}^{-\mu}, \quad \lim_{n \to \infty} \left(1 - \frac{\mu}{n}\right)^{-y} = 1,$$

所以泊松分布的概率函数为

$$f(y|\mu) = \frac{\mu^y \mathrm{e}^{-\mu}}{y!}, \quad y = 0, 1, 2, \cdots 。 \tag{5.9}$$

因此, 当 n 很大 π 很小且 $\mu = n\pi$ 时, 可以用泊松分布 Poisson(μ) 来近似二项分布 $B(n, \pi)$。

泊松分布的特点

　　考虑将一段时间 (或空间) 等分为 n 个部分, 事件出现的总次数等于所有 n 个部分中出现的次数之和。我们由泊松分布近似于二项分布可知, 泊松分布是二项分布在 $n \to \infty$, $\pi \to 0$ 且 $n\pi = \mu$ 保持不变时的极限情境。

- 在二项分布中, 所有试验的成功概率保持不变, 因此单位时间 (或空间) 泊松事件出现的瞬时速率是常数。
- 在二项分布中, 试验是独立的, 因此在任意两个不重叠的区间中的泊松事件互相独立, 所以泊松事件在时间上以恒定的瞬时速率随机发生。
- 在二项分布中, 每次试验会增加一次成功或一次失败, 因此每次只有一个泊松事件发生。
- 可能的取值为 $y = 0, 1, 2, \cdots$。

泊松分布的均值和方差: 由下式可以得到泊松分布 Poisson(μ) 的均值

$$\mathrm{E}[Y|\mu] = \sum_{y=0}^{\infty} y \frac{\mu^y \mathrm{e}^{-\mu}}{y!} = \sum_{y=1}^{\infty} \frac{\mu^y \mathrm{e}^{-\mu}}{(y-1)!} 。$$

设 $y' = y - 1$ 并提取 μ, 得

$$\mathrm{E}[Y|\mu] = \mu \sum_{y'=0}^{\infty} \frac{\mu^{y'} \mathrm{e}^{-\mu}}{y'!},$$

其中求和的结果等于 1, 因为它是泊松分布在所有可能的取值上的总和, 所以泊松分布 Poisson(μ) 的均值为

$$\mathrm{E}[Y|\mu] = \mu 。$$

我们还可以计算

$$\mathrm{E}[Y(Y-1)|\mu] = \sum_{y=0}^{\infty} y(y-1) \frac{\mu^y \mathrm{e}^{-\mu}}{y!} = \sum_{y=2}^{\infty} \frac{\mu^y \mathrm{e}^{-\mu}}{(y-2)!} 。$$

令 $y' = y - 2$, 并提取 μ^2, 得

$$\mathrm{E}[Y(Y-1)|\mu] = \mu^2 \sum_{y'=0}^{\infty} \frac{\mu^{y'}\mathrm{e}^{-\mu}}{y'!},$$

其中求和的结果等于 1, 因为它是泊松分布在所有可能的取值上的总和, 故有

$$\mathrm{E}[Y(Y-1)|\mu] = \mu^2。$$

泊松分布的方差为

$$\begin{aligned}
\mathrm{Var}[Y|\mu] &= \mathrm{E}[Y^2|\mu] - [\mathrm{E}[Y|\mu]]^2 \\
&= \mathrm{E}[Y(Y-1)|\mu] + \mathrm{E}[Y|\mu] - [\mathrm{E}[Y|\mu]]^2 \\
&= \mu^2 + \mu - \mu^2 \\
&= \mu。
\end{aligned}$$

因此, 泊松分布 $\mathrm{Poisson}(\mu)$ 的均值和方差都等于 μ。

5.6　联合随机变量

若两个 (或更多的) 数由随机实验的结果决定, 我们称该实验为联合实验, 这两个数被称为联合随机变量, 用 X, Y 表示。如果两个随机变量都是离散的, 它们各自有离散的可取值 x_i $(i = 1, 2, \cdots, I)$ 和 y_j $(j = 1, 2, \cdots, J)$。实验的全域是其所有可能的结果的集合, 即其可能的取值的全部有序对, 表 5.2 所示为联合实验的全域。

表 5.2　联合实验的全域

(x_1, y_1)	$\cdots$	(x_1, y_j)	$\cdots$	(x_1, y_J)
$\vdots$		$\vdots$		$\vdots$
(x_i, y_1)	$\cdots$	(x_i, y_j)	$\cdots$	(x_i, y_J)
$\vdots$		$\vdots$		$\vdots$
(x_I, y_1)	$\cdots$	(x_I, y_j)	$\cdots$	(x_I, y_J)

两个离散随机变量的联合概率函数定义在全域中的每一点上:

$$f(x_i, y_j) = P(X = x_i, Y = y_j), \ i = 1, 2, \cdots, I, \ j = 1, 2, \cdots, J。$$

它是 $X = x_i$ 且 $Y = y_j$ 的概率, 即事件 $X = x_i$ 与事件 $Y = y_j$ 的交集的概率, 这些联合概率可以放在一张表中。

我们可能只考虑一个随机变量的概率分布, 比如随机变量 Y。对某个固定的值 y_j, 事件 $Y = y_j$ 是所有事件 $X = x_i, Y = y_j, i = 1, 2, \cdots, I$ 的并集, 这些事件全都不相交, 因此, 对于 $j = 1, 2, \cdots, J$ 有

$$P(Y = y_j) = P\Big(\bigcup_{i=1}^{I}(X = x_i, Y = y_j)\Big) = \sum_{i=1}^{I} P(X = x_i, Y = y_j)。$$

因为概率在不相交的并集上可以直接相加。Y 的概率分布被称为 Y 的边缘分布。将这个关系代入概率函数中就得到

$$f(y_j) = \sum_{i=1}^{I} f(x_i, y_j), \ j = 1, 2, \cdots, J。 \tag{5.10}$$

可见, 将联合概率的列相加就得到个体 Y 的概率。同理, 将联合概率的行相加可得到 X 的概率。我们可以将它们与任意的边缘, 并分别命名为 Y 和 X 的边缘概率分布。表 5.3 所示为联合概率分布和边缘概率分布, 联合概率分布在表的主体中, 而 X 和 Y 的边缘概率分布分别列在最右一列和最末一行。

表 5.3　联合概率分布和边缘概率分布

	y_1	$\cdots$	y_j	$\cdots$	y_J	
x_1	$f(x_1, y_1)$	$\cdots$	$f(x_1, y_j)$	$\cdots$	$f(x_1, y_J)$	$f(x_1)$
$\vdots$	$\vdots$		$\vdots$		$\vdots$	$\vdots$
x_i	$f(x_i, y_1)$	$\cdots$	$f(x_i, y_j)$	$\cdots$	$f(x_i, y_J)$	$f(x_i)$
$\vdots$	$\vdots$		$\vdots$		$\vdots$	$\vdots$
x_I	$f(x_I, y_1)$	$\cdots$	$f(x_I, y_j)$	$\cdots$	$f(x_I, y_J)$	$f(x_I)$
	$f(y_1)$	$\cdots$	$f(y_j)$		$f(y_J)$	

联合随机变量的函数的期望为

$$\mathrm{E}[h(X, Y)] = \sum_{i=1}^{I} \sum_{j=1}^{J} h(x_i, y_j) f(x_i, y_j)。$$

通常我们想要得到随机变量的和的期望, 此时

$$\begin{aligned}
\mathrm{E}[X + Y] &= \sum_{i=1}^{I} \sum_{j=1}^{J} (x_i + y_j) f(x_i, y_j) \\
&= \sum_{i=1}^{I} \sum_{j=1}^{J} x_i f(x_i, y_j) + \sum_{i=1}^{I} \sum_{j=1}^{J} y_j f(x_i, y_j) \\
&= \sum_{i=1}^{I} x_i \sum_{j=1}^{J} f(x_i, y_j) + \sum_{j=1}^{J} y_j \sum_{i=1}^{I} f(x_i, y_j) \\
&= \sum_{i=1}^{I} x_i f(x_i) + \sum_{j=1}^{J} y_j f(y_j),
\end{aligned}$$

因此, 两个随机变量之和的期望等于各个变量的期望之和, 即

$$\mathrm{E}[X + Y] = \mathrm{E}[X] + \mathrm{E}[Y]。 \tag{5.11}$$

独立随机变量

两个 (离散) 随机变量 X 和 Y 互相独立当且仅当联合分布表中的各元素等于对应的边缘分布的乘积, 即

$$f(x_i, y_j) = f(x_i)f(y_j)$$

对所有可能的 x_i 和 y_j 都成立。

随机变量的和的方差为

$$
\begin{aligned}
\mathrm{Var}[X+Y] &= \mathrm{E}(X+Y-\mathrm{E}[X+Y])^2 \\
&= \sum_{i=1}^{I}\sum_{j=1}^{J}(x_i+y_i-(\mathrm{E}[X]+\mathrm{E}[Y]))^2 f(x_i,y_j) \\
&= \sum_{i=1}^{I}\sum_{j=1}^{J}[(x_i-\mathrm{E}[X])+(y_i-\mathrm{E}[Y])]^2 f(x_i,y_j),
\end{aligned}
$$

展开并分为三部分之和, 有

$$
\begin{aligned}
\mathrm{Var}[X+Y] = &\sum_{i=1}^{I}\sum_{j=1}^{J}(x_i-\mathrm{E}[X])^2 f(x_i,y_j)+ \\
&\sum_{i=1}^{I}\sum_{j=1}^{J}2(x_i-\mathrm{E}[X])(y_j-\mathrm{E}[Y])f(x_i,y_j)+ \\
&\sum_{i=1}^{I}\sum_{j=1}^{J}(y_j-\mathrm{E}[Y])^2 f(x_i,y_j)。
\end{aligned}
$$

中间项为随机变量的协方差的两倍, 当随机变量相互独立时, 协方差为

$$
\begin{aligned}
\mathrm{Cov}[X,Y] &= \sum_{i=1}^{I}\sum_{j=1}^{J}(x_i-\mathrm{E}[X])(y_j-\mathrm{E}[Y])f(x_i,y_j) \\
&= \sum_{i=1}^{I}(x_i-\mathrm{E}[X])f(x_i)\sum_{j=1}^{J}(y_j-\mathrm{E}[Y])f(y_j),
\end{aligned}
$$

显然它等于 0, 因此, 对于独立随机变量, 有

$$\mathrm{Var}[X+Y] = \sum_{i=1}^{I}(x_i-\mathrm{E}[X])^2 f(x_i) + \sum_{j=1}^{J}(y_j-\mathrm{E}[Y])^2 f(y_j)。$$

由此可见, 独立随机变量和的方差等于方差之和, 即

$$\mathrm{Var}[X+Y] = \mathrm{Var}[X] + \mathrm{Var}[Y]。 \tag{5.12}$$

该等式仅当两个随机变量独立时才成立[1]!

---

[1]一般而言, 两个随机变量和的方差 $\mathrm{Var}[X+Y] = \mathrm{Var}[X] + 2\mathrm{Cov}[X,Y] + \mathrm{Var}[Y]$。

例 5.2 设 X 和 Y 是联合分布的离散随机变量, 其联合概率分布如下表所示:

X	Y				$f(x)$
	1	2	3	4	
1	0.02	0.04	0.06	0.08	
2	0.03	0.01	0.09	0.17	
3	0.05	0.15	0.15	0.15	
$f(y)$					

通过对行和列相加, 分别求出 X 和 Y 的边缘分布。如下表所示:

X	Y				$f(x)$
	1	2	3	4	
1	0.02	0.04	0.06	0.08	0.2
2	0.03	0.01	0.09	0.17	0.3
3	0.05	0.15	0.15	0.15	0.5
$f(y)$	0.1	0.2	0.3	0.4	

我们看到, 联合概率 $f(x_i, y_j)$ 并不总是等于边缘概率的乘积 $f(x_i)f(y_j)$, 因此这两个随机变量 X 和 Y 不独立。 ∎

两个独立随机变量的差的均值和方差: 将 (5.10) 式和 (5.11) 式的结果与 (5.4) 式和 (5.5) 式的结果结合起来, 随机变量的差的均值为

$$\mathrm{E}[X - Y] = \mathrm{E}[X] - \mathrm{E}[Y]。 \tag{5.13}$$

如果两个随机变量是独立的, 它们的差的方差为

$$\mathrm{Var}[X - Y] = \mathrm{Var}[X] + \mathrm{Var}[Y]。 \tag{5.14}$$

对独立随机变量而言, 无论是求它们的和或差, 差异性总会累加起来。

5.7 联合随机变量的条件概率

表 5.4 显示, 如果给定 $Y = y_j$, 缩减全域是第二个元素为 y_j 时的有序对的集合, 它是给定 $Y = y_j$ 时全域剩下的那一部分。事件 $X = x_i$ 余下的部分只是缩减全域中的那一部分, 它是事件 $X = x_i$ 与事件 $Y = y_j$ 的交集。表 5.5 显示在缩减全域中原本的联合概率函数以及边缘概率, 我们明白这不是概率分布。缩减全域中的概率之和是边缘概率, 而不是 1。

给定 $Y = y_j$, 由 (4.1) 式, 随机变量 $X = x_i$ 的条件概率为事件 $X = x_i$ 和 $Y = y_j$ 的交集的概率除以 $Y = y_j$ 的概率。联合概率除以边缘概率后值会放大, 以使缩减全域的概

表 5.4 给定 $Y = y_j$ 时的缩减全域

...	$f(x_1, y_j)$	...
	$\vdots$	
...	$f(x_i, y_j)$	...
	$\vdots$	
...	$f(x_I, y_j)$	...

表 5.5 缩减全域 $Y - y_j$ 上的联合概率函数值, 按列相加得到边缘概率

...	$f(x_1, y_j)$	...
	$\vdots$	
...	$f(x_i, y_j)$	...
	$\vdots$	
...	$f(x_I, y_j)$	...

...	$f(y_j)$	...

率等于 1。条件概率为

$$f(x_i|y_j) = P(X = x_i|Y = y_j) = \frac{P(X = x_i, Y = y_j)}{P(Y = y_j)}。 \tag{5.15}$$

若用联合概率函数和边缘概率函数表示, 有

$$f(x_i|y_j) = \frac{f(x_i, y_j)}{f(y_j)}。 \tag{5.16}$$

条件概率分布。让 x_i 取 X 的各个值, 我们得到 $X|Y = y_j$ 的条件概率分布。条件概率分布定义在给定 $Y = y_j$ 的缩减全域上, 表 5.6 所示为条件概率分布, 每项由联合概率表中的 i, j 项除以边缘概率的第 j 个元素得到。边缘概率为 $f(y_j) = \sum_{i=1}^{I} f(x_i, y_j)$, 即由联

表 5.6 定义在缩减全域 $Y = y_j$ 上的条件概率函数

...	$f(x_1|y_j)$	...
	$\vdots$	
...	$f(x_i|y_j)$	...
	$\vdots$	
...	$f(x_I|y_j)$	...

合概率表中的第 j 列相加得到, 因此, 给定 y_j, x_i 的条件概率为联合概率表中的第 j 列除以表中第 j 列的和。

例 5.2(续)   若要确定条件概率 $P(X = 2|Y = 2)$, 可将联合概率和边缘概率代入 (5.15) 式中。有

$$P(X = 2|Y = 2) = \frac{P(X = 2, Y = 2)}{P(Y = 2)} = \frac{0.01}{0.2} = 0.05。 \quad \blacksquare$$

作为乘法规则的条件概率。我们还可以求出给定 $X = x_i$ 时 Y 的条件概率函数, 它是

$$f(y_j|x_i) = \frac{f(x_i, y_j)}{f(x_i)}。$$

但我们不会使用这种形式的关系, 因为我们不认为随机变量是可交换的。在贝叶斯统计中, 随机变量 X 为不可观测的参数, 随机变量 Y 为可观测的随机变量, 其概率分布依赖于参数。在下一章中, 当推导离散随机变量的贝叶斯定理时, 我们将把条件概率关系当作乘法规则来使用。

$$f(x_i, y_j) = f(x_i)f(y_j|x_i)。 \tag{5.17}$$

本 章 要 点

- 随机变量 Y 是与随机实验的结果相关的数。
- 如果随机变量可能的取值是有限个隔开的值 $y_1, y_2, \cdots, y_K$ 的集合, 则随机变量被称为是离散的。
- 离散随机变量的概率分布给出与每个可能的取值相关的概率。
- 用概率法则由随机变量的概率函数可计算与随机实验有关的任一事件的概率。
- 离散随机变量的期望是

$$\mathrm{E}[Y] = \sum_k y_k f(y_k),$$

其中对随机变量的所有可能的取值求和, 它是随机变量分布的均值。
- 离散随机变量的方差是随机变量与其均值的差的平方的期望, 即

$$\mathrm{Var}[Y] = E(Y - \mathrm{E}[Y])^2 = \sum_k (y_k - \mathrm{E}[Y])^2 f(y_k)。$$

方差的另一个公式是

$$\mathrm{Var}[Y] = \mathrm{E}[Y^2] - [\mathrm{E}[Y]]^2。$$

- 随机变量的线性函数 $aY + b$ 的均值和方差分别为

$$\mathrm{E}[aY + b] = a\mathrm{E}[Y] + b \quad \text{和} \quad \mathrm{Var}[aY + b] = a^2 \times \mathrm{Var}[Y]。$$

- 二项分布 $B(n, \pi)$ 是在 n 次独立试验中的成功次数的模型, 其中每次试验有相同的成功概率 π。

- 二项分布适用于从有限总体的抽样, 抽样后需放回。
- 超几何分布适用于从有限总体的抽样, 抽样后不放回。
- 泊松分布 Poisson(μ) 计算稀有事件的发生次数。事件在时间 (或空间) 上以恒定速率随机发生, 每次只有一个事件发生, 它也被用来近似二项分布 $B(n, \pi)$, 其中 n 很大而 π 很小, 并且 $\mu = n\pi$。
- 两个随机变量 X 和 Y 的联合概率分布为联合概率函数

$$f(x_i, y_j) = P(X = x_i, Y = y_j)。$$

注意: $(X = x_i, Y = y_j)$ 是交集 $(X = x_i \cap Y = y_j)$ 的另一种写法, 该联合概率函数可以放在一张表中。
- 将每行 (对 X) 或每列 (对 Y) 上的联合概率分布相加可以得到其中一个随机变量的边缘概率分布。
- 独立随机变量的和的均值与方差是

$$\mathrm{E}[X + Y] = \mathrm{E}[X] + \mathrm{E}[Y] \quad \text{和} \quad \mathrm{Var}[X + Y] = \mathrm{Var}[X] + \mathrm{Var}[Y]。$$

- 独立随机变量的差的均值与方差是

$$\mathrm{E}[X - Y] = \mathrm{E}[X] - \mathrm{E}[Y] \quad \text{和} \quad \mathrm{Var}[X - Y] = \mathrm{Var}[X] + \mathrm{Var}[Y]。$$

- 给定 $Y = y_j$, X 的条件概率函数为

$$f(x_i | y_j) = \frac{f(x_i, y_j)}{f(y_j)},$$

它是联合概率除以 $Y = y_j$ 的边缘概率。
- 缩减全域 $Y = y_j$ 上的联合概率并非概率分布, 它们的和是边缘概率 $f(y_j)$, 而不是 1。
- 用边缘概率去除联合概率会放大概率, 从而让缩减全域上的概率之和等于 1。

习　　题

5.1 离散随机变量 Y 的分布如下表所示:

y_i	0	1	2	3	4
$f(y_i)$	0.2	0.3	0.3	0.1	0.1

(1) 计算 $P(1 < Y \leqslant 3)$;
(2) 计算 $\mathrm{E}[Y]$;
(3) 计算 $\mathrm{Var}[Y]$;
(4) 假设 $W = 2Y + 3$, 计算 $\mathrm{E}[W]$;

(5) 计算 $\mathrm{Var}[W]$。

5.2　离散随机变量 Y 的分布如下表所示:

y_i	0	1	2	5
$f(y_i)$	0.1	0.2	0.3	0.4

(1) 计算 $P(0 < Y < 2)$;

(2) 计算 $\mathrm{E}[Y]$;

(3) 计算 $\mathrm{Var}[Y]$;

(4) 假设 $W = 3Y - 1$, 计算 $\mathrm{E}[W]$;

(5) 计算 $\mathrm{Var}[W]$。

5.3　设 Y 为二项分布 $B(n = 5, \pi = 0.6)$。

(1) 通过填写下表计算均值和方差:

y_i	$f(y_i)$	$y_i f(y_i)$	$y_i^2 f(y_i)$
0			
1			
2			
3			
4			
5			
总和			

① $\mathrm{E}[Y] = $ 　　　; ② $\mathrm{Var}[Y] = $ 　　　。

(2) 分别用 (5.7) 式和 (5.8) 式计算 Y 的均值和方差, 所得结果与 (1) 中的结果一样吗?

5.4　设 Y 是二项分布 $B(n = 4, \pi = 0.3)$。

(1) 通过填写下表, 计算均值和方差:

y_i	$f(y_i)$	$y_i f(y_i)$	$y_i^2 f(y_i)$
0			
1			
2			
3			
4			
总和			

① $\mathrm{E}[Y] = $ 　　　; ② $\mathrm{Var}[Y] = $ 　　　。

(2) 分别用 (5.7) 式和 (5.8) 式计算 Y 的均值和方差, 所得结果与 (1) 中的结果相同吗?

5.5 假设一个罐子中有 20 个绿球和 30 个红球, 从罐子中随机取一个球, 记下它的颜色之后放回罐子中完成单次试验。实验由 4 次独立的试验组成。

(1) 列出样本空间中的每种结果 (4 次试验序列) 及其概率, 抽中绿球次数相同的结果的概率是多少?

(2) 设 Y 是抽中绿球的次数, 列出构成下列每个事件的结果:

$$Y = 0, \ Y = 1, \ Y = 2, \ Y = 3, \ Y = 4。$$

(3) 用 "结果为 $Y = y$ 的次数, 以及结果为 $Y = y$ 的任意特定序列的概率" 写出 $P(Y = y)$。

(4) 解释它与二项分布概率函数的关系。

5.6 假设一个罐子中有 20 个绿球和 30 个红球, 从罐子中随机取一个球然后记录下它的颜色完成单次试验, 这次球不放回罐子。实验由 4 次独立的试验组成。

(1) 列出样本空间中的每种结果 (4 次测试序列) 及其概率, 抽中绿球次数相同的结果的概率是多少?

(2) 设 Y 是抽中绿球的次数, 列出构成下列每个事件的结果:

$$Y = 0, \ Y = 1, \ Y = 2, \ Y = 3, \ Y = 4。$$

(3) 用 "结果为 $Y = y$ 的次数, 以及结果为 $Y = y$ 的任意特定序列的概率" 写出 $P(Y = y)$。

(4) 用超几何分布解释它意味着什么。

提示: 用阶乘的形式写出来, 然后再整理。

5.7 假设 Y 为泊松分布 $\text{Poisson}(\mu = 2)$。计算:

(1) $P(Y = 2)$; (2) $P(Y \leqslant 2)$; (3) $P(1 \leqslant Y < 4)$。

5.8 假设 Y 为泊松分布 $\text{Poisson}(\mu = 3)$。计算:

(1) $P(Y = 3)$; (2) $P(Y \leqslant 3)$; (3) $P(1 \leqslant Y < 5)$。

5.9 设 X 和 Y 是联合分布离散随机变量, 它们的联合概率分布如下表所示:

X	Y					$f(x)$
	1	2	3	4	5	
1	0.02	0.04	0.06	0.08	0.05	
2	0.08	0.02	0.10	0.02	0.03	
3	0.05	0.05	0.03	0.02	0.10	
4	0.10	0.04	0.05	0.03	0.03	
$f(y)$						

(1) 计算 X 的边缘概率分布;

(2) 计算 Y 的边缘概率分布;

(3) X 和 Y 是独立随机变量吗? 为什么?

(4) 计算条件概率 $P(X = 3|Y = 1)$。

5.10 设 X 和 Y 是联合分布离散随机变量, 它们的联合概率分布如下表所示:

X	Y					$f(x)$
	1	2	3	4	5	
1	0.015	0.030	0.010	0.020	0.025	
2	0.000	0.000	0.020	0.040	0.050	
3	0.045	0.090	0.030	0.060	0.075	
4	0.060	0.120	0.040	0.080	0.100	
$f(y)$						

(1) 计算 X 的边缘概率分布;

(2) 计算 Y 的边缘概率分布;

(3) X 和 Y 是独立随机变量吗? 为什么?

(4) 计算条件概率 $P(X = 2|Y = 3)$。

第 6 章　离散随机变量的贝叶斯推断

本章介绍离散随机变量的贝叶斯定理, 然后说明, 我们在得到样本数据后如何用贝叶斯定理修正对参数的信念, 即如何用贝叶斯方法进行统计推断。

将参数看成是一个随机变量 X, 可能的取值为 $x_1, x_2, \cdots, x_I$, 我们无法观测参数随机变量。依赖于参数的随机变量 Y, 可能的取值为 $y_1, y_2, \cdots, y_J$。给定观测值 $Y = y_j$, 我们用贝叶斯定理对参数随机变量 X 作出推断。

贝叶斯全域。由所有可能的有序对 (x_i, y_j), $i = 1, 2, \cdots, I$, $j = 1, 2, \cdots, J$ 组成, 它类似于前一章中联合随机变量的全域, 然而, 我们对随机变量 X 和 Y 不会一视同仁, 事件 $(X = x_1), \cdots, (X = x_I)$ 划分全域, 但究竟发生的是其中哪一个事件我们永远都观测不到, 而事件 $Y = y_j$ 是可观测到的。

贝叶斯全域具有两个维度, 水平维度可观测而垂直维度则不可观测。它在水平方向贯穿样本空间, 样本空间是被观测到的随机变量 Y 的所有可能的取值的集合 $\{y_1, y_2, \cdots, y_J\}$。在垂直方向, 它贯穿参数空间, 参数空间为所有可能的参数值的集合 $\{x_1, x_2, \cdots, x_I\}$。表 6.1 所示为离散随机变量的贝叶斯全域, 它类似于在第 4 章中描述的事件的贝叶斯全域, 参数值不可观测。概率定义在贝叶斯全域中的每一个点上。

表 6.1　贝叶斯全域

(x_1, y_1)	(x_1, y_2)	$\cdots$	(x_1, y_j)	$\cdots$	(x_1, y_J)
$\vdots$	$\vdots$		$\vdots$		$\vdots$
(x_i, y_1)	(x_i, y_2)	$\cdots$	(x_i, y_j)	$\cdots$	(x_i, y_J)
$\vdots$	$\vdots$		$\vdots$		$\vdots$
(x_I, y_1)	(x_I, y_2)	$\cdots$	(x_I, y_j)	$\cdots$	(x_I, y_J)

我们稍微变一下记号, 用 $f()$ 表示可观测随机变量 Y 的 (条件或非条件) 概率分布, 而用 $g()$ 表示 (不可观测的) 参数随机变量 X 的 (条件或非条件) 概率分布。由此将可观测的随机变量 Y 与不可观测但需要对其作出推断的随机变量 X 明确区分开, 通过乘法规则可以得到贝叶斯全域中的每个联合概率

$$f(x_i, y_j) = g(x_i) f(y_j | x_i)。$$

将各列相加得到 Y 的边缘分布, 表 6.2 所示为联合概率分布和边缘概率函数。注意, 这与前一章 (表 5.3) 展示的两个离散随机变量的联合分布和边缘分布的方式类似, 不过,

我们在这里已经将 X 的边缘概率函数移到左手边, 并称之为参数 X 的先验概率函数以表明从一开始我们就知道它, 请注意记号也有所改变。

表 6.2　X 与 Y 的联合分布和边缘分布

	先验	y_1	$\cdots$	y_j	$\cdots$	y_J
x_1	$g(x_1)$	$f(x_1, y_1)$	$\cdots$	$f(x_1, y_j)$	$\cdots$	$f(x_1, y_J)$
$\vdots$	$\vdots$	$\vdots$		$\vdots$		$\vdots$
x_i	$g(x_i)$	(x_i, y_1)	$\cdots$	$f(x_i, y_j)$	$\cdots$	$f(x_i, y_J)$
$\vdots$	$\vdots$	$\vdots$		$\vdots$		$\vdots$
x_I	$g(x_I)$	$f(x_I, y_1)$	$\cdots$	$f(x_I, y_j)$	$\cdots$	$f(x_I, y_J)$
		$f(y_1)$	$\cdots$	$f(y_j)$	$\cdots$	$f(y_J)$

表 6.3 显示, 当观测到 $Y = y_j$ 时, 缩减的贝叶斯全域是第 j 列的有序对的集合。给定 $Y = y_j$, X 的后验概率函数是

$$g(x_i|y_j) = \frac{g(x_i)f(y_j|x_i)}{\displaystyle\sum_{i=1}^{I} g(x_i)f(y_j|x_i)}。$$

表 6.3　给定 $Y = y_j$, 缩减的贝叶斯全域

$\cdots$ (x_1, y_j) $\cdots$
$\vdots$
$\cdots$ (x_i, y_j) $\cdots$
$\vdots$
$\cdots$ (x_I, y_j) $\cdots$

我们来看看公式的各个部分。

- 离散随机变量 X 的先验分布由先验概率函数 $g(x_i)(i = 1, 2, \cdots, n)$ 给出, 它来自先验的经验而非当前的数据。
- 因为我们观测到 $Y = y_j$, 离散参数随机变量的似然由似然函数 $f(y_j|x_i)(i = 1, 2, \cdots, n)$ 给出, 即给定 $X = x_i$, Y 的条件概率函数在其实际发生的值 y_j 处评估得到的值, X 可以在它的全部取值范围 $x_1, x_2, \cdots, x_n$ 中变动。我们必须了解条件观测分布的形式, 因为它表明依赖于随机变量 X 的值的观测 Y 是如何分布的, 但是只需要在实际发生的值 y_j 处评估。似然函数是在缩减全域上评估的条件观测分布。
- 给定 $Y = y_j$, 离散随机变量的后验概率分布由在 $x_i(i = 1, 2, \cdots, n)$ 评估得到的后验概率函数 $g(x_i|y_j)$ 给出。

该公式为我们提供了在得到观测 $Y = y_j$ 时, 修正关于 X 值的信念概率的方法。

例 6.1　已知一个罐子中有 5 个球, 其中一些是红球其余的是绿球, 我们不知道有多少个红球。假设随机变量 X 为罐子中红球的个数, X 可能的取值为 $x_i = i(i = 0, 1, \cdots, 5)$。因为不知道红球的个数, 我们假定所有可取的值是等可能的, X 的先验分布为 $g(0) = g(1) = g(2) = g(3) = g(4) = g(5) = \dfrac{1}{6}$。

我们从罐子中随机抽取一个球, 如果抽中的是红球, 随机变量 Y 等于 1, 否则等于 0。$Y|X$ 的条件观测分布为 $P(Y=1|X=x_i) = \dfrac{i}{5}$ 且 $P(Y=0|X=x_i) = 1 - \dfrac{i}{5} = \dfrac{5-i}{5}$。将先验概率与条件观测概率相乘得到联合概率, 如表 6.4 所示, 将每列相加可得 Y 的边缘概率。

表 6.4　联合概率分布和边缘概率分布

x_i	先验	$y_j = 0$	$y_j = 1$
0	1/6	$\dfrac{1}{6} \times \dfrac{5}{5} = \dfrac{5}{30}$	$\dfrac{1}{6} \times \dfrac{0}{5} = 0$
1	1/6	$\dfrac{1}{6} \times \dfrac{4}{5} = \dfrac{4}{30}$	$\dfrac{1}{6} \times \dfrac{1}{5} = \dfrac{1}{30}$
2	1/6	$\dfrac{1}{6} \times \dfrac{3}{5} = \dfrac{3}{30}$	$\dfrac{1}{6} \times \dfrac{2}{5} = \dfrac{2}{30}$
3	1/6	$\dfrac{1}{6} \times \dfrac{2}{5} = \dfrac{2}{30}$	$\dfrac{1}{6} \times \dfrac{3}{5} = \dfrac{3}{30}$
4	1/6	$\dfrac{1}{6} \times \dfrac{1}{5} = \dfrac{1}{30}$	$\dfrac{1}{6} \times \dfrac{4}{5} = \dfrac{4}{30}$
5	1/6	$\dfrac{1}{6} \times \dfrac{0}{5} = \dfrac{0}{30}$	$\dfrac{1}{6} \times \dfrac{5}{5} = \dfrac{5}{30}$
$f(y_j)$		$\dfrac{15}{30}$	$\dfrac{15}{30} = \dfrac{1}{2}$

假设抽中的是红球, 因此缩减全域是标记为 $y_j = 1$ 的那一列, 该列的条件观测概率用粗体显示, 它们构成似然函数。表 6.5 说明给定 $Y = 1$, 找出 X 的后验分布的步骤。

表 6.5　找出 $X|Y = 1$ 的后验概率

x_i	先验	$y_j = 0$	$y_j = 1$	后验
0	1/6	$\dfrac{1}{6} \times \dfrac{5}{5} = \dfrac{5}{30}$	$\dfrac{1}{6} \times \dfrac{\mathbf{0}}{\mathbf{5}} = 0$	0
1	1/6	$\dfrac{1}{6} \times \dfrac{4}{5} = \dfrac{4}{30}$	$\dfrac{1}{6} \times \dfrac{\mathbf{1}}{\mathbf{5}} = \dfrac{1}{30}$	$\dfrac{1}{30} \Big/ \dfrac{1}{2} = \dfrac{1}{15}$
2	1/6	$\dfrac{1}{6} \times \dfrac{3}{5} = \dfrac{3}{30}$	$\dfrac{1}{6} \times \dfrac{\mathbf{2}}{\mathbf{5}} = \dfrac{2}{30}$	$\dfrac{2}{30} \Big/ \dfrac{1}{2} = \dfrac{2}{15}$
3	1/6	$\dfrac{1}{6} \times \dfrac{2}{5} = \dfrac{2}{30}$	$\dfrac{1}{6} \times \dfrac{\mathbf{3}}{\mathbf{5}} = \dfrac{3}{30}$	$\dfrac{3}{30} \Big/ \dfrac{1}{2} = \dfrac{3}{15}$
4	1/6	$\dfrac{1}{6} \times \dfrac{1}{5} = \dfrac{1}{30}$	$\dfrac{1}{6} \times \dfrac{\mathbf{4}}{\mathbf{5}} = \dfrac{4}{30}$	$\dfrac{4}{30} \Big/ \dfrac{1}{2} = \dfrac{4}{15}$
5	1/6	$\dfrac{1}{6} \times \dfrac{0}{5} = \dfrac{0}{30}$	$\dfrac{1}{6} \times \dfrac{\mathbf{5}}{\mathbf{5}} = \dfrac{5}{30}$	$\dfrac{5}{30} \Big/ \dfrac{1}{2} = \dfrac{5}{15}$
$f(y_j)$		$\dfrac{15}{30}$	$\dfrac{\mathbf{15}}{\mathbf{30}} = \dfrac{1}{2}$	

我们注意到用来求后验概率的只是缩减全域 $Y = 1$ 的那一列, 联合概率来自先验概率与似然函数的乘积。后验概率等于先验概率与似然的乘积除以先验概率与似然的乘积的总和, 即

$$f(x_i|y_j) = P(X = x_i|Y = y_j) = \frac{g(x_i)f(y_j|x_i)}{\sum_{i=1}^{5} g(x_i)f(y_j|x_i)} \text{。}$$

因此, 求后验概率的一个更简单的方法是只用缩减全域的那一列, 如表 6.6 所示, 缩减全域中的概率是先验与似然的乘积。   ■

表 6.6   求 $X|Y = 1$ 的后验概率的简表

x_i	先验	似然	先验 × 似然	后验
0	1/6	$\frac{0}{5}$	$\frac{1}{6} \times \frac{0}{5} = 0$	0
1	1/6	$\frac{1}{5}$	$\frac{1}{6} \times \frac{1}{5} = \frac{1}{30}$	$\frac{1}{30} / \frac{1}{2} = \frac{1}{15}$
2	1/6	$\frac{2}{5}$	$\frac{1}{6} \times \frac{2}{5} = \frac{2}{30}$	$\frac{2}{30} / \frac{1}{2} = \frac{2}{15}$
3	1/6	$\frac{3}{5}$	$\frac{1}{6} \times \frac{3}{5} = \frac{3}{30}$	$\frac{3}{30} / \frac{1}{2} = \frac{3}{15}$
4	1/6	$\frac{4}{5}$	$\frac{1}{6} \times \frac{4}{5} = \frac{4}{30}$	$\frac{4}{30} / \frac{1}{2} = \frac{4}{15}$
5	1/6	$\frac{5}{5}$	$\frac{1}{6} \times \frac{5}{5} = \frac{5}{30}$	$\frac{5}{30} / \frac{1}{2} = \frac{5}{15}$
$f(y_j)$			$\frac{15}{30} = \frac{1}{2}$	

利用表格的贝叶斯定理的步骤

- 建立一张表, 表的各列分别为参数值, 先验, 似然, 先验 × 似然和后验;
- 将参数值, 先验和似然分别填入各自相应的列中;
- 先验一列中各元素与似然列中对应的元素相乘, 并将结果填入先验 × 似然列中;
- 求先验 × 似然一列的总和;
- 先验 × 似然一列中的每个元素除以总和;
- 将这些后验概率填入后验一列中。

6.1   贝叶斯定理的两种等价用法

我们可能有不止一个关于参数的数据集, 而且这些数据集不一定是同时得到的。我们应该等待第二个数据集并将它与第一个合并, 然后在合并后的数据集上应用贝叶斯定理吗? 这意味着, 每当有新的数据都需要重新开始, 这样做工作量会很大。另一个方式所需的工作量较少, 即利用由第一个数据集得到的后验概率作为分析第二个数据集的先验

概率。我们将会看到由这两种方式所得的后验概率相同，这正是贝叶斯定理的一个显著优势。在频率论统计中，我们就不得不采用第一种方式，即当得到第二组数据时需要用合并后的数据集重新进行分析。

　　逐个分析观测。假设抽到的第一个球不放回，我们从罐子中随机抽取第二个球。又假设第二次抽中的是绿球，所以 $Y = 0$。给定两次观测结果，即第一次红球，第二次绿球，需要找出 X 的后验概率。我们按次序利用贝叶斯定理来分析观测，所用的先验概率与第一次抽取之前的先验概率相同，然后由第一次抽取后得到的后验概率作为第二次抽取的先验概率，结果见表 6.7。

表 6.7　第二次观测之后的后验概率分布

x_i	先验	似然	先验 × 似然	后验
0	0	??	0	$0/\frac{1}{3} = 0$
1	1/15	$\frac{4}{4}$	$\frac{1}{15}$	$\frac{1}{15}/\frac{1}{3} = \frac{1}{5}$
2	2/15	$\frac{3}{4}$	$\frac{1}{10}$	$\frac{1}{10}/\frac{1}{3} = \frac{6}{20}$
3	3/15	$\frac{2}{4}$	$\frac{1}{10}$	$\frac{1}{10}/\frac{1}{3} = \frac{6}{20}$
4	4/15	$\frac{1}{4}$	$\frac{1}{15}$	$\frac{1}{15}/\frac{1}{3} = \frac{1}{5}$
5	5/15	$\frac{0}{4}$	0	$0/\frac{1}{3} = 0$
			$\frac{1}{3}$	1.00

　　一步分析所有观测。或者，我们可以将两次抽取的结果合起来考虑，然后一次性地用贝叶斯定理修正概率。我们最初的认知状态与以前相同，因此，所用的先验概率与在逐个分析观测时用于第一次抽取时的先验概率相同，X 的各个取值的可能性相等，先验概率函数为 $g(x) = \frac{1}{6}(x = 0, 1, \cdots, 5)$。

　　设 Y_1 和 Y_2 分别是第一次和第二次抽取的结果，第二次抽取的概率取决于第一次抽取后剩下的球。根据乘法规则，基于 X 的条件观测概率是

$$f(y_1, y_2 | x) = f(y_1 | x) f(y_2 | y_1, x)。$$

表 6.8 所示为 X 和 Y_1, Y_2 的联合概率，第一个是红球，第二个是绿球，所以，缩减全域概率在 $y_{j_1}, y_{j_2} = 1, 0$ 的列中。该列中由条件观测概率给出的似然函数以粗体显示。

　　第一个是红球，第二个是绿球，如表 6.9 所示，$y_{j_1}, y_{j_2} = 1, 0$ 的那一列为缩减全域概率。通过改变缩减全域的概率得到给定 $Y_1 = 1, Y_2 = 0$ 时，X 的后验概率的和等于 1。由第一次观测所得后验作为第二次观测的先验，按次序分析这两次观测所得的后验概率与

表 6.8　X, Y_1, Y_2 的联合分布以及 Y_1, Y_2 的边缘分布

x_i	先验	y_{j_1}, y_{j_2} 0, 0	y_{j_1}, y_{j_2} 0, 1	y_{j_1}, y_{j_2} 1, 0	y_{j_1}, y_{j_2} 1, 1
0	1/6	$\frac{1}{6}\times\frac{5}{5}\times\frac{4}{4}$	$\frac{1}{6}\times\frac{5}{5}\times\frac{0}{4}$	$\frac{1}{6}\times\frac{0}{5}\times\frac{4}{4}$	$\frac{1}{6}\times\frac{0}{5}\times\frac{0}{4}$
1	1/6	$\frac{1}{6}\times\frac{4}{5}\times\frac{3}{4}$	$\frac{1}{6}\times\frac{4}{5}\times\frac{1}{4}$	$\frac{1}{6}\times\frac{1}{5}\times\frac{4}{4}$	$\frac{1}{6}\times\frac{1}{5}\times\frac{0}{4}$
2	1/6	$\frac{1}{6}\times\frac{3}{5}\times\frac{2}{4}$	$\frac{1}{6}\times\frac{3}{5}\times\frac{2}{4}$	$\frac{1}{6}\times\frac{2}{5}\times\frac{3}{4}$	$\frac{1}{6}\times\frac{2}{5}\times\frac{1}{4}$
3	1/6	$\frac{1}{6}\times\frac{2}{5}\times\frac{1}{4}$	$\frac{1}{6}\times\frac{2}{5}\times\frac{3}{4}$	$\frac{1}{6}\times\frac{3}{5}\times\frac{2}{4}$	$\frac{1}{6}\times\frac{3}{5}\times\frac{2}{4}$
4	1/6	$\frac{1}{6}\times\frac{1}{5}\times\frac{0}{4}$	$\frac{1}{6}\times\frac{1}{5}\times\frac{4}{4}$	$\frac{1}{6}\times\frac{4}{5}\times\frac{1}{4}$	$\frac{1}{6}\times\frac{4}{5}\times\frac{3}{4}$
5	1/6	$\frac{1}{6}\times\frac{0}{5}\times\frac{0}{4}$	$\frac{1}{6}\times\frac{0}{5}\times\frac{4}{4}$	$\frac{1}{6}\times\frac{5}{5}\times\frac{0}{4}$	$\frac{1}{6}\times\frac{5}{5}\times\frac{4}{4}$
	$f(y_1, y_2)$	40/120	20/120	20/120	40/120

将两次观测合在一起分析所得的后验概率相同。这说明将上一步的后验用作下一步的先验逐个分析观测, 或者从最初的先验出发一步分析所有观测, 这两种方式得到的结果并无任何差别。

表 6.9　给定 $Y_1 = 1, Y_2 = 0$ 时的后验概率分布

x_i	先验	y_{j_1}, y_{j_2} 0, 0	y_{j_1}, y_{j_2} 0, 1	y_{j_1}, y_{j_2} 1, 0	y_{j_1}, y_{j_2} 1, 1	后验
0	1/6	$\frac{20}{120}$	0	0	0	$0 = 0$
1	1/6	$\frac{12}{120}$	$\frac{4}{120}$	$\mathbf{\frac{4}{120}}$	0	$\frac{4}{120}\Big/\frac{20}{120}=\frac{1}{5}$
2	1/6	$\frac{6}{120}$	$\frac{6}{120}$	$\mathbf{\frac{6}{120}}$	$\frac{2}{120}$	$\frac{6}{120}\Big/\frac{20}{120}=\frac{3}{10}$
3	1/6	$\frac{2}{120}$	$\frac{6}{120}$	$\mathbf{\frac{6}{120}}$	$\frac{6}{120}$	$\frac{6}{120}\Big/\frac{20}{120}=\frac{3}{10}$
4	1/6	0	$\frac{4}{120}$	$\mathbf{\frac{4}{120}}$	$\frac{12}{120}$	$\frac{4}{120}\Big/\frac{20}{120}=\frac{1}{5}$
5	1/6	0	0	$\mathbf{0}$	$\frac{20}{120}$	$0 = 0$
	$f(y_1, y_2)$			20/120		1.00

　　因为我们只用了与缩减全域对应的那一列, 要得到后验, 更简单的方式是通过先验概率乘以似然并经过缩放使之成为后验概率分布, 如表 6.10 所示。

表 6.10 两次观测之后的后验概率分布

x_i	先验	似然	先验 × 似然	后验
0	1/6	$\dfrac{0}{20}$	$\dfrac{0}{120}$	$\dfrac{0}{120}\Big/\dfrac{1}{6}=0$
1	1/6	$\dfrac{4}{20}$	$\dfrac{4}{120}$	$\dfrac{4}{120}\Big/\dfrac{1}{6}=\dfrac{1}{5}$
2	1/6	$\dfrac{6}{20}$	$\dfrac{6}{120}$	$\dfrac{6}{120}\Big/\dfrac{1}{6}=\dfrac{3}{10}$
3	1/6	$\dfrac{6}{20}$	$\dfrac{6}{120}$	$\dfrac{6}{120}\Big/\dfrac{1}{6}=\dfrac{3}{10}$
4	1/6	$\dfrac{4}{20}$	$\dfrac{4}{120}$	$\dfrac{4}{120}\Big/\dfrac{1}{6}=\dfrac{1}{5}$
5	1/6	$\dfrac{0}{20}$	$\dfrac{0}{120}$	$\dfrac{0}{120}\Big/\dfrac{1}{6}=0$
			$\dfrac{1}{6}$	1.00

6.2 具有离散先验的二项分布的贝叶斯定理

若观测来自二项分布并且分布的参数只有几个可能的取值, 我们讨论应该如何应用贝叶斯定理。$Y|\pi$ 服从二项分布 $B(n,\pi)$ (n 次独立试验, 每次试验的结果可能是 "成功" 或 "失败", 每次试验成功的概率恒定为 π, Y 为 n 次试验中 "成功" 的次数), 参数 π 有 I 个可能的取值 $\pi_1, \pi_2, \cdots, \pi_I$。

建立一张观测分布的表, 第 i 行对应二项概率分布 $B(n,\pi_i)$, 第 j 列对应 $Y=j$ (有 $n+1$ 列分别对应 $0, 1, \cdots, n$)。在附录 B 中的表 B.1 中可查到这些二项概率分布。缩减全域中的条件观测概率 (对应实际观测值的那一列) 称为似然。

- 选定参数的先验概率分布。它们是我们对参数 π 的各个可能的取值的先验信念。如果事先没有什么想法, 先验分布就定为取各个值的可能性相同。
- 条件概率 $P(Y|\pi)$ 乘以 π 的先验概率, 得到参数 π 和观测 Y 的联合概率分布。
- 将联合分布一列相加, 得到 Y 的边缘概率。

取 Y 的观测值的那一列。只有这一列与问题相关, 它包含**缩减全域**的概率。注意, 它是先验乘以似然。将该列中每一行中的元素除以该列中的 Y 的边缘概率, 得到 π 的各个可能的取值的后验概率。

例 6.2 设 $Y|\pi$ 为二项分布 $B(n=4,\pi)$。假设 π 只有三个可能的取值 0.4, 0.5 和 0.6, 并具有同等的可能性。π 的先验分布以及 π 和 Y 的联合分布见表 6.11。$f(\pi_i, y_j)$ 的联合概率分布等于条件观测分布 $f(y_j|\pi_i)$ 乘以先验分布 $g(\pi_i)$。本例中, 条件观测概率服从二项分布 $B(n=4,\pi)$。在附录 B 中的表 B.1 中可查到这些概率的值。假设观测到 $Y=3$。缩减全域就是 $Y=3$ 的那一列。该列中的条件观测概率被称为似然, 我们用粗体显示。

表 6.11　π(先验) 乘以给定 π 的 Y 的条件分布 (二项分布) 得到联合概率分布。观测到 $Y = 3$, 因此将 $Y = 3$ 的二项概率 (似然) 用粗体显示

π	先验	0	1	2	3	4
0.4	$\frac{1}{3}$	$\frac{1}{3} \times 0.1296$	$\frac{1}{3} \times 0.3456$	$\frac{1}{3} \times 0.3456$	$\frac{1}{3} \times \mathbf{0.1536}$	$\frac{1}{3} \times 0.0256$
0.5	$\frac{1}{3}$	$\frac{1}{3} \times 0.0625$	$\frac{1}{3} \times 0.2500$	$\frac{1}{3} \times 0.3750$	$\frac{1}{3} \times \mathbf{0.2500}$	$\frac{1}{3} \times 0.0625$
0.6	$\frac{1}{0}$	$\frac{1}{0} \times 0.0256$	$\frac{1}{0} \times 0.1536$	$\frac{1}{0} \times 0.3456$	$\frac{1}{0} \times \mathbf{0.3456}$	$\frac{1}{0} \times 0.1296$

按列将 π 和 Y 的联合分布相加得到 Y 的边缘分布。表 6.12 所示为 π 的先验分布, (π, Y) 的联合概率分布, 和 Y 的边缘概率分布。假设观测到 $Y = 3$, 只有标记为 3 的那一列与之相关。表 6.13 所示为 π 的先验分布, (π, Y) 的联合概率分布, Y 的边缘概率分布以及 $\pi|Y = 3$ 的后验概率分布。

表 6.12　联合分布和边缘概率分布。观测到 $Y = 3$, 与之相关的概率用粗体显示

π	先验	0	1	2	3	4
0.4	$\frac{1}{3}$	0.0432	0.1152	0.1152	$\mathbf{0.0512}$	0.0085
0.5	$\frac{1}{3}$	0.0208	0.0833	0.1250	$\mathbf{0.0833}$	0.0208
0.6	$\frac{1}{3}$	0.0085	0.0512	0.1152	$\mathbf{0.1152}$	0.0432
	边缘	0.0725	0.2497	0.3554	$\mathbf{0.2497}$	0.0725

表 6.13　给定 $Y = 3$, 联合、边缘和 π 的后验概率分布。注意, 由相关的列中的联合概率除以它们的和得到后验

π	先验	0	1	2	3	4	后验
0.4	$\frac{1}{3}$	0.0432	0.1152	0.1152	0.0512	0.0085	$\frac{0.0512}{0.2497} = 0.205$
0.5	$\frac{1}{3}$	0.0208	0.0833	0.1250	0.0833	0.0208	$\frac{0.0833}{0.2497} = 0.334$
0.6	$\frac{1}{3}$	0.0085	0.0512	0.1152	0.1152	0.0432	$\frac{0.1152}{0.2497} = 0.461$
	边缘	0.0725	0.2497	0.3554	0.2497	0.0725	1.000

注意, 后验概率与先验概率和似然的乘积成比例。我们无须建立完整的联合概率表, 只考虑缩减全域的那一列会更容易。后验概率等于先验概率乘以似然再除以观测值的边缘概率。结果如表 6.14 所示。　∎

表 6.14 给定 $Y = 3$, 求后验分布的简表

π	先验	似然	先验 × 似然	后验
0.4	$\frac{1}{3}$	0.1536	0.0512	$\frac{0.0512}{0.2497} = 0.205$
0.5	$\frac{1}{3}$	0.2500	0.0833	$\frac{0.0833}{0.2497} = 0.334$
0.6	$\frac{1}{3}$	0.3456	0.1152	$\frac{0.1152}{0.2497} = 0.461$
	边缘 $P(Y = 3)$		0.2497	1.000

建立具有离散先验的二项分布的贝叶斯定理的表格

- 建立一张表, 包括参数值, 先验, 似然, 先验×似然和后验等列。
- 将参数值、先验概率和似然值填入对应的列中。似然值为二项分布 $B(n, \pi_i)$ 在 y 的观测值处的评估值。从表 B.1 中可以找到这些概率的值, 或者用公式评估。
- 将先验一列中的各元素与似然一列中对应的元素相乘, 并将结果填入先验×似然一列中。
- 将这些先验×似然相加。
- 将先验×似然一列中各元素除以先验×似然一列之和。(调整之后它们的和为 1。)
- 将以上值填入后验一列中。

6.3 贝叶斯定理的重要结果

所有先验概率乘以一个常数不会改变贝叶斯定理的结果。表中先验×似然的每一个值会乘以这个常数。按列相加求得的边缘值也乘以该常数。因为在后验的计算中常数会被约去, 所以后验概率与以前的相同。最重要的是我们给予每个参数值的是相对权重而非实际权重。如果有先验的公式, 其中不含参数的那一部分都可以合并到常数中以简化计算。

似然乘以一个常数不会改变贝叶斯定理的结果。先验×似然的值也会乘以同一常数, 这个常数在后验概率中会被约去。可以将似然看成是利用数据为参数可能的取值赋予的权重。同样, 重要的是相对权重而非实际权重。如果有似然的公式, 其中不含参数的那一部分都可以合并到常数中以简化计算。

例 6.2(续) 我们使用等概率先验: 参数的每个取值的先验概率相等。本例中有三个可能的取值, 所以各值的先验概率等于 $\frac{1}{3}$。我们将 3 个先验概率乘以常数 3 得到先验权重等于 1。由此可简化计算。观测分布为 $B(n = 4, \pi)$, 且观测到 $y = 3$。二项似然的公式为

$$f(y_j|\pi) = \binom{4}{3} \pi^3 (1 - \pi)^1.$$

二项系数 $\begin{pmatrix} 4 \\ 3 \end{pmatrix}$ 不包含参数, 它是常数。为简化计算, 我们只使用似然中包含参数的那一部分。由表 6.15 可见, 这样做的结果与以前得到的结果相同。∎

表 6.15 给定 $Y = 3$ 求后验分布的简表。注意, 我们使用比例似然, 将二项分布中不依赖于 π 的那一部分与常数合并

π	先验 (比例)	似然 (比例)	先验 × 似然	后验
0.4	1	$0.4^3 \times 0.0^1 = 0.0384$	0.0384	$\dfrac{0.0384}{0.1873} = 0.205$
0.5	1	$0.5^3 \times 0.5^1 = 0.0625$	0.0625	$\dfrac{0.0625}{0.1873} = 0.334$
0.6	1	$0.6^3 \times 0.4^1 = 0.0864$	0.0864	$\dfrac{0.0864}{0.1873} = 0.461$
	边缘总和		0.1873	1.000

6.4 具有离散先验的泊松分布的贝叶斯定理

若观测来自泊松分布 $\mathrm{Poisson}(\mu)$ 并且 μ 具有离散先验分布, 我们讨论在此情况下如何应用贝叶斯定理。$Y|\mu$ 是以恒定速率随机发生事件的次数。参数可能的取值为 $\mu_1, \mu_2, \cdots, \mu_I$。我们选定先验概率分布 $g(\mu_i)$, $i = 1, 2, \cdots, I$。在得到数据之前, 这个分布为参数各个可能的取值赋予信念权重。由 6.2 节可知, 无须使用所有可能的观测, 只用缩减全域的那一列建立一张表, 即观测值的表。

建立具有离散先验的泊松分布的贝叶斯定理的表格

- 建立一张表, 包括参数值、先验、似然、先验×似然和后验等列。
- 将参数值、先验概率和似然填入对应的列中。似然值为泊松分布 $\mathrm{Poisson}(\mu)$ 在 y 的观测值处的评估值。在附录 B 的表 B.15 中可以查到这些值, 或者通过泊松公式计算得到。
- 将先验一列中的各元素与似然一列中对应的元素相乘, 并将结果填入先验×似然一列中。
- 将先验×似然一列中的各元素除以先验×似然一列之和。并将它们填入后验一列中。

例 6.3 设 $Y|\mu$ 为泊松分布 $\mathrm{Poisson}(\mu)$。假设我们相信 μ 只有 4 个可能的取值, 1, 1.5, 2 和 2.5。假设我们认为两个中间值 1.5 和 2 的可能性是两端的值 1 和 2.5 的可能性

的两倍。假设观测到 $y = 2$。将 $y = 2$ 代入公式

$$f(y|\mu) = \frac{\mu^y e^{-\mu}}{y!}$$

得到似然, 或者查附录 B 中的表 B.5。结果如表 6.16 所示。注意: 我们可以用比例先验和比例似然, 所得后验相同。 ∎

表 6.16 给定 $Y = 2$, 求后验分布的简表

μ	先验	似然	先验 × 似然	后验
1.0	$\frac{1}{6}$	$\frac{1.0^2 e^{-1.0}}{2!} = 0.1839$	0.0307	$\frac{0.0307}{0.2473} = 0.124$
1.5	$\frac{1}{3}$	$\frac{1.5^2 e^{-1.5}}{2!} = 0.2510$	0.0837	$\frac{0.0837}{0.2473} = 0.338$
2.0	$\frac{1}{3}$	$\frac{2.0^2 e^{-2.0}}{2!} = 0.2707$	0.0902	$\frac{0.0902}{0.2473} = 0.365$
2.5	$\frac{1}{6}$	$\frac{2.5^2 e^{-2.5}}{2!} = 0.2565$	0.0428	$\frac{0.0428}{0.2473} = 0.173$
边缘 $P(Y = 2)$			0.2473	1.000

本 章 要 点

- 贝叶斯全域有两个维度。垂直维度是参数空间, 它不可观测。水平维度是样本空间, 我们能观测到所发生的值。
- 缩减全域是所得观测值的那一列。
- 对于离散先验和离散观测而言, 由先验×似然然后除以它们的和可得到后验概率。
- 数据分批到达时, 可以把由第一批数据得到的后验用作第二批数据的先验。它等价于将这两批数据合并后用初始的先验应用一次贝叶斯定理。
- 先验乘以一个常数不会让结果改变, 重要的是相对权重。
- 似然乘以一个常数不会让结果改变。
- 它意味着我们可以将公式中不含参数的那一部分并入常数, 由此可大大简化计算。

习   题

6.1 一个罐子中有绿球或红球共 9 个。其中红球个数未知。从罐子中随机抽出一个球, 看它是红球或是绿球。

(1) 实验的贝叶斯全域是怎样的?

(2) 设 X 是罐子中红球的个数。假设 X 的取值从 0 到 9 每一个都是等可能的。如果抽中的第一个是红球, 则 $Y_1 = 1$, 否则 $Y_1 = 0$。填写下面的 X 和 Y_1 的联合概率表:

X	先验	$Y_1 = 0$	$Y_1 = 1$

(3) 求 Y_1 的边缘分布并填入表中。

(4) 假设抽中一个红球, 缩减贝叶斯全域是怎样的?

(5) 计算 X 的后验概率分布。

(6) 通过填写下列简表求 X 的后验分布:

X	先验	似然	先验 × 似然	后验
	边缘 $P(Y_1 = 1)$			

6.2　假设不放回第一个球并从罐子中抽取第二个球。如果第二个是红球, 则 $Y_2 = 1$, 否则 $Y_2 = 0$。将上一道题中 X 的后验分布用作 X 的先验分布。假设第二个是绿球。通过填写下面的简表求 X 的后验分布:

X	先验	似然	先验 × 似然	后验
	边缘 $P(Y_2 = 0)$			

6.3 假设从罐子中抽取两个球 (不放回) 为一个单一实验。实验结果为第一次抽中红球, 第二次抽中绿球。通过填写下面的简表求 X 的后验分布。

X	先验	似然	先验 × 似然	后验
边缘 $P(Y_1=1,Y_2=0)$				

6.4 设 Y_1 为 $n=10$ 次独立试验中成功的次数, 其中试验结果为成功或失败, 并且每次试验的成功概率 π 恒定。假设 π 的 4 个可能的取值为 $0.20, 0.40, 0.60$ 和 0.80。我们不偏向其中任何一个值, 所以每个值是等可能的。观测到 $Y_1=7$。通过填写下面的简表求后验分布。

π	先验	似然	先验 × 似然	后验
边缘 $P(Y_1=7)$				

6.5 假设又进行了一次实验, 其中包含 5 个独立试验, 并观测到有 2 次成功, 即 $Y_2=2$。将习题 6.4 中 π 的后验分布用作 π 的先验分布。通过填写下面的简表求新的后验分布。

π	先验	似然	先验 × 似然	后验
边缘 $P(Y_2=2)$				

6.6   假设我们将所有 $n = 15$ 次试验合在一起并将它们看成是一次实验, 总共观测到 9 次成功。从习题 6.4 中最初的等权重先验出发, 求出这一组实验后的后验分布。习题 6.4 ∼ 习题 6.6 的结果说明了什么?

π	先验	似然	先验 × 似然	后验
边缘 $P(Y = 9)$				

6.7   设 Y 是均值为 μ 的泊松随机变量。假设 μ 的 5 个可能的取值为 1, 2, 3, 4 和 5, 其中任何一个值的权重没理由比其他值的权重大, 所以取权重相等的先验。观测到 $Y = 2$, 通过填写下面的简表求后验分布。

μ	先验	似然	先验 × 似然	后验
边缘 $P(Y = 2)$				

计算机习题

6.1 $Y|\pi$ 的观测分布是 $B(n, \pi)$ 且已知 π 的离散先验。利用 Minitab 宏 BinoDP 或等价的 R 函数求二项概率 π 的后验分布。调用 BinoDP 的细节见附录 C, 等价的 R 函数的细节见附录 D。

假设我们做 8 次独立试验, 每次的结果为成功或失败, 每次试验成功的概率恒定, 则 $Y|\pi$ 是二项分布 $B(n = 8, \pi)$。假设 π 只有 6 个可能的取值, 0, 0.2, 0.4, 0.6, 0.8 和 1.0, 因此 π 的分布为离散分布。刚开始时我们没有理由偏向某个可能的取值, 故 π 的所有可能的取值的概率都等于 $\dfrac{1}{6}$。

π	0	0.2	0.4	0.6	0.8	1.0
$g(\pi)$	0.166666	0.166666	0.166666	0.166666	0.166666	0.166666

假设在 8 次试验中观测到 3 次成功。

[**Minitab:**] 用 Minitab 宏 BinoDP 求后验分布 $g(\pi|y)$。

[**R:**] 用 R 函数 binodp 求后验分布 $g(\pi|y)$。

(1) 由输出确定统计概率矩阵, 建立这些条件概率与表 B.1 中的二项概率的关系。

(2) 矩阵中的哪一列为似然?

(3) 由输出确定联合概率矩阵, 如何求这些联合概率?

(4) 由输出确定 Y 的边缘概率, 如何求边缘概率?

(5) 如何求后验概率?

6.2 假设我们又进行了 7 次试验并取得 2 次成功。

(1) 将前一个问题中的 8 次试验 3 次成功后的后验设为先验。用 Minitab 宏 BinoDP, 或者 R 函数 binodp, 求 π 的新的后验分布。

(2) 我们总共进行了 15 次试验并取得 5 次成功。回到最初的先验并用 Minitab 宏 BinoDP, 或 R 函数 binodp, 求 15 次试验 5 次成功后的后验分布。

(3) 它说明了什么?

6.3 [**Minitab:**] $Y|\mu$ 的观测分布是泊松分布 Poisson(μ) 且 μ 有离散先验分布。用 Minitab 宏 PoisDP 求后验分布。调用 PoisDP 的细节见附录 C。

[**R:**] $Y|\mu$ 的观测分布是泊松分布 Poisson(μ) 且 μ 有离散先验分布。用 R 函数 poisdp 求后验分布。使用 poisdp 的细节见附录 D。

假设有 6 个可能的取值 $\mu = 1, 2, \cdots, 6$ 且先验概率如下表所示:

μ	1	2	3	4	5	6
$g(\mu)$	0.10	0.15	0.25	0.25	0.15	0.10

假设第一次观测是 $Y_1 = 2$。用 Minitab 中的 PoisDP 或者 R 函数 poisdp, 求后验分布 $g(\mu|y)$。

(1) 由输出确定条件概率矩阵, 建立这些条件概率与表 B.5 中的泊松概率的关系。

(2) 矩阵中的哪一列为似然?

(3) 由输出确定联合概率矩阵, 如何求这些联合概率?

(4) 由输出确定 Y 的边缘概率, 如何求边缘概率?

(5) 如何求后验概率?

6.4 假设我们进行第二次观测, 将上一个习题中得到的第一次观测 $Y_1 = 2$ 后的后验设为第二次观测的先验。

(1) 第二次观测为 $Y_2 = 1$。用 Minitab 中的 PoisDP 或 R 函数 `poisdp`, 求新的后验分布 $g(\mu|y)$。

(2) 由输出确定条件概率矩阵, 建立这些条件概率与表 B.5 中的泊松概率的关系。

(3) 在矩阵中的哪一列为似然?

(4) 由输出确定联合概率矩阵, 如何求这些联合概率?

(5) 由输出确定 Y 的边缘概率, 如何求边缘概率?

(6) 如何求后验概率?

第 7 章 连续随机变量

　　如果测量设备足够精确,我们相信连续随机变量有可能在某些范围内取到所有的值。一个区间内存在不可数的无穷多个实数,所以随机变量要取到某个特定的值的概率必须为零。我们不可能像处理离散随机变量那样找到连续随机变量的概率函数,需要另辟蹊径以确定其概率分布。类似于第 5 章中关于离散随机变量的做法,我们首先看一个思维实验。

　　思维实验 4　我们先进行一系列的随机变量的独立试验。画出样本中每一个值处的脉冲,脉冲的高度等于该值在样本中的占比。每次抽样后更新该值在累积样本中的比例,并更新图形。在第 n 步的图形更新需将所有的已有脉冲按比率 $\dfrac{n-1}{n}$ 向下调整,并将 $\dfrac{1}{n}$ 加到第 n 次试验观测到的那一个值的脉冲上,从而让脉冲高度的总和等于 1。图 7.1 所示为 25 次抽样后的情况。因为有无穷多个可能的数,几乎无可避免抽不到先前的值,所以,每次抽样后我们会得到一个新的脉冲。n 次抽样后,将会有 n 个脉冲,每一个的高度是 $\dfrac{1}{n}$。图 7.2 所示为 100 次抽样后的情况。当样本大小 n 趋于无穷大时,每个脉冲高度缩减到零。这意味着要得到任何特定的值的概率为零。这个思维实验的结果并不是每一个可能的取值的概率函数。它不像第 6 章中的思维实验的结果,在那里随机变量是离散的。

　　我们注意到在一些位置的附近有很多脉冲,而其他一些位置附近的脉冲很少,即脉冲的密度不同。我们可以想象,将区间分成若干子区间,并记录落在各个子区间的观测数。

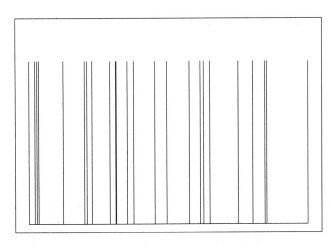

图 7.1　25 次抽样的样本概率函数

图 7.2　100 次抽样的样本概率函数

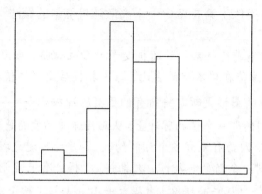

图 7.3　100 次抽样后的密度直方图

通过将各子区间的观测数除以子区间的宽度, 就构成密度直方图。这样做让直方图的面积等于 1。图 7.3 显示最初的 100 次观测的密度直方图。让 n 增大, 并且让子区间的宽度减小, 减小的速率要小于 n 变大的速率。图 7.4 和图 7.5 分别显示最初的 1000 次和 10000

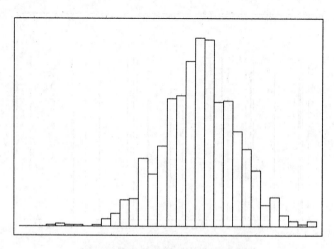

图 7.4　1000 次抽样后的密度直方图

次观测的密度直方图。子区间的观测比例趋于观测值落在子区间中的概率。随着 n 增大, 我们得到更多更窄的子区间, 直方图越来越接近于一条光滑曲线。

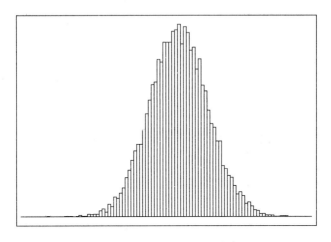

图 7.5   10000 次抽样后的密度直方图

7.1   概率密度函数

这条光滑曲线被称为概率密度函数, 它是 n 趋于无穷大且每一直方条的宽度趋于 0 时直方图的极限形状, 它在某点处的高度并非该点的概率。思维实验表明, 在每个点处的概率都等于 0, 曲线的高度度量在该点概率有多稠密。

因为直方图下方的整个面积等于 1, 概率密度函数下方的总面积也必等于 1, 即

$$\int_{-\infty}^{\infty} f(y)\mathrm{d}y = 1。 \tag{7.1}$$

区间 (a, b) 内的直方条的面积给出落在此区间内的观测所占的比例。在 n 趋于无穷大的极限情况下, 直方图变成一条光滑的曲线, 即概率密度函数。某个区间上的直方条面积变成在该区间上的曲线下方的面积。落在某区间内的观测所占的比例变成随机变量在该区间上所占的比例。我们知道用积分可以求出曲线下方的面积, 所以, 通过对定义域上的概率密度函数求积分得到随机变量在区间 (a, b) 内的概率, 即

$$P(a < Y < b) = \int_{a}^{b} f(y)\mathrm{d}y。 \tag{7.2}$$

连续随机变量的均值

在 3.3 节中, 随机变量的观测样本的均值被定义为

$$\bar{y} = \frac{\sum_{i=1}^{n} y_i}{n}。$$

假设将观测放入每组宽度都相等的密度直方图中。数据的分组均值为

$$\bar{y} = \sum_{j=1}^{n} m_j \frac{n_j}{n},$$

其中 m_j 是第 j 个直方条的中点, 而 $\frac{n_j}{n}$ 为其相对频率。乘除直方条的宽度, 得到

$$\bar{y} = \sum_{j=1}^{n} m_j \cdot \text{width} \cdot \frac{n_j}{n \cdot \text{width}},$$

其中相对频率密度 $\dfrac{n_j}{n \cdot \text{width}}$ 确定了第 j 个直方条的高度, 乘以宽度则得到了直方条的面积。样本均值为各直方条的中点乘以此条的面积并对所有直方条求和。

　　假设我们让 n 无限增大, 并让直方条的数量也增大, 但是以较低的速率增大。例如, n 以因子 4 增大, 直方条的数量则以因子 2 增大, 因此每一直方条的宽度除以 2。因为 n 无限增大, 每一组中的各个观测会非常接近于该组的中点, 直方条的数量无限增大, 各条的宽度接近于零。在极限情况下, 包含点 y 的直方条的中点趋于 y, 而包含 y 的直方条的高度 (其为相对频率密度) 趋于 $f(y)$。所以, 在极限情况下相对频率密度趋于概率密度, 样本均值达到它的极限

$$\text{E}[Y] = \int_{-\infty}^{\infty} y f(y) \mathrm{d}y, \tag{7.3}$$

它被称为随机变量的期望, 有时候也被称为随机变量 Y 的均值并记为 μ。

连续随机变量的方差

　　期望 $\text{E}[(Y - \text{E}[Y])^2]$ 被称为随机变量的方差。我们考虑随机样本的方差并让样本增大。

$$\text{Var}[y] = \frac{1}{n} \sum_{i=1}^{n} (y_i - \bar{y})^2 \text{。}$$

增大 n 的同时, 减小直方条的宽度。这样一来, 各个观测更接近它所在的直方条的中点。现在将所有的组相加, 方差变为

$$\text{Var}[y] = \sum_{j=1}^{n} \frac{n_j}{n} (m_j - \bar{y})^2 \text{。}$$

乘除直方条的宽度, 得到

$$\text{Var}[y] = \sum_{j=1}^{n} \frac{n_j}{n \cdot \text{width}} \cdot \text{width} \cdot (m_j - \bar{y})^2 \text{。}$$

这是中点减去均值的平方与直方条面积的乘积, 对所有直方条求和。当 n 增大到 ∞, 相对频率密度趋于概率密度, 包含点 y 的直方条的中点趋于 y, 而样本均值 $\bar{y}$ 趋于期望 $\text{E}[Y]$, 所以在极限情况下方差为

$$\text{Var}[Y] = \text{E}[(Y - \text{E}[Y])^2] = \int_{-\infty}^{\infty} (y - \mu)^2 f(y) \mathrm{d}y \text{。} \tag{7.4}$$

用 σ^2 表示随机变量的方差。展开括号内的项, 有

$$\text{Var}[Y] = \int_{-\infty}^{\infty} (y^2 - 2\mu y + \mu^2)f(y)\mathrm{d}y,$$

该积分分为三项, 即

$$\text{Var}[Y] = \int_{-\infty}^{\infty} y^2 f(y)\mathrm{d}y - 2\mu \int_{-\infty}^{\infty} yf(y)\mathrm{d}y + \mu^2 \int_{-\infty}^{\infty} f(y)\mathrm{d}y,$$

经化简得到方差的另一种形式:

$$\text{Var}[Y] = \text{E}[Y^2] - [\text{E}[Y]]^2 \text{。} \tag{7.5}$$

7.2 连 续 分 布

均匀分布

随机变量服从均匀分布 $U(0,1)$, 如果它的概率密度函数在区间 $[0,1]$ 上是常数, 而在其他区间上为 0。

$$g(x) = \begin{cases} 1, & 0 \leqslant x \leqslant 1, \\ 0, & x \notin [0,1] \end{cases}$$

显然, $U(0,1)$ 随机变量的均值和方差分别是 $\dfrac{1}{2}$ 和 $\dfrac{1}{12}$。

贝塔分布族

连续随机变量的另一种常用分布是贝塔分布 $\text{Be}(a,b)$, 它只在 $0 \leqslant x \leqslant 1$ 上取值, 其概率密度函数为

$$g(x; a, b) = \begin{cases} kx^{a-1}(1-x)^{b-1}, & 0 \leqslant x \leqslant 1, \\ 0, & x \notin [0,1] \text{。} \end{cases}$$

最重要的是 $x^{a-1}(1-x)^{b-1}$ 决定了曲线的形状, k 是概率密度函数所需的常数。图 7.6 所示为当 $a = 2$, $b = 3$, k 取不同值时的曲线。这些曲线的基本形状相同但曲线下方的面积不同。当 $k = 12$ 时面积等于 1, 因此它是让曲线成为密度函数的那一个 k。具有 $x^{a-1}(1-x)^{b-1}$ 形状的分布被称为贝塔分布 $\text{Be}(a,b)$。让曲线成为密度函数所需的常数为

$$k = \frac{\Gamma(a+b)}{\Gamma(a)\Gamma(b)},$$

其中 $\Gamma(c)$ 是伽马函数, 它是阶乘函数的一般化。[1]$\text{Be}(a,b)$ 分布的概率密度函数为

$$g(x; a, b) = \frac{\Gamma(a+b)}{\Gamma(a)\Gamma(b)} x^{a-1}(1-x)^{b-1} \text{。} \tag{7.6}$$

---

[1]当 c 为整数时, $\Gamma(c) = (c-1)!$。无论 c 是否为整数, 伽马函数始终满足等式 $\Gamma(c) = (c-1)\Gamma(c-1)$。

我们需要记住的是 $\dfrac{\Gamma(a+b)}{\Gamma(a)\Gamma(b)}$ 是使 $x^{a-1}(1-x)^{b-1}$ 的曲线成为密度函数所需的常数。a 等于 x 的幂次加 1, b 等于 $(1-x)$ 的幂次加 1。

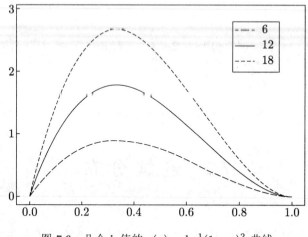

图 7.6 几个 k 值的 $g(x) = kx^1(1-x)^2$ 曲线

　　a 和 b 取不同的值, 相应的曲线的形状也会不同, 因此 $\mathrm{Be}(a,b)$ 分布实际上是一个分布族。均匀分布 $U(0,1)$ 是贝塔分布当 $a = 1$, $b = 1$ 时的特例。

　　贝塔分布的均值。 连续随机变量 x 的期望等于 X 与其密度函数的乘积在 X 的整个域上的积分。(因为 $\mathrm{Be}(a,b)$ 分布的密度在区间 $[0,1]$ 之外等于 0, 所以积分只需从 0 到 1 而不是从 $-\infty$ 到 ∞。) 对服从 $\mathrm{Be}(a,b)$ 分布的随机变量而言, 有

$$\mathrm{E}[X] = \int_0^1 xg(x; a, b)\mathrm{d}x = \int_0^1 x \frac{\Gamma(a+b)}{\Gamma(a)\Gamma(b)} x^{a-1}(1-x)^{b-1}\mathrm{d}x。$$

然而, 根据我们对贝塔分布的理解, 无须实际计算就可以评估这个积分。首先, 将常数提取到积分号的前面, 然后通过指数相加合并 x 项, 得

$$\mathrm{E}[X] = \frac{\Gamma(a+b)}{\Gamma(a)\Gamma(b)} \int_0^1 x \cdot x^{a-1}(1-x)^{b-1}\mathrm{d}x = \frac{\Gamma(a+b)}{\Gamma(a)\Gamma(b)} \int_0^1 x^a(1-x)^{b-1}\mathrm{d}x。$$

积分部分是贝塔分布, 形状为 $\mathrm{Be}(a+1,b)$ 的曲线。因此通过在积分内乘以适当的参数就可以使积分等于 1, 而在积分外乘以其倒数以保持平衡, 即

$$\mathrm{E}[X] = \frac{\Gamma(a+b)\Gamma(a+1)\Gamma(b)}{\Gamma(a)\Gamma(b)\Gamma(a+b+1)} \int_0^1 \frac{\Gamma(a+b+1)}{\Gamma(a+1)\Gamma(b)} x^a(1-x)^{b-1}\mathrm{d}x。$$

此时积分等于 1, 利用 $\Gamma(c) = (c-1)\Gamma(c-1)$ 并约去一些项就得到 $\mathrm{Be}(a,b)$ 分布均值的简单公式

$$\mathrm{E}[X] = \frac{a}{a+b}。 \tag{7.7}$$

贝塔分布的方差。连续随机变量函数的期望可通过将函数乘以密度函数并在其所有可能的值上积分得到。对服从 $\text{Be}(a,b)$ 分布的随机变量,

$$\text{E}[X^2] = \int_0^1 x^2 \frac{\Gamma(a+b)}{\Gamma(a)\Gamma(b)} x^{a-1}(1-x)^{b-1}\mathrm{d}x。$$

利用 $\text{Be}(a,b)$ 分布的属性评估积分, 有

$$\text{E}[X^2] = \frac{a(a+1)}{(a+b+1)(a+b)}。$$

将此公式和 $\text{Be}(a,b)$ 分布的均值公式代入 (7.5) 式并化简, 得到 $\text{Be}(a,b)$ 分布的随机变量的方差

$$\text{Var}[X] = \frac{ab}{(a+b)^2(a+b+1)}。 \tag{7.8}$$

求贝塔概率。若 X 服从 $\text{Be}(a,b)$ 分布, 我们经常要计算下式中的概率

$$P(X \leqslant x_0) = \int_0^{x_0} g(x; a, b)\mathrm{d}x。$$

[**Minitab:**] 使用 Minitab 很容易计算此概率。将计算(Calc) 菜单下拉到概率分布 (Probability Distributions) 命令, 停在 Beta$\cdots$ 子命令上, 并填写对话框。

伽马分布族

伽马分布 $\text{Ga}(r,v)$ 适用于非负的连续随机变量, 即其取值为 $0 \leqslant x < \infty$, 概率密度函数为

$$g(x; r, v) = kx^{r-1}\mathrm{e}^{-vx}, \ 0 \leqslant x < \infty。$$

此曲线的形状由 $x^{r-1}\mathrm{e}^{-vx}$ 决定, k 是概率密度所需的常数。图 7.7 显示当 $r = 4$, $v = 4$, k 取不同值时的曲线。显然, 曲线的基本形状相同, 但曲线下方的面积不同。$k = 42.6667$ 所对应的曲线的下方面积等于 1, 所以它才是概率密度所需的常数。

形状由 $x^{r-1}\mathrm{e}^{-vx}$ 给定的分布被称为伽马分布 $\text{Ga}(r,v)$。使之成为概率密度函数的常数是

$$k = \frac{v^r}{\Gamma(r)},$$

其中 $\Gamma(r)$ 是伽马函数。$\text{Ga}(r,v)$ 分布的概率密度函数为

$$g(x; r, v) = \frac{v^r x^{r-1}\mathrm{e}^{-vx}}{\Gamma(r)}, 0 \leqslant x < \infty。 \tag{7.9}$$

伽马分布的均值。由变量 x 乘以其密度函数在其取值的整个域上求积分得到 $\text{Ga}(r,v)$ 随机变量 X 的均值, 即

$$\text{E}[X] = \int_0^\infty xg(x; r, v)\mathrm{d}x = \int_0^\infty x\frac{v^r x^{r-1}\mathrm{e}^{-vx}}{\Gamma(r)}\mathrm{d}x = \frac{v^r}{\Gamma(r)}\int_0^\infty x^r \mathrm{e}^{-vx}\mathrm{d}x。$$

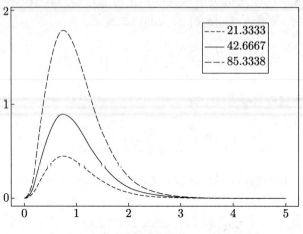

图 7.7 几个 k 值下的 $g(x) = kx^3 \mathrm{e}^{-4x}$ 曲线

被积函数的形状为 $\mathrm{Ga}(r+1, v)$ 分布的曲线。积分内乘以适当的常数使积分等于 1, 而在积分外乘以它的倒数以保持平衡, 有

$$\mathrm{E}[X] = \frac{v^r}{\Gamma(r)} \cdot \frac{\Gamma(r+1)}{v^{r+1}} \int_0^\infty \frac{v^{r+1}}{\Gamma(r+1)} x^r \mathrm{e}^{-vx} \mathrm{d}x \text{。}$$

化简得到

$$\mathrm{E}[X] = \frac{r}{v} \text{。} \tag{7.10}$$

伽马分布的方差。首先

$$\mathrm{E}[X^2] = \int_0^\infty x^2 g(x; r, v) \mathrm{d}x = \frac{v^r}{\Gamma(r)} \int_0^\infty x^{r+1} \mathrm{e}^{-vx} \mathrm{d}x,$$

其中的积分部分是形状为 $\mathrm{Ga}(r+2, v)$ 分布的曲线, 因此简化为

$$\mathrm{E}[X^2] = \frac{(r+1)r}{v^2} \text{。}$$

将此式和 $\mathrm{Ga}(r, v)$ 分布的均值代入 (7.5) 式并化简, 得到 $\mathrm{Ga}(r, v)$ 分布的方差

$$\mathrm{Var}[X] = \frac{r}{v^2} \text{。} \tag{7.11}$$

求伽马概率。若 X 服从 $\mathrm{Ga}(r, v)$ 分布, 我们经常要计算下式中的概率

$$P(X \leqslant x_0) = \int_0^{x_0} g(x; r, v) \mathrm{d}x \text{。}$$

利用 Minitab 很容易计算此概率。将计算(Calc) 菜单下拉到概率分布(Probability Distributions) 命令, 停在 Gamma··· 子命令上, 并填写对话框。注意: 在 Minitab 中, 形状参数是 r, 比例参数为 $\frac{1}{v}$。

正态分布

我们发现数据常常会呈现出对称的钟形分布。在早期的统计学中, 这种形状似乎经常出现以至于被认为是正常的 (normal)。具有这种形状的分布族被称为正态分布族。数学家高斯研究过它的属性, 因此它也以高斯分布著称。它是统计学中用得最广的分布。我们将会看到, 它的频繁出现有着充分的理由。不过, 我们必须明白正态分布只是一个名字而已, 其他形状的分布并非不正常 (abnormal)。

正态分布 $N(\mu, \sigma^2)$ 是均值为 μ、方差为 σ^2 的分布族的成员。正态分布 $N(\mu, \sigma^2)$ 的概率密度函数是

$$g(x|\mu, \sigma^2) = k\mathrm{e}^{-\frac{1}{2\sigma^2}(x-\mu)^2}, \ -\infty < x < \infty,$$

其中 k 是概率密度所需的常数。曲线的形状由 $\mathrm{e}^{-\frac{1}{2\sigma^2}(x-\mu)^2}$ 决定。图 7.8 所示为 k 取不同值时 $k\mathrm{e}^{-\frac{1}{2\sigma^2}(x-\mu)^2}$ 的曲线。改变 k 值只会改变曲线下方的面积, 其基本形状不会变。要成为一个概率密度函数, 曲线下方的面积必须等于 1。k 值为 $\dfrac{1}{\sqrt{2\pi}\sigma}$ 时曲线成为概率密度函数。

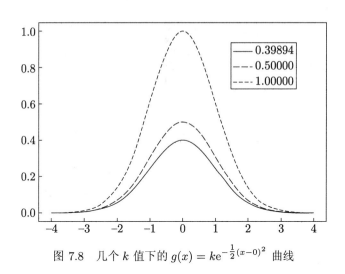

图 7.8　几个 k 值下的 $g(x) = k\mathrm{e}^{-\frac{1}{2}(x-0)^2}$ 曲线

中心极限定理。中心极限定理说的是, 如果从均值为 μ、方差为 σ^2 的任意形状的分布中抽取一个随机样本 $y_1, y_2, \cdots, y_n$, 则 $\dfrac{\bar{y} - \mu}{\sigma/\sqrt{n}}$ 的极限分布是正态分布 $N(0, 1)$。尽管原始分布不一定是正态的, 极限分布的形状却是正态的。正态分布的线性变换也是正态的, 因此 $\bar{y}$ 和 $\sum y$ 的形状也是正态的。令人惊讶的是, 要接近于正态并不需要 n 特别大, 只要 $n \geqslant 25$ 就足够了。

中心极限分布的关键是, 在对大量的独立效应做平均时, 就总和而言其中的每个效应都很小, 无论单个分布的形状是什么, 和的分布都接近于正态形状。因此, 以大量独立效应之和出现的任何一个随机变量都近似为正态分布。这就是我们经常会遇到正态分布的原因。

利用标准正态表求概率。标准正态密度的均值 $\mu = 0$、方差 $\sigma^2 = 1$, 其概率密度函数为

$$f(z) = \frac{1}{\sqrt{2\pi}} e^{-\frac{1}{2}z^2}。$$

我们发现此曲线关于 $z = 0$ 对称。不幸的是, 作为求概率 $P(a \leqslant Z \leqslant b)$ 的一般形式的 (7.2) 式, 在这里并无实际用途。标准正态概率密度函数求积分没有闭式解。我们不得不通过数值计算求出 0 和 z 之间的面积, $0 \leqslant z \leqslant 3.99$, 并将它们列在附录 B 的表 B.2 中。由此表可以算出所需的概率。

例 7.1　假设我们想求 $P(-0.62 < Z < 1.37)$。由图 7.9 可见, 介于 -0.62 和 1.37 之间的阴影面积分别是 -0.62 和 0 之间以及 0 和 1.37 之间的两个面积之和。-0.62 和 0 之间的面积与 0 和 $+0.62$ 之间的面积相等, 因为标准正态分布关于 0 对称。由表 B.2 知 0 和 $+0.62$ 之间的面积为 0.2324 且 0 和 1.37 之间的面积等于 0.4147。因此

$$P(-0.62 \leqslant Z \leqslant 1.37) = 0.2324 + 0.4147 = 0.6471。 \qquad \blacksquare$$

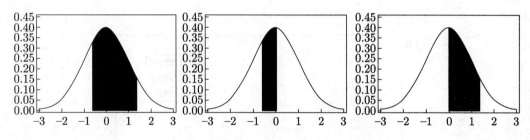

图 7.9　-0.62 和 1.37 之间的面积分为两部分

通过减去均值再除以标准差, 任何正态分布都可以转换成标准正态分布。这样一来我们就可以由表 B.2 查到标准正态分布概率密度曲线下方的面积从而找出任意正态分布的概率。

例 7.2　假设 Y 是均值 $\mu = 10.8$、标准差为 $\sigma = 2.1$ 的正态分布, 并假设我们要求概率 $P(Y \geqslant 9.9)$。

$$P(Y \geqslant 9.9) = P(Y - 10.8 \geqslant 9.9 - 10.8) = P\left(\frac{Y - 10.8}{2.1} \geqslant \frac{9.9 - 10.8}{2.1}\right)。$$

上式最后一步的左边是标准正态分布, 右边是数字。通过标准正态分布算出此概率, 即

$$P(Y \geqslant 9.9) = P(Z \geqslant -0.429) = 0.1659 + 0.5000 = 0.6659。 \qquad \blacksquare$$

利用正态分布近似求贝塔分布的概率。我们可以用与贝塔分布的均值和方差相同的正态分布近似贝塔分布 $\mathrm{Be}(a, b)$。当 a 和 b 大于或等于 10 时, 这种近似非常有效。

例 7.3　假设 Y 服从贝塔分布 $\mathrm{Be}(12, 25)$, 我们想求 $P(Y > 0.4)$。Y 的均值和方差分别为

$$\mathrm{E}[Y] = \frac{12}{37} = 0.3243, \quad \mathrm{Var}[Y] = \frac{12 \times 25}{37^2 \times 38} = 0.005767。$$

用正态分布 $N(0.3243, 0.005767)$ 近似贝塔分布 $\mathrm{Be}(12, 25)$。近似概率为

$$P(Y > 0.4) = P\left(\frac{Y - 0.3243}{\sqrt{0.005767}} > \frac{0.4 - 0.3243}{\sqrt{0.005767}}\right) = P(Z > 0.997) = 0.1594。\quad \blacksquare$$

不推荐用正态分布近似求伽马分布的概率。当 r 趋于无穷大时, $\mathrm{Ga}(r, v)$ 分布趋于正态分布 $N(m, s^2)$, 其中 $m = \dfrac{r}{v}$, $s^2 = \dfrac{r}{v^2}$。然而, 这种逼近非常慢, 用正态分布近似计算的伽马分布的概率不太准, 除非 r 相当大。因此 Johnson et al。(1970) 不推荐用正态分布近似伽马分布, 并给出了伽马分布的其他更准确的近似方法。

7.3 联合的连续随机变量

我们将两个 (或多个) 随机变量放在一起来考虑。如果 X 和 Y 都是连续随机变量, 它们的联合密度 $f(x, y)$ 度量在点 (x, y) 处的概率密度。通过划分 x 轴和 y 轴将平面分成矩形区域, 我们考虑落在一个区域内的样本的比例。让联合随机变量的样本大小 n 无限地增加, 同时以稍小的速率减小区域 (在两个维度上) 的宽度。在极限情况下, 落在以 (x, y) 为中心的区域内的样本的比例趋于联合密度 $f(x, y)$。图 7.10 所示为一个联合密度函数。

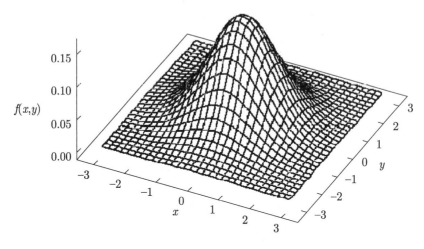

图 7.10 联合密度

我们可能想确定联合随机变量其中一个变量的密度, 即它的边缘密度。当 X 和 Y 都是连续随机变量时, 对联合密度在 X 的整个定义域上求积分得到 Y 的边缘密度:

$$f(y) = \int_{-\infty}^{\infty} f(x, y)\mathrm{d}x,$$

反之亦然。(对联合密度在其中一个变量的定义域上积分求边缘密度, 类似于在这个变量的所有可能的取值上对联合概率分布求和以获得联合分布的离散随机变量的边缘概率分布。)

条件概率密度

给定 $Y = y$, X 的条件密度为

$$f(x|y) = \frac{f(x,y)}{f(y)}.$$

给定 $Y = y$, X 的条件密度与 $Y = y$ 保持不变时的联合密度成正比。将条件密度除以边缘密度 $f(y)$ 之后在 x 的整个定义域上的积分就等于 1。由此它成为真正的概率密度函数。

7.4　联合的连续和离散随机变量

两个随机变量其中一个有可能是连续的而另一个是离散的。例如, 设 X 是连续的, 而 Y 是离散的。在这种情况下 $f(x, y_j)$ 是联合概率—概率密度函数。图 7.11 显示, 在 x 的方向上它是连续的, 在 y 的方向上它是离散的。

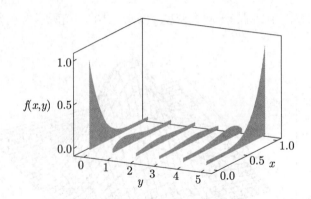

图 7.11　联合的连续和离散分布

这种情况下, 连续随机变量 X 的边缘密度为

$$f(x) = \sum_j f(x, y_j),$$

而离散随机变量 Y 的边缘概率函数为

$$f(y_j) = \int_{-\infty}^{\infty} f(x, y_j) \mathrm{d}x.$$

给定 $Y = y_j$, X 的条件密度为

$$f(x|y_j) = \frac{f(x, y_j)}{f(y_j)} = \frac{f(x, y_j)}{\displaystyle\int_{-\infty}^{\infty} f(x, y_j) \mathrm{d}x}.$$

它与联合概率-概率密度函数 $f(x, y_j)$ 成正比, 其中 x 可在整个定义域中变化。除以边缘概率 $f(y_j)$ 是为了在缩放后使之成为真正的密度函数 (积分等于 1)。同理, 给定 $x, Y = y_j$ 的条件分布是

$$f(y_j|x) = \frac{f(x, y_j)}{f(x)} = \frac{f(x, y_j)}{\sum_j f(x, y_j)}。$$

它也与联合概率-概率密度函数 $f(x, y_j)$ 成正比, 其中 x 是固定的, Y 可以为所有可能的取值 $y_1, y_2, \cdots, y_J$。

本 章 要 点

- 连续随机变量在任意特定值处的概率为零。
- 连续随机变量的概率密度函数是一条光滑曲线, 它度量在各个值处的概率密度。
- 通过对随机变量的随机样本密度的直方图取极限可以得到概率密度函数, 其中样本增至无穷大, 而直方条的宽度趋于零。
- 落在 a 和 b 两值之间的连续随机变量的概率是两值之间的概率密度函数下方的面积。通过求积分

$$P(a < X < b) = \int_a^b f(x)\mathrm{d}x$$

得到此面积。

- 连续随机变量 X 的期望等于 x 与密度函数 $f(x)$ 的乘积在整个定义域上的积分。

$$\mathrm{E}[X] = \int_{-\infty}^{\infty} x f(x)\mathrm{d}x。$$

- 贝塔分布 $\mathrm{Be}(a, b)$ 的随机变量的概率密度是

$$f(x|a, b) = \frac{\Gamma(a + b)}{\Gamma(a)\Gamma(b)} x^{a-1}(1 - x)^{b-1}, \ 0 \leqslant x \leqslant 1。$$

- 贝塔分布 $\mathrm{Be}(a, b)$ 的随机变量的均值和方差为

$$\mathrm{E}[X] = \frac{a}{a + b}, \ \ \mathrm{Var}[X] = \frac{ab}{(a + b)^2(a + b + 1)}。$$

- 伽马分布 $\mathrm{Ga}(r, v)$ 的随机变量的概率密度为

$$g(x; r, v) = \frac{v^r x^{r-1}\mathrm{e}^{-vx}}{\Gamma(r)}, \ 0 \leqslant x < \infty。$$

- 伽马分布 $\mathrm{Ga}(r, v)$ 的随机变量的均值和方差为

$$\mathrm{E}[X] = \frac{r}{v}, \ \ \ \mathrm{Var}[X] = \frac{r}{v^2}。$$

- 正态分布 $N(\mu, \sigma^2)$ 的随机变量的概率密度为

$$g(x|\mu, \sigma^2) = \frac{1}{\sqrt{2\pi}\sigma} \mathrm{e}^{-\frac{1}{2\sigma^2}(x-\mu)^2},$$

  其中 μ 是均值, σ^2 是方差。

- 中心极限定理描述的是, 对任何一个均值为 μ、方差为 σ^2 的分布 $f(y)$ 的随机样本 $y_1, y_2, \cdots, y_n$, 当 $n > 25$ 时

$$\frac{\bar{y} - \mu}{\sigma/\sqrt{n}}$$

  的分布近似于正态分布 $N(0, 1)$, 而与原密度 $f(y)$ 的形状无关。

- 通过类似于中心极限定理的推理, 由大量独立随机变量的总和所得的任意随机变量都近似于正态分布。这就是正态分布经常发生的原因。

- 对联合分布 $f(x, y)$ 在 x 的整个定义域上求积分得到 y 的边缘分布。

- 给定 y, x 的条件分布与联合分布 $f(x, y)$ 成正比, 其中 y 固定 x 在整个定义域上变化。

$$f(x|y) = \frac{f(x, y)}{f(y)}。$$

  $f(x, y)$ 除以边缘密度 $f(y)$, 经过缩放使 $f(y|x)$ 的积分等于 1, $f(y|x)$ 为概率密度函数。

习　　题

7.1　设 X 服从贝塔分布 $\mathrm{Be}(3, 5)$。求: (1) $\mathrm{E}[X]$; (2) $\mathrm{Var}[X]$。

7.2　设 X 服从贝塔分布 $\mathrm{Be}(12, 4)$。求: (1) $\mathrm{E}[X]$; (2) $\mathrm{Var}[X]$。

7.3　设 X 服从均匀分布。求: (1) $\mathrm{E}[X]$; (2) $\mathrm{Var}[X]$; (3) $P(X \leqslant 0.25)$; (4) $P(0.33 < X < 0.75)$。

7.4　设随机变量 X 的概率密度函数为

$$f(x) = 2x, \ 0 \leqslant x \leqslant 1。$$

求: (1) $P(X \geqslant 0.75)$; (2) $P(0.25 \leqslant X \leqslant 0.6)$。

7.5　设 Z 服从标准正态分布。求: (1) $P(0 \leqslant Z \leqslant 0.65)$; (2) $P(Z \geqslant 0.54)$; (3) $P(-0.35 \leqslant Z \leqslant 1.34)$。

7.6　设 Z 服从标准正态分布。求: (1) $P(0 \leqslant Z \leqslant 1.52)$; (2) $P(Z \geqslant 2.11)$; (3) $P(-1.45 \leqslant Z \leqslant 1.74)$。

7.7　设 Y 服从均值 $\mu = 120$、方差 $\sigma^2 = 64$ 的正态分布。求: (1) $P(Y \leqslant 130)$; (2) $P(Y \geqslant 135)$; (3) $P(114 \leqslant Y \leqslant 127)$。

7.8　设 Y 服从均值 $\mu = 860$、方差 $\sigma^2 = 576$ 的正态分布。求: (1) $P(Y \leqslant 900)$; (2) $P(Y \geqslant 825)$; (3) $P(840 \leqslant Y \leqslant 890)$。

7.9 设 Y 服从贝塔分布 $Be(10, 12)$。(1) 求 $E[Y]$; (2) 求 $Var[Y]$; (3) 用正态分布近似求 $P(Y > 0.5)$。

7.10 设 Y 服从贝塔分布 $Be(15, 10)$。(1) 求 $E[Y]$; (2) 求 $Var[Y]$。(3) 用正态分布近似求 $P(Y < 0.5)$。

7.11 设 Y 服从伽马分布 $Ga(12, 4)$。求: (1) $E[Y]$; (2) $Var[Y]$; (3) $P(Y \leqslant 4)$。

7.12 设 Y 服从伽马分布 $Ga(26, 5)$。求: (1) $E[Y]$; (2) $Var[Y]$; (3) $P(Y > 5)$。

第 8 章　二项比例的贝叶斯推断

我们研究的总体经常会很大, 其中占比为 π 的一部分总体具有某种属性。例如, 总体可能是生活在某个城市的登记选民, 而属性为"计划投票给市长候选人 A"。我们从总体中随机抽样, 并设 Y 为观测样本中具有该属性的个体数, 在这个案例中, 这个数是声称要投票给市长候选人 A 的人数。

我们要计算 n 次独立试验中"成功"的总数, 每次试验有两个可能的结果, "成功"和"失败"。第 i 次试验成功表示第 i 次试验抽样的项具有该属性。任意一次试验成功的概率为 π, 它是在总体中具有该属性的占比。由于总体很大, 该比例在所有的试验过程中保持不变。

观测 Y 是在给定 π 的情况下, n 次试验中成功的次数。它的条件分布是二项分布 $B(n,\pi)$。给定 π, y 的条件概率函数为

$$f(y|\pi) = \binom{n}{y} \pi^y (1-\pi)^{n-y}, \ y = 1, 2, \cdots, n。$$

这里我们固定 π, 得到 y 在可能的取值上的概率分布。

考虑 π 和 y 的关系, y 固定为我们观测到的成功次数, π 在可能的取值上变化, 就得到似然函数

$$f(y|\pi) = \binom{n}{y} \pi^y (1-\pi)^{n-y}, \ 0 \leqslant \pi \leqslant 1。$$

这个分布与给定 π, 观测 y 的分布有相同的关系; 但在这里参数 π 变成公式的主体, 因为观测 y 固定在实际发生的值上。

若要利用贝叶斯定理, 需要一个先验分布 $g(\pi)$, 在我们得到数据之前, 先验分布是对参数 π 可能的取值的信念。先验不一定要用数据来构造, 这一点很重要。贝叶斯定理可以总结为后验与先验和似然的乘积成比例。贝叶斯定理中的乘法只能当先验独立于似然时才正确。[1]

这意味着, 观测到的数据对先验的选择没有任何影响。后验分布与先验分布和似然的乘积成比例:

$$g(\pi|y) \propto g(\pi)f(y|\pi)。$$

---

[1]我们知道, 对独立事件 (或者随机变量) 而言, 联合概率 (或密度) 是边缘概率 (或密度函数) 的乘积。如果它们不是独立的, 这个乘积就不成立。似然来自于概率函数或概率密度函数, 因此与事件的模式相同。只有当它们独立时才能相乘。

它给出后验密度的形状, 但并非就是准确的后验密度本身。为了得到真实的后验密度, 需要将它除以适当的常数 k 使之成为概率分布, 即后验密度下方的面积等于 1。对 $g(\pi)f(y|\pi)$ 在整个定义域上求积分得到 k。一般而言

$$g(\pi|y) = \frac{g(\pi)f(y|\pi)}{\int_0^1 g(\pi)f(y|\pi)\mathrm{d}\pi}, \tag{8.1}$$

上式中的分母涉及积分。对于所选的 $g(\pi)$, 不一定存在积分的闭式解, 可能需要利用数值积分。下面我们讨论一些具体的先验。

8.1 使用均匀先验

如果事先对比例 π 一无所知, 我们可能要选择不偏向任何一个值的先验。或者, 我们可能想尽量客观而不是将个人的信念带入推断中。如果是这样, 就应该使用均匀先验, 让成功概率 π 的所有可取的值有同等的权重。尽管这样做也不能达到普遍的客观性 (那是不可能的), 它对问题的描述是客观的[1]:

$$g(\pi) = 1, \ 0 \leqslant \pi \leqslant 1。$$

显然, 此时后验密度与似然成比例:

$$g(\pi|y) = \binom{n}{y} \pi^y(1-\pi)^{n-y}, \ 0 \leqslant \pi \leqslant 1。$$

我们可以忽略不依赖 π 的那一部分。对所有的 π 值它都是常数, 因此不会影响后验的形状。公式中显示后验形状的那一部分是贝塔分布 $\mathrm{Be}(a,b)$, 其中 $a = y+1$, $b = n-y+1$。因此, 若给定 y 我们很容易得到 π 的后验分布。要做的只是确定 π 和 $(1-\pi)$ 的幂而无须进行积分运算。

8.2 使用贝塔先验

假设用贝塔分布 $\mathrm{Be}(a,b)$ 作为 π 的先验, 其密度函数为

$$g(\pi; a, b) = \frac{\Gamma(a+b)}{\Gamma(a)\Gamma(b)} \pi^{a-1}(1-\pi)^{b-1}, \ 0 \leqslant \pi \leqslant 1。$$

后验与先验和似然的乘积成比例。可以忽略先验和似然中不依赖参数 π 的常数, 因为先验或似然乘以一个常数不会影响贝叶斯定理的结果, 有

$$g(\pi|y) \propto \pi^{a+y-1}(1-\pi)^{b+n-y-1}, \ 0 \leqslant \pi \leqslant 1,$$

---

[1] 问题的参数化有多种。参数的任意一对一函数也是一个合适的参数。可以从原参数的先验密度通过换元公式求出新参数的先验密度, 而且它不再是平的。换言之, 它会偏爱新参数的某些值。在某个给定的参数化中你可能是客观的, 但在新的表达式中它可能不再是客观的。我们无法实现普遍的客观。

作为 π 的函数, 它描述后验的形状。这是参数为 $a' = a + y$, $b' = b + n - y$ 的贝塔分布。也就是说, 我们将成功的次数加到 a 上, 失败的次数加到 b 上:

$$g(\pi|y) = \frac{\Gamma(n + a + b)}{\Gamma(y + a)\Gamma(n - y + b)} \pi^{y+a-1}(1 - \pi)^{n-y+b-1}, \ 0 \leqslant \pi \leqslant 1.$$

同样, 无须积分我们就轻易得到了 π 的后验密度。

图 8.1 所示为 $a = 0.5, 1, 2, 3$ 和 $b = 0.5, 1, 2, 3$ 的 $\mathrm{Be}(a, b)$ 密度的形状, 图中展示 $\mathrm{Be}(a, b)$ 分布族中成员的各种形状。当 $a < b$ 时, 密度在左半部的权重更大。当 $a > b$ 时, 右半部的权重大一些。当 $a = b$ 时, $\mathrm{Be}(a, b)$ 密度是对称的。当 $a = \frac{1}{2}$ 时, 0 附近的值更重些, 当 $b = \frac{1}{2}$ 时, 1 附近的值更重。注意, 均匀先验是 $\mathrm{Be}(a, b)$ 先验在 $a = 1$, $b = 1$ 时的特例。

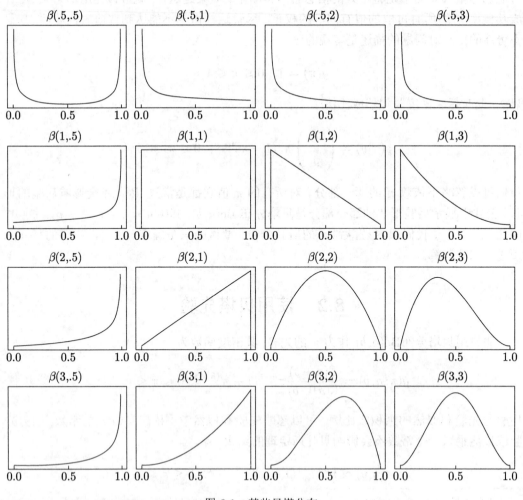

图 8.1　某些贝塔分布

二项观测先验的共轭族是贝塔族

二项似然函数是 π 的函数, 我们看到它与 $\mathrm{Be}(a, b)$ 分布的形式相同, 即 π 的一个幂与 $(1-\pi)$ 的另一个幂的乘积。当贝塔先验与二项似然相乘时, 分别把 π 和 $(1-\pi)$ 的指数相加。所以从贝塔先验出发, 通过简单的规则 "a 加上成功的次数, b 加上失败的次数" 会得到一个贝塔后验。贝叶斯定理把我们对参数的信念分布转移到同一族中的另一个成员。

我们称贝塔分布是二项观测分布的共轭族[1]。在使用共轭族的先验时, 无须计算积分就可以得到后验。我们要做的只是用观测更新共轭族先验的参数从而得到共轭族后验。这是共轭族的一人优势。

二项的杰佛瑞先验。$\mathrm{Be}\left(\dfrac{1}{2}, \dfrac{1}{2}\right)$ 先验被称为二项分布的杰佛瑞先验。如果将参数看成是观测的所有可能的密度的指标, 则参数的任意一个连续函数将会给出同样有效的指标[2]。由杰佛瑞方法得到的先验[3] 在参数的任意连续变换下都不变。杰佛瑞先验不依赖于具体的参数化形式, 这意味着它是客观的[4]。然而, 对大多数参数化而言, 杰佛瑞先验赋予一些值比其他值更大的权重, 所以它通常含有很多信息, 而不是无信息。有关不变先验杰佛瑞方法的更多内容参见 Press (1989), O'Hagan (1994) 和 Lee (1989)。二项分布的杰佛瑞先验其实是贝塔先验族的一个特殊成员, 因此, 用同样的更新规则仍然可以求出后验。

8.3 先验的选择

当给定数据, 贝叶斯定理为我们提供了修正参数 (信念) 分布的方法。在得到数据并使用贝叶斯定理之前, 需要确定你对参数信念的分布[5], 即关于参数的先验分布。本节介绍一些选择先验的方法, 以及在选择时需要考虑的事项。

先验知识模糊时选择共轭先验

当你的先验知识模糊不清时, 图 8.1 的其中一个贝塔先验分布 $\mathrm{Be}(a, b)$ 会是适当的先验。例如, 如果关于 π 的先验知识是 π 很小, 则 $\mathrm{Be}(0.5, 1)$, $\mathrm{Be}(0.5, 2)$, $\mathrm{Be}(0.5, 3)$, $\mathrm{Be}(1, 2)$ 或 $\mathrm{Be}(1, 3)$ 都是令人满意的先验。所有这些共轭先验都让后验的计算易如反掌, 并将大部

---

[1] 仅当观测分布来自指数族时才存在共轭先验。此时观测分布可以写成 $f(y|\theta) = a(\theta)b(y)\mathrm{e}^{c(\theta)T(y)}$。先验的共轭族的函数形式将与观测分布的似然的形式相同。

[2] 如果 $\psi = h(\theta)$ 是参数 θ 的连续函数, 对应于 θ 的先验 $g_\theta(\theta)$, 通过换元公式可知 ψ 的先验 $g_\psi(\psi)$ 为 $g_\psi(\psi) = g_\theta(\psi(\theta))\dfrac{\mathrm{d}\theta}{\mathrm{d}\psi}$。

[3] 参数 θ 的杰佛瑞不变先验为 $g(\theta) \propto \sqrt{I(\theta|y)}$, 其中 $I(\theta|y)$ 被称为费希尔 (Fisher) 信息, $I(\theta|y) = -E\left(\dfrac{\partial^2 \log f(y|\theta)}{\partial \theta^2}\right)$。

[4] 如果用另一种参数化并求出此参数化的杰佛瑞先验, 然后利用换元公式将它变换为原始参数, 就会得到原始参数的杰佛瑞先验。

[5] 它可能来自你对参数值的连贯下注策略。具有连贯下注策略意味着, 如果某人发起关于参数值的赌约, 你不会采用比被你拒绝的赌注更差的赌注, 也不会拒绝比已接受的赌注更好的赌注。

分先验概率赋予较小的 π 值。你选哪一个都无关紧要, 在数据给定后, 由不同的先验得到的后验会非常相似。

具有真实先验知识时通过匹配位置和尺度选择共轭先验

贝塔分布族 $\mathrm{Be}(a,b)$ 是二项观测 $B(n,\pi)$ 的共轭族。由上一节可知, 来自该族的先验在计算上有着显著的优势。后验是同一族的成员, 根据简单规则可更新其参数。不用积分就可以求出后验。贝塔分布的形状有多种。所选的先验应该符合你的信念。建议选择与你对 (位置) 均值和 (尺度) 标准差的先验信念匹配的 $\mathrm{Be}(a,b)$ 先验[1]。设 π_0 为你的比例先验均值, σ_0 为比例先验标准差。

$\mathrm{Be}(a,b)$ 分布的均值为 $\dfrac{a}{a+b}$, 将它设置为你对比例均值的先验信念, 得到

$$\pi_0 = \frac{a}{a+b}\text{。}$$

贝塔分布的标准差是 $\sqrt{\dfrac{ab}{(a+b)^2(a+b+1)}}$, 将它设置为你对比例的标准差的先验信念。注意到 $\dfrac{a}{a+b} = \pi_0$, $\dfrac{b}{a+b} = 1 - \pi_0$, 有

$$\sigma_0 = \sqrt{\frac{\pi_0(1-\pi_0)}{a+b+1}}\text{。}$$

解这两个方程得到 a 和 b, 你的先验就是 $\mathrm{Be}(a,b)$。

使用共轭先验的注意事项

1. 画出你的 $\mathrm{Be}(a,b)$ 先验。如果其形状看起来很接近你的信念则使用该先验。否则, 可以调整 π_0 和 σ_0 直到其图形近似符合你的信念。只要你认为参数在可取值的整个范围上的先验概率合理, 就是一个令人满意的先验。

2. 计算先验的等价样本大小。我们注意到二项分布 $B(n,\pi)$ 的样本比例 $\hat{\pi} = \dfrac{y}{n}$, 其方差等于 $\dfrac{\pi(1-\pi)}{n}$。将此方差等同于 (在先验均值 π_0) 先验方差。

$$\frac{\pi_0(1-\pi_0)}{n_{eq}} = \frac{ab}{(a+b)^2(a+b+1)}\text{。}$$

因为 $\pi_0 = \dfrac{a}{a+b}$, $1 - \pi_0 = \dfrac{b}{a+b}$, 这等价样本大小为 $n_{eq} = a + b + 1$。其含意是由先验获得的关于参数的信息量等价于由大小为 n_{eq} 的随机样本获得的信息量。你应该随时检查 n_{eq} 是不是过大。自问 "关于 π 的先验知识是否真的等于我考查

---

[1]有人会说不应该只是因为这些优势就用共轭先验。反而应该从你的连贯下注策略中导出先验。我不认为大多数人心中会有一个连贯下注策略。他们的先验信念缺少结构化信息。他们相信参数分布的位置和尺度。找出共轭族中与这些先验匹配的成员并选择先验, 这正是连贯下注策略的基础!

一个大小为 n_{eq} 的随机样本所获得的关于 π 的知识?"如果不是, 就应该增大先验标准差并重新计算你的先验。否则, 与将来从数据获得的信息量相比关于参数的先验信息就太多了。

构造通用的连续先验

在看到数据之前, 先验展示你赋予各个可能的取值的相对权重。先验信念的形状可能与贝塔 形状并不匹配。在你认为可能的范围内可以构造一个离散先验以匹配在几个值上的信念权重, 然后在它们之间进行插值形成连续先验。可以忽略使之成为概率密度所需的常数, 因为在贝叶斯定理中常数会被约去。不过, 如果用这种方式构造你的先验, 就要通过数值计算对先验与似然的乘积进行积分才能得到后验。详见下面的例子。

例 8.1 关于支持哈密尔顿建赌场的居民比例 π, 三位学生构造他们的先验信念。安娜认为先验均值是 0.2, 标准差是 0.08。满足她的先验信念的 $Be(a,b)$ 先验为

$$\frac{0.2 \times 0.8}{a + b + 1} = 0.08^2 。$$

因此她的等价样本大小为 $a + b + 1 = 25$。对安娜的先验而言, $a = 4.8$, $b = 19.2$。

巴特是哈密尔顿的新移民, 因此他意识不到本地人对建赌场是支持或反对的情绪。他决定用均匀先验。对他而言, $a = b = 1$。他的等价样本大小是 $a + b + 1 = 3$。

克里斯找不到与其先验相符的 $Be(a,b)$ 先验。他相信, 先验概率是梯形的。表 8.1 所示为先验的高度, 利用线性插值他得到一个连续先验。克里斯的先验为

$$g(\pi) = \begin{cases} 20\pi, & 0 \leqslant \pi \leqslant 0.10, \\ 2, & 0.10 \leqslant \pi \leqslant 0.30, \\ 5 - 10\pi, & 0.30 \leqslant \pi \leqslant 0.50 。 \end{cases}$$

图 8.2 所示为这三个先验。请注意克里斯的先验实际上并非密度, 因为它的面积不等于 1。不过, 这不成其为问题, 因为常数会被约去, 所需的一切只是由分布的形状所确定的相对权重。 ■

表 8.1 克里斯的先验权重。由线性插值得到其连续先验的形状

值	0	0.05	0.1	0.3	0.4	0.5
权重	0	1	2	2	1	0

先验的影响

如果数据足够多, 我们所选的先验对后验的影响会小得多。在这种情况下要做的只是在参数的全域上赋予合理的权重, 从完全不同的先验出发所得的后验会非常相似。先验的形状是否准确无关紧要。这种现象被称为数据"淹没先验"。

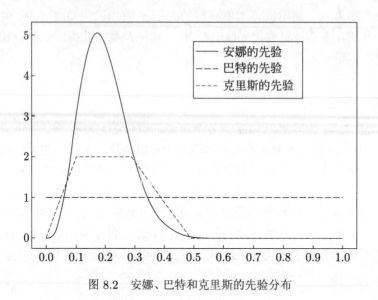

图 8.2　安娜、巴特和克里斯的先验分布

例 8.1(续)　三位学生抽取 $n = 100$ 个哈密尔顿居民的随机样本, 收集他们对建赌场的意见。随机样本中, $y = 26$ 表示支持建赌场。安娜的后验是 $\mathrm{Be}(4.8 + 26, 19.2 + 74)$。巴特的后验是 $\mathrm{Be}(1 + 26, 1 + 74)$。克里斯利用 (8.1) 式通过数值计算得到他的后验。

[**Minitab:**] 在 Minitab 中, 利用 Minitab 宏 tintegral 对克里斯的先验 × 似然积分。

[**R:**] 在 R 中, 利用 R 函数 sintegral 对克里斯的先验 × 似然积分。

图 8.3 所示为三个后验。三位学生最终得到的后验非常相似, 尽管他们一开始所用先验的形状大不相同。　　　　　　　　　　　　　　　　　　　　　　　　　　　　　■

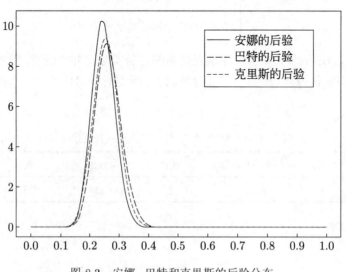

图 8.3　安娜、巴特和克里斯的后验分布

8.4 后验分布概要

后验分布概括了我们在看到数据后对参数的信念。它把我们的先验信念 (先验分布) 和数据 (似然) 计算在内。后验曲线的图形向我们展示在获得数据之后对参数的全部认识。要解释分布并非易事。我们经常想找出描述分布特征的一些数值。这些数值包括, 确定大部分概率在数轴上所处位置的度量, 以及确定概率散布广度的离差的度量。另外可能还有分布的分位数。我们可能要确定以大概率包含参数的区间, 即所谓的贝叶斯可信区间, 它有点类似于置信区间。不过, 用概率可以直接解释贝叶斯可信区间, 对置信区间却不行。

位置度量

首先, 我们想知道后验分布在数轴上的位置。我们将考虑位置三种可能的度量: 后验众数、后验中位数和后验均值。

后验众数。 它是让后验分布最大的值。如果后验分布是连续的, 通过令后验密度的导数为 0 可得到后验众数。后验 $g(\pi|y)$ 为 $\text{Be}(a', b')$ 时, 其导数为

$$g'(\pi|y) = (a' - 1)\pi^{a'-2}(1 - \pi)^{b'-1} + \pi^{a'-1}(-1)(b' - 1)(1 - \pi)^{b'-2}。$$

(注意: 撇号 $'$ 在此公式中有两个含义; $g'(\pi|y)$ 是后验的导数, 而 a' 和 b' 是通过更新规则得到的贝塔后验的常数.) 令 $g'(\pi|y)$ 等于 0 得到后验众数

$$\text{mode} = \frac{a' - 1}{a' + b' - 2}。$$

作为位置度量, 后验众数有某些潜在的缺点。首先, 它可能位于或靠近分布的一端, 因而不能代表整个分布。第二, 可能有多个局部最大值。令函数的导数等于 0 并求解时, 会得到所有的局部最大值和局部最小值。

后验中位数。 后验分布的 50% 的值小于它, 50% 的值大于它。如果 $g(\pi|y)$ 是 $\text{Be}(a', b')$, 它是下列方程的解

$$\int_0^{\text{median}} g(\pi|y)\mathrm{d}\pi = 0.5。$$

后验中位数唯一的缺点是只有通过数值求解才能得到, 它是一个极好的位置度量。

后验均值。 后验均值是很常用的位置度量。它是后验分布的期望或均值。

$$m' = \int_0^1 \pi g(\pi|y)\mathrm{d}\pi。 \tag{8.2}$$

当分布有重尾时, 后验均值会受到强烈的影响。对一个有重尾的偏斜分布来说, 后验均值可能远离大部分概率。当后验 $g(\pi|y)$ 是 $\text{Be}(a', b')$ 时, 后验均值等于

$$m' = \frac{a'}{a' + b'}。 \tag{8.3}$$

$\mathrm{Be}(a,b)$ 分布介于 0 和 1 之间, 所以它没有重尾。对贝塔后验而言, 后验均值是一个良好的位置度量。

离差度量

关于后验分布我们想知道的第二件事是, 它是如何铺开的。如果铺得很开, 我们对参数的了解即使在分析观测数据之后仍然是不准确的。

后验方差。后验分布的方差为

$$\mathrm{Var}[\pi|y] = \int_0^1 (\pi - m')^2 g(\pi|y)\mathrm{d}\pi。 \tag{8.4}$$

当后验是 $\mathrm{Be}(a',b')$ 时, 后验方差为

$$\mathrm{Var}[\pi|y] = \frac{a'b'}{(a'+b')^2(a'+b'+1)}。 \tag{8.5}$$

后验方差会受到重尾分布的影响。对一个重尾分布而言, 方差会很大, 但大多数概率非常集中, 接近于分布的中间部分。后验方差是平方量纲, 因此很难用均值的大小说明方差的大小。用后验标准差可以克服后验方差的这个缺点。

后验标准差。它是后验方差的平方根, 它是一阶单位量纲, 因此其大小可以与均值比较, 而且受重尾的影响较轻。

后验分布的百分位数。后验分布的第 k 个百分位数是数值 π_k, 拥有 $k\%$ 的下方面积。通过数值求解方程

$$k = 100 \int_{-\infty}^{\pi_k} g(\pi|y)\mathrm{d}\pi$$

得到 π_k。某些百分位数特别重要。第一个 (或下) 四分位数 Q_1 是第 25 个百分位数, 第二个四分位数 Q_2(或中位数) 是第 50 个百分位数, 而第三个 (或上) 四分位数 Q_3 是第 75 个百分位数。

四分位数间距。四分位数间距

$$\mathrm{IQR} = Q_3 - Q_1。$$

离差的这个度量很有用, 它不受重尾的影响。

例 8.1(续)   安娜、巴特和克里斯计算后验分布的一些位置度量和离差度量。因为是贝塔后验、安娜和巴特分别用 (8.3) 式和 (8.5) 式求他们的后验均值和方差。克里斯则用 (8.2) 式和 (8.4) 式求后验均值和方差, 因为他的后验并不是贝塔分布。他用 Minitab 宏 tintegral 计算数值积分。所得的后验均值、中位数、标准差和四分位数间距如表 8.2 所示。显然, 尽管他们使用了不同的先验, 其后验分布的概要统计却很相似。   ■

表 8.2 后验分布的位置度量和离差度量

人员	后验	均值	中位数	标准差	四分位数间距
安娜	Be(30.8, 93.2)	0.248	0.247	0.039	0.053
巴特	Be(27, 75)	0.265	0.263	0.043	0.059
克里斯	数值的	0.261	0.255	0.041	0.057

8.5 比例的估计

作为参数 π 的估计, 点估计 $\hat{\pi}$ 是由数据算出来的统计量。合适的贝叶斯点估计是单个数值, 比如由后验分布计算得到的位置的度量。后验均值和后验中位数经常被用作点估计。

估计的后验均方。比例 π 的估计 $\hat{\pi}$ 的后验均方为

$$\text{PMSE}[\hat{\pi}] = \int_0^1 (\pi - \hat{\pi})^2 g(\pi|y) \mathrm{d}\pi。 \tag{8.6}$$

它度量估计值与真值距离平方 (关于后验) 的平均。在距离平方中若加上再减去后验均值 m', 我们得到

$$\text{PMSE}[\hat{\pi}] = \int_0^1 (\pi - m' + m' - \hat{\pi})^2 g(\pi|y) \mathrm{d}\pi。$$

将平方展开, 有

$$\text{PMSE}[\hat{\pi}] = \int_0^1 [(\pi - m')^2 + 2(\pi - m')(m' - \hat{\pi}) + (m' - \hat{\pi})^2] g(\pi|y) \mathrm{d}\pi。$$

将原来的积分分为三部分。求积分时, m' 和 $\hat{\pi}$ 的均值对后验分布而言是常数, 由此得到

$$\text{PMSE}[\hat{\pi}] = \text{Var}[\pi|y] + 0 + (m' - \hat{\pi})^2。 \tag{8.7}$$

这是 π 的后验方差加上 $\hat{\pi}$ 与后验均值 m' 距离的平方。

最后的是平方项, 它总是大于等于 0。给定先验信念和观测数据, 真值与后验均值 m' 距离的平方平均小于它与其他任何估计 $\hat{\pi}$ 距离的平方。后验均值是最优的数据后(post-data) 估计。这是将后验均值用作估计的理由, 它说明了为什么后验均值是用得最广的贝叶斯估计。我们将后验均值作为 π 的估计。

8.6 贝叶斯可信区间

我们常常希望找出参数的大概率区间。以后验概率 $(1 - \alpha)$ 包含参数的区间被称为贝叶斯可信区间, 有时也被称为贝叶斯置信区间。在下一章中我们会看到, 由于可以直接

用概率解释, 与普通的频率论置信区间相比, 可信区间能够回答更多与参数估计相关的问题。

(后验) 概率相同的区间有很多。当概率给定时最短区间最受欢迎。让区间的上下两个端点处的后验密度的高度相等且尾部的总面积为 α, 由此可以得到最短区间。上下尾的面积不一定要相等。不过, 更简单的做法是将总的尾面积分成相等的两部分并找到尾部面积相同的区间。

π 的贝叶斯可信区间

如果用 $\mathrm{Be}(a, b)$ 先验, 则 $\pi|y$ 的后验分布为 $\mathrm{Be}(a', b')$。通过求 97.5 与 2.5 的两个百分位数可以算出 π 的等尾面积的 95% 贝叶斯可信区间。若利用 Minitab, 则下拉计算(Calc) 菜单到概率分布(Probability Distributions) 停在Beta $\cdots$ 并填写对话框。若没有 Minitab, 可以用与 $\mathrm{Be}(a', b')$ 的均值和方差相同的正态分布来近似 $\mathrm{Be}(a', b')$ 后验分布:

$$(\pi|y) 近似服从 N[m'; (s')^2]$$

其中后验均值为

$$m' = \frac{a'}{a' + b'},$$

后验方差为

$$(s')^2 = \frac{a'b'}{(a' + b')^2(a' + b' + 1)}。$$

π 的 $(1 - \pi)100\%$ 的可信域近似为

$$m' \pm z_{\frac{\alpha}{2}} s', \tag{8.8}$$

这里从标准正态分布表找出 $z_{\frac{\alpha}{2}}$ 的值。对于 95% 可信区间, $z_{0.025} = 1.96$。如果 $a' \geqslant 10$ 且 $b' \geqslant 10$, 这种近似的方法会非常好。

例 8.1(续)　安娜、巴特和克里斯用准确的 (贝塔) 密度函数和正态近似并让尾部面积相等的方法计算 π 的 95% 的可信区间。如表 8.3 所示。由于先验信念不同, 安娜、巴特和克里斯得到的可信区间稍有不同。但是数据的影响远远大于先验的影响, 最终他们的可信区间非常相似。不论在哪一种情况下, 利用正态近似计算的 π 的 95% 可信区间几乎都与准确的 95% 可信区间相同。　■

表 8.3　准确和近似的 95% 可信区间

人员	后验分布	可信区间 (准确)		可信区间 (正态近似)	
		下界	上界	下界	上界
安娜	$\mathrm{Be}(30.8, 93.2)$	0.177	0.328	0.173	0.324
巴特	$\mathrm{Be}(27, 75)$	0.184	0.354	0.180	0.350
克里斯	数值的	0.181	0.340	0.181	0.341

本 章 要 点

- 后验 $\propto$ 先验 $\times$ 似然 是最重要的关系。它确定后验密度的形状。我们需要找到一个常数，让它除以这个常数后成为密度，即在整个域上的积分等于 1。

- 我们需要的常数为 $k = \int_0^1 g(\pi)f(y|\pi)\mathrm{d}\pi$。一般来说，该积分没有闭式解，所以要用数值计算。

- 如果先验是 $\mathrm{Be}(a,b)$，后验就是 $\mathrm{Be}(a',b')$，其中常数更新的简单规则为 $a' = a+y$（a 加上成功的次数）以及 $b' = b+n-y$（b 加上失败的次数）。

- 先验的贝塔族被称为二项观测分布的共轭族，它意味着后验也是同一族的成员，且无须积分就能轻易得到。

- 应该从共轭族中选择先验，这样更容易得到后验。找出均值和标准差与你的先验信念相符的 $\mathrm{Be}(a,b)$ 先验。然后绘制它的图形以确认是否与你的信念相似。如果相似就用它。如果根本没有关于 π 的先验知识，可以使用所有的值权重相等的均匀先验。它实际上是 $\mathrm{Be}(1,1)$ 先验。

- 如果你有一些先验知识，但在共轭族中找不到与之匹配的成员，则可以用在域内的一些值构造一个离散先验并在它们之间插值，使之成为连续先验。为得到准确的后验需要除以 $\int$ 先验 $\times$ 似然，但任何常数都将被约去，所以我们可以忽略要成为概率密度所需的常数。

- 最重要的是先验必须在所有现实可能的取值上具有合理的概率。如果是这样，真实的形状并不太紧要。如果有相当大的数据量，即使从形状迥异的先验出发，所得后验都会是相似的。

- 后验均值是后验均方最小的估计。这意味着，（相对于后验）平均而言，它比其他任何估计更接近参数。也就是说，给定我们的先验信念和观测数据，平均而言后验均值比其他任何估计更接近参数。它是最常用的贝叶斯估计，因为它是最优的数据后(post-data) 估计。

- $(1-\alpha)100\%$ 贝叶斯可信区间是以 $1-\alpha$ 的后验概率包含参数的一个区间。

- 最短 $(1-\alpha)100\%$ 贝叶斯可信区间在其上下两个端点处后验密度的高度相等；不过，两个尾部的面积不一定相等。

- 我们常用的反而是尾部面积相等的贝叶斯可信区间，因为更容易得到。

习　　题

8.1　为确定某杂志对读者的吸引力，市场调研公司从目标读者中采集随机样本并对他们进行采访。在 150 人的样本中，有 29 人看过该杂志的最近一期。

(1) 求看过最近一期的人数 y 的分布。

(2) 对看过最近一期的目标读者的比例 π 使用均匀先验。求 π 的后验分布。

8.2   某个城市考虑兴建新的博物馆。当地一家报纸为确定市民对此项目的支持度做了一次民意调查。在 120 人的样本中, 有 74 人表示支持。

(1) 支持兴建博物馆的人数 y 的分布是什么?

(2) 对支持兴建博物馆的目标受众的比例 π 使用均匀先验。π 的后验分布是什么?

8.3   学生报的编辑索菲业打算进行一次调查, 以确定学生对现任学生会主席的支持度。为确定支持现任主席的学生比例 π 的先验分布, 她将先验的均值定为 0.5, 标准差为 0.15。

(1) 确定与其先验信息匹配的贝塔 $De(a, b)$ 先验。

(2) 求其先验的等价样本大小。

(3) 在她调查的 68 位学生中, $y = 21$ 位支持现任主席。确定其后验分布。

8.4   为了估计支持市政供水停止加氟的选民比例 π, 你打算采集选民的一个随机样本。在分析数据之前, 需要给 π 一个先验分布。你将先验均值定为 0.4, 标准差为 0.1。

(1) 确定与你的先验信念匹配的贝塔 $Be(a, b)$ 先验。

(2) 求你的先验的等价样本大小。

(3) 在 100 位受调查的选民中, $y = 21$ 位支持在市政供水中不加氟。确定你的后验分布。

8.5   为研究在休闲时因接触到被微生物污染的水对人体造成的健康风险, 国立水及大气研究所 (NIWA) 开展了一项研究以确定新西兰各流域的水质。McBride et al。(2002) 记录了这项研究, 其中 $n = 116$ 瓶一升水的样本取自受鸟 (海鸥) 和水禽严重影响的地点, $y = 17$ 个样本被贾地鞭毛虫污染。

(1) 求被贾地鞭毛虫污染数 y 的分布。

(2) 设 π 是样本来自这类被贾地鞭毛虫污染地点的真实概率。用 π 的 $Be(1, 4)$ 先验。给定 y, 求 π 的后验分布。

(3) 用它的前两个矩概括后验分布。

(4) 求后验分布 $g(\pi|y)$ 的正态近似。

(5) 用在 (4) 中求得的正态近似计算 π 的 95% 可信区间。

8.6   同一研究发现, 在 $n = 145$ 的样本中有 $y = 12$ 瓶一升水样本来自受贾地鞭毛虫严重污染的奶场。

(1) 求被贾地鞭毛虫污染数 y 的分布。

(2) 设 π 是样本来自这类被贾地鞭毛虫污染地点的真实概率。用 π 的 $Be(1, 4)$ 先验。给定 y, 求 π 的后验分布。

(3) 用它的前两个矩概括后验分布。

(4) 求后验分布 $g(\pi|y)$ 的正态近似。

(5) 用在 (4) 中求得的正态近似计算 π 的 95% 可信区间。

8.7   同样的研究发现, 在 $n = 174$ 的样本中有 $y = 10$ 瓶一升水样本来自受贾地鞭毛虫严重污染的 (绵羊) 牧场。

(1) 求被贾地鞭毛虫污染数 y 的分布。

(2) 设 π 是样本取自这类被贾地鞭毛虫污染地点的真实概率。用 π 的 Be(1, 4) 先验。给定 y, 求 π 的后验分布。

(3) 用它的前两个矩概括后验分布。

(4) 求后验分布 $g(\pi|y)$ 的正态近似。

(5) 用在 (4) 中求得的后验的正态近似计算 π 的 95% 可信区间。

8.8 同一研究发现, 在 $n = 87$ 的样本中 $y = 6$ 个市政流域受贾地鞭毛虫污染。

(1) 求被贾地鞭毛虫污染数 y 的分布。

(2) 设 π 是样本来自这类被贾地鞭毛虫污染地点的真实概率。用 π 的 $Be(1, 4)$ 先验。给定 y, 求 π 的后验分布。

(3) 用它的前两个矩概括后验分布.

(4) 求后验分布 $g(\pi|y)$ 的正态近似。

(5) 用在 (4) 中求得的正态近似计算 π 的 95% 可信区间。

计算机习题

8.1 若 $Y|\pi$ 的观测分布是二项分布 $B(n, \pi)$, 且 π 的先验为 Be(a, b), 我们将利用 Minitab 宏 BinoBP 或 R 函数 `binobp` 求二项概率 π 的后验分布。先验贝塔族是二项观测的共轭族。这意味着, 如果从作为先验分布的族成员出发, 我们将得到的后验分布也属于该族。我们从 Be(a, b) 先验出发, 很容易得到 Be(a', b') 后验, 其中 $a' = a + y$, $b' = b + n - y$。假设进行 15 次独立试验而每次试验结果为成功或失败。每次试验的成功概率保持不变。因此 $Y|\pi$ 是二项分布 $B(n = 15, \pi)$。假设我们观测到 $y = 6$ 次成功并从 Be(1, 1) 先验开始。

[**Minitab:**] 调用 BinoBP 的细节见附录 C。在 c1-c4 列中分别存入 π, 先验 $g(\pi)$, 似然 $f(y|\pi)$ 和后验 $g(\pi|y)$。

[**R:**] 使用 `binobp` 的细节见附录 D。

(1) 后验均值和标准差是多少?

(2) 求 π 的 95% 可信区间。

8.2 用 Be(2, 4) 先验重复 (1) 部分。

[**Minitab:**] 分别在 c5 列和 c6 列中存入似然和后验。

8.3 在同一张图中绘制两个后验。你有何发现? 关于两个后验均值和标准差, 有何发现? 关于 π 的两个可信区间有何发现?

8.4 若 $Y|\pi$ 观测分布是二项分布 $B(n, \pi)$ 且 π 的先验为一般连续先验, 利用 Minitab 宏 BinoGCP 或 R 函数 `binogcp` 求二项概率 π 的后验分布。假设先验的形状为

$$g(\pi) = \begin{cases} \pi, & \pi \leqslant 0.2, \\ 0.2, & 0.2 < \pi \leqslant 0.3, \\ 0.5 - \pi, & 0.3 < \pi \leqslant 0.5, \\ 0, & 0.5 < \pi. \end{cases}$$

在 c1 列和 c2 列中分别存入 π 和先验 $g(\pi)$ 的值。假设 $n = 20$ 次独立试验中, 观测到 $y = 7$ 次成功。

(1) [**Minitab:**] 利用 BinoGCP 确定后验分布 $g(\pi|y)$。调用 BinoGCP 的细节见附录 C。

[**R:**] 利用 binogcp 确定后验分布 $g(\pi|y)$。使用 binogcp 的细节见附录 D。

(2) 在 Minitab 中利用 tintegral 或在 R 中在 binogcp 的结果上使用函数 quantile 求 π 的 95% 可信区间。

8.5 用 π 的均匀分布重复上一个问题。

8.6 在同一张图中绘制两个后验。你有何发现? 关于两个后验均值和标准差, 有何发现? 关于 π 的两个可信区间有何发现?

第 9 章　比例的贝叶斯推断与频率论推断的比较

按照贝叶斯的观点, 在数据给定后参数的后验分布提供完整的推断。在对数据进行分析之后, 后验分布概括我们对参数的信念。然而, 按照频率论学派的观点, 关于参数的推断有多种。它们包括点估计、区间估计和假设检验。这几种关于参数的频率论推断, 需要在参数固定但未知时由数据的抽样分布计算出来的概率。这些概率基于可能会发生的所有随机样本而非真正发生的实际样本!

本章讨论如何利用贝叶斯的观点进行这几种类型的推断。贝叶斯推断将使用由后验分布计算得到的概率。因此它们是基于真正发生的实际样本。

9.1　概率与参数的频率论解释

大多数统计的工作使用的是频率论范式。观测的随机样本采自参数未知的分布。假设参数是固定但未知的常数。它不会与任何概率分布相关。唯一需要考虑的概率是在参数给定的情况下, 大小为 n 的随机样本的概率分布。对于固定但未知的参数值, 这个概率分布说明随机样本在所有可能的样本上如何变化。概率可以理解为长期相对频率。

统计的抽样分布

设 $Y_1, Y_2, \cdots, Y_n$ 是依赖于参数 θ 的分布的随机样本。假定统计量 S 由随机样本计算得到, 因为样本是随机的, 这个统计量可以理解为一个随机变量。计算大小为 n 的每一个可能的随机样本的统计量的值。这些数值的分布被称为统计量的抽样分布。它阐明统计量在大小为 n 的所有可能的随机样本上如何变化。当然, 抽样分布也依赖于参数 θ 未知的值。将此抽样分布记为

$$f(s|\theta)。$$

然而, 我们必须记住在频率论统计中参数 θ 是固定但未知的常量, 它不是随机变量。给定这个未知的、固定的参数值, 抽样分布度量统计量在所有可能样本上如何变化。该分布与实际发生的数据毫无关系。它是给定具体的参数值, 统计量的值的分布。频率论统计用统计量的样本分布做参数推断。从贝叶斯观点来看, 这是推断的后向形式。[1]

---

[1]频率论统计基于样本空间的概率分布, 在参数空间上推断, 参数空间是贝叶斯全域的不可观测维度, 样本空间是可观测维度。

它与贝叶斯统计不同, 在贝叶斯统计中, 完全推断是给定实际发生的数据 data 时参数的后验分布:

$$g(\theta|\text{data})。$$

随后的一些贝叶斯推断, 比如贝叶斯估计或者贝叶斯可信区间, 都是由后验分布计算得到。因此估计或可信区间都依赖于实际发生的数据。贝叶斯推断既简单又直接。[1]

9.2 点 估 计

我们考虑的第一种推断是点估计, 它由样本数据计算统计量并用于估计未知参数。统计量依赖于随机样本, 所以它是随机变量, 其分布就是它的抽样分布。如果抽样分布的中心靠近真实但未知的参数值 θ, 并且分布的离差不大, 统计量就可以用于估计参数。我们称该统计量为参数的估计量, 对于实际样本估计量的取值被称为估计。求频率论估计量的理论方法有几种: 最大似然估计[2]和一致最小方差无偏估计。我们不打算在此详细介绍这些方法, 我们使用的是与要估计的总体参数相对应的样本统计量, 比如, 用样本比例作为总体比例的频率论估计量。对估计二项分布参数 π 而言, 这个样本比例与使用理论方法 (极大似然估计和一致最小方差无偏估计) 得到的估计相同。

按照贝叶斯的观点, 点估计意味着要用单一统计量概括后验分布。概括一个分布最重要的值是它的位置。而后验均值或后验中位数都是不错的候选量。我们会用后验均值作为贝叶斯估计, 因为前一章已经说明它使后验均方差最小。这意味着, 给定先验信念和样本数据, 后验均值是最优估计量。

评价估计量的频率论标准

我们并不知道参数的真值, 因此不能根据估计量基于随机样本得到的值来评判它的性能。我们所用的标准是基于估计量在所有可能的随机样本上的抽样分布。在对估计量进行比较时, 我们查看抽样分布如何集中在参数值的周围。当使用抽样分布时, 估计量仍然被视为随机变量, 因为我们还没有得到用来计算估计值的样本数据。这是数据前分析。

尽管 "若参数取某个值会怎样" 这种分析来自频率学派, 但也可以用来评价贝叶斯估计。我们在得到数据之前就可以这样做。贝叶斯统计称之为后验前分析。给定参数的值, 用这个方式来评价估计量在所有可能的随机样本上的表现。用这种方式进行分析, 我们经常会发现贝叶斯估计量表现得很好, 有时候甚至比频率论估计还好。

无偏估计量

一个估计量的期望是对其分布的中心的度量。这是估计量在所有可能样本上的平均值。如果一个估计量的抽样分布的均值是参数的真值, 该估计量被称为无偏的。也就是

---

[1] 贝叶斯统计基于参数空间中的概率分布, 在参数空间上推断。

[2] 费希尔首先提出最大似然估计。

说, 估计量 $\hat{\theta}$ 是无偏的, 当且仅当

$$\mathrm{E}[\hat{\theta}] = \int \hat{\theta} f(\hat{\theta}|\theta)\mathrm{d}\hat{\theta} = \theta,$$

其中 $f(\hat{\theta}|\theta)$ 是给定参数 θ, 估计量 $\hat{\theta}$ 的抽样分布。频率论统计强调无偏估计, 因为它是在所有可能的随机样本上的平均, 无偏估计给出参数的真值。估计量 $\hat{\theta}$ 的偏差是其期望与真值的差, 即

$$\mathrm{Bias}[\hat{\theta}, \theta] = \mathrm{E}[\hat{\theta}] - \theta。 \tag{9.1}$$

无偏估计量的偏差等于零。

　　与此相反, 贝叶斯统计不强调无偏。事实上, 贝叶斯估计量通常是有偏的。

最小方差无偏估计量

　　方差最小的无偏估计量被称为最小方差无偏估计量。在频率论统计中, 最小方差无偏估计量通常被认为是最优估计量。在所有均值等于参数值的抽样分布中, 最小方差无偏估计量的抽样分布的 (由方差度量的) 离差最小。

　　然而, 有可能存在有偏估计量平均来说比最优的无偏估计量更接近真值。我们需要考虑偏差和方差之间的折中。图 9.1 所示为 θ 的三个估计量的抽样分布。由图可见, 估计量 1 和估计量 2 是无偏估计量。估计量 1 是最优无偏估计量, 因为在无偏估计量中其方差最小。估计量 3 是有偏的, 但其方差比估计量 1 的还要小。为找出平均来说最接近参数值的估计量, 我们需要一些能涵盖有偏估计量的比较方法。

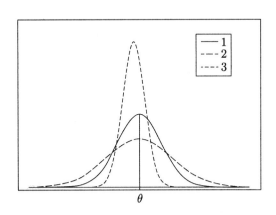

图 9.1　三个估计量的抽样分布

估计量的均方差

　　估计量 $\hat{\theta}$ 的 (频率论) 均方差是估计量与真值的距离平方的均值:

$$\mathrm{MSE}[\hat{\theta}] = \mathrm{E}[\hat{\theta} - \theta]^2 = \int (\hat{\theta} - \theta)^2 f(\hat{\theta}|\theta)\mathrm{d}\hat{\theta}。 \tag{9.2}$$

根据估计量的抽样分布可以算出频率论均方差, 它是在给定参数值的情况下距离平方在所有可能样本上的平均。它不是我们在前一章中介绍的由后验分布计算得到的后验均方。可以证明, 估计的均方差等于偏差的平方加上估计的方差:

$$\text{MSE}[\hat{\theta}] = \text{Bias}[\hat{\theta}, \theta]^2 + \text{Var}[\hat{\theta}]。 \tag{9.3}$$

因此, 与偏差或方差相比, 均方差是更好的频率论标准。平均来说, 均方差较小的估计量在所有可能的样本上更加接近于参数的真值。

9.3   比例估计量的比较

与频率论估计量相比, 贝叶斯估计量的均方差通常更小。换言之, 平均来说它们更接近于真值。因此, 即使用均方差这个频率论标准来判断, 贝叶斯估计量也可以比频率论估计量好。比例 π 的频率论估计量是

$$\hat{\pi}_f = \frac{y}{n},$$

其中 y 是 n 次试验中成功的次数, 它服从二项分布 $B(n, \pi)$。$\hat{\pi}_f$ 是 π 的无偏估计量, 且 $\text{Var}[\hat{\pi}_f] = \dfrac{\pi(1-\pi)}{n}$。因此 $\hat{\pi}_f$ 的均方差等于

$$\text{MSE}[\hat{\pi}_f] = 0^2 + \text{Var}[\hat{\pi}_f] = \frac{\pi(1-\pi)}{n}。$$

假设我们将后验均值当作 π 的贝叶斯估计量, 这里用贝塔分布 (均匀分布)$\text{Be}(1, 1)$ 作为 π 的先验。估计量是后验均值, 因此

$$\hat{\pi}_B = m' = \frac{a'}{a' + b'},$$

其中 $a' = 1 + y$, $b' = 1 + n - y$。将它改写为 n 次试验中的成功次数 y 的线性函数:

$$\hat{\pi}_B = \frac{y+1}{n+2} = \frac{y}{n+2} + \frac{1}{n+2}。$$

其抽样分布的均值为

$$\frac{n\pi}{n+2} + \frac{1}{n+2},$$

其抽样分布的方差为

$$\left[\frac{1}{n+2}\right]^2 \cdot n\pi(1-\pi)。$$

根据 (9.3) 式, 均方差为

$$\text{MSE}[\hat{\pi}_B] = \left[\frac{n\pi}{n+2} + \frac{1}{n+2} - \pi\right]^2 + \left[\frac{1}{n+2}\right]^2 n\pi(1-\pi)$$

$$= \left[\frac{1-2\pi}{n+2}\right]^2 + \left[\frac{1}{n+2}\right]^2 n\pi(1-\pi)。$$

例如, 假设 $\pi = 0.4$, 样本大小为 $n = 10$。则

$$\mathrm{MSE}[\hat{\pi}_f] = \frac{0.4 \times 0.6}{10} = 0.024$$

且

$$\mathrm{MSE}[\hat{\pi}_B] = \left[\frac{1-2\times 0.4}{12}\right]^2 + \left[\frac{1}{12}\right]^2 \times 10 \times 0.4 \times 0.6 = 0.0169。$$

再假设 $\pi = 0.5$, $n = 10$。则

$$\mathrm{MSE}[\hat{\pi}_f] = \frac{0.5 \times 0.5}{10} = 0.025$$

且

$$\mathrm{MSE}[\hat{\pi}_B] = \left[\frac{1-2\times 0.5}{12}\right]^2 + \left[\frac{1}{12}\right]^2 \times 10 \times 0.5 \times 0.5 = 0.01736。$$

可见, (对于 π 的这两个值) 贝叶斯后验估计量平均来说比频率论估计量更接近真值。作为 π 的函数的贝叶斯估计量和频率论估计量的均方差如图 9.2 所示。在大范围上 (但非全部), 贝叶斯估计量 (使用均匀先验) 比频率论估计量更好。[1]

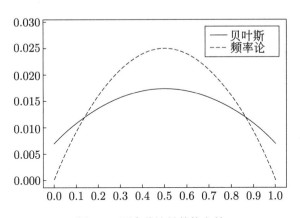

图 9.2　两个估计量的均方差

9.4　区　间　估　计

我们考虑的第二种推断是区间估计。我们希望找到一个区间 $[l, u]$, 它按预定的概率包含参数。根据频率学派的理解, 参数固定但未知; 并且在抽样之前区间的两个端点是随

---

[1]如果我们使用先验 $g(\pi) \propto \pi^{-1}(1-\pi)^{-1}$, 频率论估计量 $\hat{\pi}_f = \frac{y}{n}$ 将是贝叶斯后验均值。此先验不适当, 因为其积分不为 1。一个估计量被称为可接受的, 如果没有别的估计量在所有可能的取值上的均方差都更小。Wald (1950) 说明由适当的先验产生的贝叶斯后验均值估计总是可接受的。如本例所示, 来自适当先验的贝叶斯后验均值估计有时候是可接受的。随

机的, 因为它们依赖于数据。抽样并计算出端点后, 就不再存在任何随机因素, 因此称这样的区间为参数的置信区间。我们知道, 用此方法根据随机样本计算所得的所有区间中有一定比例的区间将包含参数的真值。但是, 关于计算得到的具体区间却什么都没说。

在第 8 章中我们知道参数 π 的贝叶斯可信区间是根据后验分布算出来的, 它按我们所需的概率覆盖参数。

置信区间

置信区间是频率论统计找到的以大概率包含参数 θ 真值的区间。参数 θ 的 $(1-\alpha)100\%$ 置信区间 $[l, u]$, 满足

$$P(l \leqslant \theta \leqslant u) = 1 - \alpha。$$

利用参数估计量的抽样分布可得到这个概率。满足此式的 l 和 u 可能有很多。常用的选择标准是 (1) 抽样分布的纵坐标 (高度) 相等, 以及 (2) 抽样分布的尾部面积相等。由纵坐标相等会得到最短的置信区间。不过, 尾部面积相等的区间更常用, 因为更易于找到。当估计量的抽样分布对称时, 两个标准是一致的。

参数 θ 被认为是固定但未知的常数。端点 l 和 u 是随机变量, 因为它们依赖于随机样本。如果为随机样本插入实际发生的数据并计算出 l 和 u 的值, 其中就不再涉及任何随机因素。我们不知道所得的区间是否真正包含那个固定但未知的参数。该区间不再被视为一个概率区间。

在频率论的范式下, 正确的解释是, 用这种方式计算得到的随机区间中有 $(1-\alpha)100\%$ 的区间将包含真值。因此, 我们对区间有 $(1-\alpha)100\%$ 的信心。由计算得到的置信区间对参数 θ 作出概率陈述是错误的。

估计量所用的抽样分布常常近似于正态分布, 其均值等于真值。在这种情况下, 置信区间的形式为

估计量 ± 临界值 × 估计量的标准差,

其中临界值来自标准正态表。例如, 如果 n 很大, 则样本比例

$$\hat{\pi}_f = \frac{y}{n}$$

近似于均值为 π, 标准差为 $\sqrt{\dfrac{\pi(1-\pi)}{n}}$ 的正态分布。它给出的 π 的近似 $(1-\alpha)100\%$ 等尾面积置信区间为

$$\hat{\pi}_f \pm z_{\frac{\alpha}{2}} \sqrt{\frac{\hat{\pi}_f(1-\hat{\pi}_f)}{n}}。 \tag{9.4}$$

π 的置信区间与可信区间的比较

基于统计量的抽样分布计算得到置信区间的概率。因此概率是数据前的。它们不依赖于具体发生的样本。与之截然不同的是从后验分布计算得到的贝叶斯可信区间, 该区

间能够直接以观测样本数据为条件做概率解释。对科学家来说, 在分析数据时贝叶斯可信区间更有用。给定观测到的数据, 贝叶斯可信区间概括我们对参数值的信念。也就是说, 它是数据后的, 它不考虑可能发生但并未发生的数据。

例 9.1(续第 8 章中例 8.1) 在 $n = 100$ 位哈密尔顿居民中, $y = 26$ 位声称支持在哈密尔顿建赌场。π 的 95% 的置信区间为

$$0.26 \pm 1.96 \sqrt{\frac{0.26 \times 0.74}{100}} = (0.174, 0.346)。$$

可以将它与第 8 章中表 8.3 所示的三位学生计算的 π 的 95% 可信区间比较。 ■

9.5 假 设 检 验

我们考虑的第三种推断是假设检验。科学家不愿意说数据中的不一致只是因为偶然。如果武断地下结论, 随后的研究可能会证明他们的说法是错的, 他们的科学声誉也会因此受损。

假设检验有时候也被称为显著性检验[1]。科学家广泛使用假设检验这种频率论统计方法以防范作出与数据相悖的结论。在假设检验中, 治疗无效果被设定为零假设, "因治疗引起的参数值的变动为零"。治疗会引起参数值变动的竞争性假设被称为**备选假设**。在零假设下, 对观测数据与期望的结论之间的矛盾可以有两种解释。

(1) 零假设为真, 矛盾仅仅因为随机偶然性。

(2) 零假设为假, 至少有一部分矛盾是因此而产生。

为与奥卡姆剃刀保持一致, 我们坚持解释 (1), 即零假设为真, 不一致仅仅是因为偶然, 除非它大到不太可能只归因于偶然性。也就是说, 我们接受零假设为真并不意味着我们相信它就是真的, 而是相信只凭偶然性也可以对观测到的矛盾做出合理的解释, 因此, 我们不放弃将偶然性视为唯一的原因。

当矛盾太大时, 我们被迫放弃解释 (1) 转而接受解释 (2), 即零假设为假。它让我们退回来确立疗效的存在。在零假设下所发生的与所期望的矛盾仅是因为偶然性, 若这个事件的概率过小, 我们就断定治疗的确有效 (零假设为假)。

由于假设检验在科学上已经很成熟, 下面说明如何按贝叶斯方式进行假设检验。我们会考虑两种情况。首先是单边假设检验, 它要检测的是在单个方向上的影响。在这种情况下贝叶斯假设检验的效果非常好。单边零假设的贝叶斯检验由零假设的后验概率评估。

第二种情况是在两个方向上检测变化。这是双边假设检验, 我们针对一个双边选择检验点假设 (影响为零)。连续参数的先验密度度量概率密度而非概率。零假设 (变化等于零) 的先验概率必定等于 0。因此其后验概率也必为零[2], 我们不能用零假设的后验概率检

---

[1] 由费希尔提出的显著性检验作为推断的工具用来衡量对具体的假设不利的证据。由奈曼 (Neyman) 和皮尔逊 (Pearson) 提出的假设检验用来控制在两种相互矛盾的假设之间取舍时的错误率。尽管显著性检验与假设检验有不同的目标和解释, 如今这两个术语几乎可以互换着用。这种情形会继续引发混淆。

[2] 我们还需注意, 点的零假设的频率论假设检验从来不 "接受" 零假设; 而是 "不能拒绝零假设"。

验双边假设, 而是通过查看零值是否落在可信区间中来检验零假设的可信度。如果零值的确在可信区间中, 就不能拒绝零假设, 因为零值仍然是一个可信的值。

在统计模型中会包含一个代表疗效的参数。无效的假设作为零假设, 其中代表效果的参数取零值, 这个值与治疗无效相对应。

9.6　单边假设检验

单边假设的频率论检验

假定零假设为真, 计算数据 (或者更极端的结果) 的概率。如果它在被称为显著性水平的阈值之下, 结果会被视为与零假设不相容, 在此显著性水平上拒绝零假设。这证明治疗有效。假设检验的这种思路类似于 "反证法"。然而, 由于抽样的变异性, 不可能有完完全全的矛盾。当治疗无效时即使非常不可能的数据也是有可能的。因此假设检验实际上更像是 "通过低概率证明"。给定零假设为真, 由抽样分布计算概率。因此它是数据前概率。

例 9.2　假设我们要确定一种新的治疗方案是否比标准的治疗方案更好。如果更好, 则受益于新治疗方案的患者的比例 π 应该大于受益于标准治疗的比例 π_0。从历史记录可知 $\pi_0 = 0.6$。为 10 位患者的随机组使用新的治疗方案。受益于该治疗的患者数 Y 服从二项分布 $B(n, \pi)$。我们观测到其中有 $y = 8$ 位患者受益。如果 $\pi = 0.6$, 10 人中有 8 人受益的这个比例超出了我们的预期。但它是否足以让我们下结论说在 5% 的显著性水平上 $\pi > 0.6$?

表 9.1　Y 的零分布及单边假设检验的拒绝域

值	$f(y|\pi = 0.6)$	区域
0	0.0001	接受
1	0.0016	接受
2	0.0106	接受
3	0.0425	接受
4	0.1115	接受
5	0.2007	接受
6	0.2508	接受
7	0.2150	接受
8	0.1209	接受
9	0.0403	拒绝
10	0.0060	拒绝

要回答这个问题需要采取下列步骤:

1. 建立一个关于 (固定但未知的) 参数的零假设。例如, $H_0 : \pi \leqslant 0.6$。(受益于新治疗方案的患者比例小于等于受益于标准治疗的患者比例。) 将小于假设值 0.6 的所有 π 值包括在零假设中, 因为我们要做的是确定新治疗方案是否更好, 对它是否更坏不感兴趣, 我们不会推荐新治疗方案除非它的确比标准治疗好。

2. 备选假设是 $H_1 : \pi > 0.6$。(受益于新治疗方案的患者比例大于受益于标准治疗方案的患者比例。)

3. 假设零假设为真, 检验统计量的零分布就是检验统计量的抽样分布。此时, 它是二项分布 $B(n, 0.6)$, 其中 $n = 10$ 是接受新治疗方案的患者数。

4. 我们选择检验的显著性水平尽可能接近 $\alpha - 5\%$。因为 y 的分布是离散的, 只有一些 α 值是可能的, 因此我们不得不选择适当大于或小于 5% 的值。

5. 选择拒绝域, 使得它在零分布下的概率为 α。[1] 如果选择拒绝域为 $y \geqslant 9$, 则 $\alpha = 0.0463$。单边假设检验零分布及其拒绝域如表 9.1 所示。

6. 对于给定的样本, 如果检验统计量的值位于拒绝域, 则在水平 α 上拒绝零假设 H_0。否则不能拒绝 H_0。在本例中我们观测到 $y = 8$。它位于接受域。

7. 假设零假设为真, P-值是我们观测到的情况或更不可能的情况的概率。提出 P-值是为了度量不利于零假设的证据强度。[2]在本例中, P-值 =0.1672。[3]

8. 如果P-值 $< \alpha$, 则检验统计量位于拒绝域, 反之亦然。因此, 检验假设的一种等价的方法是如果 P-值 $< \alpha$ 就拒绝零假设。[4]无论用哪一种方法, 我们都不能拒绝零假设 $H_0 : \pi \leqslant 0.6$。$y = 8$ 位于接受域, 而 P-值 > 0.05。证据并不足以得出 $\pi > 0.6$ 的结论。∎

人们对检验的 P-值的意义充满了困惑, 它不是给定数据时零假设为真的后验概率。而是用零分布计算得到的尾部概率。在二项分布的情况下

$$P\text{-值} = \sum_{y_{\mathrm{obs}}}^{n} f(y | \pi_0),$$

其中 y_{obs} 是 y 的观测值。频率论假设检验使用在可能发生的所有数据集上 (对固定的参数值) 计算得到的概率。

单边假设的贝叶斯检验

我们想利用贝叶斯方法在显著性水平 α 上检验

$$H_0 : \pi \leqslant \pi_0, \quad H_1 : \pi > \pi_0。$$

在正确的区域上对后验密度求积分计算零假设为真的后验概率:

---

[1]此方法来自奈曼和皮尔逊。

[2]此方法来自费希尔。

[3]此例中, P-值为事件 $\{y = 8 | \pi = 0.6\} \cup \{y = 9 | \pi = 0.6\} \cup \{y = 10 | \pi = 0.6\}$ 的概率。— 译者注

[4]α 和 P-值都是由零分布计算而得的尾部面积。然而, α 表示拒绝真实的零假设的长期比率, 而 P-值则被视为这个特定数据集不利于该特定零假设的证据。用尾部面积同时代表长期的和特定的结果, 这样做本身就存在着矛盾。

$$P(H_0 : \pi \leqslant \pi_0|y) = \int_0^{\pi_0} g(\pi|y)\mathrm{d}\pi。 \tag{9.5}$$

如果后验概率小于显著性水平 α, 则拒绝零假设。因此贝叶斯单边假设检验是利用 π 的后验分布直接计算概率的"低概率检验"。我们利用参数的后验分布来检验关于参数的假设。贝叶斯单边检验使用数据后概率。

例 9.2(续) 假设用 $\mathrm{Be}(1,1)$ 作为 π 的先验。给定 $y = 8$, 后验密度为 $\mathrm{Be}(9,3)$。用数值计算零假设的后验概率

$$P(\pi \leqslant 0.6|y = 8) = \int_0^{0.6} \frac{\Gamma(12)}{\Gamma(3)\Gamma(9)}\pi^8(1-\pi)^2\mathrm{d}\pi = 0.1189。$$

它不小于 0.05, 因此不能在显著性水平 5% 上拒绝零假设。图 9.3 所示为后验密度。零假设的概率为在 $\pi = 0.6$ 的左侧曲线下部的面积。 ∎

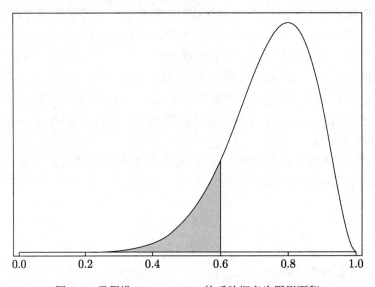

图 9.3 零假设 $H_0 : \pi \leqslant 0.6$ 的后验概率为阴影面积

9.7 双边假设检验

有时候我们想检测参数值在两个方向上的变化, 这就是双边检验。因为要检测关于值 π_0 的任何变化, 我们将它设置为检验点的零假设 $H_0 : \pi = \pi_0$, 相对的备选假设为 $H_1 : \pi \neq \pi_0$。

双边假设的频率论检验

双边假设的频率论检验要评估在 π_0 处的零分布, 与该检验的 P-值计算一样, 拒绝域是双边的。

例 9.3 掷硬币 15 次, 观测到 10 次正面。掷 15 次有 10 次正面足以确认硬币不均匀吗? 换言之, 得到正面的概率 π 不是 $\frac{1}{2}$ 吗?

要回答这个问题需要采取下列步骤:

1. 建立一个关于 (固定但未知) 参数 π 的零假设。即 $H_0: \pi = 0.5$。

2. 备选假设是 $H_1: \pi \neq 0.5$。我们想要确定在任一方向上的差别, 因此需要使用双边拒绝域。

3. 当零假设为真时, 零分布是 Y 的抽样分布。它是 $B(n=15, \pi=0.5)$。

4. 因为 Y 是离散分布, 我们选定检验的显著性水平让它尽可能接近 5%。

5. 选择拒绝域, 使其在零分布下的概率为 α。如果选择拒绝域为 $\{Y \leq 3\} \cup \{Y \geq 12\}$, 则 $\alpha = 0.0352$。双边假设的零分布和拒绝域如表 9.2 所示。

6. 如果检验统计量的值落在拒绝域内, 则在水平 α 上拒绝零假设 H_0。否则不能拒绝 H_0。在本例中, 观测到 $y = 10$。它处于不能拒绝零假设的区域。我们得出数据差异源于偶然性的结论, 概率 $\pi = 0.5$ 仍然是合理的。

7. 假设零假设 H_0 为真, P-值是我们得到的 (10 次正面) 或更极端情况的概率。本例中我们有双边备选假设, 所以 P-值为 $P(Y \geq 10) + P(Y \leq 5) = 0.302$。它大于 α, 所以不能拒绝零假设。　■

表 9.2 Y 的双边假设检验的零假设和拒绝域

值	$f(y|\pi = 0.5)$	区域
0	0.0000	拒绝
1	0.0005	拒绝
2	0.0032	拒绝
3	0.0139	拒绝
4	0.0417	接受
5	0.0916	接受
6	0.1527	接受
7	0.1964	接受
8	0.1964	接受
9	0.1527	接受
10	0.0916	接受
11	0.0417	接受
12	0.0139	拒绝
13	0.0032	拒绝
14	0.0005	拒绝
15	0.0000	拒绝

双边假设检验和置信区间的关系。参数的零值通常源于治疗无效的想法, 但也可以

用来检验参数的其他值。双边假设检验与置信区间有着紧密的关系。如果我们要在水平 α 上检验双边假设, 就存在相应的 $(1-\alpha)100\%$ 参数置信区间。如果零假设

$$H_0 : \pi = \pi_0$$

被拒绝, 则值 π_0 位于置信区间之外, 反之亦然。如果接受 (不能拒绝) 零假设, 则 π_0 落在置信区间内, 反之亦然。置信区间是对一旦验证就会接受的所有零假设的“总结”。

双边假设的贝叶斯检验

按贝叶斯的观点, 给定数据, 参数的后验分布总结了我们在得到数据之后的全部信念。不过, 假设检验的思路在科学上已经很成熟, 它起到保护科学信誉的作用。所以, 我们考虑用贝叶斯方法利用后验分布检验点的零假设与双边备选。

如果使用连续先验, 就会得到连续后验。由点的零假设表示的那一个精确的值的概率将会为零。我们不能用后验概率检验假设, 而是使用置信区间与假设检验类似的对应关系, 不过是用可信区间而非置信区间。

计算 π 的 $(1-\alpha)100\%$ 的可信区间。如果 π_0 落在可信区间中, 就接受 (不拒绝) 零假设 $H_0 : \pi = \pi_0$; 如果 π_0 位于可信区间之外, 则拒绝零假设。

例 9.3 (续)   如果使用均匀先验分布, 则后验为贝塔分布 $Be(10+1, 5+1)$。利用正态近似求出 π 的 95% 贝叶斯可信区间, 即

$$\frac{11}{17} \pm 1.96 \times \sqrt{\frac{11 \times 6}{((11+6)^2 \times (11+6+1))}} = 0.647 \pm 0.221$$

可信区间为 $(0.426, 0.868)$。

零假设 $\pi = 0.5$ 位于可信区间内, 所以不能拒绝零假设。$\pi = 0.5$ 仍然是一个可信的值。■

本 章 要 点

- 从贝叶斯观点来看, 给定数据后参数的后验分布是完整的推断。由后验分布计算的概率是数据后的, 因为后验分布是在对观测数据进行分析后得到的。

- 从频率学派的观点来看, 对参数的具体推断有点估计、置信区间和假设检验。

- 频率论统计将参数看成是固定但未知的常数。概率是长期相对频率。

- 统计量的抽样分布是固定参数值, 统计量在所有可能的随机样本上的分布。频率论统计基于抽样分布。

- 使用抽样分布计算的概率是数据前的, 因为它们基于所有可能的随机样本, 而不是我们得到的具体的随机样本。

- 如果由抽样分布计算所得的估计量的期望等于参数的真值。那么参数估计量是无偏的。

- 频率论统计常常将最小方差无偏估计量称为最优估计量。
- 估计量的均方差度量它与参数的真值的距离平方的平均。它是偏差的平方与估计量的方差之和。
- 即使按频率论的标准, 比如用均方差来评判, 贝叶斯估计量常常优于频率论估计量。
- 用频率论标准考察贝叶斯估计量在一系列可能的参数值上的表现被称为后验前分析, 因为是在我们获得数据之前进行的。
- 参数 θ 的 $(1-\alpha)100\%$ 置信区间为区间 $[l, u]$, 它满足

$$P(l \leqslant \theta \leqslant u) = 1 - \alpha,$$

这里利用 θ 的估计量的抽样分布求概率。正确的解释是: 用此方法计算的随机区间中有 $(1-\alpha)100\%$ 的区间确实包含真值。当插入实际的数据算出端点后就不再有随机的成分。端点为数字; 参数固定但未知。我们对计算出的区间覆盖参数的真值有 $(1-\alpha)100\%$ 的信心。这个信心源于计算该区间的方法。它对由特定数据集计算所得的实际区间什么都没说。
- θ 的 $(1-\alpha)100\%$ 贝叶斯可信区间是后验概率为 $(1-\alpha)$ 的参数值的范围。
- 频率论假设检验用来确定实际参数是不是某个特定的值。样本空间被分为拒绝域和接受域; 如果零假设为真, 检验统计量位于拒绝域内的概率小于显著性水平 α。如果检验统计量落在拒绝域内, 我们就在显著性水平 α 上拒绝零假设。
- 我们也可以计算 P-值。如果 P-值 $< \alpha$, 则在水平 α 上拒绝零假设。
- P-值不是零假设为真的概率, 而是假定零假设为真时, 观测到我们所得数据或更极端情况的概率。
- 我们可以通过计算零假设的后验概率以贝叶斯方式检验单边假设。在零假设的区域上对后验密度求积分得到此概率。如果此概率小于显著性水平 α, 则拒绝零假设。
- 我们不能通过在零假设区域上对后验密度积分来检验双边假设。对于连续先验, 点的零假设的先验概率为零, 因此后验概率也会为零。反之, 我们通过观测零值是否落在贝叶斯可信区间内来检验其可信度。如果它处于可信区间内, 则零值仍然是可信的所以不能拒绝它。

习　　题

9.1　设 π 为赞成政府的学生津贴政策的大学生的比例。学生报计划采集 $n = 30$ 位大学生的随机样本并询问他们是否赞成学生津贴政策。

(1) 求回答"是"的人数 y 的分布。

(2) 假设 30 位学生中有 8 位回答"是"。求 π 的频率论估计。

(3) 如果使用均匀先验, 求后验分布 $g(\pi|y)$。

（4）求 π 的贝叶斯估计。

9.2   筛查疾病的一种标准方法会漏检 15% 的患者。一种新的筛查方法被开发出来。利用该新方法筛查了 $n = 75$ 个罹患此病的随机样本。设 π 为新的筛查方法漏检的概率。

（1）求新方法漏检次数 y 的分布。

（2）在 $n = 75$ 个患者中，新方法漏检 $y = 6$ 例。求 π 的频率论估计。

（3）用 Be$(1, 6)$ 作为 π 的先验。求 π 的后验分布 $g(\pi|y)$。

（4）求后验均值和方差。

（5）如果 $\pi \geqslant 0.15$，则新的筛查方法不比标准方法好。在 5% 显著性水平上以贝叶斯方式检验

$$H_0 : \pi \geqslant 0.15, \quad H_1 : \pi < 0.15。$$

9.3   McBride et al。(2002) 记载的对新西兰溪流水质的一个研究中，弯曲杆菌的高含量定义为每 100 毫升溪水中菌落数超过 100。在被鸟类严重影响的环境中采集 $n = 116$ 个溪水的样本。其中 $y = 11$ 个的弯曲杆菌为高含量。设 π 为这类溪水样本中弯曲杆菌为高含量的真实概率。

（1）求 π 的频率论估计。

（2）用 Be$(1, 10)$ 作为 π 的先验。计算 $g(\pi|y)$ 的后验分布。

（3）求后验均值和方差。π 的贝叶斯估计是什么？

（4）求 π 的 95% 可信区间。

（5）在 5% 显著性水平上检验假设

$$H_0 : \pi = 0.10, \quad H_1 : \pi \neq 0.10$$

9.4   在对水质的同一个研究中，从受乳业严重影响的溪流中采集 $n = 145$ 个样本。其中 $y = 9$ 个的弯曲杆菌为高含量。设 π 为这类溪水样本中弯曲杆菌为高含量的真实概率。

（1）求 π 的频率论估计。

（2）用 Be$(1, 10)$ 作为 π 的先验。计算 $g(\pi|y)$ 的后验分布。

（3）求后验均值和方差。π 的贝叶斯估计是什么？

（4）求 π 的 95% 可信区间。

（5）在 5% 显著性水平上检验假设

$$H_0 : \pi = 0.10, \quad H_1 : \pi \neq 0.10。$$

9.5   在对水质的同一个研究中，从受羊圈严重影响的溪流中采集 $n = 176$ 个样本。其中 $y = 24$ 个的弯曲杆菌为高含量。设 π 为这类溪水样本中弯曲杆菌为高含量的真实概率。

（1）求 π 的频率论估计。

（2）用 Be$(1, 10)$ 作为 π 的先验。计算 $g(\pi|y)$ 的后验分布。

（3）求后验均值和方差。π 的贝叶斯估计是什么？

（4）在 5% 显著性水平上检验假设

$$H_0 : \pi \geqslant 0.15, \quad H_1 : \pi < 0.15。$$

9.6 在对水质的同一个研究中, 从市政流域采集 $n = 87$ 个样本。其中 $y = 8$ 个的弯曲杆菌为高含量。设 π 为这类溪水样本中弯曲杆菌为高含量的真实概率。

(1) 求 π 的频率论估计。

(2) 用 Be(1, 10) 作为 π 的先验。计算 $g(\pi|y)$ 的后验分布。

(3) 求后验均值和方差。π 的贝叶斯估计是什么?

(4) 在 5% 显著性水平上检验假设

$$H_0 : \pi \geqslant 0.10, \quad H_1 : \pi < 0.10。$$

蒙特卡罗练习

9.1 **比较 π 的贝叶斯估计和频率论估计**。在第 1 章中我们了解到, 频率学派在评价统计程序时要看它在 (一系列) 固定但未知参数值上的长期表现, 评估贝叶斯统计程序时也可以采用这种方式。"假如参数取此值会怎样", 我们在获得数据之前会做这样的分析, 这是所谓的后验前分析。给定该参数值, 根据其在所有可能的随机样本上的表现来评价统计程序。第 8 章说明用后验均值作为贝叶斯估计能最小化后验均方差。因此, 在使用实际数据之后它具有最优的数据后性质。我们将会看到, 贝叶斯估计也具有优良的数据前 (频率) 性质, 经常会超过相应的频率论估计。

我们将通过蒙特卡罗研究来近似 π 的两个估计的抽样分布。所用的频率估计是样本比例 $\hat{\pi}_f = \dfrac{y}{n}$。所用的贝叶斯估计则是 $\hat{\pi}_B = \dfrac{y + 1}{n + 2}$, 当用 π 的均匀先验时, $\hat{\pi}_B$ 等于后验均值。我们将 (通过偏差、方差和均方差) 来比较这两个估计在 0 与 1 之间的一系列 π 值上的抽样分布。不过, 与 9.3 节中的精确分析不同, 在这里我们用蒙特卡罗研究。对每个参数值, 通过采集 5000 个样本并利用基于样本的经验分布来近似估计量的抽样分布。用与经验分布等价的样本来近似抽样分布的真实特征 (均值、方差和均方差)。你可以用 Minitab 或 R 进行分析。

(1) 对于 $\pi = 0.1, 0.2, \cdots, 0.9$

①从二项分布 $B(n = 10, \pi)$ 采集 5000 个随机样本。

②对于 5000 个样本中的每一个样本, 计算频率论估计 $\hat{\pi}_f = \dfrac{y}{n}$。

③对于 5000 个样本中的每一个样本, 计算贝叶斯估计 $\hat{\pi}_B = \dfrac{y + 1}{n + 2}$。

④计算这些估计在 5000 个样本上的均值, 并分别减去 π 得到两个估计的偏差。注意它是 π 的函数。

⑤计算这些估计在 5000 个样本上的方差。注意它也是 π 的函数。

⑥计算这些估计在 5000 个样本上的均方差。第一种方法是

$$\mathrm{MSE}[\hat{\pi}] = (\mathrm{Bias}(\hat{\pi}))^2 + \mathrm{Var}[\hat{\pi}]。$$

第二种方法是取所有 5000 个样本估计与真值的距离平方的均值。用这两种方式计算均方差, 看它们的结果是否相同。

(2) 绘制两个估计量的偏差对 π 值的图形, 将相邻的点连起来。(将这两个估计量放在同一张图中。)

①频率论估计量在一系列 π 值上看起来是无偏的吗?

②贝叶斯估计量在一系列 π 值上看起来是无偏的吗?

(3) 绘制两个估计量的均方差对 π 值的图形, 将相邻的点连起来。(将这两个估计量放在同一张图中。)

①你的图与图 9.2 类似吗?

②在一系列 π 值上, 贝叶斯估计量的均方差是否比频率论估计量的均方差小?

第 10 章　泊松参数的贝叶斯推断

泊松分布用于计算稀有事件以恒定比率在时间 (或空间) 上随机发生的次数。每一次只能有一个事件发生。我们可以用泊松分布对高速公路在一个月内的事故次数建模。但是不能用它对高速公路上出现的死亡事故建模, 因为有一些事故可能会导致多人死亡。

连续先验泊松参数的贝叶斯定理

考虑泊松分布 $\text{Poisson}(\mu)$ 的一个随机样本 $y_1, y_2, \cdots, y_n$。贝叶斯定理的比例形式是
后验 $\propto$ 先验 $\times$ 似然

$$g(\mu|y_1, y_2, \cdots, y_n) \propto g(\mu) f(y_1, y_2, \cdots, y_n|\mu)。$$

参数 μ 可以取任意正数, 因此应该使用定义在所有正数上的连续先验。贝叶斯定理的比例形式确定后验的形状。我们需要求出比例因子使之成为密度, 准确的后验为

$$g(\mu|y_1, y_2, \cdots, y_n) = \frac{g(\mu) f(y_1, y_2, \cdots, y_n|\mu)}{\displaystyle\int_0^\infty g(\mu) f(y_1, y_2, \cdots, y_n|\mu)\mathrm{d}\mu}。 \tag{10.1}$$

该式对任意连续先验 $g(\mu)$ 都成立。除了我们将要研究的一些特例之外, 求后验分布时必须对它进行数值积分。

泊松参数的似然。泊松分布 $\text{Poisson}(\mu)$ 的单一抽样的似然为

$$f(y|\mu) = \frac{\mu^y \mathrm{e}^{-\mu}}{y!},$$

其中 $y = 0, 1, 2, \cdots$ 且 $\mu > 0$。决定似然形状的那一部分为

$$f(y|\mu) \propto \mu^y \mathrm{e}^{-\mu}。$$

若 $y_1, y_2, \cdots, y_n$ 为泊松分布 $\text{Poisson}(\mu)$ 的随机样本, 随机样本的似然是单个似然的乘积。简写为

$$f(y_1, y_2, \cdots, y_n|\mu) = \prod_{i=1}^n f(y_i|\mu) \propto \mu^{\sum y_i} \mathrm{e}^{-n\mu}。$$

这是一个似然, 其中 $\sum y_i$ 为泊松分布 $\text{Poisson}(n\mu)$ 的单次抽样。它具有 $\text{Ga}(r', v')$ 密度的形状, 其中 $r' = \sum y_i + 1$, $v' = n$。

10.1　泊松参数的一些先验分布

为了利用贝叶斯定理, 我们需要泊松参数 μ 的先验分布。本节考虑无须数值积分就能算出后验密度的一些先验分布。

正均匀先验密度。假设在看到数据之前不知道 μ 的值。这种情况下, 我们应该让 μ 的所有可能的取值的权重相等。因此, 设正均匀先验密度为

$$g(\mu) = 1, \ \mu > 0。$$

显然, 此先验密度并不适当, 因为它在所有可能的取值上的积分等于无穷大。但后验却是适当的[1], 可以用来对 μ 作出推断。后验与先验和似然的乘积成比例, 在这种情况下比例后验为

$$g(\mu|y_1, y_2, \cdots, y_n) \propto g(\mu)f(y_1, y_2, \cdots, y_n|\mu) \propto 1 \cdot \mu^{\sum y_i} \mathrm{e}^{-n\mu}。$$

后验与似然函数的形状相同, 由此可知它是 $\mathrm{Ga}(r', v')$ 密度, 其中 $r' = \sum y + 1$, $v' = n$。尽管是从一个不适当的先验出发, 但后验显然是适当的。

泊松的杰佛瑞先验。参数表示所有可能的观测分布。参数的任何一对一的连续函数同样也是有效的。[2]杰佛瑞方法给我们提供的先验, 在参数的任一连续变换下都是不变的, 在这个意义上它们是客观的。泊松的杰佛瑞先验为

$$g(\mu) \propto \frac{1}{\sqrt{\mu}}, \ \mu > 0。$$

它不是一个适当的先验, 因为在其整个取值范围上的积分为无穷大。不过, 因为它赋予小的值更大的权重, 它并非无信息。比例后验是先验乘以似然。用杰佛瑞先验, 比例后验为

$$g(\mu|y_1, y_2, \cdots, y_n) \propto g(\mu)f(y_1, y_2, \cdots, y_n|\mu) \propto \frac{1}{\sqrt{\mu}}\mu^{\sum y_i}\mathrm{e}^{-n\mu} \propto \mu^{\sum y_i - \frac{1}{2}}\mathrm{e}^{-n\mu},$$

它与 $\mathrm{Ga}(r', v')$ 密度的形状相同, 其中 $r' = \sum y_i + \frac{1}{2}$, $v' = n$。尽管是从一个不适当的先验出发, 但我们得到的是一个适当的后验。

泊松观测的共轭族是伽马族。参数为 μ 的泊松分布的观测的共轭先验的形式与似然的形式相同。下式描述了它的形状

$$g(\mu) \propto \mathrm{e}^{-k\mu}\mathrm{e}^{l\log\mu} \propto \mu^l\mathrm{e}^{-k\mu}。$$

具有这种形状的分布被称为 $\mathrm{Ga}(r, v)$ 分布, 其密度为

$$g(\mu; r, v) = \frac{v^r\mu^{r-1}\mathrm{e}^{-v\mu}}{\Gamma(r)},$$

---

[1] 在某些情况下由一个不适当的先验得到的后验也不适当, 这时就不能进行推断。

[2] 如果 $\psi = h(\theta)$ 是参数 θ 的连续函数, 通过对公式 $g_\psi(\psi) = g_\theta(\theta(\psi))\dfrac{\mathrm{d}\theta}{\mathrm{d}\psi}$ 换元可以得到相应于 $g_\theta(\theta)$ 的 ψ 的先验, $g_\psi(\psi)$。

其中 $r - 1 = l$, $v = k$, 而 $\dfrac{v^r}{\Gamma(r)}$ 是使之成为密度的比例因子。当有单个 Poisson(μ) 观测并用 Ga(r, v) 作为 μ 的先验时, 后验的形状为

$$g(\mu|y) \propto g(\mu)f(y|\mu) \propto \frac{v^r\mu^{r-1}\mathrm{e}^{-v\mu}}{\Gamma(r)} \cdot \frac{\mu^y\mathrm{e}^{-\mu}}{y!} \propto \mu^{r-1+y}\mathrm{e}^{-(v+1)\mu}。$$

这是 Ga(r', v') 密度, 其中的常数用简单的公式 $r' = r + y$, $v' = v + 1$ 更新。将观测 y 加到 r, 并将 1 加到 v。因此, 如果有泊松分布 Poisson(μ) 的随机样本 $y_1, y_2, \cdots, y_n$, 并用 Ga(r, v) 作为 μ 的先验, 每次观测之后, 将第 i 次观测的后验作为第 $i + 1$ 次观测的先验, 重复更新。结束时得到 Ga(r', v') 后验, 其中 $r' = r + \sum y$, $v' = v + n$。简单更新规则是"将观测的总和加到 r", "将观测次数加到 v"。注意: 同样的更新规则也适用于正均匀先验和泊松的杰佛瑞先验。[1]利用 (7.10) 式和 (7.11) 式求后验均值和方差。它们分别为

$$\mathrm{E}[\mu|y] = \frac{r'}{v'}, \quad \mathrm{Var}[\mu|y] = \frac{r'}{(v')^2}。$$

选择共轭先验。 伽马 Ga(r, v) 分布族是 Poisson(μ) 观测的共轭族。从该族选择先验的好处在于后验也属于该族并且可以用简单的更新规则确定后验, 无须数值积分。我们需要找出与先验信念相匹配的 Ga(r, v)。建议用先验均值 m 和先验标准差 s 概括你的先验信念。先验方差是先验标准差的平方。然后找出与前两个先验矩匹配的伽马共轭先验, 即 r 和 v 是下面两个方程的联解

$$m = \frac{r}{v}, \quad s^2 = \frac{r}{v^2}。$$

因此

$$v = \frac{m}{s^2}。$$

将它代入第一个方程并求 r, 得到

$$r = \frac{m^2}{s^2}。$$

Ga(r, v) 先验就是你的先验。

使用共轭先验之前的注意事项。

1. 绘出先验。如果其形状相当接近你的先验信念, 则使用这个先验。否则可以调整先验均值 m 和先验标准差 s 直至找到形状与你的先验信念匹配的先验。

2. 计算先验的等价样本大小。它是 Poisson(μ) 变量的随机样本的大小, 它所包含的关于 μ 的信息量与先验中的信息量相同。我们注意到, 如果 $y_1, y_2, \cdots, y_n$ 是 Poisson(μ) 的随机样本, 则 $\bar{y}$ 的均值是 μ、方差是 $\dfrac{\mu}{n}$。由下式可解得等价样本大小 n_{eq}

$$\frac{\mu}{n_{eq}} = \frac{r}{v^2}。$$

---

[1]正均匀先验 $g(\mu) = 1$ 具有 Ga$(1, 0)$ 先验的形式, 而泊松 $g(\mu) = u^{-\frac{1}{2}}$ 的杰佛瑞先验具有 Ga$\left(\dfrac{1}{2}, 0\right)$ 先验的形式。我们可以认为它们是当 $v \to 0$ 时 Ga(r, v) 族的极限情况。

将均值设为先验均值 $\mu = \dfrac{r}{v}$, μ 的 Ga(r, v) 先验的等价样本大小是 $n_{\text{eq}} = v$。要确保这个数不是太大。自问 "如果从泊松分布 Poisson(μ) 采集大小为 n_{eq} 的随机样本, 所得关于 μ 的知识是否相当于有关 μ 的先验知识", 若答案是否定的, 就应该增大先验标准差重新计算你的先验。否则, 相对于由数据得到的信息量, 你的先验信息就太多了。

例 10.1　高速公路上每周发生交通事故的次数符合泊松分布 Poisson(μ)。4 位学生想要计算未来 8 周里每周发生交通事故的次数。他们会用贝叶斯的方式来分析, 因此每人要有一个先验分布。艾瑞莎说她没有先验信息, 假设所有可能的取值的可能性都相等。因此她用正均匀先验 $g(\mu) = 1$, $\mu > 0$, 这个先验不是适当的概率分布。拜伦说他也没有先验信息, 但他希望如果参数乘以一个常数先验会保持不变。因此他使用泊松的杰佛瑞先验 $g(\mu) = \mu^{-1/2}$, 它也不是适当的概率分布。蔡斯相信先验均值应该是 2.5, 先验标准差是 1。他决定使用与先验均值和标准差相匹配的伽马先验 Ga(r, v), 并且 $v = 2.5$, $r = 6.25$。其等价样本大小为 $n_{\text{eq}} = 2.5$, 他认为可以接受, 因为由这个大小的样本得到的信息与先验信息相当, 并且还会有 8 个观测数据。戴安娜将她的先验分布形状定为梯形, 用表 10.1 所给的先验权重通过插值确定这个梯形。图 10.1 所示为这 4 个先验分布的形状。接下来的 8 周, 在高速公路上发生的交通事故的次数为:

$$3, 2, 0, 8, 2, 4, 6, 1。$$

艾瑞莎得到 Ga$(27, 8)$ 后验, 拜伦得到 Ga$(26.5, 8)$ 后验, 而蔡斯的后验为 Ga$(32.25, 10.5)$。戴安娜根据 (10.1) 式通过数值计算得到其后验。4 个后验分布如图 10.2 所示。这 4 个后验分布的形状相似, 尽管它们先验的形状大不相同。　■

表 10.1　戴安娜的相对先验权重。通过线性插值可得到她的连续先验的形状。在用 (10.1) 式求后验时, 常数被约去

值	权重
0	0
2	2
4	2
8	0
10	0

后验分布的概括

后验密度解释在数据给定后我们对参数的完整信念。在考虑了先验信念和数据的情况下, 后验密度通过似然显示我们为各个可能的参数值所赋予的相对信念权重。然而, 要解释后验分布比较困难, 我们喜欢用一些数值来概括它。

当要概述一个分布时, 最重要的是位置度量, 它描述分布在数轴上的位置。后验众数、后验中位数和后验均值是位置的三种度量, 通过令后验密度的导数等于零可以找出

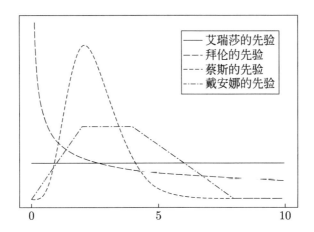

图 10.1 艾瑞莎、拜伦、蔡斯和戴安娜的先验分布的形状

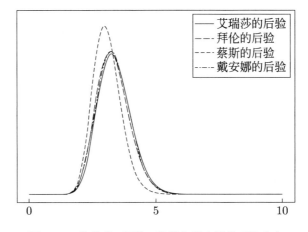

图 10.2 艾瑞莎、拜伦、蔡斯和戴安娜的后验分布

后验众数。当后验分布为 $\mathrm{Ga}(r', v')$ 时, 其导数为

$$g'(\mu|y) = (r'-1)\mu^{r'-2}\mathrm{e}^{-v'\mu} - v'\mathrm{e}^{-v'\mu}\mu^{r'-1} = \mu^{r'-2}\mathrm{e}^{-v'\mu}(r'-1-v'\mu)。$$

令导数等于零, 得到后验众数

$$\mathrm{mode} = \frac{r'-1}{v'}。$$

若后验分布为 $\mathrm{Ga}(r', v')$, 可以用 Minitab 或 R 求后验中位数。后验均值为

$$m' = \frac{r'}{v'}。$$

如果是通过数值计算找到的后验分布, 就不得不用 Minitab 宏 tintegral 或者 R 函数 mean 和 median 算出后验均值和中位数。

第二重要的是离差度量, 它描述分布是如何展开的。包括四分位数间距 $IQR = Q_3 - Q_1$ 和标准差 s' 都可以作为离差度量。当后验分布为 $Ga(r', v')$ 时, 可以用 Minitab 或 R 求出四分位数间距。后验标准差是后验方差的平方根。如果后验分布是通过数值计算得到的, 也可以通过数值计算得到四分位数间距和后验方差。

例 10.1 (续) 这 4 位学生通过计算位置度量和离差度量来概述他们的后验。艾瑞莎、拜伦和蔡斯得到伽马后验, 用公式算出它们的值, 戴安娜得到的是用数值表示的后验, 因此必须用 Minitab 宏 tintegral 或 R 函数 **sintegral** 进行数值计算。结果如表 10.2 所示。∎

表 10.2　后验分布位置度量和离差度量

人员	后验	均值	中位数	众数	标准差	四分位数间差
艾瑞莎	$Ga(27,8)$	3.375	3.333	3.25	0.6495	0.8703
拜伦	$Ga\left(26\frac{1}{2},8\right)$	3.313	3.271	3.187	0.6435	0.8622
蔡斯	$Ga\left(32\frac{1}{4},10\frac{1}{2}\right)$	3.071	3.040	2.976	0.5408	0.7255
戴安娜	数值的	3.353	3.318		0.6266	0.8502

10.2　泊松参数的推断

后验分布是贝叶斯方法的完全推断。它解释在数据给定之后我们对参数完整的信念。它显示对每个可能的参数值所赋予的相对信念权重。然而, 在频率论方法中对参数的推断有几种: 点估计、区间估计和假设检验。本节介绍如何利用贝叶斯方法推断泊松分布参数 μ, 并将它们与对应的频率论推断做比较。

点估计

我们想找出最能代表后验的参数 μ 的值, 并将它用作点估计。泊松均值的估计 $\hat{\mu}$ 的后验均方度量 $\hat{\mu}$ 与真值 μ 的距离平方关于后验分布的平均[1], 即

$$\mathrm{PMSE}[\hat{\mu}] = \int_0^\infty (\hat{\mu} - \mu)^2 g(\mu|y_1, y_2, \cdots, y_n)\mathrm{d}\mu$$
$$= \int_0^\infty (\hat{\mu} - m' + m' - \mu)^2 g(\mu|y_1, y_2, \cdots, y_n)\mathrm{d}\mu,$$

其中 m' 是后验均值。将平方项展开并分成 3 个积分, 我们得到

$$\mathrm{PMSE}[\hat{\mu}] = \mathrm{Var}[\mu|y] + 0 + (m' - \hat{\mu})^2。$$

---
[1] 与真值的平均绝对距离最小的估计是后验中位数。

其中的最后一项总是非负, 所以让后验均方最小的估计是后验均值。真值与后验均值的
距离平方平均小于其他的估计, [1] 因此我们推荐后验均值

$$\hat{\mu}_B = \frac{r'}{v'}$$

作为泊松参数的贝叶斯点估计, 频率论的点估计是样本均值 $\hat{\mu}_f = \bar{\mu}$。

泊松参数估计量的比较。尽管贝叶斯估计量有偏差, 但仍然具备优良的性质。即使用
频率论标准来评判, 它们的表现通常也比频率论估计量好。估计量的均方差

$$\text{MSE}[\hat{\mu}] = \text{Bias}[\hat{\mu}]^2 + \text{Var}[\hat{\mu}] \tag{10.2}$$

度量估计量与真值的均方距离。这个平均是在所有可能样本取值上的平均, 所以它是频
率论标准。它把估计量的偏差和方差合并为一个度量。泊松参数的频率论估计量是

$$\hat{\mu}_f = \frac{\sum y_i}{n}。$$

它是无偏的, 所以它的均方差等于它的方差

$$\text{MSE}[\hat{\mu}_f] = \frac{\mu}{n}。$$

若用 $\text{Ga}(r, v)$ 先验, 后验为 $\text{Ga}(r', v')$。偏差为

$$\text{Bias}[\hat{\mu}_B, \mu_B] = \text{E}[\hat{\mu}_B] - \mu = \text{E}\left[\frac{r + \sum y_i}{v + n}\right] - \mu = \frac{r - v\mu}{v + n}。$$

方差是

$$\text{Var}[\hat{\mu}_B] = \left(\frac{1}{v + n}\right)^2 \sum \text{Var}[y_i] = \frac{n\mu}{(v + n)^2}。$$

在我们所相信的参数范围内经常可以找到均方差较小的贝叶斯估计量。

假设我们要在 6 块巧克力条饼干的随机样本中观测巧克力条的个数。已知在一块饼
干中的巧克力条的个数是 $\text{Poisson}(\mu)$ 随机变量, 需要估计 μ。我们知道 μ 应该接近 2。频
率论估计量 $\hat{\mu}_f = \bar{y}$ 是无偏的, 其均方差为

$$\text{MSE}[\hat{\mu}_f] = \frac{\mu}{6}。$$

假设我们决定用 $\text{Ga}(2, 1)$ 先验, 其先验均值为 2, 先验方差为 2。用 (9.2) 式算出贝叶斯估
计量的均方差

$$\text{MSE}[\hat{\mu}_B] = \left(\frac{2 - \mu}{1 + 6}\right)^2 + \frac{6\mu}{(1 + 6)^2}。$$

图 10.3 所示为两个估计的均方差。贝叶斯估计在从 0.7 到 5 的范围内平均更接近于真
值。因为我们相信 μ 应该在那个范围内, 所以贝叶斯估计量会比频率论估计量好。

---

[1]这是误差平方损失函数的方法。

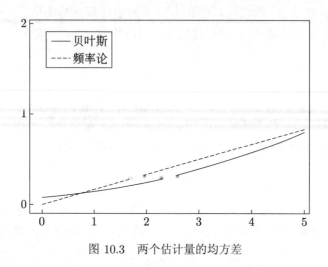

图 10.3   两个估计量的均方差

μ 的贝叶斯可信区间

通过求后验的与 97.5% 和 2.5% 所对应的两个值就得到 μ 的尾部面积相等的 95% 贝叶斯可信区间。若使用伽马先验 $Ga(r, v)$, 正均匀先验 $g(\mu) = 1(\mu > 0)$ 或杰佛瑞先验 $g(\mu) = \mu^{-\frac{1}{2}}$ 中的任意一个, 后验都是 $Ga(r', v')$。利用 Minitab, 将计算(Calc) 菜单下拉到概率分布(Probability Distributions) 并停在 $\Gamma \cdots$, 填写对话框。

若从一般连续先验出发, 后验不再会是伽马分布。贝叶斯可信区间仍然是后验为 97.5% 和 2.5% 所对应的两个值之间的范围, 不过我们要通过数值计算找出这两个数。

例 10.1(续)   这 4 位学生计算 μ 的 95% 贝叶斯可信区间。艾瑞莎、拜伦和蔡斯都得到伽马后验 $Ga(r', v')$, 但由于他们的先验不同, r' 和 v' 的值也不同。蔡斯的可信区间更短, 因为他的先验信息更多。戴安娜用的是一般连续先验, 所以她必须通过数值计算找出可信区间。这些可信区间如表 10.3 所示。   ■

表 10.3   精确的 95% 可信区间

人员	后验	可信区间	
		下界	上界
艾瑞莎	$Ga(27, 8)$	2.224	4.762
拜伦	$Ga(26\frac{1}{2}, 8)$	2.174	4.688
蔡斯	$Ga(32\frac{1}{4}, 10\frac{1}{2})$	2.104	4.219
戴安娜	数值的	2.224	4.666

单边假设的贝叶斯检验

有时候我们将泊松参数以前的值作为零值 μ_0。例如, 随机变量 Y 可能是在一匹布料中出现的瑕疵数, μ 是每匹布料瑕疵数的均值。零值 μ_0 是机器在可控状态下的瑕疵数的

均值。我们想确定泊松参数的值是否比零值大, 它意味着瑕疵率增大了。我们将它设置为单边假设检验

$$H_0 : \mu \leqslant \mu_0, \quad H_1 : \mu > \mu_0。$$

注意: 备选的是我们想要检验的方向。我们按贝叶斯的方式通过零假设的后验概率来检验此假设。在零假设划定的区域上对后验密度求积分, 得到

$$P(\mu \leqslant \mu_0) = \int_0^{\mu_0} g(\mu|y_1, y_2, \cdots, y_n) \mathrm{d}\mu。 \tag{10.3}$$

如果后验分布为 $\mathrm{Ga}(r, s)$, 我们可以用 Minitab 求此概率。将计算(Calc) 菜单下拉到概率分布(Probability Distributions) 并停在 $\Gamma \cdots$, 填写对话框。不然就通过数值计算找出概率。将此概率与显著性水平 α 相比。如果零假设的后验概率小于 α, 则在显著性水平 α 上拒绝零假设。

例 10.1(续) 这 4 位学生决定在 5% 显著性水平上检验零假设

$$H_0 : \mu \leqslant 3, \quad H_1 : \mu > 3。$$

艾瑞莎、拜伦和蔡斯都得到 $\mathrm{Ga}(r', v')$ 后验, 但参数的值各不相同。他们每人利用 Minitab 计算零假设的后验概率。戴安娜的先验是数值先验, 所以她必须进行数值积分。结果如表 10.4 所示。∎

表 10.4 零假设的后验概率

人员	后验	$P(\mu \leqslant 3.0\|y_1, y_2, \cdots, y_n)$ $= \int_0^3 g(\mu\|y_1, y_2, \cdots, y_n)\mathrm{d}\mu$
艾瑞莎	$\mathrm{Ga}(27, 8)$	0.2962
拜伦	$\mathrm{Ga}\left(26\frac{1}{2}, 8\right)$	0.3312
蔡斯	$\mathrm{Ga}\left(32\frac{1}{4}, 10\frac{1}{2}\right)$	0.4704
戴安娜	数值的	0.3012

双边假设的贝叶斯检验

有时候我们要检验泊松参数的值是否在两个方向上偏移了零值, 将它设为双边假设

$$H_0 : \mu = \mu_0, \quad H_1 : \mu \neq \mu_0$$

因为由连续先验得到的后验也是连续的。连续参数取零值的概率为 0, 所以不能通过计算后验概率来检验假设。我们可以通过观察零值 μ_0 是否位于 μ 的 $(1 - \alpha)100\%$ 可信区间中来检验零假设的可信度。如果它位于可信区间之外, 就拒绝零假设并得出 $\mu \neq \mu_0$ 的结论。如果它在可信区间中, 则不能拒绝零假设。我们的结论是 μ_0 仍然可信。

本 章 要 点

- 泊松分布用于计算稀有事件以恒定速率在时间 (或空间) 上随机发生的次数。每次只有一个事件发生。

- 后验与先验×似然成比例是关键。我们不能用这个关系进行推断, 因为它提供后验的形状而非准确的密度。

- 为了进行推断, 求准确的后验密度时需要常数 $k = \int$ 先验×似然,

$$后验 = \frac{先验 \times 似然}{\int 先验 \times 似然}$$

- 先验的伽马族是泊松观测的共轭族。

- 如果先验是伽马分布 $\mathrm{Ga}(r, v)$, 则后验为 $\mathrm{Ga}(r', v')$, 其中的常数由简单的规则更新 $r' = r + \sum y$ (将观测值的总和加到 r), $v' = v + n$(将观测次数加到 v)。

- 尽可能使用共轭先验是明智的。确定你的先验均值和先验标准差。选择具有该均值和标准差的 $\mathrm{Ga}(r, v)$ 先验。绘出它的图形以确保其形状与你的先验信念相似。

- 如果没有先验知识, 可以使用正均匀先验密度 $g(\mu) = 1$, $\mu > 0$, 它具有 $\mathrm{Ga}(1, 0)$ 的形式。或者可以利用 $\mu > 0$ 的泊松分布 $g(\mu) \propto \mu^{-\frac{1}{2}}$ 的杰佛瑞先验, 它具有 $\mathrm{Ga}\left(\frac{1}{2}, 0\right)$ 的形式。这两个先验都不是适当的先验 (它们在整个域上的积分为无穷大)。然而, 所得的后验却是适当的, 且利用相同的简单规则就能得到。

- 如果在共轭族中找不到与先验信念匹配的成员, 就利用域上几个值的先验权重构造离散先验。在它们之间插值形成一般连续先验。不需要求出使之成为准确密度函数的那一个常数, 因为在除以先验×似然的积分时, 这个常数会被约去。

- 当采用均方差这种频率论标准评判时, 若选择的先验适当, 贝叶斯后验均值会比频率论估计好。

- $(1 - \alpha)100\%$ 贝叶斯可信区间确定参数 μ 值的范围, 其后验概率为 $1 - \alpha$。

- 通过计算零假设的后验概率, 我们以贝叶斯方式检验单边假设。如果它小于显著性水平 α, 则拒绝零假设。

- 在使用连续先验时, 点的零假设的概率为零, 所以不能通过在零假设区域上对后验密度积分来检验双边假设。我们通过观察零值是否位于 $(1 - \alpha)100\%$ 的可信区间中来检验零值的可信度。如果它位于可信区间之外, 在显著性水平 α 上拒绝零假设。否则接受零值, 它仍然是可信的。

习　　题

10.1　放射源在 10 秒内排放的粒子数服从泊松分布 $\mathrm{Poisson}(\mu)$。在 5 个互不重叠的 10 秒区间上观测放射源。在各个区间中排放的粒子数是: 4, 1, 3, 1, 3。

(1) 假设 μ 的先验采用均匀分布。

①求 μ 的后验分布。

②在这种情况下的后验均值、中位数和方差各是多少?

(2) 假设用 μ 的杰佛瑞先验。

①求 μ 的后验分布。

②在这种情况下的后验均值、中位数和方差各是多少?

10.2　保险公司在一周内收到的索赔申请数服从泊松分布 Poisson(μ)。在 10 周内观测到的申请数是: 5, 8, 4, 6, 11, 6, 6, 5, 6, 4。

(1) 假设 μ 的先验采用均匀分布。

①求 μ 的后验分布。

②在这种情况下的后验均值、中位数和方差各是多少?

(2) 假设用 μ 的杰佛瑞先验。

①求 μ 的后验分布。

②在这种情况下的后验均值、中位数和方差各是多少?

10.3　俄罗斯数学家拉迪斯劳斯·鲍特凯维茨 (Ladislaus Bortkiewicz) 注意到, 即使当总体中个体的概率变化时, 泊松分布也适用于大总体的低频率事件。在一个著名例子中, 他证明普鲁士军队的骑兵部队中每年被马踢死的人数服从泊松分布。下列数据取自文献 Hoel (1984)。

y (死亡人数)	0	1	2	3	4
$n(y)$ (频次)	109	65	22	3	1

(1) 假设 μ 的先验采用均匀分布。

①求 μ 的后验分布。

②在这种情况下的后验均值、中位数和方差各是多少?

(2) 假设用 μ 的杰佛瑞先验。

①求 μ 的后验分布。

②在这种情况下的后验均值、中位数和方差各是多少?

10.4　某织布机生产的布料每 10m 的瑕疵个数服从均值为 μ 的泊松分布。检验由该机器生产的 100m 布料并观测到 71 个瑕疵。

(1) 对 μ 的先验信念是均值为 6, 标准差为 2。求与该先验信念匹配的伽马先验 Ga(r, v)。

(2) 假设在 100m 布料中观测到 71 个瑕疵, 求 μ 的后验分布。

(3) 计算 μ 的 95% 贝叶斯可信区间。

计算机习题

10.1　如果有一个泊松分布 Poisson(μ) 的随机样本且有 μ 的伽马先验 Ga(r, v), 我们用 Minitab 宏 PoisGamP 或 R 中的 `poisgamp` 函数求泊松参数 μ 的后验分布。先验的

伽马族是泊松观测的共轭族。这意味着, 如果从先验分布族中的一员出发, 我们得到的后验分布是伽马族中的另一个成员。简单的规则是"将观测之和加到 r"且"将样本个数加到 v"。从 $\mathrm{Ga}(r, v)$ 先验出发, 得到 $\mathrm{Ga}(r', v')$ 后验, 其中 $r' = r + \sum(y)$, $v' = v + n$。

假设我们有泊松分布 $\mathrm{Poisson}(\mu)$ 的 5 个观测的随机样本。它们是:

$$3 \quad 4 \quad 3 \quad 0 \quad 1$$

(1) 假设从 μ 的正均匀先验出发。哪一个伽马先验 $\mathrm{Ga}(r, v)$ 会给出这种形式?

(2) [**Minitab:**] 用 Minitab 宏 PoisGamP 或 R 函数 poisgamp 求后验分布。

[**R:**] 用 R 函数 poisgamp 求后验分布。

(3) 求后验均值和中位数。

(4) 求 μ 的 95% 贝叶斯可信区间。

10.2   假设我们从泊松参数 μ 的杰佛瑞先验

$$g(\mu) = \mu^{-\frac{1}{2}}$$

出发。

(1) 什么样的 $\mathrm{Ga}(r, v)$ 先验会给出这种形式?

(2) 用 Minitab 宏 PoisGamP 或 R 函数 poisgamp 求后验分布。

(3) 求后验均值和中位数。

(4) 求 μ 的 95% 贝叶斯可信区间。

10.3   假设从 μ 的 $\mathrm{Ga}(6, 2)$ 先验出发, 用 Minitab 中的宏 PoisGamP 或 R 中的函数 poisgamp 求后验分布。

(1) 求后验均值和中位数。

(2) 求 μ 的 95% 贝叶斯可信区间。

10.4   假设取 $\mathrm{Poisson}(\mu)$ 的另外 5 个观测。它们是:

$$1 \quad 2 \quad 3 \quad 3 \quad 6$$

(1) 将计算机习题 10.3 的后验用作新观测的先验, 并利用 Minitab 中的宏 PoisGamP 或 R 中的函数 poisgamp 求后验分布。

(2) 求后验均值和中位数。

(3) 求 μ 的 95% 贝叶斯可信区间。

10.5   假设将全部 10 个 $\mathrm{Poisson}(\mu)$ 观测当作单一样本。我们从计算机习题 10.3 的原始先验出发。

(1) 给定所有 10 个观测, 用 Minitab 中的宏 PoisGamP 或 R 函数 poisgamp 求后验。

(2) 由计算机习题 10.3~10.5 中你注意到什么?

(3) 在 5% 显著性水平上检验零假设 $H_0 : \mu \leqslant 2$, $H_1 : \mu > 2$。

10.6 若有 Poisson(μ) 分布的随机样本和一般连续先验, 用 Minitab 宏 PoisGCP 或 R 函数 poisgcp 求后验。假设用计算机习题 10.4 中的数据, 并且先验分布为

$$g(\mu) = \begin{cases} \mu, & 0 < \mu \leqslant 2 \\ 2, & 2 < \mu \leqslant 4 \\ 4 - \dfrac{\mu}{2}, & 4 < \mu \leqslant 8 \\ 0, & 8 < \mu \end{cases}$$

[**Minitab:**] 将 μ 和先验 $g(\mu)$ 的数值保存在 c1 列和 c2 列中。
[**R:**]

```
g = createPrior(c(0 ,2, 4, 8), c(0, 2, 2, 0))
mu = seq(0, 8, length = 100)
y = c(1, 2, 3,3, 6)
results = poisgcp(y, "user", mu = mu, mu.prior = g(mu))
```

(1) 用 Minitab 中的 PoisGCP 或 R 中的函数 poisgcp, 确定后验分布 $g(\mu|y_1, y_2, \cdots, y_n)$。

(2) 用 Minitab 宏 tintegral 或 R 函数 mean, median 和 sd 求后验均值、中位数和标准差。

(3) 用 Minitab 中的 tintegral 或在 R 中对 poisgcp 的结果使用函数 quantile 求 μ 的 95% 贝叶斯可信区间。

第 11 章　正态均值的贝叶斯推断

许多随机变量好像都服从正态分布, 至少是近似服从正态分布。在中心极限定理背后的推理揭示了个中原因。大量的源自独立诱因且具有相似大小的随机变量之和近似服从正态分布。个体随机变量的形状 "平均" 成为正态形状。从和的分布得到的样本数据非常接近正态分布。关于正态分布的统计方法用途最广。本章说明如何在正态分布的随机样本上进行贝叶斯推断。

11.1　具有离散先验的正态均值的贝叶斯定理

单个正态观测

假设我们由条件密度 $f(y|\mu)$ 得到单个观测, 条件密度为方差 σ^2 已知的正态分布。标准差 σ 是方差的平方根。均值只有 m 个可能的取值 $\mu_1, \mu_2, \cdots, \mu_m$。我们为这些值选一个离散先验概率分布, 离散先验概括在获得观测之前我们对参数的先验信念。如果实在没有任何先验信息, 可以为所有的值赋予相同的先验概率。所选的先验概率同时乘以一个常数后仍然会有效, 因为重要的是这些值的相对权重。

给定参数的各个取值, 根据观测值的可能性, 似然会为参数的所有取值赋予相对权重。它看起来像是给定参数 μ 的条件观测分布, 然而它并非在参数固定的条件下让观测变化, 而是固定实际发生的观测, 让参数在所有可能的取值上变化。我们需要知道乘性常数对结果没有影响, 应用贝叶斯定理所需的只是相对权重。后验与先验和似然的乘积成比例, 所以它等于

$$g(\mu|y) = \frac{\text{先验} \times \text{似然}}{\sum \text{先验} \times \text{似然}}。$$

先验或似然中的乘性常数都会被约去。

单个观测的似然

$y|\mu$ 的条件观测分布是均值为 μ、方差 σ^2 已知的正态分布, 其密度为

$$f(y|\mu) = \frac{1}{\sqrt{2\pi}\sigma} e^{-\frac{1}{2\sigma^2}(y-\mu)^2}。$$

参数的各个值的似然是观测分布在观测值处的值。似然中不依赖于参数 μ 的部分对所有参数值均相同, 可以将其与比例常数合并。作为参数 μ 的函数的那一部分很重要, 它决定了似然的形状, 即

$$f(y|\mu) \propto \mathrm{e}^{-\frac{1}{2\sigma^2}(y-\mu)^2}, \tag{11.1}$$

其中 y 取观测值并保持不变, μ 取所有可能的值。

执行贝叶斯定理的表格

建立一张表以帮助我们用贝叶斯定理求后验分布。第一列和第二列分别为参数 μ 可能的取值及其先验概率。第三列为似然, 它计算各个值 μ_i 的观测分布, 其中 y 固定在观测值上。如果参数值为 μ_i, 参数的每一个值 μ_i 的权重与在该值时得到的实际观测值的概率成正比。计算似然的方法有两个。

从"正态分布的纵坐标"表中找到似然。第一个方法是从"正态分布的纵坐标"表中找到似然。对于 μ 的各个可能的取值, 设

$$z = \frac{y - \mu}{\sigma}。$$

Z 是标准化的正态分布 $N(0, 1)$。通过附录 B 中表 B.3 "标准正态分布的纵坐标"的 $f(z)$ 找到似然。注意, 因为标准正态分布关于 0 对称, 有 $f(-z) = f(z)$。

由正态密度函数求似然。第二个方法是利用 (11.1) 式的正态密度公式, 让 y 固定为观测值, μ 取所有可能的值。

例 11.1 假设 $y|\mu$ 是均值为 μ、方差 $\sigma^2 = 1$ 的正态分布。已知 μ 有 5 个可能的取值, 它们是 2.0, 2.5, 3.0, 3.5 和 4。我们的先验假设它们是等可能的。取 y 的单个观测得到 $y = 3.2$。设

$$z = \frac{y - \mu}{\sigma}。$$

在附录 B 中的表 B.3 "正态分布的纵坐标"中可查到似然 $f(z)$ 的值。注意, 由于标准正态密度关于 0 对称, $f(-z) = f(z)$。后验概率为先验 × 似然除以先验 × 似然之和。结果如表 11.1 所示。如果用正态密度公式计算似然, 似然与

$$\mathrm{e}^{-\frac{1}{2\sigma^2}(y-\mu)^2}$$

成正比, 其中 $y = 3.2$ 并保持不变, μ 取所有可能的值。注意, 我们将不依赖于 μ 的项全都并入比例常数中。后验概率为先验 × 似然除以先验 × 似然之和。结果见表 11.2。我们注意到, 除了有小的舍入误差之外, 这个结果与前面通过查表得到的结果一致。 ■

正态观测的随机样本

一个随机样本中通常包含不止一个观测, 即为 $y_1, y_2, \cdots, y_n$。后验总是与先验 × 似然成正比。随机样本中的观测互相独立, 所以样本的联合似然是各个观测的似然的乘积,

表 11.1 方法 1: 由表 B.3 "正态分布的纵坐标" 所得似然求后验

μ	先验	z	似然	先验 × 似然	后验
2.0	0.2	−1.2	0.1942	0.03884	0.1238
2.5	0.2	−0.7	0.3123	0.06246	0.1991
3.0	0.2	−0.2	0.3910	0.07820	0.2493
3.5	0.2	0.3	0.3814	0.07628	0.2431
4.0	0.2	0.8	0.2897	0.05794	0.1847
				0.31372	1.0000

表 11.2 方法 2: 由正态密度公式所得似然求后验

μ	先验	似然 (忽略常数)	先验 × 似然	后验
2.0	0.2	$e^{-\frac{1}{2}(3.2-2.0)^2} = 0.4868$	0.0974	0.1239
2.5	0.2	$e^{-\frac{1}{2}(3.2-2.5)^2} = 0.7827$	0.1565	0.1990
3.0	0.2	$e^{-\frac{1}{2}(3.2-3.0)^2} = 0.9802$	0.1960	0.2493
3.5	0.2	$e^{-\frac{1}{2}(3.2-3.5)^2} = 0.9560$	0.1912	0.2432
4.0	0.2	$e^{-\frac{1}{2}(3.2-4.0)^2} = 0.7261$	0.1452	0.1846
			0.7863	1.0000

即

$$f(y_1, y_2, \cdots, y_n | \mu) = f(y_1 | \mu) f(y_2 | \mu) \cdots f(y_n | \mu).$$

因此, 给定一个随机样本, [1]离散先验的贝叶斯定理为

$$g(\mu | y_1, y_2, \cdots, y_n) \propto g(\mu) f(y_1 | \mu) f(y_2 | \mu) \cdots f(y_n | \mu).$$

在下面考虑的情况中, 每一个观测 $y_j | \mu$ 服从均值为 μ、方差 σ^2 已知的正态分布。

依次逐个分析观测求后验概率。我们可以每次只分析一个观测, 依次为 $y_1, y_2, \cdots, y_n$, 让前一个观测的后验成为下一个观测的先验。单个观测 y_j 的似然是该观测值在参数的每一个可能值的观测分布的值。后验与先验和似然的乘积成比例。

例 11.2 对于均值为 μ、方差 $\sigma^2 = 1$ 的正态分布, 假设我们得到一个随机样本, 它有 4 个观测: 3.2, 2.2, 3.6 和 4.1。

μ 可能的取值为 2.0, 2.5, 3.0, 3.5 和 4.0。我们还是用各个值权重相等的先验。给定

---

[1]de Finetti 引入了一个被称为可交换性的较独立更弱的条件。如果样本 $f(y_1, y_2, \cdots, y_n)$ 的条件密度对任意下标的排列都是不变的, 观测是可交换的。换句话说, 所得的观测的顺序为无用的信息。de Finetti(1991) 的解释是, 当观测可交换时, $f(y_1, y_2, \cdots, y_n) = \int v(\theta) w(y_1 | \theta) w(y_2 | \theta) \cdots w(y_n | \theta) d\theta$, 对某些参数 θ 成立, 其中 $v(\theta)$ 为某个先验分布而 $w(y | \theta)$ 为某个条件分布。给定 θ, 观测是条件独立的。后验 $g(\theta) \propto v(\theta) w(y_1 | \theta) w(y_2 | \theta) \cdots w(y_n | \theta)$。它允许我们将可交换观测当成是来自随机样本的观测进行处理。

整个随机样本, 我们要用贝叶斯定理求 μ 的后验信念。后验等于

$$g(\mu|y) = \frac{\text{先验} \times \text{似然}}{\sum \text{先验} \times \text{似然}}。$$

表 11.3 所示为逐个分析观测的结果。显然, 对一个大样本而言, 这种做法的工作量很大。后面我们会看到, 将全部样本放在一起来算会容易得多。 ∎

一步分析整个样本求后验概率。后验与先验 × 似然成正比, 且样本的联合似然是单个观测似然的乘积。各个观测都是正态的, 所以样本的似然是正态的。由此得到联合似然

$$f(y_1, y_2, \cdots, y_n|\mu) \propto \mathrm{e}^{-\frac{1}{2\sigma^2}(y_1-\mu)^2} \mathrm{e}^{-\frac{1}{2\sigma^2}(y_2-\mu)^2} \cdots \mathrm{e}^{-\frac{1}{2\sigma^2}(y_n-\mu)^2}。$$

将指数相加, 有

$$f(y_1, y_2, \cdots, y_n|\mu) \propto \mathrm{e}^{-\frac{1}{2\sigma^2}[(y_1-\mu)^2+(y_2-\mu)^2+\cdots+(y_n-\mu)^2]}。$$

考虑括号中的项并合并同类项, 得到

$$\begin{aligned}
&[(y_1-\mu)^2 + (y_2-\mu)^2 + \cdots + (y_n-\mu)^2] \\
&= y_1^2 - 2y_1\mu + \mu^2 + y_2^2 - 2y_2\mu + \mu^2 + \cdots + y_n^2 - 2y_n\mu + \mu^2 \\
&= (y_1^2 + y_2^2 + \cdots + y_n^2) - 2\mu(y_1 + y_2 + \cdots + y_n) + n\mu^2。
\end{aligned}$$

将它代回公式, 提取因子 n 并配方, 得到

$$\begin{aligned}
f(y_1, y_2, \cdots, y_n|\mu) &\propto \mathrm{e}^{-\frac{n}{2\sigma^2}\left[\mu^2 - 2\mu\bar{y} + \bar{y}^2 - \bar{y}^2 + \frac{y_1^2+y_2^2+\cdots+y_n^2}{n}\right]} \\
&\propto \mathrm{e}^{-\frac{n}{2\sigma^2}[\mu^2 - 2\mu\bar{y} + \bar{y}^2]} \mathrm{e}^{-\frac{n}{2\sigma^2}\left[\frac{y_1^2+y_2^2+\cdots+y_n^2}{n} - \bar{y}^2\right]}。
\end{aligned}$$

正态随机样本 $y_1, y_2, \cdots, y_n$ 的似然与样本均值 $\bar{y}$ 的似然成正比。把不含 μ 的部分并入比例常数, 得到

$$f(y_1, y_2, \cdots, y_n|\mu) \propto \mathrm{e}^{-\frac{1}{2\sigma^2/n}(\bar{y}-\mu)^2}。$$

该似然具有正态分布的形状, 其均值为 μ、方差为 $\dfrac{\sigma^2}{n}$。我们知道样本均值 $\bar{y}$ 是均值为 μ、方差为 $\dfrac{\sigma^2}{n}$ 的正态分布。因此随机样本的联合似然与样本均值的似然成正比, 有

$$f(\bar{y}|\mu) \propto \mathrm{e}^{-\frac{1}{2\sigma^2/n}(\bar{y}-\mu)^2}。 \tag{11.2}$$

为便于分析随机样本, 可以把样本均值 $\bar{y}$ 看成是从均值为 μ、方差为 $\dfrac{\sigma^2}{n}$ 的正态分布抽取的单个值。

我们使用样本均值 $\bar{y}$ 的观测值并计算它的似然, 利用贝叶斯定理只需要在一张表中就能算出后验概率。这样能省去不少的工作量。

表 11.3 每次分析一个观测

μ	先验$_1$	似然$_1$(忽略常数)	先验$_1\times$ 似然$_1$	后验$_1$
2.0	0.2	$e^{-\frac{1}{2}(3.2-2.0)^2}=0.4868$	0.0974	0.1239
2.5	0.2	$e^{-\frac{1}{2}(3.2-2.5)^2}=0.7827$	0.1565	0.1990
3.0	0.2	$e^{-\frac{1}{2}(3.2-3.0)^2}=0.9802$	0.1960	0.2493
3.5	0.2	$e^{-\frac{1}{2}(3.2-3.5)^2}=0.9560$	0.1912	0.2432
4.0	0.2	$e^{-\frac{1}{2}(3.2-4.0)^2}=0.7261$	0.1452	0.1846
			0.7863	1.0000
μ	先验$_2$	似然$_2$(忽略常数)	先验$_2\times$ 似然$_2$	后验$_2$
2.0	0.1239	$e^{-\frac{1}{2}(2.2-2.0)^2}=0.9802$	0.1214	0.1916
2.5	0.1990	$e^{-\frac{1}{2}(2.2-2.5)^2}=0.9560$	0.1902	0.3002
3.0	0.2493	$e^{-\frac{1}{2}(2.2-3.0)^2}=0.7261$	0.1810	0.2857
3.5	0.2432	$e^{-\frac{1}{2}(2.2-3.5)^2}=0.4296$	0.1045	0.1649
4.0	0.1846	$e^{-\frac{1}{2}(2.2-4.0)^2}=0.1979$	0.0365	0.0576
			0.6336	1.0000
μ	先验$_3$	似然$_3$(忽略常数)	先验$_3\times$ 似然$_3$	后验$_3$
2.0	0.1916	$e^{-\frac{1}{2}(3.6-2.0)^2}=0.2780$	0.0533	0.0792
2.5	0.3002	$e^{-\frac{1}{2}(3.6-2.5)^2}=0.5461$	0.1639	0.2573
3.0	0.2857	$e^{-\frac{1}{2}(3.6-3.0)^2}=0.8353$	0.2386	0.3745
3.5	0.1649	$e^{-\frac{1}{2}(3.6-3.5)^2}=0.9950$	0.1641	0.2576
4.0	0.0576	$e^{-\frac{1}{2}(3.6-4.0)^2}=0.9231$	0.0532	0.0835
			0.6731	1.0000
μ	先验$_4$	似然$_4$(忽略常数)	先验$_4\times$ 似然$_4$	后验$_4$
2.0	0.0792	$e^{-\frac{1}{2}(4.1-2.0)^2}=0.1103$	0.0087	0.0149
2.5	0.2573	$e^{-\frac{1}{2}(4.1-2.5)^2}=0.2780$	0.0715	0.1226
3.0	0.3745	$e^{-\frac{1}{2}(4.1-3.0)^2}=0.5461$	0.2045	0.3508
3.5	0.2576	$e^{-\frac{1}{2}(4.1-3.5)^2}=0.8352$	0.2152	0.3691
4.0	0.0835	$e^{-\frac{1}{2}(4.1-4.0)^2}=0.9950$	0.0838	0.1425
			0.5830	1.0000

注意: 观测 i 的先验是前一次观测 $i-1$ 的后验。

例 11.2(续) 前一个例子中样本均值 $\bar{y} = 3.275$。我们用 $\bar{y}$ 的似然,它与整个样本的似然成正比。结果如表 11.4 所示。这些结果与表 11.3 的最后结果的前三位数完全一致。小数点后第四位的轻微差别是由于每次分析一个观测累积下来的舍入误差。显然,用 $\bar{y}$ 来总结样本更容易,它只需要用贝叶斯定理计算一次。[1] ∎

表 11.4　用样本均值的似然分析全部观测

μ	先验 $_1$	似然 $_{\bar{y}}$	先验 $_1 \times$ 似然 $_{\bar{y}}$	后验 $_{\bar{y}}$
2.0	0.2	$e^{-\frac{1}{2 \times 1/4}(3.275-2.0)^2} = 0.0387$	0.0077	0.0157
2.5	0.2	$e^{-\frac{1}{2 \times 1/4}(3.275-2.5)^2} = 0.3008$	0.0602	0.1228
3.0	0.2	$e^{-\frac{1}{2 \times 1/4}(3.275-3.0)^2} = 0.8596$	0.1719	0.3505
3.5	0.2	$e^{-\frac{1}{2 \times 1/4}(3.275-3.5)^2} = 0.9037$	0.1807	0.3685
4.0	0.2	$e^{-\frac{1}{2 \times 1/4}(3.275-4.0)^2} = 0.3495$	0.0699	0.1425
			0.4904	1.0000

11.2　具有连续先验的正态均值的贝叶斯定理

假设有正态分布的随机样本 $y_1, y_2, \cdots, y_n$,分布的均值为 μ、方差 σ^2 已知。与 μ 取离散的值相比,更现实的是相信 μ 有可能取所有的值,至少在某个区间内的所有的值。这意味着应该使用连续先验。我们知道贝叶斯定理可以概括为后验与先验和似然的乘积成比例

$$g(\mu|y_1, y_2, \cdots, y_n) \propto g(\mu)f(y_1, y_2, \cdots, y_n|\mu)。$$

这里 $g(\mu)$ 为连续先验密度。当先验为离散的,通过将先验 × 似然除以先验 × 似然在参数所有可能取值上的和计算后验。对连续变量的积分类似于对离散变量求和。因此,通过将先验 × 似然除以先验 × 似然在参数可能的值域上积分来计算后验。

$$g(\mu|y_1, y_2, \cdots, y_n) = \frac{g(\mu)f(y_1, y_2, \cdots, y_n|\mu)}{\int g(\mu)f(y_1, y_2, \cdots, y_n|\mu)\mathrm{d}\mu}。 \tag{11.3}$$

对于正态分布,其随机样本的似然与样本均值 $\bar{y}$ 的似然成正比。所以,对任意连续先验密度 $g(\mu)$,有

$$g(\mu|y_1, y_2, \cdots, y_n) = \frac{g(\mu)\mathrm{e}^{-\frac{1}{2\sigma^2/n}(\bar{y}-\mu)^2}}{\int g(\mu)\mathrm{e}^{-\frac{1}{2\sigma^2/n}(\bar{y}-\mu)^2}\mathrm{d}\mu}。$$

不过它需要求积分,可能要进行数值计算。我们会考虑不用求积分就能得到后验的一些特别情况。(11.1) 式所示正是在这些情况下密度的形状。

---

[1] $\bar{y}$ 被称为是参数 μ 的充分统计量。只有当统计量对参数是充分时,随机样本 $y_1, y_2, \cdots, y_n$ 的似然才可以用单个统计量的似然代替。只有对于某些分布,尤其是那些来自一维指数族的分布,才有一维充分统计量。

μ 的平坦先验密度 (正态均值的杰佛瑞先验)

先验为参数的每一可能取值所赋予的值具体是多少其实并不重要。若将先验的所有的值乘以同一个常数, 则先验与似然的乘积的积分也会乘以同一个常数, 所以这个常数会被约去, 从而得到相同的后验。重要的是先验为所有可能的取值赋予的相对权重, 它是我们在看到数据之前对参数的信念。

平坦先验为 μ 的各个可能取值赋予相等的权重。它不偏向任何值, $g(\mu) = 1$。因为 $-\infty < \mu < \infty$, 平坦先验的积分不等于 1, 所以它不是一个完全适当的先验分布。然而, 这个不适当的先验却很好。尽管先验不适当, 后验的积分却为 1, 所以后验是适当的。正态分布均值的杰佛瑞先验其实就是平坦先验。

单个正态观测 y。设 y 为正态分布的观测, 均值为 μ、方差 σ^2 已知。如果忽略比例常数, 似然为

$$f(y|\mu) \propto e^{-\frac{1}{2\sigma^2}(y-\mu)^2}。$$

因为先验总是等于 1, 后验与似然成比例。我们将它重新写为

$$g(\mu|y) \propto e^{-\frac{1}{2\sigma^2}(\mu-y)^2}。$$

由它的形状可知后验是均值为 y、方差为 σ^2 的正态分布。

正态随机样本 $y_1, y_2, \cdots, y_n$。在上一节中, 我们解释了正态分布的随机样本的似然与样本均值 $\bar{y}$ 的似然成正比。$\bar{y}$ 是均值为 μ、方差为 $\dfrac{\sigma^2}{n}$ 的正态分布。因此似然的形状为

$$f(\bar{y}|\mu) \propto e^{-\frac{1}{2\sigma^2/n}(\bar{y}-\mu)^2},$$

在这里我们忽略了比例常数。因为先验总是等于 1, 后验与这个成正比。可以将它改写为

$$g(\mu|\bar{y}) \propto e^{-\frac{1}{2\sigma^2/n}(\mu-\bar{y})^2}。$$

我们从这个形状可知后验分布是均值为 $\bar{y}$、方差为 $\dfrac{\sigma^2}{n}$ 的正态分布。

μ 的正态先验密度

单个观测。 观测 y 为取自正态分布的随机变量, 该分布的均值为 μ、方差 σ^2 已知。μ 的先验分布是均值为 m、方差为 s^2 的正态分布。先验密度的形状为

$$g(\mu) \propto e^{-\frac{1}{2s^2}(\mu-m)^2},$$

这里忽略不涉及 μ 的部分, 因为任意常数乘以先验在后验中都会被约去。似然的形状是

$$f(y|\mu) \propto e^{-\frac{1}{2s^2}(y-\mu)^2},$$

这里忽略不依赖 μ 的部分, 因为任意常数乘以似然都会在后验中被约去。先验乘以似然为

$$g(\mu)f(y|\mu) \propto \mathrm{e}^{-\frac{1}{2}\left[\frac{(\mu-m)^2}{s^2}+\frac{(y-\mu)^2}{\sigma^2}\right]}。$$

将指数项通分后展开, 并合并同类项得到

$$g(\mu)f(y|\mu) \propto \mathrm{e}^{-\frac{1}{2}\left[\frac{\sigma^2(\mu^2-2\mu m+m^2)+s^2(y^2-2y\mu+\mu^2)}{\sigma^2 s^2}\right]}$$

$$\propto \mathrm{e}^{-\frac{1}{2}\left[\frac{(\sigma^2+s^2)\mu^2-2(\sigma^2 m+s^2 y)\mu+m^2\sigma^2+y^2 s^2}{\sigma^2 s^2}\right]}。$$

提取因子 $(\sigma^2+s^2)/(\sigma^2 s^2)$。配方并将不依赖于 μ 的部分并入比例常数, 有

$$g(\mu)f(y|\mu) \propto \mathrm{e}^{-\frac{1}{2\sigma^2 s^2/(\sigma^2+s^2)}\left[\mu^2-2\frac{\sigma^2 m+s^2 y}{\sigma^2+s^2}\mu+(\frac{\sigma^2 m+s^2 y}{\sigma^2+s^2})^2\right]}$$

$$\propto \mathrm{e}^{-\frac{1}{2\sigma^2 s^2/(\sigma^2+s^2)}\left[\mu-\frac{\sigma^2 m+s^2 y}{\sigma^2+s^2}\right]^2}。$$

由这个形状可知后验是正态分布, 其均值和方差分别为

$$m' = \frac{\sigma^2 m + s^2 y}{\sigma^2 + s^2} \text{ 和 } (s')^2 = \frac{\sigma^2 s^2}{\sigma^2 + s^2}。 \tag{11.4}$$

我们从正态先验 $N(m, s^2)$ 出发, 以正态后验 $N[m', (s')^2]$ 结束。这表明正态分布 $N(m, s^2)$ 是在方差已知的情况下正态观测分布的共轭族。贝叶斯定理让共轭族的一个成员转移到另一成员。因此, 为计算后验我们不需要求积分, 要做的只是确定参数的更新规则。

正态族的简单更新规则。我们可以简化 (11.4) 式的更新规则。首先, 引入分布的精度, 它是方差的倒数。精度是可以累加的。后验精度为

$$\frac{1}{(s')^2} = \left(\frac{\sigma^2 s^2}{\sigma^2+s^2}\right)^{-1} = \frac{\sigma^2+s^2}{\sigma^2 s^2} = \frac{1}{s^2} + \frac{1}{\sigma^2}。$$

因此, 后验精度等于先验精度加上观测精度。后验均值为

$$m' = \frac{(\sigma^2 m+s^2 y)}{\sigma^2+s^2} = \frac{\sigma^2}{\sigma^2+s^2}\bullet m + \frac{s^2}{\sigma^2+s^2}\bullet y = \frac{1/s^2}{1/\sigma^2+1/s^2}\bullet m + \frac{1/\sigma^2}{1/\sigma^2+1/s^2}\bullet y。$$

所以, 后验均值是先验均值和观测的加权平均, 其中权重为精度与后验精度的比值。

这个更新规则对平坦先验同样成立。平坦先验的方差无穷大, 所以它的精度为零。后验精度等于观测精度

$$1/\sigma^2 = 0 + 1/\sigma^2,$$

而后验方差等于观测方差 σ^2。平坦先验没有明确定义的先验均值, 它可以是任意值。注意到

$$\frac{0}{1/\sigma^2}\bullet\text{任意值} + \frac{1/\sigma^2}{1/\sigma^2}\bullet y = y,$$

所以使用平坦先验的后验均值就等于观测 y。

随机样本 $y_1, y_2, \cdots, y_n$。随机样本 $y_1, y_2, \cdots, y_n$ 来自正态分布，该分布的均值为 μ 并假定方差 σ^2 已知。μ 的均值为 m、方差为 s^2 的正态先验分布为

$$g(\mu) \propto \mathrm{e}^{-\frac{1}{2s^2}(\mu-m)^2},$$

这里我们忽略不涉及 μ 的那一部分，因为与先验相乘的任意常数在后验中都会被约去。

我们使用样本均值 $\bar{y}$ 的似然，$\bar{y}$ 服从均值为 μ、方差为 $\dfrac{\sigma^2}{n}$ 的正态分布。$\bar{y}$ 的精度为 $\dfrac{n}{\sigma^2}$。它是随机样本中的所有观测的精度之和。

我们将问题简化为给定单个正态观测 $\bar{y}$ 的更新，这个问题已经解决。后验精度等于先验精度加上 $\bar{y}$ 的精度。

$$\frac{1}{(s')^2} = \frac{1}{s^2} + \frac{n}{\sigma^2} = \frac{\sigma^2 + ns^2}{\sigma^2 s^2}。 \tag{11.5}$$

后验方差等于后验精度的倒数。后验均值等于先验均值和 $\bar{y}$ 的加权平均，其中权重为后验精度的比值

$$m' = \frac{1/s^2}{n/\sigma^2 + 1/s^2} \cdot m + \frac{n/\sigma^2}{n/\sigma^2 + 1/s^2} \cdot \bar{y}。 \tag{11.6}$$

11.3　正态先验的选择

你所选的先验分布应该与你的先验信念匹配。当观测来自方差已知的正态分布时，均值 μ 的先验共轭族是 $N(m, s^2)$。如果能在该族中找到一个成员与你的先验信念匹配，用贝叶斯定理求后验就会非常容易。后验是同一族的另一个成员，其参数根据 (11.5) 式和 (11.6) 式的简单规则更新。无须进行数值积分。

首先，选定先验均值 m。你的先验信念以该值为中心。然后选定先验标准差 s。考虑你认为 μ 的可能取值的上下边界。将这两点的距离除以 6 就是先验标准差。由此得到 μ 在可能的区域上合理的概率。

考虑用“等价样本大小”来检查你的先验。设先验方差 $s^2 = \sigma^2 / n_{\mathrm{eq}}$，由此得到等价样本大小 n_{eq} 的值。它将先验精度与来自样本的精度关联起来。你的信念与大小为 n_{eq} 的样本同样重要。如果 n_{eq} 很大，表明你对 μ 的先验信念很强。要让后验信念远离你的先验信念需要大量样本数据。如果它很小，你的先验信念不强，不用太多样本数据就能强烈地影响你的后验信念。

如果不能从共轭族中找到与你的先验信念对应的先验分布，就应该在可能的范围内选择多个点以确定你的先验信念，并在它们之间做线性插值，然后利用下式确定你的后验分布

$$g(\mu|y_1, y_2, \cdots, y_n) = \frac{f(y_1, y_2, \cdots, y_n|\mu)g(\mu)}{\int f(y_1, y_2, \cdots, y_n|\mu)g(\mu)\mathrm{d}\mu}。$$

例 11.3 阿尼、巴布和恰克要估计一条溪流中一年生虹鳟鱼体长的均值。早前对其他溪流的研究表明, 一年生虹鳟鱼的体长服从标准差为 2cm 的正态分布。阿尼决定他的先验均值为 30cm。他不相信一年生虹鳟鱼的体长会小于 18cm 或大于 42cm。因此他的先验标准差是 4cm。他使用正态先验 $N(30, 4^2)$。巴布对虹鳟鱼一无所知, 她决定使用"平坦"先验。恰克的先验信念不是正态的。其先验呈梯形, 赋予 18cm 0 权重而在 24cm 到 40cm 赋予权重 1, 然后在 46cm 处降到 0。他在这些值之间进行线性插值。这三个先验的形状如图 11.1 所示。

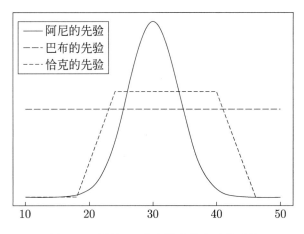

图 11.1 阿尼、巴布和恰克的先验的形状

他们从溪流中获得 12 尾虹鳟鱼的随机样本, 发现样本均值 $\bar{y} = 32$cm。阿尼和巴布利用 (11.5) 式和 (11.6) 式关于正态共轭的简单更新规则得到后验分布。对阿尼而言

$$\frac{1}{(s')^2} = \frac{1}{4^2} + \frac{12}{2^2}。$$

得到后验方差 $(s')^2 = 0.3265$。其后验标准差为 $s' = 0.5714$, 后验均值为

$$m' = \frac{\frac{1}{4^2}}{\frac{1}{0.5714^2}} \times 30 + \frac{\frac{12}{2^2}}{\frac{1}{0.5714^2}} \times 32 = 31.96。$$

巴布使用"平坦"先验, 后验方差为

$$(s')^2 = \frac{2^2}{12} = 0.3333,$$

后验标准差为 $s' = 0.5774$, 后验均值 $m' = 32$, 它也是样本均值。阿尼和巴布都得到正态后验分布。

恰克利用 (11.3) 式计算其后验, 它需要进行数值积分。3 个后验如图 11.2 所示。因为恰克所用的先验在似然值较大的区域上是平坦的, 他的后验与使用平坦先验的巴布的后

验几乎没有区别。阿尼使用的先验含有大量信息, 其所得后验也与巴布的后验接近。这个
结果表明, 在给定数据的情况下, 即使从完全不同的先验出发也会得到相似的后验。　　■

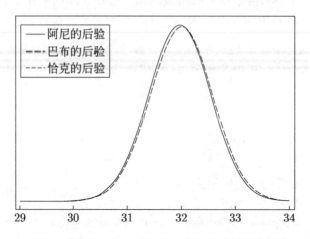

图 11.2　阿尼、巴布和恰克的后验 (巴布和恰克的后验几乎完全相同)

11.4　正态均值的贝叶斯可信区间

后验分布 $g(\mu|y_1, y_2, \cdots, y_n)$ 是给定观测时对 μ 作出的推断。当数据给定时, 后验分
布概括了我们对参数的全部信念。给定样本数据, 我们有时候想将后验信念概括为值的
一个范围, 我们相信在某个概率水平上不能排除 μ 的值会落在这个范围内。这样的区间
被称为贝叶斯可信区间。它概括 μ 的可能取值范围, 它们在这个概率水平上是可信的。对
给定的概率水平, 可信区间有很多。一般而言, 区间越短会越好。不过, 在某些情况下找尾
部概率相等的可信区间会更容易。

方差已知

若 $y_1, y_2, \cdots, y_n$ 为来自正态分布 $N(\mu, \sigma^2)$ 的随机样本, 则样本均值 $\bar{y}$ 的抽样分布
是 $N(\mu, \sigma^2/n)$。均值与来自分布的单个观测的均值相等, 方差等于单个观测的方差除
以样本大小。若使用 "平坦" 先验或者正态先验 $N(m, s^2)$, 当给定 $\bar{y}$, μ 的后验分布为
$N[m', (s')^2]$, 这里我们根据下列规则更新。
1. 精度是方差的倒数。
2. 后验精度等于先验精度加样本均值的精度。
3. 后验均值是先验均值和样本均值的加权和, 其中权重为精度与后验精度的比值。
μ 的 $(1-\alpha)100\%$ 贝叶斯可信区间为

$$m' \pm z_{\frac{\alpha}{2}} s', \tag{11.7}$$

它是后验均值加减 z 值与后验标准差的乘积, 其中的 z 值可以在标准正态表中查到。真实均值 μ 位于可信区间之外的后验概率为 α。因为后验分布为正态对称的, 由 (11.7) 式得到的可信区间最短, 并且有相等的尾部概率。

方差未知

若方差未知, 则精度也未知, 所以不能直接使用更新规则。显然, 我们需要用数据计算样本方差

$$\hat{\sigma}^2 = \frac{1}{n-1}\sum_{i=1}^{n}(y_i - \bar{y})^2\,。$$

然后利用 (11.5) 式和 (11.6) 式计算 $(s')^2$ 和 m', 其中未知的方差 σ^2 用样本方差 $\hat{\sigma}^2$ 代替。

在估计 σ^2 时会带来额外的不确定性。因此, 我们应该扩大可信区间。从 t 分布表而非标准正态表取值。正确的贝叶斯可信区间是

$$m' \pm t_{\frac{\alpha}{2}}s'\,。 \tag{11.8}$$

从标记为 $df = n - 1$ 的那一行中取 t 值 (自由度等于观测数减 1)。[1]

非正态先验

若我们从一个非正态先验出发, 用贝叶斯定理求 μ 的后验分布就需要数值积分。后验分布也将是非正态的。通过求下界 μ_l 和上界 μ_u 可以求出 $(1-\alpha)100\%$ 的可信区间

$$\int_{\mu_l}^{\mu_u} g(\mu|y_1, y_2, \cdots, y_n)\mathrm{d}\mu = 1 - \alpha\,。$$

这样的值有很多。让可信区间最短的 μ_l 和 μ_u 是最佳选择。它们的值也满足

$$g(\mu_l|y_1, y_2, \cdots, y_n) = g(\mu_u|y_1, y_2, \cdots, y_n)\,。$$

有时候, 找下尾面积和上尾面积相等的可信区间会更容易。

例 11.3(续) 阿尼和巴布分别利用 (11.7) 式由他们的后验分布计算 95% 可信区间。

[**Minitab:**] 恰克必须用 Minitab 宏 normgcp 由他的数值后验计算可信区间。

[**R:**] 恰克必须在 R 函数 normgcp 的结果上使用 quantile 函数, 由他的数值后验计算可信区间。

表 11.5 所示为可信区间。阿尼、巴布和恰克从不同的先验信念出发, 最终他们的可信区间的差别却很小。由于数据的影响远远大于先验的影响, 这些可信区间都非常相似。 ∎

---

[1] 由前面用过的 $\mu|\sigma^2$ 的先验 (“平坦” 或正态分布 $N(m, s^2)$) 乘以由 $g(\sigma^2) \propto (\sigma^2)^{-1}$ 所给的 σ^2 的先验可得到的 μ 和 σ^2 的联合先验分布, 根据贝叶斯定理得到 μ 和 σ^2 的联合后验。通过边缘化去掉 σ^2 得到 μ 的边缘后验分布, 然后计算 μ 的贝叶斯可信区间, 所得区间与此处使用 t 分布的临界值得到的可信区间相同。

表 11.5　95% 可信区间

人员	后验分布	可信区间	
		下界	上界
阿尼	$N(31.96, 0.3265)$	30.84	33.08
巴布	$N(32.00, 0.3333)$	30.87	33.13
恰克	数值的	30.82	33.07

11.5　下一个观测的预测密度

给定前一次的随机样本, 贝叶斯统计有一个通用方法生成下一次随机观测的条件分布, 该分布被称为预测分布. 与频率论统计相比, 贝叶斯统计的优势非常明显, 频率论统计只能在某些情况下才能确定预测分布。关键问题是如何将前一次样本的不确定性与观测分布中的不确定性结合起来。这种贝叶斯方法被称为边缘化。给定随机样本, 我们需要找出下一次观测和参数的联合后验, 然后将参数视为冗余参数, 通过对联合后验分布中的参数求积分得到下一次观测的边缘分布。

设 y_{n+1} 是在随机样本 $y_1, y_2, \cdots, y_n$ 之后抽到的下一个随机变量。$y_{n+1}|y_1, y_2, \cdots, y_n$ 的预测密度为条件密度

$$f(y_{n+1}|y_1, y_2, \cdots, y_n)。$$

由贝叶斯定理可以得到该密度。$y_1, y_2, \cdots, y_n, y_{n+1}$ 为来自 $f(y|\mu)$ 的随机样本, 它是均值为 μ、方差 σ^2 已知的正态分布。给定参数 μ, 随机样本 $y_1, y_2, \cdots, y_n$ 和下一个随机观测 y_{n+1} 的条件分布为

$$f(y_1, y_2, \cdots, y_n, y_{n+1}|\mu) = f(y_1|\mu)f(y_2|\mu) \cdots f(y_n|\mu)f(y_{n+1}|\mu)。$$

设 μ 的先验分布为 $g(\mu)$(无论是平坦先验或是正态先验 $N(m, s^2)$)。观测和参数 μ 的联合分布为

$$g(\mu)f(y_1|\mu)f(y_2|\mu) \cdots f(y_n|\mu)f(y_{n+1}|\mu)。$$

给定 $y_1, y_2, \cdots, y_n$, 观测 y_{n+1} 和均值 μ 的条件密度为

$$f(y_{n+1}, \mu|y_1, y_2, \cdots, y_n) = f(y_{n+1}|\mu, y_1, y_2, \cdots, y_n)g(\mu|y_1, y_2, \cdots, y_n)。$$

我们已经知道后验 $g(\mu|y_1, y_2, \cdots, y_n)$ 是正态的, 后验精度等于先验精度加上 $\bar{y}$ 的精度, 而均值等于先验均值和 $\bar{y}$ 的加权平均, 其权重等于精度与后验精度的比值。也就是说, 它是均值为 m_n、方差为 s_n^2 的正态分布。给定 μ 和 $y_1, y_2, \cdots, y_n, y_{n+1}$ 的分布仅依赖于 μ, 因为 y_{n+1} 是来自分布 $f(y|\mu)$ 的另一个随机抽样。因此联合后验 (对于前 n 个观测) 分布为

$$f(y_{n+1}, \mu|y_1, y_2, \cdots, y_n) = f(y_{n+1}|\mu)g(\mu|y_1, y_2, \cdots, y_n)。$$

通过对联合后验分布中的 μ 积分得到我们所需的条件分布。这就是 y_{n+1} 的边缘后验分布

$$f(y_{n+1}|y_1,y_2,\cdots,y_n) = \int f(y_{n+1},\mu|y_1,y_2,\cdots,y_n)\mathrm{d}\mu$$
$$= \int f(y_{n+1}|\mu)g(\mu|y_1,y_2,\cdots,y_n)\mathrm{d}\mu。$$

在我们假定的模型下, 它们都是正态分布, 所以

$$f(y_{n+1}|y_1,y_2,\cdots,y_n) \propto \int \mathrm{e}^{-\frac{1}{2\sigma^2}(y_{n+1}-\mu)^2}\mathrm{e}^{-\frac{1}{2s_n^2}(\mu-m_n)^2}\mathrm{d}\mu。$$

将指数相加并合并同类项, 得

$$f(y_{n+1}|y_1,y_2,\cdots,y_n) \propto \int \mathrm{e}^{-\frac{1}{2}\left[\frac{(\mu^2-2\mu y_{n+1}+y_{n+1}^2)}{\sigma^2}+\frac{(\mu^2-2\mu m_n+m_n^2)}{s_n^2}\right]}\mathrm{d}\mu$$

$$\propto \int \mathrm{e}^{-\frac{1}{2}\left[(\frac{1}{\sigma^2}+\frac{1}{s_n^2})\mu^2-2(\frac{y_{n+1}}{\sigma^2}+\frac{m_n}{s_n^2})\mu+\frac{y_{n+1}^2}{\sigma^2}+\frac{m_n^2}{s_n^2}\right]}\mathrm{d}\mu。$$

从指数中提取 $\left(\frac{1}{\sigma^2}+\frac{1}{s_n^2}\right)$ 并配方, 有

$$f(y_{n+1}|y_1,y_2,\cdots,y_n) \propto \int \mathrm{e}^{-\frac{1}{2(\sigma^2 s_n^2)/(\sigma^2+s_n^2)}\left[\mu-\frac{(s_n^2 y_{n+1}+\sigma^2 m_n)}{\sigma^2+s_n^2}\right]^2} \cdot$$

$$\mathrm{e}^{-\frac{1}{2(\sigma^2 s_n^2)/(\sigma^2+s_n^2)}\left[-\left(\frac{(s_n^2 y_{n+1}+\sigma^2 m_n)}{\sigma^2+s_n^2}\right)^2+\frac{(s_n^2 y_{n+1}^2+\sigma^2 m_n^2)}{s_n^2+\sigma^2}\right]}\mathrm{d}\mu。$$

第一行是依赖于 μ 的部分, 它与正态密度成比例。所以, 在整个定义域上对它求积分会得到一个常数。整理第二部分得到

$$f(y_{n+1}|y_1,y_2,\cdots,y_n) \propto \mathrm{e}^{-\frac{1}{2(\sigma^2 s_n^2)/(\sigma^2+s_n^2)}\left[\frac{(s_n^2 y_{n+1}^2+\sigma^2 m_n^2)(\sigma^2+s_n^2)-(s_n^4 y_{n+1}^2+2s_n^2\sigma^2 y_{n+1}m_n+\sigma^4 m_n^2)}{(\sigma^2+s_n^2)^2}\right]}$$

$$\propto \mathrm{e}^{-\frac{1}{2(\sigma^2+s_n^2)}(y_{n+1}-m_n)^2}。 \tag{11.9}$$

这是均值 $m'=m_n$、方差 $(s')^2=\sigma^2+s_n^2$ 的正态密度。给定观测 $y_1,y_2,\cdots,y_n$, 观测 y_{n+1} 的预测均值为 μ 的后验均值。给定观测 $y_1,y_2,\cdots,y_n$, 观测 y_{n+1} 的预测方差为观测方差 σ^2 加 μ 的后验方差。(预测中的不确定性部分源于在估计后验均值中的不确定性。)

贝叶斯方法的一个优势在于总是可以用边缘化这种简单明确的方式来构造预测分布。尽管对于像正态分布的许多情况, 频率论统计也可以得到类似的结果, 但它并没有一种清晰的方式。

本 章 要 点

- 将前一次观测的后验作为下一次的先验, 依次逐个分析观测, 所得的结果与使用初始先验一次性分析所有观测的结果相同。
- 正态观测的随机样本的似然与样本均值的似然成比例。
- 方差已知的正态观测的先验的共轭族是 $N(m, s^2)$ 族。
- 如果正态观测的随机样本使用正态先验 $N(m, s^2)$, 后验则是 $N(m', (s')^2)$, 这里根据简单更新规则可得到 m' 和 $(s')^2$:
  - 精度是方差的倒数。
  - 后验精度是先验精度与样本精度之和。
  - 后验均值是先验均值和样本均值的加权平均, 其中权重为它们的精度与后验精度的比值。
- 同样的更新规则对平坦先验也有效, 请记住平坦先验的精度等于 0。
- 用后验分布可以算出 μ 的贝叶斯可信区间。
- 如果方差 σ^2 未知, 我们用样本算出方差的估计 $\hat{\sigma}^2$, 并用 t 分布表中的临界值, 这里自由度为 $n-1$, 即样本大小减 1。用 t 分布的临界值补偿因 σ^2 未知带来的额外的不确定性。(如果使用先验 $g(\sigma^2) \propto \dfrac{1}{\sigma^2}$ 并在联合后验中边缘化 σ^2, 实际上会得到正确的可信区间。)
- 下一个观测的预测分布是 $N(m', (s')^2)$, 其中均值 $m' = m_n$ 是后验均值, 而 $(s')^2 = \sigma^2 + s_n^2$ 等于观测方差加后验方差。(后验方差 s_n^2 顾及在估计 μ 时的不确定性。) 将 μ 从联合分布 $f(y_{n+1}, \mu | y_1, y_2, \cdots, y_n)$ 中边缘化得到预测分布。

习   题

11.1 假设你是奶酪厂负责质量标准的统计员, 想要确定随机选择的贴着 "1 千克" 标签的奶酪块的实际重量少于 1 千克的概率是否小于等于 1%。机器生产的奶酪块的重量 (以克计) 服从正态分布 $N(\mu, \sigma^2)$, 其中 $\sigma^2 = 3^2$。20 块奶酪的重量 (以克计) 为

| 994 | 997 | 999 | 1003 | 994 | 998 | 1001 | 998 | 996 | 1002 |
| 1004 | 995 | 994 | 995 | 998 | 1001 | 995 | 1006 | 997 | 998 |

你决定为 μ 使用离散先验分布, 其概率为

$$g(\mu) = \begin{cases} 0.05, & \mu \in \{991, 992, \cdots, 1010\}, \\ 0, & \text{其他}。 \end{cases}$$

(1) 计算后验概率分布。
(2) 计算 $\mu < 1000$ 的后验概率。
(3) 机器是否需要校准?

11.2 城市健康检查员想要确定热门城市海滩的每升水中细菌的平均数。假设每升水中的细菌数是均值为 μ、标准差为 $\sigma = 15$ 的正态分布。检查员收集了 10 个样本并发现细菌数为

| 175 | 190 | 215 | 198 | 184 | 207 | 210 | 193 | 196 | 180 |

她决定为 μ 使用离散先验分布,概率如下:

$$g(\mu) = \begin{cases} 0.125, & \mu \in \{160, 170, \cdots, 230\}, \\ 0, & \text{其他} \end{cases}$$

计算其后验分布。

11.3 生成聚合物的标准流程有 35% 的平均产出率。一位化学工程师对流程做了改进。他将改进后的流程用在 10 个批次上并测量每个批次的产出率 (百分数)。它们是

| 38.7 | 40.4 | 37.2 | 36.6 | 35.9 | 34.7 | 37.6 | 35.1 | 37.5 | 35.6 |

假设产出率服从 $N(\mu, \sigma^2)$, 其中标准差 $\sigma = 3$。

(1) 为 μ 使用正态先验 $N(30, 10^2)$。求后验分布。

(2) 工程师想知道改进后的流程是否能提高平均产出率。将它设为假设检验, 明确零假设或备选假设。

(3) 在 5% 显著性水平上进行检验。

11.4 一位工程师从一个批次的工字钢中取 5 个样本, 并测量它们在标准负载下的垂度。以毫米计的数值为

| 5.19 | 4.72 | 4.81 | 4.87 | 4.88 |

已知垂度服从正态分布 $N(\mu, \sigma^2)$, 其中标准差 $\sigma = 0.25$。

(1) 为 μ 使用正态先验 $N(5, 0.5^2)$。求后验分布。

(2) 对一个批次的工字钢, 其平均垂度在标准负载下必须小于 $5.20(\mu < 5.20)$ 才可接受。为此设立假设检验, 明确零假设或备选假设。

(3) 在 5% 显著性水平上进行检验。

11.5 新西兰是人类最后入驻的主要大陆块。考古学家们试图弄清楚波利尼西亚人何时移居到新西兰并适应新西兰的环境, 他们研究的最早的人类栖息地之一是在新西兰奥塔戈 (南下岛) 的沙格河口。Petchey and Higham (2000) 描述了在沙格河口遗址发现的保存完好的杖蛇鲭骨的放射性碳年代测定。他们得到经怀卡托大学碳测定小组分析的 4 个可接受的样本。假设样本的常规放射性碳年龄 (CRA) 服从正态分布 $N(\mu, \sigma^2)$, 其中标准差 $\sigma = 40$。观测为

观测	1	2	3	4
CRA	940	1040	910	990

(1) 为 μ 使用正态先验 $N(1000, 200^2)$。求后验分布 $g(\mu | y_1, y_2, \cdots, y_4)$。

(2) 求 μ 的 95% 可信区间。

(3) 为求校准日期 θ, 使用 Stuiver, Reimer 和 Braziunas 海洋曲线 (Stuiver et al., 1998)。我们用线性函数近似该曲线

$$\theta = 2203 - 0.835\mu。$$

给定 $y_1, y_2, \cdots, y_4$, 求 θ 的后验分布。

(4) 求校准日期 θ 的 95% 可信区间。

11.6 考古学家们试图弄清楚波利尼西亚人何时移居到新西兰并适应新西兰的环境, 他们研究的一个最早的人类栖息地是新西兰北地 (北岛之巅) 的霍赫拉遗址。Petchey (2000) 描述了在霍赫拉发现的保存完好的金赤鲷骨的放射性碳年代测定。他们得到经怀卡托大学碳测定小组分析的 4 个可接受的样本。假设样本的常规放射性碳年龄 (CRA) 服从正态分布 $N(\mu, \sigma^2)$, 其中标准差 $\sigma = 40$。观测为

观测	1	2	3	4
CRA	1010	1000	950	1050

(1) 为 μ 使用正态先验 $N(1000, 200^2)$。求后验分布 $g(\mu|y_1, y_2, \cdots, y_4)$。

(2) 求 μ 的 95% 可信区间。

(3) 为求校准日期 θ, 使用 Stuiver, Reimer 和 Braziunas 海洋曲线 (Stuiver et al., 1998)。我们用线性函数近似该曲线

$$\theta = 2203 - 0.835\mu。$$

给定 $y_1, y_2, \cdots, y_4$, 求 θ 的后验分布。

(4) 求校准日期 θ 的 95% 可信区间。

计算机习题

11.1 [**Minitab:**] 设有一个 $N(\mu, \sigma^2)$ 观测的随机样本, σ^2 已知并为 μ 使用离散先验, 用 Minitab 宏 NormDP 求均值 μ 的后验分布。

[**R:**] 设有一个 $N(\mu, \sigma^2)$ 观测的随机样本, σ^2 已知并为 μ 使用离散先验, 用 R 函数 normdp 求均值 μ 的后验分布。

设有一个正态分布 $N(\mu, \sigma^2)$ 观测 $n = 10$ 的随机样本, 其中 $\sigma^2 = 4$。随机样本为

3.07   7.51   5.95   6.83   8.80   4.19   7.44   7.06   9.67   6.89

只允许 μ 取 12 个值: 4.0, 4.5, 5.0, 5.5,6.0, 6.5, 7.0, 7.5, 8.0, 8.5, 9.0 和 9.5。如果不偏向其中任何一个值, 赋予每一个值的概率都等于 $\dfrac{1}{12}$。先验分布为

$$g(\mu) = \begin{cases} 0.083333, & \mu \in \{4.0, 4.5, \cdots, 9.0, 9.5\}, \\ 0, & \text{其他。} \end{cases}$$

[**Minitab:**] 用 NormDP 求后验分布 $g(\mu|y_1, y_2, \cdots, y_{10})$。调用 NormDP 的细节见附录 C。

[R:] 用 normdp 函数求后验分布 $g(\mu|y_1, y_2, \cdots, y_{10})$。调用 normdp 的细节见附录 D。

11.2 假设后来又有另外 6 个随机观测。它们是

6.22	3.99	3.67	6.35	7.89	6.13

用 Minitab 宏 NormDP 或 R 函数 normdp 求后验分布，用最初的 10 个观测 $y_1, y_2, \cdots, y_{10}$ 所得的后验，作为接下来 6 个观测 $y_{11}, y_{12}, \cdots, y_{16}$ 的先验。

11.3 将所有的观测组合在一起形成一个大小为 $n = 16$ 的随机样本，并用 Minitab 宏 NormDP 或 R 函数 normdp 求后验分布，用初始的先验，即所有可能的取值都是等可能的。前一习题的结果与本习题的结果说明了什么？

11.4 不考虑大小为 $n = 16$ 的随机样本，我们将样本均值看作其分布的单个观测。

(1) 求 $\bar{y}$ 的分布。计算 $\bar{y}$ 的观测值。

(2) 用 Minitab 宏 NormDP 或 R 函数 normdp 求 $g(\mu|\bar{y})$ 的后验分布。

(3) 这说明了什么？

11.5 设有一个大小为 n 的随机样本来自正态分布 $N(\mu, \sigma^2)$，σ^2 已知并为 μ 使用正态先验 $N(m, s^2)$。用 Minitab 宏 NormNP 或 R 函数 normnp 求正态均值 μ 的后验分布。先验的正态分布为正态观测的共轭族。这意味着，如果以族中的一个成员作为先验分布，所得的后验分布是族中的另一成员。如果从正态先验 $N(m, s^2)$ 出发，将得到正态后验 $N(m', (s')^2)$，其中 $(s')^2$ 和 m' 分别为

$$\frac{1}{(s')^2} = \frac{1}{s^2} + \frac{n}{\sigma^2}$$

和

$$m' = \frac{1/s^2}{1/(s')^2} \bullet m + \frac{n/\sigma^2}{1/(s')^2} \bullet \bar{y}。$$

假设来自 $N(\mu, \sigma^2 = 4^2)$ 的 $n = 15$ 个观测为

26.8	26.3	28.3	28.5	26.3	31.9	28.5	27.2	20.9	27.5	28.0
18.6	22.3	25.0	31.5							

[Minitab:] 用 NormNP 求后验分布 $g(\mu|y_1, y_2, \cdots, y_{15})$，其中 μ 的正态先验选为 $N(m = 20, s^2 = 5^2)$。调用 NormNP 的细节见附录 C。将似然和后验分别保存在 c3 列和 c4 列。

[R:] 用 normnp 求后验分布 $g(\mu|y_1, y_2, \cdots, y_{15})$，其中 μ 的正态先验选为 $N(m = 20, s^2 = 5^2)$。调用 normnp 的细节见附录 D。将结果保存在你选择的变量中以便后续使用。

(1) 后验均值和标准差各是多少？

(2) 求 μ 的 95% 可信区间。

11.6 用正态先验 $N(30, 4^2)$ 重复 (1)，将似然和后验分别保存在 c5 和 c6 中。

11.7 将两个后验画在同一张图中。你有什么发现？关于两个后验的均值和标准差你有什么发现？关于 π 的两个可信区间你有什么发现？

11.8 [**Minitab:**] 设有一个正态分布 $N(\mu, \sigma^2)$ 的大小为 n 的随机样本且 $\sigma^2 = 2^2$。为 μ 使用一般连续先验。用 Minitab 宏 NormGCP 求正态均值 μ 的后验分布。

[**R:**] 设有一个正态分布 $N(\mu, \sigma^2)$ 的大小为 n 的随机样本且 $\sigma^2 = 2^2$。为 μ 使用一般连续先验。用 R 函数 normgcp 求正态均值 μ 的后验分布。

假设先验的形状为

$$g(\mu) = \begin{cases} \mu, & 0 < \mu < 3, \\ 3, & 3 < \mu < 5, \\ 8 - \mu, & 5 < \mu < 8, \\ 0, & 8 < \mu。 \end{cases}$$

[**Minitab:**] 将 μ 值和先验 $g(\mu)$ 分别保存到 c1 列和 c2 列中。假设大小为 $n = 16$ 的随机样本是

| 4.09 | 4.68 | 1.87 | 2.62 | 5.58 | 8.68 | 4.07 | 4.78 | 4.79 | 4.49 | 5.85 |
| 5.90 | 2.40 | 6.27 | 6.30 | 4.47 |

[**Minitab:**] 用 NormGCP 确定后验分布 $g(\mu|y_1, y_2, \cdots, y_{16})$，后验均值和标准差，以及 95% 可信区间。调用 NormGCP 的细节见附录 C。

[**R:**] 用 normgcp 确定后验分布 $g(\mu|y_1, y_2, \cdots, y_{16})$。使用 mean 确定后验均值，sd 确定标准差。用 quantile 计算 95% 可信区间。调用 normgcp, mean, sd 和 quantile 的细节见附录 D。

第 12 章　均值的贝叶斯推断与频率论推断的比较

统计学中常常遇到的一种情况是已知正态分布总体的随机样本, 要对总体均值作出推断。根据贝叶斯的观点, 给定样本数据, 所得的后验分布概括了我们对参数的整个信念。它实际上是完全推断。若按频率学派的观点, 则有几种不同类型的推断: 点估计、区间估计和假设检验。每种推断都可以用贝叶斯的方式进行, 它们被认为是后验的概括。第 9 章就贝叶斯学派和频率学派对总体比例 π 的推断做了比较。本章介绍正态分布均值 μ 的点估计、区间估计和假设检验的频率论方法, 并采用频率论标准, 将它们与对应的贝叶斯方法进行比较。

12.1　频率论点估计与贝叶斯点估计的比较

参数的频率论点估计量是用于估计参数的统计量。决定 μ 的频率论估计量的简单规则是使用与被估参数类似的样本统计量。所以, 我们用样本均值 $\bar{y}$ 估计总体均值 μ。[1]

由第 9 章可知, 未知参数的频率论估计量的性能是根据它们的抽样分布评估的。也就是说, 考虑估计量在所有可能样本上的分布。常用的一个标准是要估计量为无偏的, 即估计量的抽样分布的均值是未知参数的真值。第二个标准是, 在所有无偏估计量中方差较小。在无偏估计量中, 方差最小的估计量被称为最小方差无偏估计量。按照频率学派的观点, 这种估计量通常比其他估计量更受青睐。

若我们有一个正态分布的随机样本, 样本均值 $\bar{y}$ 的抽样分布是均值为 μ、方差为 $\dfrac{\sigma^2}{n}$ 的正态分布。$\bar{y}$ 正是 μ 的最小方差无偏估计。

取后验分布的均值作为 μ 的贝叶斯估计量

$$\hat{\mu}_B = \mathrm{E}[\mu|y_1, y_2, \cdots, y_n] = \frac{1/s^2}{n/\sigma^2 + 1/s^2} \cdot m + \frac{n/\sigma^2}{n/\sigma^2 + 1/s^2} \cdot \bar{y}。$$

我们知道, 后验均值使后验均方最小。这意味着 $\hat{\mu}_B$ 是数据后设定下的最优估计量。换言之, 若给定样本数据并使用我们的先验, 所得后验的均值就是 μ 的最优估计量。

频率论假设 μ 的真值为固定但未知的常数, 在该假设下, 我们将后验均值与 $\hat{\mu}_f = \bar{y}$ 的性能进行比较。根据 $\bar{y}$ 的抽样分布计算概率。换句话说, 我们在数据前设定下比较 μ 的这两个估计量。

---

[1]极大似然估计是让似然函数最大化的参数值。对正态随机样本而言, $\bar{y}$ 其实就是 μ 的极大似然估计。

后验均值是随机变量 $\bar{y}$ 的线性函数, 所以它的期望为

$$\mathrm{E}[\hat{\mu}_B] = \frac{1/s^2}{n/\sigma^2 + 1/s^2} \cdot m + \frac{n/\sigma^2}{n/\sigma^2 + 1/s^2} \cdot \mu。$$

后验均值的偏差是它的期望减去参数的真值, 简写为

$$\frac{\sigma^2}{ns^2 + \sigma^2}(m - \mu)。$$

后验均值是 μ 的有偏估计。只有当先验均值 m 与未知的真值 μ 相等时, 偏差才会为 0。这个事件发生的概率为 0。偏差随着 m 与 μ 的差线性增长。后验均值的方差为

$$\left[\frac{n/\sigma^2}{n/\sigma^2 + 1/s^2}\right]^2 \cdot \frac{\sigma^2}{n} = \left(\frac{ns^2}{ns^2 + \sigma^2}\right)^2 \cdot \frac{\sigma^2}{n}。$$

显然它小于频率论估计量 $\hat{\mu}_f = \bar{y}$ 的方差 $\frac{\sigma^2}{n}$。估计的均方差将偏差和方差合二为一, 即

$$\mathrm{MSE}[\hat{\mu}_B] = \mathrm{Bias}^2 + \mathrm{Var}[\hat{\mu}_B]。$$

频率论估计量 $\hat{\mu}_f = \bar{y}$ 是 μ 的无偏估计, 所以它的均方差等于它的方差, 即

$$\mathrm{MSE}(\hat{\mu}_f) = \frac{\sigma^2}{n}。$$

我们将会看到, 如果有先验信息, 贝叶斯估计量在 μ 的实际取值范围内的均方差会较小。

例 12.1　阿诺德、贝丝和凯诺琳想要估计一家乳品公司生产的 "1kg" 装奶粉的平均重量。单个包装的重量是随机变化的。他们了解到, 若机器调整适当, 重量服从均值为 1015g、标准差为 5g 的正态分布。他们在 10 个样本的基础上进行估计。阿诺德决定使用正态先验, 其均值为 1000g、标准差为 10g。贝丝决定使用均值为 1015g、标准差为 7.5g 的正态先验。凯诺琳决定使用 "平坦" 先验。他们在 μ 取不同值时计算估计量的偏差、方差和均方差以评估估计量的性能。

图 12.1 表明只有凯诺琳的先验给出了无偏贝叶斯估计。她的后验贝叶斯估计量与频率论估计量 $\hat{\mu}_f = \bar{y}$ 完全一致, 因为她用了 "平坦" 先验。在图 12.2 中, 我们看到贝叶斯估计量的均方差小于频率论估计量均方差的范围。它们在此范围中平均比频率论估计更接近真值。真实范围是目标均值 (1015) 加减 3 个标准差 (5), 即从 1000 到 1030。

由于使用了贝叶斯方法, 阿诺德和贝丝的估计量都是有偏的, 尽管如此, 它们在绝大部分可行范围内的均方差都小于凯诺琳的估计量 (它与普通的频率论估计量相等) 的均方差。因为平均均方差较小, 它们在大部分可行范围内更接近真值。尤其明显的是贝丝的估计量在大部分可行范围内更好, 而阿诺德的估计量在整个可行范围内性能都要稍微好一些。　　　　　　　　　　　　　　　　　　　　　　　　　　　　　■

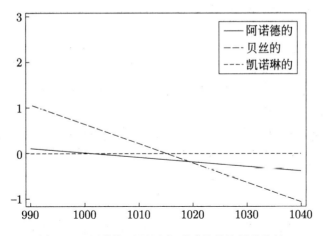

图 12.1   阿诺德、贝丝和凯诺琳的估计量的偏差

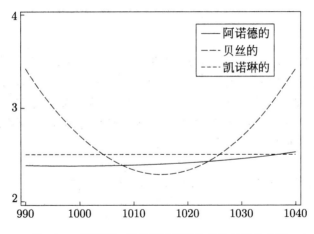

图 12.2   阿诺德、贝丝和凯诺琳的估计量的均方差

12.2   均值的置信区间和可信区间的比较

频率论统计计算参数 μ 的置信区间以确定 "以大概率包含真值" 的区间。按照频率学派的观点, 参数 μ 被认为是固定但未知的常数。由估计量的抽样分布计算覆盖概率, 此时估计量是样本均值 $\bar{y}$。$\bar{y}$ 的抽样分布是均值为 μ、方差为 $\dfrac{\sigma^2}{n}$ 的正态分布。在抽样之前我们知道 $\bar{y}$ 是随机变量, 所以关于 $\bar{y}$ 的概率表述为

$$P\left(\mu - z_{\frac{\alpha}{2}}\frac{\sigma}{\sqrt{n}} < \bar{y} < \mu + z_{\frac{\alpha}{2}}\frac{\sigma}{\sqrt{n}}\right) = 1 - \alpha,$$

其中 $z_{\frac{\alpha}{2}}$ 是标准正态表中尾部面积为 $\dfrac{\alpha}{2}$ 的值。通过整理将 μ 移到中间, 上式中的不等式

变为下式中的不等式, 反之亦然:

$$P\left(\bar{y} - z_{\frac{\alpha}{2}}\frac{\sigma}{\sqrt{n}} < \mu < \bar{y} + z_{\frac{\alpha}{2}}\frac{\sigma}{\sqrt{n}}\right) = 1 - \alpha.$$

因为区间的端点依赖于在此表达式中的随机变量 $\bar{y}$, 所以它们是随机的。参数 μ 被认为是固定但未知的常数。正确的解释是, 由该方法计算所得的区间中有 $(1-\alpha)100\%$ 的区间将包含真值。当我们采集随机样本并算出 $\bar{y}$ 之后, 就不再有可用概率描述的随机成分。我们得到的实际区间要么包含真值要么不包含。但不知道究竟是否包含。所以, 对于用 $\bar{y}$ 的观测值算出来的区间

$$\bar{y} \pm z_{\frac{\alpha}{2}} \cdot \frac{\sigma}{\sqrt{n}}, \tag{12.1}$$

我们有 $(1-\alpha)100\%$ 的信心它的确包含真值。信心来自统计量的抽样分布, 而非用于计算置信区间的两个端点的实际样本的值。有时候, 置信区间可表示为

$$\left(\bar{y} - z_{\frac{\alpha}{2}}\frac{\sigma}{\sqrt{n}}, \bar{y} + z_{\frac{\alpha}{2}}\frac{\sigma}{\sqrt{n}}\right)\text{。}$$

置信区间与前一章中 μ 的贝叶斯可信区间不同。在计算贝叶斯区间时, 我们所做的概率表述基于给定样本数据 $y_1, y_2, \cdots, y_n$, 参数 μ 的后验分布。它以实际样本数据为条件。表达式中的概率是给定实际样本时的概率。因为 μ 被认为是随机的, 所以这个概率表述是合理的。但它是主观的, 因为它由我们的主观先验构造出来。从不同的先验出发所得的可信区间可能会 (稍微) 有些不同。

频率论置信区间与来自"平坦"先验的贝叶斯可信区间的关系

用 μ 的平坦先验, 后验均值 $m' = \bar{y}$, 后验方差 $(s')^2 = \sigma^2/n$。此时的贝叶斯可信区间和频率论置信区间的形式都是

$$\left(\bar{y} - z_{\frac{\alpha}{2}}\frac{\sigma}{\sqrt{n}} < \mu < \bar{y} + z_{\frac{\alpha}{2}}\frac{\sigma}{\sqrt{n}}\right),$$

但对它们的解释却各有不同。

频率论的解释是, μ 是固定的, 用统计量 $\bar{y}$ 的抽样分布的概率表述来计算区间的端点。用实际的样本数据计算出端点之后, 就不再有随机的成分。对实际计算出来的区间不再会有任何概率表述。与区间关联的置信水平 $(1-\alpha)100\%$ 的意思是说, 由该方法得到的随机区间中的 $(1-\alpha)100\%$ 的区间将覆盖参数的真值, 所以我们对所得区间有 $(1-\alpha)100\%$ 的信心。

贝叶斯的解释则将 μ 看成是一个随机变量, 允许概率表述。给定实际发生的样本数据, 由后验分布计算可信区间。给定数据, 可信区间以预先设定的条件概率包含 μ。

科学家对能产生所有可能的数据集的假设重复实验不感兴趣。已经发生的数据才是重要的。他们发现, 最有用的是基于实际的数据集对参数的直接概率表述。科学家经常使用频率论统计学家所给的置信区间并误以为它是在给定数据下参数的概率区

间。统计学家知道这种解释并不正确, 但听任科学家的误读。正确的解释在科学上是无用的。

对频率论统计学家来说值得庆幸的是, 对正态分布均值 μ 的置信区间做出概率解释也无可厚非, 因为他们的置信区间等于来自 "平坦" 先验的贝叶斯可信区间, 在这种情况下对这个区间可做概率解释。

例 12.2(续例 11.3) 上一次的研究已经确定了一年生虹鳟鱼的体长服从正态分布 $N(\mu, \sigma^2 = 2^2)$。阿尼和巴布得到 12 条一年生虹鳟鱼体长的随机样本。样本均值 $\bar{y} = 32\text{cm}$。μ 的 95% 置信区间为

$$\bar{y} \pm z_{.025} \frac{\sigma}{\sqrt{n}} = 32 \pm 1.96 \times \frac{2}{\sqrt{12}} = (30.87, 33.13)。$$

将该区间与他们在表 11.5 中找到的 95% 可信区间比较。它与巴布所得的可信区间相同, 因为巴布用的是 "平坦" 先验。∎

12.3 关于正态均值的单边假设检验

我们常常能得到关于新总体的数据, 而这个新总体又与我们已经了解的总体类似。例如, 新总体为所有可能的实验结果的集合, 但其中的一个实验因素由标准值变成了一个新值。我们知道标准总体的均值为 μ_0。假定新总体的每一个观测服从 $N(\mu, \sigma^2)$, 其中 σ^2 已知且观测相互独立。我们的问题是, 新总体的均值 μ 大于标准总体的均值吗? 单边假设检验试图回答这个问题。对观测数据与 μ_0 之间的差异有两种可能的解释。

1. 新总体的均值小于或等于标准总体的均值, 其差异仅仅是因为偶然性。
2. 新总体的均值大于标准总体的均值, 至少部分差异归因于这个事实。

假设检验确保我们不会拒绝第一种解释除非它的概率小于我们选定的显著性水平 α, 它以这种方式保护我们的信誉。注意, 该问题的肯定的答案被设置为备选假设。零假设是该问题的否定的答案。下面我们比较频率论方法和贝叶斯方法。

关于 μ 的频率论单边假设检验

由第 9 章中的讨论我们知道频率论检验基于统计量的抽样分布。它来自应该发生的所有可能的随机样本数据前的概率。频率论检验的步骤为

1. 建立零假设和备选假设

$$H_0 : \mu \leqslant \mu_0, \quad H_1 : \mu > \mu_0。$$

注意, 备选假设是在我们想要检验的那个方向上的变化。另一个方向上的任何变化都归入零假设。(我们试图检验 $\mu > \mu_0$, 对 $\mu < \mu_0$ 并无兴趣, 所以将那些值包含在零假设中。)

2. $\bar{y}$ 的零分布为 $N(\mu_0, \frac{\sigma^2}{n})$。这是当零假设为真时 $\bar{y}$ 的抽样分布。因此, 标准化后的变量

$$z = \frac{\bar{y} - \mu_0}{\sigma/\sqrt{n}}$$

的零分布是 $N(0,1)$。

3. 选择显著性水平 α。通常是 0.10、0.05 或 0.01。

4. 确定拒绝域。它是当零假设 $(\mu = \mu_0)$ 为真时概率为 α 的区域。如图 12.3 所示：$\alpha = 0.05$ 时, 拒绝域是 $z > 1.645$。

5. 取样本数据并计算 $\bar{y}$。如果其值落在拒绝域, 就在显著性水平 $\alpha = 0.05$ 上拒绝假设; 否则不能拒绝零假设。

6. 另一种检验方法是计算 P-值, 它是假定零假设 $H_0 : \mu = \mu_0$ 为真时, 观测到所得数据或更极端情况的概率:

$$P\text{-值} = P\left(Z \geqslant \frac{\bar{y} - \mu_0}{\sigma/\sqrt{n}}\right)。 \tag{12.2}$$

如果 P-值 $\leqslant \alpha$, 就拒绝零假设; 否则不能拒绝它。

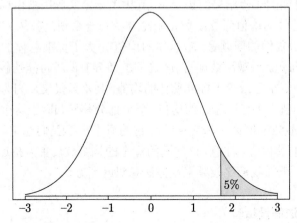

图 12.3　$z = \dfrac{\bar{y} - \mu_0}{\sigma/\sqrt{n}}$ 的零分布以及在 5% 显著性水平上单边频率论假设检验的拒绝域

关于 μ 的贝叶斯单边假设检验

后验分布 $g(\mu|y_1, y_2, \cdots, y_n)$ 总结了我们在看到数据之后对参数的全部信念。有时候需要回答关于参数的具体问题。给定数据我们能断定参数 μ 大于 μ_0 吗? 值 μ_0 通常来自以往的经验。如果参数依然等于该值, 实验并没有证实任何需要解释的新东西。如果我们经常为不存在的效果编造理由, 就会丧失科学信誉。通过检验

$$H_0 : \mu \leqslant \mu_0, \quad H_1 : \mu > \mu_0,$$

可以回答这个问题。这是单边假设检验的一个例子。确定我们所需的显著性水平 α。α 是一个概率, 当低于它时就拒绝零假设。α 通常较小, 如 0.10, 0.05, 0.01, 0.005 或 0.001。在贝叶斯统计中, 通过计算零假设的后验概率检验单边假设

$$P(H_0 : \mu \leqslant \mu_0 | y_1, y_2, \cdots, y_n) = \int_{-\infty}^{\mu_0} g(\mu | y_1, y_2, \cdots, y_n) \mathrm{d}\mu \text{。} \tag{12.3}$$

当后验分布 $g(\mu | y_1, y_2, \cdots, y_n)$ 为 $N(m', (s')^2)$ 时, 从标准正态表中很容易找到这个概率。

$$P(H_0 : \mu \leqslant \mu_0 | y_1, y_2, \cdots, y_n) = P\left(\frac{\mu - m'}{s'} \leqslant \frac{\mu_0 - m'}{s'}\right) = P\left(Z \leqslant \frac{\mu_0 - m'}{s'}\right), \tag{12.4}$$

其中 Z 为标准正态随机变量。如果概率小于我们选择的 α, 就拒绝零假设并断定 $\mu > \mu_0$。只有在这个时候我们才能解释 μ 为什么大于 μ_0。

例 12.3 (续例 11.3) 阿尼、巴布和恰克从一本杂志中看到, 在一个典型的溪流栖息地生活的一年生虹鳟鱼的平均体长是 31cm。他们各自要去确定所研究的溪流中的虹鳟鱼的体长是否大于该值, 在 $\alpha = 5\%$ 的水平上对

$$H_0 : \mu \leqslant 31, \quad H_1 : \mu > 31$$

进行单边贝叶斯假设检验。为了检验假设, 他们计算零假设的后验概率。阿尼和巴布得到正态后验, 所以用 (12.4) 式计算后验概率。恰克通过数值计算得到非正态后验。

[**Minitab:**] 他用 (12.3) 式计算零假设的后验概率, 并用 Minitab 宏tintegral对假设做数值评估。

[**R:**] 他用 (12.3) 式计算零假设的后验概率, 并用 R 函数 `cdf` 对假设做数值评估。表 12.1 所示为贝叶斯假设检验的结果。

他们还对该假设

$$H_0 : \mu \leqslant 31, \quad H_1 : \mu > 31$$

进行相应的频率论假设检验。图 12.3 所示为 $z = \dfrac{\bar{y} - 31}{\sigma/\sqrt{n}}$ 的零分布和正确的拒绝域。对于 $\bar{y} = 32$, $z = \dfrac{32 - 31}{2/\sqrt{12}} = 1.732$。它位于拒绝域; 因此在 5% 水平上零假设被拒绝。这个频率论假设检验的另一个方法是计算 P-值。对于 $\bar{y} = 32$,

$$P\text{-值} = P\left(Z > \frac{32 - 31}{2/\sqrt{12}}\right) = P(Z > 1.732)\text{。}$$

从附录 B(表 B.2) 的标准正态表查到它等于 0.0416, 该值小于显著性水平 α, 所以与前面一样, 零假设被拒绝。[1]

---

[1] 在本例中, 因为巴布用的是"平坦"先验, P-值等于她的零假设的概率。对于正态的情形, 当使用不含信息的"平坦"先验时, P-值可以理解为零假设的后验概率。然而, 按照贝叶斯观点, P-值一般没有任何意义。

表 12.1   贝叶斯单边假设检验结果

人员	后验	$P(\mu \leqslant 31|y_1, y_2, \cdots, y_n)$	
阿尼	$N(31.96, 0.5714^2)$	$P\left(Z \leqslant \dfrac{31 - 31.96}{0.5714}\right) = 0.0465$	拒绝
巴布	$N(32.00, 0.5774^2)$	$P\left(Z \leqslant \dfrac{31 - 32}{0.5774}\right) = 0.0416$	拒绝
恰克	数值的	$\displaystyle\int_{-\infty}^{31} g(\mu|y_1, y_2, \cdots, y_n)\mathrm{d}\mu = 0.0489$	拒绝

12.4   关于正态均值的双边假设检验

有时候我们想要知道新总体的均值 μ 与已知的标准总体均值 μ_0 是否一样。双边假设检验试图回答这个问题。我们要检测均值在两个方向上的变化。将它设置为

$$H_0 : \mu = \mu_0, \quad H_1 : \mu \neq \mu_0。 \tag{12.5}$$

该零假设就是所谓的点假设。它意味着当取到精确值 μ_0 时才为真。μ_0 只是数轴上的一个点。在参数空间中的所有其他值上, 零假设都为假。在数轴上存在无穷多个非常接近 μ_0 的值, 如果考虑足够多的小数位, 这些值终究还是与 μ_0 不同。所以, 我们不去检验零假设是否恰好为真, 而是检验零假设是否处于可能为真的范围内。

关于 μ 的频率论双边假设检验

1. 如 (12.5) 式一样, 建立零假设和备选假设。注意, 我们尝试检测在两个方向上的变化。
2. 标准化后的变量

$$z = \frac{\bar{y} - \mu_0}{\sigma/\sqrt{n}}$$

的零分布是 $N(0,1)$。
3. 选择显著性水平 α, 其值通常较小, 如 0.10, 0.05, 0.01 或 0.001。
4. 确定拒绝域。它是当零假设为真时概率为 α 的一个区域。对于双边假设检验, 我们有一个双边拒绝域。如图 12.4 所示, 当 $\alpha = 0.05$, 拒绝域为 $|z| > 1.96$。
5. 抽样并计算 $z = \dfrac{\bar{y} - \mu_0}{\sigma/\sqrt{n}}$。如果它落在拒绝域, 则在显著性水平 α 上拒绝零假设; 否则不能拒绝零假设。
6. 另一个检验方法是计算 P-值, 它假定零假设为真时, 观测到的数据或其他更极端情况的概率。注意, P-值包括两个尾部的概率:

$$P\text{-值} = P\left(Z < -\left|\frac{\bar{y} - \mu_0}{\sigma/\sqrt{n}}\right|\right) + P\left(Z > \left|\frac{\bar{y} - \mu_0}{\sigma/\sqrt{n}}\right|\right)。$$

如果 P-值 $\leqslant \alpha$, 就可以拒绝零假设; 否则不能拒绝它。

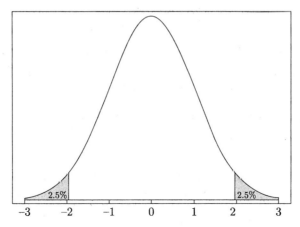

图 12.4 $\dfrac{\bar{y} - \mu_0}{\sigma/\sqrt{n}}$ 的零分布以及在 5% 显著性水平上双边频率论假设检验的拒绝域

双边假设检验与置信区间的关系。 我们注意到, 在水平 α 上的双边检验的拒绝域是

$$z = \left| \frac{\bar{y} - \mu_0}{\sigma/\sqrt{n}} \right| > z_{\frac{\alpha}{2}},$$

经过处理得到

$$\mu_0 < \bar{y} - z_{\frac{\alpha}{2}} \frac{\sigma}{\sqrt{n}}, \quad \text{或者} \quad \mu_0 > \bar{y} + z_{\frac{\alpha}{2}} \frac{\sigma}{\sqrt{n}} \text{。}$$

如果在水平 α 上拒绝 $H_0 : \mu = \mu_0$, 则 μ_0 位于 μ 的 $(1 - \alpha)100\%$ 的置信区间之外。如果在水平 α 上接受 $H_0 : \mu = \mu_0$, 则 μ_0 位于 μ 的 $(1 - \alpha)100\%$ 的置信区间内。所以置信区间包括所有在检验时会被接受的 μ_0 的值。

关于 μ 的贝叶斯双边假设检验

如果我们想按贝叶斯方式检验双边假设

$$H_0 : \mu = \mu_0, \quad H_1 : \mu \neq \mu_0,$$

并且有一个连续先验, 就不能像检验单边假设那样计算零假设的后验概率。因为用连续先验所得的后验也是连续的。连续随机变量在任一具体的值处的概率总是等于 0。零假设的后验概率 $H_0 : \mu = \mu_0$ 一定等于 0。因此, 我们不能通过计算零假设的后验概率并与 α 比较来检验该假设。

相反, 我们用后验分布计算 μ 的 $(1 - \alpha)100\%$ 可信区间。如果 μ_0 位于可信区间内, 我们断定 μ_0 作为可能的取值仍然具有可信度。此时不拒绝零假设 $H_0 : \mu = \mu_0$。也就是说, 我们认为无效果是可信的。(然而, 如果看足够多的小数位, 完全正确的概率为 0。) 没有必要为不存在的效果寻找理由。不过, 如果 μ_0 落在可信区间之外, 我们断定 μ_0 作为可能的取值并不可信, 所以拒绝零假设。这时应该试图去解释该实验的均值为什么会偏离 μ_0。

本 章 要 点

- 如果我们已有参数值的实际先验信息, 就可以找到使 μ 的后验分布均值 (贝叶斯估计) 比样本均值 (频率论估计) 在真值的范围内均方差更小的先验分布, 这意味着, μ 的后验分布均值平均更接近于参数的真值。

- 通过倒转 $\bar{y}$ 的概率表述, 然后插入样本值计算两个端点可以找到 μ 的置信区间。它被称为置信区间是因为其中不再有任何随机成分, 在插入样本值之后不会再有任何概率表述。

- 对 μ 的 $(1-\alpha)100\%$ 频率论置信区间的解释是, 由该方法计算得到的随机区间中有 $(1-\alpha)100\%$ 的区间将覆盖参数的真值, 所以我们对计算得到的区间有 $(1-\alpha)100\%$ 的信心。

- $(1-\alpha)100\%$ 贝叶斯可信区间是这样的区间, 它包含随机参数的后验概率是 $(1-\alpha)100\%$。

- 贝叶斯可信区间对科学家而言更有用, 因为科学家只对具体的区间感兴趣。

- 当使用"平坦先验"时, μ 的 $(1-\alpha)100\%$ 频率论置信区间对应于 μ 的 $(1-\alpha)100\%$ 贝叶斯可信区间。所以, 在这种情况下, 频率论统计学家认为 μ 的置信区间为概率区间就不再是曲解。

- 总的来说, 将参数的频率论置信区间曲解为一个概率区间是错误的。

- 假设检验能避免我们将偶然视为必然, 从而保护我们的信誉。

- 如果我们试图检测在一个方向上的效果, 如 $\mu > \mu_0$, 就将它设置为单边假设检验

$$H_0 : \mu \leqslant \mu_0, \ \ H_1 : \mu > \mu_0 \text{。}$$

  注意, 备选假设包含我们想要检测的效果。零假设是均值仍然为旧值 (或在我们无意检测的方向上的变化)。

- 如果要检测在两个方向上的效果, 就将它设置为双边假设检验

$$H_0 : \mu = \mu_0, \ \ H_1 : \mu \neq \mu_0 \text{。}$$

零假设只包含 μ_0 的单一值, 所以也被称为点假设。

- 频率论假设检验基于样本空间。

- 显著性水平 α 是当零假设为真时我们允许拒绝零假设的小概率。α 由我们选定。

- 频率论假设检验将样本空间划分为拒绝域和接受域。如果零假设为真, 统计量的零值位于拒绝域的概率小于显著性水平 α。如果统计量的零值落在拒绝域中, 就在显著性水平 α 上拒绝零假设。

- 我们也可以计算 P-值。如果 P-值 $< \alpha$, 我们在显著性水平 α 上拒绝零假设。

- P-值不是零假设为真的概率, 而是假定零假设为真时, 观测到的数据或更极端情况的概率。

- 按照贝叶斯的方式, 我们通过在零区域上对后验密度求积分计算零假设的后验概率来检验单边假设。如果此概率小于显著性水平 α, 就拒绝零假设。

- 对于连续先验, 点的零假设的概率为零, 因此后验概率也为零, 所以不能通过在零区域上对后验密度求积分来检验双边假设。我们通过观测零值是否落在贝叶斯可信区间中来检验其可信性。如果在可信区间内, 零值仍然可信, 所以不能拒绝它。

习　　题

12.1　一个统计学家买了一盒 10 只装新高尔夫球, 他将每只球从 1m 的高度丢下, 测量它第一次反弹的高度, 高度以厘米计。这 10 个数是

79.9　　80.0　　78.9　　78.5　　75.6　　80.5　　82.5　　80.1　　81.6　　76.7

假设他将高尔夫球从 1m 的高处丢下后, 球反弹的高度 (以厘米为单位)y 服从 $N(\mu, \sigma^2)$, 其中标准差 $\sigma = 2$。

(1) 假设 μ 的正态先验为 $N(75, 10^2)$。求 μ 的后验分布。

(2) 计算 μ 的 95% 贝叶斯可信区间。

(3) 在 5% 显著性水平上对假设

$$H_0 : \mu \geqslant 80, \quad H_1 : \mu < 80$$

进行贝叶斯检验。

12.2　统计学家买了 10 只用过的高尔夫球。他将每只球从 1m 的高度丢下, 测量它第一次反弹的高度, 高度以厘米计。它们是

73.1　　71.2　　69.8　　76.7　　75.3　　68.0　　69.2　　73.4　　74.0　　78.2

假设他将高尔夫球从 1m 的高处丢下后, 球反弹的高度 (以厘米为单位)y 服从 $N(\mu, \sigma^2)$, 其中标准差 $\sigma = 2$。

(1) 假设 μ 的正态先验为 $N(75, 10^2)$。求 μ 的后验分布。

(2) 计算 μ 的 95% 贝叶斯可信区间。

(3) 在 5% 显著性水平上对假设

$$H_0 : \mu \geqslant 80, \quad H_1 : \mu < 80$$

进行贝叶斯检验。

12.3　新西兰本地的消费者保护组织关注居民在冬季 3 个月 (南半球) 的电费。他们采集了 25 家居民电费账单的随机样本并查看 6 月、7 月和 8 月的总电费, 它们是

514	536	345	440	427	506	385	410	561	275	480	324	296
443	386	418	364	483	306	294	402	350	343	334	414	

假定三个月内居民所用电量服从 $N(\mu, \sigma^2)$, 已知标准差 $\sigma = 80$。

(1) 用 μ 的正态先验 $N(325, 80^2)$。求 μ 的后验分布。

(2) 求 μ 的 95% 贝叶斯可信区间。

(3) 在 5% 显著性水平上对假设

$$H_0 : \mu = 350, \quad H_1 : \mu \neq 350$$

进行贝叶斯检验。

(4) 在 5% 显著性水平上对假设

$$H_0 : \mu \leqslant 350, \quad H_1 : \mu > 350$$

进行贝叶斯检验。

12.4　一位医学研究者采集到 $n = 30$ 位在学生健康服务所就诊, 年龄低于 21 岁的女学生的收缩压读数的随机样本。它们是

120	122	121	108	133	119	136	108	106	105
122	139	133	115	104	94	118	93	102	114
123	125	124	108	111	134	107	112	109	125

假定此收缩压来自正态分布 $N(\mu, \sigma^2)$, 已知标准差 $\sigma = 12$。

(1) 用 μ 的正态先验 $N(120, 15^2)$。计算 μ 的后验分布。

(2) 求 μ 的 95% 贝叶斯可信区间。

(3) 假设我们并不知道标准差 σ, 而是由样本计算得到 $\hat{\sigma} = 12$ 并用它替代未知的真值。重新计算 μ 的 95% 贝叶斯可信区间。

第 13 章　均值差的贝叶斯推断

比较是实验科学的主要工具。当因观测误差或实验单元的差异出现不确定性时, 对观测值进行比较并不能确定差异的存在。我们需要比较的是观测的两个分布的均值。在很多情况下的分布都是正态分布, 所以我们要比较的是两个正态分布的均值。而数据可能来自两种实验情境。

最常见的实验情境中, 每个分布都有独立的随机样本, 治疗方案被应用于实验单元的不同随机样本。居第二位的实验情境中, 随机样本成对出现, 它可以是将两种治疗方案 (在不同的时间里) 应用于同一组实验单元。对同一个实验单元的两次测量不应该被看成是互相独立的。可以是由实验单元组成相似的单元对, 并将每对中的各个单元随机分配到各个治疗组。同一对中的两个测量也不应被看成是独立的。我们称观测是成对的。两个总体的随机样本相互依赖。

13.1 节讨论如何分析来自独立随机样本的数据。如果疗效是一个加性常数, 则两个分布的方差相等。如果疗效不是常数而是随机的, 则两个分布的方差不等。13.2 节研究来自方差相等的两个正态分布的独立随机样本的情况。13.3 节研究来自方差不等的两个正态分布的独立随机样本的情况。13.4 节讨论如何利用正态近似找出独立的随机样本的比例差。13.5 节研究配对样本的情况。

13.1　两个正态分布的独立随机样本

我们可能想要判定某种治疗方案能否有效提高羊羔的生长率。已知羊羔的生成速度存在个体差异。将一群羊羔中的每一只随机分配到治疗组或不进行治疗的对照组。羊羔的分配是独立的, 这是完全随机设计, 我们在第 2 章中曾经讨论过, 按该方法分配是为了让羊羔之间的任何差异都随机地进入治疗组和对照组。在实验中不会有偏差。平均来说分配后得到的两组羊羔是相似的。假设每组中羊羔的基础生长率的分布是均值和方差 σ^2 都相同的正态分布。因为是随机分配, 两组的均值和方差相等。

治疗组中的羊羔的平均生长率 μ_1 等于平均基础生长率加上该组的疗效。对照组中羊羔的平均生长率 μ_2 等于平均基础生长率加零, 因为对照组没有接受治疗。随机变量加上一个常数后其方差不会改变, 所以, 如果所有羊羔的疗效为常数, 两组的方差就相等。我们称之为加性模型。如果对不同的羊羔疗效不同, 两组的方差就不等。这时候我们称之为非加性模型。

如果治疗有效, μ_1 将大于 μ_2。我们在本章针对加性和非加性模型, 开发关于均值差 $\mu_1 - \mu_2$ 的贝叶斯推断方法。

13.2   情况 1: 方差相等

通常我们假定对所有单元的疗效都相同。接受治疗的单元的观测值是该单元的均值加上疗效常数。加上一个常数后并不会让方差改变, 所以治疗组的方差与对照组的方差相等。由此得到一个加性模型。

当方差已知时

假设方差 σ^2 已知。由于两个样本是互相独立的, 我们将对两个均值使用独立的先验。它们分别为 $N(m_1, s_1^2)$ 先验和 $N(m_2, s_2^2)$ 先验, 或者对其中一个或两个均值都使用平坦先验。

因为先验是独立的, 样本是独立的, 所以后验也是独立的。后验分布是

$$\mu_1 | y_{11}, y_{21}, \cdots, y_{n_1 1} \sim N(m_1', (s_1')^2)$$

和

$$\mu_2 | y_{12}, y_{22}, \cdots, y_{n_2 2} \sim N(m_2', (s_2')^2),$$

其中, 由 (11.5) 式和 (11.6) 式的简单更新公式算出 $m_1', (s_1')^2, m_2'$ 和 $(s_2')^2$。

因为 $\mu_1 | y_{11}, y_{21}, \cdots, y_{n_1 1}$ 和 $\mu_2 | y_{12}, y_{22}, \cdots, y_{n_2 2}$ 互相独立, 利用独立随机变量的差的均值和方差的规则, 得到 $\mu_d = \mu_1 - \mu_2$ 的后验分布

$$\mu_d | y_{11}, y_{21}, \cdots, y_{n_1 1}, y_{12}, y_{22}, \cdots, y_{n_2 2} \sim N(m_d', (s_d')^2),$$

其中 $m_d' = m_1' - m_2'$, $(s_d')^2 = (s_1')^2 + (s_2')^2$。我们可以用这个后验分布对均值差 $\mu_1 - \mu_2$ 做进一步的推断。

方差已知且相等的情况下, 均值差的可信区间。若后验分布是 $N(m', (s')^2)$, 求解 $(1 - \alpha)100\%$ 贝叶斯可信区间的一般规则是取 后验均值 $\pm$ 临界值 $\times$ 后验标准差。当假定观测方差 (或标准差) 已知时, 从标准正态表中找到临界值。此时 $\mu_d = \mu_1 - \mu_2$ 的 $(1 - \alpha)100\%$ 贝叶斯可信区间是

$$m_d' \pm z_{\frac{\alpha}{2}} s_d'. \tag{13.1}$$

该式可以写成

$$m_1' - m_2' \pm z_{\frac{\alpha}{2}} \sqrt{(s_1')^2 + (s_2')^2}. \tag{13.2}$$

因此, 给定数据, $\mu_1 - \mu_2$ 落在区间内的概率等于 $(1 - \alpha)100\%$。

方差已知且相等的情况下, 均值差的置信区间。两个分布的方差相等时, $\mu_d = \mu_1 - \mu_2$ 的频率论置信区间为

$$\bar{y}_1 - \bar{y}_2 \pm z_{\frac{\alpha}{2}} \sigma \sqrt{\frac{1}{n_1} + \frac{1}{n_2}}. \tag{13.3}$$

如果我们对 μ_1 和 μ_2 使用独立的"平坦"先验, 贝叶斯可信区间的公式与上式相同, 但是解释不同。以频率论的观点, 置信区间的两个端点是随机的。用该公式计算得到的所有区间中的 $(1-\alpha)100\%$ 将包含固定但未知的值 $\mu_1 - \mu_2$。对于用数据计算所得的具体的区间会包含真值, 我们有 $(1-\alpha)100\%$ 的信心。

例 13.1 在例 3.2 中, 我们研究过迈克尔逊分别在 1879 年和 1882 年对光速进行的两个系列的测量值。数据如表 3.3 所示。(测量值是所列的值加 299000。) 假设每一个光速测量值是标准差为 100 的正态分布。我们对 1879 年和 1882 年的测量值使用独立正态先验 $N(m, s^2)$, 其中 $m = 300000, s^2 = 500^2$。

利用更新规则可得到 μ_{1879} 和 μ_{1882} 的后验分布。对于 μ_{1879}, 有

$$\frac{1}{(s'_{1879})^2} = \frac{1}{500^2} + \frac{20}{100^2} = 0.002004,$$

所以 $(s'_{1879})^2 = 499$, 并且

$$m'_{1879} = \frac{\frac{1}{500^2}}{0.002004} \times 300000 + \frac{\frac{20}{100^2}}{0.002004} \times (299000 + 909) = 299909。$$

而对于 μ_{1882}, 则有

$$\frac{1}{(s'_{1882})^2} = \frac{1}{500^2} + \frac{23}{100^2} = 0.002304,$$

所以 $(s'_{1882})^2 = 434$, 并且

$$m'_{1882} = \frac{\frac{1}{500^2}}{0.002304} \times 300000 + \frac{\frac{23}{100^2}}{0.002304} \times (299000 + 756) = 299757。$$

$\mu_d = \mu_{1879} - \mu_{1882}$ 的后验分布是 $N(m'_d, (s'_d)^2)$, 其中

$$m'_d = 299909 - 299757 = 152,$$

且

$$(s'_d)^2 = 499 + 434 = 30.5^2。$$

$\mu_d = \mu_{1879} - \mu_{1882}$ 的 95% 贝叶斯可信区间是

$$152 \pm 1.96 \times 30.5 = (92.1, 211.9)。 \blacksquare$$

单边贝叶斯假设检验。 如果要确定治疗组均值 μ_1 是否大于对照组值 μ_2, 可以使用假设检验。检验零假设

$$H_0 : \mu_d \leqslant 0, \ \ H_1 : \mu_d > 0,$$

其中 $\mu_d = \mu_1 - \mu_2$ 是两个均值的差。为了以贝叶斯方式进行检验, 我们计算零假设的后验概率 $P(\mu_d \leqslant 0|\text{data})$, 其中的数据data 包括从两个样本 $y_{11}, y_{12}, \cdots, y_{n_1 1}$ 和 $y_{12}, y_{22}, \cdots, y_{n_2 2}$ 得到的观测。通过减去均值并除以标准差进行标准化, 有

$$P(\mu_d \leqslant 0|\text{data}) = P\left(\frac{\mu_d - m'_d}{s'_d} \leqslant \frac{0 - m'_d}{s'_d}\right) = P\left(Z \leqslant \frac{0 - m'_d}{s'_d}\right), \tag{13.4}$$

其中 Z 具有标准正态分布。这个概率可以在附录 B 中的表 B.2 中查到。如果它小于 α, 我们可以在此水平上拒绝零假设, 并断定在此显著性水平上 μ_1 确实大于 μ_2。

双边贝叶斯假设检验。 我们不能以贝叶斯方式通过计算零假设的后验概率来检验双边假设

$$H_0 : \mu_1 - \mu_2 = 0, \ \ H_1 : \mu_1 - \mu_2 \neq 0。$$

因为它假设单一值 $\mu_d = \mu_1 - \mu_2 = 0$ 为真, 所以是点的零假设。若使用连续先验, 则后验也是连续的, 随机变量取任一特定值的概率都为 0。

现在我们使用 μ_d 的可信区间。如果 0 落在区间中, 就不能拒绝零假设, 0 依然是均值差的可信值。然而, 如果 0 位于区间之外, 在显著性水平 α 上 0 就不再是可信值。

例 13.1(续) $\mu_d = \mu_{1879} - \mu_{1882}$ 的 95% 贝叶斯可信区间是 (92.1, 211.9)。0 在该区间之外, 因此我们拒绝两个测量组的均值相等的零假设, 并断定它们不同。这说明在迈克尔逊的第一组测量中存在偏差, 在第二组测量中这个偏差大大减小。 ∎

当方差未知并使用平坦先验时

假设对 μ_1 和 μ_2 使用独立的 "平坦" 先验, 则 $(s_1')^2 = \dfrac{\sigma^2}{n_1}, (s_2')^2 = \dfrac{\sigma^2}{n_2}, m_1' = \bar{y}_1$ 以及 $m_2' = \bar{y}_2$。

方差未知但相等的情况下, 均值差的可信区间。 如果方差 σ^2 已知, 可信区间可以写成

$$\bar{y}_1 - \bar{y}_2 \pm z_{\frac{\alpha}{2}} \sigma \sqrt{\frac{1}{n_1} + \frac{1}{n_2}}。$$

然而, 我们并不知道 σ^2。需要用数据估计它。从每一个样本都可以得到方差的估计。最好是将这些估计组合起来得到综合方差估计

$$\hat{\sigma}_p^2 = \frac{\sum_{i=1}^{n_1}(y_{i1} - \bar{y}_1)^2 + \sum_{j=1}^{n_2}(y_{j2} - \bar{y}_2)^2}{n_1 + n_2 - 2}。 \tag{13.5}$$

因为我们用估计得到的 $\hat{\sigma}_p^2$ 替代未知的真实方差 σ^2, 所以应该扩大可信区间以应对额外的不确定性。我们从自由度为 $n_1 + n_2 - 2$ 的 t 分布表中查找临界值。$\mu_1 - \mu_2$ 的近似 $(1 - \alpha)100\%$ 贝叶斯可信区间为

$$\bar{y}_1 - \bar{y}_2 \pm t_{\frac{\alpha}{2}} \hat{\sigma}_p \sqrt{\frac{1}{n_1} + \frac{1}{n_2}}, \tag{13.6}$$

这里的临界值来自自由度为 $n_1 + n_2 - 2$ 的 t 分布表。[1]

---

[1]实际上, 将未知的 σ^2 看成冗余参数并为它使用独立的先验 $g(\sigma^2) \propto \dfrac{1}{\sigma^2}$, 通过对 $\mu_1 - \mu_2$ 和 σ^2 的联合后验求积分去掉冗余参数, 得到 $\mu_1 - \mu_2$ 的边缘后验分布。边缘后验是自由度为 $n_1 + n_2 - 2$ 的 t 分布而非正态分布。t 临界值取代 z 临界值得到可信区间。可见, 在这些假设下用我们的近似方法可以得到正确的可信区间。

方差未知但相等的情况下, 均值差的置信区间。当两个分布的方差相等时, $\mu_d = \mu_1 - \mu_2$ 的频率论置信区间为

$$\bar{y}_1 - \bar{y}_2 \pm t_{\frac{\alpha}{2}} \hat{\sigma}_p \sqrt{\frac{1}{n_1} + \frac{1}{n_2}}, \tag{13.7}$$

这里也是从自由度为 $n_1 + n_2 - 2$ 的 t 分布表查临界值。若对 μ_1 和 μ_2 使用独立的"平坦"先验, 置信区间与贝叶斯可信区间完全一致。当然, 对二者的解释不同。

频率学派对置信区间包含差的真值有 $(1 - \alpha)100\%$ 的信心, 因为按这种方法计算的随机区间有 $(1 - \alpha)100\%$ 确实包含真值。贝叶斯的解释是, 给定两个样本的数据, 随机参数 $\mu_1 - \mu_2$ 在区间中的后验概率为 $1 - \alpha$。

这种情况下, 科学家对置信区间概率表述的误解也无可厚非, 因为这个解释实际上是使用独立平坦先验的概率表述。对频率论统计来说是幸运的, 他们最常用的技术 (均值和比例的置信区间) 等价于在一些特别的先验下的贝叶斯可信区间。[1] 因此, 在这种情况下科学家将置信区间误解为概率表述也未尝不可, 但需默认使用独立平坦先验。科学家遭受的损失是不能使用其拥有的先验信息。[2]

单边贝叶斯假设检验。如果要检验

$$H_0 : \mu_d \leqslant 0, \quad H_1 : \mu_d > 0,$$

若假定两个随机变量来自方差 σ^2 未知但相等的正态分布, 用方差的综合估计 $\hat{\sigma}_p^2$ 代替未知的 σ^2 并假定对均值 μ_1 和 μ_2 使用独立的"平坦"先验, 利用 (13.5) 式计算零假设的后验概率; 但不是在标准正态表中查找概率, 而是从自由度为 $n_1 + n_2 - 2$ 的 t 分布中查找。可以用 Minitab 或 R 来计算, 或者在 t 分布表中查到与这个概率关联的值。

双边贝叶斯假设检验。若假定两个样本来自方差 σ^2 未知但相等的正态分布, 用方差的综合估计 $\hat{\sigma}_p^2$ 代替未知方差 σ^2 并假定用独立的"平坦"先验, 我们可以用 (13.7) 式的 $\mu_1 - \mu_2$ 的可信区间检验双边假设

$$H_0 : \mu_1 - \mu_2 = 0, \quad H_1 : \mu_1 - \mu_2 \neq 0。$$

它有 $n_1 + n_2 - 2$ 个自由度。如果 0 在可信区间中, 就不能拒绝零假设, 0 依然是均值差的可信值。不过, 如果 0 在区间之外, 0 就不再是显著性水平 α 上的可信值。

13.3 情况 2: 方差不等

方差已知

本节讨论方差已知的非加性模型。设 $y_{11}, y_{21}, \cdots, y_{n_1 1}$ 是来自正态分布的随机样本,

---

[1]在来自正态分布的单一随机样本的情况中, 频率论置信区间等价于对 μ 使用平坦先验的贝叶斯可信区间。在来自正态分布的方差 σ^2 相等但未知的独立随机样本的情况中, 均值差的置信区间等价于对 μ_1 和 μ_2 使用平坦先验以及冗余参数的不适当先验 $g(\sigma) \propto \sigma^{-1}$ 的贝叶斯可信区间。

[2]像置信区间这样的频率学派的技术在其他许多情况下并没有贝叶斯解释, 认为置信区间是关于参数的概率表述的基础是完全错误的。

均值 μ_1、方差 σ_1^2 已知。$y_{12}, y_{22}, \cdots, y_{n_2 2}$ 是来自正态分布的随机样本, 均值 μ_2、方差 σ_2^2 已知。两个随机样本相互独立。

对 μ_1 和 μ_2 使用独立先验。它们可以是正态或"平坦"先验。因为样本独立且先验独立, 我们可以独立找到两个后验。利用 (11.5) 式和 (11.6) 式的简单更新公式可找出后验。$\mu_1 | y_{11}, y_{21}, \cdots, y_{n_1 1}$ 的后验是 $N[m_1', (s_1')^2]$。$\mu_2 | y_{12}, y_{22}, \cdots, y_{n_2 2}$ 的后验是 $N[m_2', (s_2')^2]$。因为先验独立且样本独立, 所以后验也是独立的, $\mu_d = \mu_1 - \mu_2$ 的后验为正态分布, 其均值是后验均值的差, 而方差等于后验方差之和。

$$(\mu_d | y_{11}, y_{21}, \cdots, y_{n_1 1}, y_{12}, y_{22}, \cdots, y_{n_2 2}) \sim N(m_d', (s_d')^2),$$

其中 $m_d' = m_1' - m_2'$, $(s_d')^2 = (s_1')^2 + (s_2')^2$。

方差已知但不等时, 均值差的可信区间。 $\mu_d = \mu_1 - \mu_2$, 均值差的 $(1 - \alpha)100\%$ 贝叶斯可信区间是

$$m_d' \pm z_{\frac{\alpha}{2}} s_d', \tag{13.8}$$

它可以写成

$$m_1' - m_2' \pm z_{\frac{\alpha}{2}} \sqrt{(s_1')^2 + (s_2')^2}。 \tag{13.9}$$

注意, 这两个公式与 (13.1) 式和 (13.2) 式相同。

方差已知但不等时, 均值差的置信区间。此时, $\mu_d = \mu_1 - \mu_2$ 的频率论置信区间是

$$\bar{y}_1 - \bar{y}_2 \pm z_{\frac{\alpha}{2}} \sqrt{\frac{\sigma_1^2}{n_1} + \frac{\sigma_2^2}{n_2}}。 \tag{13.10}$$

注意, 如果对 μ_1 和 μ_2 都使用平坦先验, 所得的贝叶斯可信区间的公式与此式相同。但它们对区间的解释却大相径庭。

方差未知

当方差不等且未知时, 每个方差都需要用样本数据估计

$$\hat{\sigma}_1^2 = \frac{1}{n_1 - 1} \sum_{i=1}^{n_1} (y_{i1} - \bar{y}_1)^2, \quad \hat{\sigma}_2^2 = \frac{1}{n_2 - 1} \sum_{i=1}^{n_2} (y_{i2} - \bar{y}_2)^2。$$

这些估计在简单更新公式中会替代未知的真值, 因而会带来额外的不确定性。为此我们应该从 t 分布表查找临界值。不过, 如何确定自由度不再是一个简单的问题。萨特思韦特 (Satterthwaite) 建议调整后的自由度为

$$\frac{\left(\dfrac{\hat{\sigma}_1^2}{n_1} + \dfrac{\hat{\sigma}_2^2}{n_2}\right)^2}{\dfrac{(\hat{\sigma}_1^2/n_1)^2}{n_1 - 1} + \dfrac{(\hat{\sigma}_2^2/n_2)^2}{n_2 - 1}}$$

向下取整。

方差未知且不等时, 均值差的可信区间。如果在 (11.5) 式和 (11.6) 式中用方差的样本估计替代未知的真实方差, $\mu_d = \mu_1 - \mu_2$ 的近似 $(1-\alpha)100\%$ 可信区间为

$$m_1' - m_2' \pm t_{\frac{\alpha}{2}} \sqrt{(s_1')^2 + (s_2')^2},$$

其中采用萨特思韦特建议的调整后的自由度。此时, 若对 μ_1 和 μ_2 使用独立的"平坦"先验, 该式可以写为

$$m_1' - m_2' \pm t_{\frac{\alpha}{2}} \sqrt{\frac{\sigma_1^2}{n_1} + \frac{\sigma_2^2}{n_2}}. \tag{13.11}$$

方差未知且不等时, 均值差的置信区间。$\mu_d = \mu_1 - \mu_2$ 的近似 $(1-\alpha)100\%$ 置信区间为

$$m_1' - m_2' \pm t_{\frac{\alpha}{2}} \sqrt{\frac{\sigma_1^2}{n_1} + \frac{\sigma_2^2}{n_2}}. \tag{13.12}$$

它与使用独立的平坦先验所得的 $(1-\alpha)100\%$ 可信区间相同。[1] 但是有不同的解释。

$H_0 : \mu_1 - \mu_2 \leqslant 0, \ H_1 : \mu_1 - \mu_2 > 0$ 的贝叶斯假设检验。为了以贝叶斯方式在水平 α 上检验

$$H_0 : \mu_1 - \mu_2 \leqslant 0, \ H_1 : \mu_1 - \mu_2 > 0,$$

我们会利用 (13.5) 式计算零假设的后验概率。如果方差 σ_1^2 和 σ_2^2 已知, 可以从标准正态表中获得临界值。然而, 当用估计方差代替真正的未知方差时, 就用萨特思韦特近似法的自由度的 t 分布得到概率。如果该概率小于 α, 就拒绝零假设并断定 $\mu_1 > \mu_2$。换句话说, 治疗是有效的。否则不能拒绝零假设。

13.4 利用正态近似的比例差的贝叶斯推断

通常我们想要比较两个总体中某一属性的比例。在总体 1 和总体 2 中真实的比例分别是 π_1 和 π_2。从每个总体采集随机样本, 并观测各样本中具有此属性的数量。$y_1|\pi_1$ 的分布是 $B(n_1, \pi_1)$, $y_2|\pi_2$ 的分布为 $B(n_2, \pi_2)$, 它们彼此独立。

---

[1]当方差均未知并假设它们不等时, 是以贝叶斯范式求 $\mu_1 - \mu_2 - (\bar{y}_1 - \bar{y}_2)|y_{11}, y_{21}, \cdots, y_{n_1 1}, y_{12}, y_{22}, \cdots, y_{n_2 2}$ 的后验分布, 或是等价地以频率论范式求 $(\bar{y}_1 - \bar{y}_2) - (\mu_1 - \mu_2)$ 的抽样分布, 二者之间的争议持续了很长时间。在一个样本的情形中, 若使用 $g(\mu) = 1$ 平坦先验和无信息先验 $g(\sigma^2) \propto \frac{1}{\sigma^2}$, 并通过边缘化从联合后验中去掉 σ^2, 则 $\bar{y} - \mu$ 的抽样分布与 $\mu - \bar{y}|y_1, y_2, \cdots, y_n$ 的后验分布相同。因此在该情况下的置信区间和可信区间等价。同理, 对于两个样本且方差相等的情形, $\bar{y}_1 - \bar{y}_2$ 的抽样分布等于 $\mu_1 - \mu_2|y_{11}, y_{21}, \cdots, y_{n_1 1}, y_{12}, y_{22}, \cdots, y_{n_2 2}$ 的后验分布, 其中分别对 μ_1 和 μ_2 使用平坦先验和无信息先验 $g(\sigma^2) \propto \frac{1}{\sigma^2}$, 并通过边缘化从联合后验中去掉 σ^2。同样, 在该情况下置信区间和可信区间等价。这也许会让人相信该模式普遍成立。然而, 在方差未知且不等的两个样本的情况中它并不成立。此时的贝叶斯后验被称为贝伦斯-费希尔 (Behrens-Fisher) 分布。频率论分布依赖于未知方差的比例。两个分布都可以通过调整自由度用 t 分布近似。萨特思韦特建议将自由度调整为

$$\frac{\left(\frac{\hat{\sigma}_1^2}{n_1} + \frac{\hat{\sigma}_2^2}{n_2}\right)^2}{\frac{(\hat{\sigma}_1^2/n_1)^2}{n_1 - 1} + \frac{(\hat{\sigma}_2^2/n_2)^2}{n_2 - 1}}$$

向下取整。

我们知道, 如果对 π_1 和 π_2 使用独立的先验分布, 则会得到独立的后验分布. 假设 π_1 的先验是 $\mathrm{Be}(a_1, b_1)$, π_2 的先验是 $\mathrm{Be}(a_2, b_2)$. 后验是独立的贝塔分布. π_1 的后验是 $\mathrm{Be}(a_1', b_1')$, 其中 $a_1' = a_1 + y_1$, $b_1' = b_1 + n_1 - y_1$. 同理, π_2 的后验是 $\mathrm{Be}(a_2', b_2')$, 其中 $a_2' = a_2 + y_2$, $b_2' = b_2 + n_2 - y_2$.

使用与贝塔分布的均值和方差相同的正态分布来近似每一个后验分布. $\pi_d = \pi_1 - \pi_2$ 的后验分布近似于 $N(m_d', (s_d')^2)$, 其中后验均值为

$$m_d' = \frac{a_1'}{a_1' + b_1'} - \frac{a_2'}{a_2' + b_2'},$$

后验方差为

$$(s_d')^2 = \frac{a_1' b_1'}{(a_1' + b_1')^2 (a_1' + b_1' + 1)} + \frac{a_2' b_2'}{(a_2' + b_2')^2 (a_2' + b_2' + 1)}.$$

比例差的可信区间. 我们用 (近似的) 正态后验分布的一般规则求 $\pi_d = \pi_1 - \pi_2$ 的 $(1 - \alpha)100\%$ 贝叶斯可信区间, 它是

$$m_d' \pm z_{\frac{\alpha}{2}} s_d'. \tag{13.13}$$

比例差的单边贝叶斯假设检验. 假设要检测 $\pi_d = \pi_1 - \pi_2 > 0$ 是否成立. 我们将它设置为检验

$$H_0 : \pi_d \leqslant 0, \quad H_1 : \pi_d > 0.$$

注意, 我们要检验备选假设. 由下式计算零分布的近似后验概率

$$P(\pi_d \leqslant 0) = P\left(\frac{\pi_d - m_d'}{s_d'} \leqslant \frac{0 - m_d'}{s_d'} \right) = P\left(Z \leqslant \frac{0 - m_d'}{s_d'} \right). \tag{13.14}$$

如果此概率小于我们选定的显著性水平 α, 就在此水平上拒绝零假设并断定 $\pi_1 > \pi_2$. 否则不能拒绝零假设.

比例差的双边贝叶斯假设检验. 为了以贝叶斯方式检验假设

$$H_0 : \pi_1 - \pi_2 = 0, \quad H_1 : \pi_1 - \pi_2 \neq 0,$$

检查零假设值 (0) 是否落在由 (13.13) 式所给的 π_d 的可信区间中. 如果在区间中, 我们就不能在水平 α 上拒绝零假设 $H_0 : \pi_1 - \pi_2 = 0$. 如果在区间之外, 可以在水平 α 上拒绝零假设并接受备选假设 $H_1 : \pi_1 - \pi_2 \neq 0$.

例 13.2   学生报想写一篇关于学生吸烟习惯的文章. 有一个随机样本包含 200 名年龄介于 16 和 20 岁之间的学生 (100 位男生和 100 位女生), 100 位男生中有 22 位称他们经常吸烟, 而 100 位女生中有 31 位说她们经常吸烟. 报社编辑请统计专业学生唐娜对数据进行分析.

唐娜认为男生和女生的样本是独立的. 她的先验知识是少数学生会吸烟, 所以她决定对男生和女生吸烟的比例 π_m 和 π_f 分别使用独立的 $\mathrm{Be}(1, 2)$ 先验. π_m 的后验分布为

Be$(23,80)$, 而 π_f 的后验分布为 Be$(32,71)$。因此, 比例差 $\pi_d = \pi_m - \pi_f$ 的后验分布近似为 $N(m'_d,(s'_d)^2)$, 其中

$$m'_d = \frac{23}{23+80} - \frac{32}{32+71} = -0.087,$$

且

$$(s'_d)^2 = \frac{23 \times 80}{(23+80)^2 \times (23+80+1)} + \frac{32 \times 71}{(32+71)^2 \times (32+71+1)} = 0.061^2。$$

π_d 的 95% 可信区间是 $(-0.207,0.032)$, 这个区间包含 0。她不能在 5% 水平上拒绝零假设 $H_0 : \pi_m - \pi_f = 0$, 所以她告诉编辑, 数据并未令人信服地证明男生与女生的吸烟比例存在差异。

13.5 配对实验的正态随机样本

实验单元的差异常常是数据变化的主因。若对实验单元的两个独立随机样本进行两种治疗, 由于单元之间存在差异, 疗效的差异更难被检测到。

通过设计配对实验能更容易检测出疗效的差异。在配对实验中, 实验单元通过匹配成为相似的单元对, 然后给予每一对的其中一个单元第一种治疗, 给予另一个单元第二种治疗。这就是随机化区组实验设计, 我们在第 2 章中介绍过。例如, 乳制品产业经常使用同卵双胞胎小牛做实验。同卵双胞胎小牛正是基因复制品。从每一对中随机选出一个接受第一种治疗, 另一个则接受第二种治疗。

还可以用其他方式产生配对数据。例如, 若将两种治疗 (在不同时刻) 应用于同一个实验单元, 则在进行第二种治疗之前留出一段时间以便让第一种治疗的疗效消散。或者考虑同一实验单元在"治疗前"和"治疗后"的测量值。

由于实验单元的差异, 同一对单元的两个观测会比不同对单元的观测更相似。在同一对中, 给定治疗 A 的观测和给定治疗 B 的观测之间的差异是疗效加上测量误差。在不同对中, 给定治疗 A 的观测和给定治疗 B 的观测之间的差异是疗效加实验单元的影响再加测量误差。因此, 我们不能将配对数据样本当作彼此独立的来处理。两个随机样本分别来自均值为 μ_A 和 μ_B 的正态总体。当模型为加性模型, 总体的方差 σ^2 相同时, 我们认为方差有两个来源: 测量误差和实验单元之间的随机差异。

考虑每对中的差异

给定治疗 A, 对 i 的观测记为 y_{i1}; 给定治疗 B, 对 i 的观测记为 y_{i2}。如果取每对内部观测之间的差, $d_i = y_{i1} - y_{i2}$, 这些 d_i 是来自均值 $\mu_d = \mu_A - \mu_B$, 方差为 σ_d^2 的正态总体的随机样本。可以将这个 (差异) 数据当作来自单一正态分布的样本, 并用第 11 章和第 12 章中的方法来推断。

例 13.3 某乳品公司为确定矿物质补充剂是否能有效地提高牛奶年产量设计了一个实验。用 15 对同卵双胞胎奶牛作为实验单元。每对中随机选出一头分配到治疗组接受补

充剂, 另一头则被分配到不接受补充剂的对照组。表 13.1 所示为年产量。假定接受补充剂的奶牛的年产量服从 $N(\mu_t, \sigma_t^2)$, 对照组奶牛的年产量服从 $N(\mu_c, \sigma_c^2)$。爱丽丝、布拉德和柯蒂斯认为, 由于同一对的两头奶牛有相同的基因, 它们的响应比来自不同对的奶牛更相似。同卵双胞胎实际是一种自然的配对。因为治疗组和对照组这两个总体不能被看成是彼此独立的, 他们决定取二者的差 $d_i = y_{i1} - y_{i2}$。它服从 $N(\mu_d, \sigma_d^2)$, 其中 $\mu_d = \mu_t - \mu_c$, 并假设 $\sigma_d^2 = 270^2$。

表 13.1　牛奶年产量

双胞胎组	牛奶产量. 对照组/L	牛奶产量, 治疗组/L
1	3525	3340
2	4321	4279
3	4763	4910
4	4899	4866
5	3234	3125
6	3469	3680
7	3439	3965
8	3658	3849
9	3385	3297
10	3226	3124
11	3671	3218
12	3501	3246
13	3842	4245
14	3998	4186
15	4004	3711

　　爱丽丝决定对 μ_d 使用 "平坦" 先验。布拉德决定对 μ_d 使用正态先验 $N(m, s^2)$, 其中 $m = 0$, $s = 200$。柯蒂斯将 μ_d 的先验形状定为三角形。他设立数值先验, 并在表 13.2 所给的高度之间进行插值。图 13.1 所示为先验的形状。爱丽丝用的是 "平坦" 先验, 所以后验是正态分布 $N[m', (s')^2]$, 其中 $m' = \bar{y} = 7.067$, $(s')^2 = 270^2/15 = 4860$。她的后验标准差 $s' = \sqrt{4860} = 69.71$。布拉德用的是正态先验 $N(0, 200^2)$, 所以后验是 $N[m', (s')^2]$, 其中由 (11.5) 式和 (11.6) 式得到 m' 和 s'。

$$\frac{1}{(s')^2} = \frac{1}{200^2} + \frac{15}{270^2} = 0.000230761,$$

所以他的后验标准差 $s' = 65.83$, 且

$$m' = \frac{\dfrac{1}{200^2}}{0.000230761} \times 0 + \frac{\dfrac{15}{270^2}}{0.000230761} \times 7.067 = 6.30。$$

柯蒂斯需要利用 (11.3) 式进行数值计算才能得到后验。

表 13.2　柯蒂斯的先验权重。通过线性插值可得其连续先验的形状

权重	0	3	0
值	−300	0	300

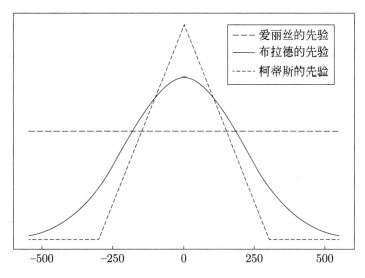

图 13.1　爱丽丝、布拉德和柯蒂斯的先验分布的形状

[**Minitab:**] 他用 Minitab 宏 NormGCP 进行数值积分。

[**R:**] 他用 R 函数 normgcp 计算后验, 并用 cdf 进行数值积分。

图 13.2 所示为 3 个后验。为确定治疗是否能有效提高乳蛋白的产量, 他们决定在

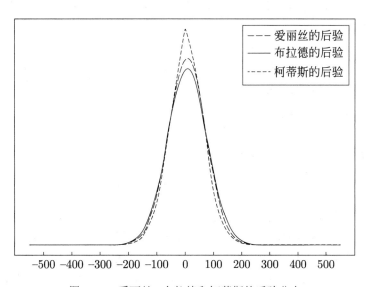

图 13.2　爱丽丝、布拉德和柯蒂斯的后验分布

95% 显著性水平上进行单边假设检验

$$H_0 : \mu_d \leqslant 0, \quad H_1 : \mu_d > 0。$$

爱丽丝和布拉德得到正态后验, 因此他们利用 (13.5) 式计算零假设的后验概率。

[**Minitab:**] 柯蒂斯有数值后验, 所以他用 (12.3) 式并使用 Minitab 宏 tintegral 进行数值积分。

[**R:**] 柯蒂斯有数值后验, 所以他用 (12.3) 式并使用 R 函数 `cdf` 进行数值积分。
结果如表 13.3 所示。

表 13.3   贝叶斯单边假设检验结果

人员	后验	$P(\mu_d \leqslant 0 | d_1, d_2, \cdots, d_n)$	
爱丽丝	$N(7.07, 69.71^2)$	$P\left(Z \leqslant \dfrac{0 - 7.07}{69.71}\right) = 0.4596$	不拒绝
布拉德	$N(6.30, 65.83^2)$	$P\left(Z \leqslant \dfrac{0 - 6.30}{65.83}\right) = 0.4619$	不拒绝
柯蒂斯	数值的	$\int_{-\infty}^{0} g(\mu_d | d_1, d_2, \cdots, d_n)\mathrm{d}\mu = 0.4684$	不拒绝

本 章 要 点

- 利用正态均值差推断疗效的大小。

- 每一个实验单元被随机分配到治疗组或对照组。无偏的随机分配方法能确保治疗组和对照组得到相似的实验单元。平均来说它们的均值相等。

- 治疗组均值是分配给治疗组的实验单元的均值加上疗效。

- 如果疗效是常数, 我们称之为加性模型, 则两组观测的基本方差, 假设为已知, 是相同的。

- 如果两个样本中的数据相互独立, 我们对两个均值使用独立的先验。后验分布 $\mu_1 | y_{11}, y_{21}, \cdots, y_{n_1 1}$ 和 $\mu_2 | y_{12}, y_{22}, \cdots, y_{n_2 2}$ 也彼此独立, 用第 11 章中的方法可以得到这两个后验分布。

- 设 $\mu_d = \mu_1 - \mu_2$。$\mu_d | y_{11}, y_{21}, \cdots, y_{n_1 1}, y_{12}, y_{22}, \cdots, y_{n_2 2}$ 的后验分布是正态的, 其均值 $m'_d = m'_1 - m'_2$、方差 $(s'_d)^2 = (s'_1)^2 + (s'_2)^2$。

- $\mu_d = \mu_1 - \mu_2$ 的 $(1 - \alpha)100\%$ 可信区间为

$$m'_d \pm z_{\alpha/2} s'_d。$$

- 如果方差未知, 就用两个样本的综合估计。由于使用方差的估计而非真实方差会带来额外的不确定性, 我们不得不扩大可信区间。由 (自由度为 $n_1 + n_2 - 2$) t 分布表而非标准正态表查临界值就能得到更大的可信区间。

- $\mu_d | y_{11}, y_{21}, \cdots, y_{n_1 1}, y_{12}, y_{22}, \cdots, y_{n_2 2}$ 的置信区间与使用平坦先验的贝叶斯可信区间相同。

- 如果方差未知且不等, 就使用方差的样本估计并把它当成是正确的值。使用 t 分布的临界值, 其中用萨特思韦特近似法给出的自由度, 对可信区间和置信区间都这样处理。
- 用正态近似可以求出比例差的后验分布。因后验方差为已知, 由标准正态表查找可信区间的临界值。
- 在配对实验中, 观测样本相互依赖。计算差 $d_i = y_{i1} - y_{i2}$ 并把它们视为来自 $N(\mu_d, \sigma_d^2)$ 的单一样本, 其中 $\mu_d = \mu_1 - \mu_2$。用第 11 章和第 12 章中处理单一样本的方法对 μ_d 进行推断。

习　题

13.1　某大公司的人力资源部想对培训产业工人技能的两种方法进行比较。他们挑选了 20 名工人: 随机分配其中的 10 人用 A 方法训练, 余下 10 人用 B 方法训练。训练完成后, 测试每位工人完成任务的速度。工人完成任务需要的时间为

方法 A	115	120	111	123	116	121	118	116	127	129
方法 B	123	131	113	119	123	113	128	126	125	128

(1) 假设观测分别来自 $N(\mu_A, \sigma^2)$ 和 $N(\mu_B, \sigma^2)$, 其中 $\sigma^2 = 6^2$。对 μ_A 和 μ_B 分别使用独立正态先验 $N(m, s^2)$, 其中 $m = 100$, $s^2 = 20^2$。分别求 μ_A 和 μ_B 的后验分布。

(2) 求 $\mu_A - \mu_B$ 的后验分布。

(3) 求 $\mu_A - \mu_B$ 的 95% 贝叶斯可信区间。

(4) 在 5% 显著性水平上对假设

$$H_0 : \mu_A - \mu_B = 0, \quad H_1 : \mu_A - \mu_B \neq 0$$

进行贝叶斯检验。我们可以得出什么结论?

13.2　一个消费者测试组织得到两个品牌的紧急照明弹大小为 12 的样本, 并测量其燃烧时间。它们是

品牌 A	17.5	21.2	20.3	14.4	15.2	19.3	21.2	19.1	18.1	14.6	17.2	18.8
品牌 B	13.4	9.9	13.5	11.3	22.5	14.3	13.6	15.2	13.7	8.0	13.6	11.8

(1) 假设观测分别来自 $N(\mu_A, \sigma^2)$ 和 $N(\mu_B, \sigma^2)$, 其中 $\sigma^2 = 3^2$。对 μ_A 和 μ_B 分别使用独立的正态先验分布 $N(m, s^2)$, 其中 $m = 20$, $s^2 = 8^2$。分别求 μ_A 和 μ_B 的后验分布。

(2) 求 $\mu_A - \mu_B$ 的后验分布。

(3) 求 $\mu_A - \mu_B$ 的 95% 贝叶斯可信区间。

(4) 在 5% 显著性水平上对假设

$$H_0 : \mu_A - \mu_B = 0, \quad H_1 : \mu_A - \mu_B \neq 0$$

进行贝叶斯检验。我们可以得出什么结论?

13.3 某乳品公司的质量经理想知道由两个工厂生产的产品中乳脂含量是否相等。他从每个工厂的产品中抽取大小为 10 的随机样本并测量乳脂含量。结果是

工厂 1	16.2	12.7	14.8	15.6	14.7	13.8	16.7	13.7	16.8	14.7
工厂 2	16.1	16.3	14.0	16.2	15.2	16.5	14.4	16.3	16.9	13.7

(1) 假设观测分别来自 $N(\mu_1, \sigma^2)$ 和 $N(\mu_2, \sigma^2)$, 其中 $\sigma^2 = 1.2^2$。对 μ_1 和 μ_2 分别使用独立的正态先验分布 $N(m, s^2)$, 其中 $m = 15$, $s^2 = 4^2$。分别求 μ_1 和 μ_2 的后验分布。

(2) 求 $\mu_1 - \mu_2$ 的后验分布。

(3) 求 $\mu_1 - \mu_2$ 的 95% 贝叶斯可信区间。

(4) 在 5% 显著性水平上对假设

$$H_0: \mu_1 - \mu_2 = 0, \quad H_1: \mu_1 - \mu_2 \neq 0$$

进行贝叶斯检验。我们可以得出什么结论?

13.4 由两种工艺生产的陶瓷的独立随机样本, 经过测试得到它们的硬度, 结果如下:

工艺 1	8.8	9.6	8.9	9.2	9.9	9.4	9.2	10.1
工艺 2	9.2	9.5	10.2	9.5	9.8	9.5	9.3	9.2

(1) 假设观测来自 $N(\mu_1, \sigma^2)$ 和 $N(\mu_2, \sigma^2)$, 其中 $\sigma^2 = 0.4^2$。对 μ_1 和 μ_2 分别使用独立的正态先验分布 $N(m, s^2)$, 其中 $m = 10$, $s^2 = 1^2$。分别求 μ_1 和 μ_2 的后验分布。

(2) 求 $\mu_1 - \mu_2$ 的后验分布。

(3) 求 $\mu_1 - \mu_2$ 的 95% 贝叶斯可信区间。

(4) 在 5% 显著性水平上对假设

$$H_0: \mu_1 - \mu_2 \geqslant 0, \quad H_1: \mu_1 - \mu_2 < 0$$

进行贝叶斯检验。我们可以得出什么结论?

13.5 某热电站将其冷却水排入河中。一位环境科学家想要确定这种做法是否对溶解氧水平有负面影响。她在电站上游和下游 1km 处采集水样本, 并测量溶解氧的水平。数据为

上游	10.1	10.2	13.4	8.2	9.8	
下游	9.7	10.3	6.4	7.3	11.7	8.9

(1) 假设观测来自 $N(\mu_1, \sigma^2)$ 和 $N(\mu_2, \sigma^2)$, 其中 $\sigma^2 = 2^2$。对 μ_1 和 μ_2 分别使用独立的正态先验分布 $N(m, s^2)$, 其中 $m = 10$, $s^2 = 2^2$。分别求 μ_1 和 μ_2 的后验分布。

(2) 求 $\mu_1 - \mu_2$ 的后验分布。

(3) 求 $\mu_1 - \mu_2$ 的 95% 贝叶斯可信区间。

(4) 在 5% 显著性水平上对假设

$$H_0: \mu_1 - \mu_2 \leqslant 0, \quad H_1: \mu_1 - \mu_2 > 0$$

进行贝叶斯检验。我们可以得出什么结论?

13.6 反刍动物牛有多个胃腔。刺激其特定神经末梢会引起网状沟槽的收缩反射并吞下液体后绕过网状瘤胃直接移向皱胃。科学家想研发简单的非放射性无创测试以确定这个过程何时发生。为确定牛体内吞咽液体的去向, McLeay et al. (1997) 研究了一种碳 13 辛酸呼吸试验作为检测牛的网状沟槽的收缩方法。12 头成年奶牛被随机分为两组, 每组 6 头。第一组给予 200mg 的碳 13 辛酸注入网胃, 第二组以同样剂量注入网状重瓣胃孔。10min 后, 测量每组呼吸中的碳 13 富集的变化。结果为

碳 13 注入网胃		碳 13 注入网状重瓣胃孔	
牛的编号	x	牛的编号	y
8	1.5	14	3.5
9	1.9	15	4.7
10	0.4	16	4.8
11	-1.2	17	4.1
12	1.7	18	4.1
13	0.7	19	5.3

(1) 本实验中对变量 x 和 y 的观测可以认为是独立的, 为什么?

(2) 假设注入奶牛网胃的碳 13 的浓度变化是 $N(\mu_1, \sigma_1^2)$, 其中 $\sigma_1^2 = 1.00^2$。用正态分布 $N(2, 2^2)$ 作为 μ_1 的先验。计算 $\mu_1 | x_8, x_9, \cdots, x_{13}$ 的后验分布。

(3) 假设注入奶牛网状重瓣胃孔口的碳 13 的浓度变化是正态分布 $N(\mu_2, \sigma_2^2)$, 其中 $\sigma_2^2 = 1.40^2$。用正态分布 $N(2, 2^2)$ 作为 μ_2 的先验。计算 $\mu_2 | y_{14}, y_{15}, \cdots, y_{19}$ 的后验分布。

(4) 计算均值差 $\mu_d = \mu_1 - \mu_2$ 的后验分布。

(5) 计算 μ_d 的 95% 贝叶斯可信区间。

(6) 在 5% 显著性水平上检验假设

$$H_0 : \mu_1 - \mu_2 = 0, \quad H_1 : \mu_1 - \mu_2 \neq 0。$$

可以得出什么结论?

13.7 在嫌犯鞋子或衣服上发现的玻璃碎片常常会将嫌犯与犯罪现场联系起来。为了将碎片折射率与犯罪现场的玻璃折射率进行严格的对比, 需要了解窗格玻璃的折射率的变异性。Bennett et al. (2003) 针对各种空间格局分析窗格浮法玻璃的折射率。以下为来自窗格边缘和中间的折射率样本。

窗格边缘		窗格中间	
1.51996	1.51997	1.52001	1.51999
1.51998	1.52000	1.52004	1.51997
1.51998	1.52004	1.52005	1.52000
1.52000	1.52001	1.52004	1.52002
1.52000	1.51997	1.52004	1.51996

对于这些数据, $\bar{y}_1 = 1.51999$, $\bar{y}_2 = 1.52001$, $sd_1 = 0.00002257$; 并且 $sd_2 = 0.00003075$。

(1) 假设窗格边缘玻璃折射率是 $N(\mu_1, \sigma_1^2)$, 其中 $\sigma_1 = 0.00003$。若 μ_1 的先验为正态先验 $N(1.52000, 0.0001^2)$, 计算 μ_1 的后验分布。

(2) 假设窗格中间玻璃折射率是 $N(\mu_2, \sigma_2^2)$, 其中 $\sigma_2 = 0.00003$。若 μ_2 的先验为正态先验 $N(1.52000, 0.0001^2)$, 计算 μ_2 的后验分布。

(3) 求 $\mu_d = \mu_1 - \mu_2$ 的后验分布。

(4) 求 μ_d 的 95% 可信区间。

(5) 在 5% 显著性水平上对假设

$$H_0 : \mu_d = 0, \quad H_1 : \mu_d \neq 0$$

进行贝叶斯检验。

13.8 20 世纪上半叶, 妇女在新西兰社会中的角色发生了巨大的变化, 妇女控制着生活中的教育、就业、家庭形式和生育等方面。这些年间, 像 "妇女解放运动" 和 "性解放" 这些短语被用来描述妇女在社会中的角色转换。1995 年怀卡托大学的人口研究中心赞助新西兰妇女家庭、就业和教育调查 (NZFEE) 研究这些变化。他们采集了从 20 岁到 59 岁之间各年龄的新西兰妇女的随机样本, 并且通过采访了解她们的教育、就业以及个人生活史。Marsault et al。(1997) 总结了这次调查的细节。有关这次调查的详细数据分析见 Johnstone et al。(2001)。

年轻的新西兰妇女的学历与她们的上一代有什么不同? 为了弄清楚该问题, 我们将对比年龄相差 25 岁的两代新西兰妇女的学历。在调查时 25—29 岁年龄组的妇女出生在 1966—1970 年间。在调查时 50—54 岁年龄组的妇女出生在 1941—1945 年间。

(1) 25—29 岁年龄组的 314 名妇女中, 234 名完成了中学学历。求该年龄段完成中学学历的新西兰妇女的比例 π_1 的后验分布。(对 π_1 使用均匀先验。)

(2) 50—54 岁年龄组的 219 名妇女中, 120 名完成了中学学历。求该年龄段完成中学学历的新西兰妇女的比例 π_2 的后验分布。(对 π_2 使用均匀先验。)

(3) 求 $\pi_1 - \pi_2$ 的近似后验分布。

(4) 求 $\pi_1 - \pi_2$ 的 99% 贝叶斯可信区间。

(5) 如果在 1% 显著性水平上检验假设

$$H_0 : \pi_1 - \pi_2 = 0, \quad H_1 : \pi_1 - \pi_2 \neq 0$$

将会得到什么结论?

13.9 新西兰年轻妇女比她们的上一代更有可能从事有偿的工作? 为了弄清楚这个问题, 我们将研究年龄相差 25 岁的两代新西兰妇女当前的就业状况。

(1) 25—29 岁年龄组的 314 名妇女中, 171 名当前从事有偿的工作。求该年龄段当前从事有偿工作的新西兰妇女的比例 π_1 的后验分布。(对 π_1 使用均匀先验。)

(2) 50—54 岁年龄组的 219 名妇女中, 137 名当前从事有偿的工作。求此年龄段当前从事有偿工作的新西兰妇女的比例 π_2 的后验分布。(对 π_2 使用均匀先验。)

(3) 求 $\pi_1 - \pi_2$ 的近似后验分布。

(4) 求 $\pi_1 - \pi_2$ 的 99% 贝叶斯可信区间。

(5) 如果在 1% 显著性水平上检验假设

$$H_0 : \pi_1 - \pi_2 = 0, \ H_1 : \pi_1 - \pi_2 \neq 0$$

将会得到什么结论?

13.10 新西兰年轻一代妇女是否比上一代性活跃的年龄更早? 为了弄明白该问题, 我们研究两代新西兰妇女在 18 岁前报告有性行为的比例.

(1) 25~29 岁年龄组回答此问题的 298 名妇女中, 180 名报告在 18 岁前有性行为. 求该年龄段 18 岁前有性行为的新西兰妇女的比例 π_1 的后验分布. (对 π_1 使用均匀先验.)

(2) 50~54 岁年龄组回答此问题的 218 名妇女中, 52 名报告在 18 岁前有性行为. 求该年龄段 18 岁前有性行为的新西兰妇女的比例 π_2 的后验分布. (对 π_2 使用均匀先验.)

(3) 求 π_1 π_2 的近似后验分布.

(4) 在 1% 显著性水平上以贝叶斯方式检验假设

$$H_0 : \pi_1 - \pi_2 \leqslant 0, \ H_1 : \pi_1 - \pi_2 > 0.$$

我们可以断定, 25~29 岁年龄组的这一代比 50~54 岁年龄组的那一代的新西兰妇女更早有性行为吗?

13.11 新西兰年轻一代妇女是否比上一代更晚结婚? 为了弄清楚该问题, 我们研究新西兰两代妇女在 22 岁前已经结婚的比例.

(1) 25~29 岁年龄组的 314 名妇女中, 69 名报告 22 岁前已经结婚. 求该年龄段 22 岁前已经结婚的新西兰妇女的比例 π_1 的后验分布. (对 π_1 使用均匀先验.)

(2) 50~54 岁年龄组的 219 名妇女中, 69 名报告 22 岁前已经结婚. 求该年龄段 22 岁前已经结婚的新西兰妇女的比例 π_2 的后验分布. (对 π_2 使用均匀先验.)

(3) 求 $\pi_1 - \pi_2$ 的近似后验分布.

(4) 在 1% 显著性水平上以贝叶斯方式检验假设

$$H_0 : \pi_1 - \pi_2 \geqslant 0, \ H_1 : \pi_1 - \pi_2 < 0.$$

我们可以断定, 25~29 岁年龄组的这一代比 50~54 岁年龄组的那一代的新西兰妇女更晚结婚吗?

13.12 在本次调查所涵盖的时间范围内, 新西兰的家庭结构发生了改变. 新西兰社会更加接受伴侣同居 (婚前或未经合法手续而生活在一起). 考虑到这种情况, 新西兰年轻妇女是否在与前几代相似的年龄组成家庭式单位?

(1) 25~29 岁年龄组的 314 名妇女中, 199 名报告在 22 岁前建立了同居关系 (同居或合法婚姻). 求该年龄段 22 岁前建立同居关系的新西兰妇女的比例 π_1 的后验分布. (对 π_1 使用均匀先验.)

(2) 50~54 岁年龄组的 219 名妇女中, 116 名报告在 22 岁前建立了同居关系 (同居或合法婚姻). 求该年龄段 22 岁前建立同居关系的新西兰妇女的比例 π_2 的后验分布. (对 π_2 使用均匀先验.)

(3) 求 $\pi_1 - \pi_2$ 的近似后验分布.

(4) 求 $\pi_1 - \pi_2$ 的 99% 贝叶斯可信区间.

(5) 如果在 1% 显著性水平上检验假设

$$H_0 : \pi_1 - \pi_2 = 0, \ H_1 : \pi_1 - \pi_2 \neq 0$$

会得到什么结论。

13.13   新西兰年轻妇女是否比上一代更晚生孩子?

(1) 25~29 岁年龄组的 314 名妇女中, 136 名报告在 25 岁前生孩子。求该年龄段 25 岁前生孩子的新西兰妇女的比例 π_1 的后验分布。(对 π_1 使用均匀先验。)

(2) 50~54 岁年龄组的 219 名妇女中, 135 名报告在 25 岁前生孩子。求该年龄段 25 岁前生孩子的新西兰妇女的比例 π_2 的后验分布。(对 π_2 使用均匀先验。)

(3) 求 $\pi_1 - \pi_2$ 的近似后验分布。

(4) 在 1% 显著性水平上以贝叶斯方式检验假设

$$H_0 : \pi_1 - \pi_2 \geqslant 0, \quad H_1 : \pi_1 - \pi_2 < 0。$$

我们可以断定, 25~29 岁年龄组的这一代比 50~54 岁年龄组的那一代的新西兰妇女更晚生孩子吗?

13.14   先前的研究表明男童包皮环切可能有助于防止性传播感染 (STI)。Fergusson et al。(2006), 即基督城健康发展研究, 使用 25 年的纵向研究数据叙述新西兰一群孩童包皮环切情况和自报性传播感染史。

(1) 在 356 名未进行包皮环切的男性中, 37 名报告在 25 岁前至少有一次感染性传播疾病。求未进行包皮环切在 25 岁前至少有一次性传播感染的男性比例 π_1 的后验分布。(用 Be(1, 10) 作为 π_1 的先验。)

(2) 在 154 经过包皮环切的男性中, 7 名报告在 25 岁前至少有一次感染性传播疾病。求经过包皮环切在 25 岁前至少有一次性传播感染的男性比例 π_2 的后验分布。(用 Be(1, 10) 作为 π_2 的先验。)

(3) 求 $\pi_1 - \pi_2$ 的近似后验分布。

(4) 在 5% 显著性水平上以贝叶斯方式检验假设

$$H_0 : \pi_1 - \pi_2 \leqslant 0, \quad H_1 : \pi_1 - \pi_2 > 0。$$

其结果是否支持这个研究的假设?

13.15   用另外一组重复习题 13.6 中描述的实验 (McLeay et al., 1997), 奶牛共 7 头。不过在本案中, 当第一次的碳 13 已经在奶牛体中消失, 在稍后的时间对接受第一次治疗的 7 头奶牛进行第二次治疗。数据如下:

奶牛 ID	碳 13 注入网胃 (x)	碳 13 注入网状重瓣胃孔口 (y)
1	1.1	3.5
2	0.8	3.6
3	1.7	5.1
4	1.1	5.6
5	2.0	6.2
6	1.6	6.5
7	3.1	8.3

(1) 在该实验中变量 x 和 y 不能被认定是独立的, 解释其原因。

(2) 计算 $d_i = x_i - y_i, i = 1, 2, \cdots, 7$。

(3) 假定 x 与 y 的差服从正态分布 $N(\mu_d, \sigma_d^2)$, 其中 $\sigma_d^2 = 1$。对 μ_d 使用正态先验 $N(0, 3^2)$。计算 $\mu_d | d_1, d_2, \cdots, d_7$ 的后验。

(4) 计算 μ_d 的 95% 贝叶斯可信区间。

(5) 在 5% 显著性水平上检验假设

$$H_0 : \mu_d = 0, \quad H_1 : \mu_d \neq 0。$$

会得到什么结论?

13.16 贝叶斯统计的一个优势是可以合并来源不同的证据。在习题 13.6 和习题 13.15 中, 我们使用这两个实验的数据集求出 μ_d 的后验分布。在第一个实验中, 对两组奶牛进行两次治疗, 而测量值是独立的。在第二个实验中, 在不同时间对第三组奶牛进行两次治疗并让测量值相匹配。给定两个独立实验的数据集, 若要求出后验分布, 我们应该由第一个实验得到的后验分布作为第二个实验的先验分布。

(1) 为什么两组数据集可以认为是独立的, 解释其原因。

(2) 求 $\mu_d |$data 的后验分布, 其中数据 data 包括所有的测量值 $x_8, x_9, \cdots, x_{13}, y_{14}, y_{15}, \cdots, y_{19}, d_1, d_2, \cdots, d_7$。

(3) 求基于所有数据的 μ_d 的 95% 可信区间。

(4) 在 5% 显著性水平上检验假设

$$H_0 : \mu_d = 0, \quad H_1 : \mu_d \neq 0。$$

我们是否可以断定用碳 13 辛酸呼吸测试检测牛的网状沟槽收缩有效?

第 14 章 简单线性回归的贝叶斯推断

有时候我们要为两个变量 x 和 y 的关系建模, 想要找出描述这一关系的方程. 根据这种关系, 变量 x 通常会有助于对变量 y 的预测.

建模所用的数据包含 n 个有序点对 (x_i, y_i), 其中 $i = 1, 2, \cdots, n$. 将 x 看成是预测变量 (独立变量), x 已知且无误差. 将 y 看成是响应变量, 它以某种未知的方式依赖于 x, 但是观测到的每一个 y 都含有误差项. 将这些点绘在二维散点图中; 横轴为预测变量, 纵轴为响应变量.

我们检查散点图, 探索这种关系的性质. 为了构造回归模型, 首先确定看起来适合数据的方程类型. 线性关系是关联两个变量的最简单的方程. 它给出预测变量 x 和响应变量 y 的直线关系. 直线的参数, 斜率 β 和在 y 轴上的截距 α_0 未知, 因此任意一条直线都有可能.

随后我们通过某些标准确定未知参数的最优估计. 最常用的标准是最小二乘法. 用此方法能找出让残差的平方和最小的参数值, 残差是观测点到拟合方程的纵向距离. 14.1 节介绍简单线性回归. 14.2 节讨论如何通过对响应变量取对数用最小二乘回归拟合指数增长模型.

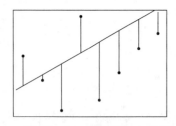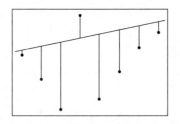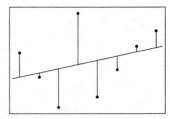

图 14.1 散点图与 3 条可能的直线与每条直线的残差. 第三条直线是最小二乘直线, 它的残差平方和最小

在这个阶段还没法进行推断, 因为没有数据的概率模型. 14.3 节构造的回归模型对响应变量如何依赖于预测变量以及随机性如何进入数据做了假设. 然后在这个模型上可以对参数进行推断. 14.4 节使用贝叶斯方法拟合两个变量之间的线性关系, 并对模型参数进行贝叶斯推断. 14.5 节在给定数据和下一个观测的预测变量 x_{n+1} 的条件下, 确定下一个观测 y_{n+1} 的预测分布.

14.1 最小二乘回归

我们可以在散点图上画出任意一条直线, 其中一些直线能很好地拟合数据点, 另外一些直线会远离这些点。残差是散点图上的点到直线的纵向距离。我们可以随心所欲地画出一条直线然后计算距此直线的残差。最小二乘是找出使残差平方和最小的最适合这些点的直线的方法。图 14.1 所示的散点图包括 3 条可能的直线以及每条直线的残差。

直线方程由它的斜率 β 和在 y 轴上的截距 α_0 决定。实际上, 它也可以由直线斜率和直线的其他任意一点决定, 比如在垂线 $x = \bar{x}$ 上的截距 $\alpha_{\bar{x}}$。求最小二乘直线等同于求它的斜率和在 y 轴上的截距 (或另一个截距)。

正规方程和最小二乘直线

距离直线 $y = \alpha_0 + \beta x$ 的残差平方和为

$$\mathrm{SS_{res}} = \sum_{i=1}^{n}[y_i - (\alpha_0 + \beta x_i)]^2。$$

为了用微积分求出最小化 $\mathrm{SS_{res}}$ 的 α_0 和 β 的值, 对 $\mathrm{SS_{res}}$ 分别关于 α_0 和 β 求导并令其等于 0, 求解联立方程。首先, 关于截距 α_0 求导, 得到方程

$$\frac{\partial \mathrm{SS_{res}}}{\partial \alpha_0} = \sum_{i=1}^{n} 2[y_i - (\alpha_0 + \beta x_i)] \cdot (-1) = 0。$$

该方程可简化为

$$\sum_{i=1}^{n} y_i - \sum_{i=1}^{n} \alpha_0 - \sum_{i=1}^{n} \beta x_i = 0,$$

进一步得到

$$\bar{y} - \alpha_0 - \beta \bar{x} = 0。 \tag{14.1}$$

其次, 关于 β 求导得到方程

$$\frac{\partial \mathrm{SS_{res}}}{\partial \beta} = \sum_{i=1}^{n} 2[y_i - (\alpha_0 + \beta x_i)](-x_i) = 0,$$

可简化为

$$\sum_{i=1}^{n} x_i y_i - \sum_{i=1}^{n} \alpha_0 x_i - \sum_{i=1}^{n} \beta x_i^2 = 0,$$

进一步得到

$$\overline{xy} - \alpha_0 \bar{x} - \beta \overline{x^2} = 0。 \tag{14.2}$$

(14.1) 式和 (14.2) 式是所谓的**正规方程**。这里的**正规**(normal) 是指直角[1] 而与正态 (normal) 分布无关。解方程 (14.1) 求出以 β 表示的 α_0 并代入方程 (14.2) 进而得到 β

---

[1]最小二乘找出 (n 维) 观测向量在包含 (α_0, β) 的所有可能的取值的平面上的投影。

$$\overline{xy} - (\bar{y} - \beta\bar{x})\bar{x} - \beta\overline{x^2} = 0。$$

这个解是最小二乘斜率[1]

$$B = \frac{\overline{xy} - \bar{x}\bar{y}}{\overline{x^2} - \bar{x}^2},\qquad\qquad(14.3)$$

需要特别注意的是, 若利用 (14.3) 式计算最小二乘斜率, 不要四舍五入。分子和分母都是两个数的差, 四舍五入会在估计斜率时出现巨大的误差。然后将 B 代回 (14.1) 式得到最小二乘的 y 轴截距

$$A_0 = \bar{y} - B\bar{x}。\qquad\qquad(14.4)$$

再次强调, 当用 (14.4) 式计算最小二乘截距时, 不要四舍五入, 这一点非常重要。最小二乘直线为

$$y = A_0 + Bx。\qquad\qquad(14.5)$$

最小二乘直线的替代形式。 由斜率和除在 y 轴上的截距之外的其他任意一点同样能决定这条直线。比如, 最小二乘直线与垂线在点 $\bar{x}$ 处的截距记为 $A_{\bar{x}}$, 有

$$A_{\bar{x}} = A_0 + B\bar{x} = \bar{y}。$$

因此, 最小二乘直线经过点 $(\bar{x}, \bar{y})$。最小二乘直线的替代方程为

$$y = A_{\bar{x}} + B(x - \bar{x}) = \bar{y} + B(x - \bar{x}),\qquad\qquad(14.6)$$

这个方程特别有用。

估计最小二乘直线的方差

最小二乘直线的方差的估计为

$$\hat{\sigma}^2 = \frac{\sum_{i=1}^{n}[y_i - (A_{\bar{x}} + B(x_i - \bar{x}))]^2}{n - 2},$$

它是残差平方和除以 $n - 2$。用 $n - 2$ 的原因是, 在计算平方和时已经使用了 $A_{\bar{x}}$ 和 B 这两个估计。[2]

例 14.1   某食品生产公司必须控制成品中的含水量。相比于在最后成品时测含水量, 在生产过程中测量费用会更低并且利用所得数据可以较好地预测成品的含水量。该公司的统计员迈克尔向工程师们推荐在生产过程中测量含水量的方法。他组织收集了 25 个批次的数据, 得到各批次在生产过程和最终成品的含水量。表 14.1 中前 3 列显示这些数据。它们的汇总统计量为: $\bar{x} = 14.3888, \bar{y} = 14.2208, \overline{x^2} = 207.0703, \overline{y^2} = 202.3186$, 且 $\overline{xy} = 204.6628$。注意, 他需要保留平方项中的所有有效数字。B 的公式中用了减法, 如果太早四舍五入, 做减法后所得的差的有效数字太少, 对精度的影响会很大。

---

[1]最小二乘斜率的公式有很多, 可能这正是混乱的源头。因为很多书中的公式看起来大不相同。不过可以证明所有公式都是等价的。此处用这个公式是因为它便于记忆: xy 的平均减去 x 的平均 $\times y$ 的平均, 然后除以 x^2 的平均减去 x 的平均的平方。

[2]求方差的无偏估计的一般规则是, 平方和除以自由度, 我们在平方和公式中每用一个估计参数就会失去一个自由度。

表 14.1 过程中的含水量与成品的含水量

批次	过程中的含水量 x	成品的含水量 y	最小二乘拟合 $\hat{y} = A_0 + Bx$	残差 $y - \hat{y}$	残差平方 $(y - \hat{y})^2$
1	14.36	13.84	14.1833	−0.343256	0.117825
2	14.48	14.41	14.3392	0.070792	0.005012
3	14.53	14.22	14.4042	−0.184188	0.033925
4	14.52	14.63	14.3912	0.238808	0.057029
5	14.35	13.95	14.1703	0.220260	0.048514
6	14.31	14.37	14.1183	0.251724	0.063365
7	14.44	14.41	14.2872	0.122776	0.015074
8	14.23	13.99	14.0143	−0.024308	0.000591
9	14.32	13.89	14.1313	−0.241272	0.058212
10	14.57	14.59	14.4562	0.133828	0.017910
11	14.28	14.32	14.0793	0.240712	0.057942
12	14.36	14.31	14.1833	0.126744	0.016064
13	14.50	14.43	14.3652	0.064800	0.004199
14	14.52	14.44	14.3912	0.048808	0.002382
15	14.28	14.14	14.0793	0.060712	0.003686
16	14.13	13.90	13.8843	0.015652	0.000245
17	14.54	14.37	14.4172	−0.047184	0.002226
18	14.60	14.34	14.4952	−0.155160	0.024075
19	14.86	14.78	14.8331	−0.053056	0.002815
20	14.28	13.76	14.0793	−0.319288	0.101945
21	14.09	13.85	13.8324	0.017636	0.000311
22	14.20	13.89	13.9753	−0.085320	0.007280
23	14.50	14.22	14.3652	−0.145200	0.021083
24	14.02	13.80	13.7414	0.058608	0.003435
25	14.45	14.67	14.3002	0.369780	0.136737
均值	14.3888	14.2208			

然后计算成品的含水量与过程中的含水量相关的最小二乘直线, 其斜率为

$$B = \frac{\overline{xy} - \bar{x}\bar{y}}{\overline{x^2} - (\bar{x})^2} = \frac{204.6628 - 14.3888 \times 14.2208}{207.0703 - (14.3888)^2} = \frac{0.0425690}{0.0327546} = 1.29963。$$

最小二乘直线的方程为

$$y = 14.2208 + 1.29963(x - 14.3888)。$$

图 14.2 所示为成品的含水量与过程中的含水量的散点图和最小二乘直线。

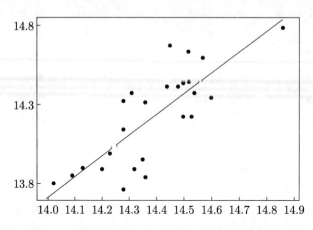

图 14.2　散点图和含水量数据的最小二乘直线

他计算最小二乘拟合值 $\hat{y}_i = \bar{y} + B(x_i - \bar{x})$、残差和平方残差。这 3 项数据在表 14.1 的最后 3 列中。最小二乘直线的估计方差为

$$\hat{\sigma^2} = \frac{\sum\limits_{i=1}^{n}(y_i - \hat{y}_i)^2}{n-2} = \frac{0.801882}{23} = 0.0348644。$$

为了求最小二乘直线的估计标准差, 取平方根得到

$$\hat{\sigma} = \sqrt{(0.0348644)} = 0.18672。$$

14.2　指数增长模型

当考虑经济时间序列时, 预测变量是时间 t, 我们想看看某个响应变量 u 如何依赖于 t。当绘制响应变量对时间的散点图时, 我们常常会注意到两件事。首先, 标绘出的点似乎不是以线性速度上升, 而是随时间增长的速度上升。其次, 标绘出的点的变异性似乎随着响应变量按相同的速率增长。如果绘出残差对时间的图形就更明显。这种情况下, 用指数增长模型拟合会更好, 即

$$u = e^{\alpha_0 + \beta t}。$$

如果令 $y = \log_e(u)$, 则

$$y = \alpha_0 + \beta t$$

是线性关系。我们可以用响应变量 y 的最小二乘来估计这种关系的参数。拟合的指数增长模型为

$$u = e^{A_0 + Bt},$$

其中 B 和 A_0 是数据取对数后的最小二乘的斜率和截距。

例 14.2 新西兰在 1987—2001 年间的家禽年产量 (以吨计) 如表 14.2 所示:

表 14.2 新西兰家禽年产量

年份 t	家禽产品 u	线性 拟合值	$\log_e(u)$	拟合 $\log_e(u)$	指数 拟合值
1987	44085	47757	10.7739	10.7776	47934
1988	51646	48725	10.8522	10.8393	50986
1989	57241	53364	10.9550	10.9010	54232
1990	56261	58004	10.9378	10.9628	57686
1991	58257	62643	10.9726	11.0245	61359
1992	60944	67283	11.0177	11.0862	65266
1993	68214	71922	11.1304	11.1479	69421
1994	74037	76562	11.2123	11.2097	73842
1995	88646	81201	11.3924	11.2714	78543
1996	86869	85841	11.3722	11.3331	83545
1997	86534	90480	11.3683	11.3949	88864
1998	95682	95120	11.4688	11.4566	94522
1999	97400	99759	11.4866	11.5183	100541
2000	104927	104398	11.5610	11.5801	106943
2001	114010	109038	11.6440	11.6418	113752

图 14.3 为标示残差的散点图以及最小二乘直线。由图可见, 数据两端的残差大部分为正, 中间的大部分为负。它表明用指数增长模型拟合会更好。图 14.4 所示为散点图, 以及由取对数后的数据得到的最小二乘直线再取指数所得的指数增长模型。 ■

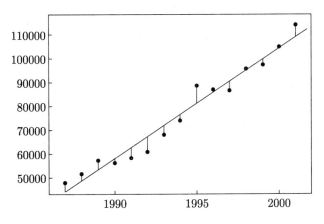

图 14.3 家禽产品数据的散点图和最小二乘直线

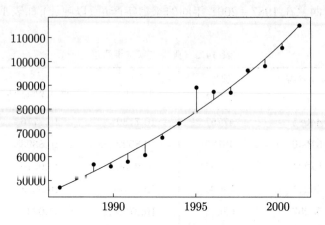

图 14.4　散点图与拟合的家禽产品数据的指数增长模型

14.3　简单线性回归的假定

最小二乘法是非参数的或无分布的, 因为它没有利用数据的概率分布。它实际上是一个数据分析工具, 可以应用于任何二元数据。除非我们对数据背后的概率模型做一些假定, 否则, 无论是对斜率和截距还是对最小二乘模型的预测, 我们都不能做出任何推断。简单线性回归的假定为:

1. 均值假定。给定 x, y 的条件均值是 x 的未知的线性函数。

$$\mu_{y|x} = \alpha_0 + \beta x,$$

其中 β 是未知的斜率, α_0 是未知的 y 在垂线 $x = 0$ 上的截距。另一种参数化为

$$\mu_{y|x} = \alpha_{\bar{x}} + \beta(x - \bar{x}),$$

其中 $\alpha_{\bar{x}}$ 是在垂线 $x = \bar{x}$ 上未知的截距。在该参数化中, 最小二乘估计 $A_{\bar{x}} = \bar{y}$ 和 B 在我们的假定下是独立的, 似然可分解为依赖 $\alpha_{\bar{x}}$ 和依赖 β 的两部分。问题因此被大大简化, 我们将采用该参数化形式。图 14.5(a) 所示为均值假定。

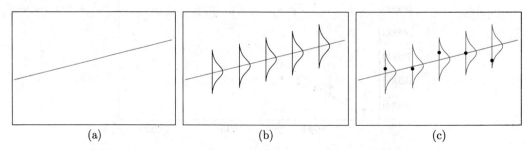

图 14.5　线性回归模型的假定。给定 X, Y 的均值是线性函数。观测误差服从 0 均值等方差的正态分布。不同的观测互相独立

2. **误差假定**。观测等于均值加误差, 误差服从均值为 0、方差 σ^2 已知的正态分布。所有误差的方差相等。图 14.5(b) 所示为方差相等的假定。

3. **独立性假定**。所有观测的误差相互独立。图 14.5(c) 所示为独立抽样的假定。

由此我们得到

$$y_i = \alpha_{\bar{x}} + \beta(x_i - \bar{x}) + e_i,$$

其中 $\alpha_{\bar{x}}$ 是给定 $x = \bar{x}$ 时 y 的均值, 而 β 是斜率。每一个 e_i 都是均值为 0、方差 σ^2 已知的正态分布。所有 e_i 相互独立。因此 $y_i|x_i$ 是均值为 $\alpha_{\bar{x}} + \beta(x_i - \bar{x})$、方差为 σ^2 的正态分布, 且所有的 $y_i|x_i$ 都相互独立。

14.4   回归模型的贝叶斯定理

贝叶斯定理总是可以概括为

$$后验 \propto 先验 \times 似然,$$

所以我们需要确定似然并决定这个模型的先验。

β 和 $\alpha_{\bar{x}}$ 的联合似然

第 i 个观测的联合似然是参数 $\alpha_{\bar{x}}$ 和 β 的概率密度函数, 这里 (x_i, y_i) 固定在观测值上。它赋予这两个参数 $\alpha_{\bar{x}}$ 和 β 在所有可能的取值上的相对权重。观测 i 的似然为

$$似然_i(\alpha_{\bar{x}}, \beta) \propto \mathrm{e}^{-\frac{1}{2\sigma^2}[y_i - (\alpha_{\bar{x}} + \beta(x_i - \bar{x}))]^2},$$

其中忽略了不包含参数的部分。观测都是独立的, 因此样本中所有观测的似然等于其中各个观测的似然的乘积:

$$似然_{样本}(\alpha_{\bar{x}}, \beta) \propto \prod_{i=1}^{n} \mathrm{e}^{-\frac{1}{2\sigma^2}[y_i - (\alpha_{\bar{x}} + \beta(x_i - \bar{x}))]^2}.$$

通过指数相加可以算出指数函数的乘积, 有

$$似然_{样本}(\alpha_{\bar{x}}, \beta) \propto \mathrm{e}^{-\frac{1}{2\sigma^2}\sum_{i=1}^{n}[y_i - (\alpha_{\bar{x}} + \beta(x_i - \bar{x}))]^2}.$$

指数在括号中的项等于

$$\left[\sum_{i=1}^{n}[y_i - \bar{y} + \bar{y} - (\alpha_{\bar{x}} + \beta(x_i - \bar{x}))]^2\right].$$

将它展开为 3 个总和, 有

$$\sum_{i=1}^{n}(y_i - \bar{y})^2 + 2\sum_{i=1}^{n}(y_i - \bar{y})(\bar{y} - (\alpha_{\bar{x}} + \beta(x_i - \bar{x}))) + \sum_{i=1}^{n}(\bar{y} - (\alpha_{\bar{x}} + \beta(x_i - \bar{x})))^2.$$

简化为
$$SS_y - 2\beta SS_{xy} + \beta^2 SS_x + n(\alpha_{\bar{x}} - \bar{y})^2,$$

其中, $SS_y = \sum_{i=1}^{n}(y_i - \bar{y})^2, SS_{xy} = \sum_{i=1}^{n}(y_i - \bar{y})(x_i - \bar{x}), SS_x = \sum_{i=1}^{n}(x_i - \bar{x})^2$。因此联合似然可以写成

$$\text{似然}_{\text{样本}}(\alpha_{\bar{x}}, \beta) \propto e^{-\frac{1}{2\sigma^2}[SS_y - 2\beta SS_{xy} + \beta^2 SS_x + n(\alpha_{\bar{x}} - \bar{y})^2]}。$$

将此式写成两个指数的乘积, 得到

$$\text{似然}_{\text{样本}}(\alpha_{\bar{x}}, \beta) \propto e^{-\frac{1}{2\sigma^2}[SS_y - 2\beta SS_{xy} + \beta^2 SS_x]} e^{-\frac{1}{2\sigma^2}[n(\alpha_{\bar{x}} - \bar{y})^2]}。$$

在第一个指数中提取因子 SS_x, 配方并将不依赖于参数的部分并入比例常数。由此得到

$$\text{似然}_{\text{样本}}(\alpha_{\bar{x}}, \beta) \propto e^{-\frac{1}{2\sigma^2/SS_x}[\beta - \frac{SS_{xy}}{SS_x}]^2} e^{-\frac{1}{2\sigma^2/n}[(\alpha_{\bar{x}} - \bar{y})^2]}。$$

注意, 最小二乘斜率 $\frac{SS_{xy}}{SS_x} = B$, 而在垂线 $x = \bar{x}$ 上截距的最小二乘估计为 $\bar{y} = A_{\bar{x}}$。我们已经将联合似然因式分解为两个个体似然的乘积

$$\text{似然}_{\text{样本}}(\alpha_{\bar{x}}, \beta) \propto \text{似然}_{\text{样本}}(\alpha_{\bar{x}}) \times \text{似然}_{\text{样本}}(\beta),$$

其中

$$\text{似然}_{\text{样本}}(\beta) \propto e^{-\frac{1}{2\sigma^2/SS_x}(\beta - B)^2},$$

且

$$\text{似然}_{\text{样本}}(\alpha_{\bar{x}}) \propto e^{-\frac{1}{\sigma^2/n}(\alpha_{\bar{x}} - A_{\bar{x}})^2}。$$

因为联合似然为个体似然的乘积且个体似然是独立的。可见, 斜率 β 的似然为**正态**形状, 其均值 B 为最小二乘斜率, 方差为 $\frac{\sigma^2}{SS_x}$。同理, $\alpha_{\bar{x}}$ 的似然是均值为 $A_{\bar{x}}$ 方差为 $\frac{\sigma^2}{n}$ 的正态形状。

β 和 $\alpha_{\bar{x}}$ 的联合先验

如果用联合似然乘以联合先验, 它就与联合后验成正比。对每个参数使用独立先验, 两个参数的联合先验就等于两个独立先验的乘积:

$$g(\alpha_{\bar{x}}, \beta) = g(\alpha_{\bar{x}})g(\beta)。$$

我们可以用正态先验或者平坦先验。

为 β 和 $\alpha_{\bar{x}}$ 选择正态先验。采用这种参数化方法的另一个好处是人们对于拟合直线在 $x = \bar{x}$ 上的截距 $\alpha_{\bar{x}}$ 比对在 y 轴上的截距 α_0 有更多直观的认识。选定你所相信的 y 的均值, 它是 $\alpha_{\bar{x}}$ 的先验均值 $m_{\alpha_{\bar{x}}}$。然后考虑你认为 y 的取值的上界和下界, 将它们的差除以 6 得到 $\alpha_{\bar{x}}$ 的先验标准差 $s_{\alpha_{\bar{x}}}$。由此可在你所相信的范围内给出合理的概率。

通常我们对斜率 β 更感兴趣。有时候我们想确定它是否会为 0。因此, 可以选择 $m_\beta = 0$ 作为 β 的先验均值。然后考虑在 x 增加一个单位时对 y 的影响的上下界。将它们的差除以 6 得到 β 的标准差 s_β。在其他情况下, 由以前的数据可获得关于斜率的先验信念, 并用 $N(m_\beta, (s_\beta)^2)$ 来匹配该先验信念。

β 和 $\alpha_{\bar{x}}$ 的联合后验

联合后验与联合先验乘以联合似然成正比。

$$g(\alpha_{\bar{x}}, \beta | \text{data}) \propto g(\alpha_{\bar{x}}, \beta) \times \text{似然}_{\text{样本}}(\alpha_{\bar{x}}, \beta),$$

其中数据 data 是有序对集 $(x_1, y_1), (x_2, y_2), \cdots, (x_n, y_n)$。联合先验和联合似然各自分解为依赖 $\alpha_{\bar{x}}$ 与依赖 β 的两部分。重新整理后就得到分解为边缘后验的联合后验

$$g(\alpha_{\bar{x}}, \beta | \text{data}) \propto g(\alpha_{\bar{x}} | \text{data}) g(\beta | \text{data})。$$

因为联合后验为边缘后验的乘积, 它们是独立的。利用正态分布的简单更新规则可以得到每一个边缘后验, 该规则对正态先验和平坦先验都有效。例如, 若 β 的先验用正态分布 $N(m_\beta, s_\beta^2)$, 后验则为 $N(m_\beta', (s_\beta')^2)$, 其中

$$\frac{1}{(s_\beta')^2} = \frac{1}{s_\beta^2} + \frac{\text{SS}_x}{\sigma^2}, \tag{14.7}$$

且

$$m_\beta' = \frac{\frac{1}{s_\beta^2}}{\frac{1}{(s_\beta')^2}} \cdot m_\beta + \frac{\frac{\text{SS}_x}{\sigma^2}}{\frac{1}{(s_\beta')^2}} \cdot B。 \tag{14.8}$$

后验精度等于先验精度加上似然精度。后验均值等于先验均值和似然均值的加权平均, 权重是精度对后验精度的比值, 并且后验分布是正态的。

同理, 如果我们为 $\alpha_{\bar{x}}$ 使用正态先验 $N(m_{\alpha_{\bar{x}}}, s_{\alpha_{\bar{x}}}^2)$, 后验则为 $N(m_{\alpha_{\bar{x}}}', (s_{\alpha_{\bar{x}}}')^2)$, 其中

$$\frac{1}{(s_{\alpha_{\bar{x}}}')^2} = \frac{1}{s_{\alpha_{\bar{x}}}^2} + \frac{n}{\sigma^2},$$

且

$$m_{\alpha_{\bar{x}}}' = \frac{\frac{1}{s_{\alpha_{\bar{x}}}^2}}{\frac{1}{(s_{\alpha_{\bar{x}}}')^2}} \cdot m_{\alpha_{\bar{x}}} + \frac{\frac{n}{\sigma^2}}{\frac{1}{(s_{\alpha_{\bar{x}}}')^2}} \cdot A_{\bar{x}}。$$

例 14.2 (续) 某公司的统计员迈克尔决定用正态分布 $N(1, 0.3^2)$ 作为 β 的先验, 对 $\alpha_{\bar{x}}$ 使用正态先验 $N(15, 1^2)$。因为不知道真实的方差, 他利用最小二乘回归直线的估计方

差 $\sigma^2 = 0.0348644$。注意 $\mathrm{SS}_x = \sum\limits_{i=1}^{n}(x_i - \bar{x})^2 = n(\overline{x^2} - \bar{x}^2) = 25 \times (207.0703 - 14.38882) = 0.81886$。

β 的后验精度为

$$\frac{1}{(s'_\beta)^2} = \frac{1}{0.3^2} + \frac{0.81886}{0.0348644} = 34.5981,$$

所以 β 的后验标准差为

$$s'_\beta = 34.5981^{-\frac{1}{2}} = 0.17001。$$

β 的后验均值为

$$m'_\beta = \frac{\dfrac{1}{0.3^2}}{34.5981} \times 1 + \frac{\dfrac{0.81886}{0.0348644}}{34.5981} \times 1.29963 = 1.2034。$$

同理，$\alpha_{\bar{x}}$ 的后验精度为

$$\frac{1}{(s'_{\alpha_{\bar{x}}})^2} = \frac{1}{1^2} + \frac{25}{0.0348644} = 718.064,$$

所以后验标准差为

$$s'_{\alpha_{\bar{x}}} = 718.064^{-\frac{1}{2}} = 0.037318。$$

$\alpha_{\bar{x}}$ 的后验均值为

$$m'_{\alpha_{\bar{x}}} = \frac{\dfrac{1}{1^2}}{718.064} \times 15 + \frac{\dfrac{25}{0.0348644}}{718.064} \times 14.2208 = 14.2219。$$

图 14.6 所示为斜率的先验和后验分布。 ∎

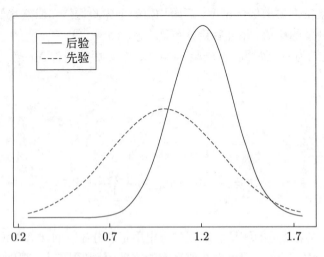

图 14.6 斜率的先验分布与后验分布

斜率的贝叶斯可信区间

在考查数据之后, β 的后验分布描述了我们对它的全部信念。也许可以用斜率 β 的 $(1-\alpha)100\%$ 贝叶斯可信区间来概括它, 即

$$m'_\beta \pm z_{\frac{\alpha}{2}} \sqrt{(s'_\beta)^2}。 \tag{14.9}$$

更现实的情况是我们并不知道 σ^2。一个明智的方法是使用由残差算出来的估计

$$\hat{\sigma}^2 = \frac{\sum\limits_{i=1}^{n}(y_i - (A_{\bar{x}} + B(x_i - \bar{x})))^2}{n-2}。$$

我们不得不扩大可信区间以应对因 σ^2 未知而增加的不确定性。为此我们使用自由度为 $n-2$ 的 t 分布临界值[1]而不是标准正态临界值, 可信区间变为

$$m'_\beta \pm t_{\frac{\alpha}{2}} \sqrt{(s'_\beta)^2}。 \tag{14.10}$$

斜率的频率论置信区间

当方差 σ^2 未知时, 斜率 β 的 $(1-\alpha)100\%$ 置信区间是

$$B \pm t_{\frac{\alpha}{2}} \frac{\hat{\sigma}}{\sqrt{\mathrm{SS}_x}},$$

其中 $\hat{\sigma}^2$ 是由最小二乘直线的残差计算得到的方差的估计。若对 β 和 $\alpha_{\bar{x}}$ 使用平坦先验, 置信区间与贝叶斯可信区间有相同的形式, 当然对它们的解释各不相同。在频率论假定下, 我们对该区间包含参数的未知的真值有 $(1-\alpha)100\%$ 的信心。频率论置信区间再次与贝叶斯可信区间等价, 所以, 如果科学家误将其解释为概率区间也无可厚非。唯一的损失是他们不能插入任何先验知识。

关于斜率的单边假设检验

我们常常需要确定, 若 x 增长一个单元与之相关的 y 的增量是否大于某个值 β_0。为此, 需要在 α 显著性水平上以贝叶斯方式检验假设

$$H_0 : \beta \leqslant \beta_0, \quad H_1 : \beta > \beta_0。$$

为此我们计算零假设的后验概率, 即

$$P(\beta \leqslant \beta_0 | \mathrm{data}) = \int_{-\infty}^{\beta_0} g(\beta | \mathrm{data})\mathrm{d}\beta = P\left(Z \leqslant \frac{\beta_0 - m'_\beta}{s'_\beta}\right)。 \tag{14.11}$$

如果概率小于 α, 就拒绝 H_0 并断定斜率 β 确实大于 β_0。(如果使用方差的估计, 则用自由度为 $n-2$ 的 t 分布而不是标准正态的 Z。)

---

[1]实际上, 我们将未知参数 σ^2 看成是冗余参数并使用先验 $g(\sigma^2) \propto (\sigma^2)^{-1}$。通过对联合后验中的 σ^2 求积分得到 β 的边缘后验。

关于斜率的双边假设检验

如果 $\beta = 0$, 则 y 的均值根本不依赖于 x。在用回归模型进行预测之前, 我们要在 α 显著性水平上以贝叶斯方式检验 $H_0 : \beta = 0$, $H_1 : \beta \neq 0$。因此需要确定 0 是否落在可信区间中。如果它在区间之外, 就拒绝 H_0。否则, 我们不能拒绝零假设, 也不应该用回归模型进行预测。

例 14.2(续) 因为迈克尔用估计方差代替未知的真实方差, 他用 (14.10) 式找出 95% 贝叶斯可信区间, 其中有 23 个自由度。区间为 $(0.852, 1.555)$。此可信区间不包含 0, 显然, 他可以拒绝斜率等于 0 的假设并断定利用在生产过程中测到的含水量能够估计成品的含水量。

14.5   未来观测的预测分布

对于特定的 x 值, 预测未来的观测是线性回归建模的主要目的之一。在根据数据确定了解释变量 x 与响应变量 y 之间的线性关系之后, 我们常常想利用这个关系去预测由解释变量的下一个值 x_{n+1} 将得到的响应变量的下一个值 y_{n+1}。与不用解释变量的值相比, 用这个值进行预测会更好。给定 x_{n+1}, y_{n+1} 的最优预测是

$$\tilde{y}_{n+1} = \hat{\alpha}_{\bar{x}} + \hat{\beta}(x_{n+1} - \bar{x}),$$

其中 $\hat{\beta}$ 是斜率的估计, $\hat{\alpha}_{\bar{x}}$ 是在直线 $x = \bar{x}$ 上的截距的估计。

这个预测究竟有多好? 不确定性的因素有两个。首先, 我们在预测时用了参数的估计值而非未知的真值。我们将参数看成是随机变量, 在上一节中已经得到它们的后验分布。其次, 新的观测 y_{n+1} 含有它自己的观测误差 e_{n+1}, 这个误差独立于以前所有观测的误差。给定值 x_{n+1} 和数据 $\text{data} = \{(x_1, y_1), (x_2, y_2), \cdots, (x_n, y_n)\}$, 下一次观测 y_{n+1} 的预测分布考虑了这两个不确定因素, 将它记为 $f(y_{n+1}|x_{n+1}, \text{data})$ 并利用贝叶斯定理来计算。

求预测分布

给定下一次的值 x_{n+1} 以及已有的观测数据 $\text{data} = \{(x_1, y_1), (x_2, y_2), \cdots, (x_n, y_n)\}$, 对下一个观测 y_{n+1} 与参数的联合后验分布求参数 $\alpha_{\bar{x}}$ 和 β 的积分得到预测分布, 即

$$f(y_{n+1}|x_{n+1}, \text{data}) = \iint f(y_{n+1}, \alpha_{\bar{x}}, \beta|x_{n+1}, \text{data})\mathrm{d}\alpha_{\bar{x}}\mathrm{d}\beta.$$

像这样通过积分将联合后验中的冗余参数去掉就是所谓的边缘化。贝叶斯统计的一个明显的好处就是具有这种处理冗余参数的方法, 该方法总是很有效。在求预测分布时我们认为所有参数都是冗余的。

首先, 给定 x_{n+1} 的值和数据data, 我们需要确定参数与下一个观测的联合后验分布

$$f(y_{n+1}, \alpha_{\bar{x}}, \beta|x_{n+1}, \text{data}) = f(y_{n+1}|\alpha_{\bar{x}}, \beta, x_{n+1}, \text{data})g(\alpha_{\bar{x}}, \beta|x_{n+1}, \text{data}).$$

给定参数 $\alpha_{\bar{x}}$ 和 β 且已知值 x_{n+1}, 下一个观测 y_{n+1} 不过就是来自回归模型的另一个随机

观测。给定参数 $\alpha_{\bar{x}}$ 和 β, 观测是彼此独立的。它意味着, 给定参数, 新的观测 y_{n+1} 不再依赖于先前观测所得的数据data。$\alpha_{\bar{x}}, \beta$ 的后验由这些数据计算得到, 不会依赖于下一个值 x_{n+1}。所以我们将新观测和参数的联合分布简化为

$$f(y_{n+1}, \alpha_{\bar{x}}, \beta | x_{n+1}, \text{data}) = f(y_{n+1} | \alpha_{\bar{x}}, \beta, x_{n+1}) g(\alpha_{\bar{x}}, \beta | \text{data})$$

当给定参数时, 它是下一个观测的分布乘以给定先前数据data 时参数的后验分布。给定参数时的下一个观测, $y_{n+1} | \alpha_{\bar{x}}, \beta, x_{n+1}$, 是给定 x_{n+1} 的值时来自回归模型的随机观测。根据我们的假定, 它服从正态分布, 其均值为参数的线性函数 $\mu_{n+1} = \alpha_{\bar{x}} + \beta(x_{n+1} - \bar{x})$ 并且方差 σ^2 已知。

在上一节中我们利用更新规则, 当给定以前的数据, 所得的参数的后验分布分别为 $N(m'_{\alpha_{\bar{x}}}, (s'_{\alpha_{\bar{x}}})^2)$ 和 $N(m'_{\beta}, (s'_{\beta})^2)$, 二者互相独立。因为下一个观测只通过线性函数

$$\mu_{n+1} = \alpha_{\bar{x}} + \beta(x_{n+1} - \bar{x})$$

依赖于参数。令 μ_{n+1} 为单个参数可将问题简化。$\alpha_{\bar{x}}$ 和 β 这两部分互相独立, 所以 μ_{n+1} 的后验分布是正态的, 分别由 (5.11) 式和 (5.12) 式得到均值 $m'_{\mu} = m'_{\alpha_{\bar{x}}} + (x_{n+1} - \bar{x})m'_{\beta}$ 和方差 $(s'_{\mu})^2 = (s'_{\alpha_{\bar{x}}})^2 + (x_{n+1} - \bar{x})^2(s'_{\beta})^2$。

从 y_{n+1} 和 μ_{n+1} 的联合后验通过边缘化将 μ_{n+1} 去掉, 就得到预测分布

$$
\begin{aligned}
f(y_{n+1} | x_{n+1}, \text{data}) &= \int f(y_{n+1}, \mu_{n+1} | x_{n+1}, \text{data}) \mathrm{d}\mu_{n+1} \\
&= \int f(y_{n+1} | \mu_{n+1}, x_{n+1}, \text{data}) g(\mu_{n+1} | x_{n+1}, \text{data}) \mathrm{d}\mu_{n+1} \\
&= \int f(y_{n+1} | \mu_{n+1}) g(\mu_{n+1} | x_{n+1}, \text{data}) \mathrm{d}\mu_{n+1} \\
&\propto \int e^{-\frac{1}{2\sigma^2}(y_{n+1} - \mu_{n+1})^2} e^{-\frac{1}{2(s'_{\mu})^2}(\mu_{n+1} - m'_{\mu})^2} \mathrm{d}\mu_{n+1} \\
&\propto \int e^{-\frac{1}{2\sigma^2}(s'_{\mu})^2/(\sigma^2 + (s'\mu)^2)\left(\mu_{n+1} - \frac{y_{n+1}(s'\mu)^2 + m'_{\mu}\sigma^2}{(s'_{\mu})2 + \sigma^2}\right)^2} \cdot \\
&\quad e^{-\frac{1}{2((s'_{\mu})^2 + \sigma^2)}(y_{n+1} - m'_{\mu})^2} \mathrm{d}\mu_{n+1}。
\end{aligned}
$$

第二个因子不依赖于 μ_{n+1}, 所以将它移到积分的前面。第一项的积分可求出来, 因此得到

$$f(y_{n+1} | x_{n+1}, \text{data}) \propto e^{-\frac{1}{2((s'_{\mu})^2 + \sigma^2)}(y_{n+1} - m'_{\mu})^2}。 \tag{14.12}$$

这是正态分布 $N(m'_y, (s'_y)^2)$, 其中 $m'_y = m'_{\mu}, (s'_y)^2 = (s'_{\mu})^2 + \sigma^2$。因此在 x_{n+1} 获得的下一个观测 y_{n+1} 的预测均值为 $\mu_{n+1} = \alpha_{\bar{x}} + \beta(x_{n+1} - \bar{x})$ 的后验均值, 而 y_{n+1} 的预测方差是 $\mu_{n+1} = \alpha_{\bar{x}} + \beta(x_{n+1} - \bar{x})$ 的后验方差加上观测方差 σ^2。所以在预测分布中考虑了这两个不确定因素。

预测的可信区间。我们常常想找到一个区间, 这个区间以 $1 - \alpha$ 的后验概率包含在 x_{n+1} 观测到的值 y_{n+1}。该区间是预测的 $(1 - \alpha)100\%$ 可信区间。我们知道, 预测分布的均值和方差分别是 m'_y 和 $(s'_y)^2$。当观测方差 σ^2 已知时, 预测的可信区间为

$$m'_y \pm z_{\frac{\alpha}{2}} s'_y = m'_\mu \pm z_{\frac{\alpha}{2}} \sqrt{(s'_\mu)^2 + \sigma^2}$$

$$= m'_{\alpha_{\bar{x}}} + m'_\beta(x_{n+1} - \bar{x}) \pm \tag{14.13}$$

$$z_{\frac{\alpha}{2}} \sqrt{(s'_{\alpha_{\bar{x}}})^2 + (s'_\beta)^2(x_{n+1} - \bar{x})^2 + \sigma^2}。$$

若我们不知道观测方差并用由残差算得的方差估计代替它, 可信区间则为

$$m'_y \pm t_{\frac{\alpha}{2}} s'_y = m'_\mu \pm t_{\frac{\alpha}{2}} \sqrt{(s'_\mu)^2 + \hat{\sigma}^2}$$

$$= m'_{\alpha_{\bar{x}}} + m'_\beta(x_{n+1} - \bar{x}) + \tag{14.14}$$

$$t_{\frac{\alpha}{2}} \sqrt{(s'_{\alpha_{\bar{x}}})^2 + (s'_\beta)^2(x_{n+1} - \bar{x})^2 + \hat{\sigma}^2},$$

其中, 我们从自由度为 $n-2$ 的 t 分布表中查到临界值。预测的这些可信区间是频率论预测区间的贝叶斯类比, 因为它们考虑了估计误差和观测误差。预测的贝叶斯可信区间一般比对应的频率论预测区间短, 因为贝叶斯区间既利用了先验的信息又用了数据的信息。如果对斜率和截距都使用平坦先验, 所得结果与频率论区间完全相同。

例 14.2 (续)　迈克尔计算成品最终的含水量 (y) 的预测分布, 这个分布是生产过程中的含水量 (x) 的函数, 他对预测设置 95% 的边界。预测分布的均值是

$$m'_y = 14.2219 + 1.2034(x - 14.3888),$$

其方差为

$$(s'_y)^2 = 0.0348644 + 0.037318^2 + 0.17001^2(x - 14.3888)^2。$$

他算得的 95% 预测区间为

$$(m'_y - t_{0.025} s'_y, m'_y + t_{.025} s'_y)。$$

图 14.7 所示为预测均值和 95% 预测边界。　　　　　　　　　　　　　　■

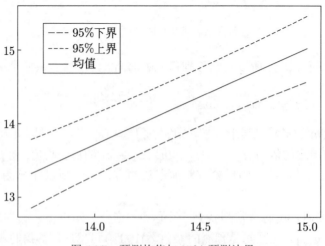

图 14.7　预测均值与 95% 预测边界

本 章 要 点

- 我们的目标是用预测变量 x 来预测响应变量 y。

- 我们认为两个变量存在线性关系, $y = a_0 + bx$。b 是斜率, a_0 是在 y 轴上的截距 (直线在此处与 y 轴相交。)

- 如果散点图中的点 (x, y) 沿着直线分布, 散点图会显示出完美的线性关系。

- 然而, 这些点常常并非完全地沿着直线分布, 而是散布在直线周围, 但是仍然呈线性模式。

- 我们可以在散点图上画出任意一条直线。直线的残差是图中的点到直线的纵向距离。

- 最小二乘法最小化拟合直线的残差平方和, 由此找出点的最优拟合直线。

- 通过求解正规方程得到最小二乘直线的斜率和截距。

- 线性回归模型有 3 个假定:

  1. y 的均值是 x 的未知的线性函数。在已知的值 x_i 处获得观测 y_i。

  2. 每一个观测 y_i 都有随机误差, 误差服从均值为 0、方差为 σ^2 的正态分布。假设 σ^2 已知。

  3. 观测误差互相独立。

- 如果将模型重新参数化为 $y = \alpha_{\bar{x}} + \beta(x - \bar{x})$, 贝叶斯回归会简单得多。

- 样本的联合似然可分解为依赖于斜率 β 和依赖于 $\alpha_{\bar{x}}$ 的两部分。

- 我们对斜率 β 和截距 $\alpha_{\bar{x}}$ 使用独立的先验。它们可以是正态先验或"平坦"先验。联合先验是两个先验的乘积。

- 联合后验与联合先验和联合似然的乘积成比例。因为联合先验和联合似然都各自分解为依赖于斜率 β 和依赖于 $\alpha_{\bar{x}}$ 的两部分, 联合后验是两个独立后验的乘积。每一个都是正态的, 由简单更新规则可得到其均值和方差。

- 通常我们对斜率 β 的后验分布更感兴趣, 它是 $N(m', (s')^2)$。给定数据, 我们尤其想知道 $\beta = 0$ 是否可信。如果是, x 就无助于对 y 的预测。

- β 的贝叶斯可信区间是后验均值 $\pm$ 临界值 $\times$ 后验标准差。

- 如果假设方差 σ^2 已知, 就从正态表中查临界值。如果不知道 σ^2 并用残差计算其样本估计, 则从 t 分布表中查临界值。

- 可信区间可用于检验双边假设 $H_0 : \beta = 0$, $H_1 : \beta \neq 0$。

- 通过计算零假设的概率并与显著性水平比较, 可检验单边假设 $H_0 : \beta \leqslant 0$, $H_1 : \beta > 0$。

- 我们能计算在 x_{n+1} 时获得的下一个观测 y_{n+1} 的预测概率分布。它是正态分布, 其均值是线性函数 $\mu_{n+1} = \alpha_{\bar{x}} + (x_{n+1} - \bar{x})$ 的均值, 方差等于线性函数的方差加上观测方差。

习　题

14.1　一位研究人员测量某人在不同运动条件下的心率 (x) 和耗氧量 (y)。他想确定是否可以用更易测量的心率来预测耗氧量。如果可以, 则在后面的试验中基于所测心率对耗氧量的估计取代对耗氧量的测量:

心率 x	94	96	94	95	104	106	108	113	115	121	131
耗氧量 y	0.47	0.75	0.83	0.98	1.18	1.29	1.40	1.60	1.75	1.90	2.23

(1) 绘制耗氧量 y 对心率 x 的散点图。

(2) 计算最小二乘直线的参数。

(3) 在散点图中画出最小二乘直线。

(4) 对最小二乘直线计算估计方差。

(5) 假设我们知道, 当心率给定时的耗氧量是 $N(\alpha_0 + \beta x, \sigma^2)$, 其中 $\sigma^2 = 0.13^2$。用 $N(0, 1^2)$ 作为 β 的先验。求 β 的后验分布。

(6) 求 β 的 95% 可信区间。

(7) 在 5% 显著性水平上对

$$H_0 : \beta = 0, \quad H_1 : \beta \neq 0$$

进行贝叶斯检验。

14.2　一位研究人员想研究土豆产量 (y) 与肥力水平 (x) 的关系。她把土地分成 8 个大小相同的地块并对各个地块施以不同量的肥料。每一个地块的肥力和产量记录如下:

肥力 x	1	1.5	2	2.5	3	3.5	4	4.5
产量 y	25	31	27	28	36	35	32	34

(1) 绘制产量对肥力的散点图。

(2) 计算最小二乘直线的参数。

(3) 在散点图上画出最小二乘直线。

(4) 计算最小二乘直线的估计方差。

(5) 假设我们知道, 当肥力水平给定时的产量是 $N(\alpha_0 + \beta x, \sigma^2)$, 其中 $\sigma^2 = 3.0^2$。用 $N(2, 2^2)$ 作为 β 的先验。求 β 的后验分布。

(6) 求 β 的 95% 可信区间。

(7) 在 5% 显著性水平上对

$$H_0 : \beta \leqslant 0, \quad H_1 : \beta > 0$$

进行贝叶斯检验。

14.3　一位研究人员正在调研节省燃料与行驶速度的关系。他在测试跑道上以不同的速度跑了 6 次, 并测量一升汽油行驶的千米数。车速 (km/h) 和里程 (km) 记录如下:

速度 x	80	90	100	110	120	130
距离 y	55.7	55.4	52.5	52.1	50.5	49.2

(1) 绘制行驶里程对速度的散点图。

(2) 计算最小二乘直线的参数。

(3) 在散点图上画出最小二乘直线。

(4) 计算最小二乘直线的估计方差。

(5) 假设我们知道，当速度给定时的行驶里程为 $N(\alpha_0 + \beta x, \sigma^2)$，其中 $\sigma^2 = 0.57^2$。用 $N(0, 1^2)$ 作为 β 的先验。求 β 的后验分布。

(6) 在 5% 显著性水平上对

$$H_0 : \beta \geqslant 0, \quad H_1 : \beta < 0$$

进行贝叶斯检验。

14.4 警察局想确定饮酒量对驾驶行为的影响。体重、年龄和驾驶经验相似的 12 位男性驾驶员被随机分配到 3 组，每组 4 人。第一组在 30min 内喝两罐啤酒，第二组在 30min 内喝 4 罐啤酒，第三组是对照组，不喝啤酒。20min 后，在相同条件下对这 12 位驾驶员进行驾驶测试，记录每一位的分数。(分数越高驾驶行为越好。) 结果为

罐数 x	0	0	0	0	2	2	2	2	4	4	4	4
分数 y	78	82	75	58	75	42	50	55	27	48	49	39

(1) 绘制分数对罐数的散点图。

(2) 计算最小二乘直线的参数。

(3) 在散点图上画出最小二乘直线。

(4) 计算最小二乘直线的估计方差。

(5) 假设我们知道，当所饮啤酒罐数给定时的驾驶分数为 $N(\alpha_0 + \beta x, \sigma^2)$，其中 $\sigma^2 = 12^2$。用 $N(0, 10^2)$ 作为 β 的先验。求 β 的后验分布。

(6) 求 β 的 95% 可信区间。

(7) 在 5% 显著性水平上对

$$H_0 : \beta \geqslant 0, \quad H_1 : \beta < 0$$

进行贝叶斯检验。

(8) 求下一位男性在喝了 $x_{13} = 3$ 罐啤酒后测试所得驾驶分数的预测分布 y_{13}。

(9) 求预测的 95% 可信区间。

14.5 一位纺织品制造商关心棉纱的强度。为了找出纤维长度是否是决定棉纱强度的重要因素，质量控制经理检查了 10 段棉纱样本的纤维长度 (x) 和强度 (y)。结果为

纤维长度 x	85	82	75	73	76	73	96	92	70	74
强度 y	99	93	103	97	91	94	135	120	88	92

(1) 绘制强度对纤维长度的散点图。

(2) 计算最小二乘直线的参数。

(3) 在散点图上画出最小二乘直线。

(4) 计算最小二乘直线的估计方差。

(5) 假设我们知道, 当纤维长度给定时的强度为 $N(\alpha_0 + \beta x, \sigma^2)$, 其中 $\sigma^2 = 7.7^2$。用 $N(0, 10^2)$ 作为 β 的先验。求 β 的后验分布。

(6) 求 β 的 95% 可信区间。

(7) 在 5% 显著性水平上对

$$H_0 : \beta \leqslant 0, \quad H_1 : \beta > 0$$

进行贝叶斯检验。

(8) 求下一片棉纱强度的预测分布 y_{11}, 其纤维长度 $x_{11} = 90$。

(9) 求预测的 95% 可信区间。

14.6　在第 3 章的习题 3.7 中, 我们考虑了 Barker and McGhie (1984) 研究的 100 个蛞蝓属的新西兰蛞蝓样本的 log(体重) 与 log(体长) 的关系。这些数据 data 存于 Minitab 工作表 slug.mtw 中。我们识别出第 90 个观测与模式不符。该观测可能是记错了的离群值, 所以将它从数据集中移除。以下是其余 99 个观测的汇总统计量。注意: x 是 log(体长), y 是 log(体重)

$$\sum x = 352.399, \quad \sum y = -33.6547, \quad \sum x^2 = 1292.94,$$

$$\sum xy = -18.0147, \quad \sum y^2 = 289.598。$$

(1) 根据公式计算 y 对 x 的最小二乘直线。

(2) 用 Minitab 计算最小二乘直线。绘制 log(体重)-log(体长) 的散点图。散点图中包括最小二乘直线。

(3) 用 Minitab 计算距离最小二乘直线的残差, 并绘出残差对 x 的点。此图看起来满足线性回归的假设吗?

(4) 用 Minitab 计算用残差对标准差的估计。

(5) 假设我们对回归斜率系数 β 使用正态先验 $N(3, 0.5^2)$。计算 $\beta|$data 的后验分布。(用由残差计算的标准差当作真正的观测标准差)

(6) 求真实的回归斜率 β 的 95% 可信区间。

(7) 如果蛞蝓成长时保持形状不变 (同素异形生长), 高度和宽度同时与体长成比例, 所以体重将与体长的立方成比例。此时, log(体重) 对 log(体长) 的系数将等于 3。在 5% 显著性水平上检验假设

$$H_0 : \beta = 3, \quad H_1 : \beta \neq 3。$$

能断定蛞蝓种属显现出同素异形生长吗?

14.7　内生菌是生长在黑麦草内部的真菌。它不会在黑麦草之间传播, 但是如果种子被内生菌感染, 长出来的黑麦草也会被感染。它产生的化合物对以黑麦草为食物的阿根廷茎象鼻虫是有毒的。新西兰农业研究所研究在阿根廷茎象鼻虫的 4 种程度的侵扰下多年生黑麦草的持久性。被内生菌感染的黑麦草的观测数据如下:

侵扰程度 x	0	0	0	0	0	5	5	5	5	5
黑麦草数量 (n)	19	23	2	0	24	20	18	10	6	6
$y = \log_e(n+1)$	2.99573	3.17805	1.09861	0.00000	3.21888	3.04452	2.94444	2.39790	1.94591	1.94591
侵扰程度 x	10	10	10	10	10	20	20	20	20	20
黑麦草数量 (n)	12	2	11	7	6	3	16	14	9	12
$y = \log_e(n+1)$	2.56495	1.09861	2.48491	2.07944	1.94591	1.38629	2.83321	2.70805	2.30259	2.56495

(1) 绘制黑麦草数量对侵扰程度的散点图。

(2) 侵扰程度与黑麦草数量的关系显然是非线性的。考虑变量变换 $y = \log_e(n+1)$。绘出 y 对 x 的散点图。这样看上去是不是更线性？

(3) 求 y 对 x 的最小二乘直线。画出散点图上的最小二乘直线。

(4) 求最小二乘直线的估计方差。

(5) 假设观测 y_i 是正态分布, 其均值为 $\alpha_{\bar{x}} + \beta(x_i - \bar{x})$, 已知方差 σ^2 等于在 (4) 中所得值。求 $\beta | (x_1, y_1), (x_2, y_2), \cdots, (x_{20}, y_{20})$ 的后验分布。用正态分布 $N(0, 1^2)$ 作为 β 的先验。

14.8 对于未被内生菌感染的黑麦草有以下观测数据：

侵扰程度 x	0	0	0	0	0	5	5	5	5	5
黑麦草数量 (n)	16	23	2	16	6	8	6	1	2	5
$y = \log_e(n+1)$	2.83321	3.17805	1.09861	2.83321	1.94591	2.19722	1.94591	0.69315	1.09861	1.79176
侵扰程度 x	10	10	10	10	10	20	20	20	20	20
黑麦草数量 (n)	5	0	6	2	2	1	0	0	1	0
$y = \log_e(n+1)$	1.79176	0.00000	1.94591	1.09861	1.09861	0.69315	0.00000	0.00000	0.69315	0.00000

(1) 绘制黑麦草数量对侵扰程度的散点图。

(2) 侵扰程度与黑麦草数量的关系显然是非线性的。考虑变量变换 $y = \log_e(n+1)$。绘制 y 对 x 的散点图。这样看起来是不是更线性？

(3) 求 y 对 x 的最小二乘直线。

(4) 求最小二乘直线的估计方差。

(5) 假设观测到的 y_i 是正态分布, 其均值为 $\alpha_{\bar{x}} + (x_i - \bar{x})\beta$, 方差等于在 (2) 中所得值。求 $\beta | (x_1, y_1), (x_2, y_2), \cdots, (x_{20}, y_{20})$ 的后验分布。用 $N(0, 1^2)$ 作为 β 的先验。

14.9 在前两个问题中我们得到 y 对 x 的斜率的后验分布, 斜率是受内生菌感染和未感染的黑麦草的数量对象鼻虫的侵扰程度。设 β_1 是未受感染的黑麦草的斜率, β_2 是已感染的黑麦草的斜率。

(1) 求 $\beta_1 - \beta_2$ 的后验分布。

(2) 计算 $\beta_1 - \beta_2$ 的 95% 可信区间。

(3) 在 10% 显著性水平上检验假设

$$H_0 : \beta_1 - \beta_2 \leqslant 0, \quad H_1 : \beta_1 - \beta_2 > 0。$$

计算机习题

14.1 给定随机样本, 我们将用 Minitab 宏 BayesLinReg 或 R 函数 `bayes.lin.reg`, 求斜率 β 的后验分布。随机样本 $(x_1, y_1), (x_2, y_2), \cdots, (x_n, y_n)$ 来自简单线性回归模型

$$y_i = \alpha_0 + \beta x_i + e_i,$$

其中观测误差 e_i 为服从正态分布 $N(0, \sigma^2)$ 的独立随机变量, σ^2 已知。我们将对直线的斜率 β 和在 $y = \bar{x}$ 上的截距分别使用正态先验 $N(m_\beta, s_\beta^2)$ 和 $N(m_{\alpha_{\bar{x}}}, s_{\alpha_{\bar{x}}}^2)$。由此会得到独立的正态后验, 其中简单更新规则是 "后验精度等于先验精度加上最小二乘估计的精度" 以及 "后验均值等于先验均值与最小二乘估计的加权和, 其权重为精度与后验精度的比值"。下面 8 个观测来自简单线性回归模型, 其中方差 $\sigma^2 = 1^2$。

x	11	9	9	9	9	12	11	9
y	-21.6	-16.2	-19.5	-16.3	-18.3	-24.6	-22.6	-17.7

(1) [**Minitab:**] 若对斜率使用正态先验 $N(0, 3^2)$, 用 BayesLinReg 求斜率 β 的后验分布。调用 BayesLinReg 的细节见附录 C。

[**R:**] 若对斜率使用正态先验 $N(0, 3^2)$, 用 `bayes.lin.reg` 求斜率 β 的后验分布。调用 `bayes.lin.reg` 的细节见附录 D。注意: `bayes.lin.reg` 的速记别名为 `blr`, 使用这个别名更简便。

(2) 求斜率 β 的 95% 贝叶斯可信区间。

(3) 在 5% 显著性水平上检验假设 $H_0 : \beta \leqslant -3, \ H_1 : \beta > -3$。

(4) 求当 $x_9 = 10$ 时将观测到的 y_9 的预测分布。

(5) 求预测的 95% 可信区间。

14.2 以下 10 个观测来自简单回归模型, 其中方差 $\sigma^2 = 3^2$。

x	30	30	29	21	37	28	26	38	32	21
y	22.4	16.3	16.2	30.6	12.1	17.9	25.5	9.8	20.5	29.8

(1) [**Minitab:**] 若对斜率 β 使用正态先验 $N(0, 3^2)$, 用 BayesLinReg 求斜率 β 的后验分布。

[**R:**] 若对斜率使用正态先验 $N(0, 3^2)$, 用 `bayes.lin.reg` 求斜率的后验分布。

(2) 求斜率 β 的 95% 贝叶斯可信区间。

(3) 在 5% 显著性水平上检验假设 $H_0 : \beta \geqslant 1, \ H_1 : \beta < 1$。

(4) 求当 $x_{11} = 36$ 时将观测到的 y_{11} 的预测分布。

(5) 求预测的 95% 可信区间。

14.3 以下 10 个观测来自简单回归模型, 其中方差 $\sigma^2 = 3^2$。

x	22	31	21	23	19	26	27	16	28	21
y	24.2	25.4	23.9	22.8	22.6	29.7	24.8	22.3	28.2	30.7

(1) 若对斜率 β 使用正态先验 $N(0, 3^2)$ 并对截距 $\alpha_{\bar{x}}$ 使用正态先验 $N(25, 3^2)$, 用 Minitab 的 BayesLinReg 或 R 的 `bayes.lin.reg`, 求斜率的后验分布。

(2) 求斜率 β 的 95% 贝叶斯可信区间。

(3) 在 5% 显著性水平上检验假设 $H_0 : \beta \geqslant 1$, $H_1 : \beta < 1$。

(4) 求当 $x_{11} = 25$ 时将观测到的 y_{11} 的预测分布。

(5) 求预测的 95% 可信区间。

14.4 以下 8 个观测来自简单回归模型, 其中方差 $\sigma^2 = 2^2$。

x	54	47	44	47	55	50	52	48
y	1.7	4.5	4.6	8.9	0.9	1.4	5.2	6.4

(1) 若对斜率 β 使用正态先验 $N(0, 3^2)$ 并对截距 $\alpha_{\bar{x}}$ 使用正态先验 $N(4, 2^2)$, 用 Minitab 的 BayesLinReg 或 R 的 `bayes.lin.reg` 求斜率 β 的后验分布。

(2) 求斜率 β 的 95% 贝叶斯可信区间。

(3) 在 5% 显著性水平上检验假设 $H_0 : \beta \geqslant 1$, $H_1 : \beta < 1$。

(4) 求当 $x_9 = 51$ 时将观测到的 y_9 的预测分布。

(5) 求预测的 95% 可信区间。

第 15 章　标准差的贝叶斯推断

在处理某个分布时, 首要是其位置的参数, 其次是离差的参数。对正态分布而言, 这些重要的参数分别是均值和标准差 (或它的平方, 方差)。通常我们对未知的均值进行推断, 这时假设标准差为已知 (因此方差也已知), 或者把它当作冗余参数处理。在第 11 章中我们考虑了均值的贝叶斯推断, 其中的观测来自方差已知的正态分布。我们还看到, 当方差未知时, 对均值的推断调整为用方差的样本估计替换方差并从 t 分布取临界值。所得的推断等价于将未知参数作为冗余参数并通过对联合后验积分将其去掉得到的结果。

然而, 我们有时候要对正态分布的标准差进行推断。这种情况下, 我们将参数的角色反转。假设均值已知或把它看作冗余参数并对推断做必要的调整。我们对方差使用贝叶斯定理。但方差是平方量纲, 我们对它的信念很难可视化。为了便于图形显示, 我们把它转换为标准差的先验密度和后验密度。

15.1　具有连续先验的正态方差的贝叶斯定理

已知一个正态分布 $N(\mu, \sigma^2)$ 的随机样本 $y_1, y_2, \cdots, y_n$, 假设均值 μ 已知, 但方差 σ^2 未知。贝叶斯定理可以概括为后验与先验和似然的乘积成比例

$$g(\sigma^2 | y_1, y_2, \cdots, y_n) \propto g(\sigma^2) f(y_1, y_2, \cdots, y_n | \sigma^2)。$$

现实的考虑是方差可以取任意的正值。所以, 我们使用的连续先验应该定义在所有的正值上。因为先验是连续的, 实际的后验为

$$g(\sigma^2 | y_1, y_2, \cdots, y_n) = \frac{g(\sigma^2) f(y_1, y_2, \cdots, y_n | \sigma^2)}{\int g(\sigma^2) f(y_1, y_2, \cdots, y_n | \sigma^2) \mathrm{d}\sigma^2}, \tag{15.1}$$

其中分母是先验 × 似然在整个域上的积分。它对任意一个连续先验密度都是正确的。但除了少数特别的先验密度之外, 要得到后验都必须进行数值积分。

逆卡方分布。形状为

$$g(x) \propto \frac{1}{x^{\frac{\kappa}{2}+1}} \mathrm{e}^{-\frac{1}{2x}}, \ 0 < x < 1$$

的分布被称为自由度为 κ 的逆卡方分布。将此式乘以常数 $c = \dfrac{1}{2^{\kappa/2}\Gamma(\kappa/2)}$ 后就成为概率密度函数。自由度为 κ 的逆卡方分布的准确的密度函数为

$$g(x) = \frac{1}{2^{\frac{\kappa}{2}}\Gamma(\kappa/2)x^{\frac{\kappa}{2}+1}}e^{-\frac{1}{2x}}, \ \ 0 < x < 1。 \tag{15.2}$$

若密度的形状为

$$g(x) \propto \frac{1}{x^{\frac{\kappa}{2}+1}}e^{-\frac{S}{2x}}, \ \ 0 < x < 1,$$

我们就称 x 是 S 倍的自由度为 κ 的逆卡方分布。常数 $c = \dfrac{S^{\frac{\kappa}{2}}}{2^{\frac{\kappa}{2}}\Gamma(\kappa/2)}$ 是使之成为密度的比例因子。S 倍的自由度为 κ 的逆卡方分布[1]的准确概率密度为

$$g(x) = \frac{S^{\frac{\kappa}{2}}}{2^{\frac{\kappa}{2}}\Gamma(\kappa/2)} \cdot \frac{1}{x^{\frac{\kappa}{2}+1}}e^{-\frac{S}{2x}}, \ \ 0 < x < 1。 \tag{15.3}$$

若 U 是 S 倍的自由度为 κ 的逆卡方分布, $W = S/U$ 则是自由度为 κ 的卡方分布。这个转换允许我们用表 B.6 找出逆卡方 随机变量的概率, 它是卡方分布的上尾面积。

随机变量 X 服从 S 倍的自由度为 κ 的逆卡方分布, 如果 $\kappa > 2$, 其均值为

$$\mathrm{E}[X] = \frac{S}{\kappa - 2},$$

如果 $\kappa > 4$, 其方差为

$$\mathrm{Var}[X] = \frac{2S^2}{(\kappa-2)^2(\kappa-4)}。$$

图 15.1 所示为 $S = 1$ 时的某些逆卡方分布。

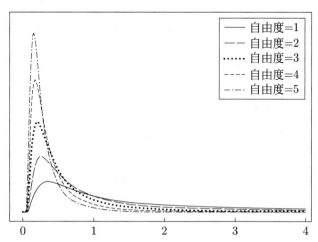

图 15.1 自由度从 1 到 5 的逆卡方分布。随着自由度增长, 概率集中在更小的值上。注意: 对所有图形, $S = 1$

---

[1]它也被称为逆伽马分布 $\mathrm{IG}(r, S)$, 其中 $r = \dfrac{\kappa}{2}$。

正态随机样本方差的似然。 来自均值 μ 已知的正态分布 $N(\mu, \sigma^2)$ 的单个随机抽样的方差的似然作为方差 σ^2 的函数是在观测值处的观测密度。

$$f(y|\sigma^2) = \frac{1}{\sqrt{(2\pi)\sigma^2}} e^{-\frac{1}{2\sigma^2}(y-\mu)^2}$$

将不依赖于参数 σ^2 的部分并入常数。余下的部分

$$f(y|\sigma^2) \propto (\sigma^2)^{-\frac{1}{2}} e^{-\frac{1}{2\sigma^2}(y-\mu)^2}$$

决定分布的形状。来自 μ 已知的 $N(\mu, \sigma^2)$ 的随机样本 $y_1, y_2, \cdots, y_n$ 的方差的似然是每一个观测的方差的似然的乘积。决定形状的那一部分为

$$
\begin{aligned}
f(y_1, y_2, \cdots, y_n | \sigma^2) &\propto \prod_{i=1}^{n} (\sigma^2)^{-\frac{1}{2}} e^{-\frac{1}{2\sigma^2}(y_i-\mu)^2} \\
&\propto (\sigma^2)^{-\frac{n}{2}} e^{-\frac{1}{2\sigma^2}\sum_{i=1}^{n}(y_i-\mu)^2} \\
&\propto \frac{1}{(\sigma^2)^{\frac{n}{2}}} e^{-\frac{\mathrm{SS}_T}{2\sigma^2}},
\end{aligned}
\tag{15.4}
$$

其中 $\mathrm{SS}_T = \sum_{i=1}^{n}(y_i - \mu)^2$ 是关于均值的平方的总和。方差似然的形状与 SS_T 倍的自由度为 $\kappa = n - 2$ 的逆卡方分布的形状相同。[1]

15.2 一些具体的先验分布及所得后验

若要对正态方差 σ^2 使用贝叶斯定理,我们需要知道它的先验分布。但方差是平方量纲,与均值的量纲不同。不能将方差与均值直接进行比较,所以很难理解 σ^2 的先验密度。标准差 σ 与均值有相同的量纲因而更容易被理解。通常要通过计算才能得到方差 σ^2 的后验,为便于理解我们会用曲线表示标准差 σ 相应的后验。在本章余下部分,我们使用下标表示先验和后验密度的参数是 σ 或 σ^2。方差是标准差的函数,因此可以用附录 A 中的链式规则得到与 σ 的先验密度对应的 σ^2 的先验密度。在这种情况下的换元公式为[2]

$$g_{\sigma^2}(\sigma^2) = g_\sigma(\sigma) \frac{1}{2\sigma}。 \tag{15.5}$$

同理,如果我们知道方差的先验密度,就可以运用换元公式求出标准差的先验密度

$$g_\sigma(\sigma) = g_{\sigma^2}(\sigma^2) \cdot 2\sigma。 \tag{15.6}$$

---

[1]当均值未知并被视为冗余参数时,使用 σ^2 的边缘似然,它与 SS_y 倍的自由度为 $\kappa = n - 3$ 的逆卡方分布的形状相同,其中 $\mathrm{SS}_y = \sum(y - \bar{y})^2$。

[2]一般而言,若 $g_\theta(\theta)$ 为参数 θ 的先验密度并且 $\Psi(\theta)$ 是 θ 的一对一函数,则 Ψ 是另一个可能的参数。Ψ 的先验密度为 $g_\Psi(\Psi) = g_\theta(\theta(\Psi)) \frac{\mathrm{d}\theta}{\mathrm{d}\Psi}$。

方差的正均匀先验密度

假设我们认为方差 σ^2 会等可能地取所有的正值, 不希望它偏向任何一个特别的值, 给予 σ^2 的所有正值相同的先验权重。由此得到方差的正均匀先验密度

$$g_{\sigma^2}(\sigma^2) = 1, \ \ \sigma^2 > 0 \text{。}$$

它不是一个恰当的先验, 因为它在整个定义域上的积分等于 ∞, 但在这里不会有什么问题。相应地, 标准差的先验密度 $g_\sigma(\sigma) = 2\sigma$ 显然也不是适当的。(给予方差所有的值相等的先验权重, 会让标准差较大的值有更大的权重。) 后验的形状为

$$g_{\sigma^2}(\sigma^2|y_1, y_2, \cdots, y_n) \propto 1 \cdot \frac{1}{(\sigma^2)^{\frac{n}{2}}} e^{-\frac{\mathrm{SS}_T}{2\sigma^2}} \propto \frac{1}{(\sigma^2)^{\frac{n}{2}}} e^{-\frac{\mathrm{SS}_T}{2\sigma^2}} \text{。}$$

它是 SS_T 倍的自由度为 $n-2$ 的逆卡方分布。

标准差的正均匀先验密度

假设我们认为标准差 σ 以同等的可能性取所有的正值, 不希望偏向任何一个特别的值。因此给予 σ 的所有正值相同的先验权重。由此得到标准差的正均匀先验密度

$$g_\sigma(\sigma) = 1, \ \ \sigma > 0 \text{。}$$

该先验显然不是一个适当的先验, 因为在其整个定义域上的积分等于 ∞; 但在这里它不会有麻烦。相应地, 利用 (15.5) 式得到方差的先验为

$$g_{\sigma^2}(\sigma^2) = 1 \cdot \frac{1}{2\sigma} \text{。}$$

(可见, 给予标准差所有值相等的先验权重, 会让方差较小的值有更大的权重。) 后验与先验和似然的乘积成比例。我们可以将不包含参数的部分并入常数。后验的形状为

$$g_{\sigma^2}(\sigma^2|y_1, y_2, \cdots, y_n) \propto \frac{1}{\sigma} \cdot \frac{1}{(\sigma^2)^{\frac{n}{2}}} e^{-\frac{\mathrm{SS}_T}{2\sigma^2}} \propto \frac{1}{(\sigma^2)^{\frac{n+1}{2}}} e^{-\frac{\mathrm{SS}_T}{2\sigma^2}} \text{。}$$

它是 SS_T 倍的自由度为 $n-1$ 的逆卡方分布。

杰佛瑞先验密度

如果我们将参数看成是所有可能的密度的指标, 参数的任意连续函数也会是同等有效的指标。杰佛瑞想找到在参数连续变换下不变的先验。[1] 对于均值 μ 已知的正态分布 $N(\mu, \sigma^2)$, 由杰佛瑞规则得到

$$g_{\sigma^2}(\sigma^2) \propto \frac{1}{\sigma^2}, \ \ \sigma^2 > 0 \text{。}$$

---

[1] 参数 θ 的杰佛瑞不变量先验由 $g(\theta) \propto \sqrt{I(\theta|y)}$ 确定, 其中 $I(\theta|y)$ 被称为费希尔信息, 即 $I(\theta|y) = -\mathrm{E}\left[\frac{\partial^2 \log f(y|\theta)}{\partial \theta^2}\right]$。

该先验不适当, 但在单一样本的情况下不会出问题。(注意, 标准差相应的先验为 $g_\sigma(\sigma) \propto \sigma^{-1}$。) 后验的形状为

$$g_{\sigma^2}(\sigma^2|y_1, y_2, \cdots, y_n) \propto \frac{1}{\sigma^2} \cdot \frac{1}{(\sigma^2)^{\frac{n}{2}}} e^{-\frac{\mathrm{SS}_T}{2\sigma^2}} \propto \frac{1}{(\sigma^2)^{\frac{n}{2}+1}} e^{-\frac{\mathrm{SS}_T}{2\sigma^2}},$$

它是 SS_T 倍的自由度为 n 的逆卡方分布。

逆卡方先验

假设我们决定将 S 倍的自由度为 κ 的逆卡方分布用作 σ^2 的先验。先验的形状则为

$$g_{\sigma^2}(\sigma^2) \propto \frac{1}{(\sigma^2)^{\frac{\kappa}{2}+1}} e^{-\frac{S}{2\sigma^2}}, \quad 0 < \sigma^2 < \infty。$$

注意, 利用换元公式可得到 σ 相应的先验密度形状

$$g_\sigma(\sigma) \propto \frac{1}{(\sigma^2)^{\frac{\kappa-1}{2}+1}} e^{-\frac{S}{2\sigma^2}}, \quad 0 < \sigma^2 < \infty。$$

相应于方差 σ^2 的 $S = 1$ 的逆卡方先验, 图 15.2 所示为自由度 $\kappa = 1, 2, 3, 4$ 和 5 的 σ 的先验密度。由图可见, 随着自由度增大, 概率会更集中在 σ 的较小值处。因此, 为了允许标准差取较大值, 在使用方差的逆卡方先验时, 我们应该取低自由度。

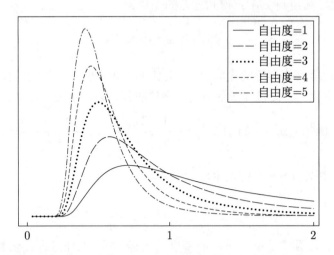

图 15.2 相应于方差 σ^2 的逆卡方先验的标准差 σ 的先验, 其中 $S = 1$

σ^2 的后验密度的形状为

$$g_{\sigma^2}(\sigma^2|y_1, y_2, \cdots, y_n) \propto \frac{1}{(\sigma^2)^{\frac{\kappa}{2}+1}} e^{-\frac{S}{2\sigma^2}} \cdot \frac{1}{(\sigma^2)^{\frac{n}{2}}} e^{-\frac{\mathrm{SS}_T}{2\sigma^2}} \propto \frac{1}{(\sigma^2)^{\frac{n+\kappa}{2}+1}} e^{-\frac{S+\mathrm{SS}_T}{2\sigma^2}},$$

它是 S' 倍的自由度为 κ' 的逆卡方分布, 其中 $S' = S + \mathrm{SS}_T$, $\kappa' = \kappa + n$。所以当观测来

自均值 μ 已知的正态分布 $N(\mu, \sigma^2)$, σ^2 的先验共轭族为 S 倍的逆卡方分布, 简单更新规则是 "把关于已知均值的平方和加到常数 S 上" 以及 "将样本大小加到自由度上"。

相应的标准差与方差的先验列在表 15.1 中。所有这些先验都会生成 S' 倍的自由度为 κ' 的逆卡方后验。[1]

表 15.1　标准差和方差的先验, 以及所得逆卡方后验的 S' 和 κ'

先验	$g_\sigma(\sigma) \propto$	$g_{\sigma^2}(\sigma^2) \propto$	S'	κ'
方差的正均匀	σ	1	SS_T	$n-2$
标准差的正均匀	1	$\dfrac{1}{\sigma}$	SS_T	$n-1$
杰佛瑞	$\dfrac{1}{\sigma}$	$\dfrac{1}{\sigma^2}$	SS_T	n
S 倍的自由度为 κ 的逆卡方	$\dfrac{1}{(\sigma^2)^{\frac{\kappa-1}{2}+1}}e^{-\frac{S}{2\sigma^2}}$	$\dfrac{1}{(\sigma^2)^{\frac{\kappa}{2}+1}}e^{-\frac{S}{2\sigma^2}}$	$S+SS_T$	$\kappa+n$

选择逆卡方先验。我们对 σ 的先验信念往往模糊不清。在看到数据之前, 我们选定值 c 使得 $\sigma < c$ 和 $\sigma > c$ 的可能性相等。这意味着 c 是先验的中位数。

我们想要选择与先验中位数相符的 S 倍的自由度为 κ 的逆卡方分布。因为关于 σ 只有模糊的先验知识, 只要它有这个先验中位数, 我们想让先验尽可能分散。

$$0.50 = P(\sigma > c) = P\left(\frac{\sigma^2}{S} > \frac{c^2}{S}\right) = P\left(W < \frac{S}{c^2}\right),$$

其中 $W = \dfrac{S}{\sigma^2}$ 是自由度为 κ 的卡方分布。在表 B.6 中找到自由度为 κ 的卡方分布的 50% 点并求解 S 的方程。图 15.3 所示为中位数相同但自由度为 $\kappa = 1, 2, \cdots, 5$ 的先验密度。

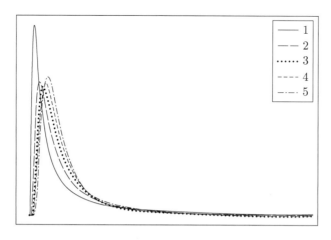

图 15.3　具有相同的中位数, 自由度为 $\kappa = 1, 2, \cdots, 5$ 的逆卡方先验密度

---

[1]标准差的正均匀先验, 方差的正均匀先验和杰佛瑞先验具有 $S = 0$ 且 κ 分别等于 $-1, -2$ 和 0 的逆卡方形式。它们可以看成是 S 倍的逆卡方分布族当 $S \to 0$ 的极限情形。

可见, 自由度为 $\kappa = 1$ 的先验在下尾部分权重更大。在上尾处不好区分这些密度, 因为都被挤到 0。取密度的对数将上尾展开。如图 15.4 所示, 自由度为 $\kappa = 1$ 的先验显然在两个尾部的权重都更大。因此, 在这些与先验中位数匹配的逆卡方先验中, 自由度为 1 的逆卡方先验的离差最大。

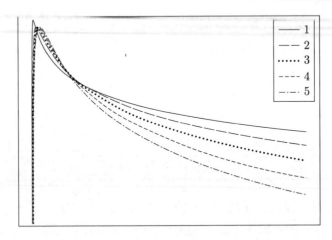

图 15.4 具有相同的中位数, 自由度为 $\kappa = 1, 2, \cdots, 5$ 的逆卡方先验密度的对数

逆伽马先验

逆卡方分布实际上是逆伽马分布的特例。逆伽马分布的概率密度函数为

$$g(\sigma^2; \alpha, \beta) = \frac{\beta^\alpha}{\Gamma(\alpha)}(\sigma^2)^{-\alpha-1}\mathrm{e}^{-\frac{\beta}{\sigma^2}}\,。$$

如果 $\alpha = \dfrac{\kappa}{2}, \beta = \dfrac{1}{2}$, 它就与自由度为 κ 的逆卡方分布的密度相同。如果 $\alpha = \dfrac{\kappa}{2}, \beta = \dfrac{S}{2}$, 它与 S 倍的自由度为 κ 的逆卡方分布相同。如果使用这个先验, 后验则为

$$g(\sigma^2|y_1, y_2, \cdots, y_n) \propto \frac{1}{(\sigma^2)^{\alpha+1}}\mathrm{e}^{-\frac{\beta}{\sigma^2}}\frac{1}{(\sigma^2)^{\frac{n}{2}}}\mathrm{e}^{-\frac{\mathrm{SS}_T}{2\sigma^2}} \propto \frac{1}{(\sigma^2)^{[\frac{n}{2}+\alpha+1]}}\mathrm{e}^{-\frac{\mathrm{SS}_T+2\beta}{2\sigma^2}}\,。$$

它与参数为 $\alpha' = \dfrac{n}{2} + \alpha,\ \beta' = \dfrac{\mathrm{SS}_T + 2\beta}{2}$ 的逆伽马密度成正比。Gelman et al. (2003) 说明, 可以将逆伽马分布 $\mathrm{IG}(\alpha, \beta)$ 重新参数化为一个经缩放的逆卡方分布, 尺度 $S = \dfrac{\beta}{\alpha}$, 自由度 $\kappa = 2\alpha$。这个参数化有助于理解下面关于参数选择的争论。

通常我们, 尤其是 BUGS 建模语言的用户, 会为 σ^2 选择逆伽马 $\mathrm{IG}(\epsilon, \epsilon)$ 先验分布, 其中 ϵ 是一个小的值, 如 1, 0.1 或 0.001 (Gelman, 2006)。这样选择先验的难点在于所得的后验分布可能并不适当。这种情况在本书的例子中不太可能出现, 但是在分层模型中, 我们有理由相信 σ^2 可能很小。建议选择 $\alpha \geqslant 0.5$, 因此 $2\alpha \geqslant 1$, 即在经缩放的逆卡方参数化中先验分布的自由度至少为 $\kappa = 1$, 因此会是一个适当的先验。

例 15.1 阿罗哈、伯纳多和卡洛斯是乳品厂的 3 位统计员, 他们想对生产线上的 "1 千克" 装奶粉的重量偏差进行推断。3 位统计员都认为, 包装重量符合正态分布 $N(\mu, \sigma^2)$, 其中 μ 已知为目标值 1015 克。阿罗哈决定对标准差使用正均匀先验, $g(\sigma) = 1$ 当 $\sigma > 0$。伯纳多决定使用杰佛瑞先验 $g(\sigma) \propto \dfrac{1}{\sigma}$。卡洛斯决定其标准差的先验信念是它的中位数为 5。他从表 B.6 中查到自由度为 1 的卡方分布的 50% 的点是 0.4549, 并计算出 $S = 0.4549 \times 5^2 = 11.37$。因此他用 11.37 倍的自由度为 1 的逆卡方分布作为 σ^2 的先验。他用换元公式, 将其转换为等价的 σ 的先验密度。图 15.5 所示为 σ 的 3 个先验密度的形状。阿罗哈的先验并不随着 σ 的增长而下降, 而伯纳多和卡洛斯的先验随着 σ 的增长只是缓慢下降。因此, 如果数据表现出比期望的更多差异性, 这 3 个先验都会让人满意。我们还看到, 当 σ 趋于 0 时, 伯纳多的先验会增长至无穷大。也就是说他的先验对非常小的值赋予了很大的权重。[1]卡洛斯的先验并没有对很小的值赋予大的权重, 但不会有什么问题, 因为高估方差比低估更保守。他们取得一个大小为 10 的随机样本并测量净含量。以克为单位的测量值为

$$1011 \quad 1009 \quad 1019 \quad 1012 \quad 1011 \quad 1016 \quad 1018 \quad 1021 \quad 1016 \quad 1012$$

SS_T 的计算如下表所示:

值	1011	1009	1019	1012	1011	1016	1018	1021	1016	1012	SS_T
减去均值	−4	−6	4	−3	−4	1	3	6	1	−3	
平方	16	36	16	9	16	1	9	36	1	9	149

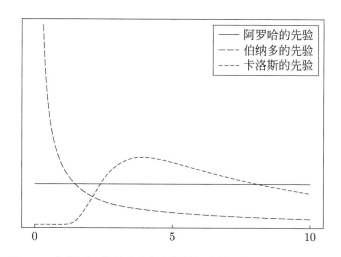

图 15.5　阿罗哈、伯纳多和卡洛斯的标准差 σ 的先验分布的形状

---

[1]$g(\theta) \propto \theta^{-1}$ 在两个方向上都不适当。当 a 趋于 0 时, 它从 a 到 1 的积分的极限为无穷大。这种情况在更复杂的模型中会出问题, 其后验可能也不适当, 因为数据不能迫使相应的后验积分有限。不过, 在这个特例中它没什么问题。当 b 无限增长时, 伯纳多的先验从 1 到 b 的积分的极限也是无穷大。但不会引起任何问题, 因为数据总是能够使相应的后验积分有限。

　　每人所得方差的后验分布都是 S' 倍的自由度为 κ' 的逆卡方。阿罗哈后验是 149 倍的自由度为 9 的逆卡方, 伯纳多的后验是 149 倍的自由度为 10 的逆卡方, 而卡洛斯的后验是 11.37+149=160.37 倍的自由度为 10+1=11 的逆卡方。图 15.6 和图 15.7 所示分别为方差 σ^2 和标准差 σ 的后验密度。阿罗哈的后验的上尾比另外两个的稍长, 因为她的先验在 σ 较大时的权重也较大。

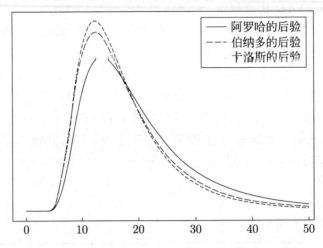

图 15.6　阿罗哈、伯纳多和卡洛斯的方差 σ^2 的后验分布

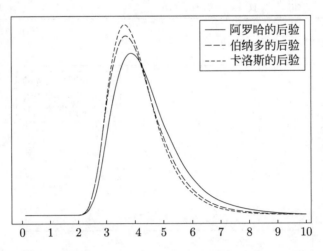

图 15.7　阿罗哈、伯纳多和卡洛斯的标准差 σ 的后验分布

15.3　正态标准差的贝叶斯推断

　　根据我们的先验信念以及观察到的数据, 后验分布总结我们对参数的信念。在 15.2 节中方差的后验分布 $g(\sigma^2|y_1, y_2, \cdots, y_n)$ 是 S' 倍的自由度为 κ' 的逆卡方分布。

σ 的贝叶斯估计

我们基于方差 σ^2 的后验分布推导出 σ 的贝叶斯估计。由方差的后验分布 $g(\sigma^2|y_1, y_2, \cdots, y_n)$ 度量方差的位置,然后取平方根作为标准差 σ 的估计。3 种常用的位置度量为后验均值、后验众数和后验中位数。

方差 σ^2 的后验均值。我们通过取期望 $\mathrm{E}[\sigma^2 g(\sigma^2|y_1, y_2, \cdots, y_n)]$ 可得到方差的后验均值。Lee (1989) 证明,当 $\kappa' > 2$,后验均值为

$$m' = \frac{S'}{\kappa'\ 2}。$$

方差的后验均值的平方根可以作为标准差的第一个贝叶斯估计, 即

$$\hat{\sigma} = \sqrt{\frac{S'}{\kappa' - 2}}。$$

σ^2 的后验众数。方差 σ^2 的后验分布为 S' 倍的自由度为 κ' 的逆卡方分布。令 $g(\sigma^2|y_1, y_2, \cdots, y_n)$ 的导数等于 0 并求解所得的方程, 得到后验众数, 即

$$\mathrm{mode} = \frac{S'}{\kappa' + 2}。$$

方差的后验众数的平方根可以作为标准差的第二个贝叶斯估计, 即

$$\hat{\sigma} = \sqrt{\frac{S'}{\kappa' + 2}}。$$

方差 σ^2 的后验中位数。后验中位数是让后验分布的 50% 小于它而 50% 大于它的值,即

$$\int_0^{\mathrm{median}} g(\sigma^2|y_1, y_2, \cdots, y_n)\mathrm{d}\sigma^2 = 0.5$$

的解, 可以通过数值求解。方差的后验中位数的平方根可以作为标准差的第三个贝叶斯估计, 即

$$\hat{\sigma} = \sqrt{\mathrm{median}}。$$

例 15.1(续) 表 15.2 所示为 3 位统计员找到的标准差 σ 的估计。可以看出标准差的后验密度是正偏斜且上尾稍重, 所以用后验均值所得估计最优, 用后验中位数所得估计次之。用后验众数所得估计倾向于低估标准差。 ■

σ 的贝叶斯可信区间

给定样本数据, 方差 σ^2 的后验分布是 S' 倍的自由度为 κ' 的逆卡方分布。因此 $W = S'/\sigma^2$ 是自由度为 κ' 的卡方分布。我们建立关于 W 的概率描述, 并将它翻转以求

表 15.2 标准差 σ 的后验估计

人员	后验参数		使用后验得到的估计		
	S'	κ'	众数	均值	中位数
阿罗哈	149	9	3.680	4.614	4.226
伯纳多	149	10	3.524	4.316	3.994
卡洛斯	160.37	11	3.512	4.221	3.938

出 σ^2 的可信区间。设 u 是自由度为 κ' 上尾面积为 $1 - \frac{\alpha}{2}$ 的卡方值, 并设 l 是上尾面积为 $\frac{\alpha}{2}$ 的卡方值。这些数值可以在表 B.6 中查到。

$$P\left(u < \frac{S'}{\sigma^2} < l\right) = 1 - \alpha,$$

$$P\left(\frac{S'}{l} < \sigma^2 < \frac{S'}{u}\right) = 1 - \alpha。$$

取括号里各项的平方根, 将它转换为标准差 σ 的可信区间

$$P\left(\sqrt{\frac{S'}{l}} < \sigma < \sqrt{\frac{S'}{u}}\right) = 1 - \alpha。 \tag{15.7}$$

例 15.1(续) 3 位统计员得到 S' 倍的自由度为 κ' 的逆卡方分布。他们计算 σ 的 95% 可信区间并将结果列在表 15.3 中。如图 15.7 所示, 阿罗哈可信区间轻微上移且上界的值比其他的稍大, 这点可以理解, 因为她的后验分布上尾较长。 ∎

表 15.3 标准差 σ 的可信区间

人员	后验参数		95% 可信区间	
	S'	κ'	下界	上界
阿罗哈	149	9	2.80	7.43
伯纳多	149	10	2.70	6.77
卡洛斯	160.37	11	2.70	6.48

关于 σ 的单边假设检验

我们常常要确定标准差是否小于或等于某个值。为此我们建立关于 σ 的单边假设检验

$$H_0 : \sigma \leqslant \sigma_0, \quad H_1 : \sigma > \sigma_0。$$

通过计算零假设的后验概率与选定的显著性水平 α 比较来检验这个假设。设 $W = \dfrac{S'}{\sigma^2}$。

$$P(H_0\text{为真}|y_1, y_2, \cdots, y_n) = P(\sigma \leqslant \sigma_0|y_1, y_2, \cdots, y_n)$$

$$= P(\sigma^2 \leqslant \sigma_0^2|y_1, y_2, \cdots, y_n) = P(W \geqslant W_0),$$

其中 $W_0 = \dfrac{S'}{\sigma_0^2}$。当零假设为真时,$W$ 是自由度为 κ' 的卡方分布。此概率可以通过查表 B.6 来界定,或者用 Minitab 或 R 计算。

例 15.1(续) 3 位统计员想要确定标准差是否大于 5.00。他们将这个问题建立为单边假设检验

$$H_0 : \sigma \leqslant 5.00, \quad H_1 : \sigma > 5.00$$

并选择显著性水平 $\alpha = 0.10$。他们各自计算零假设的后验概率。结果如表 15.4 所示。没有一个零假设的后验概率在 $\alpha = 0.10$ 之下,所以每个人都在该水平上接受零假设。 ∎

表 15.4 单边假设检验的结果

人员	后验	$P(\sigma \leqslant 5|y_1, y_2, \cdots, y_n)$	接受与否
阿罗哈	$149 \times$ 逆卡方。自由度为 9	$P\left(W \geqslant \dfrac{149}{5^2}\right) = 0.7439$	是
伯纳多	$149 \times$ 逆卡方。自由度为 10	$P\left(W \geqslant \dfrac{149}{5^2}\right) = 0.8186$	是
卡洛斯	$160.37 \times$ 逆卡方。自由度为 11	$P\left(W \geqslant \dfrac{160.37}{5^2}\right) = 0.8443$	是

本 章 要 点

- S 倍的自由度为 κ 的逆卡方分布的形状为

$$g(x) \propto \frac{1}{x^{\frac{\kappa}{2}+1}} \mathrm{e}^{\frac{S}{2x}}。$$

- 如果 U 是 S 倍的自由度为 κ 的逆卡方分布,则 $W = \dfrac{S}{U}$ 是自由度为 κ 的卡方分布。因此逆卡方概率可以由卡方分布表计算。

- 若 X 为 S 倍的自由度为 κ 的逆卡方分布的随机变量,只要分别满足 $\kappa > 2$ 和 $\kappa > 4$,它的均值和方差分别为

$$\mathrm{E}[X] = \frac{S}{\kappa - 2}, \quad \mathrm{Var}[X] = \frac{2S^2}{(\kappa - 2)^2(\kappa - 4)},$$

- 均值 μ 已知的正态分布 $N(\mu, \sigma^2)$ 的随机样本方差的似然函数形状与 SS_T 倍的自由度为 $n - 2$ 的逆卡方分布的形状相同。

- 我们对方差使用贝叶斯定理, 所以需要方差 σ^2 的先验分布。
- 通过可视化会更容易理解标准差 σ 的先验分布。
- 标准差的先验可以通过换元公式由方差的先验得到, 反之亦然。
- 可能的先验包括
  1. 方差的正均匀先验;
  2. 标准差的正均匀先验;
  3. 杰佛瑞先验 (对于标准差和方差相同);
  4. S 倍的自由度为 κ 的逆卡方分布 (这是方差先验的共轭族) 选择低自由度的共轭先验通常会更好。
- 通过计算方差 σ^2 的后验分布的位置度量, 如均值、中位数或众数, 并取平方根就得到标准差 σ 的贝叶斯估计。一般而言, 后验均值作为位置度量的表现最好。因为后验分布有重尾, 高估方差会更保守。
- 通过将 σ^2 的后验分布 (它是 S' 倍的自由度为 κ' 的逆卡方分布) 转换为 $W = \dfrac{S'}{\sigma^2}$ 的自由度为 κ' 的卡方后验分布, 可以得到 σ 的贝叶斯可信区间。我们找到 W 的上界和下界, 并将它们翻转回来找出 σ 可信区间的下界和上界。
- 通过计算零假设的后验概率并将它与所选的显著性水平 α 比较, 可以进行标准差 σ 的单边假设检验。

习　　题

15.1　已知某物品的强度是均值为 200 但方差 σ^2 未知的正态分布。采集大小为 10 的随机样本并测量强度。强度值为

215	186	216	203	221	188	202	192	208	195

(1) 求方差 σ^2 的似然函数形状的方程。

(2) 对方差 σ^2 使用正均匀先验分布。将变量从方差变为标准差, 求标准差 σ 的先验分布。

(3) 求方差 σ^2 的后验分布。

(4) 将变量从方差变为标准差, 求标准差的后验分布。

(5) 求标准差 σ 的 95% 贝叶斯可信区间。

(6) 在 5% 显著性水平上检验 $H_0 : \sigma \leqslant 8$, $H_1 : \sigma > 8$。

15.2　某机制物品的厚度呈正态分布, 其均值 $\mu = 0.001$ 厘米但方差 σ^2 未知。采集大小为 10 的随机样本并测量其厚度。它们是

0.00110	0.00146	0.00102	0.00066	0.00139	0.00121	0.00053	0.00144	0.00146	0.00075

(1) 求方差 σ^2 的似然函数形状的方程。

(2) 对方差 σ^2 使用正均匀先验分布。将变量从方差变为标准差, 求标准差 σ 的先验分布。

(3) 求方差 σ^2 的后验分布。

(4) 将变量从方差变为标准差, 求标准差的后验分布。

(5) 求标准差 σ 的 95% 贝叶斯可信区间。

(6) 在 5% 显著性水平上检验 $H_0 : \sigma \leqslant 0.0003$, $H_1 : \sigma > 0.0003$。

15.3 乳制品的含水量是正态分布, 均值为 15% 但方差 σ^2 未知。采集大小为 10 的随机样本并测量其含水量。它们是

15.01　14.95　14.99　14.09　16.63　13.98　15.78　15.07　15.64　16.98

(1) 求方差 σ^2 的似然函数形状的方程。

(2) 对方差 σ^2 使用杰佛瑞先验分布。将变量从方差变为标准差, 求标准差 σ 的先验分布。

(3) 求方差 σ^2 的后验分布。

(4) 将变量从方差变为标准差, 求标准差的后验分布。

(5) 求标准差 σ 的 95% 贝叶斯可信区间。

(6) 在 5% 显著性水平上检验 $H_0 : \sigma \leqslant 1.0$, $H_1 : \sigma > 1.0$。

15.4 某品牌食用油的饱和脂肪水平呈正态分布, 其均值 $\mu = 15\%$ 但方差 σ^2 未知。10 瓶食用油的随机样本的饱和脂肪百分比是

13.65　14.31　14.73　13.88　14.66　15.53　15.36　15.16　15.76　18.55

(1) 求方差 σ^2 的似然函数形状的方程。

(2) 对方差 σ^2 使用杰佛瑞先验分布, 将变量从方差变为标准差, 求标准差 σ 的先验分布。

(3) 求方差 σ^2 的后验分布。

(4) 将变量从方差变为标准差, 求标准差的后验分布。

(5) 求标准差 σ 的 95% 贝叶斯可信区间。

(6) 在 5% 显著性水平上检验 $H_0 : \sigma \leqslant 0.05$, $H_1 : \sigma > 0.05$。

15.5 设来自正态分布 $N(\mu, \sigma^2)$(其中均值 $\mu = 25$) 的 5 个观测的随机样本是

26.05　　29.39　　23.58　　23.95　　23.38

(1) 求方差 σ^2 的似然函数形状的方程。

(2) (在看到数据之前) 我们相信, 标准差可能大于 4 也可能小于 4。(我们的先验信念是标准差分布的中位数是 4。) 求与我们对中位数的先验信念相匹配的自由度为 1 的逆卡方先验。

(3) 将变量从方差变为标准差, 求标准差 σ 的后验分布。

(4) 求方差 σ^2 的后验分布。

(5) 将变量从方差变为标准差, 求标准差的后验分布。

(6) 求标准差 σ 的 95% 贝叶斯可信区间。

(7) 在 5% 显著性水平上检验 $H_0 : \sigma \leqslant 5$, $H_1 : \sigma > 5$。

15.6 某种 "1 千克" 包装的奶粉重量是正态分布 $N(\mu, \sigma^2)$(其中均值 $\mu = 1015$ 克)。采集共 10 个包装的随机样本并称重。重量是

1019　　1023　　1014　　1027　　1017　　1031　　1004　　1018　　1004　　1025

(1) 求方差 σ^2 的似然函数形状的方程。

(2) (在看到数据之前) 我们相信, 标准差可能大于 5 也可能小于 5。(我们的先验信念是标准差分布的中位数是 5。) 求与我们对中位数的先验信念相匹配的自由度为 1 的逆卡方先验。

(3) 将变量从方差变为标准差, 求标准差 σ 的后验分布。

(4) 求方差 υ^2 的后验分布。

(5) 将变量从方差变为标准差, 求标准差的后验分布。

(6) 求标准差 σ 的 95% 贝叶斯可信区间。

(7) 如果有证据显示标准差大于 8, 则要停机并做调整。在 5% 显著性水平上检验 $H_0 : \sigma \leqslant 8$, $H_1 : \sigma > 8$。有没有证据表明包装机需要调整?

计算机习题

15.1　设有均值 μ 已知的正态分布 $N(\mu, \sigma^2)$ 的大小为 n 的一个随机样本, 我们用 Minitab 宏 NVarICP 或 R 函数 nvaricp, 求标准差 σ 的后验分布。为方差 σ^2 选用 S 倍的自由度为 κ 的逆卡方先验, 这是均值已知的正态观测的共轭族。一开始将该族的某个成员作为先验, 我们得到的后验分布将是族中的另一个成员。简单更新规则为

$$S' = S + \mathrm{SS}_T, \quad \kappa' = \kappa + n,$$

其中 $\mathrm{SS}_T = \sum (y_i - \mu)^2$。假设有正态分布 $N(\mu, \sigma^2)$ 的 5 个观测, 其中 $\mu = 200$。它们是

206.4	197.4	212.7	208.5	203.4

(1) 假设从标准差 σ 的正均匀先验开始。我们要用的 S 倍的自由度为 κ 的逆卡方分布的值是多少?

(2) 用 Minitab 宏 NVarICP 或 R 函数 nvaricp 求后验。

(3) 求后验均值和中位数。

(4) 求 σ 的 95% 贝叶斯可信区间。

15.2　假设从标准差 σ 的杰佛瑞先验开始, 我们要用的 S 倍的自由度为 κ 的逆卡方分布的值是多少?

(1) 用 Minitab 宏 NVarICP 或 R 函数 nvaricp 求后验。

(2) 求后验均值和中位数。

(3) 求 σ 的 95% 贝叶斯可信区间。

15.3　假设我们的先验信念是 σ 既有可能低于 8 又有可能高于 8。(我们的先验分布 $g(\sigma)$ 的中位数是 8。) 确定与我们的先验中位数匹配的 S 倍的自由度为 κ 的逆卡方分布, 其中取自由度 $\kappa = 1$。

(1) 用 Minitab 宏 NVarICP 或 R 函数 nvaricp 求后验。

(2) 求后验均值和中位数。

(3) 求 σ 的 95% 贝叶斯可信区间。

15.4　假设我们又得到正态分布 $N(\mu, \sigma^2)$ 的 5 个观测, 其中 $\mu = 200$。它们是

211.7	205.4	206.0	206.5	201.7

(1) 将习题 15.3 中的后验当作新观测的先验并用 Minitab 宏 NVarICP 或 R 函数 nvaricp 求后验。

(2) 求后验均值和中位数。

(3) 求 σ 的 95% 贝叶斯可信区间。

15.5 假设我们将全部 10 个正态观测 $N(\mu, \sigma^2)$ 作为单个样本。从习题 15.3 中所得的原始先验开始。

(1) 用 Minitab 宏 NVarICP 或 R 函数 nvaricp 求后验。

(2) 从习题 15.3～习题 15.5 的结果, 你注意到什么?

(3) 在 5% 显著性水平上检验假设 $H_0 : \sigma \leqslant 5$, $H_1 : \sigma > 5$。

第 16 章　稳健贝叶斯方法

许多统计学家不愿意使用贝叶斯方法, 因为他们不想将先验信念带入推断。绝大多数情况下, 他们知道某些值比其他的一些值更有可能, 还有一些值实际上不可能, 然而他们不一定想用先验分布来描述这些知识。科学家研究并测量其观察到的东西, 他们知道测量值可能的范围。我们在前几章中看到, 只要先验概率在取值范围内是合理的, 由不同的先验得到的后验虽然不会完全相同但却很相似。我们还看到, 即使按频率论标准来评判, 与忽视先验信息的频率论定理相比, 利用先验信息的贝叶斯定理能做出更好的推断。科学家应该根据先验知识构造出先验并使用贝叶斯方法。

然而, 科学家具有的坚定的先验信念可能并不正确。采集数据时可能会发现似然与先验所预期的大不相同。后验会受到先验的强烈影响。大多数科学家不太愿意使用那样的后验。如果先验与似然之间有明显的分歧, 科学家会相信似然, 因为它来自数据。

本章考虑如何对描述不清的先验进行更稳健的贝叶斯推断。我们发现, 利用共轭先验的混合可以做到这一点。我们允许先验有一个较小的出错概率。如果似然与先验的预期大相径庭, 后验出错的概率会很大, 后验分布会主要依赖于似然。

16.1　错置先验的影响

贝叶斯方法的一个主要优势是它不仅利用来自样本的信息还会利用先验知识。贝叶斯定理将先验和样本信息组合生成后验, 而频率论方法只使用样本信息。因此, 贝叶斯方法通常比频率论方法好, 因为它们使用了更多的信息。在似然很大的范围内先验也应该取较大的值。

然而, 科学家可能会有坚定的先验信念, 但是这样的先验信念可能是错的。也许他(错误地) 将先验建立在旧数据之上, 旧数据的条件与当前数据的条件不同。如果一个强置的先验是错的, 它对后验的影响会很大。下列两个例子就说明了这一点。

例 16.1　阿奇要进行一项调查: 如果在城中建赌场, 有多少哈密尔顿选民会光顾该赌场。他基于朋友的意见决定先验。在他询问的 25 位朋友中有 15 位称会去赌场。于是他选定匹配这些意见的贝塔先验 $Be(a, b)$。先验均值为 0.6, 等价样本大小是 25。因此 $a + b + 1 = 25$, $\dfrac{a}{a+b} = 0.6$。所以 $a = 14.4$, $b = 9.6$。然后, 他采集了哈密尔顿的 100 位选民的随机样本并发现其中有 25 人声称会去赌场。他的后验分布是 $Be(39.4, 84.60)$。

图 16.1 所示为阿奇的先验、似然和后验。先验和似然没有多少重叠。后验在两者之间。后验概率大的值并未得到数据 (似然) 或先验的强烈支持。这个结果难以让人满意。 ■

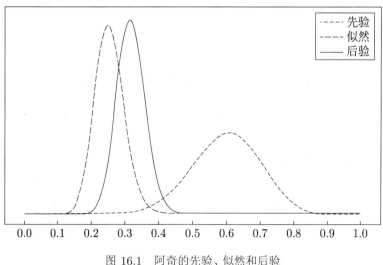

图 16.1　阿奇的先验、似然和后验

例 16.2　安德莉亚要在夏季从湖中采集溶解氧水平的测量样本。假设溶解氧水平近似于正态分布, 均值为 μ、方差 $\sigma^2 = 1$。她以前对流入这个湖的河流做过类似的实验。她认为自己很清楚会得到什么结果。她决定 μ 的正态先验为 $N(8.5, 0.7^2)$, 该先验为对河流调查所得结果的近似。然后她采集了大小为 5 的随机样本, 样本均值为 5.45。利用正态分布的简单更新规则求出后验分布的参数。后验为 $N(6.334, 0.3769^2)$。图 16.2 所示为安德莉亚的先验、似然和后验。后验密度处于先验和似然之间, 那些概率大的值并未得到数据或先验的强烈支持, 这个结果很难让人满意。 ■

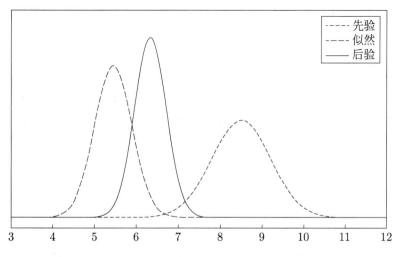

图 16.2　安德莉亚的先验、似然和后验

这两个例子说明错误的先验是如何产生的。阿奇和安德莉亚的先验都是基于过去的数据, 这些数据又都来自以往类似的情境。他们俩都没有做对。在阿奇的案例中, 他将朋友视为总体的代表, 但他的朋友在年龄和观点上都与他自己相似, 其数据集不宜作为先验的基础。安德莉亚认为她以前由河流得到的数据与来自湖里的数据类似。她忽视了水流对溶解氧的影响。她的先验并非基于现行实验条件下得到的数据。

16.2 混合先验的贝叶斯定理

因为我们有大量的先验知识, 可以假设先验密度 $g_0(\theta)$ 非常精确。不过我们也要避免出现因使用错误的先验知识而错置先验的情况。即使我们认为不会出现这种情况, 但也得承认先验知识可能并不适用于新数据。如果错置先验, 意味着我们实际上不太清楚 θ 该取什么值。此时, 作为 θ 的先验, $g_1(\theta)$ 或者是非常模糊的共轭先验或者是平坦先验。设 $g_0(\theta|y_1, y_2, \cdots, y_n)$ 是当 $g_0(\theta)$ 为先验时给定观测后所得的 θ 的后验分布。同理, 设 $g_1(\theta|y_1, y_2, \cdots, y_n)$ 是当 $g_1(\theta)$ 为先验时, 给定观测后所得的 θ 的后验分布为

$$g_i(\theta|y_1, y_2, \cdots, y_n) \propto g_i(\theta)f(y_1, y_2, \cdots, y_n|\theta), \ i = 0, 1。$$

因为使用了共轭先验或平坦先验, 通过简单更新规则就可以得到这些后验。

混合先验

我们引入一个新参数 I, 它有两个可能的取值。如果 $i = 0$, θ 就来自 $g_0(\theta)$; 如果 $i = 1$, θ 则来自 $g_1(\theta)$。给定 i, θ 的条件先验概率为

$$g(\theta|i) = \begin{cases} g_0(\theta), & i = 0, \\ g_1(\theta), & i = 1。\end{cases}$$

设 I 的先验概率分布为 $P(I = 0) = p_0$, 其中 p_0 是如 0.9, 0.95 或 0.99 的一些较大的值, 因为我们认为先验 $g_0(\theta)$ 是正确的。先验被错置的先验概率是 $p_1 = 1 - p_0$。θ 和 I 的联合先验分布为

$$g(\theta, i) = p_i(1 - i)g_0(\theta) + (1 - p_i)ig_1(\theta)。$$

请注意, 该联合分布在参数 θ 上连续, 但在参数 I 上是离散的。通过边缘化联合密度 (在所有可能的取值上对 I 求和) 可得到随机变量 θ 的边缘先验密度。它具有混合先验分布, 因为其密度

$$g(\theta) = 0.95g_0(\mu) + 0.05g_1(\mu) \tag{16.1}$$

是两个先验密度的混合。

联合后验

给定观测 $y_1, y_2, \cdots, y_n$, θ 和 I 的联合后验分布与联合先验和联合似然的乘积成比例, 即存在某个常数 c, 有

$$g(\theta, i | y_1, y_2, \cdots, y_n) = cg(\theta, i)f(y_1, y_2, \cdots, y_n | \theta, i), \quad i = 0, 1。$$

但是样本仅依赖于 θ, 不依赖于 i, 所以联合后验为

$$\begin{aligned} g(\theta, i | y_1, y_2, \cdots, y_n) &= cp_i g_i(\theta)f(y_1, y_2, \cdots, y_n | \theta) \\ &= cp_i h_i(\theta, y_1, y_2, \cdots, y_n), \qquad i = 0, 1, \end{aligned}$$

其中 $h_i(\theta, y_1, y_2, \cdots, y_n) = g_i(\theta)f(y_1, y_2, \cdots, y_n | \theta)$ 是当 $g_i(\theta)$ 为正确先验时参数和数据的联合分布。通过对联合后验关于 θ 求积分得到 $i = 0, 1$ 的边缘后验概率

$$\begin{aligned} P(I = i | y_1, y_2, \cdots, y_n) &= \int g(\theta, i | y_1, y_2, \cdots, y_n)\mathrm{d}\theta \\ &= cp_i \int h_i(\theta, y_1, y_2, \cdots, y_n)\mathrm{d}\theta \\ &= cp_i f_i(y_1, y_2, \cdots, y_n), \end{aligned}$$

其中 $f_i(y_1, y_2, \cdots, y_n)$ 是当 $g_i(\theta)$ 为正确先验时数据的边缘概率 (或概率密度)。后验概率之和为 1, 常数 c 被约去, 所以

$$P(I = i | y_1, y_2, \cdots, y_n) = \frac{p_i f_i(y_1, y_2, \cdots, y_n)}{\displaystyle\sum_{i=0}^{1} p_i f_i(y_1, y_2, \cdots, y_n)}。$$

上面的这些计算都很容易。

混合后验

对联合后验中 i 的所有可能的取值求和得到 θ 的边缘后验

$$g(\theta | y_1, y_2, \cdots, y_n) = \sum_{i=0}^{1} g(\theta, i | y_1, y_2, \cdots, y_n)。$$

还有另一种方法, 联合后验可以由条件概率重新整理为

$$g(\theta, i | y_1, y_2, \cdots, y_n) = g(\theta | i, y_1, y_2, \cdots, y_n)P(I = i | y_1, y_2, \cdots, y_n),$$

其中, 当 $g_i(\theta)$ 作为先验时, $g(\theta | i, y_1, y_2, \cdots, y_n) = g_i(\theta | y_1, y_2, \cdots, y_n)$ 为后验分布。因此 θ 的边缘后验为

$$g(\theta | y_1, y_2, \cdots, y_n) = \sum_{i=0}^{1} g_i(\theta | y_1, y_2, \cdots, y_n)P(I = i | y_1, y_2, \cdots, y_n)。 \tag{16.2}$$

这是两个后验的混合, 其中的权重为给定数据时 i 所取的两个值的后验概率。

例 16.1(续) 本是阿奇的朋友, 他决定用混合先验分析阿奇的数据。设 g_0 与阿奇所用的先验相同, 即 $\mathrm{Be}(14.4, 9.6)$ 先验。设 g_1 为 $\mathrm{Be}(1, 1)$(均匀) 先验。并设先验概率

$p_0 = 0.95$。图 16.3 所示为本的混合先验及其组成部分。他的混合先验与阿奇的非常相似，但尾部较重。这让他的先验能够应对错置先验。这种情况下，$h_i(\pi, y)$ 是贝塔分布与二项分布的乘积。当然，我们只对已发生的值 $y = 25$ 感兴趣

$$h_0(\pi, y = 25) = \frac{\Gamma(24)}{\Gamma(14.4)\Gamma(9.6)} \pi^{13.4}(1-\pi)^{8.6} \left(\frac{100!}{25!75!}\right) \pi^{25}(1-\pi)^{75}$$

$$= \frac{\Gamma(24)}{\Gamma(14.4)\Gamma(9.6)} \times \left(\frac{100!}{25!75!}\right) \times \pi^{38.4}(1-\pi)^{83.6},$$

和

$$h_1(\pi, y = 25) = \pi^0(1-\pi)^0 \left(\frac{100!}{25!75!}\right) \pi^{25}(1-\pi)^{75} = \left(\frac{100!}{25!75!}\right) \pi^{25}(1-\pi)^{75}。$$

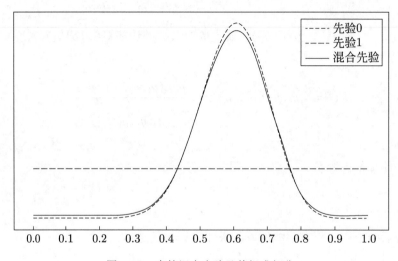

图 16.3　本的混合先验及其组成部分

这两个分别都是一个常数乘以贝塔分布。将它们对 π 积分，有

$$\int_0^1 h_0(\pi, y = 25)\mathrm{d}\pi = \frac{\Gamma(24)}{\Gamma(14.4)\Gamma(9.6)} \left(\frac{100!}{25!75!}\right) \int_0^1 \pi^{38.4}(1-\pi)^{83.6}\mathrm{d}\pi$$

$$= \frac{\Gamma(24)}{\Gamma(14.4)\Gamma(9.6)} \times \left(\frac{100!}{25!75!}\right) \times \frac{\Gamma(39.4)\Gamma(84.6)}{\Gamma(124)},$$

和

$$\int_0^1 h_1(\pi, y = 25)\mathrm{d}\pi = \left(\frac{100!}{25!75!}\right) \int_0^1 \pi^{25}(1-\pi)^{75}\mathrm{d}\pi = \left(\frac{100!}{25!75!}\right) \times \frac{\Gamma(26)\Gamma(76)}{\Gamma(102)}。$$

已知 $\Gamma(a) = (a-1)\Gamma(a-1)$，如果 a 是整数，$\Gamma(a) = (a-1)!$。第二个积分很容易计算

$$f_1(y = 25) = \int_0^1 h_1(\pi, y = 25)\mathrm{d}\pi = \frac{1}{101} = 9.90099 \times 10^{-3}。$$

我们可以对第一个积分进行数值计算

$$f_0(y = 25) = \int_0^1 h_0(\pi, y = 25)\mathrm{d}\pi = 2.484 \times 10^{-4}。$$

所以, 后验概率为 $P(I = 0|25) = 0.323$, $P(I = 1|25) = 0.677$。后验分布是混合分布 $g(\pi|25) = 0.323g_0(\pi|25) + 0.677g_1(\pi|25)$, 其中 $g_0(\pi|y)$ 和 $g_1(\pi|y)$ 分别为用 g_0 和 g_1 作为先验得到的共轭后验分布。图 16.4 所示为本的混合后验分布与它的两个组成部分。图 16.5 所示为本的先验、后验和似然。当先验与似然不一致时, 我们应该相信似然, 因为它来自于数据。从表面上看, 本的先验似乎与阿奇的先验非常相似。然而, 它的混合分布允许有较重的尾部, 这让他的后验非常接近似然。它比图 16.1 中阿奇的分析更让人满意。 ∎

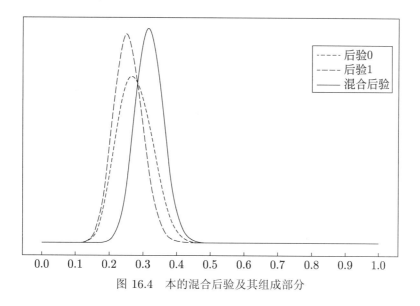

图 16.4 本的混合后验及其组成部分

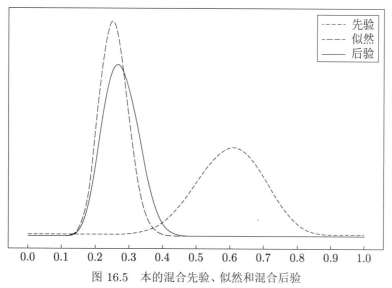

图 16.5 本的混合先验、似然和混合后验

例 16.2(续) 凯特琳是安德莉亚的朋友。她在看过图 16.2 之后告诉安德莉亚其结果并不令人满意。后验概率大的值没有得到数据或先验的强烈支持。她认为其原因可能是先验错置。为了避免这种情况的发生, 她想用混合正态先验来分析。$g_0(\theta)$ 与安德莉亚的先验相同, 为 $N(8.5, 0.7^2)$, $g_1(\theta)$ 为 $N(8.5, (4 \times 0.7)^2)$, 其均值与安德莉亚的先验均值相同, 但标准差是它的 4 倍。安德莉亚错置先验的先验概率为 0.05。图 16.6 所示为凯特琳的混合先验及其组成部分。看起来她的混合先验与安德莉亚的先验非常相似, 只是在尾部区域的权重更大。凯特琳的后验 $g_0(\theta|\bar{y})$ 是 $N(6.334, 0.3769^2)$, 与安德莉亚的相同。当初始先验被错置时, 凯特琳的后验 $g_1(\theta|\bar{y})$ 是 $N(5.526, 0.4416^2)$, 其中的参数由正态分布的简单更新规则得到。在正态的情况下

$$h_i(\mu, y_1, y_2, \cdots, y_n) \propto g_i(\mu) f(\bar{y}|\mu) \propto e^{-\frac{1}{2s_i^2}(\mu - m_i)^2} e^{-\frac{1}{2\sigma^2/n}(\bar{y} - \mu)^2},$$

其中 m_i 和 s_i^2 是先验分布 $g_i(\mu)$ 的均值和方差。当 g_i 为正确的先验时, 积分 $\int h_i(\mu, y_1, y_2, \cdots, y_n)\mathrm{d}\mu$ 为样本的非条件概率。将两项相乘, 整理包含 μ 的项, 这一项是正态的, 经过积分后就消失了。余下的项简化为

$$f_i(\bar{y}) = \int h_i(\mu, \bar{y})\mathrm{d}\mu \propto \frac{1}{\sqrt{s_i^2 + \sigma^2/n}} e^{-\frac{1}{2(s_i^2 + \sigma^2/n)}(\bar{y} - m_i)^2},$$

它是正态密度, 均值为 m_i 方差为 $\frac{\sigma^2}{n} + s_i^2$。在本例中, $m_0 = 8.5$, $s_0^2 = 0.7^2$, $m_1 = 8.5$, $s_1^2 = (4 \times 0.7)^2$, $\sigma^2 = 1$, 且 $n = 5$。数据由样本值 $\bar{y} = 5.45$ 来概括。插入这些数值, 得到 $P(I = 0|\bar{y} = 5.45) = 0.12$, $P(I = 1|\bar{y} = 5.45) = 0.88$。因此, 凯特琳的后验为混合后验 $0.12 g_0(\mu|\bar{y}) + 0.88 g_1(\mu|\bar{y})$。图 16.7 所示为凯特琳的混合后验及其组成部分。图 16.8 所示

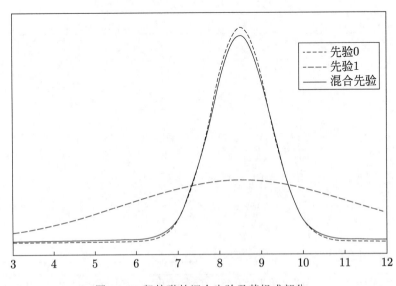

图 16.6 凯特琳的混合先验及其组成部分

为凯特琳的先验、似然和后验。将它与图 16.2 中安德莉亚的分析对比, 可以看出使用混合先验所得的后验比由原先错置先验所得的后验更接近似然。这个结果也更让人满意。▣

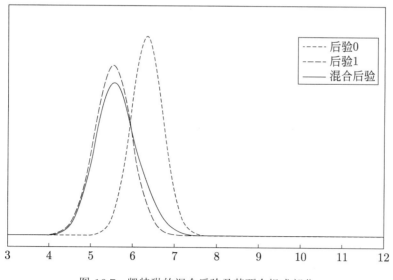

图 16.7　凯特琳的混合后验及其两个组成部分

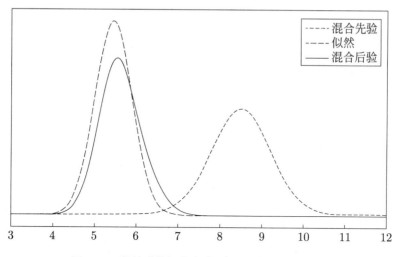

图 16.8　凯特琳的混合先验、似然和她的混合后验

总　　结

先验代表我们在看到实验数据之前对参数的先验信念。我们应该由相似的实验所得的数据推出先验。然而, 如果我们自以为相似的实验实际却并不相似, 先验就可能完全错了。也许我们自认为对参数非常了解但认识却是错的。由此得到的先验是精确但错置的先验。它与似然之间会有相当的距离。后验则会在先验与似然二者之间, 并且会对既不被

数据支持也得不到先验支撑的参数值赋予较高的概率。这样的后验不会让人满意。如果先验与数据之间存在冲突, 我们更应该相信的是数据。

我们引入一个指标随机变量, 用一个小的先验概率表示原来的先验可能是错置的。我们所用的混合先验是 $P(I=0)g_0(\theta) + P(I=1)g_1(\theta)$, 其中 g_0 和 g_1 分别是初始的先验和离差更大的先验。给定数据, 求出 I 和 θ 的联合后验分布, 再通过边缘化去掉指标变量得到 θ 的边缘后验分布。它是混合分布

$$g_{混合}(\theta|y_1, y_2, \cdots, y_n) = P(I=0|y_1, y_2, \cdots, y_n)g_0(\theta|y_1, y_2, \cdots, y_n)+$$

$$P(I=1|y_1, y_2, \cdots, y_n)g_1(\theta|y_1, y_2, \cdots, y_n)。$$

该后验对错置先验非常稳健。如果初始先验准确, 混合后验与初始后验会非常相似。不过, 如果初始先验与似然差得很远, 后验概率 $p(i=0|y_1, y_2, \cdots, y_n)$ 就会非常小, 混合后验会接近于似然。通过给予似然更大的权重就能化解初始先验与似然之间的冲突。

本 章 要 点

- 如果先验赋予低似然的值以大概率, 高似然的值以小概率, 对于先验和似然都不支持的值, 后验会赋予较大的概率。这样的结果不能让人满意。
- 其原因可能是科学家基于旧数据的先验而错置先验, 没有考虑到生成旧数据的过程与生成新数据的过程在某些重要的方面存在差异。
- 使用混合先验可以防止对先验的错置。我们使用混合共轭先验。引入混合指标随机变量, 该变量取值 0 或 1。混合先验为

$$g(\theta) = p_0 g_0(\theta) + p_1 g_1(\theta),$$

其中 $g_0(\theta)$ 是我们相信的初始先验, 而 $g_1(\theta)$ 是尾部较重的另一个先验, 所以利用混合先验能对冲因初始先验被错置对后验的影响。由先验 $g_0(\theta)$ 和 $g_1(\theta)$ 所得的后验分别为 $g_0(\theta|y_1, y_2, \cdots, y_n)$ 和 $g_1(\theta|y_1, y_2, \cdots, y_n)$。

- 通过为先验概率 $p_0 = P(I=0)$ 设置较大的值, 先验概率 $p_1 = 1 - p_0 = P(I=1)$ 取较小值, 给予初始先验 g_0 较大的先验概率。我们认为初始先验是正确的, 但也允许它有小概率会被错置。

- 将贝叶斯定理用于混合先验以确定混合后验。混合指标变量是一个冗余参数, 通过边缘化可以将它消除。

- 如果似然的大部分值远离初始先验, 混合后验会接近于似然。这个结果更让人满意。当先验和似然有冲突时, 后验信念应该主要基于似然, 因为似然以数据为基础。我们的先验基于由过去数据的错误推理, 它忽略了在采集数据过程中出现的某些重要变化。

- 混合后验是两个后验的混合, 其中 $i=0, 1$ 的混合比例 $P(I=i)$ 与先验概率乘以数据发生的边缘概率 (或概率密度) 成正比。

$$P(I=i) \propto p_i f_i(y_1, y_2, \cdots, y_n), \quad i = 0, 1.$$

- 它们的和为 1, 所以

$$P(I = i) = \frac{p_i f_i(y_1, y_2, \cdots, y_n)}{\displaystyle\sum_{i=0}^{1} p_i f_i(y_1, y_2, \cdots, y_n)}, \quad i = 0, 1。$$

习　　题

16.1　假设你要对所在城市中的选民做一次调查。调查题目是该城市是否应该修建新的会议设施。你相信大多数选民不会同意这个建议, 因为会增加居民的物业税。作为城市居民, 你听到了关于该建议的讨论, 大多数人都表示反对。你认为只有大约 35% 的选民会支持该建议, 所以决定用 Be(7, 13) 来概括你的先验信念。然而, 你又怀疑自己听到的那些意见是否能代表城市选民的想法。因此, 你决定使用混合先验:

$$g(\pi|i) = \begin{cases} g_0(\pi), & i = 0, \\ g_1(\pi), & i = 1, \end{cases}$$

其中 $g_0(\pi)$ 为 Be(7, 13) 密度, $g_1(\pi)$ 是 Be(1, 1)(均匀) 密度。先验概率 $P(I = 0) = 0.95$。你采集了 $n = 200$ 位在该城市生活的登记选民的随机样本。其中有 $y = 10$ 位支持该建议。

(1) 计算当 $g_0(\pi)$ 为先验时 π 的后验分布。

(2) 计算当 $g_1(\pi)$ 为先验时 π 的后验分布。

(3) 计算后验概率 $P(I = 0|y)$。

(4) 计算边缘后验 $g(\pi|y)$。

16.2　假设你要在大学里调查学生是否定期阅读学生报纸。基于朋友的意见, 你认为绝大部分学生会经常阅读。但你不能确定朋友是否是学生的代表性样本。因此, 你决定使用混合先验。

$$g(\pi|i) = \begin{cases} g_0(\pi), & i = 0, \\ g_1(\pi), & i = 1。 \end{cases}$$

其中 $g_0(\pi)$ 是 Be(20, 5) 密度, 而 $g_1(\pi)$ 是 Be(1, 1)(均匀) 密度。先验概率 $P(I = 0) = 0.95$。你采集了 $n = 100$ 位学生的随机样本。其中 $y = 41$ 位学生称他们会定期阅读学生报纸。

(1) 计算当 $g_0(\pi)$ 为先验时 π 的后验分布。

(2) 计算当 $g_1(\pi)$ 为先验时 π 的后验分布。

(3) 计算后验概率 $P(I = 0|y)$。

(4) 计算边缘后验 $g(\pi|y)$。

16.3　假设你要采集生产线上的化工产品比重的测量样本。你知道比重的测量值近似服从正态分布 $N(\mu, \sigma^2)$, 其中 $\sigma^2 = 0.005^2$。对 μ 使用精确的正态先验 $N(1.10, 0.001^2)$, 因为制造过程相当稳定。然而你有点怀疑对生产流程的调整是否适当, 所以决定使用混合先验。设 $g_0(\mu)$ 为精确正态先验 $N(1.10, 0.001^2)$, 设 $g_1(\mu)$ 为 $N(1.10, 0.01^2)$, 并且 $p_0 = 0.95$。你采集了产品的随机样本并测量其比重。测量值为

         1.10352   1.10247   1.10305   1.10415   1.10382   1.10187

(1) 计算当 $g_0(\pi)$ 为先验时 π 的后验分布。

(2) 计算当 $g_1(\pi)$ 为先验时 π 的后验分布。

(3) 计算后验概率 $P(I = 0|y_1, y_2, \cdots, y_6)$。

(4) 计算边缘后验 $g(\mu|y_1, y_2, \cdots, y_6)$。

    16.4   假设你要采集 500 克奶酪块的样本。你了解到它们的重量近似服从正态分布 $N(\mu, \sigma^2)$，其中 $\sigma^2 = 2^2$。对于 μ 你有精确的正态先验 $N(502, 1^2)$，因为它是在加工过程设置的。然而你怀疑机器也许需要调整，所以决定使用混合先验。设 $g_0(\mu)$ 为精确正态先验 $N(502, 1^2)$，$g_1(\mu)$ 为 $N(502, 2^2)$，并且设 $p_0 = 0.95$。你采集了 10 个奶酪块的随机样本并称重。测量值为

     501.5   499.1   498.5   499.9   500.4   498.9   498.4   497.9   498.8   498.6

(1) 计算 $g_0(\mu)$ 为先验时 μ 的后验分布。

(2) 计算 $g_1(\mu)$ 为先验时 μ 的后验分布。

(3) 计算后验概率 $P(I = 0|y_1, y_2, \cdots, y_{10})$。

(4) 计算边缘后验 $g(\mu|y_1, y_2, \cdots, y_{10})$。

计算机习题

    16.1   当使用 π 的混合先验时，给定二项分布 $B(n, \pi)$ 的观测 y，我们将用 Minitab 宏 BinoMixP 或 R 函数 binomixp 求 π 的后验分布。假设我们凭已有的经验相信 $\mathrm{Be}(7, 13)$ 是适当的先验。但又纠结于已有的经验可能是在不同情境下获得的，因此，先验信念可能完全不正确。我们需要留条退路，所以决定使用混合先验，其中 $g_0(\pi)$ 为 $\mathrm{Be}(7, 13)$ 分布，$g_1(\pi)$ 为 $\mathrm{Be}(1, 1)$ 分布，先验概率为 $P(I = 0) = 0.95$。假设我们采集到大小为 $n = 100$ 的随机样本并观测到 $y = 76$ 次成功。

(1) 分别用 Minitab 宏 BinoMixp 和 R 函数 binomixp 求后验分布 $g(\pi|y)$。

(2) 求 π 的 95% 贝叶斯可信区间。

(3) 在 5% 显著性水平上检验假设 $H_0 : \pi \leqslant 0.5$，$H_1 : \pi > 0.5$。

    16.2   我们要观测在 $n = 100$ 次独立试验中"成功"的次数。我们相信 $\mathrm{Be}(6, 14)$ 概括了已有经验。然而，考虑到已有经验的条件可能与现在不同，我们的先验可能不是很好。因此决定使用混合先验，其中 $g_0(\pi)$ 为 $\mathrm{Be}(6, 14)$ 分布，$g_1(\pi)$ 为 $\mathrm{Be}(1, 1)$ 分布，且先验概率 $P(I = 0) = 0.95$。假设我们采集大小为 $n = 100$ 的随机样本并观测到 $y = 36$ 次成功。

(1) 分别用 Minitab 宏 BinoMixp 和 R 函数 binomixp 求后验分布 $g(\pi|y)$。

(2) 求 π 的 95% 贝叶斯可信区间。

(3) 在 5% 显著性水平上检验假设 $H_0 : \pi \leqslant 0.5$，$H_1 : \pi > 0.5$。

    16.3   若使用 μ 的混合先验，给定标准差 $\sigma = 5$ 的正态分布 $N(\mu, \sigma^2)$ 的随机样本 $y_1, y_2, \cdots, y_n$，我们将用 Minitab 宏 NormMixP 或 R 函数 normmixp 求 μ 的后验分布。假设在类似条件下的先验经验让我们相信先验分布应该是 $N(1000, 5^2)$。但考虑到先验经

验可能来自不同的环境, 所以决定使用混合先验, 其中 $g_0(\mu)$ 为 $N(1000, 5^2)$, $g_1(\mu)$ 为 $N(1000, 15^2)$, 且先验概率 $P(I = 0) = 0.95$。我们采集到 $n = 10$ 个观测的随机样本。它们是

| 1030 | 1023 | 1027 | 1022 | 1023 | 1023 | 1030 | 1018 | 1015 | 1011 |

(1) 分别用 Minitab 宏NormMixp和 R 函数 `normmixp` 求后验分布 $g(\mu|y)$。

(2) 求 μ 的 95% 贝叶斯可信区间。

(3) 在 5% 显著性水平上检验假设 $H_0 : \mu \leqslant 1000$, $H_1 : \mu > 1000$。

16.4 我们从标准差 $\sigma = 4$ 的正态分布 $N(\mu, \sigma^2)$ 采集随机样本。假设在类似情况下的先验经验让我们相信先验分布应该是 $N(255, 4^2)$。但考虑到先验经验可能来自不同的环境, 所以决定使用混合先验, 其中 $g_0(\mu)$ 是 $N(255, 4^2)$, $g_1(\mu)$ 是 $N(255, 12^2)$, 且先验概率 $P(I = 0) = 0.95$。采集到 $n = 10$ 个观测的随机样本。它们是

| 249 | 258 | 255 | 261 | 259 | 254 | 261 | 256 | 253 | 254 |

(1) 用 Minitab 宏NormMixp或 R 函数 `normmixp` 求后验分布 $g(\mu|y)$。

(2) 求 μ 的 95% 贝叶斯可信区间。

(3) 在 5% 显著性水平上检验假设 $H_0 : \mu \leqslant 1000$, $H_1 : \mu > 1000$。

第 17 章　均值与方差未知的正态贝叶斯推断

正态分布 $N(\mu, \sigma^2)$ 有两个参数, 均值 μ 和方差 σ^2。通常我们对均值 μ 的推断更感兴趣, 并将方差 σ^2 看成是冗余参数。

在第 11 章中我们考虑了只有均值 μ 未知的正态分布 $N(\mu, \sigma^2)$ 的随机样本。假定方差 σ^2 是已知的常量, 此时观测分布是一维指数分布族的成员[1]。如果对 μ 使用正态共轭先验 $N(m, s^2)$, 利用相应的简单更新规则可以轻易找到正态共轭后验 $N(m', (s')^2)$。[2]当方差未知时, 我们可以使用由样本估计的方差 $\hat{\sigma}^2$。用方差的估计会带来一定程度的不确定性, 因为我们并不知道 σ^2 的真值。在进行概率计算时用 t 分布而非标准正态分布查找可信区间的临界值, 就能够容纳额外的不确定性。

在第 15 章中, 我们考虑了方差 σ^2 未知的正态分布 $N(\mu, \sigma^2)$ 的随机样本。假定均值 μ 为已知的常量。该观测分布也是一维指数族的成员[3]。当为 σ^2 使用 S 倍的自由度为 κ 的逆卡方共轭先验时, 通过使用相应的简单更新规则, 可以找到 S' 倍的自由度为 κ' 的逆卡方共轭后验。当 μ 未知时, 我们采用样本均值 $\hat{\mu} = \bar{y}$。这会消耗掉一个自由度, 反过来它也意味着在我们的计算中存在更多的不确定性。我们计算 $\hat{\mu}$ 附近的平方和, 并从少一个自由度的逆卡方分布中查找临界值。

在前面的几章中, 当冗余参数的值未知时, 我们建议按下面的步骤进行近似。由样本估计冗余参数, 并将该估计值插入模型。然后假定冗余参数取该值, 并对我们感兴趣的参数进行推断。在查找可信区间的临界值或计算概率时, 对 μ 用 t 分布替代标准正态, 对 σ^2 则使用少一个自由度的逆卡方分布。

我们只知道两个参数中的一个而对另一个一无所知, 这样的假设有点做作。实际上, 如果我们不知道均值 μ, 又怎么会知道方差 σ^2, 反之亦然。本章考虑更实际的情形, 随机样本是两个参数均未知的正态分布 $N(\mu, \sigma^2)$ 的观测。我们将对这两个参数使用联合先验并用贝叶斯定理求联合后验分布。通过积分将联合后验中的冗余参数去掉, 找出我们感兴趣的参数 (通常是 μ) 的边缘后验分布。然后用边缘后验对感兴趣的参数进行推断。

在 17.1 节中, 我们考虑均值 μ 和方差 σ^2 均未知的正态分布 $N(\mu, \sigma^2)$ 的联合似然函

---

[1]参数 θ 的随机变量 Y 是一维指数分布族的成员意味着对某些函数 $a(\theta), b(y), c(\theta)$ 和 $t(y)$, 其概率或概率密度函数可以表示为 $f(y|\theta) = a(\theta)b(y)e^{c(\theta t(y))}$。这种情况下, $a(\mu) = e^{-\frac{\mu^2}{2\sigma^2}}, b(y) = \frac{1}{\sigma}e^{-\frac{y^2}{2\sigma^2}}, c(\mu) = \frac{\mu}{\sigma^2}, t(y) = y$。

[2]一维指数分布族总有一个共轭先验族, 并且可以凭简单更新规则找到后验。

[3]这种情况下, $a(\sigma^2) = (\sigma^2)^{-\frac{1}{2}}e^{-\frac{\mu^2}{\sigma^2}}, c(\sigma^2) = \frac{\mu}{\sigma^2}, t(y) = y$。

数。它可以分解为给定 σ^2, μ 的条件正态形状的似然与 σ^2 的逆卡方形状的似然的乘积。

在 17.2 节中，我们对 μ 和 σ^2 采用独立的杰佛瑞先验，并在此情况下考虑对 μ 的推断。通过对联合后验中的冗余参数 σ^2 求积分，得到 μ 的边缘后验分布。这种情况下，贝叶斯的结果与使用频率论假设的结果相同。

在 17.3 节中，我们会发现两个参数的联合共轭先验不是两个参数的独立共轭先验的乘积，因为其形式应该与联合似然的形式相同：给定 σ^2 时 μ 的条件正态先验乘以 σ^2 的逆卡方先验。若对两个参数使用联合共轭先验，会得到联合后验。对联合后验中的冗余参数 σ^2 积分得到 μ 的 t 分布形状的边缘后验。错置先验均值会导致后验方差的膨胀。作为替代方案，我们提出一种不会令方差膨胀的近似贝叶斯方法。事实上，联合先验和联合似然可以分解为给定 σ^2 时 μ 的条件正态部分与 σ^2 的逆卡方部分的乘积。我们找出与其形式相同的联合后验的近似。不过，该方法没有用到先验和似然中的所有信息，具体而言是没有用到先验均值和样本均值的差。结合方差的先验和样本方差估计，我们得到 μ 的 t 分布形状的后验分布。它说明第 11 章中的近似为什么会成立。无论使用精确方法或近似方法，都应该检查图形是否与第 16 章中的类似，从而确定我们为均值选择的先验分布是否合适。

在 17.4 节中，对于来自方差 σ^2 未知但相同的正态分布的两个独立随机样本，我们找出其均值差 $\mu_d = \mu_1 - \mu_2$ 的后验分布。我们考虑两种情况。在第一种情况中，对 3 个参数 μ_1, μ_2 和 σ^2 都采用独立的杰佛瑞先验。我们将之简化为 μ_d 和 σ^2 的联合后验，然后对 σ^2 求积分得到 μ_d 的 t 分布形状的边缘后验分布。在第二种情况中，对 3 个参数使用联合共轭先验。再求出 μ_1, μ_2 和 σ^2 的联合后验。然后化简为 μ_d 和 σ^2 的联合后验。对联合后验中的冗余参数 σ^2 求积分得到 μ_d 的边缘后验，它具有 t 分布的形状。我们还给出基于联合后验分解的近似方法。我们发现 μ_d 和 σ^2 的联合后验分布也可以分解。根据有关 t 分布的定理可得到 μ_d 的 t 分布形状的后验。这个近似仍然没有使用来自先验和似然关于方差的全部信息。

在 17.5 节中，我们利用方差均未知的 $N(\mu_1, \sigma_1^2)$ 和 $N(\mu_2, \sigma_2^2)$ 的两个独立随机样本，求出均值差 $\mu_d = \mu_1 - \mu_2$ 的后验分布。

17.1 联合似然函数

正态分布 $N(\mu, \sigma^2)$ 的单个观测的联合似然的形状为

$$f(y|\mu, \sigma^2) \propto \frac{1}{\sqrt{\sigma^2}} e^{-\frac{1}{2\sigma^2} \sum (y-\mu)^2}.$$

注意: 似然中包含因子 $\dfrac{1}{\sqrt{\sigma^2}}$，因为 σ^2 不再为一个常数而被视为该模型的一个参数。来自正态分布 $N(\mu, \sigma^2)$ 的随机样本 $y_1, y_2, \cdots, y_n$ 的似然是单一似然的乘积，其形状为

$$f(y_1, y_2, \cdots, y_n|\mu, \sigma^2) \propto \prod_{i=1}^{n} f(y_i|\mu, \sigma^2) \propto \prod_{i=1}^{n} \frac{1}{\sqrt{\sigma^2}} e^{-\frac{1}{2\sigma^2}(y_i-\mu)^2} \propto \frac{1}{(\sigma^2)^{\frac{n}{2}}} e^{-\frac{1}{2\sigma^2} \sum (y_i-\mu)^2},$$

在指数中加上一个样本均值 $\bar{y}$ 再减去它, 得

$$f(y_1, y_2, \cdots, y_n | \mu, \sigma^2) \propto \frac{1}{(\sigma^2)^{\frac{n}{2}}} e^{-\frac{1}{2\sigma^2} \sum [(y_i - \bar{y}) + (\bar{y} - \mu)]^2}。$$

将指数展开、分为 3 部分的和并化简, 中间的求和项为 0 被消去, 有

$$f(y_1, y_2, \cdots, y_n | \mu, \sigma^2) \propto \frac{1}{(\sigma^2)^{\frac{n}{2}}} e^{-\frac{1}{2\sigma^2} [n(\bar{y} - \mu)^2 + \mathrm{SS}_{\boldsymbol{y}}]},$$

其中 $\mathrm{SS}_{\boldsymbol{y}} = \sum (y_i - y)^2$ 是观测与样本均值的距离平方和。注意, 联合似然分解为两部分:

$$f(y_1, y_2, \cdots, y_n | \mu, \sigma^2) \propto \frac{1}{(\sigma^2)^{\frac{1}{2}}} e^{-\frac{n}{2\sigma^2}(\bar{y} - \mu)^2} \cdot \frac{1}{(\sigma^2)^{\frac{n-1}{2}}} e^{-\frac{\mathrm{SS}_{\boldsymbol{y}}}{2\sigma^2}}。 \tag{17.1}$$

第一部分表明 $\mu | \sigma^2$ 是正态分布 $N\left(\bar{y}, \dfrac{\sigma^2}{n}\right)$。第二部分表明 σ^2 是 $\mathrm{SS}_{\boldsymbol{y}}$ 倍的逆卡方分布。因为联合后验可分解, 条件随机变量 $\mu | \sigma^2$ 独立于随机变量 σ^2。

17.2 利用 μ 和 σ^2 的独立杰佛瑞先验的后验

在第 11 章中, 正态均值 μ 的杰佛瑞先验是不适当的平坦先验

$$g_\mu(\mu) = 1, \quad -\infty < \mu < \infty,$$

在第 15 章中, σ^2 的杰佛瑞先验为

$$g_{\sigma^2}(\sigma^2) = \frac{1}{\sigma^2}, \quad 0 < \sigma^2 < \infty,$$

它也不适当。若使用独立杰佛瑞先验, 两个参数的联合先验就是它们的乘积, 即

$$g_{\mu,\sigma^2}(\mu, \sigma^2) = \frac{1}{\sigma^2}, \quad -\infty < \mu < \infty, \quad 0 < \sigma^2 < \infty。 \tag{17.2}$$

联合后验与联合先验和联合似然的乘积成比例, 即

$$\begin{aligned}
g_{\mu,\sigma^2}(\mu, \sigma^2 | y_1, y_2, \cdots, y_n) &\propto g_{\mu,\sigma^2}(\mu, \sigma^2) f(y_1, y_2, \cdots, y_n | \mu, \sigma^2) \\
&\propto \frac{1}{\sigma^2} \cdot \frac{1}{(\sigma^2)^{\frac{1}{2}}} e^{-\frac{n}{2\sigma^2}(\bar{y} - \mu)^2} \cdot \frac{1}{(\sigma^2)^{\frac{n-1}{2}}} e^{-\frac{\mathrm{SS}_{\boldsymbol{y}}}{2\sigma^2}} \\
&\propto \frac{1}{(\sigma^2)^{\frac{n}{2}+1}} e^{-\frac{1}{2\sigma^2}[n(\mu - \bar{y})^2 + \mathrm{SS}_{\boldsymbol{y}}]}。
\end{aligned} \tag{17.3}$$

可见, 若将联合后验只看成是参数 σ^2 的函数, $(n(\mu - \bar{y})^2 + \mathrm{SS}_{\boldsymbol{y}})$ 则为常数, 联合后验是 $(n(\mu - \bar{y})^2 + \mathrm{SS}_{\boldsymbol{y}})$ 倍的自由度为 n 的逆卡方分布。

求 μ 的边缘后验

通常我们对参数 μ 的推断更感兴趣, 并将方差 σ^2 当作冗余参数。通过边缘化联合后验来消去冗余参数从而得到我们感兴趣的参数的边缘后验。这种情况下, μ 的边缘后验的形状为

$$
\begin{aligned}
g_\mu(\mu|y_1, y_2, \cdots, y_n) &\propto \int_0^\infty g_{\mu,\sigma^2}(\mu, \sigma^2|y_1, y_2, \cdots, y_n)\mathrm{d}\sigma^2 \\
&\propto \int_0^\infty \frac{1}{(\sigma^2)^{\frac{n}{2}+1}} \mathrm{e}^{-\frac{1}{2\sigma^2}[n(\mu-\bar{y})^2+\mathrm{SS}_{\boldsymbol{y}}]}\mathrm{d}\sigma^2 \qquad (17.4) \\
&\propto [n(\mu-\bar{y})^2 + \mathrm{SS}_{\boldsymbol{y}}]^{-\frac{n}{2}}。
\end{aligned}
$$

因为在整个域上对逆卡方密度求积分。积分的细节见本章末的附录。我们采用变量变换

$$
t = \frac{\mu - \bar{y}}{\sqrt{\dfrac{\mathrm{SS}_{\boldsymbol{y}}}{n(n-1)}}}。
$$

令更新后的常数为 $\kappa' = n-1, n' = n$, 且 $m' = \bar{y}$, 则

$$
t = \frac{\mu - m'}{\dfrac{\hat{\sigma}_B}{\sqrt{n'}}},
$$

其中 $\hat{\sigma}_B^2 = \dfrac{\mathrm{SS}_{\boldsymbol{y}}}{\kappa'}$ 是由样本计算得到的方差的无偏估计。通过换元公式, t 的密度的形状为

$$
g(t) \propto g_\mu(\mu(t)) \cdot \frac{\mathrm{d}\mu(t)}{\mathrm{d}t} \propto \left[1 + \frac{t^2}{n-1}\right]^{-\frac{n}{2}},
$$

其中将 $\dfrac{\mathrm{d}\mu(t)}{\mathrm{d}t}$ 这一项并入比例常数。因此, 我们称 (17.4) 式给出的 μ 的边缘后验分布是 t 分布 $ST_{\kappa'}\left(m', \dfrac{\hat{\sigma}_B^2}{n'}\right)$。其形状是自由度为 κ' 的 t 分布, 它以 m' 点为中心, 其离差参数为 $\dfrac{\hat{\sigma}_B^2}{n'}$。

求边缘后验的另一个方法

在这种情况下, 有一个更简单的方法求 μ 的边缘后验, 它无须对联合后验中的 σ^2 积分。我们利用下面的定理。

定理 17.1 如果 z 和 w 是独立的随机变量, 分别是正态分布 $N(0, 1^2)$ 和自由度为 κ 的卡方分布, 则

$$
u = \frac{z}{\sqrt{\left(\dfrac{w}{\kappa}\right)}}
$$

是自由度为 κ 的 t 分布。可用文字表达为, 均值为0、方差为1的正态随机变量除以独立卡方随机变量与其自由度的商的平方根所得随机变量服从 t 分布。

Mood, Graybill and Boes (1974) 中有该定理的证明。注意, 后验可分解为

$$g_{\mu,\sigma^2}(\mu,\sigma^2|y_1,y_2,\cdots,y_n) \propto \frac{1}{(\sigma^2)^{\frac{1}{2}}} e^{-\frac{n}{2\sigma^2}[\mu-\bar{y}]^2} \cdot \frac{1}{(\sigma^2)^{\frac{n-1}{2}+1}} e^{-\frac{\mathrm{SS}_{\boldsymbol{y}}}{2\sigma^2}}。$$

条件随机变量 $\mu|\sigma^2$ 是正态分布 $N\left(\bar{y},\dfrac{\sigma^2}{n}\right)$, 随机变量 σ^2 是 $\mathrm{SS}_{\boldsymbol{y}}$ 倍的自由度为 $n-1$ 的逆卡方分布, 这两个组成部分是独立的。我们知道, 给定 σ^2, 则

$$\frac{\mu-\bar{y}}{\sqrt{\dfrac{\sigma^2}{n}}}$$

是 $N(0,1^2)$ 而 $\dfrac{\mathrm{SS}_{\boldsymbol{y}}}{\sigma^2}$ 是自由度为 $n-1$ 的卡方分布, 所以

$$t = \frac{\dfrac{\mu-\bar{y}}{\sqrt{\dfrac{\sigma^2}{n}}}}{\sqrt{\dfrac{\mathrm{SS}_{\boldsymbol{y}}}{\sigma^2(n-1)}}} = \frac{\mu-m'}{\dfrac{\hat{\sigma}_B}{\sqrt{n'}}} \tag{17.5}$$

是自由度为 κ' 的 t 分布, 其中 $\hat{\sigma}_B^2 = \dfrac{\mathrm{SS}_{\boldsymbol{y}}}{\kappa'}$ 是方差的样本估计, 即 $\mu = m' + \dfrac{\hat{\sigma}_B}{\sqrt{n'}}t$ 的后验密度为 t 分布 $ST_{\kappa'}(m',\dfrac{\hat{\sigma}_B^2}{n'})$。它与前面通过积分去掉冗余参数 σ^2 所得的结果相同。

这意味着, 我们可以将未知方差 σ^2 看成是取样本估计值 $\hat{\sigma}_B^2$, 但从 t 分布表而非标准正态表查找临界值, 来对 μ 作出推断。可见, 在第 11 章中作为近似的规则是正确的。

17.3 利用 μ 和 σ^2 的联合共轭先验的后验

在第 11 章中, 我们发现对于方差 σ^2 已知的正态观测, 其均值 μ 的共轭先验是正态先验分布 $N(m,s^2)$。在第 15 章中, 我们知道对于均值 μ 已知的正态观测, 其方差 σ^2 的共轭先验是 S 倍的自由度为 κ 的逆卡方。因此, 我们会以为正态观测的 μ 和 σ^2 这两个参数的联合共轭先验会是各个参数的独立共轭先验的乘积。但事实并非如此。独立共轭先验的乘积是一个可接受的完美先验, 但它并非联合共轭。如果我们使用那样的先验[1], 就不能利用简单更新规则得到后验的精确公式, 而是需要通过数值计算才能找出后验。在后面的第 20 章中, 我们会看到如何利用计算贝叶斯方法从后验抽取随机样本来进行推断。在本节中我们会看到实际的联合共轭先验的形式以及如何用它进行推断。

---

[1]它具有不同自由度下的混合 t 分布的形状。

联合共轭先验

联合共轭先验一定与 (17.1) 式中得到的联合似然函数的形式相同。它是仅依赖于 σ^2 所具有的 SS_y 倍的逆卡方分布的那一部分，与给定 σ^2 时 μ 所具有的 $N\left(\bar{y}, \frac{\sigma^2}{n}\right)$ 形状的那一部分的乘积。联合先验有相同的形式。它是 σ^2 的 S 倍的自由度为 κ 的逆卡方分布与给定 σ^2 时 μ 的正态分布 $N\left(m, \frac{\sigma^2}{n_0}\right)$ 的乘积。我们可以将 n_0 看成是 μ 的先验的先验样本大小，即由大小为 n_0 的正态观测样本得到的关于 μ 的知识与我们对 μ 的先验信念的精度相同。联合共轭先验为

$$g_{\mu,\sigma^2}(\mu,\sigma^2) \propto \frac{1}{(\sigma^2)^{\frac{1}{2}}}e^{-\frac{n_0}{2\sigma^2}(\mu-m)^2} \cdot \frac{1}{(\sigma^2)^{\frac{\kappa}{2}+1}}e^{-\frac{S}{2\sigma^2}}, \tag{17.6}$$

$-\infty < \mu < \infty, 0 < \sigma^2 < \infty$。联合后验与联合先验和联合似然的乘积成比例，其形状为

$$\begin{aligned}
g_{\mu,\sigma^2}(\mu,\sigma^2|y_1,y_2,\cdots,y_n) &\propto g_{\mu,\sigma^2}(\mu,\sigma^2)f(y_1,y_2,\cdots,y_n|\mu,\sigma^2) \\
&\propto \frac{1}{(\sigma^2)^{\frac{1}{2}}}e^{-\frac{n_0}{2\sigma^2}(\mu-m)^2}\frac{1}{(\sigma^2)^{\frac{\kappa}{2}+1}}e^{-\frac{S}{2\sigma^2}} \cdot \\
&\quad \frac{1}{(\sigma^2)^{\frac{1}{2}}}e^{-\frac{n}{2\sigma^2}(\bar{y}-\mu)^2}\frac{1}{(\sigma^2)^{\frac{n-1}{2}}}e^{-\frac{SS_y}{2\sigma^2}} \\
&\propto \frac{1}{(\sigma^2)^{\frac{\kappa'+1}{2}+1}}e^{-\frac{1}{2\sigma^2}[n'(\mu-m')^2+S'+\left(\frac{n_0 n}{n_0+n}\right)(\bar{y}-m)^2]},
\end{aligned} \tag{17.7}$$

其中 $S' = S + SS_y$，$\kappa' = \kappa + n$，$m' = \dfrac{n\bar{y} + n_0 m}{n + n_0}$，$n' = n_0 + n$ 为更新后的常数。

求 μ 的边缘后验

通过边缘化，去掉联合后验中的 σ^2 就得到 μ 的边缘后验

$$\begin{aligned}
g_\mu(\mu|y_1,y_2,\cdots,y_n) &\propto \int_0^\infty g_{\mu,\sigma^2}(\mu,\sigma^2|y_1,y_2,\cdots,y_n)\mathrm{d}\sigma^2 \\
&\propto \int_0^\infty \frac{1}{(\sigma^2)^{\frac{\kappa'+1}{2}+1}}e^{-\frac{1}{2\sigma^2}[n'(\mu-m')^2+S'+\left(\frac{n_0 n}{n_0+n}\right)(\bar{y}-m)^2]}\mathrm{d}\sigma^2.
\end{aligned}$$

我们对常数倍的逆卡方密度在其整个域上积分，得到给定 σ^2 时 μ 的条件后验形状为

$$g_\mu(\mu|y_1,y_2,\cdots,y_n) \propto [n'(\mu-m')^2 + S' + \left(\frac{n_0 n}{n_0+n}\right)(\bar{y}-m)^2]^{-\frac{\kappa'+1}{2}}.$$

假设将变量换为

$$t = \frac{\mu - m'}{\sqrt{\dfrac{S' + \left(\dfrac{n_0 n}{n_0+n}\right)(\bar{y}-m)^2}{n'\kappa'}}} = \frac{\mu - m'}{\dfrac{\hat{\sigma}_B}{\sqrt{n'}}},$$

其中

$$\hat{\sigma}_B^2 = \frac{S' + \left(\dfrac{n_0 n}{n_0 + n}\right)(\bar{y} - m)^2}{\kappa'}$$

$$= \frac{S + SS_{\boldsymbol{y}} + \left(\dfrac{n_0 n}{n_0 + n}\right)(\bar{y} - m)^2}{\kappa'}$$

$$- \left(\frac{\kappa}{\kappa'}\right)\left(\frac{S}{\kappa}\right) + \left(\frac{n-1}{\kappa'}\right)\left(\frac{SS_{\boldsymbol{y}}}{n-1}\right) + \left(\frac{1}{\kappa'}\right)\left(\frac{n_0 n}{n_0 + n}\right)(\bar{y} - m)^2$$

是方差的 3 个估计的加权平均。第一部分包含 σ^2 的先验分布, 第二部分是来自样本数据的方差的无偏估计, 第三部分度量样本均值 $\bar{y}$ 与其先验均值 m 的距离。

运用换元公式, t 的后验密度为

$$g(t|y_1, y_2, \cdots, y_n) \propto \left(\frac{t^2}{\kappa'} + 1\right)^{-\frac{\kappa'+1}{2}}。$$

这是自由度为 κ' 的 t 分布的密度。这意味着 μ 的边缘后验密度是 $ST_{\kappa'}(m', \frac{\hat{\sigma}_B^2}{n'})$。它的形状为自由度为 κ' 的 t 分布的形状, 并且以 m' 为中心, $\frac{\hat{\sigma}_B}{n'}$ 为离差。我们仍然可以将未知方差 σ^2 看成是取值 $\hat{\sigma}_B^2$, 但在推断时用 t 分布表而不是标准正态表查找临界值。$\hat{\sigma}_B^2$ 公式中的第三项表明错置的先验均值会令后验分布的离差膨胀。它可能会掩盖其真正的问题在于先验均值错置这一事实。

μ 的边缘后验的近似

由 (17.1) 式可见, 联合似然可分解为以 σ^2 为条件的 μ 的正态部分乘以缩放后的 σ^2 的逆卡方部分。由 (17.5) 式可见, 联合先验有类似的分解。给定 σ^2, 我们可以将条件正态先验和条件正态似然组合, 得到 μ 的条件正态后验。同理, 我们将 σ^2 的缩放后的逆卡方先验和缩放后的逆卡方似然组合得到 σ^2 的缩放后的逆卡方后验。因此, 联合后验分解为 $\mu|\sigma^2$ 的条件正态后验 $N\left(m', \frac{(\sigma^2)^2}{n'}\right)$ 乘以 σ^2 的 S' 倍的自由度为 κ' 的逆卡方后验, 这次由 $\kappa' = \kappa + n - 1$ 更新自由度常数, 其他常数则像以前一样更新。

$$g_{\mu, \sigma^2}(\mu, \sigma^2 | y_1, y_2, \cdots, y_n) \propto \frac{1}{(\sigma^2)^{\frac{1}{2}}} e^{-\frac{n'}{2\sigma^2}(\mu - m')^2} \frac{1}{(\sigma^2)^{\frac{\kappa'}{2}+1}} e^{-\frac{S'}{2\sigma^2}}。$$

因为联合后验分解出来的两个部分是独立的, 所以根据定理 17.1, 得

$$t = \frac{\mu - m'}{\sqrt{\dfrac{S'}{n'\kappa'}}} = \frac{\mu - m'}{\dfrac{\hat{\sigma}_B}{\sqrt{n'}}} \tag{17.8}$$

是自由度为 κ' 的 t 分布, 其中

$$\hat{\sigma}_B^2 = \frac{S'}{\kappa'} = \frac{S + \mathrm{SS}_{\boldsymbol{y}}}{\kappa'} = \left(\frac{\kappa}{\kappa'}\right)\left(\frac{S}{\kappa}\right) + \left(\frac{n-1}{\kappa'}\right)\left(\frac{\mathrm{SS}_{\boldsymbol{y}}}{n-1}\right)$$

是方差的两个估计的加权平均。第一部分包含了来自先验的估计, 第二部分是方差的最大似然估计。这意味着 μ 的后验密度为 t 分布 $ST_{\kappa'}(m', \frac{\hat{\sigma}_B^2}{n'})$。它再次表明, 进行推断时将未知方差 σ^2 看成是取值 $\hat{\sigma}_B^2$, 用 t 分布表而非标准正态表查找临界值, 所得的结果是正确的, 即所得是一个精确的结果, 但并不是完全的贝叶斯后验, 因为它还没有用到先验中的全部信息。因此我们称其为近似后验。

将近似结果与准确结果比较, 我们发现方差 σ_B^2 的近似估计缺少

$$\left(\frac{1}{\kappa'}\right)\left(\frac{n_0 n}{n_0 + n}\right)(\bar{y} - m)^2$$

这一项, 所以近似估计的方差会更小。但它少一个自由度, 分别由方差的近似估计和准确估计得到的两个可信区间会非常相似。在我们考虑过的 3 种情况 (独立的杰佛瑞先验、联合共轭先验精确后验, 以及联合共轭先验近似后验) 中都有类似的 t 分布的公式

$$t = \frac{\mu - m'}{\frac{\hat{\sigma}_B}{\sqrt{n'}}},$$

根据表 17.1 可更新其中的共轭先验常数。

表 17.1　当两个参数均未知时, 更新 $N(\mu, \sigma^2)$ 的联合共轭先验常数

先验	S'	κ'	n'	m'	$\hat{\sigma}_B^2$
杰佛瑞	$\mathrm{SS}_{\boldsymbol{y}}$	$n-1$	n	$\bar{y}$	$\dfrac{S'}{\kappa'}$
准确的	$S + \mathrm{SS}_{\boldsymbol{y}}$	$\kappa + n$	$n_0 + n$	$\dfrac{n_0 m + n\bar{y}}{n_0 + n}$	$\dfrac{n}{\kappa'}\dfrac{S}{\kappa} + \dfrac{n-1}{\kappa'}\dfrac{\mathrm{SS}_{\boldsymbol{y}}}{n-1} + \dfrac{1}{\kappa'}\dfrac{n_0 n}{n_0 + n}(\bar{y} - m)^2$
近似的	$S + \mathrm{SS}_{\boldsymbol{y}}$	$\kappa + n - 1$	$n_0 + n$	$\dfrac{n_0 m + n\bar{y}}{n_0 + n}$	$\dfrac{n}{\kappa'}\dfrac{S}{\kappa} + \dfrac{n-1}{\kappa'}\dfrac{\mathrm{SS}_{\boldsymbol{y}}}{n-1}$

O'Hagan and Forster (2004) 认为联合共轭先验太严格。如果样本均值远离先验均值, 它会被解释为方差应该比先验所建议的值大, 而非先验均值设置错误。我们应该绘制在 $\sigma^2 = \hat{\sigma}_B^2$ 条件下 μ 的先验、似然和后验的图形, 从而帮助我们确定先验均值模型是否让人满意。如果这些图形看起来与图 16.2 类似, 就表明 (条件) 均值模型弄错了。果真如此的话, 采用与第 16 章中类似的混合模型会更好。

例 17.1　安波、布雷特和钱德拉要确定一种奶酪产品的平均含水量的 95% 可信区间。他们采集了大小为 25 的样本并测量含水量, 其测量值为

45.6	41.1	44.5	44.0	40.6	44.1	39.0	39.5	39.5	41.7	42.0	42.6	43.0
42.5	42.7	42.1	42.4	44.8	41.0	39.9	43.9	41.3	45.1	38.5	43.8	

对这些测量值而言, $\bar{y} = 42.208$, $SS_y = 95.618$。他们确定含水量服从正态分布, 其均值 μ 和方差 σ^2 均未知。安波决定为 μ 和 σ^2 使用独立的杰佛瑞先验。布雷特相信标准差在 3 的上下是等可能的, 所以它的先验中位数是 3。他决定用 1 个自由度并求得 $S = 0.4549 \times 3^2$, 所以 σ^2 先验为 $S = 4.094$ 倍的自由度为 1 的逆卡方。他确定 μ 的先验, 在给定 σ^2 时, 是先验均值 $m = 40$ 的正态, 先验样本大小 $n_0 = 1$。他会用精确解。钱德拉决定使用与布雷特相同的先验, 但会找近似解。

人员	先验参数				后验参数			
	S	κ	m	n_0	S'	κ'	n'	m'
安波	不适用	不适用	不适用	不适用	SS_y $=95.618$	$n-1$ $= 24$	n $= 25$	$\bar{y}$ $= 42.208$
布雷特 (准确的)	4.094	1	40	1	$S + SS_y$ $=99.712$	$\kappa + n$ $= 26$	$n_0 + n$ $= 26$	$\dfrac{n\bar{y} + n_0 m}{n + n_0}$ $= 42.12$
钱德拉 (近似的)	4.094	1	40	4	$S + SS_y$ $=99.712$	$\kappa + n - 1$ $= 25$	$n_0 + n$ $= 26$	$\dfrac{n\bar{y} + n_0 m}{n + n_0}$ $= 42.12$

安波得到的 μ 的边缘后验分布是自由度为 24 的 t 分布 $ST(42.208, 0.3992^2)$。布雷特的 μ 的边缘后验分布是自由度为 26 的 $ST(42.12, 0.3920^2)$。钱德拉的 μ 的边缘后验分布是自由度为 25 的 $ST(42.12, 0.3994^2)$。给定安波、布雷特和钱德拉各自的 $\hat{\sigma}_B^2$ 的值, 图 17.1、图 17.2 和图 17.3 分别显示他们的 μ 的先验、似然和后验。　■

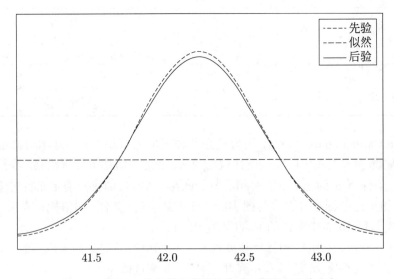

图 17.1　以 $\hat{\sigma}_B$ 为条件的安波的先验、似然和后验分布

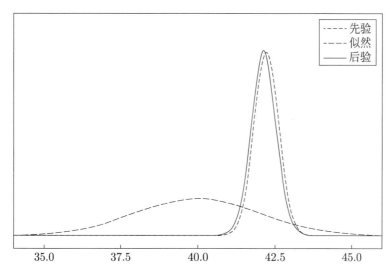

图 17.2 以 $\hat{\sigma}_B$ 为条件的布雷特的先验、似然和后验分布

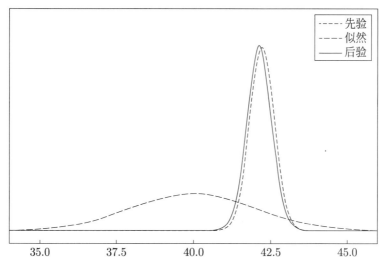

图 17.3 以 $\hat{\sigma}_B$ 为条件的钱德拉的先验、似然和后验分布

17.4 方差未知但相等的正态均值差

假设我们有两个独立随机样本, 它们来自均值不同、方差 σ^2 未知但相等的正态分布。设第一个样本 $\boldsymbol{y}_1 = (y_{11}, y_{12}, \cdots, y_{1n_1})$ 来自 $N(\mu_1, \sigma^2)$, 第二个样本 $\boldsymbol{y}_2 = (y_{21}, y_{22}, \cdots, y_{2n_2})$ 来自 $N(\mu_2, \sigma^2)$。因为两个随机样本相互独立, 联合似然是每个样本的似然的乘积。由 (17.1) 式得到每个样本的似然, 联合似然为

$$f(\boldsymbol{y}_1, \boldsymbol{y}_2 | \mu_1, \mu_2, \sigma^2) \propto f(\boldsymbol{y}_1 | \mu_1, \sigma^2) f(\boldsymbol{y}_2 | \mu_2, \sigma^2)$$

$$\propto \frac{1}{(\sigma^2)^{\frac{1}{2}}} e^{-\frac{n_1}{2\sigma^2}(\bar{y}_1 - \mu_1)^2} \frac{1}{(\sigma^2)^{\frac{n_1-1}{2}}} e^{-\frac{\mathrm{SS}_1}{2\sigma^2}} \cdot$$

$$\frac{1}{(\sigma^2)^{\frac{1}{2}}} e^{-\frac{n_2}{2\sigma^2}(\bar{y}_2 - \mu_2)^2} \frac{1}{(\sigma^2)^{\frac{n_2-1}{2}}} e^{-\frac{\mathrm{SS}_2}{2\sigma^2}} \quad (17.9)$$

$$\propto \frac{1}{(\sigma^2)^{\frac{1}{2}}} e^{-\frac{n_1}{2\sigma^2}(\bar{y}_1 - \mu_1)^2} \frac{1}{(\sigma^2)^{\frac{1}{2}}} e^{-\frac{n_2}{2\sigma^2}(\bar{y}_2 - \mu_2)^2} \cdot$$

$$\frac{1}{(\sigma^2)^{\frac{n_1+n_2}{2} - 1}} e^{-\frac{\mathrm{SS}_p}{2\sigma^2}},$$

其中

$$\mathrm{SS}_p = \mathrm{SS}_1 + \mathrm{SS}_2 = \sum_{i=1}^{n_1} (y_{1i} - \bar{y}_1)^2 + \sum_{j=1}^{n_2} (y_{2j} - \bar{y}_2)^2$$

是综合平方和。

对所有参数使用独立杰佛瑞先验时的后验

这种情况下, 联合先验为

$$g_{\mu_1, \mu_2, \sigma^2}(\mu_1, \mu_2, \sigma^2) = \frac{1}{\sigma^2}, \quad -\infty < \mu_1 < \infty, -\infty < \mu_2 < \infty, 0 < \sigma^2 < \infty。 \quad (17.10)$$

联合后验与联合先验和联合似然的乘积成比例, 即

$$g_{\mu_1, \mu_2, \sigma^2}(\mu_1, \mu_2, \sigma^2 | \boldsymbol{y}_1, \boldsymbol{y}_2) \propto g_{\mu_1, \mu_2, \sigma^2}(\mu_1, \mu_2, \sigma^2) f(\boldsymbol{y}_1, \boldsymbol{y}_2 | \mu_1, \mu_2, \sigma^2)$$

$$\propto \frac{1}{\sigma^2} \frac{1}{(\sigma^2)^{\frac{1}{2}}} e^{-\frac{n_1}{2\sigma^2}(\bar{y}_1 - \mu_1)^2} \frac{1}{(\sigma^2)^{\frac{1}{2}}} e^{-\frac{n_2}{2\sigma^2}(\bar{y}_2 - \mu_2)^2} \cdot$$

$$\frac{1}{(\sigma^2)^{\frac{n_1+n_2}{2} - 1}} e^{-\frac{\mathrm{SS}_p}{2\sigma^2}} \quad (17.11)$$

$$\propto \frac{1}{(\sigma^2)^{\frac{1}{2}}} e^{-\frac{n_1(\bar{y}_1 - \mu_1)^2}{2\sigma^2}} \frac{1}{(\sigma^2)^{\frac{1}{2}}} e^{-\frac{n_2(\bar{y}_2 - \mu_2)^2}{2\sigma^2}} \cdot$$

$$\frac{1}{(\sigma^2)^{\frac{n_1+n_2}{2}}} e^{-\frac{\mathrm{SS}_p}{2\sigma^2}}。$$

我们认识到, 上式是给定 σ^2, μ_1 和 μ_2 的两个正态分布的乘积, 再乘以 σ^2 的 SS_p 倍的自由度为 $n_1 + n_2 - 2$ 的逆卡方。因为联合后验可分解, 这几个部分都互相独立。令 $\mu_d = \mu_1 - \mu_2$ 为均值差, 又令 $m'_d = \bar{y}_1 - \bar{y}_2$ 为样本均值差。给定 σ^2, 两个均值的后验分布是独立的正态

随机变量。因此, 给定 σ^2, μ_d 的后验分布是正态分布 $N\left[m'_d, \sigma^2\left(\dfrac{1}{n_1}+\dfrac{1}{n_2}\right)\right]$, 所以 $\mu_d|\sigma^2$ 和 σ^2 的联合后验的形状为

$$g_{\mu_d,\sigma^2}(\mu_d,\sigma^2|\boldsymbol{y}_1,\boldsymbol{y}_2) \propto \frac{1}{\left(\sigma^2\left(\dfrac{n_1 n_2}{n_1+n_2}\right)\right)^{\frac{1}{2}}}\,\mathrm{e}^{-\frac{n_1 n_2(\mu_d-m'_d)^2}{2\sigma^2(n_1+n_2)}}\frac{1}{(\sigma^2)^{\frac{n_1+n_2}{2}}}\mathrm{e}^{-\frac{\mathrm{SS}_p}{2\sigma^2}}$$

$$\tag{17.12}$$

$$\propto \frac{1}{(\sigma^2)^{\frac{n_1+n_2+1}{2}}}\mathrm{e}^{-\frac{n_1 n_2(\mu_d-m'_d)^2/(n_1+n_2)+\mathrm{SS}_p}{2\sigma^2}},$$

这里我们将 $\left(\dfrac{n_1 n_2}{n_1+n_2}\right)$ 并入比例常数。σ^2 的这个函数的形状为 $\left(\dfrac{n_1 n_2}{n_1+n_2}\right)(\mu_d-m'_d)^2+$ SS_p 倍的自由度为 n_1+n_2-1 的逆卡方密度。

对联合后验中的冗余参数 σ^2 积分找出 μ_d 的边缘后验密度。我们对常数倍的逆卡方密度在其整个定义域积分, 所得 μ_d 的边缘后验密度的形状为

$$g_{\mu_d}(\mu_d) \propto \int_0^\infty \frac{1}{(\sigma^2)^{\frac{n_1+n_2-1}{2}+1}}\mathrm{e}^{-\frac{1}{2\sigma^2}\left[\left(\frac{n_1 n_2}{n_1+n_2}\right)(\mu_d-m'_d)^2+\mathrm{SS}_p\right]}\mathrm{d}\sigma^2$$

$$\propto \left[\left(\frac{n_1 n_2}{n_1+n_2}\right)(\mu_d-m'_d)^2+\mathrm{SS}_p\right]^{-\frac{n_1+n_2-1}{2}}$$

$$\propto \left[\left(\frac{n_1 n_2}{n_1+n_2}\right)(\mu_d-m'_d)^2+S'\right]^{-\frac{\kappa'+1}{2}},$$

其中更新后的共轭常数是 $\kappa'=n_1+n_2-2$, $S'=\mathrm{SS}_p$。我们将变量变为

$$t = \frac{\mu_d-m'_d}{\sqrt{\dfrac{S'(n_1+n_2)}{n_1 n_2(\kappa')}}} = \frac{\mu_d-m'_d}{\sqrt{\hat{\sigma}_B^2\left(\dfrac{1}{n_1}+\dfrac{1}{n_2}\right)}},$$

其中

$$\hat{\sigma}_B^2 = \frac{S'}{\kappa'} = \frac{S}{\kappa}\frac{\kappa}{\kappa'+1}+\frac{\mathrm{SS}_p}{n_1+n_2-2}\frac{n_1+n_2-2}{\kappa+1}。$$

t 的密度的形状为

$$g(t) \propto \left(1+\frac{t^2}{\kappa'}\right)^{-\frac{\kappa'+1}{2}},$$

它是自由度为 κ' 的 t 分布密度。因此, μ_d 的边缘后验是自由度为 κ' 的 $ST\left(m'_d,\dfrac{\hat{\sigma}_B^2}{\kappa'}\right)$。另一方面, 我们可以用定理 17.1 证明这个结论。$\mu_d|\sigma^2$ 服从正态分布 $N\left[m'_d,\sigma^2\left(\dfrac{n_1+n_2}{n_1 n_2}\right)\right]$,

而 σ^2 是 SS_p 倍的自由度为 $n_1 + n_2 - 2$ 的逆卡方分布, 并且两个成分是独立的。根据定理 17.1, 得

$$t = \frac{\mu_d - m_d'}{\left[\dfrac{SS_p}{n_1 + n_2 - 2}\left(\dfrac{n_1 + n_2}{n_1 n_2}\right)\right]^{\frac{1}{2}}} = \frac{\mu_d - m_d'}{\left[\dfrac{S'}{\kappa'}\left(\dfrac{n_1 + n_2}{n_1 n_2}\right)\right]^{\frac{1}{2}}} = \frac{\mu_d - m_d'}{\left[\hat{\sigma}_B^2\left(\dfrac{n_1 + n_2}{n_1 n_2}\right)\right]^{\frac{1}{2}}} \quad (17.13)$$

是自由度为 κ' 的 t 分布。它再次表明, 均值差 μ_d 是 $ST_{\kappa'}\left[m_d', \hat{\sigma}_B^2\left(\dfrac{1}{n_1} + \dfrac{1}{n_2}\right)\right]$ 分布。第 13 章中的近似规则 (用两个样本的综合方差估计未知方差, 然后从 t 分布表而不是正态表中查找临界值) 完全正确。

对所有参数使用联合共轭先验时的准确后验

每个参数取独立共轭先验, 它们的乘积不会像在单个样本情况下是所有参数合在一起的联合共轭先验。这种情况下, 联合似然的形式是 μ_1 和 μ_2 都以 σ^2 为条件的各自的正态密度的乘积, 乘上 σ^2 的 SS_p 倍的自由度为 κ 的逆卡方密度。联合共轭先验与联合似然的形式相同, 即

$$\begin{aligned}
g_{\mu_1,\mu_2,\sigma^2}(\mu_1, \mu_2, \sigma^2) \propto &\frac{1}{(\sigma^2)^{\frac{1}{2}}} e^{-\frac{n_{10}}{2\sigma^2}(\mu_1 - m_1)^2} \cdot \frac{1}{(\sigma^2)^{\frac{1}{2}}} e^{-\frac{n_{20}}{2\sigma^2}(\mu_2 - m_2)^2} \cdot \\
&\frac{1}{(\sigma^2)^{\frac{\kappa}{2}+1}} e^{-\frac{S}{2\sigma^2}},
\end{aligned} \quad (17.14)$$

其中 m_1 和 m_2 是先验均值, n_{10} 和 n_{20} 分别是以 σ^2 为条件的 μ_1 和 μ_2 正态先验等价样本大小, S 是先验乘性常数, 而 κ 是 σ^2 的先验自由度。联合后验与联合先验和联合似然的乘积成比例, 即

$$\begin{aligned}
g_{\mu_1,\mu_2,\sigma^2}(\mu_1, \mu_2, \sigma^2 | \boldsymbol{y}_1, \boldsymbol{y}_2) \propto &\frac{1}{(\sigma^2)^{\frac{1}{2}}} e^{-\frac{n_{10}}{2\sigma^2}(\mu_1 - m_1)^2} \cdot \frac{1}{(\sigma^2)^{\frac{1}{2}}} e^{-\frac{n_{20}}{2\sigma^2}(\mu_2 - m_2)^2} \cdot \\
&\frac{1}{(\sigma^2)^{\frac{\kappa}{2}+1}} e^{-\frac{S}{2\sigma^2}} \cdot \frac{1}{(\sigma^2)^{\frac{1}{2}}} e^{-\frac{n_1}{2\sigma^2}(\bar{y}_1 - \mu_1)^2} \cdot \\
&\frac{1}{(\sigma^2)^{\frac{1}{2}}} e^{-\frac{n_2}{2\sigma^2}(\bar{y}_2 - \mu_2)^2} \cdot \frac{1}{(\sigma^2)^{\frac{n_1+n_2}{2}-1}} e^{-\frac{SS_p}{2\sigma^2}} \\
\propto &\frac{1}{(\sigma^2)^{\frac{1}{2}}} e^{-\frac{n_1'}{2\sigma^2}(\mu_1 - m_1')^2} \cdot \frac{1}{(\sigma^2)^{\frac{1}{2}}} e^{-\frac{n_2'}{2\sigma^2}(\mu_2 - m_2')^2} \cdot \\
&\frac{1}{(\sigma^2)^{\frac{\kappa'}{2}+1}} e^{-\frac{1}{2\sigma^2}\left(S' + \frac{n_{10}n_1(\bar{y}_1 - m_1)^2}{n_{10}+n_1} + \frac{n_{20}n_2(\bar{y}_2 - m_2)^2}{n_{20}+n_2}\right)},
\end{aligned}$$

$$(17.15)$$

其中

$$\kappa' = \kappa + n_1 + n_2, \ \ n_1' = n_1 + n_{10}, \ \ n_2' = n_2 + n_{20}, \ \ S' = S + \mathrm{SS}_p,$$

$$m_1' = \frac{n_1 \bar{y}_1 + n_{10} m_1}{n_1 + n_{10}}, \ \ m_2' = \frac{n_2 \bar{y}_2 + n_{20} m_2}{n_2 + n_{20}}。$$

因为联合后验可分解, 以 σ^2 为条件的 μ_1 和 μ_2 的后验分布是正态分布, 并且 σ^2 的后验分布是 $S' + c_1 + c_2$ 倍的自由度为 κ' 的逆卡方, 其中

$$c_i = \frac{n_{i0} n_i}{n_{i0} + n_i} (\bar{y}_i - m_i)^2, \ \ i = 1, 2。$$

因此, 给定 σ^2, $\mu_d = \mu_1 - \mu_2$ 的分布是均值 $m_d' = m_1' - m_2'$, 方差等于 $\sigma^2 \left(\frac{1}{n_1'} + \frac{1}{n_2'} \right)$ 的正态分布。μ_d 和 σ^2 的联合后验为

$$g_{\mu_d, \sigma^2}(\mu_d, \sigma^2 | \boldsymbol{y}_1, \boldsymbol{y}_2) \propto \frac{1}{(\sigma^2)^{\frac{1}{2}}} \mathrm{e}^{-\frac{1}{2\sigma^2} \left(\frac{n_1' n_2'}{n_1' + n_2'} \right) (\mu_d - m_d')^2} \frac{1}{(\sigma^2)^{\frac{\kappa'}{2}+1}} \mathrm{e}^{-\frac{1}{2\sigma^2}(S' + c_1 + c_2)}。 \quad (17.16)$$

对联合后验中的 σ^2 求积分可得到 μ_d 的边缘后验

$$g_{\mu_d}(\mu_d | \boldsymbol{y}_1, \boldsymbol{y}_2) \propto \int_0^\infty \frac{1}{(\sigma^2)^{\frac{\kappa'+1}{2}+1}} \mathrm{e}^{-\frac{1}{2\sigma^2} \left(\frac{n_1' n_2'}{n_1' + n_2'} (\mu_d - m_d')^2 + S' + c_1 + c_2 \right)} \mathrm{d}\sigma^2$$

$$\propto \left[\frac{n_1' n_2'}{n_1' + n_2'} (\mu_d - m_d')^2 + S' + c_1 + c_2 \right]^{-\frac{\kappa'+1}{2}}。$$

设

$$t = \frac{\mu_d - m_d'}{\sqrt{\frac{n_1' + n_2'}{n_1' n_2' \kappa'}(S' + c_1 + c_2)}} \propto \frac{\mu_d - m_d'}{\hat{\sigma}_B \sqrt{\frac{1}{n_1'} + \frac{1}{n_2'}}},$$

其中

$$\hat{\sigma}_B^2 = \frac{S' + \frac{n_{10} n_1}{n_{10} + n_1}(\bar{y}_1 - m_1)^2 + \frac{n_{20} n_2}{n_{20} + n_2}(\bar{y}_2 - m_2)^2}{\kappa'}$$

$$= \frac{\kappa}{\kappa'} \frac{S}{\kappa} + \frac{n_1 + n_2 - 2}{\kappa'} \frac{\mathrm{SS}_p}{n_1 + n_2 - 2} + \frac{1}{\kappa'} \frac{n_{10} n_1}{n_{10} + n_1}(\bar{y}_1 - m_1)^2 + \frac{1}{\kappa'} \frac{n_{20} n_2}{n_{20} + n_2}(\bar{y}_2 - m_2)^2$$

是方差的 4 个估计的加权平均。这 4 个估计分别来自 σ^2 的先验, 似然的综合估计, 以及先验均值与它们各自样本均值的差。若错置先验均值, 后两项会令后验方差增大。当真正的问题是先验错置时, 就会让 μ_d 的可信区间更宽。

对所有参数使用联合共轭先验时的近似后验

联合后验与联合先验和联合似然的乘积成比例, 即

$$g_{\mu_1,\mu_2,\sigma^2}(\mu_1,\mu_2,\sigma^2|\boldsymbol{y}_1,\boldsymbol{y}_2) \propto \frac{1}{(\sigma^2)^{\frac{1}{2}}}e^{-\frac{n_{10}}{2\sigma^2}(\mu_1-m_1)^2} \bullet \frac{1}{(\sigma^2)^{\frac{1}{2}}}e^{-\frac{n_{20}}{2\sigma^2}(\mu_2-m_2)^2} \bullet$$

$$\frac{1}{(\sigma^2)^{\frac{\kappa}{2}+1}}e^{-\frac{S}{2\sigma^2}} \bullet \frac{1}{(\sigma^2)^{\frac{1}{2}}}e^{-\frac{n_1}{2\sigma^2}(\bar{y}_1-\mu_1)^2} \quad (17.17)$$

$$\frac{1}{(\sigma^2)^{\frac{1}{2}}}e^{-\frac{n_2}{2\sigma^2}(\bar{y}_2-\mu_2)^2} \bullet \frac{1}{(\sigma^2)^{\frac{n_1+n_2}{2}-1}}e^{-\frac{\mathrm{SS}_p}{2\sigma^2}} \circ$$

将每一对条件正态先验乘似然合并, 并将逆卡方先验乘似然合并, 由此得到近似后验

$$g_{\mu_1,\mu_2,\sigma^2}(\mu_1,\mu_2,\sigma^2|\boldsymbol{y}_1,\boldsymbol{y}_2) \propto \frac{1}{(\sigma^2)^{\frac{1}{2}}}e^{-\frac{n_1'}{2\sigma^2}(\mu_1-m_1')^2} \bullet \frac{1}{(\sigma^2)^{\frac{1}{2}}}e^{-\frac{n_2'}{2\sigma^2}(\mu_2-m_2')^2} \bullet$$

$$\frac{1}{(\sigma^2)^{\frac{\kappa'}{2}+1}}e^{-\frac{S'}{2\sigma^2}},$$

其中更新后的常数为

$$\kappa' = \kappa + n_1 + n_2 - 2, \quad n_1' = n_1 + n_{10}, \quad n_2' = n_2 + n_{20}, \quad S' = S + \mathrm{SS}_p,$$

$$m_1' = \frac{n_1\bar{y}_1 + n_{10}m_1}{n_1 + n_{10}}, \quad m_2' = \frac{n_2\bar{y}_2 + n_{20}m_2}{n_2 + n_{20}} \circ$$

因为联合后验可分解, 我们看到, 给定 σ^2, μ_1 和 μ_2 的条件正态后验分布互相独立且与 σ^2 的后验分布独立, σ^2 是 S' 倍的自由度为 κ' 的逆卡方。所以, 给定 σ^2, $\mu_d = \mu_1 - \mu_2$ 的分布是均值 $m_d' = m_1' - m_2'$ 方差等于 $\sigma^2\left(\frac{1}{n_1'} + \frac{1}{n_2'}\right)$ 的正态分布。μ_d 和 σ^2 的联合后验为

$$g_{\mu_d,\sigma^2}(\mu_d,\sigma^2|\boldsymbol{y}_1,\boldsymbol{y}_2) \propto \frac{1}{(\sigma^2)^{\frac{1}{2}}}e^{-\frac{1}{2\sigma^2}\left(\frac{n_1'n_2'}{n_1'+n_2'}\right)(\mu_d-m_d')^2}\frac{1}{(\sigma^2)^{\frac{\kappa'}{2}+1}}e^{-\frac{1}{2\sigma^2}S'}, \quad (17.18)$$

对联合后验中的 σ^2 积分得到 μ_d 的边缘后验, 即

$$g_{\mu_d}(\mu_d|\boldsymbol{y}_1,\boldsymbol{y}_2) \propto \int_0^\infty \frac{1}{(\sigma^2)^{\frac{\kappa'+1}{2}+1}}e^{-\frac{1}{2\sigma^2}\left(\frac{n_1'n_2'}{n_1'+n_2'}(\mu_d-m_d')^2+S'\right)}\mathrm{d}\sigma^2$$

$$\propto \left[\frac{n_1'n_2'}{n_1'+n_2'}(\mu_d-m_d')^2 + S'\right]^{-\frac{\kappa'+1}{2}} \circ$$

设

$$t = \frac{\mu_d - m'_d}{\sqrt{\dfrac{n'_1 + n'_2}{n'_1 n'_2 \kappa'}(S')}} \propto \frac{\mu_d - m'_d}{\hat{\sigma}_B \sqrt{\dfrac{1}{n'_1} + \dfrac{1}{n'_2}}},$$

这里

$$\hat{\sigma}_B^2 = \frac{S'}{\kappa'} = \frac{\kappa}{\kappa'} \frac{S}{\kappa} + \frac{n_1 + n_2 - 2}{\kappa'} \frac{SS_p}{n_1 + n_2 - 2}$$

是方差的两个估计的加权平均。它们分别为来自 σ^2 的先验以及来自似然的方差的综合估计。因此, 方差估计不会因错置均值而膨胀。

例 17.2 在例 3.2 中, 考虑迈克尔逊在 1879 年和 1882 年对光速所做的两组测量。例 13.1 假设基本方差 $\sigma^2 = 100^2$ 并对每个均值使用正态先验 $N(300000, 500^2)$, 得到 $\mu_d = \mu_{1879} - \mu_{1882}$ 的 95% 贝叶斯可信区间。大卫、埃丝特和菲奥纳决定各自找出 μ_d 的 95% 贝叶斯可信区间, 在这里我们假设方差未知。大卫决定对所有参数采用独立的杰佛瑞先验。埃丝特和菲奥纳决定使用与例 13.1 中所用先验相当的先验, 这样就可以对结果进行比较。在例 13.1 中, 假设标准差为 100。对方差而言, 将它取为自由度为 $\kappa = 1$ 的逆卡方先验分布的中位数, 得到 $S = 4549$ (参考第 15 章的 "选择逆卡方先验")。μ_{1879} 和 μ_{1882} 的先验分布是 $N(300000, 500^2)$。等价样本大小需满足 $\dfrac{\sigma}{\sqrt{n_0}} = 500$, 所以 $n_0 = 0.04$。注意, 等价样本大小并非必须为整数。埃丝特决定找出准确的后验, 而菲奥纳决定找一个近似后验。他们所得的结果如下:

人员 (方法)	后验参数		95% 可信区间	
	m_d	σ_d	下界	上界
大卫 (杰佛瑞)	152.783	32.441	(87.27,	218.30)
埃丝特 (准确的)	152.541	31.531	(88.99,	216.09)
菲奥纳 (近似的)	152.541	32.180	(87.60,	217.48)

与例 13.1 中找到的近似区间相比, 这些可信区间稍微宽一些。这是因为在例 13.1 中, 我们假设标准差已知所以从标准正态表查找临界值。而在本例中我们假设标准差未知, 这个假设更合理。 ∎

17.5 方差不等且未知的正态均值差

对于方差 σ^2 未知的正态分布的单个样本, 以及方差 σ^2 未知但相等的正态分布的两个独立样本这两种情况, 我们发现, 如果对均值和方差采用独立的杰佛瑞先验, 频率论置信区间和贝叶斯可信区间的形式相同 (尽管有不同的解释)。人们可能会认为两个区间的形式相同是一个普遍的事实。然而, 对于方差 σ_1^2 和 σ_2^2 未知且不等的两个独立正态样本来说, 可以证明这个推测并不正确。设 $\boldsymbol{y}_1 = (y_{11}, y_{12}, \cdots, y_{1n_1})$ 是来自 $N(\mu_1, \sigma_1^2)$ 的随机样本, 其中的两个参数均未知, $\boldsymbol{y}_2 = (y_{21}, y_{22}, \cdots, y_{2n_2})$ 是来自 $N(\mu_2, \sigma_2^2)$ 的随机样本, 其中的两个参数也都未知, 假设这两个样本是独立的。我们将未知方差 σ_1^2 和 σ_2^2 看成是冗余参数, 对均值差 $\mu_1 - \mu_2$ 进行推断。这就是著名的贝伦斯-费希尔 (Behrens Fisher) 问题。Fisher (1935) 提出信念推断方法, 它由统计量的样本分布推导出参数的概率分布。它需要使用枢轴量。[1]但枢轴量并不总是存在, 因此限制了信念推断的应用。当它管用时, 由信念推断方法得到的结果与适用范围更广的非信息先验贝叶斯方法的结果相似。然而, 费希尔否认信念推断方法原则上就是贝叶斯方法。该问题的信念区间与置信区间应该有的形式并不相同, 也没有置信区间的频率解释。[2]我们来看看由 Jeffreys (1961) 首次提出的贝伦斯-费希尔问题的贝叶斯方法。

因为两个随机样本互相独立, 联合似然是两个似然的乘积

$$f(\boldsymbol{y}_1, \boldsymbol{y}_2 | \mu_1, \mu_2, \sigma_1^2 \sigma_2^2) \propto f(\boldsymbol{y}_1 | \mu_1, \sigma_1^2) f(\boldsymbol{y}_2 | \mu_2, \sigma_2^2)。$$

我们所用的是独立的杰佛瑞先验, 所以联合先验为

$$g_{\mu_1, \mu_2, \sigma_1^2, \sigma_2^2}(\mu_1, \mu_2, \sigma_1^2, \sigma_2^2) \propto \frac{1}{\sigma_1^2} \frac{1}{\sigma_2^2}。$$

因为似然和先验可分解, 联合后验

$$g_{\mu_1, \mu_2, \sigma_1^2, \sigma_2^2}(\mu_1, \mu_2, \sigma_1^2, \sigma_2^2 | \boldsymbol{y}_1, \boldsymbol{y}_2) \propto g_{\mu_1, \sigma_1^2}(\mu_1, \sigma_1^2 | \boldsymbol{y}_1) g_{\mu_2, \sigma_2^2}(\mu_2, \sigma_2^2 | \boldsymbol{y}_2)$$

也可以分解, 简化为

$$g_{\mu_1, \mu_2, \sigma_1^2, \sigma_2^2}(\mu_1, \mu_2, \sigma_1^2, \sigma_2^2 | \boldsymbol{y}_1, \boldsymbol{y}_2) \propto \frac{1}{(\sigma_1^2)^{\frac{1}{2}}} e^{-\frac{n_1}{2\sigma_1^2}(\bar{y}_1 - \mu_1)^2} \frac{1}{(\sigma_1^2)^{\frac{n_1 - 1}{2} + 1}} e^{-\frac{\mathrm{SS}_{\boldsymbol{y}_1}}{2\sigma_1^2}} \cdot$$

$$\frac{1}{(\sigma_2^2)^{\frac{1}{2}}} e^{-\frac{n_2}{2\sigma_2^2}(\bar{y}_2 - \mu_2)^2} \frac{1}{(\sigma_2^2)^{\frac{n_2 - 1}{2} + 1}} e^{-\frac{\mathrm{SS}_{\boldsymbol{y}_2}}{2\sigma_2^2}}。$$

上式乘积中的各项分别是, 给定 σ_1^2, μ_1 的正态条件分布 $N(\bar{y}_1, \frac{\sigma_1^2}{n_1})$, 给定 σ_2^2, μ_2 的正态条件分布 $N\left(\bar{y}_2, \frac{\sigma_2^2}{n_2}\right)$, σ_1^2 的 $\mathrm{SS}_{\boldsymbol{y}_1}$ 倍的自由度为 $n_1 - 1$ 的逆卡方分布, 以及 σ_2^2 的 $\mathrm{SS}_{\boldsymbol{y}_2}$ 倍的自由度为 $n_2 - 1$ 的逆卡方分布, 这 4 个组成部分都是独立的。根据定理 17.1, 得

$$t_1 = \frac{\mu_1 - \bar{y}_1}{\sqrt{\frac{\hat{\sigma}_1^2}{n_1}}}, \quad t_2 = \frac{\mu_2 - \bar{y}_2}{\sqrt{\frac{\hat{\sigma}_2^2}{n_2}}},$$

其中 $\hat{\sigma}_1^2 = \frac{\mathrm{SS}_{\boldsymbol{y}_1}}{n_1 - 1}$ 和 $\hat{\sigma}_2^2 = \frac{\mathrm{SS}_{\boldsymbol{y}_2}}{n_2 - 1}$ 是自由度分别为 $n_1 - 1$ 和 $n_2 = 1$ 的独立的 t 随机变量。给定 σ_1^2 和 σ_2^2, $\mu_1 - \mu_2$ 的分布将是 $N\left(\bar{y}_1 - \bar{y}_2, \frac{\sigma_1^2}{n_1} + \frac{\sigma_2^2}{n_2}\right)$。我们要找出 $\mu_1 - \mu_2$ 的边

---

[1]枢轴量是参数和不依赖于任何未知参数的统计量的函数。

[2]信念区间在这种情况下会有与贝叶斯解释类似的 (数据后) 概率解释, 而非置信区间的 (数据前) 长期频率解释。

缘后验分布。记

$$\tau_1 = \frac{\mu_1 - \mu_2 - (\bar{y}_1 - \bar{y}_2)}{\sqrt{\frac{\hat{\sigma}_1^2}{n_1} + \frac{\hat{\sigma}_2^2}{n_2}}} = \frac{\mu_1 - \bar{y}_1}{\sqrt{\frac{\hat{\sigma}_1^2}{n_1}}} \frac{\sqrt{\frac{\hat{\sigma}_1^2}{n_1}}}{\sqrt{\frac{\hat{\sigma}_1^2}{n_1} + \frac{\hat{\sigma}_2^2}{n_2}}} + \frac{\mu_2 - \bar{y}_2}{\sqrt{\frac{\hat{\sigma}_2^2}{n_2}}} \frac{\sqrt{\frac{\hat{\sigma}_2^2}{n_2}}}{\sqrt{\frac{\hat{\sigma}_1^2}{n_1} + \frac{\hat{\sigma}_2^2}{n_2}}}$$

$$= t_1 \cos \hat{\phi} - t_2 \sin \hat{\phi},$$

其中, 角 $\hat{\phi}$ 满足

$$\tan \hat{\phi} = \frac{\sqrt{\frac{\hat{\sigma}_1^2}{n_1}}}{\sqrt{\frac{\hat{\sigma}_2^2}{n_2}}},$$

因此, $\mu_1 - \mu_2$ 的边缘后验分布是 t_1 和 t_2 的线性函数。设

$$\tau_2 = t_1 \sin \hat{\phi} + t_2 \cos \hat{\phi},$$

则

$$\begin{pmatrix} \tau_1 \\ \tau_2 \end{pmatrix} = \begin{pmatrix} \cos \hat{\phi} & -\sin \hat{\phi} \\ \sin \hat{\phi} & \cos \hat{\phi} \end{pmatrix} \begin{pmatrix} t_1 \\ t_2 \end{pmatrix},$$

向量 $\boldsymbol{\tau} = \begin{pmatrix} \tau_1 \\ \tau_2 \end{pmatrix}$ 是向量 $\boldsymbol{t} = \begin{pmatrix} t_1 \\ t_2 \end{pmatrix}$ 的线性变换[1]。$\boldsymbol{\tau}$ 的联合后验为

$$g(\tau_1, \tau_2 | \boldsymbol{y}_1, \boldsymbol{y}_2) = g(t_1(\tau_1, \tau_2), t_2(\tau_1, \tau_2) | \hat{\phi}, \boldsymbol{y}_1, \boldsymbol{y}_2) |\boldsymbol{J}|,$$

其中雅可比行列式为

$$|\boldsymbol{J}| = \begin{vmatrix} \dfrac{\partial t_1}{\partial \tau_1} & \dfrac{\partial t_1}{\partial \tau_2} \\ \dfrac{\partial t_2}{\partial \tau_1} & \dfrac{\partial t_2}{\partial \tau_2} \end{vmatrix} = \begin{vmatrix} \cos \hat{\phi} & -\sin \hat{\phi} \\ \sin \hat{\phi} & \cos \hat{\phi} \end{vmatrix} = 1。$$

通过对联合后验中的 τ_2 积分可得到 τ_1 的边缘后验密度。其形状为

$$g(\tau_1 | \boldsymbol{y}_1, \boldsymbol{y}_2) \propto \int_{-\infty}^{\infty} g(\tau_1, \tau_2 | \boldsymbol{y}_1, \boldsymbol{y}_2) \mathrm{d}\tau_2$$

$$\propto \int_{-\infty}^{\infty} \left(1 + \frac{(\tau_1 \cos \hat{\phi} + \tau_2 \sin \phi)^2}{n_1 - 1}\right)^{-\frac{n_1}{2}} \left(1 + \frac{(-\tau_1 \sin \hat{\phi} + \tau_2 \cos \hat{\phi})^2}{n_2 - 1}\right)^{-\frac{n_2}{2}} \mathrm{d}\tau_2。$$

这就是著名的贝伦斯-费希尔分布, 它依赖于 3 个常数 n_1, n_2 和 $\hat{\phi}$。由数值计算可得到贝伦斯-费希尔分布的临界值, 但它不存在闭式的形式。这个分布像 t 分布一样关于 0 对称,

---

[1]此变换是旋转变换。

并有类似于 t 分布的尾重, 但它不完全是 t 分布。Fisher (1935) 将由样本方差计算而得的比值 $\hat{\phi}$ 当成是 ϕ 的真值来用。Welch (1938) 用萨特思韦特近似法近似得到与贝伦斯-费希尔分布最匹配的 t 分布的自由度。

本 章 要 点

两个参数均未知的正态分布

- 对于两个参数均未知的 $N(\mu, \sigma^2)$, 联合似然为只依赖于 σ^2 的部分乘以依赖于给定 σ^2 时 μ 的那一部分。似然的形状为

$$f(y_1, y_2, \cdots, y_n | \mu, \sigma^2) \propto \frac{1}{(\sigma^2)^{\frac{1}{2}}} e^{-\frac{n}{2\sigma^2}(\bar{y}-\mu)^2} \frac{1}{(\sigma^2)^{\frac{n-1}{2}}} e^{-\frac{SS_{\boldsymbol{y}}}{2\sigma^2}} 。$$

- 若对两个参数采用独立的杰佛瑞先验, 联合后验为

$$g_{\mu, \sigma^2}(\mu, \sigma^2 | y_1, y_2, \cdots, y_n) \propto \frac{1}{(\sigma^2)^{\frac{1}{2}}} e^{-\frac{n}{2\sigma^2}(\mu-\bar{y})^2} \frac{1}{(\sigma^2)^{\frac{n-1}{2}+1}} e^{-\frac{SS_{\boldsymbol{y}}}{2\sigma^2}} 。$$

通过对联合后验中的 σ^2 积分, 求出 μ 的边缘后验分布。μ 的边缘后验为 $ST_{\kappa'}(m', \frac{\hat{\sigma}_B^2}{n'})$, 其中 $\kappa' = n - 1, n' = n, m' = \bar{y}$, 且样本方差 $\hat{\sigma}_B^2 = \frac{SS_{\boldsymbol{y}}}{\kappa'}$。它具有自由度为 κ' 的 t 分布的形状并以 m' 为中心, 离差是 $\frac{\sigma_B^2}{n'}$。这意味着我们可以将未知方差 σ^2 看成为取值 $\hat{\sigma}^2$, 但使用 t 分布表而非标准正态表对 μ 进行推断。这种情况下, 第 11 章提出的近似规则完全成立。

- 联合共轭先验不是独立联合先验的乘积。其形式与联合似然的形式相同。它是 σ^2 的 S 倍的自由度为 κ 的逆卡方与给定 σ^2, μ 的条件正态先验 $N\left(m, \frac{\sigma^2}{n_0}\right)$ 的乘积。

- 联合后验为

$$g_{\mu, \sigma^2}(\mu, \sigma^2 | y_1, y_2, \cdots, y_n) \propto \frac{1}{(\sigma^2)^{\frac{\kappa'+1}{2}+1}} e^{-\frac{n'}{2\sigma^2}\left[(\mu-m')^2 + S' + \left(\frac{n_0 n}{n_0+n}\right)(\bar{y}-m)^2\right]},$$

其中 $S' = S + SS_{\boldsymbol{y}}, \kappa' = \kappa + n, m' = \frac{n\bar{y} + n_0 m}{n + n_0}, n' = n_0 + n$。联合后验为给定 σ^2, μ 的条件正态 $N(m', (s')^2)$ 后验与 σ^2 的 S' 倍的自由度为 κ' 的逆卡方的乘积, 这两个部分是独立的。我们通过对联合后验中的方差 σ^2 求积分得到 μ 的准确边

缘后验。μ 的边缘后验是 $ST_{\kappa'}\left(m', \dfrac{\hat{\sigma}_B^2}{n'}\right)$，其中 $\kappa' = n - 1, n' = n, m' = \bar{y}$，且

$$
\hat{\sigma}_B^2 = \frac{S' + \left(\dfrac{n_0 n}{n_0 + n}\right)(\bar{y} - m)^2}{\kappa'}
$$

$$
= \left(\frac{\kappa}{\kappa'}\right)\left(\frac{S}{\kappa}\right) + \left(\frac{n-1}{\kappa'}\right)\frac{\mathrm{SS}_{\boldsymbol{y}}}{n-1} + \left(\frac{1}{\kappa'}\right)\left(\frac{n_0 n}{n_0 + n}\right)(\bar{y} - m)^2,
$$

它是方差的 3 个估计的加权平均。第一部分来自先验的估计，第二部分是方差的极大似然估计，第三部分是因错置先验均值导致的方差膨胀项。每当先验均值被错置时，这一项都会令可信区间增大。

- 联合似然和联合共轭先验都分解为给定 σ^2, μ 的条件正态分布乘以 σ^2 的缩放后的逆卡方分布。我们可以用正态分布的简单更新规则，利用贝叶斯定理找出给定 σ^2, μ 的条件正态后验分布。我们还可以用逆卡方分布的简单更新规则，用贝叶斯定理找出 σ^2 的逆卡方后验。将它们相乘就得到两个参数的近似联合后验

$$
g_{\mu,\sigma}(\mu, \sigma^2|y_1, y_2, \cdots, y_n) \propto \frac{1}{(\sigma^2)^{\frac{1}{2}}} \mathrm{e}^{-\frac{n'}{2\sigma^2}(\mu - m')^2} \frac{1}{(\sigma^2)^{\frac{\kappa'}{2}+1}} \mathrm{e}^{-\frac{S'}{2\sigma^2}},
$$

其中，$\kappa' = \kappa + n - 1$，而其他常数如以前一样更新。μ 的边缘后验是 $ST_{\kappa'}\left(m', \dfrac{\sigma_B^2}{n'}\right)$，这里

$$
\sigma_B^2 = \left(\frac{\kappa}{\kappa'}\right)\left(\frac{S}{\kappa}\right) + \left(\frac{n-1}{\kappa'}\right)\left(\frac{\mathrm{SS}_{\boldsymbol{y}}}{n-1}\right),
$$

它是方差的两个估计的加权平均。第一部分来自先验，第二部分是方差的极大似然估计。注意：该方差并不像准确方差那样包含关于错置先验均值的那一项。它也少一个自由度。这说明第 11 章介绍的近似完全正确，其中我们用样本方差代替未知的真实方差并由 t 分布表查找临界值。

方差相同但未知的两个正态样本

- 假设我们有来自正态分布 $N(\mu_1, \sigma^2)$ 和 $N(\mu_2, \sigma^2)$ 的独立随机样本，这里两个分布的方差相等但未知。
- 若对所有参数采用独立的杰佛瑞先验，均值差 $\mu_1 - \mu_2$ 的边缘后验是自由度为 $n_1 + n_2 - 2$ 的 $ST\left(\bar{y}_1 - \bar{y}, \hat{\sigma}_p^2\left(\dfrac{1}{n_1} + \dfrac{1}{n_2}\right)\right)$，其中 $\hat{\sigma}_p^2 = \dfrac{\mathrm{SS}_p}{n_1 + n_2 - 2}$ 是方差的综合估计。第 12 章中的近似是正确的。
- 若对所有参数使用联合共轭先验，均值差 $\mu_1 - \mu_2$ 的准确边缘后验是自由度为

$\kappa' = \kappa + n_1 + n_2$ 的 $ST\left(m_d', \hat{\sigma}_B^2\left(\dfrac{1}{n_1'} + \dfrac{1}{n_2'}\right)\right)$，其中 $m_d' = m_1' - m_2'$，并且

$$\hat{\sigma}_B^2 = \frac{S'}{\kappa'}$$

$$= \left(\frac{\kappa}{\kappa'}\right)\left(\frac{S}{\kappa}\right) + \left(\frac{n_1 + n_2 - 2}{\kappa'}\right)\left(\frac{SS_p}{n_1 + n_2 - 2}\right) +$$

$$\left(\frac{1}{\kappa'}\right)\left(\frac{n_{10}n_1}{n_{10} + n_1(\bar{y}_1 - m_1)^2}\right) + \left(\frac{1}{\kappa'}\right)\left(\frac{n_{20}n_2}{n_{20} + n_2(\bar{y}_2 - m_2)^2}\right),$$

它是结合先验和数据对方差的估计。注意，如果先验均值为错置，后两项会让后验方差膨胀。

- 首先给定 σ^2，对 μ_1 和 μ_2 的似然和先验使用贝叶斯定理，然后对 σ^2 的逆卡方和似然使用贝叶斯定理就可以找出 μ_d 的近似边缘后验。接下来找出给定 σ^2，$\mu_d = \mu_1 - \mu_2$ 的条件后验。将它与 σ^2 的后验相乘，得到 μ_d 和 σ^2 的联合后验的近似。对联合后验中的 σ^2 积分找出 μ_d 的近似边缘后验，它是 $ST\left(m_d', \hat{\sigma}_B^2\left(\dfrac{1}{n_1'} + \dfrac{1}{n_2'}\right)\right)$，自由度为 $\kappa' = \kappa + n_1 + n_2 - 2$，其中 $m_d' = m_1' - m_2'$ 并且

$$\hat{\sigma}_B^2 = \frac{S'}{\kappa'}$$

$$= \left(\frac{\kappa}{\kappa'}\right)\left(\frac{S}{\kappa}\right) + \left(\frac{n_1 + n_2 - 2}{\kappa'}\right)\left(\frac{SS_p}{n_1 + n_2 - 2}\right) +$$

$$\left(\frac{1}{\kappa'}\right)\left(\frac{n_{10}n_1}{n_{10} + n_1(\bar{y}_1 - m_1)^2}\right) + \left(\frac{1}{\kappa'}\right)\left(\frac{n_{20}n_2}{n_{20} + n_2(\bar{y}_2 - m_2)^2}\right)。$$

若我们有来自均值 μ_1 和 μ_2 未知，方差 σ_1^2 和 σ_2^2 未知且不等的两个独立随机样本。则

- 若对所有参数使用独立杰佛瑞先验，

$$\tau_1 = \frac{\mu_1 - \mu_2 - (\bar{y}_1 - \bar{y}_2)}{\sqrt{\dfrac{\hat{\sigma}_1^2}{n_1} + \dfrac{\hat{\sigma}_2^2}{n_2}}}$$

的后验分布依赖于 ϕ，它与标准差的比例相关。它被称为贝伦斯 - 费希尔分布，有点类似于 t 分布。通过使用萨特思韦特近似自由度可以用 t 分布来近似这个分布。

计算机习题

17.1 已知某个物品的强度呈正态分布，均值和方差 σ^2 都未知。一个随机样本中有 10 件物品，它们的强度测量值为

215	186	216	203	221	188	202	192	208	195

用 Minitab 宏 Bayesttest.mac 或 R 函数 bayes.t.test 回答下列问题。

(1) 对 μ 和 σ 用独立的杰佛瑞先验, 在 5% 显著性水平上检验

$$H_0 : \mu \leqslant 200, \quad H_1 : \mu > 200。$$

(2) 使用联合共轭先验再次检验假设, 先验均值 $m = 200$, 先验中位数为 $\sigma = 5$。最开始设先验样本的大小为 $n_0 = 1$。当 n_0 的值增大时, 你的结果有什么改变? 当 n_0 值减小时 (即设 $0 < n_0 < 1$), 结果又会如何改变?

17.2 Wild and Seber (1999) 记述了新西兰空军搜集的一组数据。新西兰空军采购到一批头盔却发现它们并不适合很多飞行员, 于是决定测量所有新兵的头部尺寸。在测量之前, 需要搜集信息以确定用廉价纸板卡尺替代昂贵但不舒服的金属卡尺的可行性。下列数据为 18 名新兵的头部直径, 其中一次测量用纸板卡尺另一次则用金属卡尺。

纸板/mm	146	151	163	152	151	151	149	166	149
	155	155	156	162	150	156	158	149	163
金属/mm	145	153	161	151	145	150	150	163	147
	154	150	156	161	152	154	154	147	160

测量值是配对的, 所以 146mm 和 145mm 属于新兵 1, 151mm 和 153mm 属于新兵 2, 依次类推。这让我们处在一个 (潜在的) 特别的境况中, 频率论统计通常称之为配对 t 检验。比起对不同目标的测量, 我们相信对相同个体或对象的测量更有可能相似。如果忽略这种关系, 个体之间内在的差别会令方差 σ^2 的估计值膨胀。我们在理论上没有明确讨论这种情况, 因为它实际上是未知均值和方差的一个特殊情况。我们相信, 对每个个体进行的两次测量是相关的; 因此, 应该考虑每对测量值的差而不是测量本身。测量值的差为

差别/mm	1	−2	2	1	6	1	−1	3	2
	1	5	0	1	−2	2	4	2	3

使用 Minitab 宏 Bayesttest.mac 或 R 函数 **bayes.t.test**, 回答下列问题。

(1) 对 μ 和 σ 采用独立的杰佛瑞先验, 在 5% 显著性水平上检验

$$H_0 : \mu_{差} \leqslant 0, \quad H_1 : \mu_{差} > 0。$$

(2) 使用联合共轭先验再次检验假设, 均值 $m = 0$, 先验中位数 $\sigma = 1$。最开始设先验样本的大小为 $n_0 = 1$。当 n_0 的值增大时, 你的结果有什么改变? 当 n_0 值减小时 (即设 $0 < n_0 < 1$), 结果又会如何改变?

(3) 将用纸板卡尺和金属卡尺的测量值看成是两个独立的样本, 重新进行分析。你会得到相同的结论吗?

(4) 测量值的差的直方图或点图会让我们质疑差的正态性假设。做这个参数假设的另一种方法是直接检查差的符号而不是差的大小。如果一对测量值之间的差确实是随机的, 但以 0 为中心, 我们会看到差为正和负的次数相等。测量值互相独立, 样本大小固定, 所以我们可以用二项分布对这种情况建模。如果差确实是随机的, 则 "成功" 的概率有望

在 0.5 左右。有 14 个差值为正, 3 个差值为负, 还有 1 例无差别。如果忽略无差别的这一例, 则在 17 次试验中有 14 次成功。用 Minitab 中的 BinoBP.mac 或 R 中的 binobp 函数, 用 Be(1,1) 作为 π 的先验, 在 5% 显著性水平上检验 $H_0 : \pi \leqslant 0.5$, $H_1 : \pi > 0.5$。这样做是否确认了前面的结论? 这个过程是对应于符号检验的贝叶斯方法。

17.3 Bennett et al.(2003) 在 49 个不同地点测量门窗玻璃的折射率。她在每个地点采集 10 个碎片样本并确定每一个的折射率。下表显示从地点 1 和地点 3 得到的数据, 测量值先减去 1.519 再乘以 10^5 以方便录入

地点										
1	100	100	104	100	101	100	100	102	100	102
3	101	100	101	102	102	98	100	101	103	100

(1) 对 μ_1, μ_3 和 σ 采用独立的杰佛瑞先验, 在 5% 显著性水平上检验 $H_0 : \mu_1 - \mu_3 \leqslant 0$, $H_1 : \mu_1 - \mu_3 > 0$。

(2) 使用联合共轭先验再次检验假设, 先验均值 $m_1 = m_3 = 0$, 先验中位数为 $\sigma = 1$。设先验样本大小为 $n_{10} = n_{20} = 0.1$。

17.6 附录: μ 的准确边缘后验分布是 t 分布的证明

用独立杰佛瑞先验

当正态分布 $N(\mu, \sigma^2)$ 的两个参数均未知且采用独立的杰佛瑞先验, 或联合共轭先验时, 我们发现联合后验为正态逆卡方形式。对于独立杰佛瑞先验的情况而言, 联合后验形状为

$$\propto \frac{1}{(\sigma^2)^{\frac{n}{2}+1}} e^{-\frac{1}{2\sigma^2}[n(\mu-\bar{y})^2+\mathrm{SS}_y]}。$$

将该式看成是 σ^2 为唯一参数的函数时, $(n(\mu - \bar{y})^2 + \mathrm{SS}_y)$ 为常数, 联合后验为 $[n(\mu - \bar{y})^2 + \mathrm{SS}_y]$ 倍的自由度为 n 的逆卡方分布的形式。

求逆卡方密度的积分 假设 x 为 A 倍的自由度为 k 的逆卡方分布, 则其密度为

$$g(x) = \frac{c}{x^{\frac{k}{2}+1}} e^{-\frac{A}{2x}},$$

其中 $c = \dfrac{A^{\frac{k}{2}}}{2^{\frac{k}{2}} \Gamma\left(\dfrac{k}{2}\right)}$ 是让该积分等于1所需的常数。因此, 求积分的规则是

$$\int_0^\infty \frac{1}{x^{\frac{k}{2}+1}} e^{-\frac{A}{2x}} \mathrm{d}x \propto A^{-\frac{k}{2}},$$

这里我们将 $2^{\frac{k}{2}}$ 和 $\Gamma\left(\dfrac{k}{2}\right)$ 并入比例常数。

在我们对 μ 和 σ^2 使用独立杰佛瑞先验的情况下, μ 的边缘后验的形状为

$$
\begin{aligned}
g_\mu(\mu|y_1, y_2, \cdots, y_n) &\propto \int_0^\infty g_{\mu,\sigma^2}(\mu, \sigma^2|y_1, y_2, \cdots, y_n)\mathrm{d}\sigma^2 \\
&\propto \int_0^\infty \frac{1}{(\sigma^2)^{\frac{n}{2}+1}} \mathrm{e}^{-\frac{1}{2\sigma^2}[n(\mu-\bar{y})^2 + \mathrm{SS}_{\boldsymbol{y}}]}\mathrm{d}\sigma^2 \\
&\propto [n(\mu-\bar{y})^2 + \mathrm{SS}_{\boldsymbol{y}}]^{-\frac{n}{2}},
\end{aligned}
$$

两项均除以 $\mathrm{SS}_{\boldsymbol{y}}$, 有

$$
g_\mu(\mu|y_1, y_2, \cdots, y_n) \propto \left[1 + \frac{n(\mu-\bar{y})^2}{\mathrm{SS}_{\boldsymbol{y}}}\right]^{-\frac{n}{2}}。
$$

将变量变为

$$
t = \frac{\mu - \bar{y}}{\sqrt{\dfrac{\mathrm{SS}_{\boldsymbol{y}}}{n(n-1)}}} = \frac{\mu - \bar{y}}{\dfrac{\hat{\sigma}}{\sqrt{n}}},
$$

其中 $\hat{\sigma}^2 = \dfrac{\mathrm{SS}_{\boldsymbol{y}}}{n-1}$ 是由样本得到的方差的无偏估计。根据换元公式, t 的密度形状为

$$
g_t(t) \propto g_\mu(\mu(t))\frac{\mathrm{d}\mu(t)}{\mathrm{d}t} \propto \left[1 + \frac{t^2}{n-1}\right]^{-\frac{n}{2}},
$$

其中我们合并了 $\dfrac{\mathrm{d}\mu(t)}{\mathrm{d}t}$ 这一项, 因为它是一个常数。这是自由度为 $n-1$ 的 t 分布密度。因此, $\mu = \bar{y} + \dfrac{\hat{\sigma}}{\sqrt{n}}t$ 是自由度为 $n-1$ 的 $ST(\bar{y}, \dfrac{\hat{\sigma}^2}{n})$ 分布。它具有自由度为 $n-1$ 的 t 分布的形状, $\bar{y}$ 为中心, 而 $\sqrt{\dfrac{\hat{\sigma}^2}{n}}$ 为缩放因子。

用联合共轭先验

对于两个参数均未知的 $N(\mu, \sigma^2)$, 另一种情况是对 μ 和 σ^2 按基本相同的模式使用联合共轭先验。μ 的边缘后验为

$$
\begin{aligned}
g_\mu(\mu|y_1, y_2, \cdots, y_n) &\propto \int_0^\infty g_{\mu,\sigma^2}(\mu, \sigma^2|y_1, y_2, \cdots, y_n)\mathrm{d}\sigma^2 \\
&\propto \int_0^\infty \frac{1}{(\sigma^2)^{\frac{\kappa'+1}{2}+1}} \mathrm{e}^{-\frac{1}{2\sigma^2}[n'(\mu-m')^2 + S' + \left(\frac{n_0 n}{n_0+n}\right)(\bar{y}-m)^2]}\mathrm{d}\sigma^2。
\end{aligned}
$$

我们仍然视 σ^2 为唯一的参数, μ 的边缘后验为 S' 倍的自由度为 κ' 的逆卡方的形状。在 σ^2 的整个域上积分, 利用相同的积分规则可得

$$
g_\mu(\mu|y_1, y_2, \cdots, y_n) \propto \left[(n')(\mu-m')^2 + S' + \left(\frac{n_0 n}{n_0+n}\right)(\bar{y}-m)^2\right]^{-\frac{\kappa'+1}{2}},
$$

其中 $S' = S + \mathrm{SS}_{\boldsymbol{y}}$, $\kappa' = \kappa + n$, $m' = \dfrac{n\bar{y} + n_0 m}{n + n_0}$ 且 $n' = n_0 + n$。将变量变为

$$t = \frac{\mu - m'}{\sqrt{\dfrac{S' + \left(\dfrac{n_0 n}{n_0 + n}\right)(\bar{y} - m)^2}{n'\kappa'}}},$$

并运用换元公式。我们发现 t 的后验密度的形式为

$$g(t|y_1, y_2, \cdots, y_n) \propto \left(1 + \frac{t^2}{\kappa'}\right)^{-\frac{\kappa'+1}{2}}。$$

它是自由度为 κ' 的 t 分布的密度。注意

$$\frac{S' + \left(\dfrac{n_0 n}{n_0 + n}\right)(\bar{y} - m)^2}{n'} = \frac{S + \mathrm{SS}_{\boldsymbol{y}} + \left(\dfrac{n_0 n}{n_0 + n}\right)(\bar{y} - m)^2}{n'}$$

$$= \left(\frac{\kappa}{n'}\right)\left(\frac{S}{\kappa}\right) + \left(\frac{n-1}{n'}\right)\left(\frac{\mathrm{SS}_{\boldsymbol{y}}}{n-1}\right) + \left(\frac{n_0 n}{n_0 + n}\right)\left(\frac{(\bar{y}-m)^2}{n'}\right)$$

$$= \hat{\sigma}_B^2,$$

它是方差的 3 个估计的加权平均。第一部分包含 σ^2 的先验分布, 第二部分是来自样本数据的方差的无偏估计, 第三部分度量样本均值 $\bar{y}$ 与先验均值 m 的距离。它意味着 $\mu = m' + \dfrac{\hat{\sigma}_B}{\sqrt{\kappa'}}t$ 的后验密度是 $ST\left(m', \dfrac{\hat{\sigma}_B^2}{n'}\right)$。在进行推断时我们可以将未知方差 σ^2 看成取 $\hat{\sigma}_B^2$ 的值, 但从 t 分布表而不是标准正态表查找临界值。

用独立杰佛瑞先验的均值差

我们可以用相同方法找出两个样本的均值差 $\mu_1 - \mu_2$ 的准确边缘后验, 这两个样本为独立随机样本且来自正态分布 $N(\mu_1, \sigma^2)$ 和 $N(\mu_2, \sigma^2)$, 分布的方差未知但相等。$\mu_1 - \mu_2$ 和 σ^2 的联合后验的形式为

$$g_{\mu_1-\mu_2, \sigma^2}(\mu_1 - \mu_2, \sigma^2|\boldsymbol{y}_1, \boldsymbol{y}_2) \propto \frac{1}{(\sigma^2)^{\frac{n_1+n_2}{2}+1}}\mathrm{e}^{-\frac{n_1 n_2 (\mu_1 - \mu_2 - (\bar{y}_1 - \bar{y}_2))^2 + \mathrm{SS}_p}{2(n_1+n_2)\sigma^2}}。$$

对联合后验中的冗余参数 σ^2 求积分得到 $\mu_1 - \mu_2$ 的边缘后验密度, 其形式为

$$g_{\mu_1-\mu_2}(\mu_1 - \mu_2) \propto \int_0^\infty \frac{1}{(\sigma^2)^{\frac{n_1+n_2}{2}+1}}\mathrm{e}^{-\frac{n_1 n_2 (\mu_1 - \mu_2 - (\bar{y}_1 - \bar{y}_2))^2 + \mathrm{SS}_p}{2(n_1+n_2)\sigma^2}}\mathrm{d}\sigma^2$$

$$\propto \left[\frac{n_1 n_2}{n_1 + n_2}(\mu_1 - \mu_2 - (\bar{y}_1 - \bar{y}_2))^2 + \mathrm{SS}_p\right]^{-\frac{n_1+n_2}{2}}。$$

将变量换成

$$t = \frac{\mu_1 - \mu_2 - (\bar{y}_1 - \bar{y}_2)}{\sqrt{\dfrac{\text{SS}_p(n_1 + n_2)}{n_1 n_2 (n_1 + n_2 - 2)}}} = \frac{\mu_1 - \mu_2 - (\bar{y}_1 - \bar{y}_2)}{\hat{\sigma}_p \left(\dfrac{1}{\sqrt{n_1}} + \dfrac{1}{\sqrt{n_2}} \right)},$$

其中 $\hat{\sigma}_p^2 = \dfrac{\text{SS}_p}{n_1 + n_2 - 2}$ 是综合样本的方差的无偏估计。t 的密度形状为

$$g(t) \propto \left(1 + \frac{t^2}{n_1 + n_2 - 2} \right)^{-\frac{n_1 + n_2}{2}},$$

它是自由度为 $n_1 + n_2 - 2$ 的 t 分布密度。因此, $\mu_1 - \mu_2$ 的边缘后验是自由度为 $n_1 + n_2 - 2$ 的 $ST\left(\bar{y}_1 - \bar{y}_2, \dfrac{\hat{\sigma}_p^2}{n_1 + n_2 - 2} \right)$。

用联合共轭先验的均值差

我们可以用同样方法找出两个样本的均值差 $\mu_1 - \mu_2$ 的准确边缘后验, 这两个样本为独立随机样本且来自正态分布 $N(\mu_1, \sigma^2)$ 和 $N(\mu_2, \sigma^2)$, 分布的方差未知但相等。若对 μ, σ^2 使用联合共轭先验, $\mu_1 - \mu_2$ 和 σ^2 的联合后验的形状为

$$g_{\mu_1 - \mu_2, \sigma^2}(\mu_1 - \mu_2, \sigma^2 | \boldsymbol{y}_1, \boldsymbol{y}_2) \propto \frac{1}{(\sigma^2)^{\frac{\kappa'+1}{2}+1}} e^{-\frac{1}{2\sigma^2} \left[\left(\frac{n_1' n_2'}{n_1' + n_2'} \right) (\mu_1 - \mu_2 - m_d')^2 + S' \right]}.$$

对联合后验中的冗余参数 σ^2 求积分得到 $\mu_1 - \mu_2$ 的边缘后验密度, 其形状为

$$g_{\mu_1 - \mu_2}(\mu_1 - \mu_2) \propto \int_0^\infty \frac{1}{(\sigma^2)^{\frac{\kappa'+1}{2}+1}} e^{-\frac{1}{2\sigma^2} \left[\left(\frac{n_1' n_2'}{n_1' + n_2'} \right) (\mu_1 - \mu_2 - m_d')^2 + S' \right]} \mathrm{d}\sigma^2$$

$$\propto \left[\left(\frac{n_1' n_2'}{n_1' + n_2'} \right) (\mu_1 - \mu_2 - m_d')^2 + S' \right]^{-\frac{\kappa'+1}{2}}.$$

将变量换成

$$t = \frac{\mu_1 - \mu_2 - m_d'}{\sqrt{\dfrac{S'(n_1' + n_2')}{n_1' n_2' (\kappa' + 1)}}} = \frac{\mu_1 - \mu_2 - m_d'}{\sqrt{\hat{\sigma}_B^2 \left(\dfrac{1}{n_1} + \dfrac{1}{n_2} \right)}},$$

其中

$$\hat{\sigma}_B^2 = \frac{S'}{\kappa' + 1} = \frac{S}{\kappa} \frac{\kappa}{\kappa' + 1} + \frac{\text{SS}_p}{n_1 + n_2 - 2} \frac{n_1 + n_2 - 2}{\kappa + 1}.$$

t 的密度形状为

$$g(t) \propto \left(1 + \frac{t^2}{n_1 + n_2 - 2} \right)^{-\frac{n_1 + n_2}{2}},$$

它是自由度为 $\kappa' + 1$ 的 t 分布密度。因此, $\mu_1 - \mu_2$ 的边缘后验是自由度为 $\kappa' + 1$ 的
$ST\left(m'_d, \dfrac{\hat{\sigma}_B^2}{\kappa' + 1}\right)$。

表 17.2　当 μ 和 σ^2 均未知时, 对 μ 的推断一览

类型	后验参数				σ_B^2	t
	S'	κ'	n'	m'		
杰佛瑞	$\mathrm{SS}_{\boldsymbol{y}}$	$n-1$	n	$\bar{y}$	$\dfrac{\mathrm{SS}_{\boldsymbol{y}}}{n-1}$	$\dfrac{\mu - m'}{\sqrt{\dfrac{\hat{\sigma}_B^2}{n'}}}$
准确的	$S + \mathrm{SS}_{\boldsymbol{y}}$	$\kappa + n$	$n_0 + n$	$\dfrac{n_0 m + n\bar{y}}{n_0 + n}$	$\dfrac{\kappa}{n'}\dfrac{S}{\kappa} + \dfrac{n-1}{n'}\dfrac{\mathrm{SS}_{\boldsymbol{y}}}{n-1} + \dfrac{n_0 n}{n'}\dfrac{(\bar{y} - m)^2}{n'}$	$\dfrac{\mu - m'}{\sqrt{\dfrac{\hat{\sigma}_B^2}{n'}}}$
近似的	$S + \mathrm{SS}_{\boldsymbol{y}}$	$\kappa + n - 1$	$n_0 + n$	$\dfrac{n_0 m + n\bar{y}}{n_0 + n}$	$\dfrac{\kappa}{n'}\dfrac{S}{\kappa} + \dfrac{n-1}{n'}\dfrac{\mathrm{SS}_{\boldsymbol{y}}}{n-1}$	$\dfrac{\mu - m'}{\sqrt{\dfrac{\hat{\sigma}_B^2}{n'}}}$

第 18 章　多元正态均值向量的贝叶斯推断

本章介绍协方差矩阵已知的多元正态分布。每一个观测不再是单变量正态分布的单一变量抽样,而是从 k 个分量同时抽样,其中每个分量有各自的单变量正态分布,同时抽样的不同分量之间通过协方差矩阵相关联,称为从多元正态分布抽取随机向量。18.1 节从分量个数 $k = 2$ 的二元正态密度开始,说明如何用矩阵表示正态密度函数。18.2 节介绍将多元正态密度的矩阵形式推广到分量个数 $k \geqslant 2$ 的方法。18.3 节利用贝叶斯定理找出当协方差矩阵 Σ 已知时的多元正态均值向量的后验。在一般情况下,要找出后验所需的比例因子我们需要进行 k 维数值积分。对于多元平坦先验或多元正态先验这两个特别形式的先验,无须积分就可以找到准确的后验。18.4 节讨论多元正态均值参数的贝叶斯推断;说明如何找到均值向量的贝叶斯可信区域。我们可以利用可信区域检验关于均值向量的点假设。也可以用这些方法找出任何一个均值子向量的可信区域,进而检验关于该子向量的点假设。18.5 节推导均值向量和协方差矩阵在两者均未知时的联合后验,找出在推断时所需的 $\boldsymbol{\mu}$ 的边缘后验。

18.1　二元正态密度

设二维随机变量 $\boldsymbol{Y}_1, \boldsymbol{Y}_2$ 的联合密度函数为

$$f(y_1, y_2 | \mu_1, \mu_2, \sigma_1^2, \sigma_2^2, \rho) = \frac{1}{2\pi\sigma_1\sigma_2\sqrt{1-\rho^2}} \cdot$$

$$e^{-\frac{1}{2(1-\rho^2)}\left[\left(\frac{y_1-\mu_1}{\sigma_1^2}\right)^2 - 2\rho\left(\frac{y_1-\mu_1}{\sigma_1}\right)\left(\frac{y_2-\mu_2}{\sigma_2}\right) + \left(\frac{y_2-\mu_2}{\sigma_2}\right)^2\right]}, \tag{18.1}$$

$-\infty < y_1 < \infty$, $-\infty < y_2 < \infty$。参数 μ_1 和 μ_2 可以取任意值,σ_1^2 和 σ_2^2 可以取任意正值,而 ρ 必须在 -1 和 1 之间。为了保证它是密度函数,必须确保它在整个定义域上的多重积分等于 1。采用变量替换

$$v_1 = \frac{y_1 - \mu_1}{\sigma_1}, \quad v_2 = \frac{y_2 - \mu_2}{\sigma_2},$$

则积分为

$$\int_{-\infty}^{\infty} \int_{-\infty}^{\infty} f(y_1, y_2 | \mu_1, \mu_2, \sigma_1^2, \sigma_2^2, \rho) \mathrm{d}y_1 \mathrm{d}y_2$$

$$= \int_{-\infty}^{\infty} \int_{-\infty}^{\infty} f(y_1(v_1, v_2), y_2(v_1, v_2) | \mu_1, \mu_2, \sigma_1^2, \sigma_2^2, \rho) \left| \frac{\partial u}{\partial v} \right| \mathrm{d}v_1 \mathrm{d}v_2$$

$$= \int_{-\infty}^{\infty} \int_{-\infty}^{\infty} \frac{1}{2\pi\sqrt{1-\rho^2}} e^{-\left(\frac{1}{2(1-\rho^2)} (v_1^2 - 2\rho v_1 v_2 + v_2^2) \right)} \mathrm{d}v_1 \mathrm{d}v_2。$$

对指数部分配方, 积分变为

$$\int_{-\infty}^{\infty} \int_{-\infty}^{\infty} \frac{1}{2\pi\sqrt{1-\rho^2}} e^{-\frac{1}{2(1-\rho^2)} [(v_1 - \rho v_2)^2 + (1-\rho^2)v_2^2]} \mathrm{d}v_1 \mathrm{d}v_2$$

变量替换

$$w_1 = \frac{v_1 - \rho v_2}{\sqrt{1-\rho^2}}, \quad w_2 = v_2,$$

积分简化为两个积分的乘积

$$\int_{-\infty}^{\infty} \frac{1}{\sqrt{2\pi}} e^{-\frac{1}{2} w_1^2} \mathrm{d}w_1 \int_{-\infty}^{\infty} \frac{1}{\sqrt{2\pi}} e^{-\frac{1}{2} w_2^2} \mathrm{d}w_2 = 1,$$

因为其中每个积分都是单变量正态分布 $N(0,1)$ 密度在整个定义域上的积分。上面的二元正态密度是联合密度。

将二元正态密度设定为一个常数并对等式两边取对数, 我们得到 y_1 和 y_2 的二阶多项式。它意味着水平曲线是同心椭圆。[1]

Y_1 和 Y_2 的边缘密度。通过对联合密度中的 y_2 求积分, 得到 y_1 的边缘密度。

$$f_{y_1}(y_1) = \int_{-\infty}^{\infty} f(y_1, y_2) \mathrm{d}y_2$$

$$= \int_{-\infty}^{\infty} \frac{e^{-\frac{1}{2(1-\rho^2)} \left[\left(\frac{y_1 - \mu_1}{\sigma_1^2} \right)^2 - 2\rho \left(\frac{y_1 - \mu_1}{\sigma_1} \right) \left(\frac{y_2 - \mu_2}{\sigma_2} \right) + \left(\frac{y_2 - \mu_2}{\sigma_2} \right)^2 \right]}}{2\pi\sigma_1\sigma_2\sqrt{1-\rho^2}} \mathrm{d}y_2。$$

做变量替换 $v_2 = \dfrac{y_2 - \mu_2}{\sigma_2}$, 并配方, 有

$$f_{y_1}(y_1) = \int_{-\infty}^{\infty} \frac{1}{2\pi\sigma_1\sqrt{1-\rho^2}} e^{-\frac{1}{2} \left(\frac{y_1 - \mu_1}{\sigma_1} \right)^2 - \frac{1}{2\sqrt{1-\rho^2}} \left(v_2 - \rho \frac{y_1 - \mu_1}{\sigma_1} \right)^2} \mathrm{d}v_2。$$

再做一次替换

$$w_2 = \frac{v_2 - \rho(y_1 - \mu_1)}{\sigma_1\sqrt{1-\rho^2}},$$

---

[1]椭圆以点 (μ_1, μ_2) 为中心。主轴方向由协方差矩阵的特征向量确定, 轴的长度是协方差矩阵的特征值的平方根。在二元正态的情况下, 主轴转动的角度为 $\phi = 0.5\arctan\left(\dfrac{2\rho\sigma_1\sigma_2}{\sigma_1^2 - \sigma_2^2} \right)$。

边缘密度就变为

$$f_{y_1}(y_1) = \int_{-\infty}^{\infty} \frac{1}{\sqrt{2\pi}\sigma_1} e^{-\frac{1}{2}\left(\frac{y_1-\mu_1}{\sigma_1}\right)^2} \cdot \frac{1}{2\pi} e^{-\frac{1}{2}w_2^2} \mathrm{d}w_2 = \frac{1}{\sqrt{2\pi}\sigma_1} e^{-\frac{1}{2}\left(\frac{y_1-\mu_1}{\sigma_1}\right)^2}。$$

这是单变量正态密度 $N(\mu_1, \sigma_1^2)$。同理, y_2 的边缘密度是单变量正态密度 $N(\mu_2, \sigma_2^2)$。因此, 二元正态分布的参数 μ_1 和 σ_1^2 以及 μ_2 和 σ_2^2 分别是分量 y_1 和 y_2 的均值和方差, 每个分量都服从正态分布。接下来我们说明参数 ρ 是两个分量之间的关联系数。

$\boldsymbol{Y_1}$ 和 $\boldsymbol{Y_2}$ 的协方差。通过计算

$$\begin{aligned}
\mathrm{Cov}[y_1, y_2] &= \int_{-\infty}^{\infty}\int_{-\infty}^{\infty} (y_1-\mu_1)(y_2-\mu_2)f(y_1, y_2)\mathrm{d}y_1\mathrm{d}y_2 \\
&= \int_{-\infty}^{\infty}\int_{-\infty}^{\infty} \frac{(y_1-\mu_1)(y_2-\mu_2)}{2\pi\sigma_1\sigma_2\sqrt{1-\rho^2}} \cdot \\
&\quad e^{-\frac{1}{2(1-\rho^2)}\left[\left(\frac{y_1-\mu_1}{\sigma_1}\right)^2 - 2\rho\left(\frac{y_1-\mu_1}{\sigma_1}\right)\left(\frac{y_2-\mu_2}{\sigma_2}\right) + \left(\frac{y_2-\mu_2}{\sigma_2}\right)^2\right]} \mathrm{d}y_1\mathrm{d}y_2,
\end{aligned}$$

得到协方差。做替换

$$v_1 = \frac{y_1-\mu_1}{\sigma_1}, \quad v_2 = \frac{y_2-\mu_2}{\sigma_2}。$$

协方差为

$$\mathrm{Cov}[y_1, y_2] = \int_{-\infty}^{\infty}\int_{-\infty}^{\infty} \frac{\sigma_1\sigma_2 v_1 v_2}{2\pi\sqrt{1-\rho^2}} e^{-\frac{1}{2(1-\rho^2)}(v_1^2 - 2\rho v_1 v_2 + v_2^2)} \mathrm{d}v_1\mathrm{d}v_2。$$

为 v_2 配方并交换积分的次序, 有

$$\mathrm{Cov}[y_1, y_2] = \sigma_1\sigma_2 \int_{-\infty}^{\infty} \frac{v_1}{\sqrt{2\pi}} e^{-\frac{v_1^2}{2}} \left[\int_{-\infty}^{\infty} \frac{v_2}{\sqrt{2\pi}\sqrt{1-\rho^2}} e^{-\frac{(v_2-\rho v_1)^2}{2(1-\rho^2)}} \mathrm{d}v_2\right] \mathrm{d}v_1。$$

如果用变量替换

$$w_2 = \frac{v_2 - \rho v_1}{\sqrt{1-\rho^2}},$$

那么协方差就变为

$$\begin{aligned}
\mathrm{Cov}[y_1, y_2] &= \sigma_1\sigma_2 \int_{-\infty}^{\infty} \frac{v_1}{\sqrt{2\pi}} e^{-\frac{v_1^2}{2}} \left[\int_{-\infty}^{\infty} \frac{w_2\sqrt{1-\rho^2} + \rho v_1}{\sqrt{2\pi}} e^{-\frac{w_2^2}{2}} \mathrm{d}w_2\right] \mathrm{d}v_1 \\
&= \sigma_1\sigma_2 \int_{-\infty}^{\infty} \frac{v_1}{\sqrt{2\pi}} e^{-\frac{v_1^2}{2}} [0 + \rho v_1] \mathrm{d}v_1 \\
&= \sigma_1\sigma_2\rho。
\end{aligned}$$

因此, 二元正态分布的参数 ρ 是 y_1 和 y_2 这两个变量的关联系数。

用矩阵表示的二元正态密度

假设将两个随机变量和它们对应的均值参数分别堆叠在一起写成向量的形式

$$y = \begin{pmatrix} y_1 \\ y_2 \end{pmatrix}, \ \mu = \begin{pmatrix} \mu_1 \\ \mu_2 \end{pmatrix},$$

并用矩阵表示协方差

$$\boldsymbol{\Sigma} = \begin{bmatrix} \sigma_1^2 & \rho\sigma_1\sigma_2 \\ \rho\sigma_1\sigma_2 & \sigma_2^2 \end{bmatrix}。$$

二元正态情况下的协方差矩阵的逆为

$$\boldsymbol{\Sigma}^{-1} = \frac{1}{\sigma_1^2\sigma_2^2(1-\rho^2)} \begin{bmatrix} \sigma_2^2 & -\rho\sigma_1\sigma_2 \\ -\rho\sigma_1\sigma_2 & \sigma_1^2 \end{bmatrix}。$$

二元正态协方差矩阵的行列式为

$$|\boldsymbol{\Sigma}| = \sigma_1^2\sigma_2^2(1-\rho^2)。$$

由此可见, (18.1) 式中二元正态联合密度的矩阵为

$$f(y_1, y_2) = \frac{1}{2\pi|\boldsymbol{\Sigma}|^{\frac{1}{2}}} e^{-\frac{1}{2}(y-\mu)'\boldsymbol{\Sigma}^{-1}(y-\mu)}。 \tag{18.2}$$

18.2　多元正态分布

观测 y 和均值向量 μ 的维数 k 可以大于等于 2。将 (18.2) 式一般化为

$$f(y) = \frac{1}{(2\pi)^{\frac{k}{2}}|\boldsymbol{\Sigma}|^{\frac{1}{2}}} e^{-\frac{1}{2}(y-\mu)'\boldsymbol{\Sigma}^{-1}(y-\mu)} \tag{18.3}$$

它被称为多元正态分布 (MVN)。其参数是均值向量 μ 和协方差矩阵 $\boldsymbol{\Sigma}$, 分别为

$$\mu = \begin{pmatrix} \mu_1 \\ \vdots \\ \mu_k \end{pmatrix}, \ \boldsymbol{\Sigma} = \begin{bmatrix} \sigma^2 & \cdots & \rho_{1k}\sigma_1\sigma_k \\ \vdots & \ddots & \vdots \\ \rho_{k1}\sigma_k\sigma_1 & \cdots & \sigma_k^2 \end{bmatrix}。$$

若将二元正态的结果推广, 我们会发现多元正态分布的水平面将是同心椭球, 以均值向量为中心并由协方差矩阵决定方向。每个分量的边缘分布是单变量正态。每个分量子集的边缘分布则是多元正态。例如, 若我们将随机向量, 均值向量和协方差矩阵划分为

$$y = \begin{pmatrix} y_1 \\ y_2 \end{pmatrix}, \mu = \begin{pmatrix} \mu_1 \\ \mu_2 \end{pmatrix}, \ \boldsymbol{\Sigma} = \begin{bmatrix} \boldsymbol{\Sigma}_{11} & \boldsymbol{\Sigma}_{12} \\ \boldsymbol{\Sigma}_{21} & \boldsymbol{\Sigma}_{22} \end{bmatrix},$$

则 y_1 的边缘分布是 MVN($\mu_1, \boldsymbol{\Sigma}_{11}$)。同理, y_2 的边缘分布是 MVN($\mu_2, \boldsymbol{\Sigma}_{22}$)。

18.3 协方差矩阵已知的多元正态均值向量的后验分布

$\boldsymbol{\mu}$ 的联合后验分布与先验和似然的乘积成比例。若有 $\mu_1, \mu_2, \cdots, \mu_k$ 的一般联合连续先验, 则后验

$$g(\mu_1, \mu_2, \cdots, \mu_k | \boldsymbol{y}) \propto g(\mu_1, \mu_2, \cdots, \mu_k) f(\boldsymbol{y} | \mu_1, \mu_2, \cdots, \mu_k)。$$

准确的后验为

$$g(\mu_1, \mu_2, \cdots, \mu_k | \boldsymbol{y}) = \frac{g(\mu_1, \mu_2, \cdots, \mu_k) f(\boldsymbol{y} | \mu_1, \mu_2, \cdots, \mu_k)}{\int \ldots \int g(\mu_1, \mu_2, \cdots, \mu_k) f(\boldsymbol{y} | \mu_1, \mu_2, \cdots, \mu_k) \mathrm{d}\mu_1 \mathrm{d}\mu_2 \ldots \mathrm{d}\mu_k}。$$

为了找出准确的后验, 需要对分母做数值积分, 积分的计算可能很复杂。我们来考虑无须积分就能找出后验的两种特殊情况, 即先验为多元正态先验和多元平坦先验。在这两种情况下, 我们要能够根据 (18.2) 式所给的形状识别出密度是否为多元正态。

单个多元正态观测

假设我们有来自 $\mathrm{MVN}(\boldsymbol{\mu}, \boldsymbol{\Sigma})$ 的单个随机观测。多元正态均值向量单个抽样的似然函数与多元正态联合密度函数

$$f(\boldsymbol{\mu} | \boldsymbol{y}) = \frac{1}{(2\pi)^{k/2} |\boldsymbol{\Sigma}|^{\frac{1}{2}}} \mathrm{e}^{-\frac{1}{2}(\boldsymbol{y} - \boldsymbol{\mu})' \boldsymbol{\Sigma}^{-1}(\boldsymbol{y} - \boldsymbol{\mu})} \tag{18.4}$$

的形式相同, 但观测向量 $\boldsymbol{y}$ 固定在观测值上且参数向量 $\boldsymbol{\mu}$ 可变。在上式中交换 $\boldsymbol{y}$ 和 $\boldsymbol{\mu}$ 的位置, 我们注意到

$$(\boldsymbol{x} - \boldsymbol{y})' \boldsymbol{A}(\boldsymbol{x} - \boldsymbol{y}) = (-1)(\boldsymbol{x} - \boldsymbol{y})' \boldsymbol{A}(-1)(\boldsymbol{x} - \boldsymbol{y}) = (\boldsymbol{y} - \boldsymbol{x})' \boldsymbol{A}(\boldsymbol{y} - \boldsymbol{x})$$

对任何对称矩阵 $\boldsymbol{A}$, 上式都成立。

$\boldsymbol{\mu}$ 的多元正态先验密度。假设用 $\mathrm{MVN}(\boldsymbol{m}_0, \boldsymbol{V}_0)$ 作为均值向量 $\boldsymbol{\mu}$ 的先验。后验为

$$\begin{aligned} g(\boldsymbol{\mu} | \boldsymbol{y}) &\propto g(\boldsymbol{\mu}) f(\boldsymbol{y} | \boldsymbol{\mu}) \\ &\propto \mathrm{e}^{-\frac{1}{2}(\boldsymbol{\mu} - \boldsymbol{m}_0)' \boldsymbol{V}_0^{-1}(\boldsymbol{\mu} - \boldsymbol{m}_0)} \mathrm{e}^{-\frac{1}{2}(\boldsymbol{y} - \boldsymbol{\mu})' \boldsymbol{\Sigma}^{-1}(\boldsymbol{y} - \boldsymbol{\mu})} \\ &\propto \mathrm{e}^{-\frac{1}{2}[(\boldsymbol{\mu} - \boldsymbol{m}_0)' \boldsymbol{V}_0^{-1}(\boldsymbol{\mu} - \boldsymbol{m}_0) + (\boldsymbol{\mu} - \boldsymbol{y})' \boldsymbol{\Sigma}^{-1}(\boldsymbol{\mu} - \boldsymbol{y})]}。 \end{aligned}$$

把这两项展开, 合并同类项, 将不包含参数 $\boldsymbol{\mu}$ 的那一部分并入常数。

$$g(\boldsymbol{\mu} | \boldsymbol{y}) \propto \mathrm{e}^{-\frac{1}{2}[\boldsymbol{\mu}'(\boldsymbol{V}_1^{-1})\boldsymbol{\mu} - \boldsymbol{\mu}'(\boldsymbol{\Sigma}^{-1}\boldsymbol{y} + \boldsymbol{V}_0^{-1}\boldsymbol{m}_0) - (\boldsymbol{y}'\boldsymbol{\Sigma}^{-1} + \boldsymbol{m}_0'\boldsymbol{V}_0^{-1})\boldsymbol{\mu}]},$$

其中 $\boldsymbol{V}_1^{-1} = \boldsymbol{V}_0^{-1} + \boldsymbol{\Sigma}^{-1}$。后验精度矩阵等于先验精度矩阵加多元观测的精度矩阵。它与单变量正态观测的规则类似, 适用于多元正态的情形。$\boldsymbol{V}_1^{-1}$ 是满秩的对称正定矩阵, 所以

$V_1^{-1} = U'U$, 这里 U 是三角矩阵。U 和 U' 都是满秩的, 所以它们的逆存在且 $(U')^{-1}U'$ 和 UU^{-1} 都等于 k 维单位矩阵。将后验简化, 得到

$$g(\boldsymbol{\mu}|\boldsymbol{y}) \propto e^{-\frac{1}{2}[\boldsymbol{\mu}'(U'U)\boldsymbol{\mu}-\boldsymbol{\mu}'(U'(U')^{-1})(\boldsymbol{\Sigma}^{-1}\boldsymbol{y}+V_0^{-1}\boldsymbol{m}_0)-(\boldsymbol{y}'\boldsymbol{\Sigma}^{-1}+\boldsymbol{m}_0'V_0^{-1})(U^{-1}U)\boldsymbol{\mu}]}。$$

配方并将不包含参数的那一部分并入常数, 后验可简化为

$$g(\boldsymbol{\mu}|\boldsymbol{y}) \propto e^{-\frac{1}{2}[\boldsymbol{\mu}'U'-(\boldsymbol{y}'\boldsymbol{\Sigma}^{-1}+\boldsymbol{m}_0'V_0^{-1})U^{-1}][U\boldsymbol{\mu}-(U'^{-1})(\boldsymbol{\Sigma}^{-1}\boldsymbol{y}+V_0^{-1}\boldsymbol{m}_0)]}。$$

因此

$$g(\boldsymbol{\mu}|\boldsymbol{y}) \propto e^{-\frac{1}{2}[\boldsymbol{\mu}'-(\boldsymbol{y}'\boldsymbol{\Sigma}^{-1}+\boldsymbol{m}_0'V_0^{-1})V_1]V_1^{-1}[\boldsymbol{\mu}-V_1'(\boldsymbol{\Sigma}^{-1}\boldsymbol{y}+V_0^{-1}\boldsymbol{m}_0)]}$$

$$\propto e^{-\frac{1}{2}(\boldsymbol{\mu}'-\boldsymbol{m}_1')V_1^{-1}(\boldsymbol{\mu}-\boldsymbol{m}_1)},$$

其中 $\boldsymbol{m}_1 = V_1 V_0^{-1} \boldsymbol{m}_0 + V_1 \boldsymbol{\Sigma}^{-1} \boldsymbol{y}$ 是后验均值。"后验均值向量等于后验精度矩阵的逆与先验精度矩阵的乘积再乘以先验均值向量, 加上后验精度矩阵的逆与观测向量的精度矩阵的乘积再乘以观测向量"这个规则确定后验均值。该规则与单个正态观测的规则类似, 但适用于向量观测。$\boldsymbol{\mu}|\boldsymbol{y}$ 的后验分布为 $\mathrm{MVN}(\boldsymbol{m}_1, V_1)$。

多元正态分布的随机样本

假设一个随机样本 $\boldsymbol{y}_1, \boldsymbol{y}_2, \cdots, \boldsymbol{y}_n$ 来自 $\mathrm{MVN}(\boldsymbol{\mu}, \boldsymbol{\Sigma})$ 分布, 其中协方差矩阵 $\boldsymbol{\Sigma}$ 已知。随机样本的似然函数是每个个体观测的似然函数的乘积。

$$\begin{aligned}
f(\boldsymbol{y}_1, \boldsymbol{y}_2, \cdots, \boldsymbol{y}_n|\boldsymbol{\mu}) &= \prod_{i=1}^{n} f(\boldsymbol{y}_i|\boldsymbol{\mu}) \\
&\propto \prod_{i=1}^{n} e^{-\frac{1}{2}(\boldsymbol{y}_i-\boldsymbol{\mu})'\boldsymbol{\Sigma}^{-1}(\boldsymbol{y}_i-\boldsymbol{\mu})} \\
&\propto e^{-\frac{1}{2}\sum_{i=1}^{n}[(\boldsymbol{y}_i-\boldsymbol{\mu})'\boldsymbol{\Sigma}^{-1}(\boldsymbol{y}_i-\boldsymbol{\mu})]} \\
&\propto e^{-\frac{n}{2}[(\bar{\boldsymbol{y}}-\boldsymbol{\mu})'\boldsymbol{\Sigma}^{-1}(\bar{\boldsymbol{y}}-\boldsymbol{\mu})]}。
\end{aligned}$$

由此可见, 来自多元正态分布的随机样本的似然与样本均值向量 $\bar{\boldsymbol{y}}$ 的似然成正比。它是均值向量为 $\boldsymbol{\mu}$ 协方差矩阵为 $\dfrac{\boldsymbol{\Sigma}}{n}$ 的多元正态分布。

多元正态的简单更新公式。我们可以将来自 $\mathrm{MVN}(\boldsymbol{\mu}, \boldsymbol{\Sigma})$ 的随机样本 $\boldsymbol{y}_1, \boldsymbol{y}_2, \cdots, \boldsymbol{y}_n$ 压缩为来自 $\mathrm{MVN}\left(\boldsymbol{\mu}, \dfrac{\boldsymbol{\Sigma}}{n}\right)$ 的样本均值向量 $\bar{\boldsymbol{y}}$ 的单个观测。因此, 后验精度矩阵是先验精度矩阵与样本均值向量的精度矩阵之和, 即

$$V_1^{-1} = V_0^{-1} + n\boldsymbol{\Sigma}^{-1}。 \tag{18.5}$$

后验均值向量是先验均值向量和样本均值向量的加权平均, 其权重是它们的精度矩阵与后验精度矩阵的比, 即

$$\boldsymbol{m}_1 = V_1 V_0^{-1} \boldsymbol{m}_0 + V_1 n \boldsymbol{\Sigma}^{-1} \bar{\boldsymbol{y}}。 \tag{18.6}$$

这些更新规则同样适用于多元平坦先验。该先验在每个维度上有无穷大的方差, 因此其精度矩阵是零矩阵, 即 $V_0^{-1} = 0$, 所以

$$V_1^{-1} = 0 + n\Sigma^{-1} = n\Sigma^{-1},$$

且

$$m_1 = V_1 0 m_0 + V_1 n\Sigma^{-1}\bar{y} = 0 + \frac{\Sigma}{n}n\Sigma^{-1}\bar{y} = \bar{y}。$$

可见, 在多元平坦先验的情况下, 后验精度矩阵等于样本均值向量的精度矩阵, 而后验均值向量就是样本均值向量。

18.4 协方差矩阵已知的多元正态均值向量的可信区域

在上一节中, 若使用 $\mathrm{MVN}(m_0, V_0)$ 先验或多元平坦先验, 则多元正态均值向量 μ 的后验分布是 $\mathrm{MVN}(m_1, V_1)$。均值向量的分量 μ_i 是单变量正态分布 $N(m_i, \sigma_i^2)$, 其中 m_i 是后验均值向量 m_1 的第 i 个分量而 σ_i^2 是后验协方差矩阵 V_1 对角线上的第 i 个元素。由第 11 章可知, μ_i 的 $(1-\alpha)100\%$ 可信区间是 $m_i \pm z_{\frac{\alpha}{2}}\sigma_i$。我们可以找出每个分量个体的 $(1-\alpha)100\%$ 可信区间, 它们的交集形成均值向量 μ 的 k 维可信区域。均值向量 μ 落在可信区域中意味着该向量的每个分量同时在各自的区间中。

然而, 若按这种方式合并个体可信区间, 就不能控制在整体水平上的可信度。所有分量同时处于各自个体的可信区间之内的后验概率比所要求的 $(1-\alpha)100\%$ 水平小得多。所以, 我们需要找出对均值向量的所有分量同时可信的区域。这个区域有 $(1-\alpha)100\%$ 的后验概率同时包含所有分量。

假设矩阵 V_1 满秩, 秩为 k, 它与 μ 的维数相同。将二元正态的情形推广到多元正态, 我们发现, 多元正态分布的水平面是同心椭球。随机变量 $U = (\mu - m_1)'V_1^{-1}(\mu - m_1)$ 的后验将是自由度为 k 的卡方分布。如果在表 B.6 中找到自由度为 k 的卡方分布的上 α 点, $c_k(\alpha)$, 则

$$P(U \leqslant c_k(\alpha)) = 1 - \alpha。$$

因此

$$P[(\mu - m_1)'V_1^{-1}(\mu - m_1) \leqslant c_k(\alpha)] = 1 - \alpha。$$

所以 $(1-\alpha)100\%$ 置信椭球是一组 μ 值, 它是由方程

$$(\mu - m_1)'V_1^{-1}(\mu - m_1) = c_k(\alpha)$$

确定的位于椭球内的值。

利用可信区域检验点假设

我们称假设 $H_0 : \mu = \mu_0$ 为点假设, 因为在 k 维参数空间中只存在唯一的一点使之为真。对于 $i = 1, 2, \cdots, k$, 每个分量 μ_i 必须等于它的假设值 μ_{i0}。只要有一个分量不满足这个等式, 无论其他分量如何点假设都为假。

采用与单个参数的双边假设检验类似的方法, 用 $(1-\alpha)100\%$ 可信区域在显著性水平 α 上检验点假设

$$H_0 : \boldsymbol{\mu} = \boldsymbol{\mu}_0, \quad H_1 : \boldsymbol{\mu} \neq \boldsymbol{\mu}_0。$$

不过在这种情况下, 我们用 k 维可信区域代替单一可信区间。当点 $\boldsymbol{\mu}_0$ 落在 $\boldsymbol{\mu}$ 的 $(1-\alpha)100\%$ 可信区域之外时, 可以拒绝零假设并在该水平上得出结论: $\boldsymbol{\mu} \neq \boldsymbol{\mu}_0$[1]。然而, 若点 $\boldsymbol{\mu}_0$ 在可信区域中, 则会得出 $\boldsymbol{\mu}_0$ 依然可信的结论, 所以不能拒绝零假设。

18.5　协方差矩阵未知的多元正态分布

本节考虑均值向量和协方差矩阵都未知的 $\mathrm{MVN}(\boldsymbol{\mu}, \boldsymbol{\Sigma})$。我们会说明将协方差矩阵 $\boldsymbol{\Sigma}$ 看成冗余参数对均值向量 $\boldsymbol{\mu}$ 进行推断的方法。首先看一看在矩阵 $\boldsymbol{\Sigma}$ 中的方差和协方差的分布。

逆 Wishart 分布

$k \times k$ 对称正定矩阵 $\boldsymbol{\Sigma}$ 具有自由度为 ν 的 $k \times k$ 维的逆Wishart$(\boldsymbol{S}^{-1}, \nu)$ 分布, 如果其密度的形状为

$$f(\boldsymbol{\Sigma}|\boldsymbol{S}) \propto \frac{1}{|\boldsymbol{\Sigma}|^{\frac{\nu+k+1}{2}}} \mathrm{e}^{\frac{-\mathrm{tr}(\boldsymbol{S}\boldsymbol{\Sigma}^{-1})}{2}}, \tag{18.7}$$

其中 $\boldsymbol{S}$ 是 $k \times k$ 对称正定矩阵, $\mathrm{tr}(\boldsymbol{S}\boldsymbol{\Sigma}^{-1})$ 是矩阵 $\boldsymbol{S}\boldsymbol{\Sigma}^{-1}$ 的迹 (对角线元素之和), 自由度 ν 必须大于 k (O'Hagan and Forster, 2004)。逆Wishart 分布是当多元随机变量排列在对称正定矩阵中时的 $\boldsymbol{S}$ 倍逆卡方分布的多元推广。因此它是多元正态分布的协方差矩阵的一个合适的分布。

协方差矩阵未知的多元正态分布的似然

假设 $\boldsymbol{y}$ 是取自均值向量 $\boldsymbol{\mu}$ 和协方差矩阵 $\boldsymbol{\Sigma}$ 均未知的 $\mathrm{MVN}(\boldsymbol{\mu}, \boldsymbol{\Sigma})$ 分布的单个随机向量。单个抽样的似然为

$$f(\boldsymbol{y}|\boldsymbol{\mu}, \boldsymbol{\Sigma}) \propto \frac{1}{|\boldsymbol{\Sigma}|^{\frac{1}{2}}} \mathrm{e}^{-\frac{1}{2}(\boldsymbol{y}-\boldsymbol{\mu})'\boldsymbol{\Sigma}^{-1}(\boldsymbol{y}-\boldsymbol{\mu})}。$$

假设随机向量样本 $\boldsymbol{y}_1, \boldsymbol{y}_2, \cdots, \boldsymbol{y}_n$ 取自 $\mathrm{MVN}(\boldsymbol{\mu}, \boldsymbol{\Sigma})$ 分布。随机样本的似然为各个似然的乘积, 即

$$f(\boldsymbol{y}_1, \boldsymbol{y}_2, \cdots, \boldsymbol{y}_n | \boldsymbol{\mu}, \boldsymbol{\Sigma}) \propto \prod_{i=1}^{n} \frac{1}{|\boldsymbol{\Sigma}|^{\frac{1}{2}}} \mathrm{e}^{-\frac{1}{2}(\boldsymbol{y}_i-\boldsymbol{\mu})'\boldsymbol{\Sigma}^{-1}(\boldsymbol{y}_i-\boldsymbol{\mu})}$$

$$\propto \frac{1}{|\boldsymbol{\Sigma}|^{\frac{n}{2}}} \mathrm{e}^{-\frac{1}{2}\sum_{i=1}^{n}(\boldsymbol{y}_i-\boldsymbol{\mu})'\boldsymbol{\Sigma}^{-1}(\boldsymbol{y}_i-\boldsymbol{\mu})}。$$

---

[1] $\boldsymbol{\mu}_0$ 在可信区域之外等价于 $(\boldsymbol{\mu}_0 - \boldsymbol{m}_1)'\boldsymbol{V}_1^{-1}(\boldsymbol{\mu}_0 - \boldsymbol{m}_1) > c_k(\alpha)$。我们采用基于后验协方差矩阵 $\boldsymbol{V}_1$ 的距离比较零假设值 $\boldsymbol{\mu}_0$ 与后验均值 $\boldsymbol{m}_1$ 之间的距离。

在指数部分减去均值向量 $\bar{\boldsymbol{y}}$ 再加上它, 然后将指数部分划分为 4 个求和项。

$$
\begin{aligned}
\sum_{i=1}^{n}(\boldsymbol{y}_i-\boldsymbol{\mu})'\boldsymbol{\Sigma}^{-1}(\boldsymbol{y}_i-\boldsymbol{\mu}) &= \sum_{i=1}^{n}(\boldsymbol{y}_i-\bar{\boldsymbol{y}}+\bar{\boldsymbol{y}}-\boldsymbol{\mu})'\boldsymbol{\Sigma}^{-1}(\boldsymbol{y}_i-\bar{\boldsymbol{y}}+\bar{\boldsymbol{y}}-\boldsymbol{\mu}) \\
&= \sum_{i=1}^{n}(\boldsymbol{y}_i-\bar{\boldsymbol{y}})'\boldsymbol{\Sigma}^{-1}(\boldsymbol{y}_i-\bar{\boldsymbol{y}}) + \sum_{i=1}^{n}(\boldsymbol{y}_i-\bar{\boldsymbol{y}})'\boldsymbol{\Sigma}^{-1}(\bar{\boldsymbol{y}}-\boldsymbol{\mu})+ \\
&\quad \sum_{i=1}^{n}(\bar{\boldsymbol{y}}-\boldsymbol{\mu})'\boldsymbol{\Sigma}^{-1}(\boldsymbol{y}_i-\bar{\boldsymbol{y}}) + \sum_{i=1}^{n}(\bar{\boldsymbol{y}}-\boldsymbol{\mu})'\boldsymbol{\Sigma}^{-1}(\bar{\boldsymbol{y}}-\boldsymbol{\mu})。
\end{aligned}
$$

中间的两个和都等于 0, 所以似然等于

$$
f(\boldsymbol{y}_1,\boldsymbol{y}_2,\cdots,\boldsymbol{y}_n|\boldsymbol{\mu},\boldsymbol{\Sigma}) \propto \frac{1}{|\boldsymbol{\Sigma}|^{\frac{1}{2}}}\mathrm{e}^{-\frac{n}{2}(\bar{\boldsymbol{y}}-\boldsymbol{\mu})'\boldsymbol{\Sigma}^{-1}(\bar{\boldsymbol{y}}-\boldsymbol{\mu})}\frac{1}{|\boldsymbol{\Sigma}|^{\frac{n-1}{2}}}\mathrm{e}^{-\frac{1}{2}\sum_{i=1}^{n}(\boldsymbol{y}_i-\bar{\boldsymbol{y}})'\boldsymbol{\Sigma}^{-1}(\boldsymbol{y}_i-\bar{\boldsymbol{y}})}。
$$

注意到

$$
\sum_{i=1}^{n}(\boldsymbol{y}_i-\bar{\boldsymbol{y}})'\boldsymbol{\Sigma}^{-1}(\boldsymbol{y}_i-\bar{\boldsymbol{y}})
$$

是矩阵 $\boldsymbol{Y}'\boldsymbol{\Sigma}^{-1}\boldsymbol{Y}$ 的迹 (对角线元素之和), 这里

$$
\boldsymbol{Y}' = \begin{bmatrix} \boldsymbol{y}_1' \\ \boldsymbol{y}_2' \\ \vdots \\ \boldsymbol{y}_n' \end{bmatrix}
$$

是所用行向量观测堆叠起来的矩阵, 矩阵的迹对于其因子顺序的任意循环排列都是相同的。因此, 似然

$$
f(\boldsymbol{y}_1,\boldsymbol{y}_2,\cdots,\boldsymbol{y}_n|\boldsymbol{\mu},\boldsymbol{\Sigma}) \propto \frac{1}{|\boldsymbol{\Sigma}|^{\frac{1}{2}}}\mathrm{e}^{-\frac{n}{2}(\bar{\boldsymbol{y}}-\boldsymbol{\mu})'\boldsymbol{\Sigma}^{-1}(\bar{\boldsymbol{y}}-\boldsymbol{\mu})}\frac{1}{|\boldsymbol{\Sigma}|^{\frac{n-1}{2}}}\mathrm{e}^{-\frac{1}{2}\mathrm{tr}(\mathbf{SS}_M\boldsymbol{\Sigma}^{-1})} \tag{18.8}
$$

是以 $\boldsymbol{\Sigma}$ 为条件的 $\boldsymbol{\mu}$ 的 $\mathrm{MVN}(\bar{\boldsymbol{y}},\frac{\boldsymbol{\Sigma}}{n})$ 与 $\boldsymbol{\Sigma}$ 的逆Wishart$(\mathbf{SS}_M,n-k-2)$ 分布的乘积, 其中 $\mathbf{SS}_M=(\boldsymbol{y}-\bar{\boldsymbol{y}})(\boldsymbol{y}-\bar{\boldsymbol{y}})'$, $n-k-2$ 为自由度。

对所有参数使用联合共轭先验时求准确后验

每个参数的独立共轭先验的乘积不是单一样本下所有参数合在一起的联合共轭。这种情况下, 联合似然的形式是以 $\boldsymbol{\Sigma}$ 为条件的 $\boldsymbol{\mu}$ 的 $\mathrm{MVN}\left(\bar{\boldsymbol{y}},\frac{\boldsymbol{\Sigma}}{n}\right)$ 乘以 $\boldsymbol{\Sigma}$ 的逆Wishart$(\mathbf{SS}_M,n-k-2)$ 分布, 其中 $\mathbf{SS}_M=(\boldsymbol{y}-\bar{\boldsymbol{y}})(\boldsymbol{y}-\bar{\boldsymbol{y}})'$, $n-k-2$ 为自由度。联合共轭先验与联合似然的形式相同。如果令 $\boldsymbol{\mu}$ 的条件分布为 $\mathrm{MVN}\left(\boldsymbol{m}_0,\frac{\boldsymbol{\Sigma}}{n_0}\right)$ 并且 $\boldsymbol{\Sigma}$ 的

边缘分布是逆Wishart$(\boldsymbol{S}, \nu)$, 其中自由度 $\nu > k - 1$, 则联合共轭先验为

$$g(\boldsymbol{\mu}, \boldsymbol{\Sigma}) \propto \frac{1}{|\boldsymbol{\Sigma}|^{\frac{1}{2}}} \mathrm{e}^{-\frac{n_0}{2}(\boldsymbol{\mu}-\boldsymbol{m}_0)' \boldsymbol{\Sigma}^{-1}(\boldsymbol{\mu}-\boldsymbol{m}_0)} \frac{1}{|\boldsymbol{\Sigma}|^{\frac{\nu+k+1}{2}}} \mathrm{e}^{-\frac{1}{2}\mathrm{tr}(\boldsymbol{S}\boldsymbol{\Sigma}^{-1})}。$$

所以, $\boldsymbol{\mu}$ 和 $\boldsymbol{\Sigma}$ 的联合后验为

$$g(\boldsymbol{\mu}, \boldsymbol{\Sigma}|\boldsymbol{y}_1, \boldsymbol{y}_2, \cdots, \boldsymbol{y}_n) \propto \frac{1}{|\boldsymbol{\Sigma}|^{\frac{1}{2}}} \mathrm{e}^{-\frac{n_0}{2}(\boldsymbol{\mu}-\boldsymbol{m}_0)' \boldsymbol{\Sigma}^{-1}(\boldsymbol{\mu}-\boldsymbol{m}_0)} \frac{1}{|\boldsymbol{\Sigma}|^{\frac{\nu+k+1}{2}}} \mathrm{e}^{-\frac{1}{2}\mathrm{tr}(\boldsymbol{S}\boldsymbol{\Sigma}^{-1})} \cdot$$

$$\frac{1}{|\boldsymbol{\Sigma}|^{\frac{1}{2}}} \mathrm{e}^{-\frac{n}{2}(\bar{\boldsymbol{y}}-\boldsymbol{\mu})' \boldsymbol{\Sigma}^{-1}(\bar{\boldsymbol{y}}-\boldsymbol{\mu})} \frac{1}{|\boldsymbol{\Sigma}|^{\frac{n-1}{2}}} \mathrm{e}^{-\frac{1}{2}\mathrm{tr}(\mathbf{SS}_M \boldsymbol{\Sigma}^{-1})}。$$

可以证明

$$n_0(\boldsymbol{\mu} - \boldsymbol{m}_0)' \boldsymbol{\Sigma}^{-1}(\boldsymbol{\mu} - \boldsymbol{m}_0) + n(\bar{\boldsymbol{y}} - \boldsymbol{\mu})' \boldsymbol{\Sigma}^{-1}(\bar{\boldsymbol{y}} - \boldsymbol{\mu})$$

$$= (n_0 + n)(\boldsymbol{\mu} - \boldsymbol{m}_1)' \boldsymbol{\Sigma}^{-1}(\boldsymbol{\mu} - \boldsymbol{m}_1) + \frac{n_0 n}{n_0 + n}(\boldsymbol{m}_0 - \bar{\boldsymbol{y}})' \boldsymbol{\Sigma}^{-1}(\boldsymbol{m}_0 - \bar{\boldsymbol{y}}),$$

其中

$$\boldsymbol{m}_1 = \frac{n_0 \boldsymbol{m}_0 + n \bar{\boldsymbol{y}}}{n_0 + n}。$$

证明参见 Abadir and Magnus (2005, p. 216-217)。还可以证明

$$\frac{n_0 n}{n_0 + n}(\boldsymbol{m}_0 - \bar{\boldsymbol{y}})' \boldsymbol{\Sigma}^{-1}(\boldsymbol{m}_0 - \bar{\boldsymbol{y}}) = \mathrm{tr}\left[\frac{n_0 n}{n_0 + n}(\boldsymbol{m}_0 - \bar{\boldsymbol{y}})(\boldsymbol{m}_0 - \bar{\boldsymbol{y}})' \boldsymbol{\Sigma}^{-1} \right]。$$

由此可以将联合后验写成

$$g(\boldsymbol{\mu}, \boldsymbol{\Sigma}|\boldsymbol{y}_1, \boldsymbol{y}_2, \cdots, \boldsymbol{y}_n) \propto \frac{1}{|\boldsymbol{\Sigma}|^{\frac{1}{2}}} \mathrm{e}^{-\frac{n_0+n}{2}(\boldsymbol{\mu}-\boldsymbol{m}_1)' \boldsymbol{\Sigma}^{-1}(\boldsymbol{\mu}-\boldsymbol{m}_1)} \frac{1}{|\boldsymbol{\Sigma}|^{\frac{n+\nu+k+1}{2}}} \mathrm{e}^{-\frac{1}{2}\mathrm{tr}[\boldsymbol{S}_1 \boldsymbol{\Sigma}^{-1}]},$$

其中

$$\boldsymbol{S}_1 = \boldsymbol{S} + \mathbf{SS}_M + \frac{n_0 n}{n_0 + n}(\boldsymbol{m}_0 - \bar{\boldsymbol{y}})(\boldsymbol{m}_0 - \bar{\boldsymbol{y}})'。$$

此表达式具有所需的 MVN 乘逆Wishart 分布的形状。因此, 给定数据和 $\boldsymbol{\Sigma}$, $\boldsymbol{\mu}$ 的条件分布是后验均值为 $\boldsymbol{m}_1$, 协方差为 $\dfrac{\boldsymbol{\Sigma}}{n_0 + n}$ 的多元正态分布。如果我们认为 $\boldsymbol{\Sigma}$ 已知并假设 $\boldsymbol{\mu}$ 的先验为 MVN$\left(\boldsymbol{m}_0, \dfrac{\boldsymbol{\Sigma}}{n_0}\right)$, 根据更新公式也会得到相同的结果。所以, 给定数据, $\boldsymbol{\Sigma}$ 的边缘分布是缩放矩阵为 $\boldsymbol{S}_1$, 自由度为 $n + \nu$ 的逆Wishart 分布。

　　求 $\boldsymbol{\mu}$ 的边缘分布。一般来说, 我们感兴趣的是对 $\boldsymbol{\mu}$ 的推断而不是对 $\boldsymbol{\mu}$ 和 $\boldsymbol{\Sigma}$ 的联合推断。这种情况下, $\boldsymbol{\Sigma}$ 是冗余参数, 需要通过积分将它去掉。为此, 我们还是利用矩阵的迹来处理指数, 即

$$-\frac{n_0 + n}{2}(\boldsymbol{\mu} - \boldsymbol{m}_1)' \boldsymbol{\Sigma}^{-1}(\boldsymbol{\mu} - \boldsymbol{m}_1) = -\frac{1}{2}\mathrm{tr}\left((n_0 + n)(\boldsymbol{\mu} - \boldsymbol{m}_1)(\boldsymbol{\mu} - \boldsymbol{m}_1)' \boldsymbol{\Sigma}^{-1} \right)。$$

然后可以将联合后验改写为

$$g(\boldsymbol{\mu}, \boldsymbol{\Sigma} | \boldsymbol{y}_1, \boldsymbol{y}_2, \cdots, \boldsymbol{y}_n) \propto \frac{1}{|\boldsymbol{\Sigma}|^{1 + \frac{n + \nu + k}{2}}} e^{-\frac{1}{2} \text{tr}([\boldsymbol{S}_1 + (n_0 + n)(\boldsymbol{\mu} - \boldsymbol{m}_1)(\boldsymbol{\mu} - \boldsymbol{m}_1)'] \boldsymbol{\Sigma}^{-1})} \text{。}$$

根据 DeGroot (1970, p.180), 此表达式对 $\boldsymbol{\Sigma}$ 的 $\dfrac{k(k+1)}{2}$ 个不同的项的积分为

$$g(\boldsymbol{\mu} | \boldsymbol{y}_1, \boldsymbol{y}_2, \cdots, \boldsymbol{y}_n) \propto |\boldsymbol{S}_1 + (n_0 + n)(\boldsymbol{\mu} - \boldsymbol{m}_1)(\boldsymbol{\mu} - \boldsymbol{m}_1)'|^{-\frac{\nu + n + 1}{2}} \text{。}$$

要得到最终的结果我们需要利用行列式理论。Harville (1997, p. 419-420) 证明, 如果 $\boldsymbol{R}$ 是 $n \times n$ 非奇异矩阵, $\boldsymbol{S}$ 是 $n \times m$ 矩阵, $\boldsymbol{T}$ 是 $m \times m$ 非奇异矩阵, 且 $\boldsymbol{U}$ 是 $m \times n$ 矩阵, 则

$$|\boldsymbol{R} + \boldsymbol{STU}| = |\boldsymbol{R}||\boldsymbol{T}||\boldsymbol{T}^{-1} + \boldsymbol{U}\boldsymbol{R}^{-1}\boldsymbol{S}| \text{。}$$

需要注意的是, 当 $\boldsymbol{T}$ 为标量 (1×1 矩阵) 且取值为 1 时, $\boldsymbol{S} = \boldsymbol{v}$ 是 n 维列向量, 并且 $\boldsymbol{U} = \boldsymbol{S}' = \boldsymbol{v}'$, 因此

$$|\boldsymbol{R} + \boldsymbol{vv}'| = |\boldsymbol{R}|(1 + \boldsymbol{v}'\boldsymbol{R}^{-1}\boldsymbol{v})$$

有时候它被称为矩阵行列式引理。所以,

$$g(\boldsymbol{\mu} | \boldsymbol{y}_1, \boldsymbol{y}_2, \cdots, \boldsymbol{y}_n) \propto (1 + (n_0 + n)(\boldsymbol{\mu} - \boldsymbol{m}_1)' \mathbf{S}_1^{-1}(\boldsymbol{\mu} - \boldsymbol{m}_1))^{-\frac{\nu + n + 1}{2}},$$

它具有自由度为 $\nu + n - k + 1$, 均值为 $\boldsymbol{m}_1$, 方差-协方差矩阵为 $\dfrac{\boldsymbol{S}_1}{(n_0 + n)(n_0 + n - k + 1)}$ 的多元 t 分布的形式。

本 章 要 点

- 设 $\boldsymbol{y}$ 和 $\boldsymbol{\mu}$ 是 k 维向量且 $\boldsymbol{\Sigma}$ 是 $k \times k$ 的满秩矩阵。当联合密度函数为

$$f(y_1, y_2) = \frac{1}{(2\pi)^{\frac{k}{2}} |\boldsymbol{\Sigma}|^{\frac{1}{2}}} e^{-\frac{1}{2}(\boldsymbol{y} - \boldsymbol{\mu})' \boldsymbol{\Sigma}^{-1}(\boldsymbol{y} - \boldsymbol{\mu})}, \tag{18.9}$$

  多元观测 $\boldsymbol{y}$ 是均值向量为 $\boldsymbol{\mu}$ 协方差矩阵 $\boldsymbol{\Sigma}$ 已知的多元正态分布, 其中 $|\boldsymbol{\Sigma}|$ 是协方差矩阵的行列式, 而 $\boldsymbol{\Sigma}^{-1}$ 是协方差矩阵的逆。

- 每个分量 y_i 服从正态分布 $N(\mu_i, \sigma_i^2)$, 其中 μ_i 是均值向量的第 i 个分量而 σ_i^2 是协方差矩阵在对角线上的第 i 个元素。

- 此外, 分量的每个子集是相应的多元正态分布, 其中均值向量由分量子集的均值组成, 而协方差矩阵由该分量子集的协方差组成。

- 若有 MVN($\boldsymbol{\mu}, \boldsymbol{\Sigma}$) 分布的随机样本 $\boldsymbol{y}_1, \boldsymbol{y}_2, \cdots, \boldsymbol{y}_n$, 且用 MVN($\boldsymbol{m}_0, \boldsymbol{V}_0$) 作为 $\boldsymbol{\mu}$ 的先验分布时, 后验分布将是 MVN($\boldsymbol{m}_1, \boldsymbol{V}_1$), 其中

$$\boldsymbol{V}_1^{-1} = \boldsymbol{V}_0^{-1} + n\boldsymbol{\Sigma}^{-1}$$

  且

$$\boldsymbol{m}_1 = \boldsymbol{V}_1 \boldsymbol{V}_0^{-1} \boldsymbol{m}_0 + \boldsymbol{V}_1 n \boldsymbol{\Sigma}^{-1} \bar{\boldsymbol{y}} \text{。}$$

- 简单更新规则如下:
  - 后验精度矩阵 (后验协方差矩阵的逆) 是先验精度矩阵 (先验协方差矩阵的逆) 与样本精度矩阵 (用样本均值向量 $\bar{y}$ 表示的协方差矩阵的逆) 之和。
  - 后验均值向量是后验协方差矩阵 (后验精度矩阵的逆) 乘先验精度矩阵乘先验均值向量加上后验协方差矩阵 (后验精度矩阵的逆) 乘数据的精度矩阵乘样本均值向量。

这些规则与单变量正态的规则相似, 但适用于多元观测。

计算机习题

18.1   Curran (2010) 给出 6 个不同的啤酒瓶中 5 种元素 (锰, 钡, 锶, 锆和钛) 的浓度。每个瓶子的测量来自 4 个不同的位置 (瓶肩部, 瓶颈, 瓶身和瓶底)。搜集该证据的科学家预期在同一个瓶子上的测量值没有差别, 但不同瓶子之间的测量值可能会不同。这些数据包含在R的 dafs 包中, 可以从 CRAN 中下载, 也可以按 CSV 文件格式从 URL http://www.introbayes.ac.nz 下载。

[**Minitab:**]   下载并保存后, 从文件(File) 菜单中选择打开工作表(Open Worksheet...)。从下拉框中将文件类型改为 Text(*.csv)。在你的目录中找到文件 bottle.csv 并单击 OK。

[**R:**] 输入

```
bottle.df = read.csv("https://www.introbayes.ac.nz/bottle.csv")
```

18.2   散点图矩阵很适合被用来检查这种数据。

[**Minitab:**]   从文件菜单中选择矩阵图(Matrix Plot...)。在对话框的第二行中单击分组的图矩阵(Matrix of Plots, With Groups)。单击 OK。输入 Mn-Ti 或 c3-c7 到图形变量(Graph variables:) 文本框。在用于分组的分类变量 (Categorical variables for grouping)(0-3) 文本框中输入 Part Number 或 c2 c1, 并单击 OK。

[**R:**] 输入

```
pairs(bottle.df[, -c(1:2)], col = bottle.df$Number,
      pch = 15 + as.numeric(bottle.df$Part))
```

从图中应该能清楚地看到, 其中一个瓶子与其他瓶子大不相同。由 Minitab 中的图例可见, 这是编号为 5 的瓶子。要在 R 中明确标示瓶子, 让绘图符号变为瓶子的编号, 只须将第二行代码替换为下列命令即可。

```
pairs(bottle.df[, -c(1:2)], col = bottle.df$Number,
      pch = as.character(bottle.df$Number))
```

18.3   在本习题中我们将检验关于 5 号瓶子的这样一个假设: 其均值向量未包含在以余下观测的均值为中心的可信区间中。我们不妨认为它粗略等价于关于正态分布单个均值的假设检验。这样处理有些粗糙, 因为我们没有考虑 5 号瓶子测量中的不确定性, 也忽略了我们并不知道浓度的真实均值这个事实。然而, 通过绘图我们可以看出, 5 号瓶子与其他瓶子大不相同。

(1) 首先我们需要分离出 5 号瓶子的测量值并计算各元素浓度的均值

[**R:**]

```
no5 = subset(bottle.df, Number == 5)[,-c(1,2)]
no5.mean = colMeans(no5)
```

并且要为剩下的瓶子把数据分开。

```
rest = subset(bottle.df, Number != 5)[,-c(1,2)]
```

[**Minitab:**] 在 Minitab 中我们需要将数据分成两组。最简单的方法是选择瓶子编号等于 5 的 20 行数据, 并剪切 (Ctrl-X) 粘贴 (Ctrl-V) 到 c9-c15 列。为了计算列均值, 我们单击*会话*(Session) 视窗并从*编辑*(Edit) 菜单中选择命令行编辑器 (Command Line Editor)。在 Minitab 中输入以下指令:

```
statistics c11-15;
mean c17-c21。
stack c17-c21 c16
```

这样将计算 5 号瓶的列均值, 先保存在 c17 列到 c21 列中, 然后将它们转置并保存到 c16 列。

(2) 接下来我们用 Minitab 宏 MVNorm 或 R 函数 **mvnmvnp** 计算后验均值。假设先验均值为 $(0,0,0,0,0)'$, 先验方差为 $10^6 \mathbf{I}_5$, 其中 $\mathbf{I}_5$ 是 5×5 单位矩阵因为我们的数据记录在 5 个元素上。注意, 在 Minitab 中的计算需要使用 Minitab 的矩阵命令。由于 Minitab 不能在同一行中进行多个矩阵运算, 对计算的处理可能相当冗长乏味。

[**R:**]

result = mvnmvnp(rest, m0 = 0, V0 = 1e6 * diag(5))

[**Minitab:**]

```
name m1 'SIGMA'
convariance 'Mn'-'Ti' 'SIGMA'.
name c17 'm0'
set c17
5(0)
end
set c18
5(10000)
end
name m2 'V0'
diag c18 'V0'
name m3 'Y'
```

```
name m4 'V1'
name c19 'm1'
copy 'Mn'-'Ti' 'Y'
% <path here>MVNorm 'Y' 5;
CovMat 'SIGMA';
prior 'm0' 'V0';
posterior 'm1' 'V1'.
```

(3) 最后计算检验统计量和 P-值。

[**R:**]

```
m1 = result$mean
V1 = result$var
d = no5.mean - m1
X0 = t(d) %*% solve(V1) %*% d
p.value = 1 - pchisq(X0, 5)
p.value
```

[**Minitab:**] 注意, 指令 name 并非必不可少, 但它让命令更易被理解。

```
mult 'm1' -1 'm1'
add c16 'm1' c20
name c20 'd'
name m6 'V1Inv*d'
mult 'V1Inv' 'd' 'V1Inv*d'
name c21 'X0'
name m7 't(d)'
transpose 'd' 't(d)'
mult 't(d)' 'V1Inv*d' 'X0'
name c22 'Pval'
cdf 'X0' 'Pval';
chisquare 5.
let 'Pval' = 1 - 'Pval'
```

第 19 章　多元线性回归模型的贝叶斯推断

第 14 章讨论了响应变量 y 对单个预测变量 x 的线性回归拟合, 所用的数据由有序数对 $(x_1, y_1), (x_2, y_2), \cdots, (x_n, y_n)$ 组成。我们假定变量之间的线性关系未知, 利用最小二乘法找出用数据估计的截距和斜率参数。回归建模的目的是找到这样一个模型。它利用预测变量 x 改进我们对响应变量 y 的预测。为了对参数和预测进行推断, 关于数据属性需要一些假定。这些假定包括均值假定, 正态误差假定 (包括方差相等) 和独立假定。由这些假定可得到数据的似然。然后利用贝叶斯定理在给定数据的情况下求参数的后验分布。后验分布将先验分布中的信息与似然中数据的信息结合起来。

本章研究由数据 $(x_{11}, x_{12}, \cdots, x_{1p}, y_1), \cdots, (x_{n1}, x_{n2}, \cdots, x_{np}, y_n)$ 在预测变量集合 $\boldsymbol{x}_1, \boldsymbol{x}_2, \cdots, \boldsymbol{x}_p$ 上拟合响应变量 y 的线性回归模型的方法。我们假定响应变量通过未知的线性函数与 p 个预测变量关联。19.1 节讨论如何利用矩阵形式的最小二乘原理估计截距和斜率。19.2 节考虑多元线性回归模型的假定。它们与简单线性回归模型类似: 均值假定, 正态误差假定和独立假定。我们由这些假定得到似然。19.3 节用贝叶斯定理找出截距和斜率参数的后验分布。19.4 节说明如何对多元线性回归模型的参数进行贝叶斯推断, 找出各个参数的可信区间以及参数向量的可信区域, 并利用它们检验点假设。19.5 节推导出未来观测的预测分布。

19.1　多元线性回归模型的最小二乘回归

线性函数 $y = \beta_0 + \beta_1 x_1 + \cdots + \beta_p x_p$ 构成 $p+1$ 维空间中的超平面[1]。第 i 个残差是响应变量 y_i 的观测值与超平面的纵向距离, 为 $y_i - (\beta_0 + \beta_1 x_{i1} + \cdots + \beta_p x_{ip})$。距超平面的残差的平方和是

$$\mathrm{SS}_{\mathrm{res}} = \sum_{i=1}^{n} [y_i - (\beta_0 + x_{i1}\beta_1 + \cdots + x_{ip}\beta_p)]^2 .$$

根据最小二乘原理, 我们应该找出参数 $\beta_0, \beta_1, \cdots, \beta_p$ 的值使得残差平方和最小。通过令残差平方和对各个参数的导数等于 0, 并求解线性方程组找出参数的值, 所得方程为

---

[1] 超平面是二维平面的高维推广。它像平面一样平, 但是因为是高维的, 我们画不出它的图形。

$$\frac{\partial \mathrm{SS}_{\mathrm{res}}}{\partial \beta_0} = \sum_{i=1}^n [y_i - (\beta_0 + x_{i1}\beta_1 + \cdots + x_{ip}\beta_p)]^{2-1}(-1) = 0,$$

$$\frac{\partial \mathrm{SS}_{\mathrm{res}}}{\partial \beta_1} = \sum_{i=1}^n [y_i - (\beta_0 + x_{i1}\beta_1 + \cdots + x_{ip}\beta_p)]^{2-1}(-x_{i1}) = 0,$$

$$\vdots$$

$$\frac{\partial \mathrm{SS}_{\mathrm{res}}}{\partial \beta_p} = \sum_{i=1}^n [y_i - (\beta_0 + x_{i1}\beta_1 + \cdots + x_{ip}\beta_p)]^{2-1}(-x_{ip}) = 0$$

可以将这些线性方程用矩阵表示化简为一个方程

$$\boldsymbol{X}'[\boldsymbol{y} - \boldsymbol{X}\boldsymbol{\beta}] = \boldsymbol{0},$$

其中响应向量, 预测矩阵和参数向量分别是

$$\boldsymbol{y} = \begin{pmatrix} y_1 \\ y_2 \\ \vdots \\ y_n \end{pmatrix}, \boldsymbol{X} = \begin{bmatrix} 1 & x_{11} & \cdots & x_{1p} \\ 1 & x_{21} & \cdots & x_{2p} \\ \vdots & \vdots & & \vdots \\ 1 & x_{n1} & \cdots & x_{np} \end{bmatrix}, \boldsymbol{\beta} = \begin{pmatrix} \beta_0 \\ \beta_1 \\ \vdots \\ \beta_p \end{pmatrix}。$$

我们可以将方程整理为正规方程。[1]

$$\boldsymbol{X}'\boldsymbol{X}\boldsymbol{\beta} = \boldsymbol{X}'\boldsymbol{y}。 \tag{19.1}$$

我们假定 $\boldsymbol{X}'\boldsymbol{X}$ 满秩, 秩为 $p+1$, 所以它的逆存在且唯一。(如果它的秩小于 $p+1$, 则模型过度参数化, 最小二乘估计不再唯一。这种情况下, 我们需要减少模型中参数的个数, 直至得到满秩的模型。) 在正规方程两边乘以 $(\boldsymbol{X}'\boldsymbol{X})^{-1}$, 方程的解是最小二乘向量

$$\boldsymbol{b}_{\mathrm{LS}} = (\boldsymbol{X}'\boldsymbol{X})^{-1}\boldsymbol{X}'\boldsymbol{y}。 \tag{19.2}$$

19.2　多元正态线性回归模型的假定

最小二乘法只是一个数据分析工具, 它只依赖数据而不是数据的概率分布。除非有以数据为基础的概率模型, 我们不能对斜率或截距作出任何推断。因此, 对多元线性回归模型做下列假定:

1. 均值假定。给定预测变量 $x_1, x_2, \cdots, x_p$ 值, 响应变量 y 的条件均值是一个未知的线性函数

$$\mu_{y|x_1, x_2, \cdots, x_p} = \beta_0 + \beta_1 x_1 + \cdots + \beta_p x_p,$$

其中 β_0 是截距而 β_i 是在 x_i 方向上的斜率 $(i = 1, 2, \cdots, p)$。β_i 是 x_i 增加一个单元在响应变量 y 的均值上的直接影响。

---

[1]这是最小二乘估计满足的方程。最小二乘估计是 n 维观测向量在由 $\boldsymbol{X}$ 的列所张成的 $p+1$ 维空间上的投影。正规 (normal) 指残差与 $\boldsymbol{X}$ 的列向量成直角, 而不是指正态分布。

2. 误差假定。每个观测 y_i 等于它的均值加随机误差 $e_i(i = 1, 2, \cdots, n)$。所有随机误差均是正态分布 $N(0, \sigma^2)$, 它们有相同的方差 σ^2。我们假定方差为已知常数。在此假定下, 观测向量的协方差矩阵等于 $\sigma^2\boldsymbol{I}$, 其中 $\boldsymbol{I}$ 是 $n \times n$ 的单位矩阵。

3. 独立假定。所有误差都相互独立。

我们假定观测数据来自于这个模型。因为最小二乘向量 $\boldsymbol{b}_{\mathrm{LS}}$ 是观测向量 $\boldsymbol{y}$ 的线性函数, 在这些假定下, 它的协方差矩阵为

$$V_{\mathrm{LS}} = (\boldsymbol{X}'\boldsymbol{X})^{-1}\boldsymbol{X}'(\sigma^2\boldsymbol{I})\boldsymbol{X}(\boldsymbol{X}'\boldsymbol{X})^{-1} = \sigma^2(\boldsymbol{X}'\boldsymbol{X})^{-1}.$$

如果 σ^2 未知, 我们可以根据距最小二乘超平面的残差的平方和来估计它。拟合值的向量为

$$\hat{\boldsymbol{y}} = \boldsymbol{X}\boldsymbol{b}_{\mathrm{LS}} = \boldsymbol{X}(\boldsymbol{X}'\boldsymbol{X})^{-1}\boldsymbol{X}'\boldsymbol{y} = \boldsymbol{H}\boldsymbol{y},$$

其中矩阵 $\boldsymbol{H} = \boldsymbol{X}(\boldsymbol{X}'\boldsymbol{X})^{-1}\boldsymbol{X}'$。我们注意到 $\boldsymbol{H}$ 和 $\boldsymbol{I} - \boldsymbol{H}$ 是对称幂等矩阵。[1] 距最小二乘超平面的残差为

$$\hat{\boldsymbol{e}} = \boldsymbol{y} - \hat{\boldsymbol{y}} = (\boldsymbol{I} - \boldsymbol{H})\boldsymbol{y}.$$

我们用残差的平方和除以它们的自由度来估计 σ^2, 即

$$\hat{\sigma}^2 = \frac{\hat{\boldsymbol{e}}'\hat{\boldsymbol{e}}}{n - (p+1)} = \frac{\boldsymbol{y}'(\boldsymbol{I} - \boldsymbol{H})\boldsymbol{y}}{n - p - 1}.$$

19.3 多元正态线性回归模型的贝叶斯定理

我们将用多元线性回归模型的假定找出参数向量 $\boldsymbol{\beta}$ 的联合似然。然后用贝叶斯定理找出联合后验。在一般情况下, 通常要通过数值计算 $p + 1$ 维的积分。不过我们将考虑两种不需要数值积分就能求出准确后验的情况。第一种情况是对所有的参数采用独立的平坦先验; 第二种情况则是对参数向量使用共轭先验。

单个观测的似然

在多元线性回归模型的假定之下, 给定预测变量 $x_{i1}, x_{i2}, \cdots, x_{ip}$, 单个观测 y_i 为 $N(\mu_{y_i|x_{i1},x_{i2},\cdots,x_{ip}}, \sigma^2)$, 其均值是

$$\mu_{y_i|x_{i1},x_{i2},\cdots,x_{ip}} = \sum_{j=0}^{p} x_{ij}\beta_j = \boldsymbol{x}_i\boldsymbol{\beta},$$

其中 $\boldsymbol{x}_i$ 等于第 i 个观测的预测变量值的行向量 $(x_{i0}, x_{i1}, \cdots, x_{ip})$。注意: $x_{i0} = 1$。[2] 因此, 似然等于

$$f(y_i|\boldsymbol{\beta}) \propto \mathrm{e}^{-\frac{1}{2\sigma^2}(y_i - \boldsymbol{x}_i\boldsymbol{\beta})^2}.$$

---

[1] 幂等矩阵乘以自己等于它自己。$\boldsymbol{H}\boldsymbol{H} = \boldsymbol{H}$ 且 $(\boldsymbol{I} - \boldsymbol{H})(\boldsymbol{I} - \boldsymbol{H}) = (\boldsymbol{I} - \boldsymbol{H})$。

[2] 严格来讲, x_{i0} 不是预测量。为便于用向量形式表示回归模型, 在预测向量中增加 x_{i0} 并令其为 1, 它与模型中的截距 β_0 对应。—— 译者注

观测的随机样本的似然

所有观测都相互独立, 因此随机样本的似然是个体观测似然的乘积, 即

$$f(\boldsymbol{y}|\boldsymbol{\beta}) \propto \prod_{i=1}^{n} f(y_i|\boldsymbol{\beta}) \propto e^{-\frac{1}{2\sigma^2} \sum_{i=1}^{n} (y_i - \boldsymbol{x}_i \boldsymbol{\beta})^2}。$$

可以将随机样本的似然用矩阵表示

$$f(\boldsymbol{y}|\boldsymbol{\beta}) \propto e^{-\frac{1}{2\sigma^2} (\boldsymbol{y} - \boldsymbol{X}\boldsymbol{\beta})'(\boldsymbol{y} - \boldsymbol{X}\boldsymbol{\beta})}。$$

在指数中每项加上 $\boldsymbol{X}\boldsymbol{b}_{\mathrm{LS}}$ 再减去它, 展开后得到

$$
\begin{aligned}
(\boldsymbol{y} - \boldsymbol{X}\boldsymbol{\beta})'(\boldsymbol{y} - \boldsymbol{X}\boldsymbol{\beta}) &= (\boldsymbol{y} - \boldsymbol{X}\boldsymbol{b}_{\mathrm{LS}} + \boldsymbol{X}\boldsymbol{b}_{\mathrm{LS}} - \boldsymbol{X}\boldsymbol{\beta})'(\boldsymbol{y} - \boldsymbol{X}\boldsymbol{b}_{\mathrm{LS}} + \boldsymbol{X}\boldsymbol{b}_{\mathrm{LS}} - \boldsymbol{X}\boldsymbol{\beta}) \\
&= (\boldsymbol{y} - \boldsymbol{X}\boldsymbol{b}_{\mathrm{LS}})'(\boldsymbol{y} - \boldsymbol{X}\boldsymbol{b}_{\mathrm{LS}}) + (\boldsymbol{y} - \boldsymbol{X}\boldsymbol{b}_{\mathrm{LS}})'(\boldsymbol{X}\boldsymbol{b}_{\mathrm{LS}} - \boldsymbol{X}\boldsymbol{\beta}) + \\
&\quad\; (\boldsymbol{X}\boldsymbol{b}_{\mathrm{LS}} - \boldsymbol{X}\boldsymbol{\beta})'(\boldsymbol{y} - \boldsymbol{X}\boldsymbol{b}_{\mathrm{LS}}) + (\boldsymbol{X}\boldsymbol{b}_{\mathrm{LS}} - \boldsymbol{X}\boldsymbol{\beta})'(\boldsymbol{X}\boldsymbol{b}_{\mathrm{LS}} - \boldsymbol{X}\boldsymbol{\beta})。
\end{aligned}
$$

第一个中间项 (另一个中间项是它的转置) 为

$$
\begin{aligned}
(\boldsymbol{y} - \boldsymbol{X}\boldsymbol{b}_{\mathrm{LS}})'(\boldsymbol{X}\boldsymbol{b}_{\mathrm{LS}} - \boldsymbol{X}\boldsymbol{\beta}) &= (\boldsymbol{y} - \boldsymbol{X}(\boldsymbol{X}'\boldsymbol{X})^{-1}\boldsymbol{X}'\boldsymbol{y})'\boldsymbol{X}(\boldsymbol{b}_{\mathrm{LS}} - \boldsymbol{\beta}) \\
&= \boldsymbol{y}'(\boldsymbol{I} - \boldsymbol{X}(\boldsymbol{X}'\boldsymbol{X})^{-1}\boldsymbol{X}')\boldsymbol{X}(\boldsymbol{b}_{\mathrm{LS}} - \boldsymbol{\beta}) \\
&= 0。
\end{aligned}
$$

因此, 两个中间项都等于 0, 随机样本的似然为

$$f(\boldsymbol{y}|\boldsymbol{\beta}) \propto e^{-\frac{1}{2\sigma^2} [(\boldsymbol{y} - \boldsymbol{X}\boldsymbol{b}_{\mathrm{LS}})'(\boldsymbol{y} - \boldsymbol{X}\boldsymbol{b}_{\mathrm{LS}}) + (\boldsymbol{X}\boldsymbol{b}_{\mathrm{LS}} - \boldsymbol{X}\boldsymbol{\beta})'(\boldsymbol{X}\boldsymbol{b}_{\mathrm{LS}} - \boldsymbol{X}\boldsymbol{\beta})]}。$$

因为第一项不包含参数, 可以将它并入常数, 似然可以简化为

$$f(\boldsymbol{y}|\boldsymbol{\beta}) \propto e^{-\frac{1}{2\sigma^2} (\boldsymbol{b}_{\mathrm{LS}} - \boldsymbol{\beta})'(\boldsymbol{X}'\boldsymbol{X})(\boldsymbol{b}_{\mathrm{LS}} - \boldsymbol{\beta})}。 \tag{19.3}$$

因此, 似然的形式为 $\mathrm{MVN}(\boldsymbol{b}_{\mathrm{LS}}, \boldsymbol{V}_{\mathrm{LS}})$, 其中 $\boldsymbol{V}_{\mathrm{LS}} = \dfrac{\sigma^2}{\boldsymbol{X}'\boldsymbol{X}}$。

使用多元连续先验的后验

假设对参数向量使用多元连续先验 $g(\boldsymbol{\beta}) = g(\beta_0, \beta_1, \cdots, \beta_p)$。联合后验与联合先验和联合似然的乘积成比例, 用矩阵形式表示为

$$g(\boldsymbol{\beta}|\boldsymbol{y}) \propto g(\boldsymbol{\beta})f(\boldsymbol{y}|\boldsymbol{\beta}),$$

将各个分量写出来, 有

$$g(\beta_0, \beta_1, \cdots, \beta_p | y_1, y_2, \cdots, y_n) \propto g(\beta_0, \beta_1, \cdots, \beta_p) f(y_1, y_2, \cdots, y_n | \beta_0, \beta_1, \cdots, \beta_p)。$$

为找出准确的后验, 我们将比例后验除以它在所有参数值上的积分, 得到

$$g(\boldsymbol{\beta}|\boldsymbol{y}) = \frac{g(\beta_0, \beta_1, \cdots, \beta_p) f(y_1, y_2, \cdots, y_n|\beta_0, \beta_1, \cdots, \beta_p)}{\int \ldots \int g(\beta_0, \beta_1, \cdots, \beta_p) f(y_1, y_2, \cdots, y_n|\beta_0, \beta_1, \cdots, \beta|) \mathrm{d}\beta_0 \mathrm{d}\beta_1 \cdots \mathrm{d}\beta_p}。$$

对大部分先验分布而言, 麻烦的是该积分必须进行数值计算。我们来考虑两种无须数值积分就能得到准确后验的情况。

使用多元平坦先验的后验

如果使用多元平坦先验

$$g(\beta_0, \beta_1, \cdots, \beta_p) = 1, \quad -\infty < \beta_0 < \infty, \quad -\infty < \beta_1 < \infty, \quad \cdots, \quad -\infty < \beta_p < \infty,$$

那么联合后验将与联合似然成正比, 即

$$g(\boldsymbol{\beta}|\boldsymbol{y}) \propto \mathrm{e}^{-\frac{1}{2\sigma^2}(\boldsymbol{b}_{\mathrm{LS}} - \boldsymbol{\beta})'(\boldsymbol{X}'\boldsymbol{X})(\boldsymbol{b}_{\mathrm{LS}} - \boldsymbol{\beta})}。$$

这是一个多元正态分布 $\mathrm{MVN}(\boldsymbol{b}_{\mathrm{LS}}, \boldsymbol{V}_{\mathrm{LS}})$。因此后验均值等于最小二乘向量

$$\boldsymbol{b}_1 = \hat{\boldsymbol{\beta}} = \boldsymbol{b}_{\mathrm{LS}}。$$

后验协方差矩阵为

$$\boldsymbol{V}_1 = \boldsymbol{V}_{\mathrm{LS}} = \sigma^2 (\boldsymbol{X}'\boldsymbol{X})^{-1}。$$

使用多元正态先验的后验

似然具有多元正态分布 $\mathrm{MVN}(\boldsymbol{b}_{\mathrm{LS}}, \boldsymbol{V}_{\mathrm{LS}})$ 的形式。共轭先验也将是相同维度的多元正态分布。我们发现, 若用 $\mathrm{MVN}(\boldsymbol{b}_0, \boldsymbol{V}_0)$ 作为 $\boldsymbol{\beta}$ 的先验, 就无须进行数值积分, 用简单更新规则可得到后验。联合后验与先验和似然的乘积成比例, 即

$$\begin{aligned}
g(\boldsymbol{\beta}|\boldsymbol{y}) &\propto g(\boldsymbol{\beta}) f(\boldsymbol{y}|\boldsymbol{\beta}) \\
&\propto \mathrm{e}^{-\frac{1}{2}[(\boldsymbol{\beta}-\boldsymbol{b}_0)' \boldsymbol{V}_0^{-1}(\boldsymbol{\beta}-\boldsymbol{b}_0)]} \mathrm{e}^{-\frac{1}{2}[(\boldsymbol{\beta}-\boldsymbol{b}_{\mathrm{LS}})' \boldsymbol{V}_{\mathrm{LS}}^{-1}(\boldsymbol{\beta}-\boldsymbol{b}_{\mathrm{LS}})]} \\
&\propto \mathrm{e}^{-\frac{1}{2}[(\boldsymbol{\beta}-\boldsymbol{b}_0)' \boldsymbol{V}_0^{-1}(\boldsymbol{\beta}-\boldsymbol{b}_0) + (\boldsymbol{\beta}-\boldsymbol{b}_{\mathrm{LS}})' \boldsymbol{V}_{\mathrm{LS}}^{-1}(\boldsymbol{\beta}-\boldsymbol{b}_{\mathrm{LS}})]} \\
&\propto \mathrm{e}^{-\frac{1}{2}[\boldsymbol{\beta}'(\boldsymbol{V}_0^{-1} + \boldsymbol{V}_{\mathrm{LS}}^{-1})\boldsymbol{\beta} - \boldsymbol{\beta}'(\boldsymbol{V}_{\mathrm{LS}}^{-1}\boldsymbol{b}_{\mathrm{LS}} + \boldsymbol{V}_0^{-1}\boldsymbol{b}_0) - (\boldsymbol{b}_{\mathrm{LS}}'\boldsymbol{V}_{\mathrm{LS}}^{-1} + \boldsymbol{b}_0'\boldsymbol{V}_0^{-1})\boldsymbol{\beta}]} \cdot \\
&\quad \mathrm{e}^{-\frac{1}{2}(\boldsymbol{b}_{\mathrm{LS}}'\boldsymbol{V}_{\mathrm{LS}}^{-1} + \boldsymbol{b}_0'\boldsymbol{V}_0^{-1})(\boldsymbol{V}_{\mathrm{LS}}^{-1}\boldsymbol{b}_{\mathrm{LS}} + \boldsymbol{V}_0^{-1}\boldsymbol{b}_0)}。
\end{aligned}$$

最后一项不含 $\boldsymbol{\beta}$, 所以它不影响后验的形状, 可以将它并入比例常数。令 $\boldsymbol{V}_1^{-1} = \boldsymbol{V}_0^{-1} + \boldsymbol{V}_{\mathrm{LS}}^{-1}$, 后验变为

$$g(\boldsymbol{\beta}|\boldsymbol{y}) \propto \mathrm{e}^{-\frac{1}{2}[\boldsymbol{\beta}'\boldsymbol{V}_1^{-1}\boldsymbol{\beta} - \boldsymbol{\beta}'(\boldsymbol{V}_{\mathrm{LS}}^{-1}\boldsymbol{b}_{\mathrm{LS}} + \boldsymbol{V}_0^{-1}\boldsymbol{b}_0) - (\boldsymbol{b}_{\mathrm{LS}}'\boldsymbol{V}_{\mathrm{LS}}^{-1} + \boldsymbol{b}_0'\boldsymbol{V}_0^{-1})\boldsymbol{\beta}]}。$$

对矩阵 V_1^{-1} 进行分解, 令 $U'U = V_1^{-1}$, 其中 U 是正交矩阵。假定 V_1^{-1} 是满秩的, 则 U 和 U' 也都是满秩的, 它们的逆存在。在上式中指数的方括号中加上 $(b'_{LS}V_{LS}^{-1} + b'_0 V_0^{-1})U(U')^{-1}(V_{LS}^{-1} b_{LS} + V_0^{-1} b_0)$ 后配方。同时也减去它, 但因为它不包含参数 β, 该部分被并入常数。后验变为

$$g(\beta|y) \propto e^{-\frac{1}{2}[\beta'U'U\beta - \beta'U'(U')^{-1}(V_{LS}^{-1}b_{LS}+V_0^{-1}b_0) - (b'_{LS}V_{LS}^{-1}+b'_0 V_0^{-1})U^{-1}U\beta+]} \cdot$$

$$e^{-\frac{1}{2}(b'_0 V_0^{-1} + b_{LS}V_{LS}^{-1})U^{-1}(U')^{-1}(V_0^{-1}b_0 + V_{LS}^{-1}b_{LS})}。$$

对指数进行分解, 后验变为

$$g(\beta|y) \propto e^{-\frac{1}{2}(\beta'U' - (V_{LS}^{-1}b_{LS}+V_0^{-1}b_0)U^{-1})(U\beta - (U')^{-1}(V_0^{-1}b_0+V_{LS}^{-1}b_{LS}))}。$$

从乘积的第一个因子中提出 U' 并从第二个因子中提出 U, 得到

$$e^{-\frac{1}{2}[\beta - (b'_0 V_0^{-1} + b'_{LS}V_{LS}^{-1})U^{-1}(U')^{-1}]'(U'U)[\beta - U^{-1}(U')^{-1}(V_0^{-1}b_0+V_{LS}^{-1}b_{LS})]}。$$

因为 $U'U = V_1^{-1}$ 且它们都满秩, 有 $(U')^{-1}U^{-1} = V_1$。代回到后验中, 我们得到

$$g(\beta|y) \propto e^{-\frac{1}{2}(\beta-b_1)'V_1^{-1}(\beta-b_1)}。$$

其中 $b_1 = V_1 V_0^{-1} b_0 + V_1 V_{LS}^{-1} b_{LS}$。$\beta|y$ 的后验分布是 $\mathrm{MVN}(b_1, V_1)$。

　　更新公式。如果满足多元线性回归模型的假定, 并使用 $\mathrm{MVN}(b_0, V_0)$ 先验密度, 后验则为 $\mathrm{MVN}(b_1, V_1)$, 由更新公式确定其中的常数, 即 "后验精度矩阵等于先验精度矩阵与似然函数的精度之和"

$$V_1^{-1} = V_0^{-1} + V_{LS}^{-1}, \tag{19.4}$$

以及 "后验均值向量是先验均值向量和最小二乘向量的加权平均, 其中权重为后验精度矩阵 (它是后验协方差矩阵) 的逆乘以它们各自的精度矩阵"

$$b_1 = V_1 V_0^{-1} b_0 + V_1 V_{LS}^{-1} b_{LS}。 \tag{19.5}$$

19.4   多元正态线性回归模型的推断

　　本节考虑多元正态线性回归模型中参数的推断。首先考虑对单个斜率参数的推断, 确定单个预测对响应变量的影响。随后我们会考虑对所用斜率参数的推断, 确定所有的预测变量同时对响应变量产生的影响。

单个斜率参数的推断

　　本节考虑对多元线性回归模型中的单个斜率参数的推断。将其他斜率和截距看成是冗余参数, 用参数的边缘后验对该参数进行推断。参数向量的后验分布是 $\mathrm{MVN}(b_1, V_1)$。

假设 β_k 为我们感兴趣的参数, β_k 的边缘后验分布是 $N(m'_{\beta_k}, s_k^2(s'_{\beta_k})^2)$, 均值 m'_{β_k} 是后验均值向量 $\boldsymbol{b}_1$ 的第 k 个分量而方差 $s_k^2(s'_{\beta_k})^2$ 是协方差矩阵 $\boldsymbol{V}_1$ 的第 k 个对角元素。

单个斜率的可信区间。斜率 β_k 的 $(1-\alpha)100\%$ 可信区间是后验概率等于 $(1-\alpha)$ 的任意区间。尾部面积相等的 $(1-\alpha)100\%$ 可信区间为 $(m'_{\beta_k} - z_{\alpha/2}s_k s'_{\beta_k}, m'_{\beta_k} + z_{\alpha/2}s_k s'_{\beta_k})$。如果真实的标准差未知所以使用方差的样本估计, 就从自由度为 $n - p - 1$ 的 t 分布表而非正态表查找临界值, 由此得到 β_k 的近似可信区间。若对所有参数采用独立的杰佛瑞先验, 该近似完全正确。

用可信区间检验单个斜率的双边假设。我们可以用可信区间检验零假设

$$H_0 : \beta_k = \beta_{k0}, \quad H_1 : \beta_k \neq \beta_{k0}$$

的可信度。如果零值 β_{k0} 处于 β_k 的尾部面积相等的 $(1-\alpha)100\%$ 可信区间之外, 我们可以在显著性水平 α 上拒绝零假设。如果零值落在可信区间中, 就不能拒绝零假设。

检验单个斜率的单边假设。我们可以用边缘后验分布计算零假设的后验概率来检验关于斜率 β_k 的单边假设

$$H_0 : \beta_k \leqslant \beta_{k0}, \quad H_1 : \beta_k > \beta_{k0}。$$

如果此概率小于显著性水平 α, 则拒绝零假设 $H_0 : \beta_k \leqslant \beta_{k0}$ 并得出备选假设 $H_1 : \beta_k > \beta_{k0}$ 为真的结论。

全体斜率向量的推断

若要对全体斜率向量作出推断, 此时唯一的冗余参数是截距 β_0。我们将用全体斜率参数的边缘后验进行推断。斜率参数向量

$$\boldsymbol{\beta} = \begin{pmatrix} \beta_1 \\ \beta_2 \\ \vdots \\ \beta_p \end{pmatrix}$$

是 $\mathrm{MVN}(\boldsymbol{b_\beta}, \boldsymbol{V_\beta})$, 均值向量和协方差矩阵的分量来自全部参数向量 (包括截距) 的后验分布的均值向量和协方差矩阵, $\boldsymbol{b}_1$ 和 $\boldsymbol{V}_1$。假设协方差矩阵 $\boldsymbol{V_\beta}$ 满秩, 若不满秩就减少斜率参数的个数直到它变为满秩的。

全体斜率的可信区域

我们要找出后验概率为 $(1-\alpha)100\%$ 的 p 维空间的区域。已知

$$\boldsymbol{U} = (\boldsymbol{\beta} - \boldsymbol{b_\beta})\boldsymbol{V_\beta}^{-1}(\boldsymbol{\beta} - \boldsymbol{b_\beta})$$

是自由度为 p 的卡方分布。它意味着, 由所有满足

$$(\boldsymbol{\beta} - \boldsymbol{b_\beta})\boldsymbol{V_\beta}^{-1}(\boldsymbol{\beta} - \boldsymbol{b_\beta}) < U_\alpha$$

的点 $\boldsymbol{\beta}$ 组成的区域将是参数向量的 $(1-\alpha)100\%$ 可信区间[1]，其中 U_α 是自由度为 p 的卡方分布中的上 α 点。

检验关于全体斜率的点假设

我们要检验零假设

$$H_0: \boldsymbol{\beta} = \boldsymbol{\beta}_0, \quad H_1: \boldsymbol{\beta} \neq \boldsymbol{\beta}_0.$$

在该零假设下，每个斜率 β_k 等于它的零值 $\beta_{k0}(k = 1, 2, \cdots, p)$。如果任意一个斜率不等于其零值，则备选假设为真。因此在 p 维空间中，只在点 $\boldsymbol{\beta}_0$ 处零假设为真。可以用可信区域来检验零假设的可信度。如果 $\boldsymbol{\beta}_0$ 在可信区域之外，就在显著性水平 α 上拒绝零假设。另一方面，如果零值 $\boldsymbol{\beta}_0$ 在可信区间内，就不能拒绝零假设，因为在水平 α 上它是可信的。

我们通常想知道所有的斜率是否等于 0。如果都等于 0，则没有一个预测变量是有用的。要检验零值 $\boldsymbol{\beta}_0 = \mathbf{0}$ 是要检验每一个斜率是否都等于 0，其备选假设是至少有一个斜率不等于 0。

建模问题：去除不必要的变量

多元线性回归模型常常包括数据中所有可能的预测变量。一些变量对响应变量即使有影响但影响可能很小。这种变量的系数 β_j 会非常接近于 0。如果数据集中的预测变量存在相关性，将不必要的预测变量留在模型中不利于确定其他预测变量的影响。去掉多余的预测变量会得到更好的预测模型。这就是通常所说的节俭原则。

我们想要去掉其真实系数 β_j 等于 0 的所用预测变量 x_j。要做到这一点不像听起来那么简单，因为不知道哪一个系数真的等于 0。我们有来自 $\beta_1, \beta_2, \cdots, \beta_J$ 的联合后验分布的随机样本。当预测变量 $x_1, x_2, \cdots, x_J$ 相关时，一些预测变量可能会强化或掩盖其他预测变量的影响。这意味着，由后验样本估计的系数值看上去可能非常接近于零，但预测变量的实际影响可能很大。其他预测变量掩盖了它的影响。有时候在整个预测变量的集合中，变量之间可能互相掩盖其影响，这让每一个预测变量个体看起来都是多余的 (不重要)，虽然这个集合在整体上非常重要。

我们不应该对斜率逐个进行假设检验。已知在模型中已有的预测变量，基于预测 x_j 的额外影响对 $H_0: \beta_j = 0, \quad H_1: \beta_j \neq 0$ 进行检验。因此，对每一个预测变量来说，已经在模型中的其他预测变量可能会掩盖其影响。

我们应该检查全体斜率的后验分布，识别出均值接近于 0(以标准差的单位) 的斜率，然后选出需要剔除的预测变量。令 $x_{k1}, x_{k2}, \cdots, x_{kq}$ 为 q 个可能被剔除的预测变量。相应的斜率向量记为

$$\boldsymbol{\beta} = \begin{pmatrix} \beta_{k1} \\ \beta_{k2} \\ \vdots \\ \beta_{kq} \end{pmatrix}.$$

---

[1]该可信区域包含所有 "接近" 后验均值向量的点，其接近的程度由参数向量的后验分布度量。

该向量的边缘后验分布为 $\text{MVN}(\boldsymbol{b_\beta}, \boldsymbol{V_\beta})$, 其中各分量的均值和协方差是整个参数向量 (包括截距) 的后验分布的均值向量 $\boldsymbol{b}_1$ 和协方差矩阵 $\boldsymbol{V}_1$ 相应的分量。计算斜率向量 $\boldsymbol{\beta}$ 的 $(1-\alpha)100\%$ 可信区域。它是由满足

$$(\boldsymbol{\beta} - \boldsymbol{b_\beta})' \boldsymbol{V_\beta}^{-1} (\boldsymbol{\beta} - \boldsymbol{b_\beta}) < U_\alpha$$

的所有点 $\boldsymbol{\beta}$ 组成的区域, 其中 U_α 是自由度为 q 的卡方分布中的上 α 点。我们利用可信区域, 在显著性水平 α 上检验零假设

$$H_0 : \boldsymbol{\beta} - \boldsymbol{0}, \quad H_1 . \boldsymbol{\beta} \neq \boldsymbol{0}。$$

如果 $\boldsymbol{0}$ 在可信区域中, 就不能拒绝零假设。零假设是可信的, 所有这些预测变量的斜率同时为 0。

若情况如此, 就从模型中剔除这些预测变量并重新分析余下的预测变量。

例 19.1 野熊的数据 (可以从 Minitab 的实例文件夹和Bolstad包中找到) 包含不同年龄的若干只野熊的形态和性别的测量值, 不过年龄数据不完整。埃尔莎要建立一个回归模型, 利用这些测量值预测野熊的体重 (以磅为单位)。数据集中的一些野熊被测量过多次, 但测量方式并不能让埃尔莎将连续测量之间的相关性融入她的模型中。所以, 除了每只野熊的第一次测量数据 (`Obs.No = 1`), 埃尔莎会丢弃其余的测量数据, 她在剩下的 97 个观测的数据集上建模。

埃尔莎先做了一些探索性的数据分析。图 19.1 所示是她打算用来分析的每对变量的散点图矩阵。矩阵下三角的图形是变量对的线性相关系数。埃尔莎看到, 所有连续预测变量与体重有中等偏高的相关性, 预测变量本身也存在着温和的相关性。散点图矩阵也显示, 随着预测量增加变异性也轻微增加, 并且在某些情况下是非线性关系, 响应变量体重向右偏斜。所有这些特征都说明, 用体重的对数而不是体重本身可能会更好。在测量如体积、浓度、时间和收入这些从零开始并 (理论上) 可以无限增长的量的时候通常都是如此。响应的对数变换被称为方差稳定化变换, 它不仅处理非线性也常常用来处理非恒定方差的问题。图 19.2 显示在响应变量的对数变换之后的散点图矩阵。埃尔莎决定要拟合模型

$$\log(\text{体重}_i) = \beta_0 + \beta_1 \text{性别}_i + \beta_2 \text{头长}_i + \beta_3 \text{头宽}_i +$$
$$\beta_4 \text{颈围}_i + \beta_5 \text{身长}_i + \beta_6 \text{胸围}_i。$$

她选择多元正态先验, 取均值 $\boldsymbol{b}_0 = \boldsymbol{0}$, 先验方差 $\boldsymbol{V}_0 = 10^6 \boldsymbol{I}_7$。这是一个以 $\boldsymbol{0}$ 为中心的非常模糊的先验。埃尔莎通过从每一个变量减去均值让模型中的每一个协变量集中。集中有助于我们理解截距, 集中还能提供数值稳定性并在某些情况下剔除解释变量之间的依赖。回归系数的后验估计如表 19.1 所示。我们检视系数及其估计标准差 (标准误差) 发现性别、头长和头宽这 3 个变量并不重要, 即它们的系数接近于零。埃尔莎决定对此做正规的检验。如果点 $\boldsymbol{0}$ 在可信区域中, 它就一定满足不等式 $(\boldsymbol{\beta} - \boldsymbol{b_\beta})' \boldsymbol{V_\beta}^{-1} (\boldsymbol{\beta} - \boldsymbol{b_\beta}) < U_\alpha$, 在这

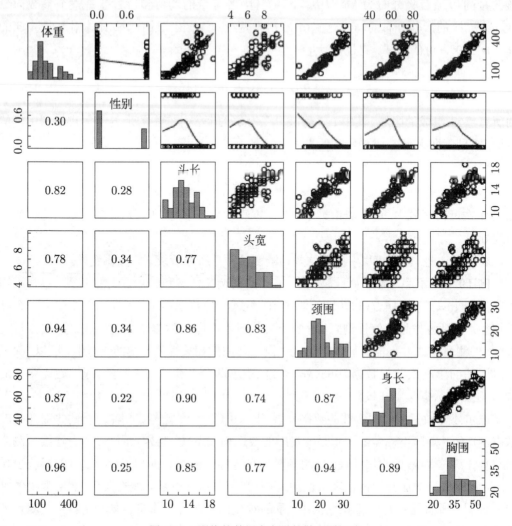

图 19.1   野熊的数据中变量的散点图矩阵

种情况下的 U_α 是自由度为 3 的卡方分布的上 $\alpha = 0.05$。因为她考虑从模型中剔除 3 个变量, 所以自由度为 3。埃尔莎计算

$$(\mathbf{0} - \boldsymbol{b}_\beta)' \boldsymbol{V}_\beta^{-1} (\mathbf{0} - \boldsymbol{b}_\beta) = \boldsymbol{b}_\beta' \boldsymbol{V}_\beta^{-1} \boldsymbol{b}_\beta,$$

并证明它小于 $U_{0.05} = 7.815$, 这里

$$\boldsymbol{b}_\beta = \begin{bmatrix} 0.02092 \\ 0.00141 \\ 0.00875 \end{bmatrix}, \quad \boldsymbol{V}_\beta^{-1} = \begin{bmatrix} 892.95 & -113.26 & -203.02 \\ -113.26 & 3099.49 & 488.82 \\ -203.02 & 488.82 & 2955.83 \end{bmatrix}$$

利用这些数字, 埃尔莎证明 $\boldsymbol{b}_\beta' \boldsymbol{V}_\beta^{-1} \boldsymbol{b}_\beta = 0.554$, 它肯定小于 7.815; 因此可以从模型中删去这些变量。

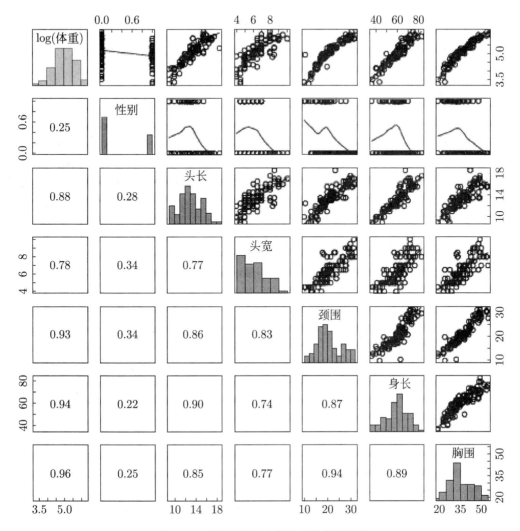

图 19.2 野熊的数据中变量的散点图矩阵

表 19.1 回归系数

	估计	标准误差	t 值
截距	5.042562	0.014806	340.581
性别	0.020919	0.033770	0.619
头长	0.001407	0.018223	0.077
头宽	0.008746	0.018764	0.466
颈围	0.019491	0.009630	2.024
身长	0.024722	0.004130	5.986
胸围	0.034235	0.005568	6.148

19.5　未来观测的预测分布

本节考虑用线性回归模型进行贝叶斯预测。与简单线性回归的情况一样, 我们有一个新观测, 想要预测它的响应 y_{n+1}。不过, 现在的新观测 $\boldsymbol{x}_{n+1}$ 是长度为 $p+1$ 的 (行) 向量, 它的第一个元素等于 1, 而第 $i+1$ 个元素对应于第 i 个预测量的新值。为了简化数学表达式, 在后面的章节中我们会去掉 y 和 $\boldsymbol{x}$ 的下标。

如果系数向量 $\boldsymbol{\beta}$ 和残差的方差 σ^2 已知, 且关于独立性、正态分布和方差相等的假设都成立, 则 y 具有正态分布 $N(\boldsymbol{x}\boldsymbol{\beta}, \sigma^2)$。但我们并不知道 $\boldsymbol{\beta}$ 和 σ^2, 只知道由数据估计得到的二者的后验分布。与简单线性回归一样, 我们需要找出下一个观测和模型参数的联合密度, 然后通过积分将 $\boldsymbol{\beta}$ 和方差 σ^2 从表达式中去掉。也就是说, y 的后验预测分布是

$$f(y|\boldsymbol{x}, \text{data}) = \int f(y|\boldsymbol{x}, \text{data}, \boldsymbol{\beta}, \sigma^2) g(\boldsymbol{\beta}, \sigma^2|\boldsymbol{x}, \text{data}) \mathrm{d}\boldsymbol{\beta} \mathrm{d}\sigma^2.$$

我们从 σ^2 已知的情况出发, 分布不依赖于数据, 且 $\boldsymbol{\beta}$ 的分布不依赖于 $\boldsymbol{x}$, 则 y 的预测密度为

$$f(y|\boldsymbol{x}, \text{data}) = \int f(y|\boldsymbol{x}, \boldsymbol{\beta}) g(\boldsymbol{\beta}|\text{data}) \mathrm{d}\boldsymbol{\beta}.$$

我们知道, 如果 $\boldsymbol{\beta}$ 和 σ^2 已知, 则 y 是正态分布 $N(\boldsymbol{x}\boldsymbol{\beta}, \sigma^2)$, 而 $\boldsymbol{\beta}$ 的后验分布为 $\text{MVN}(\boldsymbol{b}_1, \boldsymbol{V}_1)$, 所以

$$f(y|\boldsymbol{x}, \text{data}) \propto \int e^{-\frac{1}{2\sigma^2}(y-\boldsymbol{x}\boldsymbol{\beta})^2} e^{-\frac{1}{2}(\boldsymbol{\beta}-\boldsymbol{b}_1)'\boldsymbol{V}_1^{-1}(\boldsymbol{\beta}-\boldsymbol{b}_1)} \mathrm{d}\boldsymbol{\beta}$$

$$= \int e^{-\frac{1}{2\sigma^2}[y^2-2\boldsymbol{x}\boldsymbol{\beta}y+(\boldsymbol{x}\boldsymbol{\beta})^2]-\frac{1}{2}[\boldsymbol{\beta}'\boldsymbol{V}_1^{-1}\boldsymbol{\beta}-2\boldsymbol{\beta}'\boldsymbol{V}_1^{-1}\boldsymbol{b}_1+\boldsymbol{b}_1'\boldsymbol{V}_1^{-1}\boldsymbol{b}_1]} \mathrm{d}\boldsymbol{\beta}.$$

$\boldsymbol{b}_1'\boldsymbol{V}_1^{-1}\boldsymbol{b}_1$ 这一项不依赖 $\boldsymbol{\beta}$, 因此可以并入积分常数。此时将 $\boldsymbol{x}$ 看成是列向量, 也方便用 $\boldsymbol{\beta}'\boldsymbol{x}$ 替代 $\boldsymbol{x}\boldsymbol{\beta}$。下面单独处理指数, 令 $\tau = \frac{1}{\sigma^2}$, 则有

$$-\frac{1}{2\sigma^2}[y^2-2\boldsymbol{x}\boldsymbol{\beta}y+(\boldsymbol{x}\boldsymbol{\beta})^2]-\frac{1}{2}[\boldsymbol{\beta}'\boldsymbol{V}_1^{-1}\boldsymbol{\beta}-2\boldsymbol{\beta}'\boldsymbol{V}_1^{-1}\boldsymbol{b}_1]$$

$$= -\frac{1}{2\sigma^2}[y^2-2\boldsymbol{\beta}'\boldsymbol{x}y+(\boldsymbol{\beta}'\boldsymbol{x})^2]-\frac{1}{2}[\boldsymbol{\beta}'\boldsymbol{V}_1^{-1}\boldsymbol{\beta}-2\boldsymbol{\beta}'\boldsymbol{V}_1^{-1}\boldsymbol{b}_1]$$

$$= -\frac{1}{2}(\tau y^2-2\tau\boldsymbol{\beta}'\boldsymbol{x}y+\tau\boldsymbol{\beta}'\boldsymbol{x}\boldsymbol{x}'\boldsymbol{\beta}+\boldsymbol{\beta}'\boldsymbol{V}_1^{-1}\boldsymbol{\beta}-2\boldsymbol{\beta}'\boldsymbol{V}_1^{-1}\boldsymbol{b}_1)$$

$$= -\frac{1}{2}(\boldsymbol{\beta}'(\tau\boldsymbol{x}\boldsymbol{x}'+\boldsymbol{V}_1^{-1})\boldsymbol{\beta}-2\boldsymbol{\beta}'(\tau y\boldsymbol{x}+\boldsymbol{V}_1^{-1}\boldsymbol{b}_1)+\tau y^2).$$

如果令 $\boldsymbol{V} = \tau\boldsymbol{x}\boldsymbol{x}'+\boldsymbol{V}_1^{-1}$ 并令 $\boldsymbol{m} = \boldsymbol{V}^{-1}(\tau y\boldsymbol{x}+\boldsymbol{V}_1^{-1}\boldsymbol{b}_1)$, 假定 $\boldsymbol{V}$ 可逆, 通过配方指数的形式变为

$$(\boldsymbol{\beta}-\boldsymbol{m})'\boldsymbol{V}(\boldsymbol{\beta}-\boldsymbol{m})-\boldsymbol{m}'\boldsymbol{V}\boldsymbol{m}+\tau y^2.$$

将它代入预测后验密度, 有

$$f(y|\boldsymbol{x}, \text{data}) \propto \int \text{e}^{-\frac{1}{2}(\boldsymbol{\beta}-\boldsymbol{m})'\boldsymbol{V}(\boldsymbol{\beta}-\boldsymbol{m})} \text{e}^{-\frac{1}{2}(\boldsymbol{m}'\boldsymbol{V}\boldsymbol{m}-\tau y^2)} \text{d}\boldsymbol{\beta}.$$

积分中的第二项不依赖于 $\boldsymbol{\beta}$, 所以可以提到积分之外, 得到

$$f(y|\boldsymbol{x}, \text{data}) \propto \text{e}^{-\frac{1}{2}(\boldsymbol{m}'\boldsymbol{V}\boldsymbol{m}-\tau y^2)} \int \text{e}^{-\frac{1}{2}(\boldsymbol{\beta}-\boldsymbol{m})'\boldsymbol{V}(\boldsymbol{\beta}-\boldsymbol{m})} \text{d}\boldsymbol{\beta}.$$

上式中的积分项与多元正态密度成正比, 因此积分是一个常数可并入比例常数. 剩下的是要将 $\text{e}^{-\frac{1}{2}(\boldsymbol{m}'\boldsymbol{V}\boldsymbol{m}-\tau y^2)}$ 整理为我们熟悉的形式. 再回到指数部分, 有

$$\tau y^2 - \boldsymbol{m}'\boldsymbol{V}\boldsymbol{m}.$$

该表达式可以改写为二项式的形式, 通过配方得到

$$f(y|\boldsymbol{x}, \text{data}) \propto \text{e}^{-\frac{1}{2[\sigma^2 + \boldsymbol{x}'\boldsymbol{V}_1\boldsymbol{x}]}(y-\boldsymbol{b}_1'\boldsymbol{x})^2}.$$

最后的计算并非微不足道, 它要用到舍曼 - 莫里森 (Sherman-Morrison) 公式 (Sherman and Morrison, 1949, 1950).

定理 19.1 假设 $\boldsymbol{A}$ 为可逆矩阵, $\boldsymbol{u}, \boldsymbol{v}$ 是列向量. 进一步假设 $1 + \boldsymbol{v}'\boldsymbol{A}^{-1}\boldsymbol{u} \neq 0$, 则

$$(\boldsymbol{A} + \boldsymbol{u}\boldsymbol{v}')^{-1} = \boldsymbol{A}^{-1} - \frac{\boldsymbol{A}^{-1}\boldsymbol{u}\boldsymbol{v}'\boldsymbol{A}^{-1}}{1 + \boldsymbol{v}'\boldsymbol{A}^{-1}\boldsymbol{u}}.$$

这就是著名的舍曼-莫里森公式.

我们知道分母的条件成立, 因为 $\boldsymbol{V}_1$ 是方差-协方差矩阵, 因此它是可逆的且为半正定, 它确保二项式 $\boldsymbol{x}'\boldsymbol{V}_1^{-1}\boldsymbol{x}$ 总是大于等于 0.

这意味着后验预测分布与均值为 $\boldsymbol{b}_1'\boldsymbol{x}$ 方差为 $\sigma^2 + \boldsymbol{x}'\boldsymbol{V}_1\boldsymbol{x}$ 的正态分布成正比. 方差包含两部分: σ^2 代表样本的不确定性, 而 $\boldsymbol{x}'\boldsymbol{V}_1\boldsymbol{x}$ 是关于 $\boldsymbol{\beta}$ 的不确定性. 如果我们对 $\boldsymbol{\beta}$ 使用平坦先验, 则 $\boldsymbol{\beta}$ 的后验均值向量和协方差矩阵就等于极大似然估计, 它是这种情况下的最小二乘解, 即若对 $\boldsymbol{\beta}$ 使用平坦先验, 则 $\boldsymbol{\beta}$ 的后验分布是多元正态分布, 参数 $\boldsymbol{b}_1 = \boldsymbol{b}_{\text{LS}}$, $\boldsymbol{V}_1 = \boldsymbol{V}_{\text{LS}}$. 后验预测分布的方差可以简化为 $\sigma^2(1 + \boldsymbol{x}'(\boldsymbol{X}'\boldsymbol{X})^{-1}\boldsymbol{x})$.

到目前为止我们假定 σ^2 为已知, 但这个假设并不现实. 在 σ^2 未知的情况下, 可以证明后验预测密度是 t 分布的形状, 其均值为 $\boldsymbol{b}_1'\boldsymbol{x}$, 方差为 $s^2 + \boldsymbol{x}'(\boldsymbol{X}'\boldsymbol{X})^{-1}\boldsymbol{x}$, 自由度是 $n - p$, 其中 s^2 是残差的均方, 即

$$s^2 = \frac{1}{n-p}(\boldsymbol{y} - \boldsymbol{X}\boldsymbol{b}_{\text{LS}})'(\boldsymbol{y} - \boldsymbol{X}\boldsymbol{b}_{\text{LS}}).$$

注意, 这个结果对于 $(\boldsymbol{\beta}, \sigma^2)$ 上的平坦先验恰好成立, 如果非常缺乏先验信息, 则近似成立. 其推导过程需要冗长的代数运算, 在此不赘述.

本 章 要 点

- 在多元回归中, 我们感兴趣的是将观测到的响应值的向量 y 与两个或多个可能的解释 (或预测) 变量 $x_1, x_2, \cdots, x_p$ 关联起来。
- 贝叶斯多元回归包括找出回归系数向量 β 的后验均值 b_1 和协方差矩阵 V_1。当给定观测数据, 我们感兴趣的是对这些参数作出推断。
- 假设对 β 用多元平坦先验, 则 β 的后验分布是多元正态分布, 后验均值和方差等于最小二乘估计, 即 $b_1 = b_{\mathrm{LS}}$, $V_1 = V_{\mathrm{LS}}$。
- 假设用 $\mathrm{MVN}(b_0, V_0)$ 作为 β 的先验分布, 则后验分布也是多元正态分布, 根据下面两个简单公式更新其参数

$$V_1^{-1} = V_0^{-1} + V_{\mathrm{LS}}^{-1} \quad 和 \quad b_1 = V_1 V_0^{-1} b_0 + V_1 V_{\mathrm{LS}}^{-1} b_{\mathrm{LS}}。$$

计算机习题

19.1 本习题及后面习题中的数据可以从 `http://www.stat.berkeley.edu/~statlabs/data/babies.data` 下载。在数据集中的变量为:

变量	描 述
bwt	出生时的体重, 以盎司为单位 (999 = 未知)
gestation	以天为单位的孕期时长 (999 = 未知)
parity	生产次序 (0 = 第一次生产, 9 = 未知)
age	母亲年龄, 以年为单位
height	母亲的身高, 以英寸为单位 (99 = 未知)
weight	母亲孕前体重, 以磅为单位 (999 = 未知)
smoke	母亲吸烟的状况 (0 = 现在不, 1 = 现在是, 9 = 未知)

[**Minitab:**] 网页上的数据需要以文本文件格式 (*.txt) 保存并导入 Minitab。在导入文件之前, 单击选项(Options...) 按钮并选择自由格式域定义 (Free format field definition), 这一点很重要; 否则将不能正确导入数据。

[**R:**] R 可以从 URL 中直接读数据, 只需简单输入

```
url = "http://www.stat.berkeley.edu/~statlabs/data/babies.data"
bw.df = read.table(url, head = TRUE)
```

不一定要分两步, 但这样看起来每一步的作用更清楚。如果数据已经正确导入, 在 7 个变量上应该有 1236 个观测。

19.2 一定要确认我们所用的数据是完整的, 这一点非常重要; 不然就得使用缺失值的模型。

[**Minitab:**] 在数据(Data) 菜单中选择列到列拷贝(Copy > Columns to Columns...)。在从列拷贝(Copy from columns:) 文本框中输入 c1-c7。单击数据子集(Subset the data...)按钮。单击指定包含的行(Specify rows to include) 和匹配的行(Rows that match)按钮。单击条件 (Condition...) 按钮。在条件(Condition) 框中输入以下条件:

bwt <> 999 And gestation <> 999 And parity <> 9 And
height <> 99 And weight <> 999 And smoke <> 9

最后单击 3 个对话框的确认(OK)。它会产生有 1175 个完整案例的工作表。

[**R:**] 输入

```
bw.df = subset(bw.df, bwt != 999 & gestation != 999
          & parity != 9 & height != 99
          & weight != 999 & smoke != 9)
nrow(bw.df)
```

函数 **nrow** 会告诉你, 在子集操作之后数据中剩下多少 (完整) 案例。

19.3 在考虑模型之前先绘制数据的图形总是有用的。图形有时候能够揭示出我们可能没有注意到的数据特性, 并让我们留意到潜在的问题。对多元回归而言, 散点图矩阵是第一选择。

[**Minitab:**] 从图形(Graph) 菜单中选择矩阵绘图(Matrix Plot...), 然后选择带平滑器的矩阵图(Matrix of plots with the With Smoother) 选项后单击确认(OK)。在图形变量(Graph variables) 文本框中输入 c1-c7 或 bwt-smoke 后单击确认(OK)。

[**R:**] 输入

```
pairs(bw.df, upper.panel = panel.smooth)
```

你应该会注意到其中有一个不寻常的年龄值 99, 它应该是一个缺失值, 尽管在数据描述中并未提及。我们在分析时应该去掉这个点。

[**Minitab:**] 悬停 (用鼠标移动指针但不点击) 在年龄 (age) 一列图中最右侧的点。这时应该会弹出标签, 告诉你观测是在 401 行。从数据(Data) 菜单中选择删除(Delete...)。在要删除的行(Rows to delete) 的文本框中输入 401 并输入 bwt-smoke 或 c1-c7 到要删除的列(Columns from which to delete these rows) 的文本框中, 单击确认(OK)。

[**R:**] 输入

```
bw.df = subset(bw.df, age != 99)
```

19.4 用多元正态先验, 利用 Minitab 宏 BayesMultReg 或 R 函数 bayes.lm 拟合该数据集的多元线性回归模型。先验的初始选择可能是 $b_0 = 0$, $V_0 = 10^6 I_7$, 其中 I_7 是 7×7 单位矩阵。这是一个以零为中心的扩散先验。

19.5 用回归系数的后验均值和协方差检验假设

$$H_0 : \left(\begin{array}{c} \beta_{\text{age}} \\ \beta_{\text{weight}} \end{array} \right) = \left(\begin{array}{c} 0 \\ 0 \end{array} \right) .$$

第 20 章　马尔可夫链蒙特卡罗与计算贝叶斯统计

后验分布本身是贝叶斯推断的精髓, 它概括了在看到数据之后我们对参数的全部信念。进一步的贝叶斯推断, 比如找出参数的点估计, 找出参数的可信区间以及对参数的假设检验, 都可以通过后验分布的计算来完成。不过, 利用贝叶斯定理求后验这件事并非看起来那么容易。前面几章说明在某些情况下可以找出准确的后验密度公式; 而在其他情况下, 则需要数值计算后验密度。在多元参数的情况下数值计算会更困难。为进行贝叶斯推断, 我们需要另辟蹊径。

本章阐述参数推断的另外一种方式, 它们以采自后验分布的随机样本为基础, 当样本趋于无穷大时, 后验分布的随机样本的直方图会逼近后验密度。因此, 由随机样本计算得到的统计量将逼近后验分布的参数。这是统计学的基本思路。总体的随机样本越大就越接近总体, 这是计算贝叶斯统计的基础。计算贝叶斯统计正是让贝叶斯统计在过去四分之一世纪中复兴的动力。我们考虑下面的例子。

例 20.1　假设艾莎、布莱尔和奇亚拉从成功概率为 π 的 20 次伯努利试验中观测到 5 次成功。他们决定用贝塔分布 $Be(1,1)$ 作为 π 的先验。艾莎称后验是 $Be(6,16)$。她用 Minitab 或 R 计算 π 的后验均值、中位数和尾部面积相等的 95% 可信区间。布莱尔记录下比例的后验, 为

$$g(\pi|y) \propto g(\pi)f(y|\pi) \propto \pi^{1-1}(1-\pi)^{1-1}\pi^5(1-\pi)^{20-5} \propto \pi^5(1-\pi)^{15}。$$

他在 π 的整个域 $0 \leqslant \pi \leqslant 1$ 上对比例后验积分, 找出使之成为概率密度的比例因子

$$\int_0^1 \pi^5(1-\pi)^{15}\mathrm{d}\pi = 0.000003071。$$

并得到数值后验密度

$$g(\pi|y) = \frac{1}{0.000003071}\pi^5(1-\pi)^{15}。$$

[Minitab:] 布莱尔用宏 tintegral 计算后验均值, 用宏 CredIntNum 计算后验中位数和 (尾部面积相等的)95% 可信区间。

[R:] 布莱尔用 binogcp 计算后验密度, R 函数 mean 计算后验均值, 并分别用 median 和 quantile 函数计算后验中位数和 (尾部面积相等的)95% 可信区间。

奇亚拉决定从后验采集随机样本。她的样本直方图如图 20.1 所示, 图中所绘为准确的后验。随着样本增大, 来自后验的随机样本的直方图逼近真正的后验。她计算后验样本

的样本均值和样本中位数, 也计算后验样本的尾部面积相等的 95% 可信区间。她不是基于概率而是基于后验样本的比例计算尾部面积。表 20.1 所示为准确解、数值解以及来自样本的结果。 ■

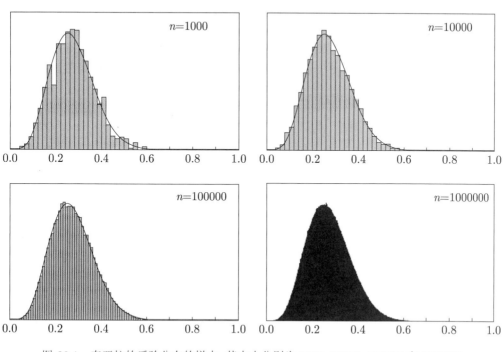

图 20.1　奇亚拉的后验分布的样本, 其大小分别为 1000, 10000, 100000 和 1000000

表 20.1　后验均值、中位数和尾部面积相等的 95% 可信区间

人员	后验	均值	中位数	95% 可信区间	
				下界	上界
艾莎	准确解	0.27273	0.26574	0.11281	0.47166
布莱尔	数值解	0.27273	0.26574	0.11281	0.47166
奇亚拉	样本 (1000)	0.27314	0.26730	0.11110	0.47316
奇亚拉	样本 (10000)	0.27280	0.26534	0.11073	0.47077
奇亚拉	样本 (100000)	0.27303	0.26605	0.11312	0.47290
奇亚拉	样本 (1000000)	0.27283	0.26587	0.11308	0.47174

　　在上例中, 数值解与准确后验的结果相同, 它们本该如此。由后验样本计算的统计量近似于真值, 样本越大, 近似程度越高。因此, 只要样本足够大就可以基于来自后验分布的随机样本进行推断。当然, 在本例中我们知道准确的后验密度并且由它抽样也很容易。我们将会看到, 要从后验抽样并无必要知道准确的密度。我们需要知道的不过是描述后验形状的公式, 无须知道让它成为准确密度的比例因子。

贝叶斯统计：知易行难

贝叶斯统计在理论上很容易：后验与先验和似然的乘积成比例。

$$g(\theta|y) \propto g(\theta)f(y|\theta)。$$

因此，我们很容易找到描述后验密度形状的公式。但是该公式没有给出准确的密度，也没有给出使其积分等于 1 的比例因子。由于它不是准确的密度，我们用它既算不出概率也算不出矩。它不能用作统计推断。用比例后验除以其在所有参数值上的积分就得到准确的后验，即

$$g(\theta|y) = \frac{g(\theta)f(y|\theta)}{\int g(\theta)f(y|\theta)\mathrm{d}\theta}。$$

只在有限的几种特殊情况下，我们才能找到积分和后验的闭式解。在其他情况下，则需要通过数值计算求后验。当参数 θ 的维数增长，数值计算方法很快就会失效，因为函数需要计算的点的数量随着维数呈指数增长。而数值积分的准确性取决于在高维空间中用于计算的点的位置。因此，贝叶斯统计在具体实践中常常很困难。

由于在一般情况下很难计算后验，贝叶斯统计被主流的应用统计实践拒之门外。统计学家在研究决策理论时才意识到贝叶斯统计在理论上的真正优势，[1] 但在实践中却无法发挥这些有利条件。几乎所有的应用统计学家都使用频率论的方法。

时至 20 世纪的最后 25 年，统计学家意识到从真实后验抽样的方法，其中的一些方法很早就开发出来了，但在具有足够的计算能力之前它们中的大多数并没有付诸实施。计算贝叶斯统计用这些算法从后验中抽样，然后将来自后验的随机样本作为推断的基础。这些方法即使在我们不知道准确的后验，只有未经缩放的后验版本时也管用。这些方法不只对采用共轭先验的指数族的情况有效，对普通的分布也有效。统计学家可以专注于模型的统计特性而不必担心计算是否可行。因此，应用统计学家可以使用真实的模型而不必受制于在数学上容易处理的模型。这些方法不是近似的方法，因为我们是从准确的后验采集蒙特卡罗随机样本。只要样本足够大，由样本计算得到的估计就可以达到所需的准确度。现有的探索性数据分析技术可以用来探究后验。贝叶斯推断在本质上就是要达到这个目的。对模型的灵敏度分析则用简单的方式进行。

20.1 节介绍舍选抽样法，我们从容易抽样的密度中抽取候选随机样本。然后，只接受候选随机样本中的某些值组成最后的样本，由此将候选随机样本重塑为后验的随机样本。只要候选密度能支配目标，就能达到让人满意的效果。但当参数的个数增加，其效率会降低。

20.3 节介绍后验抽样的马尔可夫链蒙特卡罗 (MCMC) 方法。我们建立一个马尔可夫链，将后验作为它的长期分布。让马尔可夫链运行足够长的时间，链的随机抽样就可以看成是后验的随机抽样。Metropolis-Hastings 算法和 Gibbs 抽样算法是两个主要的马尔可夫链蒙特卡罗方法。马尔可夫链蒙特卡罗样本不是独立的。在马尔可夫链的输出中因马尔可夫性而存在序列依赖。不同的链有不同的混合属性，即它们以不同的速度围绕参数空间移动。我们会说明如何稀释候选样本以逼近用于推断的后验的随机样本。

---

[1]Wald 证明容许估计量被归类为贝叶斯估计。

20.5 节探讨如何用后验样本进行推断。贝叶斯推断的总目标是要知道后验。随着样本增大, 来自总体的随机样本的分布接近于总体的分布, 所有统计方法的基本思想大都如此。来自后验的随机样本的直方图会趋于真正的后验密度。其他的推断, 如参数点估计和区间估计, 可以由后验样本构建。例如, 若有一个来自后验的随机样本, 任意参数都可以由该随机样本计算所得的相应的统计量来估计。如果能保证来自后验的随机样本足够大, 参数估计就可以达到所需的精度。使用现有的数据分析技术能够利用后验样本探究后验参数之间的关系。

贝叶斯统计的计算方法允许从完全不同的方向逼近后验。我们用计算机从后验采集蒙特卡罗样本而不是数值计算后验。这些方法彻底改变了贝叶斯统计。如今, 贝叶斯统计学家可以利用观测模型, 选择更为实际的先验分布, 并计算来自后验的蒙特卡罗样本的参数估计。计算贝叶斯方法便于处理有多个参数的复杂模型。因此, 贝叶斯方法的适用范围更广。贝叶斯统计学家不再受到模型是否有解析解或是否易于数值计算这些问题的束缚。他们可以采用机理模型, 而不是数学上易于处理的模型。这让统计学家能专注于模型的统计特性而不必担心在计算上是否可行。

20.1 从后验抽样的直接方法

在这些直接方法中, 我们从另一个分布随机抽样然后将样本变换为后验的随机样本, 或者从易于抽样的候选分布随机抽样然后将样本重塑为后验的随机样本。我们只接受某些值进入最终的样本从而达到重塑的目的。本节先介绍被称为逆概率抽样的方法, 然后介绍舍选抽样。

逆概率抽样

逆概率抽样靠的是概率积分变换。

定理 20.1 如果 X 是累积分布函数为 $F_X(x)$ 的连续随机变量, 定义为

$$Y = F_X(X)$$

的随机变量 Y 则具有均匀分布 $U(0,1)$。

这个定理的逆定理有时候称为逆概率积分变换。将逆累积分布函数应用于 Y, 定义随机变量

$$X = F_X^{-1}(Y),$$

它与 X 有相同的分布 (因为它就是 X)。如果已知连续随机变量 X 的逆累积分布函数, 就可以通过生成均匀分布 $U(0,1)$ 的随机变量并用逆累积分布函数变换生成服从 X 的分布的随机变量。

图 20.2 显示这个关系。累积分布函数取随机变量 X 的值并将它们映射到 0 和 1 之间的值。也就是说, 如果 X 为随机变量, 则 $Y = F_X(X)$ 也是随机变量, 且 Y 的值均匀分布在 0 和 1 之间。如果切换坐标轴, 让 $Y = F_X(X)$ 在 x 轴上而 X 在 y 轴上, 曲线就是 Y 的逆累积分布函数, 它将 Y 的值映射到 X 的值上。

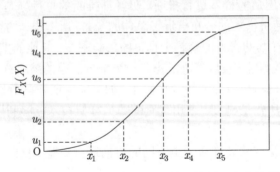

图 20.2　累积分布函数将随机变量 X 的值 (它可以取区间 (a, b) 上的值) 映射到区间 $[0, 1]$ 上的值, 而逆累积分布函数将区间 $[0, 1]$ 上的值映射到区间 (a, b) 中的值

例 20.2　莉亚想用逆概率积分变换从参数 $\lambda = 2$ 的指数分布抽样。我们以前没有遇到过指数分布。它是参数为 1 的伽马分布的特例, 即 $\mathrm{Exp}(\lambda) = Ga(r = 1, v = \lambda)$。如此一来, 概率密度函数简化为

$$g(x; r = 1, v = \lambda) = \frac{\lambda^1 x^{1-1} \mathrm{e}^{-\lambda x}}{\Gamma(1)} = \lambda \mathrm{e}^{-\lambda x}。$$

因此, 累积分布函数为

$$G(x; \lambda) = \int_0^x \lambda \mathrm{e}^{-\lambda t} \mathrm{d}t = \left[-\mathrm{e}^{-\lambda t}\right]_0^x = 1 - \mathrm{e}^{-\lambda x}。$$

莉亚知道求该函数的逆易如反掌, 即

$$G^{-1}(p; \lambda) = -\lambda \log(1 - p)。$$

她生成 10000 个均匀分布 $U(0, 1)$ 的随机数, 并对每个数 u_i 计算 $x_i = -2 \log(1 - u_i)$。图 20.3 所示为莉亚的样本。　∎

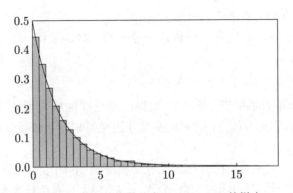

图 20.3　莉亚的指数分布 $\mathrm{Exp}(\lambda = 2)$ 的样本

舍选抽样

舍选抽样或更常用的拒绝抽样, 可追溯到著名数学家 John von Neumann (1951) 的工作, 更远可追溯到 18 世纪Buffon 投针问题的一个特例。舍选抽样的想法及其实现非常简单: 要从概率密度函数为 $f(x)$ 的分布中抽样并非易事, 但从包络 $f(x)$ 的概率密度函数 $g(x)$ 抽样却易如反掌。$g(x)$ 包络 $f(x)$ 的数学表示为, 对所有的 x, $f(x) \leqslant Mg(x)$ 其中 M 为一个常数。它仅表示 $g(x)$ 的高度或它的一些缩放版本 $Mg(x)$ 必须大于 $f(x)$。$f(x)$ 有时被称为目标密度, 而 $g(x)$ 被称为候选密度或建议密度。有时候会用"分布"替代"密度"。用下列算法, 我们可以通过从 $g(x)$ 抽样得到 $f(x)$ 的样本:

1. 从 $g(x)$ 抽样 x, 并且取 $u \sim U[0,1]$。
2. 如果 $u < f(x)/(Mg(x))$, 则接受 x。
3. 否则拒绝 x。
4. 重复步骤 1～ 3 直至样本大小满足要求。

这个算法根据步骤 2 和步骤 3 命名。

实际上我们不需要 $f(x)$ 一定是合适的概率密度函数, 只需要 $f(x) \geqslant 0$。原因很简单。若对所有 x, $f(x) \geqslant 0$ 成立, 且

$$\int_{-\infty}^{\infty} f(x)\mathrm{d}x = c,$$

其中 c 是某个非零的有限常数, 则通过用 $k = 1/c$ 缩放使 $f(x)$ 成为概率密度函数。即若 $h(x) = kf(x)$, 则

$$\int_{-\infty}^{\infty} h(x)\mathrm{d}x = \int_{-\infty}^{\infty} kf(x)\mathrm{d}x = k\int_{-\infty}^{\infty} f(x)\mathrm{d}x = \frac{c}{c} = 1。$$

如果 k 已知, 可以相应地缩放 $f(x)$。我们以相同的比例因子缩放 $g(x)$ 以确保 $f(x) \leqslant Mg(x)$。这时缩放因子会被约去, 因为在计算 $\dfrac{kf(x)}{Mkg(x)}$ 时, k 同时出现在分子和分母中。在计算概率密度函数时若不需要这个常数就不必计算它。

例 20.3 菲奥娜要从 $\mathrm{Be}(2,2)$ 分布中抽样。她的统计学程序中没有贝塔随机数生成器, 但有均匀随机数生成器。菲奥娜知道 $\mathrm{Be}(2,2)$ 随机变量与均匀 $U(0,1)$ 随机变量的范围相同, 并且 $\mathrm{Be}(2,2)$ 密度与 $\pi^{2-1}(1-\pi)^{2-1} = \pi(1-\pi)$ 成比例。凭借函数的图形或利用微积分很容易证明这个函数在 $\pi = 0.5$ 时取到极大值 0.25。所以, 如果菲奥娜选择 $M = 0.25$, 则对所有的 $0 < x < 1$, $Mg(x) = M > f(x)$, 如图 20.4 所示。她抽取大约 15000 对均匀随机数, 得到大小为 10000 的样本。图 20.5 为菲奥娜的样本的直方图。■

这个例子凸显出简单拒绝抽样的一个缺点, 它的效率可能非常低。所谓的"低效"是指从候选分布采集的样本比所需的目标分布的样本多得多。效率取决于 (比例缩放的) 目标密度与 (比例缩放的) 候选密度下方的面积的比值。如果候选密度非常接近目标密度,

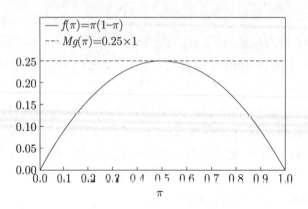

图 20.4　菲奥娜的目标密度和建议密度

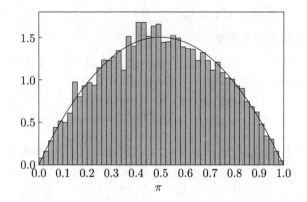

图 20.5　菲奥娜的大小为 10000 的样本

抽样效率会很高。如果候选密度与目标密度相差甚远, 抽样就是低效的。在多元目标分布中这个问题会更严重。

例 20.3 (续)　菲奥娜的缩放候选密度下方的面积为

$$1 \times 0.25 = 0.25。$$

没有缩放的目标密度下方的面积是

$$\int_0^1 \pi(1-\pi)\mathrm{d}\pi = \left[\frac{\pi^2}{2} - \frac{\pi^3}{3}\right]_0^1 = \frac{1}{2} - \frac{1}{3} = \frac{1}{6}。$$

两个面积的比为

$$\frac{1}{6} \div \frac{1}{4} = \frac{4}{6} = \frac{2}{3}。$$

所以她的抽样方案的效率大约只有 66.7%。也就是说, 要得到两个 Be(2, 2) 随机变量她需要采集 3 对均匀随机变量。可见, 这个理论结果与现实非常吻合, 因为菲奥娜生成了 14989(≈15000) 对随机变量才得到大小为 10000 的样本。

丹尼尔认为用梯形候选密度会更好, 他提出的函数为

$$g(\pi) = \begin{cases} \pi, & 0 \leqslant \pi < 0.25, \\ 0.25, & 0.25 \leqslant \pi < 0.75, \\ 1 - \pi, & 0.75 \leqslant \pi \leqslant 1。 \end{cases}$$

图 20.6 所示为丹尼尔的候选密度和目标密度。丹尼尔要利用逆概率变换从候选密度抽样.

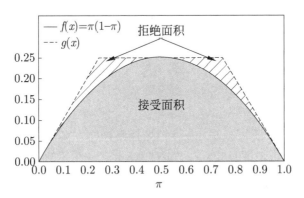

图 20.6 丹尼尔的目标密度和建议密度

为了从丹尼尔的密度抽样, 他需要找出相应的累积分布函数。需要对 $g(\pi)$ 做分段积分并适当放大以使曲线下方的面积为 1。丹尼尔的函数是对称的梯形, 所以他只需要计算 "盒子" 和一个三角形的面积。此时盒子的面积为

$$面积 = 宽 \times 高 = 0.5 \times 0.25 = 0.125。$$

而每个三角形的面积为

$$面积 = \frac{1}{2} \times 宽 \times 高 = 0.5 \times 0.25 \times 0.25 = 0.03125。$$

总面积为 $k = 0.125 + 0.03125 + 0.03125 = 0.1875$。累积分布函数为

$$G(\pi) = \frac{1}{k} \cdot \begin{cases} 0.5\pi^2, & 0 \leqslant \pi < 0.25, \\ 0.25\pi - 0.03125, & 0.25 \leqslant \pi < 0.75, \\ \pi - 0.5\pi^2 - 0.3125, & 0.75 \leqslant \pi \leqslant 1。 \end{cases}$$

接下来丹尼尔找出逆累积分布函数

$$G^{-1}(p) = \begin{cases} \sqrt{2kp}, & 0 \leqslant p < 0.25, \\ 0.125 + 4kp, & 0.25 \leqslant p < 0.75, \\ 1 - 0.25\sqrt{6 - 32kp}, & 0.75 \leqslant p \leqslant 1。 \end{cases}$$

逆累积分布函数允许丹尼尔直接从他的候选密度抽样, 然后采用拒绝抽样方案中的那些建议。候选密度比菲奥娜所用的均匀分布更接近目标密度, 但究竟有多接近还是需要看面

积的比值。菲奥娜的目标密度下方的面积是 1/6。丹尼尔的目标密度下方的面积是 0.1875 或 6/32，两个面积的比是

$$\frac{1}{6} \div \frac{6}{32} = \frac{1}{6} \times \frac{32}{6} = \frac{32}{36} = \frac{8}{9}。$$

这意味着，丹尼尔每生成 9 对均匀随机数，他平均会得到 8 个 Be(2,2) 随机变量。这次的理论结果与现实仍然非常吻合。丹尼尔生成了 11255 对均匀随机数，得到大小为 10000 的 Be(2,2) 分布的样本。

丹尼尔的抽样显然比菲奥娜的效率高，但其工作量较大。最好能有一种自动的方法来做这件事。于是就有了自适应拒绝抽样，它的一个基本思路就是要让拒绝抽样自动化。我们在下面讨论。 ∎

自适应拒绝抽样

自适应拒绝抽样的本质很容易理解。根据拒绝抽样方案中被拒绝的信息自动更新候选密度。但它的具体实现稍微有些复杂。请注意，形式最简单的自适应拒绝抽样方案只对对数凹的分布函数管用，这一点很重要。形式上，如果

$$f((1-t)x + ty) \geqslant (1-t)f(x) + tf(y)$$

对所有的 $t \in [0,1]$ 成立，则函数 $f(x)$ 是凹的。如果 $h(x) = \log f(x)$ 满足相同的不等式，则函数 $f(x)$ 是对数凹的。要证明该不等式成立可能非常麻烦。我们常用的更简单的证明是：对函数及其导数的定义域中的所有 x，如果二阶导数 $f''(x)$ 小于 0 始终成立，则 $f(x)$ 是凹的。例如，正态分布 $N(\mu, \sigma^2)$ 是对数凹的，因为

$$h(x; \mu, \sigma) = \log\left[\frac{1}{\sqrt{2\pi}\sigma} e^{-\frac{1}{2}(\frac{x-\mu}{\sigma})^2}\right] = -\frac{1}{2}\left(\frac{x-\mu}{\sigma}\right)^2 + \log\left(\frac{1}{\sqrt{2\pi}\sigma}\right)。$$

所以

$$h'(x; \mu, \sigma) = \frac{\partial h(x; \mu, \sigma)}{\partial x} = -\frac{1}{2\sigma^2} 2(x-\mu),$$

且

$$h''(x; \mu, \sigma) = \frac{\partial^2 h(x; \mu, \sigma)}{\partial x^2} = -\frac{1}{\sigma^2}。$$

由此可见，当 $\sigma > 0$ 时，$h''(x; \mu, \sigma) < 0$。其他一些对数凹的密度的例子有：

- 均匀分布 $U[a, b]$
- 伽马分布 $\text{Ga}(r, v)$，$r \geqslant 1$
- 贝塔分布 $\text{Be}(a, b)$，$a, b \geqslant 1$

另一方面，t 分布不是对数凹的。把这个方法改一改就可以处理对数凸（与对数凹相反）的分布，但这些内容已超出本书的范围。

我们首先描述自适应拒绝抽样算法

1. 求 $h(x) = h(x; \boldsymbol{\theta}) = \log f(x; \boldsymbol{\theta})$，其中 $\boldsymbol{\theta}$ 是描述分布的参数向量。

2. 计算对数密度的一阶导数 $h'(x)$, 并求解 $h'(x) = 0$ 找出使 $h(x)$ 最大的 $x_{\max}$. 注意, 不一定要精确求解, 数值方法常常能得到足够高的准确度.

3. 任选两个点 x_0 和 x_1, 满足 $x_0 < x_{\max}$, $x_1 > x_{\max}$。

4. 计算切线 $t_0(x)$ 和 $t_1(x)$. 切线 $t_i(x)$ 是通过点 $(x_i, h(x_i))$, 斜率为 $h'(x_i)$ 的直线. 因此, 切线的定义为

$$t_i(x) = h'(x_i)x + (h(x_i) - h'(x_i)x_i)。$$

每条切线可以由包含它的截距和斜率的列向量描述, 即

$$t_i(x) = h'(x_i)x + (h(x_i) - h'(x_i)x_i) = \alpha_i + \beta_i x = (1, x) \begin{pmatrix} \alpha_i \\ \beta_i \end{pmatrix}。$$

5. 通过取 $t_0(x)$ 和 $t_1(x)$ 的指数, 计算包络密度

$$g_0(x) = \begin{cases} \mathrm{e}^{t_0(x)} = \mathrm{e}^{\alpha_0 + \beta_0 x}, & -\infty < x < x_{\max}, \\ \mathrm{e}^{t_1(x)} = \mathrm{e}^{\alpha_1 + \beta_1 x}, & x_{\max} \leqslant x < +\infty。 \end{cases}$$

6. 计算积分包络密度

$$G_0(x) = \int_{-\infty}^{x} g_0(t)\mathrm{d}t$$

而 $k_0 = 1/G_0(+\infty)$ 是使 $G_0(x)$ 下方面积等于 1 所需的常数.

7. 计算逆累积分布函数 $G_0^{-1}(p)$, 它满足

$$G_0^{-1}(k_0 G_0(x)) = x。$$

8. 抽样 $(u, v) \sim U[0, 1]$。

9. 令 $x = G_0^{-1}(v)$。

10. 如果 $u \leqslant f(x)/g_0(x)$, 则接受 x, 把它作为来自目标分布的随机变量. 如果已达到目标样本的规模, 则停止; 否则重复第 $8 \sim 10$ 步.

11. 否则, 将 x 添加到切点的集合中, 并重复第 $4 \sim 11$ 步.

在这个算法描述中, 我们忽略了算法实施的一些细节, 但会在例 20.4 中讲述.

例 20.4 露西想用自适应拒绝抽样方法从 $\mathrm{Be}(2, 2)$ 密度抽样. 她的未缩放的目标密度与菲奥娜和丹尼尔的相同, 即

$$f(\pi) \propto \pi(1 - \pi), \ 0 < \pi < 1。$$

此 (未缩放的) 密度的对数为

$$h(\pi) = \log(\pi) + \log(1 - \pi)。$$

露西知道贝塔分布对 $\alpha, \beta \geqslant 1$ 是对数凹的, 但她还是要检查一下. 若对所有的 π 值, $h(\pi)$ 的二阶导数为负, 就可以证明它是对数凹的. $h(\pi)$ 的二阶导数为

$$\frac{\partial^2 h(\pi)}{\partial \pi^2} = -\frac{1}{\pi^2} - \frac{1}{(1 - \pi)^2} = -\left(\frac{1}{\pi^2} + \frac{1}{(1 - \pi)^2} \right),$$

显然, 对所有满足 $0 < \pi < 1$ 的 π, 二阶导数的值均为负。该密度是对数凹的。**注意**: 一般而言, 在考虑候选密度时无须包括在分布参数给定之后的常数项, 因为它们对函数的凹性无影响。

露西一开始先找出让 $h(\pi)$ 最大的点。在本例中, 通过观察她可以找到这个点, 因为她知道函数在 $\pi = 0.5$ 附近是对称的。不过, 一般来说通过求解 $h'(\pi) = \partial h(\pi)/\partial \pi = 0$ 能找到极大值。一阶导数为

$$h'(\pi) = \frac{1}{\pi} - \frac{1}{1-\pi},$$

令此方程等于 0 并求 π, 不出所料, 露西得到

$$\frac{1}{\pi} - \frac{1}{1-\pi} = 0, \qquad \frac{1-\pi-\pi}{\pi(1-\pi)} = 0,$$

$$1 - 2\pi = 0, \qquad \pi = \frac{1}{2} = 0.5。$$

现在她从 π 的可行值范围内任选两点, 其中一个在极大值点的下方而另一个在其上方。露西选择 $\pi_1 = 0.2$ 和 $\pi_2 = 0.8$。她需要找出这两个点各自的切线。即找出经过点 $(\pi_i, h(\pi_i))$ 并且斜率为 $h'(\pi_i)$ $(i \in \{1, 2\})$ 的直线的方程。因此要解方程

$$h(\pi_i) = h'(\pi_i)\pi_i + b,$$

求截距 b, 经过整理得到

$$b = h(\pi_i) - h'(\pi_i)\pi_i。$$

露西最先得到的两条切线为

$$\log g_0(\pi) = \begin{cases} 3.75\pi - 2.5825815, & 0 \leqslant \pi < 0.5, \\ -3.75\pi + 1.1674185, & 0.5 \leqslant \pi \leqslant 1。 \end{cases}$$

通过取 $\log g_0(\pi)$ 的指数, 她找到包络目标密度的分段指数函数, 即

$$g_0(\pi) = \begin{cases} e^{3.75\pi - 2.5825815}, & 0 \leqslant \pi < 0.5, \\ e^{-3.75\pi + 1.1674185}, & 0.5 \leqslant \pi \leqslant 1。 \end{cases}$$

该函数描述的两条指数曲线包络她的未缩放目标密度, 如图 20.7 所示。

$g_0(\pi)$ 的积分也是指数

$$\int_0^\pi g_0(t)\mathrm{d}t = \begin{cases} \dfrac{1}{3.75}\left[e^{3.75\pi - 2.5825815} - e^{-2.5825815}\right], & 0 \leqslant \pi < 0.5, \\ 0.1112683 + \dfrac{1}{-3.75}\left[e^{-3.75\pi + 1.1674185} - e^{-3.75 \times 0.5 + 1.1674185}\right], & 0.5 \leqslant \pi \leqslant 1 \end{cases}$$

$$= \begin{cases} \dfrac{1}{3.75}\left[e^{3.75\pi - 2.5825815} - e^{-2.5825815}\right], & 0 \leqslant \pi < 0.5, \\ 0.1112683 + \dfrac{1}{-3.75}\left[e^{-3.75\pi + 1.1674185 - 0.4928347}\right], & 0.5 \leqslant \pi \leqslant 1。 \end{cases}$$

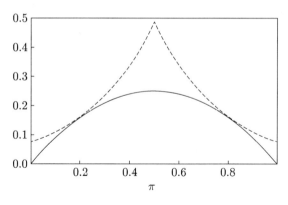

图 20.7 露西的第一个包络函数

我们需要对该函数做缩放处理使其面积为 1。我们知道 $g_0(\pi)$ 在 0.5 附近对称, 且在曲线下方 0.5 左边的面积是 0.1112683。因此, 整个函数下方的面积是它的两倍, 即 0.2225366。令 $k_0 = 1/0.2225366 = 4.4936437$。所以包络密度的累积分布函数为

$$
G_0(\pi) = k_0 \begin{cases} \dfrac{1}{\beta_0}\left[\mathrm{e}^{\beta_0\pi+\alpha_0} - \mathrm{e}^{\alpha_0}\right], & 0 \leqslant \pi < 0.5, \\[3mm] \kappa_0 + \dfrac{1}{\beta_1}\left[\mathrm{e}^{\beta_1\pi+\alpha_1} - \mathrm{e}^{0.5\beta_1+\alpha_1}\right], & 0.5 \leqslant \pi \leqslant 1。 \end{cases}
$$

其中 $\alpha_0 = -2.5825815, \beta_0 = 3.75, \alpha_1 = 1.1674185, \beta_1 = -3.75, \kappa_0 = 0.1112683$。很容易找出该累积分布函数的逆, 逆累积分布函数为

$$
G_0^{-1}(p) = \begin{cases} \dfrac{1}{\beta_0}\left(\log\left(\dfrac{\beta_0 p}{k_0} + \mathrm{e}^{\alpha_0}\right) - \alpha_0\right), & 0 \leqslant \pi < 0.5, \\[3mm] \dfrac{1}{\beta_1}\left(\log\left(\dfrac{\beta_1}{\kappa_0}\left(p - \dfrac{\kappa_0}{k_0}\right) + \mathrm{e}^{0.5\beta_1+\alpha_1}\right) - \alpha_1\right), & 0.5 \leqslant \pi \leqslant 1。 \end{cases}
$$

露西生成一对 $U[0,1]$ 随机变量 $(u,v) = (0.2875775, 0.7883051)$。然后计算

$$
\pi = G_0^{-1}(u) = 0.3811180,
$$

$$
r = f(x)/g_0(x) = 0.7474424。
$$

因为 $v > r$, 露西拒绝 $\pi = 0.3811180$。可以将被拒绝的候选值看成是处于包络函数与目标密度匹配不够紧密的区域中。所以, 露西利用该信息调整她的包络函数。首先, 她计算在 $\pi = 0.3811180$ 处的新切线, 得到

$$
t_2(\pi) = -1.8286698 + 1.0080420\pi。
$$

新的包络函数 $g_1(\pi)$ 含有 $\mathrm{e}^{t_2(\pi)}$。但露西需要决定, 对任意 π 值, 是哪一条切线最接近对数密度 (哪一个指数函数最接近初始密度)。要做到这一点有几种方法, 这些方法都很冗

长乏味。露西决定利用新的点处于 $\pi_0 = 0.2$ 和 $\pi_1 = 0.8$ 之间这个事实, 所以, 在这些直线相交的范围内, 新的切线最接近对数密度, 如图 20.8 所示。

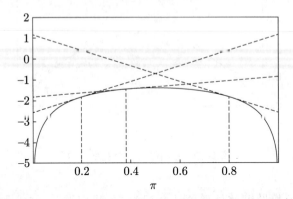

图 20.8   在其他切线相交所定义的范围内, 新切线最接近对数密度

在点 $\pi = 0.2749537$ 和 $\pi = 0.6296894$ 处切线相交。因此露西的新包络函数 $g_1(\pi)$ 为

$$
g_1(\pi) = \begin{cases}
e^{3.75\pi - 2.5825815}, & 0 \leqslant \pi < 0.2749537, \\
e^{-1.8286698 + 1.0080420\pi}, & 0.2749537 \leqslant \pi < 0.6296894, \\
e^{-3.75\pi + 1.1674185}, & 0.6296894 \leqslant \pi \leqslant 1。
\end{cases}
$$

图 20.9 所示为经过露西更新之后的包络函数。这时候求积分非常烦琐又极易出错。不过, 因为包络的组成部分是很光滑的函数, Minitab 中的tintegral 或 R 中的 **sintegral** 都能准确地进行数值积分。露西用这些函数算出新包络函数下方的面积为 0.1873906, 所以在单次迭代中抽样效率从 $100\% \times \dfrac{1}{6} \div 0.2225366 \approx 74.9\%$ 增加到 $100\% \times \dfrac{1}{6} \div 0.1873906 \approx 88.9\%$。在这种情况下同样没必要找出所有切线的交点。若描述各切线的列向量保存在矩阵 $\boldsymbol{\beta}$ 中, 就可以将第 n 次更新后的包络函数 $g_n(\pi)$ 定义为

$$
g_n(\pi) = \min_{j=1,2,\cdots,n} (1, \pi)\boldsymbol{\beta}。
$$

这个 "花招" 管用, 因为我们知道所有的切线都是目标密度的上界。它们位于目标密度的上方。我们要求密度是对数凹的原因正在于此。给定 π 的值, 最接近的切线是取值最小的那一条。这样做会浪费一些计算量, 但对现代计算机而言, 所用的时间微不足道。

露西用这个算法只需要生成 10037 对 $U[0,1]$ 随机数, 就可以从 Be(2,2) 密度中得到大小为 10000 的样本。最后 (总共进行 36 次更新之后) 的包络函数的效率大约是 99.82%; 实际上, 生成大约 1100 对 $U[0,1]$ 随机数并经过 14 次更新后, 抽样器的效率就已经超过99%。 ■

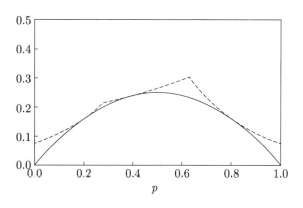

图 20.9　更新后的包络函数

20.2　抽样—重要性—再抽样

若要估计稀有事件的概率, 常常绕不开重要性抽样这个话题。重要性抽样通过从重要性密度抽样并对所得观测重新赋予相应的权重来解决这个问题。

如果 X 是概率密度函数为 $p(x)$ 的随机变量, $f(X)$ 是 X 的某个函数, $f(X)$ 的期望则为

$$\mathrm{E}[f(X)] = \int_{-\infty}^{+\infty} f(x)p(x)\mathrm{d}x。$$

如果 $h(x)$ 也是概率密度, 其支撑包含 $p(x)$ 的支撑 (即对任意 x, 若 $p(x) > 0$, 则 $h(x) > 0$), 该积分可以改写为

$$\mathrm{E}[f(X)] = \int_{-\infty}^{+\infty} f(x)\frac{p(x)}{h(x)}h(x)\mathrm{d}x。$$

$h(x)$ 为重要性密度, 而比值 $p(x)/h(x)$ 被称为似然比。所以, 如果从 $h(x)$ 采集到大样本, 该积分可以近似为

$$\mathrm{E}[f(X)] = \frac{1}{N}\sum_{i=1}^{N} w_i f(x_i),$$

其中 $w_i = p(x_i)/h(x_i)$ 是重要性权重, N 为样本大小。

此方案的效率与重要性密度在所考虑的区域内是否紧紧跟随目标密度有关。一个好的重要性密度既易于抽样又能够紧跟目标密度。选择好的重要性密度的过程被称为调谐, 这个过程通常都很困难。

例 20.5　卡琳想用重要性抽样来估计 "观测到的正态随机变量超过均值 5 个标准差" 的概率, 即卡琳希望估计 P

$$P = 1 - \Phi(5) = \int_{5}^{+\infty} \frac{1}{\sqrt{2\pi}}\mathrm{e}^{-\frac{x}{2}}\mathrm{d}x。$$

卡琳知道她可以通过采集大小为 N 的标准正态分布的样本并计算

$$\mathrm{E}[I(X > 5)] = \frac{1}{N} \sum_{i=1}^{N} I(x_i > 5)$$

来近似 P。然而, 这种做法的效率太低, 因为在 1000 万个变量中只有不到 3 个会超过 5, 这意味着绝大多数的估计都会是 0, 除非 N 非常大。

不过, 卡琳知道她可以生成一个移位指数分布, 对大于 5 的所有 x, 其概率密度函数都支配标准正态密度。若考虑随机变量 $Y = X + \delta$, 其中 X 是均值为 1 的指数分布并且 $\delta > 0$, 就会产生移位指数分布。如果 $\delta = 5$, 则 Y 的概率密度函数为

$$h(y) = \mathrm{e}^{-(y-5)} = \mathrm{e}^{(5-y)}。$$

如果卡琳将 $h(y)$ 作为她的重要性密度, 重要性抽样方案如下:

1. 取随机样本 $x_1, x_2, \cdots, x_N$ 满足 $x_i \sim \mathrm{Exp}(1)$
2. 设 $y_i = x_i + 5$
3. 计算

$$\frac{1}{N} \sum_{i=1}^{N} \frac{p(y_i)}{h(y_i)} I(y_i > 5)。$$

其中 $p(\cdot)$ 为标准正态概率密度函数。假设她知道所有的 y_i 值都大于 5, 此式简化为

$$\frac{1}{N} \sum_{i=1}^{N} \frac{p(y_i)}{h(y_i)}。$$

卡琳选择 $N = 100000$ 并重复这个过程 100 次以尝试并理解重要性样本估计的变异性。她看到, 与简单蒙特卡罗方法相比, 由重要性抽样方法得到的估计更好 (图 20.10)。真值 (由数值积分计算得到的) 是 2.8665157×10^{-7}。卡琳的 100 个重要性抽样估计的均值是 2.8675162×10^{-7}, 而她的蒙特卡罗估计的均值是 2.815×10^{-7}。蒙特卡罗估计的标准差是 4.7×10^{-8}, 重要性抽样估计的标准差是 1.4×10^{-9}。显然, 本例中重要性抽样方法凭借很少的计算量就达到了更高的准确度和精度。∎

重要性抽样方法能帮助我们计算未缩放的后验密度样本的函数, 如均值或四分位数。但它无助于我们从后验密度抽样。要做到这一点需要对重要性抽样算法稍加扩展。

1. 从重要性密度采集一个大样本, $\boldsymbol{\theta} = \{\theta_1, \theta_2, \cdots, \theta_N\}$。
2. 对每一个采集到的样本值, 计算重要性权重

$$w_i = \frac{p(\theta_i)}{h(\theta_i)}。$$

3. 计算正规化权重:

$$r_i = \frac{w_i}{\displaystyle\sum_{i=1}^{N} w_i}。$$

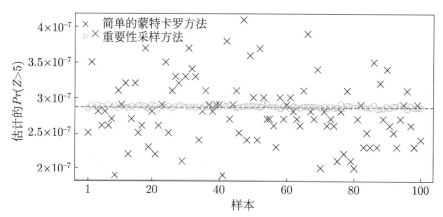

图 20.10 $P_r(Z > 5), Z \sim N(0,1)$ 的 100 个估计。用大小为 100000 的样本和重要性抽样方法与大小为 10^8 的样本和简单的蒙特卡罗方法的对比

4. 从 $\boldsymbol{\theta}$ 中以 r_i 给出的概率, 以抽样后放回的方式抽取大小为 N' 的样本。

这种与重要性权重结合的再抽样方法被称作抽样-重要性-再抽样或 SIR 。该方法有时候被称为贝叶斯引导。如果 N 较小, 则 N' 应该更小, 否则样本会包含太多重复的值。一般来说, 如果 N 较大 ($N \geqslant 100000$) 就可以放松对 N' 的限制。

例 20.6 利维亚想从 $\mathrm{Be}(2, 8)$ 分布抽取一个随机样本 θ。她知道密度的均值是 $2/(2 + 8) = 0.2$, 方差为

$$\frac{2 \times 8}{(2 + 8)^2 \times (2 + 8 + 1)} \approx 0.015;$$

所以她决定使用 $N(0.2, 0.015)$ 密度作为重要性密度。该密度的支撑 $(-\infty, +\infty)$ 包含 $\mathrm{Be}(2, 8)$ 密度的支撑 $[0, 1]$, 这意味着它具有重要性密度的作用。这种选择的效率可能很低, 因为位于 $[0, 1]$ 之外的值的权重为 0, 但利维亚利用正态分布的性质证明, 平均只在 5% 的时间内会出现这种情况, 即如果 $X \sim N(0.2, 0.015)$, 则 $P_r(X < 0) + P_r(X > 1) \approx 0.05$。

利维亚采集了大小为 $N = 100000$ 的样本, 并计算重要性权重

$$w_i = \begin{cases} \dfrac{\theta_i^1 (1 - \theta_i)^7}{\mathrm{e}^{-\frac{(\theta_i - 0.2)^2}{2 \times 0.015}}}, & 0 < \theta_i < 1, \\[2mm] 0, & \text{其他}。 \end{cases}$$

利维亚不必费心去计算每一个密度的常数, 因为对每个 θ_i 而言, 它们是相同的, 因此只需要用常数比例因子改变权重, 而比例因子在计算正规化权重 r_i 时会被约去。

利维亚随后从 $\boldsymbol{\theta}$ 以抽样后放回的方式抽取大小为 $N' = 10000$ 的样本。图 20.11 所示为所得样本。 ■

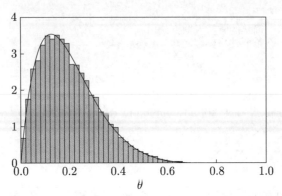

图 20.11　用 SIR 方法和 $N(0.2, 0.015)$ 重要性密度, 从 Be(2,8) 密度采集的大小为 10000 的样本

20.3　马尔可夫链蒙特卡罗方法

马尔可夫蒙特卡罗 (MCMC) 方法让贝叶斯统计向前迈进了一大步。这些方法允许用户从准确的后验 $g(\theta|y)$ 抽样, 即使只知道后验的比例形式 $g(\theta)f(y|\theta)$ (根据贝叶斯定理给出的先验和似然的乘积)。推断则是基于后验的样本而不是准确的后验。MCMC 方法可用于参数较多的非常复杂的模型。因此, 应用统计学家在很多模型中都可以使用贝叶斯推断。我们先简要概述马尔可夫链。

马尔可夫链

马尔可夫链是一个过程模型, 它在一组状态之间移动, 状态的转换涉及随机偶然的因素。它通过某个转移概率随机选择未来的状态。马尔可夫链具有"无记忆"的性质, 即给定过程的过去和当前状态, 未来状态只依赖于当前状态, 与过去状态无关。这个性质被称为马尔可夫性。马尔可夫链的转移概率只依赖于当前状态。每个状态只与前一个状态关联与更早的状态无关。它与过去的连接方式像一条链而不似一根绳。状态的集合被称为状态空间, 它可以是离散的也可以是连续的。

我们只考虑每步转移概率不随时间改变的马尔可夫链。这种类型的链被称为时不变的。

马尔可夫链的每个状态可以分为瞬态、零常返态或正常返态。马尔可夫链只会有限次地回到瞬态。最终, 链会离开瞬态不再回来。马尔可夫链会无限次地回到零常返态。不过, 回到零常返态之间的平均时间也是无限的。马尔可夫链会无限次地回到正常返态, 且平均返回时间是有限的。

马尔可夫链被称为不可约马尔可夫链, 如果从任一状态都有可能到达其他状态。不可约马尔可夫链中的所有状态为同一个类型。所有状态为正常返态的不可约马尔可夫链被称为遍历马尔可夫链。我们只使用遍历马尔可夫链, 因为它们具有唯一的长期概率分布 (或连续状态空间中的概率密度), 由转移概率得到稳态方程, 该方程的唯一解就是长期概率分布。

在马尔可夫蒙特卡罗方法中, 我们需要找出与参数的后验分布相对应的马尔可夫链, 该链的状态集为参数空间, 即所有可能的参数值的集合; 该链的长期概率与后验分布 $g(\theta|y)$ 相同。

Metropolis-Hastings 算法和 Gibbs 抽样算法是两种主要的求长期概率分布的方法。Metropolis-Hastings 算法的基本思想是要平衡每一对状态的稳态概率流。Metropolis-Hastings 算法可以 (1) 一次性地应用于所有的参数, 或 (2) 给定其他块的参数值, 逐个应用于每一块的参数。Gibbs 抽样算法在参数之间循环, 给定其他参数最近的值和数据, 依次从参数的条件分布对每个参数抽样。在一般情况下要找出参数的条件分布并非易事。但当参数模型具有分层的结构时, 就很容易把它们找出来。Gibbs 抽样器在这种情况下最为有用。Metropolis-Hastings 算法最常用, 我们将会看到 Gibbs 抽样器是分块 Metropolis-Hastings 算法的一个特例。

单一参数的 Metropolis-Hastings 算法

与前面讨论过的许多技术一样, Metropolis-Hastings 算法的目的是通过挑选采自候选密度的值来对某个目标密度抽样。选择是否接受一个候选值 (只) 取决于前一个被接受的值, 候选值有时候也被称为建议。这意味着, 算法要从一个初值开始, 还要有一个接受或转移概率。如果转移概率是对称的, 则由这个过程产生的值的序列形成马尔可夫链。所谓对称是指从状态 θ 转移到状态 θ' 的概率与从状态 θ' 转移到状态 θ 的概率相同。若 $g(\theta|y)$ 为未缩放的后验分布, $q(\theta, \theta')$ 是候选密度, 则由

$$\alpha(\theta, \theta') = \min\left\{1, \frac{g(\theta'|y)q(\theta', \theta)}{g(\theta|y)q(\theta, \theta')}\right\}$$

定义的转移概率满足对称转移的要求。这个接受概率由 Metropolis et al。(1953) 提出。Metropolis-Hastings 算法的步骤如下:

1. 从初值 $\theta^{(0)}$ 开始。
2. 对于 $i = 1, 2, \cdots, n$ 进行下列操作。
   (1) 从 $q(\theta^{(i-1)}, \theta')$ 抽取 θ';
   (2) 计算概率 $\alpha(\theta^{(i-1)}, \theta')$;
   (3) 从 $U(0,1)$ 抽取 u;
   (4) 如果 $u < \alpha(\theta^{(i-1)}, \theta')$, 则令 $\theta^{(i)} = \theta'$, 否则令 $\theta^{(i)} = \theta^{(i-1)}$。

若候选密度 $q(\theta, \theta')$ 越接近于目标 $g(\theta|y)$, 被接受的候选就越多。实际上, 若候选密度与目标的形状相同, 即

$$q(\theta, \theta') = kg(\theta'|y),$$

接受概率为

$$\alpha(\theta, \theta') = \min\left\{1, \frac{g(\theta'|y)q(\theta', \theta)}{g(\theta|y)q(\theta, \theta')}\right\} = \min\left\{1, \frac{g(\theta'|y)g(\theta|y)}{g(\theta|y)g(\theta'|y)}\right\} = 1。$$

因此, 在这种情况下所有候选都会被接受。

　　这个算法有两个常见的变种。当候选密度以当前值为中心呈对称分布时，我们得到第一个变种，即

$$q(\theta, \theta') = q_1(\theta' - \theta),$$

其中 $q_1(\cdot)$ 是在 0 附近对称的函数。它被称为随机游走候选密度。对称意味着 $q_1(\theta' - \theta) = q_1(\theta - \theta')$，因此，接受概率简化为

$$\alpha(\theta, \theta') = \min\left\{1, \frac{g(\theta'|y)q(\theta', \theta)}{g(\theta|y)q(\theta, \theta')}\right\} = \min\left\{1, \frac{g(\theta'|y)}{g(\theta|y)}\right\}.$$

这个接受概率意味着，任何建议 θ'，只要其目标密度值比当前值 θ 的目标密度值大就会被接受。也就是说，链总是在上坡。另一方面，如果建议比当前值的可能性小，则只会以一定的概率接受这个建议，接受概率与两个目标密度值的比成正比。也就是说，链会以非零的概率下坡。这个方案让链随着时间的推移探索参数，但链的移动一般较小，所以要探索整个参数空间可能需要很长的时间。

　　例 20.7　塔玛缇有未缩放的目标密度

$$g(\theta|y) = 0.7 \times \mathrm{e}^{-\frac{\theta^2}{2}} + 0.15 \times \frac{1}{0.5}\mathrm{e}^{-\frac{1}{2}\left(\frac{\theta-3}{0.5}\right)^2} + 0.15 \times \frac{1}{0.5}\mathrm{e}^{-\frac{1}{2}\left(\frac{\theta+3}{0.5}\right)^2}.$$

这是 $N(0,1)$，$N(3, 0.5^2)$ 和 $N(-3, 0.5^2)$ 的混合。塔玛缇决定使用随机游走的候选密度，其形状为

$$q(\theta, \theta') = \mathrm{e}^{-\frac{(\theta-\theta')^2}{2}}.$$

令初始值为 $\theta = 2$。图 20.12 显示用随机游走候选得到的 Metropolis-Hastings 链的前 6 个连续抽样。表 20.2 为链的前 6 个抽样概览。塔玛缇看到，抽样 1，3 和 5 中的建议比当前状态更有可能被接受 (因此 $\alpha = 1$)，所以链会自动移动到这些状态。抽样 2 和 4 中的候选值的可能性稍微小些 ($0 < \alpha < 1$)，但是被接受的机会仍然相当高。不过第 6 次抽样的建议非常糟糕 ($\alpha = 0.028$) 因此不会被选中。图 20.13 所示为采用随机游走密度的 Metropolis-Hastings 链的前 1000 个值的轨迹图和直方图。由图可见，抽样器在空间中的移动让人非常满意，因为轨迹图有规律的变化。如果抽样器的移动不佳，轨迹图会包含平坦的点。若存在局部极大值 (或极小值) 或者似然表面非常平坦，就可能出现这种情况。塔玛缇还看到，抽样器偶尔会从尾部选择极端的值，但是很快又倾向于跳回到中间区域。从链中抽样的值已开始形成目标密度的形状，但还不完全。图 20.14 所示为 Metropolis-Hastings 链的 5000 和 20000 次抽样的直方图。塔玛缇看到，随着抽样次数的增加，链会越来越接近真正的后验密度。■

　　第二个变种被称为独立候选密度。由 Hastings (1970) 提出的这种马尔可夫链的候选密度不依赖于链的当前值，故称之为独立候选密度，并且

$$q(\theta, \theta') = q_2(\theta'),$$

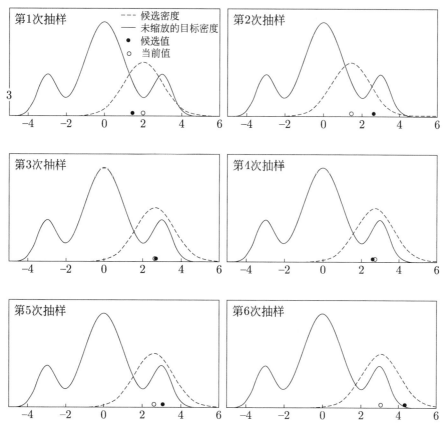

图 20.12 用随机游走候选密度的 Metropolis-Hastings 链的 6 个连续抽样。注意: 候选密度以当前值为中心

表 20.2 用随机游走候选密度的链的前 6 次抽样一览

抽样	当前值	候选	α	μ	接受与否
1	2.000	1.440	1.000	0.409	是
2	1.440	2.630	0.998	0.046	是
3	2.630	2.700	1.000	0.551	是
4	2.700	2.591	0.889	0.453	是
5	2.591	3.052	1.000	0.103	是
6	3.052	4.333	0.028	0.042	否

其中 $q_2(\theta)$ 是在尾部支配目标密度的某个函数。这个要求与舍选抽样中对候选密度的要求相同。对独立候选密度的接受概率简化为

$$\alpha(\theta; , \theta') = \min\left\{1, \frac{g(\theta'|y)q(\theta', \theta)}{g(\theta|y)q(\theta, \theta')}\right\} = \min\left\{1, \frac{g(\theta'|y)q_2(\theta)}{g(\theta|y)q_2(\theta')}\right\}.$$

例 20.7(续) 塔玛缇的朋友阿罗哈认为用独立候选密度也许更好。阿罗哈用

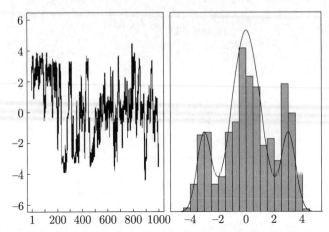

图 20.13 用标准差为 1 的随机游走候选密度的 1000 个 Metropolis-Hastings 值的轨迹图和直方图

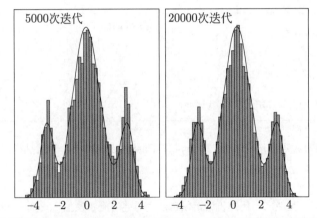

图 20.14 用标准差为 1 的随机游走候选密度的 Metropolis-Hastings 链的 5000 次和 20000 次抽样的直方图

$N(0, 3^2)$ 密度作为独立候选密度, 因为它很好地覆盖目标密度。表 20.3 为链的前 6 次抽样的概览。图 20.15 所示是用均值为 0 标准差为 3 的独立候选密度的 Metropolis-Hastings 链前 1000 次抽样的轨迹图和直方图。独立候选密度允许有更大的跳变, 但与随机游走的链相比, 它接受的建议可能更少。接受越多对参数空间的探索就越快。阿罗哈看到 Metropolis-Hastings 链在空间中的移动令人非常满意。在本例的 20000 次迭代中, 阿罗哈的链比塔玛缇的链少接受 2400 个建议。直方图显示, 该链与从真正的后验抽样还有一段距离。图 20.16 所示为链的 5000 次和 20000 次抽样的直方图。阿罗哈看到, 随着抽样次数的增加, 链会越来越接近真正的后验密度。 ■

表 20.3　用独立候选密度的链的前 6 次抽样一览

抽样	当前值	候选	α	μ	接受与否
1	2.000	−4.031	0.526	0.733	否
2	2.000	3.137	1.000	0.332	是
3	3.137	−4.167	0.102	0.238	否
4	3.137	−0.875	0.980	0.218	是
5	−0.875	2.072	0.345	0.599	否
6	−0.875	1.164	0.770	0.453	是

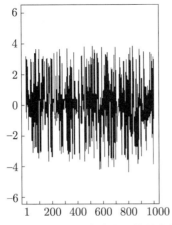 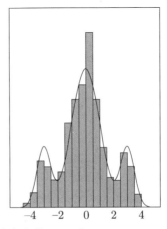

图 20.15　用均值为 0 而标准差为 3 的独立候选密度的 1000 个 Metropolis-Hastings 值的轨迹图和直方图

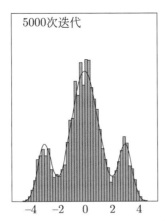 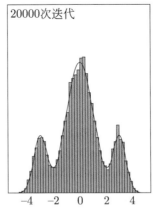

图 20.16　用均值为 0 而标准差为 3 的独立候选密度的 Metropolis-Hastings 链的 5000 和 20000 次抽样的直方图

Gibbs 抽样

与多参数问题更为相关的是 Gibbs 抽样。我们很容易将 Metropolis-Hastings 算法扩展用来处理有多个参数的问题。但是，算法的接受率一般会随着参数个数的增加而下降。在每次迭代中只更新一个参数块可以提高 Metropolis-Hastings 算法中的接受率。由此得到分块 Metropolis-Hastings算法。Gibbs 抽样算法是分块 Metropolis-Hastings 算法的一个特例。它取决于给定其他参数值，能否导出一个参数 (块) 的真正的条件密度。Gibbs 抽样算法特别适合所谓的分层模型，因为在分层模型中参数之间的依赖关系有明确的定义。

假设给定其他参数，我们对每个参数在每一步用真正的条件密度作为候选密度。在这种情况下

$$q(\theta_j, \theta_j'|\boldsymbol{\theta}_{-j}) = g(\theta_j|\boldsymbol{\theta}_{-j}, \boldsymbol{y}),$$

其中 $\boldsymbol{\theta}_{-j}$ 是除第 j 个参数外的所有参数的集合。因此，在第 n 步，θ_j 的接受概率为

$$\alpha\left(\theta_j^{(n-1)}, \theta_j'|\boldsymbol{\theta}_{-j}^{(n)}\right) = \min\left\{1, \frac{g(\theta_j'|\boldsymbol{\theta}_{-j}, \boldsymbol{y})q(\theta_j', \theta_j|\boldsymbol{\theta}_{-j})}{g(\theta_j|\boldsymbol{\theta}_{-j}, \boldsymbol{y})q(\theta_j, \boldsymbol{\theta}_{-j}|\boldsymbol{\theta}_{-j})}\right\} = 1。$$

所以每一步都会接受候选。给定其他块的值为最近抽中的值，我们从每个候选块的真正的条件密度抽样，这就是所谓的 Gibbs 抽样。Geman and Geman (1984) 提出这个算法，用于根据噪声信号重构图像。他们用 Josiah Willard Gibbs 为算法命名，Gibbs 发明了类似算法，可用来确定气体在平衡时的能量状态。该算法以其他所有粒子的能量水平为条件，循环采集每一个粒子的能量状态。该算法为统计力学奠定了基础。

例 20.8　假设有两个参数 θ_1 和 θ_2。如果目标密度是我们熟悉的函数，而且还能对它进行分析，我们就会知道目标密度的随机样本应该是什么样子。我们采用二维正态分布 $\mathrm{MVN}(\boldsymbol{\mu}, \boldsymbol{V})$，其均值向量和协方差矩阵为

$$\boldsymbol{\mu} = \begin{pmatrix} 0 \\ 0 \end{pmatrix}, \quad \boldsymbol{V} = \begin{pmatrix} 1 & \rho \\ \rho & 1 \end{pmatrix}。$$

假设令 $\rho = 0.9$，则未缩放的目标 (后验) 密度的公式为

$$g(\theta_1, \theta_2) \propto \mathrm{e}^{-\frac{1}{2(1-0.9^2)}(\theta_1^2 - 2\times 0.9 \times \theta_1\theta_2 + \theta_2^2)},$$

给定 θ_2，θ_1 的条件密度是 $N(m_1, s_1^2)$，其中

$$m_1 = \rho\theta_2, \quad s_1^2 = (1 - \rho^2)。$$

给定 θ_1，θ_2 的条件密度也是 $N(m_2, s_2^2)$，其中

$$m_2 = \rho\theta_1, \quad s_2^2 = (1 - \rho^2)。$$

首先，θ_2 固定为最近的抽样值，我们从 θ_1 的密度抽样，然后 θ_1 固定为最近的抽样值，从 θ_2 的密度抽样，这样交替进行抽样。无须计算接受概率，因为我们知道它永远等于 1。

表 20.4 所示为算法开始的前 3 步。θ_1 的初值是 2。然后从 $N(0.9 \times \theta_1 = 0.9 \times 2, 1 - 0.9^2)$ 抽取 θ_2。抽样值是 $\theta_2 = 1.5557$。因为候选密度等于目标密度，该值会被接受，所以接受概率为 1。接下来从 $N(0.9 \times \theta_2 = 0.9 \times 1.5556943, 1 - 0.9^2)$ 抽取 θ_1。抽样值是 $\theta_1 = 1.2998$，等等。

表 20.4   使用 Gibbs 抽样的前 3 步概览

步数	当前值
1	(2.0000, 1.5557)
2	(1.2998, 1.8492)
3	(1.6950, 1.5819)

图 20.17 所示为 Gibbs 抽样链的 1000 步的轨迹图。图 20.18 所示为 Gibbs 抽样链中 1000 步的 θ_2 对 θ_1 散点图。图 20.19 是 Gibbs 抽样器的 5000 步和 20000 步的 θ_1 和 θ_2 的直方图及其准确的边缘后验。

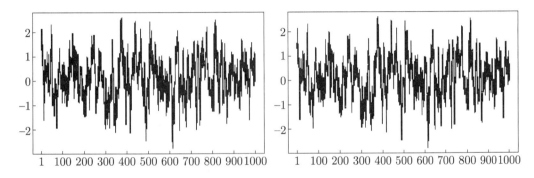

图 20.17   Gibbs 抽样链的 1000 步的轨迹图

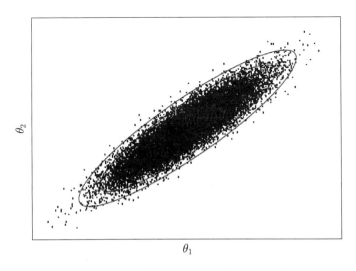

图 20.18   Gibbs 抽样链中 1000 步的 θ_2 对 θ_1 散点图

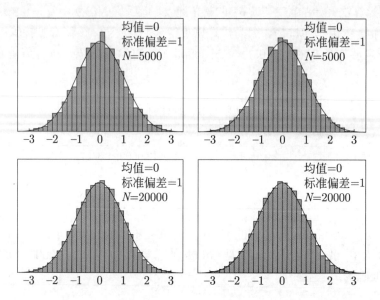

图 20.19　Gibbs 抽样器 5000 步和 20000 步的 θ_1 和 θ_2 的直方图

从二元正态分布抽样不会遇到真正的挑战, 实际上我们可以直接进行抽样而无须使用 Gibbs 抽样。为了弄清楚 Gibbs 抽样的用法, 我们回到均值差的问题, 这里没有方差相等的假设。在第 17 章的末尾我们曾经讨论过这个问题。

假设有两个独立观测样本, $\boldsymbol{y}_1 = \{y_{1,1}, y_{1,2}, \cdots, y_{1,n_1}\}$ 和 $\boldsymbol{y}_2 = \{y_{2,1}, y_{2,2}, \cdots, y_{2,n_2}\}$, 它们分别来自参数 (μ_1, σ_1) 和 (μ_2, σ_2) 都未知的正态分布。我们主要感兴趣的是在给定数据下均值的后验差 $\delta = \mu_1 - \mu_2$。我们对每个参数使用独立的共轭先验。因为在问题的描述中指定参数相互独立, 我们分别考虑每个分布的参数集。设 μ_j 的先验分布为 $N(m_j, s_j^2)$ 并设 σ_j^2 的先验分布为 S_j 倍的自由度为 κ_j 的逆卡方分布, 这里 $j = 1, 2$。

我们使用 Gibbs 抽样器从不完全知道的后验抽样。假设其他参数已知, 每个参数的条件分布如下:

1. 当 μ_j 已知时, σ_j^2 的完全条件分布是

$$g_{\sigma_j^2}(\sigma_j^2|\mu_j, y_{j,1}, y_{j,2}, \cdots, y_{j,n_j}) \propto g_{\sigma_j^2}(\sigma_j^2) f(y_{j,1}, y_{j,2}, \cdots, y_{j,n_j}|\mu_j, \sigma_j^2)。$$

因为使用的先验是 S_j 倍的自由度为 κ_j 的逆卡方, 它将是 S_j' 倍的自由度为 κ_j' 的逆卡方, 其中

$$S_j' = S_j + \sum_{i=1}^{n_k} (y_{j,i} - \mu_j)^2, \quad \kappa_j' = \kappa_j + n_j。 \tag{20.1}$$

2. 当 σ_j^2 已知时, μ_j 的完全条件分布是

$$g_{\mu_j}(\mu_j|\sigma_j^2, y_{j,1}, y_{j,2}, \cdots, y_{j,n_j}) \propto g_\mu(\mu) f(y_{j,1}, y_{j,2}, \cdots, y_{j,n_j}|\mu_j)。$$

因为使用的是 $N(m_j, s_j^2)$ 先验, 我们知道它会是 $N(m_j', (s_j')^2)$, 其中

$$\frac{1}{s_j^2} + \frac{n_j}{\sigma_j^2} = \frac{1}{(s_j')^2}, \quad m_j' = \frac{\frac{1}{s_j^2}}{\frac{1}{(s_j')^2}} m_j + \frac{\frac{n_j}{\sigma_j^2}}{\frac{1}{(s_j')^2}} \bar{y}_j \text{。} \tag{20.2}$$

为了找出启动 Gibbs 抽样器的初值, 从 S_j 倍的自由度为 κ_j 的逆卡方分布为每个总体在 $t = 0$ 抽取 σ_j^2。然后从正态分布 $N(m_j, s_j^2)$ 为每个总体抽取 μ_j。由此得到启动 Gibbs 抽样器的值。然后按下列步骤进行 Gibbs 抽样:

- 对于 $t = 1, 2, \cdots, N$。
  - 利用 (20.1) 式计算 S_j' 和 κ_j', 其中 $\mu_j = \mu_j^{(t-1)}$。
  - 从 S_j' 倍的自由度为 κ_j' 的逆卡方分布中抽取 $(\sigma_j^{(t)})^2$。
  - 利用 (20.2) 式计算 $(s_j')^2$ 和 m_j', 其中 $\sigma_j^2 = (\sigma_j^{(t)})^2$。
  - 从 $N(m_j', (s_j')^2)$ 抽取 $\mu_j^{(t)}$。
  - 计算

    (1) $\delta^{(t)} = \mu_2^{(t)} - \mu_1^{(t)}$,

    (2) $\sigma_\delta^{(t)} = \sqrt{\dfrac{(\sigma_1^{(t)})^2}{n_1} + \dfrac{(\sigma_2^{(t)})^2}{n_2}}$,

    (3) $T_0^{(t)} = \dfrac{\delta^{(t)}}{\sigma_\delta^{(t)}}$。

例 20.9 为了确定新南威尔士的两个不同河口牡蛎的丰度, 为时两年的生态调查记录下在不同的随机地点 10 厘米乘 10 厘米的板子 (样方) 上观测到的牡蛎数量。数据如下:

乔治斯河	25	24	25	14	23	24	24	25	43	24
	30	21	33	27	18	38	30	35	23	30
	34	42	32	58	40	48	36	39	38	48
斯蒂芬斯港	72	118	48	103	81	107	80	91	94	104
	132	137	88	96	86	108	73	91	111	126
	74	67	65	103						

由数据可知, 这两个河口的牡蛎平均数有明显差异。不过, 计数的方差常常随着均值的增加成比例增加。常用于模型计数的泊松分布和二项分布都有这个性质。乔治斯河和斯蒂芬斯港的样本标准差分别是 9.94 和 22.17。因此, 我们有充分的理由认为方差是不相等的。我们可以用正态分布来推断均值。由于两组数据的量都较大, 泊松 (和二项) 分布都可以由正态分布近似。

为了完成 Gibbs 抽样流程, 我们需要选择先验的参数。按照第 17 章中的处理方法, 如果我们相信先验在这两个总体的均值上并无差异, 则只要 $m_1 = m_2$, m_1 和 m_2 的选择

就不相关。这里所谓的不相关是因为我们对均值的差感兴趣，二者相等说明它们没有差异。所以，我们会选择 $m_1 = m_2 = 0$。假设我们知道的不多，那就为 μ_1 和 μ_2 选择一个模糊的先验。通过令 $s_1 = s_2 = 10$ 可以达到这一目的。在前面的问题中，我们选择 S 为中位数的值。即像曾经说过的，"我们 50% 肯定真正的标准差至少与 c 一样大"或者"标准差大于或小于 c 的可能性相等"，这里 c 是任意选定的某个值。实际上，在多数情况下后验比例系数 S' 很大程度上由平方和 SS_T 支配。在本例中，乔治斯河和斯蒂芬斯港的平方和分别是 2864.30 和 11306.96。

　　图 20.20 所示为 S 从 1 到 100 所产生的影响。与每个地点的平方和相比，比例常数非常小，小到让 S 的选择对标准差的中位数和可信区间的影响微乎其微。在本例中，设 $S_1 = S_2 = 10$; 95% 的先验概率使用这个先验，设置该先验的方差约小于 2500。看起来乔治斯河和斯蒂芬斯港的样本方差分别为 98.8 和 491.6 是合理的。

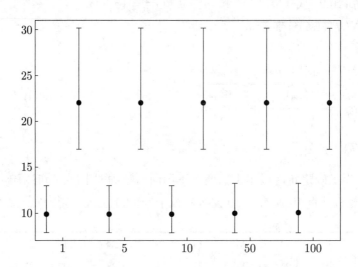

图 20.20　改变比例常数 S 的先验值对组标准差的中位数和可信区间的影响

　　为了找到启动 Gibbs 抽样器的初值，在 $t = 0$ 时，我们从 $S_j = 10$ 倍的自由度为 $\kappa_j = 1$ 的逆卡方分布为每个总体抽取 σ_j^2。首先从自由度为 1 的卡方分布抽取两个随机变量，然后将 $S_j = 10$ 除以每一个数。我们抽取的值是 $(0.2318, 4.5614)$，计算 $(\sigma_1^2, \sigma_2^2) = (10/0.2318, 10/4.5614) = (43.13, 2.19)$。为每个总体从正态分布 $N(60, 10^2)$ 抽取 μ_j。与前面提到过的一样，为先验均值选什么值并不重要，因为我们感兴趣的是均值的差。我们取两个样本均值之间的一半大约是 60。我们抽取的值是 $(\mu_1, \mu_2) = (47.3494, 53.1315)$。这几步给出启动 Gibbs 抽样器的值。表 20.5 所示为 Gibbs 抽样器开始的前 5 步。我们看到，即使在如此少的步骤中，均值和方差也已经开始收敛。我们抽取大小为 $N = 100000$ 的样本，这个量对所要做的推断来说绰绰有余。我们感兴趣的是两河口的牡蛎丰度均值的差别。已知在乔治斯河的牡蛎数比在斯蒂芬斯港的少得多，所以对乔治斯河与斯蒂芬斯港之间的差进行推断。我们首先想知道的是二者之间的差大于零的后验概率, 可以通过计算抽样均值差大于零的次数进行简单的估计。更正式的是计算

$$P_r(\delta > 0) \approx \frac{1}{N} \sum_{i=1}^{N} I(\delta_i > 0)。$$

这种情况在大小为 100000 的样本中发生的次数为 0, 所以我们对 $P_r(\delta > 0)$ 的估计是 0, 不过, 把它说成是小于 $0.00001 = 10^{-5}$ 会更安全些。不用说, 我们会认为这个值强烈支持两河口牡蛎丰度均值存在真实差异的假设。对难以进行解析推导的随机变量的函数, 抽样帮助我们更容易地作出推断。例如, 我们选择一个模型, 它允许在两个地点的方差不同。我们可能对方差的后验比感兴趣。如果方差不同的模型是合理的, 就会看到两个方差的比会频繁超过 1。为研究这个假设, 我们计算并保存 σ_2^2/σ_1^2。由图 20.21 可见, 方差比几乎都大于 1。实际上, 比值中超过 99% 都大于 2, 因此它为方差不同的模型的合理性提供了强有力的支持。∎

表 20.5 用独立共轭先验, 运行 Gibbs 抽样器得到的前 5 次抽样和更新后的常数

t	S'	σ^2	s'	m'	μ
0		(43.1, 2.2)			(47.3, 53.1)
1	(10221.4, 51320.9)	(383.6, 1147.8)	(11.3, 32.4)	(34.9, 83.0)	(36.6, 86.1)
2	(3595.9, 12800.8)	(112.8, 378.6)	(3.6, 13.6)	(32.7, 89.3)	(30.7, 92.4)
3	(2902.6, 11376.9)	(98.2, 662.5)	(3.2, 21.6)	(32.6, 86.6)	(31.8, 85.1)
4	(2874.4, 13219.7)	(129.6, 962.4)	(4.1, 28.6)	(32.9, 84.2)	(31.6, 78.0)
5	(2874.6, 17426.5)	(119.8, 644.3)	(3.8, 21.2)	(32.8, 86.8)	(35.2, 85.4)

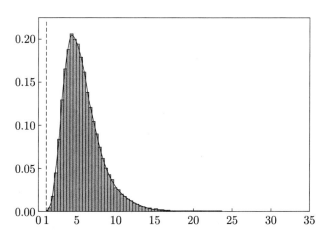

图 20.21 两个河口的方差的后验比

20.4　切片抽样

Neal (1997, 2003) 开发出一种 MCMC 方法, 它可以在目标密度下方随机取点, 这种方法被称为切片抽样。首先, 当我们在未缩放的目标密度下方随机取一个点, 然后只考虑水平分量 θ 时, 它就是目标密度的随机抽样。因此我们只关心水平分量 θ。垂直分量 g 是辅助变量。

例 20.10　例如, 假设未缩放的目标的密度为 $g(\theta) \propto e^{-\theta_2^2}$。这个未缩放目标实际上是未缩放的 $N(0,1)$, 所以我们知道 θ 几乎全都处于 -3.5 和 3.5 之间。未缩放的目标在 $\theta = 0$ 取极大值, 极大值是 1。我们在 -3.5 和 3.5 之间按均匀分布抽取大小为 10000 的水平值的随机样本。在 -1 和 1 之间按均匀分布抽取大小为 10000 的垂直值的随机样本。图 20.22 所示为这些样本以及未缩放的目标。

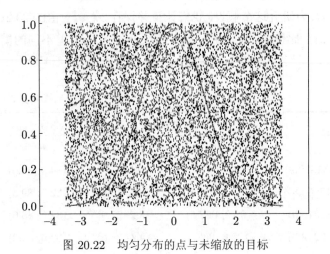

图 20.22　均匀分布的点与未缩放的目标

然后我们丢弃在未缩放的目标上方的所有点。图 20.23 所示为剩下的点以及未缩放的目标。图 20.24 由剩下的点的水平值绘制的直方图与目标函数。它表明这是来自目标密度的随机样本。　■

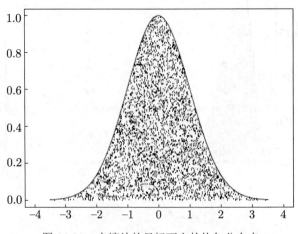

图 20.23　未缩放的目标下方的均匀分布点

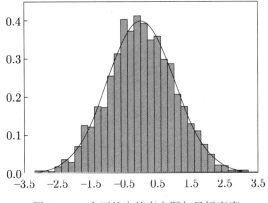

图 20.24 余下的点的直方图与目标密度

切片抽样是一种 MCMC 方法, 它对具有单峰密度的一维参数特别有效。链的每一步有两个阶段。在第 i 步, 我们首先在给定参数当前值 θ_{i-1} 下从均匀分布 $U(0, c)$ 抽取辅助变量 g_i, 这里 $c = g(\theta_{i-1})$。这是从当前值 θ_{i-1} 的垂直切片均匀抽样。接下来, 给定辅助变量的当前值, 从 $U(a, b)$ 抽取 θ_i, 这里 $g(a) = g(b) = g_i$, g_i 是辅助变量的当前值。此链的长期分布收敛到参数密度下方的一个随机抽样点。因此, 水平分量是参数密度的抽样。

例 20.8(续) 我们从时刻 0 开始, $\theta_0 = 0$ 是未缩放目标的众数。图 20.25 所示为切片抽样链的前 4 步。 ■

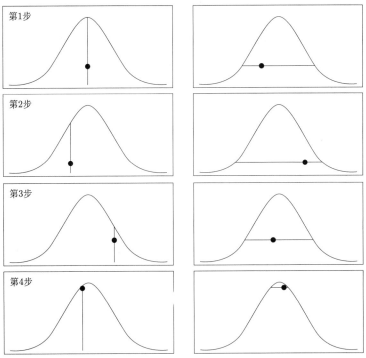

图 20.25 切片抽样的 4 个步骤。左边窗格是对垂直维度的辅助变量的抽样。右边窗格是对水平维度 θ 的抽样

20.5　来自后验随机样本的推断

我们之所以用这么长的时间讨论抽样模型, 是因为最终要利用后验分布的随机样本回答统计问题。也就是说, 要使用我们感兴趣的统计量的后验分布的随机样本对该统计量作出推断。这个过程的核心思想是可以通过抽样进行积分。如果我们想找出函数 $f(x)$ 定义的曲线下方在 a 和 b 之间的面积, 则可以通过取 a 和 b 之间 (等距离) 间隔的一系列点, 并求每一对点与曲线在这一对点处的 (平均) 高度所定义的矩形的面积的总和, 将它作为面积的近似, 即如果

$$\Delta x = \frac{b-a}{N},$$

则

$$\int_a^b f(x)\mathrm{d}x = \lim_{N \to \infty} \sum_{i=1}^N f(x_i)\Delta x,$$

其中 $x_i = a + (i - 0.5)\Delta x$。该式有时候被称为中点法则, 它是黎曼和的一个特例。我们知道可以用黎曼和来定义最常见的积分类型 (黎曼积分)。在蒙特卡罗积分中, 我们用区间 $[a, b]$ 中点的随机样本代替常规区间中的抽样。因此积分变为

$$\int_a^b f(x)\mathrm{d}x = \lim_{N \to \infty} \frac{b-a}{N} \sum_{i=1}^N f(x_i),$$

它与以前的公式完全一样。我们可以轻易地将这个想法扩展到多维的情况。它为根据样本进行推断奠定了基础。例如, 已知连续随机变量 X 的期望的定义为

$$\mathrm{E}[X] = \int_{-\infty}^{+\infty} x f(x)\mathrm{d}x。$$

它是积分的形式, 如果对概率密度函数 $f(x)$(而非均匀) 抽样, 我们用下式求期望的近似

$$\mathrm{E}[X] \approx \frac{1}{N} \sum_{i=1}^N x_i。$$

它告诉我们, 利用后验分布的大样本所得的样本均值可以估计后验均值。如果样本由马尔可夫链生成, 用这个方法需要注意的几个事项在后面讨论。该方法对 X 的任意函数也有效, 即

$$\mathrm{E}[g(X)] = \int_{-\infty}^{+\infty} g(x) f(x)\mathrm{d}x \approx \frac{1}{N} \sum_{i=1}^N g(x_i)。$$

因此可以通过抽样估计方差

$$\mathrm{Var}[X] = \mathrm{E}[(x-\mu)^2] \int_{-\infty}^{+\infty} (x-\mu)^2 f(x)\mathrm{d}x \approx \frac{1}{N} \sum_{i=1}^N (x_i - \mu)^2 \approx \frac{1}{N} \sum_{i=1}^N (x_i - \bar{x})^2。$$

我们注意到, 分母应该是 $N-1$, 但实际上用 N 或 $N-1$ 不会有多大差别。无论如何, 在贝叶斯框架中并不存在无偏估计的概念。如果对某一点 $c \in (-\infty, +\infty)$,

$$g(x) = I(x < c) = \begin{cases} 0, & x < c, \\ 1, & \text{其他} \end{cases}$$

可见

$$\int_{-\infty}^{+\infty} g(x)f(x)\mathrm{d}x = \int_{-\infty}^{+\infty} I(x<c)f(x)\mathrm{d}x = \int_{-\infty}^{c} f(x)\mathrm{d}x.$$

显然, 按这种方式定义 $g(x)$ 会得到累积分布函数的定义

$$F(x) = \int_{-\infty}^{x} f(t)\mathrm{d}t$$

它可以用经验分布函数来近似

$$F_N(x) = \frac{1}{N} \sum_{i=1}^{N} I(x_i < x).$$

Glivenko-Cantelli 定理告诉我们 $F_N(x)$ 几乎肯定会收敛到 $F(x)$。这意味着, 我们可以用后验的大样本来估计后验概率, 并且可以用经验分位数计算可信区间和后验中位数。Glivenko-Cantelli 定理不属于本书的范围。

由使用马尔可夫链取得样本的后验推断

基于马尔可夫链的抽样方法的一个副作用是所得的样本是相关的。相关性会令可用于估计或推断的独立信息减少, 因此它实际上处理的是一个较小的观测样本。贝叶斯统计使用一些策略以降低后验样本的相关度。最常见的两个是老化周期和链的稀释。给抽样器一个老化周期意味着要丢弃马尔可夫链最开始的一定量的观测。例如, 我们可能运行 Gibbs 抽样器 11000 步并丢弃前 1000 个观测。这样做有两个相关的目的。第一, 它允许抽样器远离人工设置的初始值。第二, 它允许抽样器移到我们可能更确信 (但永远无法确定) 是从所需的目标密度抽样得到的状态。就初始值而言你或许认为这不太可能。所以, 抽样器也许需要经历在状态上的一些变化, 直到它从更有可能的目标密度区域抽样。将链稀释是为了最小化自相关性, 即将连续样本之间的相关性减到最小。所谓稀释是从链的第一个值开始重复从 1 数到 k, 每次只留下第 k 个值, 其中 k 根据所要解决的问题而定。若链混合得不够好, 将链稀释是非常有用的策略。当建议经常不被接受, 或者建议不能高效地穿过状态空间时, 我们常常称这条链混合得不好。有一些作者推荐计算有效样本大小的量; 不过, 在这里我们唯一的建议是, 当使用 MCMC 方法时一定要仔细检查。

20.6   后续的内容

到这里本书就结束了。读者可能会问 "后续的内容是什么呢?" 接下来我们的确还有一本书——《计算贝叶斯统计讲义》(*Understanding Computational Bayesian Statistics*，Bolstad, 2010)。该书继承了本书的精神, 通过实际操作讲解在现代应用中的贝叶斯统计方法, 尤其对本章中的方法做了更详细的阐述。该书还介绍了通过逻辑和泊松回归处理计数数据的贝叶斯方法, 以及利用贝叶斯版的 Cox 比例风险模型的生存率。

附录 A 微积分概论

函数

定义在实数集 A 上的函数 $f(x)$ 是将集合 A 中的每个实数 x 与一个且唯一的实数 y 相关联的规则, 数 x 通过规则 $y = f(x)$ 与数 y 关联。集合 A 被称为函数的定义域, 而与集合 A 的元素相关联的所有 y 的集合被称为函数的值域。

规则常常用等式表示, 例如, 定义域 A 是所有的正实数, 而 $f(x) = \log_e(x)$ 将 A 的每个元素与它的自然对数关联起来, 这个函数的值域是全体实数集。

再比如, 定义域 A 是在区间 $[0, 1]$ 上的实数集, 函数为 $f(x) = x^4(1 - x)^6$, 函数的值域为区间 $[0, 0.4^4 \times 0.6^6]$ 上的实数集。

注意, 变量名只是一个记号或者是一个占位符。$f(x) = x^2$ 和 $f(z) = z^2$ 是相同的函数, 这个函数的规则是将每个数与它的平方相关联。函数是规则, 通过规则建立关联。我们可以把没有变量的 f 当作函数, 但是通常会记为 $f(x)$。符号 $f(x)$ 说明了两件事, 第一, 它代表由函数 f 确定的与点 x 相关联的特定值; 第二, 它代表函数所用的规则。这两点通常不会混淆, 因为由上下文可知其具体含义。

组合函数

我们可以用代数方式组合两个函数。设 f 和 g 是具有相同定义域 A 的函数, 而 k_1 和 k_2 为常量, 函数 $h = k_1 f$ 将数 x 与 $y = k_1 f(x)$ 相关联; 而函数 $s = k_1 f \pm k_2 g$ 则将数 x 与 $y = k_1 f(x) \pm k_2 g(x)$ 相关联; 函数 $u = fg$ 将 x 与 $y = f(x)g(x)$ 相关联。同理, 函数 $v = \dfrac{f}{g}$ 将 x 与 $y = \dfrac{f(x)}{g(x)}$ 相关联。

如果函数 g 的定义域为 A, 而函数 f 的定义域是函数 g 的值域的子集, 则复合函数 (函数的函数)$w = f(g)$ 将数 x 与 $y = f(g(x))$ 相关联。

函数的图形

函数 f 的图形是方程 $y = f(x)$ 的曲线。图形由坐标平面中的所有点 $(x, f(x))$ 构成, 其中 $x \in A$。图 A.1 是定义在闭区间 $A = [0, 1]$ 上的函数 f 的图形, 其中 $f(x) = x^4(1-x)^6$, 定义在开区间 $A = (0, 1)$ 上的函数 g 的图形见图 A.2, 其中 $g(x) = x^{-\frac{1}{2}}(1 - x)^{-\frac{1}{2}}$。

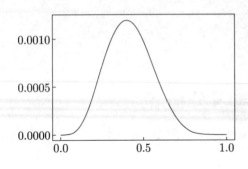
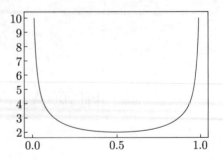

图 A.1　函数 $f(x) = x^4(1-x)^6$ 的图形　　图 A.2　函数 $f(x) = x^{-\frac{1}{2}}(1-x)^{-\frac{1}{2}}$ 的图形

函数的极限

函数在某点的极限是微积分的基本工具之一。我们用

$$\lim_{x \to a} f(x) = b$$

表示 b 是 x 趋于 a 时函数 f 的极限。直观上, 这意味着当 x 的值越来越接近 (但并不等于)a 时, 函数 $f(x)$ 对应的值越来越逼近 b。函数 $f(x)$ 在 a 点有极限并不一定要在 a 点有定义。例如, 0 并不在函数 $f(x) = \dfrac{\sin x}{x}$ 的定义域 A 中, 因为一个数不能被 0 除, 然而, 如图 A.3 所示

$$\lim_{x \to 0} \frac{\sin(x)}{x} = 1。$$

若要按指定的程度接近 $y = 1$, 我们可以找出对于 $x = 0$ 的一个接近度, 定义域 A 中处于该接近度中的点 x, 其函数 $f(x)$ 的值均落在接近 $y = 1$ 的指定范围内。

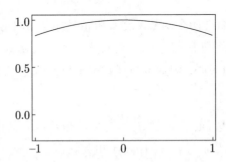

图 A.3　$f(x) = \dfrac{\sin(x)}{x}$ 在 $A = (-1, 0) \cup (0, 1)$ 的图形。注意, f 在 $x = 0$ 处没有定义

函数在点 a 可能没有极限。例如, 函数 $f(x) = \cos(1/x)$ 在点 $x = 0$ 处没有极限, 图 A.4 以三个尺度显示该函数。由图可见, 无论多么接近 $x = 0$, $f(x)$ 可取的值总是从 -1 到 1。

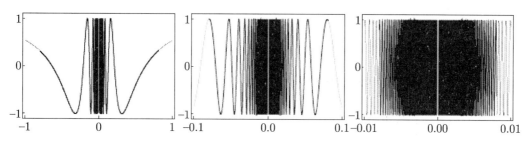

图 A.4　$f(x) = \cos \dfrac{1}{x}$ 在三个尺度下的图形。注意,f 在除 $x = 0$ 之外的所有实数上均有定义

定理 A.1　极限定理: 假设 $f(x)$ 和 $g(x)$ 是在点 a 处均有极限的函数, 而 k_1 和 k_2 是标量。

1. 函数的和 (差) 的极限　$\lim\limits_{x \to a}[k_1 f(x) \pm k_2 g(x)] = k_1 \lim\limits_{x \to a} f(x) \pm k_2 \lim\limits_{x \to a} g(x)$。

2. 函数乘积的极限　$\lim\limits_{x \to a}[f(x)g(x)] = \lim\limits_{x \to a} f(x) \lim\limits_{x \to a} g(x)$。

3. 函数商的极限　$\lim\limits_{x \to a}\left[\dfrac{f(x)}{g(x)}\right] = \left[\dfrac{\lim_{x \to a} f(x)}{\lim_{x \to a} g(x)}\right]$,　$\lim\limits_{x \to a} g(x) \neq 0$。

4. 函数幂的极限　$\lim\limits_{x \to a}[f^n(x)] = \left[\lim\limits_{x \to a} f(x)\right]^n$。

   设函数 $g(x)$ 在点 a 处的极限等于 b, 而 $f(x)$ 是在点 b 处有极限的函数。假设 $w(x) = f(g(x))$ 是一个复合函数。

5. 复合函数的极限　$\lim\limits_{x \to a} w(x) = \lim\limits_{x \to a} f(g(x)) = f(\lim\limits_{x \to a}(g(x)) = f(g(b))$。

连续函数

函数 $f(x)$ 在点 a 是连续的, 当且仅当

$$\lim\limits_{x \to a} f(x) = f(a)。$$

这个定义说了三件事。第一, 函数在 $x = a$ 有极限; 第二, a 在函数的定义域中, 所以 $f(a)$ 有定义; 第三, 函数在 $x = a$ 的极限等于函数在 $x = a$ 的值。如果想要 $f(x)$ 在一定范围内接近 $f(a)$, 我们可以找到一个接近度, 对在该程度内接近 a 的所有 x, $f(x)$ 均落在接近 $f(a)$ 的指定范围内。

在某区间内的所有值上连续的函数被称为在该区间上连续。连续函数有时候也被称为 “可以在区间上一笔画出” 的函数。严格来说, 并非所有函数都如此。但是, 对于所有由多项式、指数或对数等式子组成的函数而言是正确的。

定理 A.2　假设 $f(x)$ 和 $g(x)$ 为连续函数, k_1 和 k_2 是标量, 则下列函数都是定义域内的连续函数:

1. 连续函数的线性函数　$s(x) = k_1 f(x) + k_2 g(x)$;

2. 连续函数的积 $u(x) = f(x)g(x)$;

3. 连续函数的商 $v(x) = \dfrac{f(x)}{g(x)}$;

4. 连续函数的复合函数 $w(x) = f(g(x))$。

连续函数的极大值和极小值

微积分的一个主要成就是为我们提供了发现连续函数在何处达到极小值和极大值的方法。

假设 $f(x)$ 是定义在连续域 A 上的连续函数。函数在点 $x = c$ 处达到局部极大值, 当且仅当, 对充分接近 c 的所有点 $x \subset A$, $f(x) \leqslant f(c)$, 则 $f(c)$ 被称为函数的局部极大值。函数在定义域 A 中最大的局部极大值被称为函数的全局极大值。

同理, 函数在点 $x = c$ 处达到局部极小值, 当且仅当对充分接近 c 的所有点 $x \subset A$, $f(x) \geqslant f(c)$, 则 $f(c)$ 被称为函数的局部极小值。函数在定义域 A 中最小的局部极小值被称为函数的全局极小值。

定义域 A 为闭区间 $[a, b]$ 的连续函数总能达到全局极大值 (和极小值)。极值可能是 $[a, b]$ 的一个端点 $x = a$ 或 $x = b$, 或内点 $c \in (a, b)$。例如, 如图 A.1 所示, 定义在 $A = [0, 1]$ 上的函数 $f(x) = x^4(1 - x)^6$ 在 $x = \dfrac{4}{10}$ 达到全局极大值, 而在 $x = 0$ 和 $x = 1$ 处达到全局极小值。

定义域 A 为开区间 (a, b) 的连续函数可能达到也可能达不到全局极大值或极小值。正如图 A.2 所示, 定义在开区间 $(0, 1)$ 的函数 $f(x) = \dfrac{1}{x^{1/2}(1 - x)^{1/2}}$ 在 $x = 0.5$ 处达到全局极小值, 但它不能达到全局极大值。

微分

极限概念的第一个重要应用是求连续函数的导数, 求导数的过程即所谓的微分。若要找出使函数取极值的 x 的值, 微分非常有用。

假设 $f(x)$ 是定义在实区间的连续函数, 函数在区间内的点 $x = c$ 处的导数为

$$f'(c) = \lim_{h \to 0} \left(\frac{f(c + h) - f(c)}{h} \right),$$

假如该极限存在。若在 $x = c$ 处的导数存在, 称函数 $f(x)$ 在 $x = c$ 处可微。如果极限不存在, 函数 $f(x)$ 在 $x = c$ 没有导数。当 $h = 0$ 时, 式子为未定义的 $\dfrac{0}{0}$, 所以不易评估极限是否存在。函数在点 c 的导数表示为

$$f'(c) = \frac{\mathrm{d}f(x)}{\mathrm{d}x} \bigg|_{x=c}。$$

在点 $x = c$ 处的导数是曲线 $y = f(x)$ 在 $x = c$ 处切线的斜率, 它是曲线在 $x = c$ 处

的"瞬时变化率"。如图 A.5 所示，其中有 $f(x)$，当 h 的值减小时连接点 $(c, f(c))$ 和点 $(c + h, f(c + h))$ 的直线，以及函数在 c 点的切线。

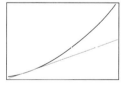

图 A.5　某点的导数是曲线在该点切线的斜率

导函数

当函数 $f(x)$ 在区间的所有点上均有导数，函数

$$f'(x) = \lim_{h \to 0} \left(\frac{f(x + h) - f(x)}{h} \right)$$

被称为导函数。此时，我们称 $f(x)$ 是可微函数。有时候导数表示为 $\dfrac{\mathrm{d}y}{\mathrm{d}x}$。一些基本函数的导数见下表：

$f(x)$	ax	x^b	e^x	$\log_e(x)$	$\sin(x)$	$\cos(x)$	$\tan(x)$
$f'(x)$	a	bx^{b-1}	e^x	$\dfrac{1}{x}$	$\cos(x)$	$-\sin(x)$	$-\sec^2(x)$

用下面的定理可求出更多复杂函数的导数。

定理 A.3　假设 $f(x)$ 和 $g(x)$ 是同一个区间上的两个函数，k_1 和 k_2 是常量。

1. 常数与函数的积的导数等于常数与函数的导数的积。设 $h(x) = k_1 f(x)$，则 $h(x)$ 也是区间上的可微函数，且

$$h'(x) = k_1 f'(x)。$$

2. 和 (差) 法则：设 $s(x) = k_1 f(x) \pm k_2 g(x)$，则 $s(x)$ 也是区间上的可微函数，且

$$s'(x) = k_1 f'(x) \pm k_2 g'(x)。$$

3. 乘积法则：设 $u(x) = f(x)g(x)$，则 $u(x)$ 是可微函数，且

$$u'(x) = f(x)g'(x) + f'(x)g(x)。$$

4. 除法法则：设 $v(x) = \dfrac{f(x)}{g(x)} (g(x) \neq 0)$，则 $v(x)$ 也是区间上的可微函数，且

$$v'(x) = \frac{g(x)f'(x) - f(x)g'(x)}{(g(x))^2}。$$

定理 A.4 (链式法则) 设 $f(x)$ 和 $g(x)$ 是 (定义在适当区间上的) 可微函数, 令 $w(x) = f(g(x))$, 则 $w(x)$ 是可微函数, 且

$$w'(x) = f'(g(x))g'(x).$$

高阶导数

可微函数 $f(x)$ 在点 $x = c$ 处的二阶导数是导函数 $f'(x)$ 在该点的导数。二阶导数为

$$f''(c) = \lim_{h \to 0} \left(\frac{f'(c+h) - f'(c)}{h} \right),$$

假如此极限存在。如果区间中的所有点 x 的二阶导数均存在, 则 $f''(x)$ 是区间上的二阶导函数。在 c 点处的二阶导数和二阶导函数的其他表示法为

$$f''(c) = f^{(2)}(c) = \left. \frac{\mathrm{d}}{\mathrm{d}x} f'(x) \right|_{x=c} \quad \text{或} \quad f^{(2)}(x) = \frac{\mathrm{d}^2}{\mathrm{d}x^2} f(x).$$

同理, k 阶导数是 $k-1$ 阶导函数的导数

$$f^k(c) = \lim_{h \to 0} \left(\frac{f^{k-1}(c+h) - f^{k-1}(c)}{h} \right),$$

假如此极限存在。

驻点

对于在开区间 (a, b) 内可微的函数 $f(x)$ 而言, 其导函数 $f'(x)$ 是曲线 $y = f(x)$ 在区间中每一个点 x 处切线的斜率, 由此得到求函数在何处取极小值和极大值的方法。函数在导数为 0 的点处达到它的极小值或极大值。当 $x = c$ 是方程

$$f'(x) = 0$$

的解时, c 被称为函数 $f(x)$ 的驻点。驻点可能是局部极大值或局部极小值, 或者全局极大值或全局极小值; 驻点也可以是拐点。函数在拐点处由凹变凸, 或者由凸变凹。

定理 A.5 一阶导数检验: 如果 $f(x)$ 是区间 (a, b) 内的连续可微函数, 其导数 $f'(x)$ 定义在同一区间上。假设 c 是函数的一个驻点, 根据定义, $f'(c) = 0$。

1. 函数在 $x = c$ 处达到唯一的局部极大值, 如果对所有充分接近 c 的点 x,
   当 $x < c$ 时, $f'(x) > 0$ 且当 $x > c$ 时, $f'(x) < 0$。
2. 同理, 函数在 $x = c$ 处达到唯一的局部极小值, 如果对所有充分接近 c 的点 x,
   当 $x < c$ 时, $f'(x) < 0$ 且当 $x > c$ 时, $f'(x) > 0$。
3. 函数在驻点 $x = c$ 处有个拐点, 如果对所有充分接近 c 的点 x,
   当 $x < c$ 时, $f'(x) < 0$ 且当 $x > c$ 时, $f'(x) < 0$。
   或者
   当 $x < c$ 时, $f'(x) > 0$ 且当 $x > c$ 时, $f'(x) > 0$。
   在拐点处, 函数值停止增大后又恢复增大, 或者停止减小后又恢复减小。

例如, 图 A.6 所示为函数 $f(x) = x^3$ 及其导数 $f'(x) = 3x^2$。当 $x < 0$ 时导函数 $f'(x) = 3x^2$ 为正, 所以当 $x < 0$ 时函数 $f(x) = x^3$ 增大; 当 $x > 0$ 时导函数为正, 所以当 $x > 0$ 时函数增大。然而在 $x = 0$ 处, 导函数等于 0, 所以原函数在 $x = 0$ 并不增加, 因此, $x = 0$ 是函数 $f(x) = x^3$ 的一个拐点。

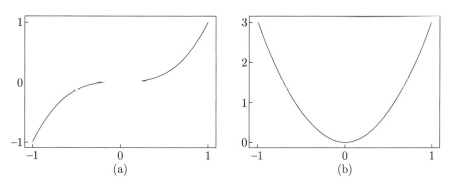

图 A.6　$f(x) = x^3$ 及其导数的图形。原函数增大的位置处导函数为正。原函数在 $x = 0$ 处有一个拐点

定理 A.6　二阶导数检验: 如果 $f(x)$ 是定义在区间 (a, b) 内的连续可微函数, 并在同一区间内有一阶导函数 $f'(x)$ 和二阶导函数 $f^{(2)}(x)$。假设 c 是函数的一个驻点, 根据定义, $f'(c) = 0$。

1. 如果 $f^{(2)}(c) < 0$, 则函数在 $x = c$ 处达到极大值;
2. 如果 $f^{(2)}(c) > 0$, 则函数在 $x = c$ 处达到极小值。

积分

微积分的第二个主要应用是用积分求曲线下方的面积, 积分是微分的逆。假设 $f(x)$ 是定义在区间 $[a, b]$ 上的函数, 函数 $F(x)$ 是 $f(x)$ 的一个原函数, 这意味着, $F'(x) = f(x)$。注意, $f(x)$ 的原函数不唯一, 函数 $F(x) + c$ 也是 $f(x)$ 的一个原函数。原函数也称为不定积分。

定积分: 求曲线下方的面积

假设定义在闭区间 $[a, b]$ 上的一个非负[1]连续函数 $f(x)$, 即对所有 $x \in [a, b]$, $f(x) \geqslant 0$。假设我们用 $x_0, x_1, \cdots, x_n$ 划分区间 $[a, b]$, 其中 $x_0 = a$, $x_n = b$, 并且 $x_i < x_{i+1}$。注意, 划分的间隔长度不必相等。设每个间隔中 $f(x)$ 的极小值和极大值分别为

$$l_i = \sup_{x \in [x_{i-1}, x_i]} f(x), \quad m_i = \inf_{x \in [x_{i-1}, x_i]} f(x),$$

---

[1] $f(x)$ 不一定要非负。不过, 由于我们要用定积分求非负的概率密度函数下方的面积, 故强加上这个条件。

其中 sup 是最小上界, inf 是最大下界, 则在 $x = a$ 和 $x = b$ 之间曲线 $y = f(x)$ 下方的面积介于下和 $L_{x_0,\cdots,x_n} = \sum_{i=1}^{n} l_i(x_i - x_{i-1})$ 与上和 $M_{x_0,\cdots,x_n} = \sum_{i=1}^{n} m_i(x_i - x_{i-1})$ 之间。

我们可以在间隔中增加更多的 x 做更细的划分。设 $x'_0, x'_1, \cdots, x'_{n+1}$ 为划分 $x_0, x_1, \cdots, x_n$ 的一个细化, 则对所有的 $i < k$, $x'_0 = x_0, x'_{n+1} = x_n, x'_i = x_i$ 且对所有的 $i \geqslant k$, $x'_{i+1} = x_i, x'_k$ 是新加入的值。在下和与上和之间, 除了第 k 个矩形条之外, 其他的均未变化。第 k 个矩形条被两个更细的替代, 显然

$$M_{x'_0,\cdots,x'_{n+1}} \leqslant M_{x_0,\cdots,x_n} \quad \text{且} \quad L_{x'_0,\cdots,x'_{n+1}} \geqslant L_{x_0,\cdots,x_n}。$$

划分的下和与上和及其细化如图 A.7 所示。细化后的划分在曲线下方的面积上总会形成更紧的边界。

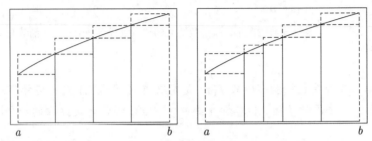

图 A.7　划分的下和与上和及其细化。细化后的划分下和增大但上和减少, 曲线下方的面积总是介于下和与上和之间

对定义在闭区间 $[a, b]$ 上的任意连续函数, 对于某个 n, 我们能够找到一个划分 $x_0, x_1, \cdots, x_n$, 使得上和与下和的差如我们期望的那样接近于零。假设 $\epsilon > 0$, 我们想让上和与下和的差小于 ϵ。画出与 x 轴平行相距为 $\delta = \dfrac{\epsilon}{|b-a|}$ 的直线 (由于函数定义在闭区间上, 其极大值和极小值都有限)。因此, 在区间 $[a, b]$ 上存在有限条水平直线与曲线 $y = f(x)$ 相交, 在与曲线相交的位置, 画一条到水平轴的垂线, 垂线与水平轴的交点 x 的值即为分隔点。例如, 函数 $f(x) = 1 + \sqrt{4 - x^2}$ 定义在区间 $[0, 2]$ 上, 对给定的 ϵ, 划分的上和与下和之间的差为

$$
\begin{aligned}
M_{x_0,\cdots,x_n} - L_{x_0,\cdots,x_n} &= \delta[(x_1 - x_0) + (x_2 - x_1) + \cdots + (x_n - x_{n-1})] \\
&= \delta[b - a] \\
&= \epsilon。
\end{aligned}
$$

通过选择足够小的 $\epsilon > 0$, 可以让上和与下和之间的差任意小。

对于 $k = 1, 2, \cdots, \infty$, 设 $\epsilon_k = \dfrac{1}{k}$, 我们得到一系列的划分, 使得 $\lim_{k \to \infty} \epsilon_k = 0$。因此

$$\lim_{k \to \infty} [M_{x_0,\cdots,x_{n_k}} - L_{x_0,\cdots,x_{n_k}}] = 0。$$

相应于 ϵ_1 和 ϵ_2 的划分见图 A.8, 注意 $\delta_k = \dfrac{1}{2k}$。

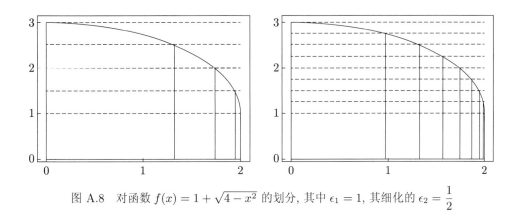

图 A.8　对函数 $f(x) = 1 + \sqrt{4 - x^2}$ 的划分, 其中 $\epsilon_1 = 1$, 其细化的 $\epsilon_2 = \dfrac{1}{2}$

这意味着, 曲线下方的面积是下和的最小上界与上和的最大下界, 我们称之为定积分, 并记为

$$\int_a^b f(x)\mathrm{d}x。$$

注意, 上述公式中的变量 x 是一个哑变量, 即

$$\int_a^b f(x)\mathrm{d}x = \int_a^b f(y)\mathrm{d}y。$$

定积分的基本性质

定理 A.7　设 $f(x)$ 和 $g(x)$ 是定义在区间 $[a,b]$ 上的函数, c 是常量, 下列性质成立:

(1)　常量乘以函数之后的定积分等于常量乘以函数的定积分, 即

$$\int_a^b cf(x)\mathrm{d}x = c\int_a^b f(x)\mathrm{d}x。$$

(2)　两个函数之和的定积分等于两个函数定积分的和, 即

$$\int_a^b [f(x) + g(x)]\mathrm{d}x = \int_a^b f(x)\mathrm{d}x + \int_a^b g(x)\mathrm{d}x。$$

微积分基本定理

在牛顿和莱布尼茨时代之前, 人们已经知道如何通过微分求极值以及通过积分计算曲线下方的面积。牛顿和莱布尼茨独立地发现了将微分和积分联系起来的微积分基本定理, 因为彼此不知道对方的工作, 二者都被认为是微积分的创立者。

定理 A.8(微积分基本定理)　设 $f(x)$ 是定义在闭区间上的连续函数, 则

1. 函数在此区间上存在原函数;
2. 如果 a 和 b 是闭区间上的两个数, 且 $a < b$, $F(x)$ 是函数 $f(x)$ 的任意原函数, 则

$$\int_a^b f(x)\mathrm{d}x = F(b) - F(a)。$$

证明 对于 $x \in (a, b)$, 定义函数

$$I(x) = \int_a^x f(x)\mathrm{d}x,$$

该函数表示在 a 和 x 之间的曲线 $y = f(x)$ 下方的面积。注意, 从 a 扩大到 $x + h$, 曲线下方的面积是加性的, 故

$$\int_a^{x+h} f(x)\mathrm{d}x = \int_a^x f(x)\mathrm{d}x + \int_x^{x+h} f(x)\mathrm{d}x。$$

根据定义, 函数 $I(x)$ 的微分是

$$I'(x) = \lim_{h \to 0} \frac{I(x+h) - I(x)}{h} = \lim_{h \to 0} \frac{\int_x^{x+h} f(x)\mathrm{d}x}{h}。$$

对所有的 $x' \in [x, x+h]$, 当 h 趋于 0 时

$$\lim_{h \to 0} f(x') = f(x),$$

因此

$$I'(x) = \lim_{h \to 0} \frac{hf(x)}{h} = f(x),$$

即, $I(x)$ 是 $f(x)$ 的原函数。假设 $F(x)$ 为 $f(x)$ 的另外一个原函数, 对某个常量 c, 有

$$F(x) = I(x) + c,$$

因此 $F(b) - F(a) = I(b) - I(a) = \int_a^b f(x)\mathrm{d}x$, 定理得证。

例如, 假设 $f(x) = \mathrm{e}^{-2x}(x \geqslant 0)$, 则 $F(x) = -\dfrac{1}{2}\mathrm{e}^{-2x}$ 是 $f(x)$ 的一个原函数, 1 和 4 之间的曲线下方的面积为

$$\int_1^4 f(x)\mathrm{d}x = F(4) - F(1) = -\frac{1}{2}\mathrm{e}^{-2\times 4} + \frac{1}{2}\mathrm{e}^{-2\times 1}。$$

定义在开区间内函数 $f(x)$ 的定积分

设 $f(x)$ 是定义在开区间 (a, b) 内的函数, 这时, 原函数 $F(x)$ 在 a 和 b 没有定义, 我们定义

$$F(a) = \lim_{x \to a} F(x), \quad F(b) = \lim_{x \to b} F(x),$$

只要这些极限存在, 上面的定义就是合理的。用前面相同的公式定义定积分:

$$\int_a^b f(x)\mathrm{d}x = F(b) - F(a)。$$

例如, 假设 $f(x) = x^{-\frac{1}{2}}$, 该函数定义在半开区间 $(0,1]$ 内, 它并非定义在闭区间 $[0,1]$ 上, 因为在端点 $x = 0$ 没有定义。函数曲线如图 A.9 所示, 曲线在 $x = 0$ 有一条垂直渐近线, 定义

$$F(0) = \lim_{x \to 0} F(x) = \lim_{x \to 0} 2x^{1/2} = 0。$$

则

$$\int_0^1 x^{-1/2}\mathrm{d}x = 2x^{1/2}\Big|_0^1 = 2。$$

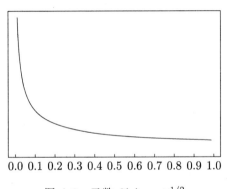

图 A.9　函数 $f(x) = x^{-1/2}$

定理 A.9 (部分积分法)　设 $F(x)$ 和 $G(x)$ 是定义在区间 $[a,b]$ 上的可微函数, 则

$$\int_a^b F'(x)G(x)\mathrm{d}x = F(x)G(x)\Big|_a^b - \int_a^b F(x)G'(x)\mathrm{d}x。$$

证明　部分积分是求乘积 $F(x)G(x)$ 导数的逆, 即

$$\frac{\mathrm{d}}{\mathrm{d}x}[F(x)G(x)] = F(x)G'(x) + F'(x)G(x)。$$

等式两边积分, 得到

$$F(b)G(b) - F(a)G(a) = \int_a^b F(x)G'(x)\mathrm{d}x + \int_a^b F'(x)G(x)\mathrm{d}x。$$

定理 A.10 (换元公式)　设 $x = g(y)$ 是定义在区间 $[a,b]$ 上的可微函数, 则

$$\int_a^b f(g(y))g'(y)\mathrm{d}y = \int_{g(a)}^{g(b)} f(y)\mathrm{d}y。$$

换元公式是微分链式规则的逆。函数 $F(g(y))$ 的微分为

$$\frac{\mathrm{d}}{\mathrm{d}x}[F(g(y))] = F'(g(y))g'(y),$$

两边从 $y=a$ 到 $y=b$ 积分, 得到

$$F(g(b)) - F(g(a)) = \int_a^b F'(g(y))g'(y)\mathrm{d}y。$$

公式左边等于 $\int_{g(a)}^{g(b)} F'(y)\mathrm{d}y$, 设 $f(x) = F'(x)$, 定理得证。

多元微积分

偏导数

本节考虑二元或多元微积分。假设有一个二元函数 $f(x,y)$, 函数在点 (a,b) 连续当且仅当

$$\lim_{(x,y)\to(a,b)} f(x,y) = f(a,b)。$$

在点 (a,b) 的一阶偏导数定义为

$$\left.\frac{\partial f(x,y)}{\partial x}\right|_{(a,b)} = \lim_{h\to 0} \frac{f(a+h,b) - f(a,b)}{h}$$

和

$$\left.\frac{\partial f(x,y)}{\partial y}\right|_{(a,b)} = \lim_{h\to 0} \frac{f(a,b+h) - f(a,b)}{h},$$

只要这些极限存在。实际上, 通过把 y 当作常数对 x 求导得到 x 方向上的一阶偏导数, 反之则可得到 y 方向上的一阶偏导数。

如果函数 $f(x,y)$ 在连续二维区间的所有点 (x,y) 上都有一阶偏导数, 则它对 x 的一阶偏导数在点 (x,y) 的值等于函数 $f(x,y)$ 在该点对 x 的偏导数, 记为

$$f_x(x,y) = \left.\frac{\partial f(x,y)}{\partial x}\right|_{(x,y)}。$$

同样可定义对 y 的一阶偏导函数。一阶偏导函数 $f_x(x,y)$ 和 $f_y(x,y)$ 分别给出函数在 x 方向和 y 方向上的瞬时变化率。在点 (a,b) 的二阶偏导数定义为

$$\left.\frac{\partial^2 f(x,y)}{\partial x^2}\right|_{(a,b)} = \lim_{h\to 0} \frac{f_x(a+h,b) - f_x(a,b)}{h}$$

和

$$\left.\frac{\partial^2 f(x,y)}{\partial y^2}\right|_{(a,b)} = \lim_{h\to 0} \frac{f_y(a,b+h) - f_y(a,b)}{h}。$$

在点 (a,b) 的二阶交叉偏导数为

$$\frac{\partial^2 f(x,y)}{\partial x \partial y}\bigg|_{(a,b)} = \lim_{h \to 0} \frac{f_y(a+h,b) - f_y(a,b)}{h}$$

和

$$\frac{\partial^2 f(x,y)}{\partial y \partial x}\bigg|_{(a,b)} = \lim_{h \to 0} \frac{f_x(a,b+h) - f_x(a,b)}{h}\,\text{。}$$

对于我们考虑的所有函数, 两个交叉偏导数都相等, 所以微分的顺序无关紧要。

如果函数 $f(x,y)$ 在连续的二维区域上的所有的点 (x,y) 上有二阶偏导数 (包括交叉偏导数), 则其对 x 的二阶偏导函数在点 (x,y) 的值等于在该点对 x 的函数 $f_x(x,y)$ 的偏导数, 记为

$$f_{xx}(x,y) = \frac{\partial f_x(x,y)}{\partial x}\bigg|_{(x,y)}\,\text{。}$$

同理可定义对 y 的二阶偏导函数。二阶交叉偏导函数分别为

$$f_{xy}(x,y) = \frac{\partial f_x(x,y)}{\partial y}\bigg|_{(x,y)} \quad \text{和} \quad f_{yx}(x,y) = \frac{\partial f_y(x,y)}{\partial x}\bigg|_{(x,y)}\,\text{。}$$

这两个交叉偏导函数相等。用类似的方式可定义多变量函数的偏导函数。

求多元函数的极小值和极大值

具有连续导数的单变量函数只有在导数 $f'(x) = 0$ 的内点 x 处达到极小值或极大值。然而, 这样的点并非都是极小值或极大值, 我们必须通过一阶导数或二阶导数来检验驻点是极小值点或极大值点或拐点。

二维的情况会更复杂些, 假设连续可微函数 $f(x,y)$ 定义在二维矩形上, 只是 $f_x(x,y) = 0$ 和 $f_y(x,y) = 0$ 还不够。

函数 $f(x,y)$ 从一点沿 θ 方向的导数测量函数在通过此点与正 x 轴形成 θ 角的直线方向的变化率, 它是

$$D_\theta f(x,y) = f_x(x,y)\cos(\theta) + f_y(x,y)\sin(\theta)\,\text{。}$$

当 (x,y) 满足 $D_\theta f(x,y) = 0$ 对所有的 θ 都成立时, 函数在点 (x,y) 达到极大值或极小值。

多重积分

设 $f(x,y) \geqslant 0$ 是定义在闭矩形 $A = \{(x,y)|a_1 \leqslant x \leqslant b_1, a_2 \leqslant y \leqslant b_2\}$ 上的非负函数, 设 $x_0, x_1, \cdots, x_n$ 划分区间 $[a_1, b_1]$, $y_0, y_1, \cdots, y_m$ 划分区间 $[a_2, b_2]$, 这些划分组成 $j = m \times n$ 个矩形。矩形 A 上的曲面 $f(x,y)$ 下方的体积介于上和

$$U = \sum_{j=1}^{mn} f(t_j, u_j)$$

与下和

$$L = \sum_{j=1}^{mn} f(v_j, w_j)$$

之间, 其中 (t_j, u_j) 是第 j 个矩形中函数值最大的点, 而 (v_j, w_j) 是第 j 个矩形中函数值最小的点。将划分细化后总会使上和减小及下和增大, 我们总能找到一个划分, 使得上和任意接近下和。因此, 曲面下方的总体积, 记为

$$\int_{a_2}^{b_2} \int_{a_1}^{b_1} f(x, y) \mathrm{d}x \mathrm{d}y,$$

它是下和的最小上界, 也是上和的最大下界。

附录 B　统计表的用法

表格或计算机

　　本附录介绍如何利用统计表来回答各种概率问题, 在很多情况下这种技能是多余的, 因为计算机和统计软件已经取代了表格, 用户利用这些软件能够获得几乎任何分布的下尾和上尾概率, 或相关概率的分位数。高中生用的计算器都具备其中一些功能, 当然在智能手机的 APP 中也有。

　　然而, 我们在学习使用统计表的同时所学到的相关技能却非常重要, 所以这些信息仍然有价值。本附录保留了本书第一版和第二版的许多原始信息, 本版增加了从 Minitab 和 R 获得相同 (在某些情况下更准确的) 结果的操作说明。

二项分布

　　表 B.1 包含二项概率分布 $B(n, \pi)$ 在 $n = 2, 3, 4, 5, 6, 7, 8, 9, 10, 11, 12, 15$ 和 20, 且 $\pi = 0.05, 0.10, \cdots, 0.95$ 时的值。给定参数 π, 二项概率为

$$P(Y = y | \pi) = \binom{n}{y} \pi^y (1 - \pi)^{n-y}。 \tag{B.1}$$

当 $\pi \leqslant 0.5$ 时, 由最上面一行的 π 值找到概率所在的列, 向下找到 n, 概率对应于左侧列中的 y 值。例如, 为了查找具有二项分布 $B(n = 10, \pi = 0.3)$ 的 Y 的 $P(Y = 6)$, 从表中往下找到 $n = 10$, 并找到左边 $y = 6$ 的那一行, 往上看, 找到标记为 .30 的那一列, 表中行列交叉点的值就是 $P(Y = 6) = 0.0368$。当 $\pi > 0.5$ 时, 由最下面一行的 π 值找到概率所在的列, 找到 n, 概率对应于右侧列中的 y 值。为了查找具有二项分布 $B(n = 8, \pi = 0.65)$ 的 Y 的 $P(Y = 3)$, 在表中找到 $n = 8$ 和右边 $y = 3$ 的那一行, 在最下面一行找到标记为 0.65 的那一列, 表中行列交叉点的值就是 $P(Y = 3) = 0.0808$。

[**Minitab:**]　在 $c1$ 栏的第一个单元中输入 6, 从计算(Calc) 菜单中选择概率分布(Probability Distributions), 选中二项分布(Binomial...), 单击概率(Probability) 按钮, 在试验次数(Number of trials) 文本框中输入 10, 事件概率(Event Probability) 文本框中输入 0.3, 在输入栏(Input column) 文本框中输入 c1。最后, 单击确认(OK)。或者, 如果已经由编辑(Editor) 菜单选择激活命令(Enable Commands) 或由编辑(Editor) 菜单使用命令行编辑器, 则可以输入

```
pdf c1;
```

binomial 10 .3.

它返回的值是 0.0367569。这个命令也有助于回答像 $P_r(Y \leqslant y)$ 这种形式的问题, 例如, 在成功概率为 0.3 的 10 次试验中, 不超过 6 次成功的概率是多少? 对给定的 n 值把表中相应列的所有的值加起来就得到这个值。用 Minitab 可以秒答这个问题: 只需单击累积概率(Cumulative probability) 按钮, 或用cdf命令替代pdf命令。

[R:]: 所有的 R 分布函数的基本命名结构都相同: dxxx, pxxx 和 qxxx。这 3 个函数分别返回 xxx 分布的概率 (密度) 函数, 累积分布函数和逆累积分布函数或分位数函数。本节中, 我们用函数 dbinom 和 pbinom 求二项分布的 pdf 和 cdf。为了获得例子中的概率 $P_r(Y = 6)$, 输入

dbinom(6, 10, 0.3)
[1] 0.03675691

若求 $P_r(Y \leqslant 6)$, 则输入

pbinom(6, 10, 0.3)
[1] 0.9894079

如果想知道上尾概率, 即 $P_r(Y > 6)$, 我们知道

$$P_r(Y \leqslant y) + P_r(Y > y) = 1, \text{所以}, P_r(Y > y) = 1 - P_r(Y \leqslant y)。$$

或者通过把 R 函数的 lower.tail 置为 FALSE 来计算这个概率, 即

1 - pbinom(6, 10, 0.3)
[1] 0.01059208
pbinom(6, 10, 0.3, FALSE)
[1] 0.01059208

标准正态分布

本节包括两张表, 表 B.2 为标准正态密度下方的面积, 表 B.3 为标准正态密度的纵坐标 (高度)。标准正态密度的均值为 0, 方差为 1, 其密度是

$$f(z) = \frac{1}{\sqrt{2\pi}} e^{-\frac{1}{2}z^2}。 \tag{B.2}$$

标准正态密度关于 0 对称, 图 B.1 为标准正态密度的图形。

标准正态密度下方的面积

表 B.2 把标准正态密度函数下方从 0 到 z 之间的面积制成表格, z 以 0.01 的步长增长直至 3.69。我们从上往下在 z 列找到与 z 值的个位和十分位相同的行, 在顶端第一行找到 z 的百分位那一列, 行和列的交叉点的值就是概率 $P(0 \leqslant Z \leqslant z)$, 其中 Z 是正态分布 $N(0,1)$。例如, 为了查找 $P(0 \leqslant Z \leqslant 1.23)$, 我们找到 z 列中的 1.2 确定的行,

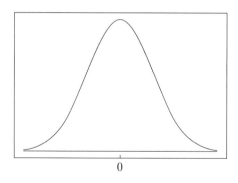

图 B.1 标准正态密度

然后到表的顶端找到 0.03 确定的列, 由此找出表中这对行列交叉点的值, 就该例来说, $P(0 \leqslant Z \leqslant 1.23) = 0.3907$。由于标准正态密度关于 0 对称, 则

$$P(-z \leqslant Z \leqslant 0) = P(0 \leqslant Z \leqslant z)。$$

而且, 由于它是密度函数, 其下方的总面积等于 1.0000, 所以 0 右侧的总面积一定等于 0.5000, 由此可得

$$P(Z > z) = 0.5000 - P(Z \leqslant z)。$$

任意正态概率的查找

我们可以把任意的正态随机变量化为均值为 0, 方差为 1 的标准正态随机变量。比如, 如果 W 是均值为 m 方差为 s^2 的正态随机变量, 通过减去均值并除以标准差使其标准化, 即

$$Z = \frac{W - m}{s}。$$

这样一来就可以利用标准正态表找出任意的正态概率。

例 B.1 假设 W 服从正态分布, 均值为 120, 方差为 225(W 的标准差是 15)。假设我们要查找概率

$$P(W \leqslant 129)。$$

在不等式的两边减去均值不会改变不等式, 得

$$P(W - 120 \leqslant 129 - 120)。$$

不等式的两边除以 (正的) 标准差也不会改变不等式, 有

$$P\left(\frac{W - 120}{15} \leqslant \frac{9}{15}\right)。$$

左边得到标准正态 Z, 右边得到的数为 0.60, 因此

$$P(W \leqslant 129) = P(Z \leqslant 0.60) = 0.5000 + 0.2258 = 0.7258。$$

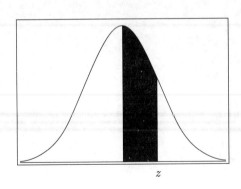

图 B.2 标准正态密度下的阴影面积, 这些数值列于表 B.2 中

[**Minitab:**] 与二项分布类似, 在 Minitab 中可以利用菜单或输入 Minitab 命令回答这个问题。若用菜单, 则首先在 $c1$ 栏中输入感兴趣的值 (129), 然后从计算(Calc) 选择概率分布(Probability Distributions), 再选择正态(Normal...)。选择累积概率(Cumulative probability) 单选按钮, 在均值(Mean) 文本框中输入 120, 标准差(Standard deviation) 文本框中输入 15, 输入栏(Input column) 输入 c1, 最后单击确认(OK) 按钮。或者, 在 Minitab 中输入下列命令:

```
cdf c1;
normal 120 15.
```

[**R:**] R 函数 pnorm 返回正态累积分布函数的值。为回答这个问题, 我们输入

```
pnorm(129, 120, 15)
```

标准正态密度的纵坐标

图 B.3 所示为标准正态表在 z 的纵坐标, 纵坐标就是曲线在 z 处的高度。表 B.3 包含从 0.00 到 3.99 以 0.01 步长增加的非负 z 的标准正态密度的纵坐标。由于标准正态密度关于 0 对称, $f(-z) = f(z)$, 我们可以查到负 z 值的坐标。当已知 μ 的离散先验分布时, 我们用此表可找出似然值, 沿着 z 列找到相应于个位和小数点后十分位的那一行, 在表头找到相应于百分位的那一列, 行列交叉处的值就是标准正态密度在 z 值处的高度。例如, 如果要查找标准正态密度在 $z = 1.23$ 的高度, 沿着 z 列向下到 1.2 那一行, 然后在顶端找到 .03 的那一列, 标准正态密度在 $z = 1.23$ 的高度等于 0.1872 (注意: 将 $z = 1.23$ 代入 (B.2) 式可验证它是正确的)。

例 B.2 假设给定 μ, Y 的分布为 $N(\mu, \sigma^2 = 1)$, 同时假设 μ 可能取 $3, 4, 5$ 和 6 这 4 个值。我们观测到 $y = 5.6$, 计算

$$z_i = \left(\frac{5.6 - \mu_i}{1} \right)。$$

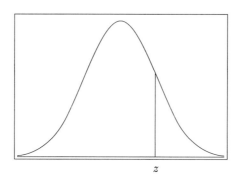

图 B.3　标准正态密度函数的纵坐标。这些值列在表 B.3 中

查 z_i 的正态分布的纵坐标所得值列于下表中:

3	2.60	0.136
4	1.6	0.1109
5	0.6	0.3332
6	−0.4	0.3683

[**Minitab:**] 本例要查找在 4 个均值 $\mu \in \{3, 4, 5, 6\}$ 下正态密度在点 $y = 5.6$ 的高度, 可用的方法有几种。可以计算在每个 μ 值下 y 的标准化值, 即

$$z_i = \frac{y - \mu_i}{\sigma} = y - \mu_i,$$

然后计算这些值的标准正态密度的高度。或者, 利用正态密度计算的是观测与均值差的平方 $(y - \mu)^2$ 这一事实, 将二者的顺序颠倒对结果不会有影响, 即对于正态分布, $f(y|\mu, \sigma^2) = f(\mu|y, \sigma^2)$。我们采用第二个方法, 因为所需计算量较少。首先, 在 $c1$ 栏中输入 μ 值, 然后在计算(Calc) 菜单选择概率分布(Probability Distributions), 选择正态(Normal...), 选择概率密度Probability density) 单选按钮, 在均值(Mean) 文本框中输入 5.6, 标准差(Standard deviation) 文本框中输入 1, 输入栏(Input column) 中输入 c1, 最后单击确认(OK) 按钮。或者在 Minitab 中输入下列命令:

```
pdf c1;
normal 5.6 1.
```

[**R:**] R 函数 dnorm 返回正态概率密度函数的值。为回答该问题, 可输入

```
dnorm(5.6, 3:6, 1)
```

t 分布

图 B.4 所示为几个不同自由度下的 t 分布和标准正态分布 $N(0, 1)$。t 分布族与标准

正态分布的对称钟形曲线类似; 只是它们的尾部更重。t 分布的自由度越小尾部就越重。[1]
在标准化公式

$$z = \frac{y - \mu}{\sigma_y}$$

中, y 为正态分布的随机变量。我们知道 z 服从正态分布 $N(0,1)$, 若使用标准差的无偏估
计 $\hat{\sigma}$ 而非真实但未知的标准差 σ, 就应该用 t 分布。类似的公式

$$t = \frac{y - \mu}{\hat{\sigma}_y}$$

是自由度为 k 的 t 分布。自由度 k 等于样本的大小减去在 $\hat{\sigma}$ 的公式中被估参数的个数。
例如, 如果我们用 $\bar{y}$ 表示样本均值, 用 $\hat{\sigma}_{\bar{y}} = \dfrac{\hat{\sigma}}{n}$ 估计标准差, 这里

$$\hat{\sigma} = \sum_{i=1}^{n} (y_i - \bar{y})^2 。$$

为了使用上述公式, 先要估计 $\bar{y}$。因此, 在单一样本的情况下有 $k = n - 1$ 个自由度。
表 B.4 包含 t 分布族的尾部区域。自由度沿左栏向下, 自由度与指定尾部概率交叉点是尾
部区域[2]。

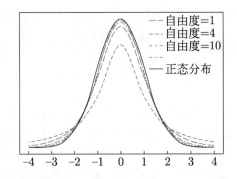

图 B.4   几个不同自由度的 t 分布密度与标准正态 $N(0,1)$ 密度

[**Minitab:**] 用 Minitab 可以查到给定 t 值和固定自由度 ν 的 $Pr(T \leq t)$。作为例子,
我们选择 $t = 1.943$ 且 $\nu = 6$ 个自由度。由表 B.4 可见, 上尾概率 $Pr(T \geq 1.943)$ 大约是
0.05, 它意味着 Minitab 将要计算的下尾概率大约是 0.95。我们说"大约"是因为表 B.4 中
的数值已做过四舍五入处理。首先把 t 值 (1.943) 输入 c1 栏, 然后从计算(Calc) 选择概率
分布(Probability Distributions), 然后选择 $t \cdots$, 选择累积概率(Cumulative probability)
单选按钮, 在自由度(Degrees of freedom) 文本框输入 6, 输入栏(Input column) 中输入
c1, 最后单击确认(OK) 按钮。或者, 在 Minitab 中输入下列命令:

```
pdf c1;
```

---

[1]正态分布 $N(0,1)$ 对应于自由度为 ∞ 的 t 分布。

[2]即是单边假设检验中的临界值 —— 译者注

t 6.

[**R:**] R 函数 pt 返回 t 分布函数的值。为回答在 Minitab 讲解的问题, 输入

```
pt(1.943, 5, lower.tail = FALSE)
```

pt 允许用户选择其所要的是上尾或下尾概率。

泊松分布

表 B.5 包含对某些选定的 μ 值的泊松 Poisson(μ) 分布, μ 从 0.1 到 4 按 0.1 递增, 从 4.2 到 10 按 0.2 递增, 从 10.5 到 15 按 0.5 递增。给定参数 μ, 泊松概率为

$$P(Y = y|\mu) = \frac{\mu^y \mathrm{e}^{-\mu}}{y!}, \quad y = 0, 1, \cdots \tag{B.3}$$

理论上 y 可以取全部非负整数。表 B.5 中包含截至概率小于 0.0001 的所有 y 值。

例 B.3 假设给定 μ, Y 的分布是泊松分布, μ 可取 3 个值: 0.5, 0.75 和 1.00。我们观测到 $y = 2$, 通过查找 $y = 2$ 那一行的值得到相应于每一个 μ 值的概率。注意 $\mu = 0.75$ 的概率不在表中。通过对 $\mu = 0.70$ 和 $\mu = 0.80$ 时的概率值的线性插值可得到 $\mu = 0.75$ 时的概率。

μ_i	(需要时插值)	概率
0.50		0.0758
0.75	$(0.5 \times 0.1217 + 0.5 \times 0.1438)$	0.1327
1.00		0.1839

[**Minitab:**] 计算正态分布时所用的技巧在这里不管用了, 因为 $f(y|\mu) \neq f(\mu|y)$。对每个 μ 值必须重复同样的步骤, 这有点辛苦, 但好在 Minitab 会记住对话框中的输入。首先把 y 的值输入 c1 栏。从计算(Calc) 选择概率分布(Probability Distributions), 然后选择泊松(Poisson...), 选择概率(Probability) 单选按钮, 在均值 Mean) 文本框输入 0.5, 输入栏(Input column) 中输入 c1, 最后单击确认(OK) 按钮。或者, 在 Minitab 中输入下列命令:

```
pdf c1;
poisson 0.5.
```

用后续的 $\mu = 0.75$ 和 $\mu = 1$ 重复这些步骤。

[**R:**] R 函数 dpois 返回泊松概率函数的值。为回答这个问题, 输入

```
dpois(2, c(0.5, 0.75, 1))
```
■

卡方分布

表 B.6 包含服从卡方分布的 U 的上尾面积 $P(U > \alpha)$, 表中的数值对应于图 B.5 中的阴影部分的面积。方差 σ^2 的后验分布是 S' 倍的自由度为 κ' 的逆卡方分布, 它意味着

$\dfrac{S'}{\sigma^2}$ 是自由度为 κ' 的卡方分布, 所有我们可以利用卡方表查找 σ 的可信区间并对 σ 做假设检验。

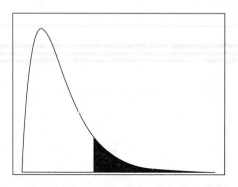

图 B.5　卡方分布的上尾区域

例 B.4　假设方差 σ^2 的后验分布是 110 倍的自由度为 12 的逆卡方分布, 则 $\dfrac{110}{\sigma^2}$ 是自由度为 12 的卡方分布, 由此可以找到 95% 的贝叶斯可信区间

$$0.95 = P(4.404 < \frac{110}{\sigma^2} < 23.337) = P\left(\sqrt{\frac{110}{23.337}} < \sigma < \sqrt{\frac{110}{4.404}}\right)$$

$$= P(2.17107 < \sigma < 4.99773)。$$

如果在 5% 的显著性水平上检验双边假设

$$H_0 : \sigma = 2.5, \quad H_1 : \sigma \neq 2.5,$$

2.5 在可信区间内, 因此必须接受零假设, 即 $\sigma = 2.5$ 仍然是一个可信的值。另一方面, 如果在 5% 水平上检验单边假设

$$H_0 : \sigma \leqslant 2.5, \quad H_1 : \sigma > 2.5$$

计算零假设的后验概率。

$$P(\sigma \leqslant 2.5) = P\left(\frac{110}{\sigma^2} \geqslant \frac{110}{2.5^2}\right) = P\left(\frac{110}{\sigma^2} \geqslant 17.600\right)。$$

数值 17.60 落在 11.340 和 18.549 之间, 因此零假设的后验概率介于 0.50 和 0.10 之间, 它大于 5% 的显著性水平, 我们拒绝零假设。

[**Minitab:**] 该例说明 σ^2 服从 110 倍的自由度为 12 的逆卡方分布的后验密度。为了找到 σ 的 95% 的后验可信区间, 需要分两步

(1)　找到自由度为 12 的卡方分布的点 $q_{0.025}$ 和 $q_{0.975}$, 满足

$$P_r(X < q_{0.025}) = 0.025, \quad P_r(X < q_{0.975}) = 0.975。$$

(2)　计算

$$l = \sqrt{\frac{110}{q_{0.975}}}, \quad u = \sqrt{\frac{110}{q_{0.025}}},$$

它们分别是可信区间的下界和上界。我们用 Minitab 的逆累积分布函数工具。首先, 将 0.025 和 0.975 输入 c1 栏, 然后从计算 (Calc) 选择概率分布 (Probability Distributions), 然后选择卡方(Chi-Square...)。选择逆累积概率(Inverse cumulative probability) 单选按钮, 在自由度 (Degrees of freedom) 文本框输入 12, 输入栏(Input column) 中输入 c1, 可选存储(Optional storage) 中输入 c2, 最后单击确认(OK) 按钮, 然后从计算(Calc) 选择计算器(Calculator), 在结果保存变量(Store result in variable) 文本框中输入 c3, 表达式(Expression) 框中输入 sqrt(110/c2), 单击确认(OK)。或者输入下列 Minita 命令:

```
invcdf c1 c2;
chisquare  12.
let c3 = sqrt(110/c2)
```

为计算零假设的后验概率, 我们按照相同的步骤计算 17.6 的临界值, 将它输入到 c4 栏, 然后从计算 (Calc) 选择概率分布(Probability Distributions), 然后选择卡方(Chi-Square...), 选择逆累积概率(Inverse cumulative probability) 单选按钮, 在自由度 (Degrees of freedom) 文本框输入 12, 输入栏 (Input column) 中输入 c4, 可选存储(Optional storage) 中输入 c5, 最后单击确认(OK) 按钮, 然后从计算 (Calc) 选择计算器 (Calculator), 在结果保存变量(Store result in variable) 文本框中输入 c6, 表达式(Expression) 框中输入 $1 - c5$, 单击确认(OK)。或者, 输入下列 Minita 命令:

```
cdf  c4 c5;
chisquare 12.
let c6 = 1 - c5
```

这两个方法都返回 $P_r(H_0|data) = 0.1284$, 它确实介于 0.1 和 0.5 之间。

[**R:**] 重复在上面 Minitab 中描述的步骤, 可以利用返回卡方逆累积分布函数和累积分布函数的 R 函数 qchisq 和 pchisq。为计算 σ 的 95% 后验可信区间, 输入

```
sqrt(110 / qchisq(c(0.975, 0.025), 12))
```

输入给 qchisq 的概率按降序排列, 以确保可信区间的顺序不会出错。为计算零假设的单边概率, 输入

```
pchisq(17.6, 12, lower.tail = FALSE)
```

表 B.1　二项分布

n	y	π										
		.05	.10	.15	.20	.25	.30	.35	.40	.45	.50	
2	0	.9025	.81	.7225	.64	.5625	.49	.4225	.36	.3025	.25	2
	1	.0950	.18	.2550	.32	.3750	.42	.4550	.48	.4950	.50	1
	2	.0025	.01	.0225	.04	.0625	.09	.1225	.16	.2025	.25	0
3	0	.8574	.729	.6141	.512	.4219	.343	.2746	.216	.1664	.125	3
	1	.1354	.243	.3251	.384	.4219	.441	.4436	.432	.4084	.375	2
	2	.0071	.027	.0574	.096	.1406	.189	.2389	.288	.3341	.375	1
	3	.0001	.001	.0034	.008	.0156	.027	.0429	.064	.0911	.125	0
4	0	.8145	.6561	.5220	.4096	.3164	.2401	.1785	.1296	.0915	.0625	4
	1	.1715	.2916	.3685	.4096	.4219	.4116	.3845	.3456	.2995	.2500	3
	2	.0135	.0486	.0975	.1536	.2109	.2646	.3105	.3456	.3675	.3750	2
	3	.0005	.0036	.0115	.0256	.0469	.0756	.1115	.1536	.2005	.2500	1
	4	.0000	.0001	.0005	.0016	.0039	.0081	.0150	.0256	.0410	.0625	0
5	0	.7738	.5905	.4437	.3277	.2373	.1681	.1160	.0778	.0503	.0313	5
	1	.2036	.3281	.3915	.4096	.3955	.3601	.3124	.2592	.2059	.1563	4
	2	.0214	.0729	.1382	.2048	.2637	.3087	.3364	.3456	.3369	.3125	3
	3	.0011	.0081	.0244	.0512	.0879	.1323	.1811	.2304	.2757	.3125	2
	4	.0000	.0005	.0022	.0064	.0146	.0284	.0488	.0768	.1128	.1563	1
	5	.0000	.0000	.0001	.0003	.0010	.0024	.0053	.0102	.0185	.0313	0
6	0	.7351	.5314	.3771	.2621	.1780	.1176	.0754	.0467	.0277	.0156	6
	1	.2321	.3543	.3993	.3932	.3560	.3025	.2437	.1866	.1359	.0937	5
	2	.0305	.0984	.1762	.2458	.2966	.3241	.3280	.3110	.2780	.2344	4
	3	.0021	.0146	.0415	.0819	.1318	.1852	.2355	.2765	.3032	.3125	3
	4	.0001	.0012	.0055	.0154	.0330	.0595	.0951	.1382	.1861	.2344	2
	5	.0000	.0001	.0004	.0015	.0044	.0102	.0205	.0369	.0609	.0937	1
	6	.0000	.0000	.0000	.0001	.0002	.0007	.0018	.0041	.0083	.0156	0
7	0	.6983	.4783	.3206	.2097	.1335	.0824	.0490	.0280	.0152	.0078	7
	1	.2573	.3720	.3960	.3670	.3115	.2471	.1848	.1306	.0872	.0547	6
	2	.0406	.1240	.2097	.2753	.3115	.3177	.2985	.2613	.2140	.1641	5
	3	.0036	.0230	.0617	.1147	.1730	.2269	.2679	.2903	.2918	.2734	4
	4	.0002	.0026	.0109	.0287	.0577	.0972	.1442	.1935	.2388	.2734	3
	5	.0000	.0002	.0012	.0043	.0115	.0250	.0466	.0774	.1172	.1641	2
	6	.0000	.0000	.0001	.0004	.0013	.0036	.0084	.0172	.0320	.0547	1
	7	.0000	.0000	.0000	.0000	.0001	.0002	.0006	.0016	.0037	.0078	0
8	0	.6634	.4305	.2725	.1678	.1001	.0576	.0319	.0168	.0084	.0039	8
	1	.2793	.3826	.3847	.3355	.2670	.1977	.1373	.0896	.0548	.0313	7
	2	.0515	.1488	.2376	.2936	.3115	.2965	.2587	.2090	.1569	.1094	6
		.95	.90	.85	.80	.75	.70	.65	.60	.55	.50	
		π										y

续表

n	y	π										
		.05	.10	.15	.20	.25	.30	.35	.40	.45	.50	
8	3	.0054	.0331	.0839	.1468	.2076	.2541	.2786	.2787	.2568	.2188	5
	4	.0004	.0046	.0185	.0459	.0865	.1361	.1875	.2322	.2627	.2734	4
	5	.0000	.0004	.0026	.0092	.0231	.0467	.0808	.1239	.1719	.2188	3
	6	.0000	.0000	.0002	.0011	.0038	.0100	.0217	.0413	.0703	.1094	2
	7	.0000	.0000	.0000	.0001	.0004	.0012	.0033	.0079	.0164	.0313	1
	8	.0000	.0000	.0000	.0000	.0000	.0001	.0002	.0007	.0017	.0039	0
9	0	.6302	.3874	.2316	.1342	.0751	.0404	.0207	.0101	.0046	.0020	9
	1	.2985	.3874	.3679	.3020	.2253	.1556	.1004	.0605	.0339	.0176	8
	2	.0629	.1722	.2597	.3020	.3003	.2668	.2162	.1612	.1110	.0703	7
	3	.0077	.0446	.1069	.1762	.2336	.2668	.2716	.2508	.2119	.1641	6
	4	.0006	.0074	.0283	.0661	.1168	.1715	.2194	.2508	.2600	.2461	5
	5	.0000	.0008	.0050	.0165	.0389	.0735	.1181	.1672	.2128	.2461	4
	6	.0000	.0001	.0006	.0028	.0087	.0210	.0424	.0743	.1160	.1641	3
	7	.0000	.0000	.0000	.0003	.0012	.0039	.0098	.0212	.0407	.0703	2
	8	.0000	.0000	.0000	.0000	.0001	.0004	.0013	.0035	.0083	.0176	1
	9	.0000	.0000	.0000	.0000	.0000	.0000	.0001	.0003	.0008	.0020	0
10	0	.5987	.3487	.1969	.1074	.0563	.0282	.0135	.0060	.0025	.0010	10
	1	.3151	.3874	.3474	.2684	.1877	.1211	.0725	.0403	.0207	.0098	9
	2	.0746	.1937	.2759	.3020	.2816	.2335	.1757	.1209	.0763	.0439	8
	3	.0105	.0574	.1298	.2013	.2503	.2668	.2522	.2150	.1665	.1172	7
	4	.0010	.0112	.0401	.0881	.1460	.2001	.2377	.2508	.2384	.2051	6
	5	.0001	.0015	.0085	.0264	.0584	.1029	.1536	.2007	.2340	.2461	5
	6	.0000	.0001	.0012	.0055	.0162	.0368	.0689	.1115	.1596	.2051	4
	7	.0000	.0000	.0001	.0008	.0031	.0090	.0212	.0425	.0746	.1172	3
	8	.0000	.0000	.0000	.0001	.0004	.0014	.0043	.0106	.0229	.0439	2
	9	.0000	.0000	.0000	.0000	.0000	.0001	.0005	.0016	.0042	.0098	1
	10	.0000	.0000	.0000	.0000	.0000	.0000	.0000	.0001	.0003	.0010	0
11	1	.3293	.3835	.3248	.2362	.1549	.0932	.0518	.0266	.0125	.0054	10
	2	.0867	.2131	.2866	.2953	.2581	.1998	.1395	.0887	.0513	.0269	9
	3	.0137	.0710	.1517	.2215	.2581	.2568	.2254	.1774	.1259	.0806	8
	4	.0014	.0158	.0536	.1107	.1721	.2201	.2428	.2365	.2060	.1611	7
	5	.0001	.0025	.0132	.0388	.0803	.1321	.1830	.2207	.2360	.2256	6
	6	.0000	.0003	.0023	.0097	.0268	.0566	.0985	.1471	.1931	.2256	5
	7	.0000	.0000	.0003	.0017	.0064	.0173	.0379	.0701	.1128	.1611	4
	8	.0000	.0000	.0000	.0002	.0011	.0037	.0102	.0234	.0462	.0806	3
	9	.0000	.0000	.0000	.0000	.0001	.0005	.0018	.0052	.0126	.0269	2
	10	.0000	.0000	.0000	.0000	.0000	.0000	.0002	.0007	.0021	.0054	1
	11	.0000	.0000	.0000	.0000	.0000	.0000	.0000	.0000	.0002	.0005	0
		.95	.90	.85	.80	.75	.70	.65	.60	.55	.50	
		π										y

n	y	π										
		.05	.10	.15	.20	.25	.30	.35	.40	.45	.50	
12	0	.5404	.2824	.1422	.0687	.0317	.0138	.0057	.0022	.0008	.0002	12
	1	.3413	.3766	.3012	.2062	.1267	.0712	.0368	.0174	.0075	.0029	11
	2	.0988	.2301	.2924	.2835	.2323	.1678	.1088	.0639	.0339	.0161	10
	3	.0173	.0852	.1720	.2362	.2581	.2397	.1954	.1419	.0923	.0537	9
	4	.0021	.0213	.0683	.1329	.1936	.2311	.2367	.2128	.1700	.1208	8
	5	.0002	.0038	.0193	.0532	.1032	.1585	.2039	.2270	.2225	.1934	7
	6	.0000	.0005	.0040	.0155	.0401	.0792	.1281	.1766	.2124	.2256	6
	7	.0000	.0000	.0006	.0033	.0115	.0291	.0591	.1009	.1489	.1934	5
	8	.0000	.0000	.0001	.0005	.0024	.0078	.0199	.0420	.0762	.1208	4
	9	.0000	.0000	.0000	.0001	.0004	.0015	.0048	.0125	.0277	.0537	3
	10	.0000	.0000	.0000	.0000	.0000	.0002	.0008	.0025	.0068	.0161	2
	11	.0000	.0000	.0000	.0000	.0000	.0000	.0001	.0003	.0010	.0029	1
	12	.0000	.0000	.0000	.0000	.0000	.0000	.0000	.0000	.0001	.0002	0
15	0	.4633	.2059	.0874	.0352	.0134	.0047	.0016	.0005	.0001	.0000	15
	1	.3658	.3432	.2312	.1319	.0668	.0305	.0126	.0047	.0016	.0005	14
	2	.1348	.2669	.2856	.2309	.1559	.0916	.0476	.0219	.0090	.0032	13
	3	.0307	.1285	.2184	.2501	.2252	.1700	.1110	.0634	.0318	.0139	12
	4	.0049	.0428	.1156	.1876	.2252	.2186	.1792	.1268	.0780	.0417	11
	5	.0006	.0105	.0449	.1032	.1651	.2061	.2123	.1859	.1404	.0916	10
	6	.0000	.0019	.0132	.0430	.0917	.1472	.1906	.2066	.1914	.1527	9
	7	.0000	.0003	.0030	.0138	.0393	.0811	.1319	.1771	.2013	.1964	8
	8	.0000	.0000	.0005	.0035	.0131	.0348	.0710	.1181	.1647	.1964	7
	9	.0000	.0000	.0001	.0007	.0034	.0116	.0298	.0612	.1048	.1527	6
	10	.0000	.0000	.0000	.0001	.0007	.0030	.0096	.0245	.0515	.0916	5
	11	.0000	.0000	.0000	.0000	.0001	.0006	.0024	.0074	.0191	.0417	4
	12	.0000	.0000	.0000	.0000	.0000	.0001	.0004	.0016	.0052	.0139	3
	13	.0000	.0000	.0000	.0000	.0000	.0000	.0001	.0003	.0010	.0032	2
	14	.0000	.0000	.0000	.0000	.0000	.0000	.0000	.0000	.0001	.0005	1
	15	.0000	.0000	.0000	.0000	.0000	.0000	.0000	.0000	.0000	.0000	0
20	0	.3585	.1216	.0388	.0115	.0032	.0008	.0002	.0000	.0000	.0000	20
	1	.3774	.2702	.1368	.0576	.0211	.0068	.0020	.0005	.0001	.0000	19
	2	.1887	.2852	.2293	.1369	.0669	.0278	.0100	.0031	.0008	.0002	18
	3	.0596	.1901	.2428	.2054	.1339	.0716	.0323	.0123	.0040	.0011	17
	4	.0133	.0898	.1821	.2182	.1897	.1304	.0738	.0350	.0139	.0046	16
	5	.0022	.0319	.1028	.1746	.2023	.1789	.1272	.0746	.0365	.0148	15
	6	.0003	.0089	.0454	.1091	.1686	.1916	.1712	.1244	.0746	.0370	14
	7	.0000	.0020	.0160	.0545	.1124	.1643	.1844	.1659	.1221	.0739	13
	8	.0000	.0004	.0046	.0222	.0609	.1144	.1614	.1797	.1623	.1201	12
		.95	.90	.85	.80	.75	.70	.65	.60	.55	.50	y
							π					

续表

n	y	π										
		.05	.10	.15	.20	.25	.30	.35	.40	.45	.50	
20	9	.0000	.0001	.0011	.0074	.0271	.0654	.1158	.1597	.1771	.1602	11
	10	.0000	.0000	.0002	.0020	.0099	.0308	.0686	.1171	.1593	.1762	10
	11	.0000	.0000	.0000	.0005	.0030	.0120	.0336	.0710	.1185	.1602	9
	12	.0000	.0000	.0000	.0001	.0008	.0039	.0136	.0355	.0727	.1201	8
	13	.0000	.0000	.0000	.0000	.0002	.0010	.0045	.0146	.0366	.0739	7
	14	.0000	.0000	.0000	.0000	.0000	.0002	.0012	.0049	.0150	.0370	6
	15	.0000	.0000	.0000	.0000	.0000	.0000	.0003	.0013	.0049	.0148	5
	16	.0000	.0000	.0000	.0000	.0000	.0000	.0000	.0003	.0013	.0046	4
	17	.0000	.0000	.0000	.0000	.0000	.0000	.0000	.0000	.0002	.0011	3
	18	.0000	.0000	.0000	.0000	.0000	.0000	.0000	.0000	.0000	.0002	2
	19	.0000	.0000	.0000	.0000	.0000	.0000	.0000	.0000	.0000	.0000	1
	20	.0000	.0000	.0000	.0000	.0000	.0000	.0000	.0000	.0000	.0000	0
		.95	.90	.85	.80	.75	.70	.65	.60	.55	.50	
		π										y

表 B.2   正态密度下方的面积

z	.00	.01	.02	.03	.04	.05	.06	.07	.08	.09
0.0	.0000	.0040	.0080	.0120	.0160	.0199	.0239	.0279	.0319	.0359
0.1	.0398	.0438	.0478	.0517	.0557	.0596	.0636	.0675	.0714	.0753
0.2	.0793	.0832	.0871	.0910	.0948	.0987	.1026	.1064	.1103	.1141
0.3	.1179	.1217	.1255	.1293	.1331	.1368	.1406	.1443	.1480	.1517
0.4	.1554	.1591	.1628	.1664	.1700	.1736	.1772	.1808	.1844	.1879
0.5	.1915	.1950	.1985	.2019	.2054	.2088	.2123	.2157	.2190	.2224
0.6	.2257	.2291	.2324	.2357	.2389	.2422	.2454	.2486	.2517	.2549
0.7	.2580	.2611	.2642	.2673	.2703	.2734	.2764	.2794	.2823	.2852
0.8	.2881	.2910	.2939	.2967	.2995	.3023	.3051	.3078	.3106	.3133
0.9	.3159	.3186	.3212	.3238	.3264	.3289	.3315	.3340	.3365	.3389
1.0	.3413	.3438	.3461	.3485	.3508	.3531	.3554	.3577	.3599	.3621
1.1	.3643	.3665	.3686	.3708	.3729	.3749	.3770	.3790	.3810	.3830
1.2	.3849	.3869	.3888	.3907	.3925	.3944	.3962	.3980	.3997	.4015
1.3	.4032	.4049	.4066	.4082	.4099	.4115	.4131	.4147	.4162	.4177
1.4	.4192	.4207	.4222	.4236	.4251	.4265	.4279	.4292	.4306	.4319
1.5	.4332	.4345	.4357	.4370	.4382	.4394	.4406	.4418	.4429	.4441
1.6	.4452	.4463	.4474	.4484	.4495	.4505	.4515	.4525	.4535	.4545
1.7	.4554	.4564	.4573	.4582	.4591	.4599	.4608	.4616	.4625	.4633
1.8	.4641	.4649	.4656	.4664	.4671	.4678	.4686	.4693	.4699	.4706
1.9	.4713	.4719	.4726	.4732	.4738	.4744	.4750	.4756	.4761	.4767
2.0	.4772	.4778	.4783	.4788	.4793	.4798	.4803	.4808	.4812	.4817
2.1	.4821	.4826	.4830	.4834	.4838	.4842	.4846	.4850	.4854	.4857
2.2	.4861	.4864	.4868	.4871	.4875	.4878	.4881	.4884	.4887	.4890
2.3	.4893	.4896	.4898	.4901	.4904	.4906	.4909	.4911	.4913	.4916
2.4	.4918	.4920	.4922	.4925	.4927	.4929	.4931	.4932	.4934	.4936
2.5	.4938	.4940	.4941	.4943	.4945	.4946	.4948	.4949	.4951	.4952
2.6	.4953	.4955	.4956	.4957	.4959	.4960	.4961	.4962	.4963	.4964
2.7	.4965	.4966	.4967	.4968	.4969	.4970	.4971	.4972	.4973	.4974
2.8	.4974	.4975	.4976	.4977	.4977	.4978	.4979	.4979	.4980	.4981
2.9	.4981	.4982	.4982	.4983	.4984	.4984	.4985	.4985	.4986	.4986
3.0	.4987	.4987	.4987	.4988	.4988	.4989	.4989	.4989	.4990	.4990
3.1	.4990	.4991	.4991	.4991	.4992	.4992	.4992	.4992	.4993	.4993
3.2	.4993	.4993	.4994	.4994	.4994	.4994	.4994	.4995	.4995	.4995
3.3	.4995	.4995	.4995	.4996	.4996	.4996	.4996	.4996	.4996	.4997
3.4	.4997	.4997	.4997	.4997	.4997	.4997	.4997	.4997	.4997	.4998
3.5	.4998	.4998	.4998	.4998	.4998	.4998	.4998	.4998	.4998	.4998
3.6	.4998	.4998	.4999	.4999	.4999	.4999	.4999	.4999	.4999	.4999

表 B.3 标准正态密度的纵坐标

z	.00	.01	.02	.03	.04	.05	.06	.07	.08	.09
0.0	.3989	.3989	.3989	.3988	.3986	.3984	.3982	.3980	.3977	.3973
0.1	.3970	.3965	.3961	.3956	.3951	.3945	.3939	.3932	.3925	.3918
0.2	.3910	.3902	.3894	.3885	.3876	.3867	.3857	.3847	.3836	.3825
0.3	.3814	.3802	.3790	.3778	.3765	.3752	.3739	.3725	.3712	.3697
0.4	.3683	.3668	.3653	.3637	.3621	.3605	.3589	.3572	.3555	.3538
0.5	.3521	.3503	.3485	.3467	.3448	.3429	.3410	.3391	.3372	.3352
0.6	.3332	.3312	.3292	.3271	.3251	.3230	.3209	.3187	.3166	.3144
0.7	.3123	.3101	.3079	.3056	.3034	.3011	.2989	.2966	.2943	.2920
0.8	.2897	.2874	.2850	.2827	.2803	.2780	.2756	.2732	.2709	.2685
0.9	.2661	.2637	.2613	.2589	.2565	.2541	.2516	.2492	.2468	.2444
1.0	.2420	.2396	.2371	.2347	.2323	.2299	.2275	.2251	.2227	.2203
1.1	.2179	.2155	.2131	.2107	.2083	.2059	.2036	.2012	.1989	.1965
1.2	.1942	.1919	.1895	.1872	.1849	.1826	.1804	.1781	.1758	.1736
1.3	.1714	.1691	.1669	.1647	.1626	.1604	.1582	.1561	.1539	.1518
1.4	.1497	.1476	.1456	.1435	.1415	.1394	.1374	.1354	.1334	.1315
1.5	.1295	.1276	.1257	.1238	.1219	.1200	.1182	.1163	.1145	.1127
1.6	.1109	.1092	.1074	.1057	.1040	.1023	.1006	.0989	.0973	.0957
1.7	.0940	.0925	.0909	.0893	.0878	.0863	.0848	.0833	.0818	.0804
1.8	.0790	.0775	.0761	.0748	.0734	.0721	.0707	.0694	.0681	.0669
1.9	.0656	.0644	.0632	.0620	.0608	.0596	.0584	.0573	.0562	.0551
2.0	.0540	.0529	.0519	.0508	.0498	.0488	.0478	.0468	.0459	.0449
2.1	.0440	.0431	.0422	.0413	.0404	.0396	.0387	.0379	.0371	.0363
2.2	.0355	.0347	.0339	.0332	.0325	.0317	.0310	.0303	.0297	.0290
2.3	.0283	.0277	.0270	.0264	.0258	.0252	.0246	.0241	.0235	.0229
2.4	.0224	.0219	.0213	.0208	.0203	.0198	.0194	.0189	.0184	.0180
2.5	.0175	.0171	.0167	.0163	.0158	.0154	.0151	.0147	.0143	.0139
2.6	.0136	.0132	.0129	.0126	.0122	.0119	.0116	.0113	.0110	.0107
2.7	.0104	.0101	.0099	.0096	.0093	.0091	.0088	.0086	.0084	.0081
2.8	.0079	.0077	.0075	.0073	.0071	.0069	.0067	.0065	.0063	.0061
2.9	.0060	.0058	.0056	.0055	.0053	.0051	.0050	.0048	.0047	.0046
3.0	.0044	.0043	.0042	.0040	.0039	.0038	.0037	.0036	.0035	.0034
3.1	.0033	.0032	.0031	.0030	.0029	.0028	.0027	.0026	.0025	.0025
3.2	.0024	.0023	.0022	.0022	.0021	.0020	.0020	.0019	.0018	.0018
3.3	.0017	.0017	.0016	.0016	.0015	.0015	.0014	.0014	.0013	.0013
3.4	.0012	.0012	.0012	.0011	.0011	.0010	.0010	.0010	.0009	.0009
3.5	.0009	.0008	.0008	.0008	.0008	.0007	.0007	.0007	.0007	.0006
3.6	.0006	.0006	.0006	.0005	.0005	.0005	.0005	.0005	.0005	.0004
3.7	.0004	.0004	.0004	.0004	.0004	.0004	.0003	.0003	.0003	.0003
3.8	.0003	.0003	.0003	.0003	.0003	.0002	.0002	.0002	.0002	.0002
3.9	.0002	.0002	.0002	.0002	.0002	.0002	.0002	.0002	.0001	.0001

表 B.4 t 分布的临界值

自由度 (df)	上尾区域							
	.20	.10	.05	.025	.01	.005	.001	.0005
1	1.376	3.078	6.314	12.71	31.82	63.66	318.3	636.6
2	1.061	1.886	2.920	4.303	6.965	9.925	22.33	31.60
3	.979	1.638	2.353	3.182	4.541	5.841	10.21	12.92
4	.941	1.533	2.132	2.776	3.747	4.604	7.173	8.610
5	.920	1.476	2.015	2.571	3.365	4.032	5.893	6.868
6	.906	1.440	1.943	2.447	3.143	3.707	5.208	5.959
7	.896	1.415	1.895	2.365	2.998	3.499	4.785	5.408
8	.889	1.397	1.860	2.306	2.896	3.355	4.501	5.041
9	.883	1.383	1.833	2.262	2.821	3.250	4.297	4.781
10	.879	1.372	1.812	2.228	2.764	3.169	4.144	4.587
11	.876	1.363	1.796	2.201	2.718	3.106	4.025	4.437
12	.873	1.356	1.782	2.179	2.681	3.055	3.930	4.318
13	.870	1.350	1.771	2.160	2.650	3.012	3.852	4.221
14	.868	1.345	1.761	2.145	2.624	2.977	3.787	4.140
15	.866	1.341	1.753	2.131	2.602	2.947	3.733	4.073
16	.865	1.337	1.746	2.120	2.583	2.921	3.686	4.015
17	.863	1.333	1.740	2.110	2.567	2.898	3.646	3.965
18	.862	1.330	1.734	2.101	2.552	2.878	3.610	3.922
19	.861	1.328	1.729	2.093	2.539	2.861	3.579	3.883
20	.860	1.325	1.725	2.086	2.528	2.845	3.552	3.850
21	.859	1.323	1.721	2.080	2.518	2.831	3.527	3.819
22	.858	1.321	1.717	2.074	2.508	2.819	3.505	3.792
23	.858	1.319	1.714	2.069	2.500	2.807	3.485	3.768
24	.857	1.318	1.711	2.064	2.492	2.797	3.467	3.745
25	.856	1.316	1.708	2.060	2.485	2.787	3.450	3.725
26	.856	1.315	1.706	2.056	2.479	2.779	3.435	3.707
27	.855	1.314	1.703	2.052	2.473	2.771	3.421	3.690
28	.855	1.313	1.701	2.048	2.467	2.763	3.408	3.674
29	.854	1.311	1.699	2.045	2.462	2.756	3.396	3.659
30	.854	1.310	1.697	2.042	2.457	2.750	3.385	3.646
40	.851	1.303	1.684	2.021	2.423	2.704	3.307	3.551
60	.848	1.296	1.671	2.000	2.390	2.660	3.232	3.460
80	.846	1.292	1.664	1.990	2.374	2.639	3.195	3.416
100	.845	1.290	1.660	1.984	2.364	2.626	3.174	3.390
∞	.842	1.282	1.645	1.960	2.326	2.576	3.090	3.291

表 B.5 泊松概率表

y	μ									
---	.1	.2	.3	.4	.5	.6	.7	.8	.9	1.0
0	.9048	.8187	.7408	.6703	.6065	.5488	.4966	.4493	.4066	.3679
1	.0905	.1637	.2222	.2681	.3033	.3293	.3476	.3595	.3659	.3679
2	.0045	.0164	.0333	.0536	.0758	.0988	.1217	.1438	.1647	.1839
3	.0002	.0011	.0033	.0072	.0126	.0198	.0284	.0383	.0494	.0613
4	.0000	.0001	.0003	.0007	.0016	.0030	.0050	.0077	.0111	.0153
5	.0000	.0000	.0000	.0001	.0002	.0004	.0007	.0012	.0020	.0031
6	0000	0000	.0000	.0000	.0000	.0000	.0001	.0002	.0003	.0005
7	.0000	.0000	.0000	.0000	.0000	.0000	.0000	.0000	.0000	.0001

y	μ									
---	1.1	1.2	1.3	1.4	1.5	1.6	1.7	1.8	1.9	2.0
0	.3329	.3012	.2725	.2466	.2231	.2019	.1827	.1653	.1496	.1353
1	.3662	.3614	.3543	.3452	.3347	.3230	.3106	.2975	.2842	.2707
2	.2014	.2169	.2303	.2417	.2510	.2584	.2640	.2678	.2700	.2707
3	.0738	.0867	.0998	.1128	.1255	.1378	.1496	.1607	.1710	.1804
4	.0203	.0260	.0324	.0395	.0471	.0551	.0636	.0723	.0812	.0902
5	.0045	.0062	.0084	.0111	.0141	.0176	.0216	.0260	.0309	.0361
6	.0008	.0012	.0018	.0026	.0035	.0047	.0061	.0078	.0098	.0120
7	.0001	.0002	.0003	.0005	.0008	.0011	.0015	.0020	.0027	.0034
8	.0000	.0000	.0001	.0001	.0001	.0002	.0003	.0005	.0006	.0009
9	.0000	.0000	.0000	.0000	.0000	.0000	.0001	.0001	.0001	.0002

y	μ									
---	2.1	2.2	2.3	2.4	2.5	2.6	2.7	2.8	2.9	3.0
0	.1225	.1108	.1003	.0907	.0821	.0743	.0672	.0608	.0550	.0498
1	.2572	.2438	.2306	.2177	.2052	.1931	.1815	.1703	.1596	.1494
2	.2700	.2681	.2652	.2613	.2565	.2510	.2450	.2384	.2314	.2240
3	.1890	.1966	.2033	.2090	.2138	.2176	.2205	.2225	.2237	.2240
4	.0992	.1082	.1169	.1254	.1336	.1414	.1488	.1557	.1622	.1680
5	.0417	.0476	.0538	.0602	.0668	.0735	.0804	.0872	.0940	.1008
6	.0146	.0174	.0206	.0241	.0278	.0319	.0362	.0407	.0455	.0504
7	.0044	.0055	.0068	.0083	.0099	.0118	.0139	.0163	.0188	.0216
8	.0011	.0015	.0019	.0025	.0031	.0038	.0047	.0057	.0068	.0081
9	.0003	.0004	.0005	.0007	.0009	.0011	.0014	.0018	.0022	.0027
10	.0001	.0001	.0001	.0002	.0002	.0003	.0004	.0005	.0006	.0008
11	.0000	.0000	.0000	.0000	.0000	.0001	.0001	.0001	.0002	.0002
12	.0000	.0000	.0000	.0000	.0000	.0000	.0000	.0000	.0000	.0001

y	μ									
---	3.1	3.2	3.3	3.4	3.5	3.6	3.7	3.8	3.9	4.0
0	.0450	.0408	.0369	.0334	.0302	.0273	.0247	.0224	.0202	.0183
1	.1397	.1304	.1217	.1135	.1057	.0984	.0915	.0850	.0789	.0733
2	.2165	.2087	.2008	.1929	.1850	.1771	.1692	.1615	.1539	.1465
3	.2237	.2226	.2209	.2186	.2158	.2125	.2087	.2046	.2001	.1954
4	.1733	.1781	.1823	.1858	.1888	.1912	.1931	.1944	.1951	.1954
5	.1075	.1140	.1203	.1264	.1322	.1377	.1429	.1477	.1522	.1563

续表

y	μ									
	3.1	3.2	3.3	3.4	3.5	3.6	3.7	3.8	3.9	4.0
6	.0555	.0608	.0662	.0716	.0771	.0826	.0881	.0936	.0989	.1042
7	.0246	.0278	.0312	.0348	.0385	.0425	.0466	.0508	.0551	.0595
8	.0095	.0111	.0129	.0148	.0169	.0191	.0215	.0241	.0269	.0298
9	.0033	.0040	.0047	.0056	.0066	.0076	.0089	.0102	.0116	.0132
10	.0010	.0013	.0016	.0019	.0023	.0028	.0033	.0039	.0045	.0053
11	.0003	.0004	.0005	.0006	.0007	.0009	.0011	.0013	.0016	.0019
12	.0001	.0001	.0001	.0002	.0002	.0003	.0003	.0004	.0005	.0006
13	.0000	.0000	.0000	.0000	.0001	.0001	.0001	.0001	.0002	.0002
14	.0000	.0000	.0000	.0000	.0000	.0000	.0000	.0000	.0000	.0001

y	μ									
	4.2	4.4	4.6	4.8	5.0	5.2	5.4	5.6	5.8	6.0
0	.0150	.0123	.0101	.0082	.0067	.0055	.0045	.0037	.0030	.0025
1	.0630	.0540	.0462	.0395	.0337	.0287	.0244	.0207	.0176	.0149
2	.1323	.1188	.1063	.0948	.0842	.0746	.0659	.0580	.0509	.0446
3	.1852	.1743	.1631	.1517	.1404	.1293	.1185	.1082	.0985	.0892
4	.1944	.1917	.1875	.1820	.1755	.1681	.1600	.1515	.1428	.1339
5	.1633	.1687	.1725	.1747	.1755	.1748	.1728	.1697	.1656	.1606
6	.1143	.1237	.1323	.1398	.1462	.1515	.1555	.1584	.1601	.1606
7	.0686	.0778	.0869	.0959	.1044	.1125	.1200	.1267	.1326	.1377
8	.0360	.0428	.0500	.0575	.0653	.0731	.0810	.0887	.0962	.1033
9	.0168	.0209	.0255	.0307	.0363	.0423	.0486	.0552	.0620	.0688
10	.0071	.0092	.0118	.0147	.0181	.0220	.0262	.0309	.0359	.0413
11	.0027	.0037	.0049	.0064	.0082	.0104	.0129	.0157	.0190	.0225
12	.0009	.0013	.0019	.0026	.0034	.0045	.0058	.0073	.0092	.0113
13	.0003	.0005	.0007	.0009	.0013	.0018	.0024	.0032	.0041	.0052
14	.0001	.0001	.0002	.0003	.0005	.0007	.0009	.0013	.0017	.0022
15	.0000	.0000	.0001	.0001	.0002	.0002	.0003	.0005	.0007	.0009
16	.0000	.0000	.0000	.0000	.0000	.0001	.0001	.0002	.0002	.0003
17	.0000	.0000	.0000	.0000	.0000	.0000	.0000	.0001	.0001	.0001

y	μ									
	6.2	6.4	6.6	6.8	7.0	7.2	7.4	7.6	7.8	8.0
0	.0020	.0017	.0014	.0011	.0009	.0007	.0006	.0005	.0004	.0003
1	.0126	.0106	.0090	.0076	.0064	.0054	.0045	.0038	.0032	.0027
2	.0390	.0340	.0296	.0258	.0223	.0194	.0167	.0145	.0125	.0107
3	.0806	.0726	.0652	.0584	.0521	.0464	.0413	.0366	.0324	.0286
4	.1249	.1162	.1076	.0992	.0912	.0836	.0764	.0696	.0632	.0573
5	.1549	.1487	.1420	.1349	.1277	.1204	.1130	.1057	.0986	.0916
6	.1601	.1586	.1562	.1529	.1490	.1445	.1394	.1339	.1282	.1221
7	.1418	.1450	.1472	.1486	.1490	.1486	.1474	.1454	.1428	.1396
8	.1099	.1160	.1215	.1263	.1304	.1337	.1363	.1381	.1392	.1396
9	.0757	.0825	.0891	.0954	.1014	.1070	.1121	.1167	.1207	.1241
10	.0469	.0528	.0588	.0649	.0710	.0770	.0829	.0887	.0941	.0993

y	μ									
	6.2	6.4	6.6	6.8	7.0	7.2	7.4	7.6	7.8	8.0
11	.0265	.0307	.0353	.0401	.0452	.0504	.0558	.0613	.0667	.0722
12	.0137	.0164	.0194	.0227	.0263	.0303	.0344	.0388	.0434	.0481
13	.0065	.0081	.0099	.0119	.0142	.0168	.0196	.0227	.0260	.0296
14	.0029	.0037	.0046	.0058	.0071	.0086	.0104	.0123	.0145	.0169
15	.0012	.0016	.0020	.0026	.0033	.0041	.0051	.0062	.0075	.0090
16	.0005	.0006	.0008	.0011	.0014	.0019	.0024	.0030	.0037	.0045
17	.0002	.0002	.0003	.0004	.0006	.0008	.0010	.0013	.0017	.0021
18	.0001	.0001	.0001	.0002	.0002	.0003	.0004	.0006	.0007	.0009
19	.0000	.0000	.0000	.0001	.0001	.0001	.0002	.0002	.0003	.0004
20	.0000	.0000	.0000	.0000	.0000	.0000	.0001	.0001	.0001	.0002
21	.0000	.0000	.0000	.0000	.0000	.0000	.0000	.0000	.0000	.0001

y	μ									
	8.2	8.4	8.6	8.8	9.0	9.2	9.4	9.6	9.8	10.0
0	.0003	.0002	.0002	.0002	.0001	.0001	.0001	.0001	.0001	.0000
1	.0023	.0019	.0016	.0013	.0011	.0009	.0008	.0007	.0005	.0005
2	.0092	.0079	.0068	.0058	.0050	.0043	.0037	.0031	.0027	.0023
3	.0252	.0222	.0195	.0171	.0150	.0131	.0115	.0100	.0087	.0076
4	.0517	.0466	.0420	.0377	.0337	.0302	.0269	.0240	.0213	.0189
5	.0849	.0784	.0722	.0663	.0607	.0555	.0506	.0460	.0418	.0378
6	.1160	.1097	.1034	.0972	.0911	.0851	.0793	.0736	.0682	.0631
7	.1358	.1317	.1271	.1222	.1171	.1118	.1064	.1010	.0955	.0901
8	.1392	.1382	.1366	.1344	.1318	.1286	.1251	.1212	.1170	.1126
9	.1269	.1290	.1306	.1315	.1318	.1315	.1306	.1293	.1274	.1251
10	.1040	.1084	.1123	.1157	.1186	.1210	.1228	.1241	.1249	.1251
11	.0776	.0828	.0878	.0925	.0970	.1012	.1049	.1083	.1112	.1137
12	.0530	.0579	.0629	.0679	.0728	.0776	.0822	.0866	.0908	.0948
13	.0334	.0374	.0416	.0459	.0504	.0549	.0594	.0640	.0685	.0729
14	.0196	.0225	.0256	.0289	.0324	.0361	.0399	.0439	.0479	.0521
15	.0107	.0126	.0147	.0169	.0194	.0221	.0250	.0281	.0313	.0347
16	.0055	.0066	.0079	.0093	.0109	.0127	.0147	.0168	.0192	.0217
17	.0026	.0033	.0040	.0048	.0058	.0069	.0081	.0095	.0111	.0128
18	.0012	.0015	.0019	.0024	.0029	.0035	.0042	.0051	.0060	.0071
19	.0005	.0007	.0009	.0011	.0014	.0017	.0021	.0026	.0031	.0037
20	.0002	.0003	.0004	.0005	.0006	.0008	.0010	.0012	.0015	.0019
21	.0001	.0001	.0002	.0002	.0003	.0003	.0004	.0006	.0007	.0009
22	.0000	.0000	.0001	.0001	.0001	.0001	.0002	.0002	.0003	.0004
23	.0000	.0000	.0000	.0000	.0000	.0001	.0001	.0001	.0001	.0002
24	.0000	.0000	.0000	.0000	.0000	.0000	.0000	.0000	.0001	.0001

续表

y	μ									
	10.5	11.0	11.5	12	12.5	13.0	13.5	14.0	14.5	15.0
0	.0000	.0000	.0000	.0000	.0000	.0000	.0000	.0000	.0000	.0000
1	.0003	.0002	.0001	.0001	.0000	.0000	.0000	.0000	.0000	.0000
2	.0015	.0010	.0007	.0004	.0003	.0002	.0001	.0001	.0001	.0000
3	.0053	.0037	.0026	.0018	.0012	.0008	.0006	.0004	.0003	.0002
4	.0139	.0102	.0074	.0053	.0038	.0027	.0019	.0013	.0009	.0006
5	.0293	.0224	.0170	.0127	.0095	.0070	.0051	.0037	.0027	.0019
6	.0513	.0411	.0325	.0255	.0197	.0152	.0115	.0087	.0065	.0048
7	.0769	.0646	.0535	.0437	.0353	.0281	.0222	.0174	.0135	.0104
8	.1009	.0888	.0769	.0655	.0551	.0457	.0375	.0304	.0244	.0194
9	.1177	.1085	.0982	.0874	.0765	.0661	.0563	.0473	.0394	.0324
10	.1236	.1194	.1129	.1048	.0956	.0859	.0760	.0663	.0571	.0486
11	.1180	.1194	.1181	.1144	.1087	.1015	.0932	.0844	.0753	.0663
12	.1032	.1094	.1131	.1144	.1132	.1099	.1049	.0984	.0910	.0829
13	.0834	.0926	.1001	.1056	.1089	.1099	.1089	.1060	.1014	.0956
14	.0625	.0728	.0822	.0905	.0972	.1021	.1050	.1060	.1051	.1024
15	.0438	.0534	.0630	.0724	.0810	.0885	.0945	.0989	.1016	.1024
16	.0287	.0367	.0453	.0543	.0633	.0719	.0798	.0866	.0920	.0960
17	.0177	.0237	.0306	.0383	.0465	.0550	.0633	.0713	.0785	.0847
18	.0104	.0145	.0196	.0255	.0323	.0397	.0475	.0554	.0632	.0706
19	.0057	.0084	.0119	.0161	.0213	.0272	.0337	.0409	.0483	.0557
20	.0030	.0046	.0068	.0097	.0133	.0177	.0228	.0286	.0350	.0418
21	.0015	.0024	.0037	.0055	.0079	.0109	.0146	.0191	.0242	.0299
22	.0007	.0012	.0020	.0030	.0045	.0065	.0090	.0121	.0159	.0204
23	.0003	.0006	.0010	.0016	.0024	.0037	.0053	.0074	.0100	.0133
24	.0001	.0003	.0005	.0008	.0013	.0020	.0030	.0043	.0061	.0083
25	.0001	.0001	.0002	.0004	.0006	.0010	.0016	.0024	.0035	.0050
26	.0000	.0000	.0001	.0002	.0003	.0005	.0008	.0013	.0020	.0029
27	.0000	.0000	.0000	.0001	.0001	.0002	.0004	.0007	.0011	.0016
28	.0000	.0000	.0000	.0000	.0001	.0001	.0002	.0003	.0005	.0009
29	.0000	.0000	.0000	.0000	.0000	.0001	.0001	.0002	.0003	.0004
30	.0000	.0000	.0000	.0000	.0000	.0000	.0000	.0001	.0001	.0002
31	.0000	.0000	.0000	.0000	.0000	.0000	.0000	.0000	.0001	.0001
32	.0000	.0000	.0000	.0000	.0000	.0000	.0000	.0000	.0000	.0001

表 B.6　卡方分布

自由度	上尾面积										
(df)	.995	.99	.975	.95	.90	.50	.10	.05	.025	.01	.005
1	.0000	.0002	.0010	.0039	.0158	.4549	2.706	3.842	5.024	6.635	7.879
2	.0100	.0201	.0506	.1026	.2107	1.386	4.605	5.992	7.378	9.210	10.597
3	.0717	.1148	.2158	.3518	.5844	2.366	6.251	7.815	9.349	11.345	12.838
4	.2070	.2971	.4844	.7107	1.064	3.357	7.779	9.488	11.143	13.277	14.860
5	.4117	.5543	.8312	1.146	1.610	4.352	9.236	11.071	12.833	15.086	16.750
6	.6757	.8721	1.237	1.635	2.204	5.348	10.645	12.592	14.449	16.812	18.548
7	.9893	1.239	1.690	2.167	2.833	6.346	12.017	14.067	16.013	18.475	20.20
8	1.344	1.647	2.180	2.733	3.490	7.344	13.362	15.507	17.535	20.090	21.955
9	1.735	2.088	2.700	3.325	4.168	8.343	14.684	16.919	19.023	21.666	23.589
10	2.156	2.558	3.247	3.940	4.865	9.342	15.987	18.307	20.483	23.209	25.188
11	2.603	3.054	3.816	4.575	5.578	10.341	17.275	19.675	21.920	24.725	26.757
12	3.074	3.571	4.404	5.226	6.304	11.340	18.549	21.026	23.337	26.217	28.300
13	3.565	4.107	5.009	5.892	7.042	12.340	19.812	22.362	24.736	27.688	29.820
14	4.075	4.660	5.629	6.571	7.790	13.339	21.064	23.685	26.119	29.141	31.319
15	4.601	5.229	6.262	7.261	8.547	14.339	22.307	24.996	27.488	30.578	32.801
16	5.142	5.812	6.908	7.962	9.312	15.339	23.542	26.296	28.845	32.000	34.26
17	5.697	6.408	7.564	8.672	10.085	16.338	24.769	27.587	30.191	33.409	35.719
18	6.265	7.015	8.231	9.391	10.865	17.338	25.989	28.869	31.526	34.805	37.15
19	6.844	7.633	8.907	10.117	11.651	18.338	27.204	30.144	32.852	36.191	38.582
20	7.434	8.260	9.591	10.851	12.443	19.337	28.412	31.410	34.170	37.566	39.997
21	8.034	8.897	10.283	11.591	13.240	20.337	29.615	32.671	35.479	38.932	41.401
22	8.643	9.543	10.982	12.338	14.042	21.337	30.813	33.924	36.781	40.289	42.79
23	9.260	10.196	11.689	13.091	14.848	22.337	32.007	35.173	38.076	41.638	44.181
24	9.886	10.856	12.401	13.848	15.659	23.337	33.196	36.415	39.364	42.980	45.559
25	10.520	11.524	13.120	14.611	16.473	24.337	34.382	37.652	40.647	44.314	46.928
26	11.160	12.198	13.844	15.379	17.292	25.337	35.563	38.885	41.923	45.642	48.290
27	11.808	12.879	14.573	16.151	18.114	26.336	36.741	40.113	43.195	46.963	49.64
28	12.461	13.565	15.308	16.928	18.939	27.336	37.916	41.337	44.461	48.278	50.993
29	13.121	14.257	16.047	17.708	19.768	28.336	39.088	42.557	45.722	49.588	52.33
30	13.787	14.954	16.791	18.493	20.599	29.336	40.256	43.773	46.979	50.892	53.672
31	14.458	15.656	17.539	19.281	21.434	30.336	41.422	44.985	48.232	52.191	55.003
32	15.134	16.362	18.291	20.072	22.271	31.336	42.585	46.194	49.480	53.486	56.328
33	15.815	17.074	19.047	20.867	23.110	32.336	43.745	47.400	50.725	54.776	57.648
34	16.501	17.789	19.806	21.664	23.952	33.336	44.903	48.602	51.966	56.061	58.964
35	17.192	18.509	20.569	22.465	24.797	34.336	46.059	49.802	53.203	57.342	60.275
36	17.887	19.233	21.336	23.269	25.643	35.336	47.212	50.999	54.437	58.619	61.581
37	18.586	19.960	22.106	24.075	26.492	36.336	48.363	52.192	55.668	59.893	62.883
38	19.289	20.691	22.879	24.884	27.343	37.336	49.513	53.384	56.896	61.162	64.181
39	19.996	21.426	23.654	25.695	28.196	38.335	50.660	54.572	58.120	62.428	65.476
40	20.707	22.164	24.433	26.509	29.051	39.335	51.805	55.759	59.342	63.691	66.766

附录 C　　Minitab 宏的用法

本书收录用于贝叶斯分析和蒙特卡罗仿真的 Minitab 宏, 可以从下列网站下载宏

$$\text{http://www.introbayes.ac.nz.}$$

宏以 ZIP 压缩文件的形式命名为 BayesMacros YYYYMMDD.zip, 其中 YYYYMMDD 指上传更新宏的年月日。大家要确保获得的是最新版本。网站上还包括一些 Minitab 的工作表。

为了运行宏, 有必要了解完全合格的文件名。这意味着我们需要知道驱动器, 文件目录和宏名称。要找到完整的目录名, 最简单的方法是将文件解压到常用位置, 然后单击选择其中的一个宏。宏文件高亮显示后, 在其上右击鼠标, 弹出上下文菜单然后选择属性 (Propcrtics), 这时会出现一个包含文件全部信息的对话框, 位置 (Location) 显示文件所在目录名。例如, 在我的计算机中, 我把宏解压到我的文档 (My Documents) 文件夹。宏的位置就是

C:\Users\jcur002\Documents\BayesMacros, 即每个宏都保存在 C: 盘的 Users\jcur002\Documents\BayesMacros 目录下。每当在一组 Minitab 命令的下面看到 <insert path> 时, 我就输入

C:\Users\jcur002\Documents\BayesMacros

例如, 若使用表 C.1 中的一组命令, 我会在第一行命令中输入:

%C:\Users\jcur002\Documents\BayesMacros\sscsample c1 100;

注意: 为配合 Minitab 17(版本 17.3.10), 我们已更新了本章。使用 Minitab 早期版本的读者应该还可以用宏; 不过, 某些菜单或菜单命令可能在不同的位置。你也许会发现要让宏能够正常运行, 必须把完全合格的文件名 (包括 .mac 文件扩展名) 放在一组单引号中, 如,

%'C:\Users\jcur002\Documents\BayesMacros\sscsample.mac' c1 100;

第 2 章　科学数据采集

抽样方法

我们用 Minitab 宏 sscsample 对 sscsample.mtw 中的总体数据对简单、分层和整群随机抽样的效率进行小规模蒙特卡罗研究。在文件 (File) 菜单中选择打开工作表 (Open Worksheet...) 命令。对话框打开后, 找到目录 BAYESMTW 并在文件名框中输入sscsample.mtw, 单击"打开"(open)。在编辑(Edit) 菜单中选择命令行编辑器(Command Line Editor) 并在命令行编辑器中输入表 C.1 中的命令。

表 C.1　抽样的蒙特卡罗研究

Minitab 命令	说明
%<*insert path*>sscsample c1 100;	数据在 c1 中, $N = 100$
strata c2 3;	保存在 c2 中的 3 个分层
cluster c3 20;	保存在 c3 中的 20 个整群
type 1;	$1 =$ 简单, $2 =$ 分层, $3 =$ 整群
size 20;	样本大小 $n = 20$
mcarlo 200;	蒙特卡罗样本大小 200
output c6 c7 c8 c9.	c6 包含样本均值, c7~c9 包含每个分层的数字

实验设计

我们用 Minitab 宏Xdesign进行小规模蒙特卡罗研究, 在将实验单元分配到治疗组时比较完全随机化设计和随机化区组设计的效果。从编辑(Edit) 菜单中选择命令行编辑器(Command Line Editor) 并输入表 C.2 中的命令。

表 C.2　实验设计的蒙特卡罗研究

Minitab 命令	说明
let k1=0.8	其他变量与响应变量的相关性
random 80 c1 c2;	分别生成 80 个其他变量和响应变量
normal 0 1.	分别保存在 c1 和 c2
let c2=sqrt(1-k1**2)*c2+k1*c11;	给出它们的相关性 k1
desc c1 c2	汇总统计
corr c1 c2	
plot c2*c1	显示关系
%<*insert path*>Xdesign c1 c2;	其他变量在 c1, 响应变量在 c2
size 20;	20 个单元的治疗组
treatments 4;	4 个治疗组
mcarlo 500;	蒙特卡罗样本的大小为 500
output c3 c4 c5.	c3 包含其他均值, c4 响应均值, c5 治疗组
code (1:4) 1 (5:8) 2 c5c6	1~4 来自完全随机化设计, 5~8 来自随机化区组设计
desc c4;	统计汇总
by c6.	

第 6 章   离散随机变量的贝叶斯推断

具有离散先验的二项比例

假设有一个二项 $B(n, \pi)$ 观测并有 π 的离散先验, 用BinoDP求后验。例如, 假设 π 可能取 3 个值 $0.3, 0.4$ 和 0.5, 其先验分布如表 C.3 所示。我们要找出在 $n = 6$ 次试验中观测到 $y = 5$ 次成功的后验分布。从编辑(Edit) 菜单下拉命令行编辑器(Command Line Editor) 并输入表 C.4 中的命令。

表 C.3   二项比例 π 的离散先验分布

π	$g(\pi)$
0.3	0.2
0.4	0.3
0.5	0.5

表 C.4   求具有离散先验分布的二项比例 π 的后验分布

Minitab 命令	说明
set c1	π 保存到 c1
.3 .4 .5	
end	
set c2	$g(\pi)$ 保存到 c2
.2 .3 .5	
end	
%<*insert path*>BinoDP 6 5;	$n = 6$ 次试验, 观测到 $y = 5$ 次成功
prior c1 c2;	π 保存到 c1, 先验 $g(\pi)$ 保存到 c2
likelihood c3;	似然值保存到 c3
posterior c4.	后验 $g(\pi|y = 5)$ 保存到 c4

具有离散先验的泊松参数

假设有一个泊松 Poisson(μ) 观测并有 μ 的离散先验, 用PoisDP求后验。例如, 假设 μ 有三个可能的值 $\mu = 1, 2$ 或 3, 其先验概率如表 C.5 所示, 要找出 $y = 4$ 次观测后的后验分布。从编辑(Edit) 菜单下拉命令行编辑器 (Command Line Editor) 并输入表 C.6 中的命令。

表 C.5   泊松参数 μ 的离散先验分布

μ	$g(\mu)$
1	0.3
2	0.4
3	0.3

表 C.6 求具有离散先验分布的泊松参数 μ 的后验分布

Minitab 命令	说明
set c5	观测 y 保存到 c5
44	
end	
set c1	μ 保存到 c1
1 2 33	
end	
set c2	$g(\mu)$ 保存到 c2
0.3 .4 .3	
end	
%<insert path>PoisDP c5;	c5 中的观测
prior c1 c2;	μ 保存到 c1, 先验 $g(\mu)$ 保存到 c2
likelihood c3;	似然值保存到 c3
posterior c4.	后验 $g(\mu\|y=5)$ 保存到 c4

第 8 章 二项比例的贝叶斯推断

π 的 $\mathrm{Be}(a,b)$ 先验

假设有一个二项 $B(n,\pi)$ 观测并有 π 的 $\mathrm{Be}(a,b)$ 先验, 用BinoBP求后验。贝塔先验族是二项观测 $B(n,\pi)$ 的共轭先验, 因此后验是贝塔族的另一个成员 $\mathrm{Be}(a',b')$, 其中 $a'=a+y$, $b'=b+n-y$。例如, 假设进行了 $n=12$ 次试验, 观测到 $y=4$ 次成功, 并用 π 的 $\mathrm{Be}(3,3)$ 先验。从编辑(Edit) 菜单下选择命令行编辑器(Command Line Editor) 并输入表 C.7 中的命令。可以从输出结果中找到后验均值和标准差。通过查看 π 的数值确定 π 的贝叶斯可信区间: 下拉计算(Calc) 菜单到概率分布(Probability Distributions), 找到β(beta) 并选择逆累积概率(inverse cumulative probability)。我们可以检验 $H_0: \pi \leqslant \pi_0$, $H_1: \pi > \pi_0$: 下拉计算(Calc) 菜单到概率分布(Probability Distributions), 找到β(beta), 选择累积概率(cumulative probability) 并输入 π_0 的值。

表 C.7 求具有贝塔先验分布的二项比例 π 的后验分布

Minitab 命令	说明
%<insert path>BinoBP 12 4;	$n=12$ 次试验, 观测到 $y=4$ 次成功
beta 3 3;	贝塔先验
prior c1 c2;	保存 π 和先验 $g(\pi)$
likelihood c3;	似然值保存到 c3
posterior c4.	后验 $g(\pi\|y=4)$ 保存到 c4

π 的一般连续先验

假设有一个二项 $B(n, \pi)$ 观测并有 π 的一般连续先验, 用BinoGCP求后验。注意 π 必须以等步长从 0 到 1, 而且 $g(\pi)$ 必须在每个 π 值上均有定义。例如, 假设有 $n = 12$ 次试验并观测到 $y = 4$ 次成功, 其中 π 保存在 $c1$ 而 $g(\pi)$ 保存在 $c2$。在编辑(Edit) 菜单中选择命令行编辑器(Command Line Editor) 后输入表 C.8 中的命令。BinoGCP的输出不会打印后验均值和标准差。也不打印积分密度函数的尾部面积, 但我们需要用这些值来确定 π 的可信区间。我们用宏tintegral数值计算在函数定义域上的积分。可以用它求后验密度 $g(\pi|y)$ 的积分。也可以用tintegral通过数值计算求后验均值和偏差

$$m' = \int_0^1 \pi g(\pi|y)\mathrm{d}\pi, \quad \text{和} \quad (s')^2 = \int_0^1 (\pi - m')^2 g(\pi|y)\mathrm{d}\pi.$$

表 C.8   求具有连续先验的二项比例 π 的后验分布

Minitab 命令	说明
%<*insert path*>BinoGCP 12 4;	$n = 12$ 次试验, 观测到 $y = 4$ 成功
prior c1 c2;	将 π 输入到 c1, 先验 $g(\pi)$ 输入到 c2
likelihood c3;	似然值保存到 c3
posterior c4.	后验 $g(\pi|y = 4)$ 保存到 c4

在编辑(Edit) 菜单中选择命令行编辑器(Command Line Editor) 后输入表 C.9 中的命令。通过将 $c1$ 中的值对应于 c6 中的.025 和.975, 可以获得 π 的 95% 贝叶斯可信区间。为了检验假设 $H_0 : \pi \leqslant \pi_0$, $H_1 : \pi > \pi_0$, 对于 $c1$ 中的 π_0, 找出在 c6 中相应的值。如果它小于期望的显著性水平 α, 就拒绝零假设。

表 C.9   使用二项比例 π 的后验密度的贝叶斯推断

Minitab 命令	说明
%<*insert path*>tintegral c1 c4;	后验密度积分
output k1 c6.	保存域上的定积分到 k1
	保存定积分函数到 c6
let c7=c1*c4	$\pi g(\pi|y)$
%<*insert path*>tintegral c1 c7;	求后验均值
output k1 c8.	
let c9=(c1-k1)**2 * c4	
%<*insert path*>tintegral c1 c9;	求后验方差
output k2 c10.	
let k3=sqrt(k2)	求后验标准差
print k1-k3	

第 10 章　泊松参数的贝叶斯推断

μ 的 $Ga(R, \upsilon)$ 先验

假设有一个泊松 $Poisson(\mu)$ 分布的随机样本, 并有 μ 的伽马 $Ga(\gamma, \upsilon)$ 先验, 用PoisGamP求后验。伽马先验族为泊松观测的共轭先验, 因此后验是伽马族的另一个成员 $Ga(\gamma', \upsilon')$, 其中 $\gamma' = \gamma + \sum y, \upsilon' = \upsilon + n$。简单规则是 "将观测的和加到 γ 上" 并 "将观测数加到 υ 上"。例如, 假设在第 5 列有一个泊松分布 $Poisson(\mu)$ 的 5 个观测的样本。假设想用 μ 的 $Ga(6, 3)$ 先验。在编辑(Edit) 菜单中选择命令行编辑器(Command Line Editor) 后输入表 C.10 中的命令。我们可以查看 μ 的值来确定 μ 的贝叶斯可信区间: 下拉计算(Calc) 菜单到概率分布(Probability Distributions), 找到 Γ(Gamma...) 并选择逆累积概率(inverse cumulative probability)。注意: Minitab 使用参数 $1/\upsilon$ 而不是 υ。我们可以检验 $H_0 : \mu \leqslant \mu_0$, $H_1 : \mu > \mu_0$: 下拉计算(Calc) 菜单到概率分布(Probability Distributions), 找到 Γ(Gamma...), 选择累积概率(cumulative probability) 后输入 μ_0 的值。

表 C.10　求具有伽马先验的泊松参数 μ 的后验分布

Minitab 命令	说明
set c5	把观测存到 c5
3 4 3 0 1	
end	
let k1=6	γ
let k2=3	υ
%<*insert path*>PoisGamP c5;	c5 中的观测
gamma k1 k2;	伽马先验
prior c1 c2;	保存 μ 和先验 $g(\mu)$
likelihood c3;	保存似然到 c3
posterior c4.	保存 $g(\mu\|y)$ 到 c4

泊松参数 μ 的一般连续后验

假设有一个泊松分布 $Poisson(\mu)$ 的随机样本以及 μ 的连续先验, 用PoisGCP求后验。假设有 5 个观测的随机样本保存在列 c5 中。μ 的先验密度可由表 C.11 中数值的线性插值得到。在编辑(Edit) 菜单中选择命令行编辑器(Command Line Editor) 后输入表 C.12 中的命令。PoisGCP的输出不会打印出后验均值和标准差。也不会打印可以算出可信区间的积分密度函数。我们用宏tintegral求后验的数值积分。在编辑(Edit) 菜单中选择命令行编辑器(Command Line Editor) 后输入表 C.13 中的命令。通过将 c1 中的值对应于 c6 中的.025 和.975, 可以得到 μ 的 95% 贝叶斯可信区间。为了检验假设 $H_0 : \mu \leqslant \mu_0$, $H_1 : \mu > \mu_0$, 找出保存在 c6 中对应于 c1 的 μ_0 的值。如果它小于期望的显著性水平, 我们就拒绝零假设。

表 C.11   通过插值得到泊松参数 μ 的连续先验分布的形状

μ	$g(\mu)$
0	0
2	2
4	2
8	0

表 C.12   求具有连续参数的泊松参数 μ 的后验分布

Minitab 命令	说明
set c5	将观测保存到 c5
3 4 3 0 1	
end	
set c1	置 μ
0:8/ .001	
end	
set c2	置 $g(\mu)$
$0:2/.001\ 1999(2)\ 2:0/-0.0005$	
end	
%<$insert\ path$>PoisGCP c5;	c5 中的观测
prior c1 c2;	将 μ 和先验 $g(\mu)$ 保存到 c1 和 c2
likelihood c3;	将似然保存到 c3
posterior c4.	将 $g(\mu\|y)$ 保存到 c4

表 C.13   使用泊松参数 μ 的后验分布的贝叶斯推断

Minitab 命令	说明
%<$insert\ path$>tintegral c1 c4;	后验密度积分
output k1 c6.	保存域上的定积分到 k1
	保存定积分函数到 c6
let c7=c1*c4	$\mu g(\mu\|y_1,\cdots,y_n)$
%<$insert\ path$>tintegral c1 c7;	求后验均值
output k1 c8.	
let c9=(c1-k1)**2 * c4	
%<insert path>tintegral c1 c9;	求后验方差
output k2 c10.	
let k3=sqrt(k2)	求后验标准方差
print k1-k3	

第 11 章　正态均值的贝叶斯推断

μ 的离散先验

假设有一个正态 $N(\mu, \sigma^2)$ 观测，σ^2 已知，并有 μ 的离散先验，用NormDP求后验。如果没有输入标准差 σ，就利用观测来估计，找到后验的近似值。例如，假设 μ 有 5 个可能的值，2，2.5，3，3.5 和 4。其先验分布如表 C.14 所示。在得到 $N(\mu, 1^2)$ 的大小 $n=5$ 的随机样本 1.52，0.02，3.35，3.49，1.82 之后，我们要找出后验分布。在编辑(Edit) 菜单中选择命令行编辑器(Command Line Editor) 后输入表 C.15 中的命令。

表 C.14　正态均值 μ 的离散先验分布

μ	$f(\mu)$
2	0.1
2.5	0.2
3	0.4
3.5	0.2
4	0.1

表 C.15　求具有离散先验的正态均值 μ 的后验分布

Minitab 命令	说明
set c1	μ 保存到 c1
2:4/.5	
end	
set c2	$g(\mu)$ 保存到 c2
0.1 .2 .4 .2 .11	
end	
set c5	数据 (data) 保存到 c5
1.52, 0.02, 3.35, 3.49 1.82	
end	
%<insert path>NormDP c5 ;	c5 中的观测
sigma 1;	使用已知的 $\sigma = 1$
prior c1 c2;	μ 保存到 c1, 先验 $g(\mu)$ 保存到 c2
likelihood c3;	保存似然值到 c3
posterior c4.	保存后验 $g(\mu|data)$ 到 c4

μ 的正态先验 $N(m, s^2)$

假设列 c5 包含正态分布 $N(\mu, \sigma^2)(\sigma^2$ 已知) 的 n 次观测的随机样本，同时已知 μ 的正态先验分布 $N(m, s^2)$，用NormNP求后验。如果没有输入观测的标准差 σ，则用观测来估计, 求后验的近似值。如果没有输入正态先验, 则使用平坦先验。先验的正态族与正态 $N(\mu, \sigma^2)$ 共轭, 因此后验是族的另一个成员 $N[m', (s')^2]$, 其中新的常量为

$$\frac{1}{(s')^2} = \frac{1}{s^2} + \frac{n}{\sigma^2}$$

和

$$m' = \frac{\frac{1}{s^2}}{\frac{1}{(s')^2}} m + \frac{\frac{n}{\sigma^2}}{\frac{1}{(s')^2}} \bar{y}。$$

例如, 假设有 $N(\mu, 1^2)$ 4 次观测的样本, $2.99, 5.56, 2.83$ 和 3.47。假设用 μ 的正态先验 $N(3, 2^2)$。在编辑(Edit) 菜单中选择命令行编辑器 (Command Line Editor) 后输入表 C.16 中的命令。我们可以通过查看 μ 的数值确定 μ 的贝叶斯可信区间: 下拉计算(Calc) 菜单到概率分布 (Probability Distributions), 找到正态(Normal...) 并选择逆累积概率(inverse cumulative probability)。我们可以检验 $H_0 : \mu \leqslant \mu_0$, $H_1 : \mu > \mu_0$: 下拉计算(Calc) 菜单到概率分布(Probability Distributions), 找到正态(normal...), 选择累积概率(cumulative probability) 后输入 μ_0 的值。

表 C.16 求具有正态先验的正态均值 μ 的后验分布

Minitab 命令	说明
set c5	数据保存到 c5
2.99, 5.56, 2.83, 3.47	
end	
%<*insert path*>NormNP c5;	c5 中的观测
sigma 1;	使用已知的 $\sigma = 1$
norm 3 2;	先验均值 3, 先验标准差 2
prior c1 c2;	μ 保存到 c1, 先验 $g(\mu)$ 保存到 c2
likelihood c3;	似然值保存到 c3
posterior c4.	后验 $g(\mu|\text{data})$ 保存到 c4

μ 的一般连续先验

假设有 (1) c5 列中正态分布 $N(\mu, \sigma^2)(\sigma^2$ 已知) 的 n 个观测的随机样本, (2) c1 列中 μ 的值, 以及 (3) c2 列中来自连续先验 $g(\mu)$ 的数值, 用NormGCP求后验。如果没有输入标准差 σ, 可以用数据来估计, 求后验的近似值。

例如, 假设已知 $N(\mu, \sigma^2 = 1)$ 的 4 个观测的样本, $2.99, 5.56, 2.83$ 和 3.47。假设使用 μ 的正态先验 $N(3, 2^2)$。在编辑(Edit) 菜单中选择命令行编辑器(Command Line Editor) 后输入表 C.17 中的命令。NormGCP的输出不会打印后验均值和标准差。也不会打印用来确定 μ 的可信区间的积分密度函数的尾部面积。我们用宏tintegral求后验的数值积分。

在编辑(Edit) 菜单中选择命令行编辑器 (Command Line Editor) 后输入表 C.18 中的命令。通过将 c1 中的值与 c6 中的 0.025 和 0.975 相对应, 可以获得 μ 的 95% 贝叶斯可信区间。为了检验假设 $H_0 : \mu \leqslant \mu_0$, $H_1 : \mu > \mu_0$, 找出保存在 c6 中对应于 c1 中的 μ_0 的值。如果它小于选择的显著性水平, 我们就拒绝零假设。

表 C.17   求具有连续先验的正态均值 μ 的后验分布

Minitab 命令	说明
set c5	数据保存到 c5
2.99, 5.56, 2.83, 3.47	
end	
%<insert path>NormGCP c5;	c5 中的观测
sigma 1;	使用已知的 $\sigma = 1$
norm 3 2;	先验均值 3, 先验标准差 2
prior c1 c2;	μ 保存到 c1, 先验 $g(\mu)$ 保存到 c2
likelihood c3;	似然值保存到 c3
posterior c4.	后验 $g(\mu|\text{data})$ 保存到 c4

表 C.18   使用正态均值 μ 的后验分布的贝叶斯推断

Minitab 命令	说明
%<insert path>tintegral c1 c4;	后验密度积分
output k1 c6.	保存域上的定积分到 k1
	保存定积分函数到 c6
print c1 c6	
let c7=c1*c4	$\mu g(\mu|\text{data})$
%<insert path>tintegral c1 c7;	求后验均值
output k1 c8.	
let c8=(c1-k1)**2 * c4	
%<insert path>tintegral c1 c8;	求后验偏差
output k2 c9.	
let k3=sqrt(k2)	求后验标准方差
print k1-k3	

第 14 章   简单线性回归的贝叶斯推断

假设已知简单线性回归模型的有序对 (x_i, y_i) 的随机样本, 用 BayesLinReg 求简单线性回归斜率 β 的后验分布

$$y_i = \alpha_0 + \beta x_i + e_i,$$

其中观测误差 e_i 为方差已知的独立正态 $N(0,\sigma^2)$。如果方差未知, 则通过让二次残差最小所得的估计方差求后验。我们采用斜率 β 和截距 $\alpha_{\bar{x}}$ 的独立先验。它们可以是平坦先验或正态先验 (对 $x=\bar{x}$ 的斜率和截距, 默认为平坦先验)。参数化产生斜率和截距的独立后验分布, 简单的更新规则为: "后验精度等于先验精度加最小二乘估计的精度" 以及 "后验均值是先验均值与最小二乘估计的加权和, 其中权重是其精度对后验精度的比值"。假设在 c5 和 c6 列中分别存有 y 和 x, 并且已知标准差 $\sigma = 2$。我们想用 β 的正态先验 $N(0,3^2)$ 和 $\alpha_{\bar{x}}$ 的正态先验 $N(30,10^2)$。在编辑(Edit) 菜单中选择命令行编辑器 (Command Line Editor) 后输入表 C.19 中的命令。如果我们想找出斜率的可信区间, 若知道标准差就用 (14.9) 式, 不然就利用残差估计, 然后用 (14.10) 式。为找出预测的可信区间, 若方差已知就用 (14.13) 式, 不然就利用残差估计, 然后用 (14.14) 式。

表 C.19　简单线性回归模型的贝叶斯推断

Minitab 命令	说明
%<*insert path*>BayesLinReg c5 c6;	y(响应) 保存到 c5, x(预测) 保存到 c6
Sigma 2;	已知标准差 $\sigma = 2$
PriSlope 0 3;;	$N(m_\beta = 0, s_\beta = 3)$ 先验
PriIntcpt 30 10;;	$N(m_{\alpha\bar{x}} = 30, s_{\alpha\bar{x}} = 10)$ 先验
predict c7 c8 c9.	c7 中 x 值的预测, 预测保存在 c8, 标准差保存在 c9
invcdf .975 k10;	找出临界值。
norm 0 1.	方差已知时, 使用正态分布
	方差未知时, 使用有 $n-2$ 个自由度的 t 分布
let c10=c8-k10*c9	预测的可信下界
let c11=c8+k10*c9	预测的可信上界

第 15 章　标准差的贝叶斯推断

σ^2 的 S 倍的逆卡方 (κ) 先验

若 c5 列包含均值 μ 已知的正态分布 $N(\mu,\sigma^2)$ 的 n 个观测的随机样本, 用 NVarICP 求后验。S 倍的自由度为 κ 的逆卡方先验族是已知均值的正态观测的共轭族。后验将是该族的另一个成员, 其常数的简单更新规则为: "将与均值的差的平方和加入 S" 以及 "将样本数量加入自由度"。例如, 假设来自 $N(\mu,\sigma^2)$ 的 5 个观测为 206.4, 197.4, 212.7, 208.5 和 203.4, 其中 $\mu = 200$。我们要使用中位数等于 8 的先验。在编辑(Edit) 菜单中选择命令行编辑器(Command Line Editor) 后输入表 C.20 中的命令。注意: 打印出来的图形是标准差 σ 的先验分布, 尽管我们在计算时用的是方差。

如果我们要用所得后验分布对标准差 σ 做推断, 下拉编辑(Edit) 菜单中选择命令行编辑器(Command Line Editor) 后输入表 C.21 中的命令。为了找出 σ 的尾部面积相等的 95% 贝叶斯可信区间, 我们在 c1 中找出与 c6 中的 0.025 和 0.975 相对应的值。

表 C.20 利用 σ^2 的 S 倍的自由度为 κ 的逆卡方先验求正态标准差 σ 的后验分布

Minitab 命令	说明
set c5	把数据保存到 c5
206.4, 197.4, 212.7, 208.5, 203.4	
end	
%<insert path>NVarICP c5 200;	c5 中的观测数据, 已知 $\mu = 200$
IChiSq 29.11 1;	29.11 倍的自由度为 1 的逆卡方具有先验中位数 8
prior c1 c2;	σ 保存到 c1, 先验 $g(\sigma)$ 保存到 c2
likelihood c3;	似然值保存到 c3
posterior c4;	后验 $g(\sigma|data)$ 保存到 c4
constants k1 k2.	保存 S' 到 k1, κ' 到 k2

表 C.21 利用正态标准差 σ 的后验分布的贝叶斯推断

Minitab 命令	说明
let k3=sqrt(k1/(k2-2))	使用后验均值的 σ 估计量,
Print k3	注意: k2 必须大于 2
InvCDF .5 k4;	保存卡方的中位数 (k2)
ChiSquare k2.	到 k4
let k5=sqrt(k1/k4)	使用后验中位数的 σ 估计量
Print k5	
%<insert path>tintegral c1 c4;	后验密度积分
output k6 c6。	定义域上的定积分保存到 k6,
	定积分函数保存到 c6

第 16 章 稳健贝叶斯方法

假设有二项观测 $B(n, \pi)$ 且 π 的先验分布为 $Be(a_0, b_0)$ 和 $Be(a_1, b_1)$ 的混合, 使用 BinoMixP 求后验。通常第一项概括了先验信念, 所以它在先验中占较大比例。第二项的离差较大, 允许我们的先验信念出错, 它在先验中所占比例较小。例如, 假设第一项为 $Be(10, 6)$, 第二项为 $Be(1, 1)$, 第一项占先验概率的 0.95。我们进行了 60 次试验, 观测到 $y = 15$ 次成功。在编辑(Edit) 菜单中选择命令行编辑器(Command Line Editor) 后输入表 C.22 中的命令。

假设有一个方差 σ^2 已知的正态观测 $N(\mu, \sigma^2)$, 且 μ 的后验是两个正态分布 $N(m_0, s_0^2)$ 和 $N(m_1, s_1^2)$ 的混合, 用 NormMixP 求后验。通常第一项概括了先验信念, 所以它占比较高。第二项是回退先验, 其标准差较大, 它允许我们的先验信念出错, 因而在先验中占比较小。例如, 假设在 c5 列中保存有由正态分布 $N(\mu, \sigma^2)$ 观测到的随机样

表 C.22　求具有混合先验的二项比例 π 的后验分布

Minitab 命令	说明
%<*insert path*>BinoMixP 60 15;	$n = 60$ 次试验, 观测到 $y = 15$ 次成功
bet0　10 6;	精确的 β 先验
bot1 1 1;	回退 β 先验
prob .95;	第一项的先验概率
Output c1-c4.	将 π、先验、似然值和后验保存到 c1 至 c4

本, 其中 $\sigma^2 = 0.2^2$。假设我们使用正态先验 $N(10, 0.1^2)$ 和 $N(10, 0.4^2)$ 的混合, 其中第一项的先验比例为 0.95。在编辑(Edit) 菜单中选择命令行编辑器 (Command Line Editor) 后输入表 C.23 中的命令。

表 C.23　求具有混合先验的正态均值 μ 的后验分布

Minitab 命令	说明
%<*insert path*>NormMixP c5;	c5 包含正态 $N(\mu; \sigma^2)$ 的观测
sigma .2;	使用已知的值 $\sigma = 0.2$
np0　10.1;	精确的正态先验 $N(10, 0.1^2)$
np1　10.4;	回退正态先验 $N(10, 0.4^2)$
prob .95;	第一项的先验概率
Output c1-c4.	将 μ、先验、似然值和后验保存到 c1 至 c4

第 18 章　多元正态均值向量的贝叶斯推断

对于多元正态先验的方差-协方差 $\boldsymbol{\Sigma}$ 已知的一组多元正态数据, 用MVNorm求后验均值和方差-协方差矩阵。如果先验密度是均值向量为 $\boldsymbol{m}_0$, 方差-协方差矩阵为 $\boldsymbol{V}_0$(其中 μ 未知) 的多元正态, $\boldsymbol{Y}$ 是多元正态 MVN$(\boldsymbol{\mu}, \boldsymbol{\Sigma})$ 样本且大小为 n, 则 $\boldsymbol{\mu}$ 的后验密度是多元正态 MVN$(\boldsymbol{m}_1, \boldsymbol{V}_1)$, 其中

$$V_1 = (V_0^{-1} + n\boldsymbol{\Sigma}^{-1})^{-1}$$

且

$$\boldsymbol{m}_1 = \boldsymbol{V}_1 \boldsymbol{V}_0^{-1} \boldsymbol{m}_0 + n \boldsymbol{V}_1 \boldsymbol{\Sigma}^{-1} \bar{\boldsymbol{y}}$$

如果没有指定 $\boldsymbol{\Sigma}$, 可以使用样本方差-协方差矩阵。此时后验分布是多元 t, 因此对大样本而言, 唯一 (近似) 有效的是利用多元正态的结果。

在编辑(Edit) 菜单中选择命令行编辑器(Command Line Editor) 后输入表 C.24 中的命令。

表 C.24 求具有多元正态先验的多元正态均值 $\boldsymbol{\mu}$ 的后验分布

Minitab 命令	说明
`set c1`	设置真实的均值 $\boldsymbol{\mu} = (0,2)'$
`0 2`	并保存在 c1
`end`	
`set c2`	设置真实的方差-协方差矩阵
`1 0.9`	为 $\boldsymbol{\Sigma} = \begin{pmatrix} 1 & 0.9 \\ 0.9 & 1 \end{pmatrix}$
`end`	
`set c3`	
`0.9 1`	
`end`	
`copy c2-c3 m1`	将 $\boldsymbol{\Sigma}$ 保存到矩阵 $\boldsymbol{m}1$ 中
`set c4`	设置先验均值 $\boldsymbol{m}_0 = (0,0)'$
`2(0)`	并保存到 c4
`end`	
`set c5`	设置先验方差-协方差
`2(10000)`	为 $\boldsymbol{V}_0 = 10^4 \boldsymbol{I}_2$,其中 $\boldsymbol{I}_2$ 是独立的
`end`	2×2 单位矩阵并保存
`diag c5 m2`	到矩阵 $\boldsymbol{m}2$ 中
`Random 50 c6 − c7;`	由多元正态 $\mathrm{MVN}(\boldsymbol{\mu}, \boldsymbol{\Sigma})$
`Mnormal c1 m1.`	生成 50 个观测,并保存
`copy c6-c7 m3`	在列 c6-c7。赋观测的值
	到矩阵 $\boldsymbol{m}3$
`%<insert path>MVNorm m3 2;`	2 是 $\boldsymbol{\mu}$ 的行数
`covmat m1;`	将 $\boldsymbol{\Sigma}$ 保存到 $\boldsymbol{m}1$
`prior c4 m2;`	$\boldsymbol{m}_0$ 和 $\boldsymbol{V}_0$ 分别保存到 c4 和 $\boldsymbol{m}2$
`posterior c9 m4.`	将后验均值 $\boldsymbol{m}_1$ 保存在列 c9 中
	后验方差保存到矩阵 $\boldsymbol{m}4$

第 19 章 多元线性回归模型的贝叶斯推断

假设从多元线性回归模型获得有序对 (x_i, y_i) 的随机样本

$$y_i = \beta_0 + \beta_1 x_{i1} + \beta_2 x_{i2} + \cdots + \beta_p x_{ip} + e_i = \boldsymbol{x}_i \boldsymbol{\beta} + e_i,$$

其中观测误差 e_i(通常) 为已知方差的独立正态 $N(0, \sigma^2)$。用 BayesMultReg 找出回归系数向量 $\boldsymbol{\beta}$ 的后验分布。如果 σ^2 未知,就用残差来估计方差。$\boldsymbol{\beta}$ 的先验是平坦先验或多元正

态 MVN(b_0, V_0) 先验。如果我们假定平坦先验就没必要使用宏, 因为 β 的后验均值等于最小二乘估计 β_{LS}, 同时也是极大似然估计。也就是说统计(Stat) 菜单中的 Minitab 回归过程给出了平坦先验的后验均值和方差。由简单更新规则 (19.5) 式和 (19.4) 式可得到使用多元正态先验 MVN(b_0, V_0) 的 β 后验均值。

在编辑(Edit) 菜单中选择命令行编辑器(Command Line Editor) 后输入表 C.25 中的命令。

表 C.25   求回归系数向量 β 的后验分布

Minitab 命令	说明
Random 100 c2-c5;	生成 3 个随机协变量和一些误差
Normal 0.0 1.0.	并保存到 c2-c5
let c1 = 10 + 3*c2 + 1*c3 -5*c4 + c5	设响应为
	$y_i = 10 + 3x_{1i} + x_{2i} - 5x_{3i} + \epsilon_i$
let c2 = c2 - mean(c2)	
let c3 = c3 - mean(c3)	解释变量减去其均值
let c4 = c4 - mean(c4)	
copy c2-c4 m1	拷贝解释变量到矩阵 $m1$
set c10	置 β 的先验为 $(0,0,0,0)'$
4(0)	并保存在 c10。注意: 先验包括 β_0
set c11	将先验方差置为 $10^4 \times I_4$
4(10000)	并保存对角线矩阵到 c11
end	
diag c11 m10;	赋值 $m10$ 为对角线矩阵
%<*insert path*>BayesMultReg 4 c1 m1;	4 为包括截距 β_0 的系数个数
sigma 1;	此种情形下, $\sigma = 1$
prior c10 m10;	β 的先验均值存入 c10,
	而协方差存入 $m10$
posterior c12 m12;	β 的后验均值保存到 c12,
	后验方差协方差保存到矩阵 $m12$

附录 D R 函数的用法

关于前一版的注解

为便于用户使用, R 函数在前一个版本的基础上做了相当大的改进。尤其是针对后验密度的均值、中位数、方差、标准差、四分位数间距、分位数和累积分布函数的计算, 现在这些运算 (`mean, median, var, sd, IQR, quantile, cdf`) 都能用在自然选择的函数上。与这些运算相关的数值积分和插值可以在内部无缝处理。还可以用绘图 (`plot`) 函数绘制任何一个关于后验密度的结果。

获取和使用 R

R 是统计计算和绘图的免费软件环境。在各种 UNIX, Windows 和 Mac OS X 平台上都可以编译和运行。R 的最新版本 (目前 3.3.0) 可在网站 http://cran.r-project.org 上找到。也有很多离你更近下载速度更快的镜像站点 https://cran.r-project.org/mirrors.html。在这个网址还可以找到 Linux, Mac OS X 和 Windows 的编译版和源代码。用户利用源代码可以自行编译 R 函数。

若要在 Windows 和 Mac OS X 上安装 R, 只需下载并运行最新的安装程序。在 Windows 系统上它是一个可执行文件。而在 Mac OS X 系统上它是一个包。

R 工作室

若你打算结合本书使用 R, 我们强烈推荐除了 R 还要下载并安装 R 工作室 (http://rstudio.com)。R 工作室是免费的 R 集成开发环境 (IDE), 它让 R 的使用更轻松愉快。R 工作室由商业公司开发, 该公司为商业环境中的用户提供带有技术支持的付费版本。若你选用 R 工作室, 一定要在安装 R 之后再安装它。

获取 R 函数

配合本书使用的 R 函数已经整理成了一个 R 包。R 包提供一个简单的机制以增加 R 的功能。该机制简单易行极具吸引力, 在综合 R 档案网 (CRAN) 中的 R 包已超过 5000 个。本书所用函数的 R 包名为 Bolstad。用 `install.packages` 函数或用 R 或 R 工作室中的下拉菜单, 可以从 CRAN 下载其最新版本。下面是两种安装方式的操作指南。

安装 Bolstad 包

在下面的操作指南中, 我们假设你的互联网能正常运行。不然的话, 你就得要想办法
将包下载到计算机上。

从控制台安装

1. 启动 R 或 R 工作室。
2. 在控制台窗口输入下列命令后回车。

   ```
   install.packages("Bolstad")
   ```

   大写很重要。双引号或单引号皆可。

利用 R 安装

1. 下拉 Windows 的包(Packages) 或 Mac OS X 的包和数据(Packages and Data)
   菜单。
2. [Windows:] 选择安装包(Install package(s)...), 选择离你最近的 CRAN 镜像, 然
   后单击确认(OK)。
   [Mac OS X:] 选择包安装 (Package Installer), 单击获取列表(Get List) 按钮, 选
   择离你最近的 CRAN 镜像。
3. [Windows:] 向下滚动找到 Bolstad 包, 单击确认(OK)。
   [Mac OS X:] 在搜索文本框 (在获取列表按钮的对面) 中输入 Bolstad 后回车。
   选择 Bolstad 包并单击安装选中的包(Install Selected)。单击对话框左上角
   的红色关闭窗口(Close Window) 图标。

利用 R 工作室安装

从工具(Tools) 菜单中选择安装包(Install Packages...)。输入Bolstad到包(Packages)
文本框后单击安装(Install)。

从本地文件中安装   R 和 R 工作室提供从本地文件安装 Bolstad 包的选项。还是利
用 install.package 函数或使用菜单实现。为从控制台安装包, 首先在 Windows 中用文
件(File) 菜单的改变目录(Change dir...), 或在 Mac OS X 中从杂项(Misc) 菜单中选择改
变工作目录(*Change Working Directory...*), 或利用控制台的固定 (settled) 功能, 将工
作目录设置为下载的 Bolstad 包所在的目录。输入

```
install.packages("Bolstad_X.X-XX.EXT")
```

其中 X.X-XX 是下载文件的版本号 (如 0.2-33), EXT 是 Windows 的 zip 或 Mac OS
X 的 tar.gz。

加载 R 包

R 会识别到它能够加载的包 Bolstad。为了使用 Bolstad 包中的函数, 输入

```
library(Bolstad)
```

若要查看包中的函数列表, 则输入

```
library(help = Bolstad)
```

一旦加载了 Bolstad 包, 就可以查看每个 R 函数的帮助。使用 R 的帮助文件的方式有很多。传统的方法是用 help 或 ? 函数。例如, 为了查看 binodp 函数的帮助文件, 输入

```
help(binodp)
```

或

```
?binodp
```

帮助文件中的例子都可以通过 example 命令来执行。例如, 为运行 binodp 帮助文件中的例子, 输入

```
example(binodp)
```

每个帮助文件都采用下列标准布局:

标题: 说明函数功能的简称

描述: 函数功能的详细描述

用法: 正式调用函数的语法

参数: 函数的每个参数的描述

值: 函数返回值 (如有) 的描述

参阅: 相关功能的参考

示例: 函数用法的一些例子。可以通过示例 (example) 命令 (见上) 或拷贝并粘贴到 R 控制台窗口运行这些例子

R 语言有两个特殊的性质可能会让使用其他编程和统计语言的用户感到迷惑: 缺省或可选参数以及参数的顺序。R 函数可能有一些参数由作者指定了缺省值。以函数 binobp 为例, binobp 的语法是

```
binobp(x, n, a=1, b=1, pi=seq(0.01, 0.999, by = 0.001), plot=TRUE)
```

函数有 6 个参数: x, n, a, b, pi 和 plot。但作者指定了 a, b, pi 和 plot 的缺省值, 即 a = 1, b = 1, pi = seq(0.01, 0.999, by = 0.001) 以及 plot = TRUE。这就意味着用户只需提供参数 x 和 n。因此参数 a, b, pi 和 plot 被认为可选或缺省。本例中, 在缺省的情况下, 使用 $Be(a = 1, b = 1)$ 先验并绘图 (plot = TRUE)。因此, binobp 最简单的例子可以是 binobp(6,8)。如果用户想改变所用的先验, 比如说 $Be(5,6)$, 就要输入 binobp(6, 8, 5, 6)。这里需要注意下面的一个性质。假设用户想使用 $Be(1,1)$ 先验, 但是不想绘图。用户可能想输入 binobp(6, 8, FALSE)。这样做不对。R 会认为 FALSE 是赋值给参数 a, 而将逻辑值 FALSE 转换为等价的数字 0, 这样当然会出错, 因为 β 分布的参数必须大于零。正确的调用方法是使用命名参数, 如 binobp(6, 8, plot = FALSE)。它特别告诉 R 哪一个参数赋值为 FALSE。该性质也让调用语法更灵活, 参数的顺序未必一成不变。例如, binobp(n = 8, x = 6, plot = FALSE, a= 1, b = 3) 也是完全合法的函数调用。

第 2 章　科学数据采集

本章使用函数 sscsample 对 sscsample.data 中的总体数据对简单、分层和整群随机抽样的效率进行小规模蒙特卡罗研究。首先通过输入

```
library(Bolstad)
```

以确保 Bolstad 包已经加载。在 R 控制台中输入以下命令.

```
sscsample(20, 200)
```

它调用 sscsample 函数并从数据集 sscsample.data 中抽取大小为 20 的 200 个样本。为了返回均值和样本, 输入

```
results = sscsample(20, 200)
```

它将全部 200 个样本及其均值保存在名为 results 的 R 的表结构中。通过输入

```
results$means
```

可获取样本均值。样本则保存在名为 results$samples 的 20×200 的矩阵中。若想获得第 i 个样本, $i = 1, 2, \cdots, 200$, 可输入

```
results$samples[, i]
```

例如, 为获得第 50 个样本, 输入

```
results$samples[, 50]
```

实验设计

我们用函数 Xdesign 进行小规模蒙特卡罗研究, 比较在将实验单元分配到治疗组时完全随机化设计和随机化区组设计的效果。假设我们的研究需要 4 个治疗组, 每组样本大小为 20, 响应变量和分块变量之间的相关性是 0.8。在 R 控制台中输入下列命令:

```
xdesign()
```

假设我们的研究需要 5 个治疗组, 每组样本大小为 25, 响应变量和分块变量之间的相关性是 -0.6。同时要将仿真结果保存到名为 results 的变量中。在 R 控制台中输入下列命令:

```
results = xdesign(corr = -0.6, size = 25, n.treatments = 5)
```

results 是一个列表, 它包含 3 个长度为 2×n.treatments×n.rep 的成员向量。n.rep 元素的每一块都包括在特定的治疗组中蒙特卡罗重复的仿真均值。第一个 n.treatments 块对应完全随机化设计, 第二个则对应随机化区组设计。

- block.means: 分块变量的均值向量
- treat.means: 响应变量的均值向量
- ind: 表明均值与治疗组对应关系的向量

用这些结果的例子可为

```
boxplot(block.means~ind, data = results)
```

```
boxplot(treat.means~ind, data = results)
```

第 6 章　离散随机变量的贝叶斯推断

具有离散先验的二项比例

假设有一个二项 $B(n, \pi)$ 观测, 并有 π 的离散先验, 用 `binodp` 函数求后验。例如, 假设 π 可取 3 个值 $0.3, 0.4$ 和 0.5, 其先验分布如表 D.1 所示。

表 D.1　二项比例 π 的离散先验分布的一个例子

π	0.3	0.4	0.5
$f(\pi)$	0.2	0.3	0.5

我们要找出在 $n = 6$ 次试验中观测到 $y = 5$ 次成功的 π 的后验分布。在 R 控制台中输入下列命令:

```
pi = c(0.3, 0.4, 0.5)
pi.prior = c(0.2, 0.3, 0.5)
results = binodp(5, 6, pi = pi, pi.prior = pi.prior)
```

具有离散先验的泊松参数

假设有一个泊松 $\text{Poisson}(\mu)$ 观测, 并有 μ 的离散先验, 用 `poisdp` 函数求后验。例如, 假设 μ 有 3 个可能的值 $\mu = 1, 2$ 或 3, 其先验概率如表 D.2 所示。在观测到 $y = 4$ 后, 我们要找出后验分布。在 R 控制台中输入下列命令:

```
mu = 1:3
mu.prior = c(0.3, 0.4, 0.3)
poisdp(4, mu, mu.prior)
```

表 D.2　泊松参数 μ 的离散先验分布

μ	1	2	3
$g(\mu)$	0.3	0.4	0.3

第 8 章　二项比例的贝叶斯推断

π 的 $\text{Be}(a, b)$ 先验

假设有一个泊松 $\text{Poisson}(n, \pi)$ 观测, 并有 π 的贝塔离散先验 $\text{Be}(a, b)$, 用 `binobp` 函数求后验。贝塔先验族对二项观测 $B(n, \pi)$ 共轭, 因此后验是贝塔族的另一成员 $\text{Be}(a', b')$, 其中 $a' = a + y, b' = b + n - y$。例如, 假设在 $n = 12$ 次试验中观测到 $y = 4$ 次成功, 并用 π 的 $\text{Be}(3, 3)$ 先验。在 R 控制台中输入下列命令:

```
binobp(4, 12, 3, 3)
```

从输出的结果中可以找到后验均值和标准差。通过与区间的尾部面积对应的分位数确定 π 的尾部面积相等的可信区间。例如, 对于 95% 可信区间, 我们取概率分别为 0.025 和 0.975 的分位数, 它们是 0.184 和 0.617。或者, 可以先保存结果然后用 mean, sd 和 quantile 函数求后验均值、标准差和可信区间。在 R 控制台中输入下列命令:

```
results = binobp(4, 12, 3, 3)
mean(results)
sd(results)
quantile(results, probs = c(0.025, 0.975))
```

通过使用 qbeta 函数, 连同后验 β 分布的参数, 可以检验假设 $H_0 : \pi \leqslant \pi_0$, $H_1 : \pi > \pi_0$。例如, 假设 $\pi_0 = 0.1$, 并且在 $n = 12$ 次试验中观测到 $y = 4$ 次成功。如果使用 Be(3,3) 先验, 则 π 的后验分布是 Be($3 + 4 = 7, 3 + 12 - 4 = 11$)。因此, 要检验 $H_0 : \pi \leqslant \pi_0 = 0.1$, $H_1 : \pi > \pi_0 = 0.1$, 可以输入

```
pbeta(0.1, 7, 11)
```

或者使用 cdf 函数

```
results = binobp(4, 12, 3, 3)
Fpi = cdf(results)
Fpi(0.1)
```

π 的一般连续先验

假设有一个二项观测 $B(n, \pi)$, 并有 π 的一般连续先验, 用 binogcp 函数求后验。注意 π 必须以等步长从 0 增加到 1, 且 $g(\pi)$ 必须在每个 π 值上有定义。例如, 假设我们在 $n = 12$ 次试验中观测到 $y = 4$ 次成功。本例中 π 的连续先验是 $N(\mu = 0.5, \sigma = 0.25)$。在 R 控制台中输入下列命令:

```
binogcp(4, 12, density = "normal", params = c(0.5, 0.25))
```

这个例子也许不太一般, 因为它使用了 binogcp 的一些内嵌功能。在下面的第二个例子中, 我们使用 "用户定义" 的一般连续先验。设概率密度函数是由下式定义的三角分布

$$g(\pi|y) = \begin{cases} 4\pi, & 0 \leqslant \pi \leqslant 0.5, \\ 4 - 4\pi, & 0.5 < \pi \leqslant 1. \end{cases}$$

在 R 控制台中输入下列命令:

```
pi = seq(0, 1, by = 0.001)
prior = createPrior(c(0, 0.5, 1), c(0, 1, 0))
pi.prior = prior(pi)
```

```
results = binogcp(4, 12, "user", pi = pi, pi.prior = pi.prior)
```

函数 createPrior 生成分段先验, 用户可给出每个点的权重。所得的函数利用线性插值

提供先验值。binogcp 的输出不会打印后验均值和标准差。也不会打印集成密度函数的尾部面积, 我们需要用这个值确定 π 的可信区间。我们可以用函数 mean, sd 和 cdf, 在域上通过数值积分确定这些值。用 R 函数 cdf 求后验密度 $g(\pi|y)$ 的累积分布函数。在 R 控制台中输入下列命令:

```
Fpi = cdf(results)
curve(Fpi, from = pi[1], to = pi[length(pi)],
xlab=expression(pi[0]),
ylab=expression(Pr(pi<=pi[0])))
```

这些命令生成了一个新函数 Fpi, 对给定的值 x, 返回 $P_r(Y \leqslant x)$。为找出 95% 可信区间 (等同于尾部面积), 我们采用分位数函数。

```
ci = quantile(results, probs = c(0.025, 0.975))
ci = round(ci, 4)
cat(paste0("Approximate 95% credible interval : [", paste0(ci,
collapse = ", "), "]\ n"))
```

为检验假设 $H_0 : \pi \leqslant \pi_0$, $H_1 : \pi > \pi_0$, 计算 π_0 点的 cdf 值。如果此值小于所期望的显著性水平 α, 则可以拒绝零假设。例如, 在上例中如果 $\alpha = 0.05$, 且 $\pi_0 = 0.1$, 我们输入

```
Fpi = cdf(results)
Fpi(0.1)
```

它的输出为

[1] 0.001593768

考虑到 0.0016 实际上小于显著性值 0.05, 我们会拒绝 H_0。通过数值积分可以求后验均值和方差

$$m' = \int_0^1 \pi g(\pi|y)\mathrm{d}\pi$$

和

$$(s')^2 = \int_0^1 (\pi - m')^2 g(\pi|y)\mathrm{d}\pi。$$

该积分可以通过 R 函数 mean 和 sd 处理。在 R 控制台中输入下列命令:

```
post.mean = mean(results)
post.sd = sd(results)
```

当然我们可以按标准理论用这些数值计算近似的 95% 可信区间:

```
ci = post.mean + c(-1, 1) * qnorm(0.975) * post.sd
ci = round(ci, 4)
cat(paste0("Approximate 95% credible interval : [", paste0(ci,
collapse = ", "), "]\ n"))
```

第 10 章   泊松贝叶斯推断

μ 的伽马先验 $\mathrm{Ga}(R, \upsilon)$

假设有一个泊松分布 Poisson(μ) 的随机样本并有 μ 的伽马 $\mathrm{Ga}((\gamma, \upsilon))$ 先验, 用 `poisgamp` 求后验。伽马先验族是泊松观测的共轭族, 因此后验是伽马族的另一个成员 $\mathrm{Ga}(\gamma', \upsilon')$, 其中 $\gamma' = \gamma + \sum y, \upsilon' = \upsilon \mid n$。简单更新规则是 "观测和加到 γ 上" 以及 "观测次数加到 υ 上"。例如, 假设有一个泊松分布 Poisson(μ) 的 5 个观测为 3, 4, 3, 0, 1 的样本。假设所用 μ 的先验为 $\mathrm{Ga}(6,3)$, 在 R 控制台中输入下列命令:

```
y = c(3, 4, 3, 0, 1)
poisgamp(y, 6, 3)
```

`poisgamp` 在默认的情况下返回 μ 的 99% 贝叶斯可信区间。如果想要不同宽度的可信区间, 可以使用与后验伽马分布相关的 R 函数。例如, 如果想用上面的数据得到 95% 的可信区间, 输入

```
y = c(3, 4, 3, 0, 1)
results = poisgamp(y, 6, 3)
ci = quantile(results, probs = c(0.025, 0.975))
```

用 `pgamma` 函数可以检验 $H_0 : \mu \leqslant \mu_0$, $H_1 : \mu > \mu_0$。例如, 如果上例中我们假设 $\mu_0 = 3$ 且 $\alpha = 0.05$, 就输入

```
Fmu = cdf(results)
Fmu(3)
```

泊松参数 μ 的一般连续先验

假设有泊松分布 Poisson(μ) 的一个随机样本以及 μ 的连续先验, 用 `poisgcp` 求后验。假设一个泊松分布 Poisson(μ) 的样本有 5 个观测: 3, 4, 3, 0, 1。由表 D.3 中的值通过线性插值可以得到 μ 的先验密度。为找出具有该先验的 μ 的后验密度, 在 R 控制台中输入下列命令:

```
y = c(3, 4, 3, 0, 1)
mu = seq(0, 8, by = 0.001)
prior = createPrior(c(0, 2, 4, 8), c(0, 2, 2, 0))
poisgcp(y, "user", mu = mu, mu.prior = prior(mu))
```

表 D.3   在这些值之间插值得到泊松参数 μ 的连续先验分布的形状

μ	0	2	4	8
$g(\mu)$	0	2	2	0

`poisgcp` 在缺省的情况下的输出不包括后验均值和标准差。也不打印可用来求可信区间的累积分布函数。为了计算所需的分位数, 我们可以使用函数 `mean`, `sd`, `cdf` 和

quantile 对后验进行数值积分。在 R 控制台中输入下列命令得到后验累积分布函数:

```
results = poisgcp(y, "user", mu = mu, mu.prior = prior(mu))
Fmu = cdf(results)
```

用逆累积分布函数可以找出 μ 的 95% 贝叶斯可信区间, 即找出相应于概率 0.025 和 0.975 的 μ 值。在 R 控制台中输入下列命令:

```
quantile(results, probs = c(0.025, 0.975))
```

用累积分布函数可以检验零假设 $H_0 : \mu \leqslant \mu_0$, $H_1 : \mu > \mu_0$。例如, 假设 $\mu_0 = 1.8$ 而显著性水平为 $\alpha = 0.05$, 则输入

```
Fmu(1.8)
```

返回值为 0.1579979。考虑到它大于所需的显著性水平, 在该水平上我们不能拒绝零假设。

第 11 章   正态均值的贝叶斯推断

μ 的离散先验

假设有正态观测 $N(\mu, \sigma^2)$ 的一个样本向量, σ^2 已知, 并且有 μ 的离散先验, 用函数 normdp 求后验。如果 σ^2 未知, 则用观测来估计。例如, 假设 μ 在 5 个可能的值, 2, 2.5, 3, 3.5 和 4 上的离散分布已知。该先验分布如表 D.4 所示。来自 $N(\mu, 1^2)$ 随机样本 $n = 5$ 的观测为 1.52, 0.02, 3.35, 3.49, 1.82, 要找出 μ 的后验分布, 在 R 控制台中输入下列命令:

```
mu = seq(2, 4, by = 0.5)
mu.prior = c(0.1, 0.2, 0.4, 0.2, 0.1)
y = c(1.52, 0.02, 3.35, 3.49, 1.82)
normdp(y, 1, mu, mu.prior)
```

表 D.4   正态均值 μ 的离散先验分布

μ	2	2.5	3	3.5	4
$f(\mu)$	0.1	0.2	0.4	0.2	0.1

μ 的正态先验 $N(m, s^2)$

假设有正态分布 $N(\mu, \sigma^2)(\sigma^2$ 已知) 的 n 次观测的随机样本向量, 且已知 μ 的先验分布 $N(m, s^2)$, 用函数 normnp 求后验。如果没有输入观测的标准差 σ, 就利用观测估计的标准差求后验的近似值。如果正态先验没有输入, 则使用平坦先验。先验的正态族与正态观测 $N(\mu, \sigma^2)$ 共轭, 因此后验是族的另一个成员 $N[m', (s')^2]$, 其中的常量为

$$\frac{1}{(s')^2} = \frac{1}{s^2} + \frac{n}{\sigma^2}$$

和

$$m' = \frac{\frac{1}{s^2}}{\frac{1}{(s')^2}} \cdot m + \frac{\frac{n}{\sigma^2}}{\frac{1}{(s')^2}} \cdot \bar{y}。$$

例如, 假设 $N(\mu, 1^2)$ 的随机样本的 4 次观测为 $2.99, 5.56, 2.83$ 和 3.47。假设我们使用 μ 的正态先验 $N(3, 2^2)$。在 R 控制台中输入下列命令:

```
y = c(2.99, 5.56, 2.83, 3.47)
normnp(y, 3, 2, 1)
```

输出如下:

```
Known standard deviation :1
Posterior mean :   3.6705882
Posterior std.deviation :   0.4850713


Prob.Quantile
----------------
0.005  2.4211275
0.010  2.5421438
0.025  2.7198661
0.050  2.8727170
0.500  3.6705882
0.950  4.4684594
0.975  4.6213104
0.990  4.7990327
0.995  4.9200490
```

可以从输出中求后验均值和标准差。通过取适当的分位数, 对应于所需的区间尾部面积, 可以确定 (与尾部面积相等的) 可信区间。例如, 对 99% 的可信区间, 我们取概率分别为 0.005 和 0.995 的分位数。它们是 2.42 和 4.92。或者, 使用正态逆累积分布函数 **qnorm** 中的后验均值和标准差可以确定 μ 的贝叶斯可信区间。在 R 控制台中输入下列命令:

```
y = c(2.99, 5.56, 2.83, 3.47)
results = normnp(y, 3, 2, 1)
ci = quantile(results, probs = c(0.025, 0.975))
```

我们可以在正态累积分布函数 **pnorm** 中使用后验均值和标准差检验 $H_0 : \mu \leqslant \mu_0$, $H_1 : \mu > \mu_0$。例如, 如果 $H_0 : \mu_0 = 2$ 且期望的显著性水平是 $\alpha = 0.05$, 那么

```
Fmu = cdf(results)
Fmu(2)
```

或者

```
pnorm(2, mean(results), sd(results))
```

返回 2.87×10^{-4}, 由此我们将拒绝 H_0。

μ 的一般连续先验

假设有 (σ^2 已知) 正态分布 $N(\mu, \sigma^2)$ 的 n 个观测的随机样本向量, 以及包含 μ 值的向量和来自连续先验 $g(\mu)$ 的向量, 用函数 normgcp 求后验。如果标准差 σ 没有输入, 就使用由数据计算得到的估计值, 并求后验的近似值。

例如, 假设来自 $N(\mu, \sigma^2 = 1)$ 的正态随机样本的 4 次观测为 $2.99, 5.56, 2.83$ 和 3.47。假设定义在 -3 和 3 之间的三角先验为

$$g(\mu) = \begin{cases} \dfrac{1}{3} + \dfrac{\mu}{9}, & -3 \leqslant \mu \leqslant 0, \\[2mm] \dfrac{1}{3} - \dfrac{\mu}{9}, & 0 < \mu \leqslant 3。 \end{cases}$$

在 R 控制台中输入下列命令:

```
y = c(2.99, 5.56, 2.83, 3.47)
mu = seq(-3, 3, by = 0.1)
prior = createPrior(c(-3, 0, 3), c(0, 1, 0))
results = normgcp(y, 1,density="user", mu=mu, mu.prior=prior(mu))
```

normgcp 的输出中不会打印出后验均值和标准差, 也不打印用来确定 μ 的可信区间的累积分布函数的尾部面积。我们可以使用函数 cdf 对函数积分。用此函数可以求后验密度 $g(\mu|data)$ 的积分。在 R 控制台中输入下列命令:

```
Fmu = cdf(results)
curve(Fmu,from = mu[1], to = mu[length(mu)],
xlab = expression(mu[0]),
ylab=expression(Pr(mu<=mu[0])))
```

这些命令建立起一个新的函数 Fmu, 给定 x 它返回 $P_r(Y \leqslant x)$ 的值, 即累积分布函数 (cdf)。为找出 95% 可信区间 (尾部面积相等), 我们使用 quantile 函数

```
ci = quantile(results, probs = c(0.025, 0.975))
ci = round(ci, 4)
cat(paste0("Approximate 95% credible interval : [", paste(ci,
collapse = ", "), "]\n"))
```

为了检验假设 $H_0 : \mu \leqslant \mu_0$, $H_1 : \mu > \mu_0$, 可以使用均值为 μ_0 时的累积分布函数 Fmu。如果它小于选定的显著性水平, 在该水平上我们可以拒绝零假设。

利用处理数值积分的函数 mean 和 var, 通过数值计算, 可以求后验均值和方差。

$$m' = \int \mu g(\mu|\mathrm{data})\mathrm{d}\mu$$

和

$$(s')^2 = \int (\mu - m')^2 g(\mu|\text{data})\mathrm{d}\mu。$$

在 R 控制台中输入下列命令:

```
post.mean = mean(results)
post.var = var(results)
post.sd = sd(results)
```

当然, 我们可以按正态分布用这些数值计算近似的 95% 可信区间:

```
z = qnorm(0.975)
ci = post.mean + c(-1, 1) * z * post.sd
ci = round(ci, 4)
cat(paste0("Approximate 95% credible interval:  [", paste0(ci,
collapse = ", "), "]\n"))
```

第 14 章　简单线性回归的贝叶斯推断

用函数 bayes.lin.reg 求简单线性回归斜率 β 的后验分布, 如果已知简单线性回归模型的有序对 (x_i, y_i) 的随机样本

$$y_i = \alpha_0 + \beta x_i + e_i,$$

其中观测误差 e_i 为方差已知的独立 $N(0, \sigma^2)$。如果方差未知, 则通过由最小二次残差计算得到的方差估计求后验。我们采用斜率 β 和截距 $\alpha_{\bar{x}}$ 的独立先验。它们可以是平坦先验或正态先验 (对 $x = \bar{x}$ 的斜率和截距, 默认是平坦先验)。参数化产生斜率和截距的独立后验分布, 简单的更新规则为: "后验精度等于先验精度加最小二乘估计的精度" 以及 "后验均值是先验均值与最小二乘估计的加权和, 其中权重是其精度对后验精度的比值"。假设 c5 和 c6 分别为 y 和 x, 并且已知标准差 $\sigma = 2$。我们想用 $N(0, 3^2)$ 作为 β 的先验, 用 $N(30, 10^2)$ 作为 $\alpha_{\bar{x}}$ 的先验。首先生成本例所用的数据。

```
set.seed(100)
x = rnorm(100)
y = 3 * x + 22 + rnorm(100, 0, 2)
```

现在可以用 bayes.lin.reg

```
bayes.lin.reg(y, x, "n", "n", 0, 3, 30, 10, 2)
```

如果我们想求斜率的可信区间, 根据标准差是否已知或使用残差的计算值, 用 (14.9) 式或 (14.10) 式。上面的例子中, 标准差已知, 因此在 R 控制台中输入下列命令, 找出斜率的 95% 可信区间

```
results = bayes.lin.reg(y, x, "n", "n", 0, 3, 30, 10, 2)
ci = quantile(results$slope, probs = c(0.025, 0.975))
```

为找出预测的可信区间, 已知方差时使用 (14.13) 式, 或者利用残差估计方差, 使用 (14.14) 式。在上例中, 通过输入:

```
results = bayes.lin.reg(y, x, "n", "n", 0, 3, 30, 10, 2, pred.x =
c(1, 2, 3))
```

获得 $x = 1, 2, 3$ 的预测值。列表 results 包含三个附加的向量 pred.x, pred.y 和 pred.se。可以利用它们得到每组预测值的 95% 可信区间。为此, 在 R 控制台中输入下列命令:

```
z = qnorm(0.975)
ci = cbind(results$pred.y - z * results$pred.se,
results$pred.y + z * results$pred.se)
```

第 15 章　标准差的贝叶斯推断

σ^2 的 S 倍的自由度为 κ 的逆卡方先验

假设有均值 μ 已知的正态分布 $N(\mu, \sigma^2)$ 的 n 个观测的随机样本向量, 使用 nvaricp 求后验。S 倍的自由度为 κ 的逆卡方先验族是均值已知的正态观测的共轭族。后验会是该族的另一个成员, 由简单更新规则可得到其常数: "将与均值的差的平方和加入 S" 和 "将样本数量加入自由度"。例如, 假设来自 $N(\mu, \sigma^2)$ 的 5 个观测为 $206.4, 197.4, 212.7, 208.5$ 和 203.4, 其中 $\mu = 200$。我们要使用中位数等于 8 的先验。结果是 29.11 倍的自由度为 1 的逆卡方分布的先验中值等于 8。在 R 控制台中输入下列命令:

```
y = c(206.4, 197.4, 212.7, 208.5, 203.4)
results = nvaricp(y, 200, 29.11, 1)
```

注意: 打印出的图形是标准差 σ 的后验分布, 尽管我们在计算时用的是方差。

如果我们要用所得的后验分布对标准差 σ 做推断, 例如找出 σ 的尾部面积相等的 95% 贝叶斯可信区间, 在 R 控制台中输入下列命令:

```
quantile(results, probs = c(0.025, 0.975))
```

如果 $\kappa' > 2$, 用 κ 的后验均值和 S 估计 σ, 或用后验中值估计 σ。

```
post.mean = mean(results)
post.median = median(results)
```

第 16 章　稳健贝叶斯方法

假设有二项观测 $B(n, \pi)$ 且 π 的先验分布为 $Be(a_0, b_0)$ 和 $Be(a_1, b_1)$ 的混合, 用 binomixp 求后验。通常第一项概括了先验信念, 所以它在先验中占较大比例。第二项的离差较大, 允许我们的先验信念出错, 它在先验中所占比例较小。例如, 假设第一项为 $Be(10, 6)$, 第二项为 $Be(1, 1)$, 第一项占先验概率的 0.95。我们进行了 60 次试验, 观测到

$y = 15$ 次成功。为找出具有混合先验的二项比例 π 的后验分布, 在 R 控制台中输入下列命令:

```
binomixp(15, 60, c(10, 6), p = 0.95)
```

假设有方差 σ^2 已知的正态观测 $N(\mu, \sigma^2)$, 且 μ 的后验是两个正态分布 $N(m_0, s_0^2)$ 和 $N(m_1, s_1^2)$ 的混合, 用 nnormmixp 求后验。通常第一项概括了先验信念, 所以给予它较大的先验比例。第二项是回退先验, 具有较大的标准差, 它允许我们的先验信念出错, 因而它在先验中占比较小。例如, 假设在 c5 列中保存着由正态分布 $N(\mu, \sigma^2)$ 观测到的随机样本, 其中 $\sigma^2 = 0.2^2$。假设我们使用正态先验 $N(10, 0.1^2)$ 和 $N(10, 0.4^2)$ 的混合, 其中第一项的先验比例为 0.95。为找出具有混合先验的正态均值 π 的后验分布, 在 R 控制台中输入下列命令:

```
x = c(9.88, 9.78, 10.05, 10.29, 9.77)
normmixp(x, 0.2, c(10, 0.01), c(10, 1e-04), 0.95)
```

第 17 章   均值和方差未知的正态的贝叶斯推断

当正态数据的均值和方差未知, 用函数 bayes.t.test 进行贝叶斯推断。该函数也可以用于两个样本的情境。它被设计成与 t.test 尽可能一样。实际上, 它的大部分代码来自 t.test。在方差不等的假设下如果用户进行两个样本的检验, 不可能有准确的解。不过, Gibbs 抽样程序提供了一个数值解决方案。它应该既快速又稳定; 尽管如此, 因为涉及抽样计划, 在计算上还是需要几分钟。

第 18 章   多元正态均值向量的贝叶斯推断

对于方差-协方差 $\boldsymbol{\Sigma}$ 已知的一组多元正态数据, 用 mvorm 来求后验均值和方差-协方差矩阵。如果先验密度是均值向量为 $\boldsymbol{m}_0$ 方差-协方差矩阵为 $\boldsymbol{V}_0$ (其中 $\boldsymbol{\mu}$ 未知) 的多元正态, $\boldsymbol{Y}$ 是多元正态 $\mathrm{MVN}(\boldsymbol{\mu}, \boldsymbol{\Sigma})$ 且矩阵的大小为 n 的样本, 则 $\boldsymbol{\mu}$ 的后验密度是多元正态 $\mathrm{MVN}(\boldsymbol{m}_1, \boldsymbol{V}_1)$, 其中

$$\boldsymbol{V}_1 = (\boldsymbol{V}_0^{-1} + n\boldsymbol{\Sigma}^{-1})^{-1}$$

且

$$\boldsymbol{m}_1 = \boldsymbol{V}_1\boldsymbol{V}_0^{-1}\boldsymbol{m}_0 + n\boldsymbol{V}_1\boldsymbol{\Sigma}^{-1}\bar{\boldsymbol{y}}$$

如果没有指定 $\boldsymbol{\Sigma}$, 可以使用样本方差-协方差矩阵。此时后验分布是多元 t 分布, 因此对大样本而言, 唯一 (近似) 有效的是利用多元正态的结果。

我们用一些仿真数据演示函数的用法。从多元正态中抽取 50 个观测, 它们真实的均值 $\boldsymbol{\mu} = (0, 2)'$ 且方差协方差矩阵为

$$\boldsymbol{\Sigma} = \begin{pmatrix} 1 & 0.9 \\ 0.9 & 2 \end{pmatrix}$$

它需要使用 mvtnorm 包, 在安装 Bolstad 包时应该已经装过。

```
set.seed(100)
mu = c(0, 2)
Sigma = matrix(c(1, 0.9, 0.9, 1), nc = 2, byrow = TRUE)
library(mvtnorm)
Y = rmvnorm(50, mu, Sigma)
```

只要有随机数据就可以使用 mvnmvnp 函数。我们选择均值为 $m_0 = (0, 0)'$ 的多元正态先验, 方差-协方差矩阵为 $V_0 = 10^4 \times I_2$。它是以 $\mathbf{0}$ 为中心的扩散先验。

```
m0 = c(0, 0)
V0 = 10000 * diag(c(1, 1))
results = mvnmvnp(Y, m0, V0, Sigma)
```

用 mean 和 var 函数可以获得后验均值和方差-协方差矩阵。用 cdf 和 quantile 函数可以获得累积分布函数和逆累积分布函数。后面两个函数要调用 mvtnorm 包的 pmvnorm 和 qmvnorm 函数。

第 19 章　多元线性回归模型的贝叶斯推断

若从多元线性回归模型

$$y_i = \beta_0 + \beta_1 x_{i1} + \beta_2 x_{i2} + \cdots + \beta_p x_{ip} + e_i = \mathbf{x}_i \boldsymbol{\beta} + e_i,$$

获得有序对 (x_i, y_i) 的随机样本, 可用 bayes.lm 求回归系数向量 $\boldsymbol{\beta}$ 的后验分布。其中的观测误差 e_i(通常) 为已知方差的独立正态分布 $N(0, \sigma^2)$。如果 σ^2 未知, 则用残差的方差来估计它。$\boldsymbol{\beta}$ 的先验是平坦先验或多元正态先验 $\mathrm{MVN}(\boldsymbol{b}_0, \boldsymbol{V}_0)$。如果是平坦先验就没必要用函数, 因为 $\boldsymbol{\beta}$ 的后验均值等于最小二乘估计 $\boldsymbol{\beta}_{\mathrm{LS}}$, 同时也是极大似然估计。这就意味着用 R 的线性模型函数 lm 就能得到单调先验的后验均值和方差。由简单地更新 (19.5) 式和 (19.4) 式可得到使用多元正态先验 $\mathrm{MVN}(\boldsymbol{b}_0, \boldsymbol{V}_0)$ 的 $\boldsymbol{\beta}$ 的后验均值。

我们从模型

$$y_i = 10 + 3x_{1i} + x_{2i} - 5x_{3i} + \epsilon_i, \epsilon_i \sim N(0, \sigma^2 = 1), \epsilon_i \text{为独立同分布}$$

生成一些数据来说明函数的用法。

```
set.seed(100)
example.df = data.frame(x1 = rnorm(100), x2 = rnorm(100), x3 = rnorm(100))
example.df = within(example.df,{y = 10 + 3 * x1 + x2 - 5 * x3 + rnorm(100)})
```

bayes.lm 被设计为尽可能与 lm 一样。如果使用平坦先验 (默认值), bayes.lm 就调用 lm。然而, 如果指定了 $\boldsymbol{\beta}_0$ 和 $\boldsymbol{V}_0$, 它会用与简单更新规则关联的来自 lm 的估计。**注意:** 在拟合模型前, bayes.lm 会中心化每个协方差, 即用 $X_i - \bar{X}_i$ 替代 X_i。这样做能让回归更加稳定, 并修改 $\boldsymbol{\beta}_0$ 的估计。我们将使用多元正态先验, 其均值为 $\boldsymbol{b}_0 = (0, 0, 0, 0)'$, 方差-协方差矩阵为 $\boldsymbol{V}_0 = 10^4 \times \boldsymbol{I}_4$。

```
b0 = rep(0, 4)
V0 = 1e4 * diag(rep(1, 4))
fit = bayes.lm(y~ x1 + x2 + x3, data = example.df,
prior = list(b0 = b0, V0 = V0))
```

用 summary 函数可以得到修正后的回归表。

```
summary(fit)
```

此时, 对拟合目标不用 mean 和 var 函数, 因为在 lm 中没有用到它们。用符号 $ 就能得到后验均值和系数的后验方差-协方差矩阵, 即

```
b1 = fit$post.mean
V1 = fit$post.var
```

可以用这些数对 β 进行推断。

附录 E　精选习题答案

第 3 章　数据的展示与汇总

3.1　(1) 二氧化硫 (SO_2) 数据的茎叶图见图 E3.1(a)；

(2) 中位数 $Q_2 = X_{[13]} = 18$, 下四分位数 $Q_1 = X_{\left[\frac{26}{4}\right]} = \frac{X_6 + X_7}{2} = 10$, 以及上四分位数 $Q_3 = X_{\left[\frac{78}{4}\right]} = \frac{X_{19} + X_{20}}{2} = 27.5$；

(3) 二氧化硫数据的箱形图见图 E3.1(b)。

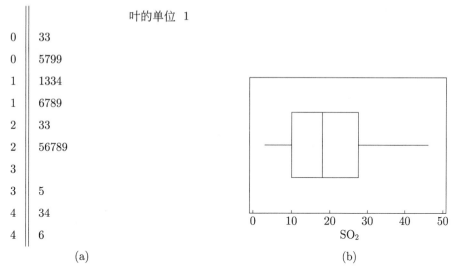

图 E3.1

3.3　(1) 距离测量数据的茎叶图见图 E3.3(a)；

(2) 中位数 $= 300.1$, 下四分位数 $Q_1 = 299.9$, 上四分位数 $Q_3 = 300.35$；

(3) 距离测量数据的箱形图见图 E3.3(b)；

(5) 距离测量数据的直方图见图 E3.3(c)；

(6) 距离测量数据的累积频率多边形见图 E3.3(d)。

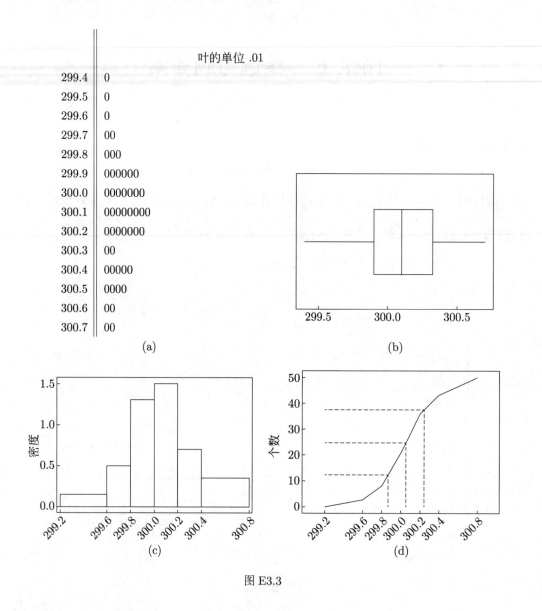

图 E3.3

3.5 (1) 流动现金储备直方图见图 E3.5(a)；

(2) 流动现金储备累积频率多边形见图 E3.5(b)；

(3) 分组均值 =1600。

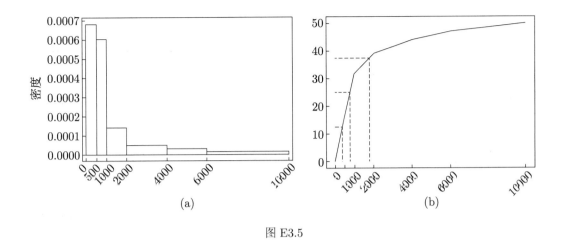

图 E3.5

3.7 (1) 身长-体重图 (振荡数据) 见图 E3.7(a)；

(2) 身长-体重对数图见图 E3.7(b)；

(3) 点 $(1.5, -1.5)$ 看起来不适合图形。它对应于观测 90。新西兰农业研究所的 Harold Henderson 博士告诉我, 对该点有两种可能的解释。记录长度时数字被调换了, 或者质量的小数点点错了。

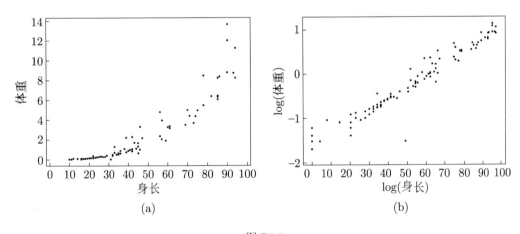

图 E3.7

第 4 章 逻辑、概率与不确定性

4.1 (1) $P(\tilde{A}) = 0.6$；(2) $P(A \cap B) = 0.2$；(3) $P(A \cup B) = 0.7$。

4.3 (1) $P(\tilde{A} \cap B) = 0.24$, $P(B) = 0.4$, 因此 $P(A \cap B) = 0.16, P(A \cap B) = P(A)P(B)$, 所以它们互相独立; (2) $P(A \cup B) = 0.4 + 0.4 - 0.16 = 0.64$。

4.5 (1) $\Omega = \{1,2,3,4,5,6\}$; (2) $A = \{2,4,6\}, P(A) = \dfrac{3}{6}$; (3) $B = \{3,6\}, P(B) = \dfrac{2}{6}$; (4) $A \cap B = \{6\}, P(A \cap B) = \dfrac{1}{6}$; (5) $P(A \cap B) = P(A) \times P(B)$, 因此它们互相独立。

4.7 (1)

$$A = \left\{ \begin{array}{cccccccccc} (1,1) & (1,3) & (1,5) & (2,2) & (2,4) & (2,6) & (3,1) & (3,3) & (3,5) & (4,2) & (4,4) \\ (4,6) & (5,1) & (5,3) & (5,5) & (6,2) & (6,4) & (6,6) \end{array} \right\},$$

$P(A) = \dfrac{18}{36}$;

(2)

$$B = \left\{ (1,2)\ (1,5)\ (2,1)\ (2,4)\ (3,3)\ (3,6)\ (4,2)\ (4,5)\ (5,1)\ (5,4)\ (6,3)\ (6,6) \right\},$$

$P(B) = \dfrac{12}{36}$;

(3) $A \cap B = \{(1,5)(2,4)(3,3)(4,2)(5,1)(6,6)\}$, $P(A \cap B) = \dfrac{6}{36}$;

(4) $P(A \cap B) = P(A)P(B)$, 它们互相独立。

4.9 设 D 是 "此人患有该病" 的事件并设 T 是 "测试结果阳性" 的事件。

$$P(D|T) = \frac{P(D \cap T)}{P(T)} = 0.0875。$$

4.11 设 A 是抽中牌 A, F 是抽中的人像牌 (J,Q,K) 或 10。

$$P(\text{"21 点"}) = P(A)P(F|A) + P(F)P(A|F),$$

(它们是得到 21 点的互斥的途径)

$$P(\text{"21 点"}) = \frac{16}{208} \times \frac{64}{207} + \frac{64}{208} \times \frac{16}{207} = 0.047566。$$

第 5 章 离散随机变量

5.1 (1) $P(1 < Y \leqslant 3) = 0.4$; (2) $\mathrm{E}[Y] = 1.6$; (3) $\mathrm{Var}[Y] = 1.44$; (4) $\mathrm{E}[W] = 6.2$; (5) $\mathrm{Var}[W] = 5.76$。

5.3 (1) 填妥的表:

y_i	$f(y_i)$	$y_i f(y_i)$	$y_i^2 f(y_i)$
0	0.0102	0.0000	0.0000
1	0.0768	0.0768	0.0768
2	0.2304	0.4608	0.9216
3	0.3456	1.0368	3.1104
4	0.2592	1.0368	4.1472
5	0.0778	0.3890	1.9450
总和	1.0000	3.0000	10.2000

① $\mathrm{E}[Y] = 3$, ② $\mathrm{Var}[Y] = 10.2 - 3^2 = 1.2$;

(2) 使用公式

① $\mathrm{E}[Y] = 5 \times 0.6 = 3$, ② $\mathrm{Var}[Y] = 5 \times 0.6 \times 0.4 = 1.2$。

5.5 (1)

结果	概率	结果	概率
RRRR	$\frac{30}{50} \times \frac{30}{50} \times \frac{30}{50} \times \frac{30}{50}$	RRRG	$\frac{30}{50} \times \frac{30}{50} \times \frac{30}{50} \times \frac{20}{50}$
RRGR	$\frac{30}{50} \times \frac{30}{50} \times \frac{20}{50} \times \frac{30}{50}$	RGRR	$\frac{30}{50} \times \frac{20}{50} \times \frac{30}{50} \times \frac{30}{50}$
GRRR	$\frac{20}{50} \times \frac{30}{50} \times \frac{30}{50} \times \frac{30}{50}$	GRRG	$\frac{20}{50} \times \frac{30}{50} \times \frac{30}{50} \times \frac{20}{50}$
GRGR	$\frac{20}{50} \times \frac{30}{50} \times \frac{20}{50} \times \frac{30}{50}$	GGRR	$\frac{20}{50} \times \frac{20}{50} \times \frac{30}{50} \times \frac{30}{50}$
RRGG	$\frac{30}{50} \times \frac{30}{50} \times \frac{20}{50} \times \frac{20}{50}$	RGGR	$\frac{30}{50} \times \frac{20}{50} \times \frac{20}{50} \times \frac{30}{50}$
RGRG	$\frac{30}{50} \times \frac{20}{50} \times \frac{30}{50} \times \frac{20}{50}$	GGGR	$\frac{20}{50} \times \frac{20}{50} \times \frac{20}{50} \times \frac{30}{50}$
GGRG	$\frac{20}{50} \times \frac{20}{50} \times \frac{30}{50} \times \frac{20}{50}$	GRGG	$\frac{20}{50} \times \frac{30}{50} \times \frac{20}{50} \times \frac{20}{50}$
RGGG	$\frac{30}{50} \times \frac{20}{50} \times \frac{20}{50} \times \frac{20}{50}$	GGGG	$\frac{20}{50} \times \frac{20}{50} \times \frac{20}{50} \times \frac{20}{50}$

绿球个数相同的结果的概率相同。

(2)

$Y = 0$	$Y = 1$	$Y = 2$	$Y = 3$	$Y = 4$
RRRR	RRRG	RRGG	RGGG	GGGG
	RRGR	RGRG	GRGG	
	RGRR	RGGR	GGRG	
	GRRR	GRRG	GGGR	
		GRGR		
		GGRR		

(3) $P(Y = y)$ 等于 "满足 $Y = y$ 的序列数" 乘以 "序列满足 $Y = y$ 的概率";

(4) $Y = y$ 的序列数是 $\binom{n}{y}$ 而有 $Y = y$ 次成功的序列的概率为 $\pi^y (1 - \pi)^{n-y}$, 在本例中 $n = 4$ 且 $\pi = \dfrac{20}{50}$。由此得到二项概率分布 $B(n, \pi)$。

5.7 (1) $P(Y = 2) = \dfrac{2^2 \mathrm{e}^{-2}}{2!} = 0.2707$;

(2) $P(Y \leqslant 2) = \dfrac{2^0 \mathrm{e}^{-2}}{0!} + \dfrac{2^1 \mathrm{e}^{-2}}{1!} + \dfrac{2^2 \mathrm{e}^{-2}}{2!} = 0.1353 + 0.2707 + 0.2707 = 0.6767$;

(3) $P(1 \leqslant Y < 4) = \dfrac{2^1 \mathrm{e}^{-2}}{1!} + \dfrac{2^2 \mathrm{e}^{-2}}{2!} + \dfrac{2^3 \mathrm{e}^{-2}}{3!} = 0.2707 + 0.2707 + 0.1804 = 0.7218$。

5.9　填妥的表

X	Y					$f(x)$
	1	2	3	4	5	
1	0.02	0.04	0.06	0.08	0.05	0.25
2	0.08	0.02	0.10	0.02	0.03	0.25
3	0.05	0.05	0.03	0.02	0.10	0.25
4	0.10	0.04	0.05	0.03	0.03	0.25
$f(y)$	0.25	0.15	0.24	0.15	0.21	

(1) 行相加得到 X 的边缘分布;

(2) 列相加得到 Y 的边缘分布;

(3) 它们不是独立随机变量。联合概率表中的项并非都等于边缘概率的乘积;

(4) $P(X=3|Y=1) = \dfrac{0.05}{0.25} = 0.2$。

第 6 章　离散随机变量的贝叶斯推断

6.1　(1) 贝叶斯全域:

$$\left\{ \begin{array}{ccccccccccc} (0,0) & (0,1) & (1,0) & (1,1) & (2,0) & (2,1) & (3,0) & (3,1) & (4,0) & (4,1) & (5,0) \\ (5,1) & (6,0) & (6,1) & (7,0) & (7,1) & (8,0) & (8,1) & (9,0) & (9,1) \end{array} \right\}$$

(2) 填妥的表

X	先验	$Y=0$	$Y=1$
0	$\dfrac{1}{10}$	$\dfrac{1}{10} \times \dfrac{9}{9}$	$\dfrac{1}{10} \times \dfrac{0}{9}$
1	$\dfrac{1}{10}$	$\dfrac{1}{10} \times \dfrac{8}{9}$	$\dfrac{1}{10} \times \dfrac{1}{9}$
2	$\dfrac{1}{10}$	$\dfrac{1}{10} \times \dfrac{7}{9}$	$\dfrac{1}{10} \times \dfrac{2}{9}$
3	$\dfrac{1}{10}$	$\dfrac{1}{10} \times \dfrac{6}{9}$	$\dfrac{1}{10} \times \dfrac{3}{9}$
4	$\dfrac{1}{10}$	$\dfrac{1}{10} \times \dfrac{5}{9}$	$\dfrac{1}{10} \times \dfrac{4}{9}$
5	$\dfrac{1}{10}$	$\dfrac{1}{10} \times \dfrac{4}{9}$	$\dfrac{1}{10} \times \dfrac{5}{9}$
6	$\dfrac{1}{10}$	$\dfrac{1}{10} \times \dfrac{3}{9}$	$\dfrac{1}{10} \times \dfrac{6}{9}$
7	$\dfrac{1}{10}$	$\dfrac{1}{10} \times \dfrac{2}{9}$	$\dfrac{1}{10} \times \dfrac{7}{9}$
8	$\dfrac{1}{10}$	$\dfrac{1}{10} \times \dfrac{1}{9}$	$\dfrac{1}{10} \times \dfrac{8}{9}$
9	$\dfrac{1}{10}$	$\dfrac{1}{10} \times \dfrac{0}{9}$	$\dfrac{1}{10} \times \dfrac{9}{9}$

简化为

X	先验	$Y=0$	$Y=1$
0	$\dfrac{1}{10}$	$\dfrac{9}{90}$	$\dfrac{0}{90}$
1	$\dfrac{1}{10}$	$\dfrac{8}{90}$	$\dfrac{1}{90}$
2	$\dfrac{1}{10}$	$\dfrac{7}{90}$	$\dfrac{2}{90}$
3	$\dfrac{1}{10}$	$\dfrac{6}{90}$	$\dfrac{3}{90}$
4	$\dfrac{1}{10}$	$\dfrac{5}{90}$	$\dfrac{4}{90}$
5	$\dfrac{1}{10}$	$\dfrac{4}{90}$	$\dfrac{5}{90}$
6	$\dfrac{1}{10}$	$\dfrac{3}{90}$	$\dfrac{6}{90}$
7	$\dfrac{1}{10}$	$\dfrac{2}{90}$	$\dfrac{7}{90}$
8	$\dfrac{1}{10}$	$\dfrac{1}{90}$	$\dfrac{8}{90}$
9	$\dfrac{1}{10}$	$\dfrac{0}{90}$	$\dfrac{9}{90}$
		$\dfrac{45}{90}$	$\dfrac{45}{90}$

(3) 列相加得到边缘分布;

(4) 缩减的贝叶斯全域为

$$\Big\{\ (0,1),\quad (1,1),\quad (2,1),\quad (3,1),\quad (4,1),\quad (5,1),\quad (6,1),\quad (7,1),\quad (8,1),\quad (9,1)\ \Big\}。$$

(5) 以缩减的贝叶斯全域的联合概率之和除以缩减的贝叶斯全域的联合概率, 得到后验概率分布;

(6) 简表为

X	先验	似然	先验 × 似然	后验
0	$\dfrac{1}{10}$	$\dfrac{0}{9}$	$\dfrac{0}{90}$	$\dfrac{0}{45}$
1	$\dfrac{1}{10}$	$\dfrac{1}{9}$	$\dfrac{1}{90}$	$\dfrac{1}{45}$
2	$\dfrac{1}{10}$	$\dfrac{2}{9}$	$\dfrac{2}{90}$	$\dfrac{2}{45}$
3	$\dfrac{1}{10}$	$\dfrac{3}{9}$	$\dfrac{3}{90}$	$\dfrac{3}{45}$
4	$\dfrac{1}{10}$	$\dfrac{4}{9}$	$\dfrac{4}{90}$	$\dfrac{4}{45}$
5	$\dfrac{1}{10}$	$\dfrac{5}{9}$	$\dfrac{5}{90}$	$\dfrac{5}{45}$
6	$\dfrac{1}{10}$	$\dfrac{6}{9}$	$\dfrac{6}{90}$	$\dfrac{6}{45}$
7	$\dfrac{1}{10}$	$\dfrac{7}{9}$	$\dfrac{7}{90}$	$\dfrac{7}{45}$
8	$\dfrac{1}{10}$	$\dfrac{8}{9}$	$\dfrac{8}{90}$	$\dfrac{8}{45}$
9	$\dfrac{1}{10}$	$\dfrac{9}{9}$	$\dfrac{9}{90}$	$\dfrac{9}{45}$
边缘 $P(Y_1=1)$			$\dfrac{45}{90}$	1

6.3 两次抽取的球合在一起, 简表为

X	先验	似然	先验 × 似然	后验
0	$\dfrac{1}{10}$	$\dfrac{0}{9} \times 1$	$\dfrac{0}{90}$	$\dfrac{0}{120}$
1	$\dfrac{1}{10}$	$\dfrac{1}{9} \times \dfrac{8}{8}$	$\dfrac{8}{720}$	$\dfrac{8}{120}$
2	$\dfrac{1}{10}$	$\dfrac{2}{9} \times \dfrac{7}{8}$	$\dfrac{14}{720}$	$\dfrac{14}{120}$
3	$\dfrac{1}{10}$	$\dfrac{3}{9} \times \dfrac{6}{8}$	$\dfrac{18}{720}$	$\dfrac{18}{120}$
4	$\dfrac{1}{10}$	$\dfrac{4}{9} \times \dfrac{5}{8}$	$\dfrac{20}{720}$	$\dfrac{20}{120}$
5	$\dfrac{1}{10}$	$\dfrac{5}{9} \times \dfrac{4}{8}$	$\dfrac{20}{720}$	$\dfrac{20}{120}$
6	$\dfrac{1}{10}$	$\dfrac{6}{9} \times \dfrac{3}{8}$	$\dfrac{18}{720}$	$\dfrac{18}{120}$
7	$\dfrac{1}{10}$	$\dfrac{7}{9} \times \dfrac{2}{8}$	$\dfrac{14}{720}$	$\dfrac{14}{120}$
8	$\dfrac{1}{10}$	$\dfrac{8}{9} \times \dfrac{1}{8}$	$\dfrac{8}{720}$	$\dfrac{8}{120}$
9	$\dfrac{1}{10}$	$\dfrac{9}{9} \times \dfrac{0}{8}$	$\dfrac{0}{720}$	$\dfrac{0}{120}$
边缘 $P(Y_1 = 1, Y_2 = 0)$			$\dfrac{120}{720}$	1

6.5 填妥的表

π	先验	似然	先验 × 似然	后验
0.2	0.0017	0.2047	0.0004	0.0022
0.4	0.0924	0.3456	0.0319	0.1965
0.6	0.4678	0.2304	0.1078	0.6633
0.8	0.4381	0.0512	0.0224	0.1380
边缘 $P(Y_2 = 2)$			0.1625	1.0000

6.7 填妥的表

μ	先验	似然	先验 × 似然	后验
1	0.2	0.1839	0.0368	0.2023
2	0.2	0.2707	0.0541	0.2976
3	0.2	0.2240	0.0448	0.2464
4	0.2	0.1465	0.0293	0.1611
5	0.2	0.0842	0.0168	0.0926
边缘 $P(Y = 2)$			0.1819	1.0000

第 7 章 连续随机变量

7.1 (1) $E[X] = \dfrac{3}{8} = 0.375$; (2) $Var[X] = \dfrac{15}{8^2 \times 9} = 0.0260417$。

7.3 均匀分布也是贝塔分布 $Be(1,1)$。

(1) $E[X] = \dfrac{1}{2} = 0.5$; (2) $Var[X] = \dfrac{1}{2^2 \times 3} = 0.08333$; (3) $P(X \leqslant 0.25) = \displaystyle\int_0^{0.25} 1 dx = 0.25$; (4) $P(0.33 < X < 0.75) = \displaystyle\int_{0.33}^{0.75} 1 dx = 0.42$。

7.5 (1) $P(0 \leqslant Z \leqslant 0.65) = 0.2422$; (2) $P(Z \geqslant 0.54) = 0.2946$; (3) $P(-0.35 \leqslant Z \leqslant 1.34) - 0.5467$。

7.7 (1) $P(Y \leqslant 130) = 0.8944$; (2) $P(Y \geqslant 135) = 0.0304$; (3) $P(114 \leqslant Y \leqslant 127) = 0.5826$。

7.9 (1) $E[Y] = \dfrac{10}{10+12} = 0.4545$; (2) $Var[Y] = \dfrac{10 \times 12}{22^2 \times 23} = 0.0107797$; (3) $P(Y > 0.5) = 0.3308$。

7.11 (1) $E[Y] = \dfrac{12}{4} = 3$; (2) $Var[Y] = \dfrac{12}{4^2} = 0.75$; (3) $P(Y \leqslant 4) = 0.873$。

第 8 章 二项比例的贝叶斯推断

8.1 (1) 二项分布 $B(n = 150, \pi)$; (2) $Be(30, 122)$。

8.3 (1) a 和 b 是 $\dfrac{a}{a+b} = 0.5$ 和 $\dfrac{ab}{(a+b)^2(a+b+1)} = 0.15^2$ 的解, $a = 5.05, b = 5.05$; (2) 其先验的等价样本大小是 11.11; (3) $Be(26.05, 52.05)$。

8.5 (1) $B(n = 116, \pi)$; (2) $Be(18, 103)$; (3) $E[\pi|y] = \dfrac{18}{18+103}$ 且 $Var[\pi|y] = \dfrac{18 \times 103}{(121)^2 \times (122)}$; (4) $N(0.149, 0.0322^2)$; (5) $(0.086, 0.212)$

8.7 (1) $B(n = 174, \pi)$; (2) $Be(11, 168)$;

(3) $E[\pi|y] = \dfrac{11}{11+168} = 0.0614$ 且 $Var[\pi|y] = \dfrac{11 \times 168}{179^2 \times 180} = 0.0003204$; (4) $N(0.061, 0.0179^2)$; (5) $(0.026, 0.097)$。

第 9 章 比例的贝叶斯推断与频率论推断的比较

9.1 (1) $B(n = 30, \pi)$; (2) $\hat{\pi}_f = \dfrac{8}{30} = 0.267$; (3) $Be(9, 23)$; (4) $\hat{\pi}_B = \dfrac{9}{32} = 0.281$。

9.3 (1) $\hat{\pi}_f = \dfrac{11}{116} = 0.095$; (2) $Be(12, 115)$; (3) $E[\pi|y] = 0.094$, $Var[\pi|y] = 0.0006684$, 贝叶斯估计 $\hat{\pi}_B = 0.094$; (4) $(0.044, 0.145)$; (5) 零假设的值 $\pi = 0.10$ 位于可信区间内, 所以在 5% 水平上它依然是可信值。

9.5 (1) $\hat{\pi}_f = \dfrac{24}{176} = 0.136$; (2) $Be(25, 162)$; (3) $E[\pi|y] = 0.134$, $Var[\pi|y] = 0.0006160$, 贝叶斯估计 $\hat{\pi}_B = 0.134$; (4) $P(\pi \geqslant 0.15) = 0.255$。 它大于显著性水平 0.05, 所以不能拒绝零假设 $H_0 : \pi \geqslant 0.15$。

第 10 章 泊松参数的贝叶斯推断

10.1 (1) 使用正均匀先验 $g(\mu) = 1$, $\mu > 0$:

①后验是 Ga(13,5), ②后验均值, 中位数和方差分别为 $\mathrm{E}[\mu|y_1, y_2, \cdots, y_5] = \dfrac{13}{5}$, 中位数 $= 2.534$, $\mathrm{Var}[\mu|y_1, y_2, \cdots, y_5] = \dfrac{13}{5^2}$;

(2) 使用杰佛瑞先验 $g(\mu) = \mu^{-\frac{1}{2}}$:

①后验是 Ga(12.5,5), ②后验均值, 中位数和方差分别为 $\mathrm{E}[\mu|y_1, y_2, \cdots, y_5] = \dfrac{12.5}{5}$, 中位数 $= 2.434$, $\mathrm{Var}[\mu|y_1, y_2, \cdots, y_5] = \dfrac{12.5}{5^2}$。

第 11 章 正态均值的贝叶斯推断

11.1 (1) 后验分布

值	991	992	993	994	995	996	997	998	999	1000
后验概率	0.0000	0.0000	0.0000	0.0000	0.0000	0.0021	0.1048	0.5548	0.3183	0.0198
值	1001	1002	1003	1004	1005	1006	1007	1008	1009	1010
后验概率	0.0001	0.0000	0.0000	0.0000	0.0000	0.0000	0.0000	0.0000	0.0000	0.0000

(2) $P(\mu < 1000) = 0.9801$.

11.3 (1) 后验精度等于 $\dfrac{1}{(s')^2} = \dfrac{1}{10^2} + \dfrac{10}{3^2} = 1.1211$, 后验方差等于 $(s')^2 = \dfrac{1}{1.1211} = 0.89197$, 后验标准差等于 $s' = \sqrt{0.89197} = 0.9444$, 后验均值等于 $m' = \dfrac{\frac{1}{10^2}}{1.1211} \times 30 + \dfrac{\frac{10}{3^2}}{1.1211} \times 36.93 = 36.87$; μ 的后验分布是 $N(36.87, 0.9444^2)$;

(2) 检验 $H_0 : \mu \leqslant 35$, $H_1 : \mu > 35$。请注意我们试图确定的是备选假设。零假设是平均产出与标准流程相比没有变化;

(3)

$$P(\mu \leqslant 0.35) = P\left(\frac{\mu - 36.87}{0.944} \leqslant \frac{35 - 36.87}{0.944}\right) = P(Z \leqslant -1.9737) = 0.024,$$

它小于显著性水平 $\alpha = 0.05\%$, 所以拒绝零假设并得出改进流程的产出大于 0.35 的结论。

11.5 (1) 后验精度等于 $\dfrac{1}{(s')^2} = \dfrac{1}{200^2} + \dfrac{4}{40^2} = 0.002525$, 后验方差等于 $(s')^2 = \dfrac{1}{0.002525} = 396.0$, 后验标准差等于 $s' = \sqrt{396.0} = 19.9$, 后验均值等于 $m' = \dfrac{\frac{1}{200^2}}{0.002525} \times$

$1000 + \dfrac{\dfrac{4}{40^2}}{0.002525} \times 970 = 970.3$, μ 的后验分布是 $N(970.3, 19.9^2)$;

　　(2) μ 的 95% 可信区间是 $(931.3, 1009.3)$;

　　(3) θ 的后验分布是 $N(1392.8, 16.6^2)$;

　　(4) θ 的 95% 可信区间是 $(1360, 1425)$。

第 12 章　均值的贝叶斯推断与频率论推断的比较

　　12.1　(1) 后验精度是 $\dfrac{1}{(s')^2} = \dfrac{1}{10^2} + \dfrac{10}{2^2} = 2.51$, 后验方差等于 $(s')^2 = \dfrac{1}{2.51} =$ 0.3984, 后验标准差等于 $s' = \sqrt{0.3984} = 0.63119$, 后验均值等于 $m' = \dfrac{\dfrac{1}{10^2}}{2.51} \times 75 + \dfrac{\dfrac{10}{2^2}}{2.51} \times$ $79.43 = 79.4124$, 后验分布是 $N(79.4124, 0.63119^2)$;

　　(2) 95% 贝叶斯可信区间是 $(78.18, 80.65)$;

　　(3) 为检验

$$H_0 : \mu \geqslant 80, \quad H_1 : \mu < 80$$

计算零假设的后验概率 $P(\mu \geqslant 80) = P\left(\dfrac{\mu - 79.4124}{0.63119} \geqslant \dfrac{80 - 79.4124}{0.63119}\right) = P(Z \geqslant 0.931) =$ 0.176, 它大于显著性水平, 所以拒绝零假设。

　　12.3　(1) 后验精度是 $\dfrac{1}{(s')^2} = \dfrac{1}{80^2} + \dfrac{25}{80^2} = 0.0040625$, 后验方差等于 $(s')^2 =$ $\dfrac{1}{0.0040625} = 246.154$, 后验标准差等于 $s' = \sqrt{246.154} = 15.69$, 后验均值等于 $m' =$ $\dfrac{\dfrac{1}{80^2}}{0.0040625} \times 325 + \dfrac{\dfrac{25}{80^2}}{0.0040625} \times 401.44 = 398.5$, 后验分布是 $N(398.5, 15.69^2)$;

　　(2) 95% 贝叶斯可信区间是 $(368, 429)$;

　　(3) 为检验

$$H_0 : \mu = 350, \quad \mu \neq 350,$$

观察到原值 (350) 落在可信区间外, 因此在 5% 显著性水平上拒绝零假设 $H_0 : \mu = 350$;

　　(4) 为检验

$$H_0 : \mu \leqslant 350, \quad \mu > 350,$$

假设零假设的后验概率 $P(\mu \leqslant 350) = P\left(\dfrac{\mu - 399}{15.69} \leqslant \dfrac{350 - 399}{15.69}\right) = P(Z \leqslant -3.12) =$ 0.0009, 它小于显著性水平, 所以拒绝零假设并得出结论: $\mu > 350$。

第 13 章　均值差的贝叶斯推断

　　13.1　(1) μ_A 的后验分布是 $N(119.4, 1.888^2)$, μ_B 的后验分布是 $N(122.7, 1.888^2)$, 它们互相独立; (2) $\mu_d = \mu_A - \mu_B$ 后验分布是 $N(-3.271, 2.671^2)$; (3) $\mu_A - \mu_B$ 的 95% 可信区间为 $(-8.506, 1.965)$; (4) 注意到零值 0 落在可信区间中。因此不能拒绝零假设。

13.3 (1) μ_1 的后验分布是 $N(14.96, 0.3778^2)$, μ_2 的后验分布是 $N(15.55, 0.3778^2)$, 它们互相独立; (2) $\mu_d = \mu_1 - \mu_2$ 后验分布是 $N(-0.5847, 0.5343^2)$; (3) $\mu_1 - \mu_2$ 的 95% 可信区间为 $(-1.632, 0.462)$; (4) 注意到零值 0 落在可信区间中. 因此不能拒绝零假设.

13.5 (1) μ_1 的后验分布是 $N(10.283, 0.816^2)$, μ_2 的后验分布是 $N(9.186, 0.756^2)$, 它们互相独立; (2) $\mu_d = \mu_1 - \mu_2$ 后验分布是 $N(1.097, 1.113^2)$; (3) $\mu_1 - \mu_2$ 的 95% 可信区间为 $(-1.08, 3.28)$; (4) 计算零假设的后验概率 $P(\mu_1 - \mu_2 \leqslant 0) = 0.162$, 它大于显著性水平, 因此不能拒绝零假设.

13.7 (1) μ_1 的后验分布是 $N(1.51999, 0.000009444^2)$; (2) μ_2 的后验分布是 $N(1.52001, 0.000009444^2)$; (3) $\mu_d = \mu_1 - \mu_2$ 后验分布是 $N(-0.00002, 0.000013^2)$; (4) μ_d 的 95% 可信区间为 $(-0.000046, 0.000006)$; (5) 观察到零值 0 落在可信区间中, 因此不能拒绝零假设.

13.9 (1) π_1 的后验分布是 $\mathrm{Be}(174, 144)$; (2) π_2 的后验分布是 $\mathrm{Be}(138, 83)$; (3) $\pi_1 - \pi_2$ 的近似后验分布是 $N(-0.080, 0.0429^2)$; (4) $\pi_1 - \pi_2$ 的 95% 可信区间为 $(-0.190, 0.031)$; (5) 观察到零值 0 落在可信区间中. 因此不能拒绝零假设, 新西兰两个年龄组的有薪就业的妇女人数占比相等.

13.11 (1) π_1 的后验分布是 $\mathrm{Be}(70, 246)$; (2) π_2 的后验分布是 $\mathrm{Be}(115, 106)$; (3) $\pi_1 - \pi_2$ 的近似后验分布是 $N(-0.299, 0.0408^2)$; (4) 计算零假设的后验概率 $P(\pi_1 - \pi_2 \geqslant 0) = P(Z \geqslant 7.31) = 0.0000$, 因此拒绝零假设并得出结论: 新西兰 22 岁前结婚的年轻妇女组的占比低于 22 岁前结婚的年长妇女组的占比.

13.13 (1) π_1 的后验分布是 $\mathrm{Be}(137, 179)$; (2) π_2 的后验分布是 $\mathrm{Be}(136, 85)$; (3) $\pi_1 - \pi_2$ 的近似后验分布是 $N(-0.182, 0.0429^2)$; (4) $\pi_1 - \pi_2$ 的 99% 可信区间为 $(-0.292, -0.071)$; (5) 计算零假设的后验概率 $P(\pi_1 - \pi_2 \geqslant 0) = P(Z \geqslant 4.238) = 0.0000$, 因此拒绝零假设并得出结论: 新西兰 25 岁前生孩子的年轻妇女组的占比低于 25 岁前生孩子的年长妇女组的占比.

13.15 (1) 同一奶牛的量测形成一对; (3) 后验精度等于 $\dfrac{1}{3^2} + \dfrac{7}{1^2} = 0.703704$, 后验方差等于 $\dfrac{1}{0.703704} = 0.142105$, 后验均值等于 $\dfrac{\frac{1}{3^2}}{0.703704} \times 0 + \dfrac{\frac{7}{1^2}}{0.703704} \times (-3.9143) = -3.89368$, μ 的后验分布是 $N(-3.89, 0.377^2)$; (4) 95% 贝叶斯可信区间为 $(-4.63, -3.15)$;

(5) 为检验
$$H_0 : \mu_d = 0, \quad H_1 : \mu_d \neq 0,$$
观察到零值 (0) 落在可信区间之外, 因此拒绝零假设.

第 14 章 简单线性回归的贝叶斯推断

14.1 (1) 和 (3) 心率-耗氧散点图与最小二乘直线见图 E14.1;

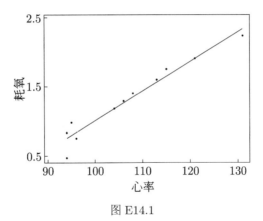

图 E14.1

(2) 最小二乘斜率 $B = \dfrac{145.610 - 107 \times 1.30727}{11584.1 - 107^2} = 0.0426514$, 最小二乘 y 截距等于 $A_0 = 1.30727 - 0.0426514 \times 107 = -3.25643$;

(4) 最小二乘直线的估计方差可以通过取残差平方和并除以 $n-2$ 得到, 它等于 $\hat{\sigma}^2 = 0.1303^2$;

(5) β 的似然与 $N\left(B, \dfrac{\sigma^2}{\mathrm{SS}_x}\right)$ 成正比, 其中 B 是最小二乘斜率而 $\mathrm{SS}_x = n(\overline{x^2} - \bar{x}^2) = 1486, \sigma^2 = 0.13^2$, β 的先验是 $N(0, 1^2)$, 后验精度为 $\dfrac{1}{(s')^2} = \dfrac{1}{1^2} + \dfrac{\mathrm{SS}_x}{0.13^2} = 87930$, 后验方差为 $(s')^2 = \dfrac{1}{87930} = 0.000011373$, 而后验均值为 $m' = \dfrac{\frac{1}{1^2}}{87930} \times 0 + \dfrac{\frac{\mathrm{SS}_x}{0.13^2}}{87930} \times 0.0436514 = 0.0426509$, β 的后验分布为 $N(0.0426, 0.00337^2)$;

(6) β 的 95% 可信区间为 (0.036, 0.049);

(7) 观察到原值 0 落在可信区间之外, 因此拒绝零假设。

14.3 (1) 和 (3) 速度-里程散点图与最小二乘直线见图 E14.3;

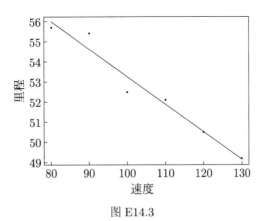

图 E14.3

(2) 最小二乘斜率 $B = \dfrac{5479.83 - 105 \times 52.5667}{11316.7 - 105^2} = -0.136000$, 最小二乘 y 截距等于 $A_0 = 52.5667 - (-0.136000) \times 105 = 66.8467$; (4) 通过取残差平方和并除以 $n-2$ 可以

得到最小二乘直线的估计方差, 它等于 $\hat{\sigma}^2 = 0.571256^2$;

(5) β 的似然与 $N\left(B, \dfrac{\sigma^2}{\mathrm{SS}_x}\right)$ 成正比, 其中 B 是最小二乘斜率而 $\mathrm{SS}_x = n(\bar{x^2} - \bar{x}^2) = 1750, \sigma^2 = 0.57^2, \beta$ 的先验是 $N(0, 1^2)$, 后验精度为 $\dfrac{1}{(s')^2} = \dfrac{1}{1^2} + \dfrac{\mathrm{SS}_x}{0.57^2} = 5387.27$, 后验方差为 $(s')^2 = \dfrac{1}{5387.27} = 0.000185623$, 而后验均值为 $m' = \dfrac{\frac{1}{1^2}}{5387.27} \times 0 + \dfrac{\frac{\mathrm{SS}_x}{0.57^2}}{5387.27} \times (-0.136000) = -0.135975$, β 的后验分布为 $N(-0.136, 0.0136^2)$; (6) β 的 95% 可信区间为 $(-0.163, -0.109)$;

(7) 计算零假设的后验概率 $P(\beta \geqslant 0) = P(Z \geqslant 9.98) = 0.0000$, 它小于显著性水平, 因此拒绝零假设并得出结论: $\beta < 0$。

14.5 (1) 和 (3) 纤维长度-强度散点图与最小二乘直线见图 E14.5;

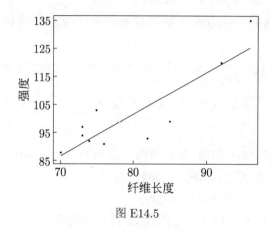

图 E14.5

(2) 最小二乘斜率 $B = \dfrac{8159.3 - 79.6 \times 101.2}{6406.4 - 79.6^2} = 1.47751$, 最小二乘 y 的截距等于 $A_0 = 101.2 - 1.47751 \times 79.6 = -16.4095$; (4) 通过取残差平方和并除以 $n-2$ 可以获得最小二乘直线的估计方差, 它等于 $\hat{\sigma}^2 = 7.667^2$; (5) β 的似然与 $N\left(B, \dfrac{\sigma^2}{\mathrm{SS}_x}\right)$ 成正比, 其中 B 是最小二乘斜率而 $\mathrm{SS}_x = n(\bar{x^2} - \bar{x}^2) = 702.400, \sigma^2 = 7.7^2, \beta$ 的先验是 $N(0, 10^2)$, 后验精度为 $\dfrac{1}{(s')^2} = \dfrac{1}{10^2} + \dfrac{\mathrm{SS}_x}{7.7^2} = 11.8569$, 后验方差为 $(s')^2 = \dfrac{1}{11.8569} = 0.0843394$, 而后验均值为 $m' = \dfrac{\frac{1}{10^2}}{11.8569} \times 0 + \dfrac{\frac{\mathrm{SS}_x}{7.7^2}}{11.8569} \times 1.47751 = 1.47626$, β 的后验分布为 $N(1.48, 0.29^2)$;

(6) β 的 95% 可信区间为 $(0.91, 2.05)$;

(7) 为检验假设

$$H_0: \beta \leqslant 0, \quad H_1: \beta > 0,$$

计算零假设的后验概率 $P(\beta \geqslant 0) = P\left(\dfrac{\beta - 1.48}{0.29} \leqslant \dfrac{0 - 1.48}{0.29}\right) = P(Z \leqslant -5.08) =$

0.0000, 它小于显著性水平, 因此拒绝零假设并得出结论: $\beta > 0$; (8) 长度 $x_{11} = 90$ 的一根纤维的观测 y_{11} 的预测分布是 $N(116.553, 8.622^2)$; (9) 预测的 95% 可信区间是 $116.553 \pm 1.96 \times 8.622 = (99.654, 133.452)$。

14.7 (1) 象鼻虫感染率-黑麦草数的散点图见图 E14.7(a), 黑麦被内部寄生菌感染, 看起来没有线性关系, 而且黑麦草数在感染率为 10 处下沉;

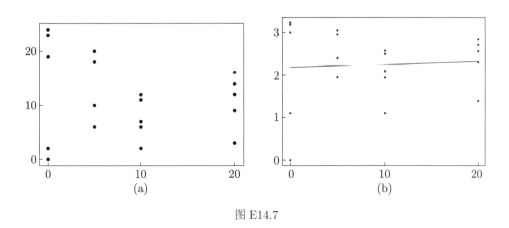

图 E14.7

(3) 最小二乘斜率 $B = \dfrac{19.9517 - 8.75 \times 2.23694}{131.250 - 8.75^2} = 0.00691966$, 最小二乘 y 的截距等于 $A_0 = 2.23694 - 0.00691966 \times 8.75 = 2.17640$(见图 E14.7(b))。(4) $\hat{\sigma}^2 = 0.850111^2$;

(5) β 的似然与 $N\left(B, \dfrac{\sigma^2}{\mathrm{SS}_x}\right)$ 成正比, 其中 B 是最小二乘斜率而 $\mathrm{SS}_x = n(\overline{x^2} - \bar{x}^2) = 1093.75, \sigma^2 = 0.850111^2$; β 的先验是 $N(0, 1^2)$, 后验精度为 $\dfrac{1}{(s')^2} = \dfrac{1}{1^2} + \dfrac{\mathrm{SS}_x}{0.850111^2} = 1514.45$, 后验方差为 $(s')^2 = \dfrac{1}{1514.45} = 0.000660307$, 后验均值为 $m' = \dfrac{\frac{1}{1^2}}{1514.45} \times 0 + \dfrac{\frac{\mathrm{SS}_x}{0.850111^2}}{1514.45} \times 0.00691966 = 0.00691509$, β 的后验分布为 $N(0.0069, 0.0257^2)$。

14.9 (1) 为找出 $\beta_1 - \beta_2$ 的后验分布, 取后验均值的差, 并把后验方差相加, 因为它们互相独立, $\beta_1 - \beta_2$ 的后验分布是 $N(1.012, 0.032^2)$; (2) $\beta_1 - \beta_2$ 的 95% 可信区间为 $(0.948, 1.075)$; (3) 计算零假设的后验概率 $P(\beta_1 - \beta_2 \leqslant 0) = P(Z \leqslant -31) = 0.0000$, 它小于显著性水平, 因此拒绝零假设并得出结论: $\beta_1 - \beta_2 > 0$。这意味着受内部寄生菌感染的黑麦草对象鼻虫有一定的防备。

第 15 章 标准差的贝叶斯推断

15.1 (1) 方差 σ^2 的似然函数的形状为

$$f(y_1, y_2, \cdots, y_n | \sigma^2) \propto (\sigma^2)^{-\frac{n}{2}} \mathrm{e}^{-\frac{\sum (y_i - \mu)^2}{2\sigma^2}} \propto (\sigma^2)^{-\frac{10}{2}} \mathrm{e}^{-\frac{1428}{2\sigma^2}};$$

(2) 方差的先验分布是正均匀分布 $g(\sigma^2) = 1$, $\sigma^2 > 1$ (不合适的先验可能表示为 S 倍的自由度为 -2 的逆卡方分布, 这里 $S = 0$), 通过换元可以获得标准差 σ 的先验分布的形状, 它是

$$g_\sigma(\sigma) \propto g_{\sigma^2}(\sigma^2)\sigma \propto \sigma;$$

(3) 方差的后验分布是 1428 倍的自由度为 8 的逆卡方, 其公式为

$$g_{\sigma^2}(\sigma^2|y_1, y_2, \cdots, y_{10}) = \frac{1428^{\frac{8}{2}}}{2^{\frac{8}{2}}\Gamma\left(\frac{8}{2}\right)} \cdot \frac{1}{(\sigma^2)^{\frac{8}{2}+1}} e^{-\frac{1428}{2\sigma^2}};$$

(4) 使用换元公式可以得到标准差的后验分布, 其形状为

$$g_\sigma(\sigma|y_1, y_2, \cdots, y_{10}) = \frac{1428^{\frac{8}{2}}}{2^{\frac{8}{2}}\Gamma\left(\frac{8}{2}\right)} \cdot \frac{1}{(\sigma)^{8+1}} e^{-\frac{1428}{2\sigma^2}};$$

(5) 标准差的 95% 可信区间为 $\left(\sqrt{\dfrac{1428}{17.5345}}, \sqrt{\dfrac{1428}{2.17997}}\right) = (9.024, 25.596)$;

(6) 为检验假设 $H_0 : \sigma \leqslant 8$, $H_1 : \sigma > 8$, 计算零假设的后验概率

$$P(\sigma \leqslant 8) = P\left(W \geqslant \frac{1428}{8^2}\right) = P(W \geqslant 22.3125),$$

其中 W 是自由度为 8 的卡方分布, 从表 B.5 中可见, 它位于 0.005 和 0.001 的上尾值之间, 使用 Minitab 求出零假设的准确概率是 0.0044, 因此拒绝零假设并得出结论: 在 5% 的显著水平上 $\sigma > 8$。

15.3 (1) 方差 σ^2 的似然函数的形状为

$$f(y_1, y_2, \cdots, y_n|\sigma^2) \propto (\sigma^2)^{-\frac{n}{2}} e^{-\frac{\sum(y_i-\mu)^2}{2\sigma^2}} \propto (\sigma^2)^{-\frac{10}{2}} e^{-\frac{9.4714}{2\sigma^2}};$$

(2) 方差的先验分布是杰佛瑞先验 $g(\sigma^2) = (\sigma^2)^{-1}$, $\sigma^2 > 1$ (不合适的先验可以表示为 S 倍的自由度为 0 的逆卡方分布, 这里 $S = 0$)。通过换元可以得到标准差 σ 的先验分布的形状, 它是

$$g_\sigma(\sigma) \propto g_{\sigma^2}(\sigma^2)\sigma \propto \sigma^{-1};$$

(3) 方差的后验分布是 9.4714 倍的自由度为 10 的逆卡方, 其公式为

$$g_{\sigma^2}(\sigma^2|y_1, y_2, \cdots, y_{10}) = \frac{9.4714^{\frac{10}{2}}}{2^{\frac{10}{2}}\Gamma\left(\frac{10}{2}\right)} \cdot \frac{1}{(\sigma^2)^{\frac{10}{2}+1}} e^{-\frac{9.4714}{2\sigma^2}};$$

(4) 使用换元公式可以得到标准差的后验分布, 其形状为

$$g_\sigma(\sigma|y_1, y_2, \cdots, y_{10}) = \frac{9.4714^{\frac{10}{2}}}{2^{\frac{10}{2}}\Gamma\left(\frac{10}{2}\right)} \cdot \frac{1}{(\sigma)^{10+1}} e^{-\frac{9.4714}{2\sigma^2}};$$

(5) 标准差的 95% 贝叶斯可信区间为 $\left(\sqrt{\dfrac{9.4714}{20.483}}, \sqrt{\dfrac{9.4714}{3.247}}\right) = (0.680, 1.708)$;

(6) 为检验假设 $H_0 : \sigma \leqslant 1.0$, $H_1 : \sigma > 1.0$, 计算零假设的后验概率

$$P(\sigma \leqslant 1.0) = P\left(W \geqslant \dfrac{9.4714}{1^2}\right) = P(W \geqslant 9.4714),$$

其中 W 是自由度为 10 的卡方分布, 从表 B.5 中可见, 它位于 0.50 和 0.10 的上尾值之间 (使用 Minitab 算出零假设的准确概率是 0.4480), 因此我们拒绝零假设并得出结论: 在 5% 的显著水平上 $\sigma > 1.0$。

15.5 (1) 方差 σ^2 的似然函数的形状为

$$f(y_1, y_2, \cdots, y_n | \sigma^2) \propto (\sigma^2)^{-\frac{n}{2}} \mathrm{e}^{-\frac{\sum (y_i - \mu)^2}{2\sigma^2}} \propto (\sigma^2)^{-\frac{5}{2}} \mathrm{e}^{-\frac{26.119}{2\sigma^2}};$$

(2) 先验分布是 S 倍的自由度为 1 的逆卡方分布, 其中 $S = 0.4549 \times 4^2 = 7.278$, 其公式为

$$g_{\sigma^2}(\sigma^2) = \dfrac{7.278^{\frac{1}{2}}}{2^{\frac{1}{2}} \Gamma\left(\frac{1}{2}\right)} \cdot \dfrac{1}{(\sigma^2)^{\frac{1}{2}+1}} \mathrm{e}^{-\frac{7.278}{2\sigma^2}};$$

(3) 使用换元公式可以得到标准差的后验分布

$$g_\sigma(\sigma) \propto g_{\sigma^2}(\sigma^2)\sigma \propto \dfrac{1}{(\sigma)^2} \mathrm{e}^{-\frac{7.278}{2\sigma^2}}。$$

(4) 方差的后验分布是 33.40 倍的自由度为 6 的逆卡方, 其公式为

$$g_{\sigma^2}(\sigma^2 | y_1, y_2, \cdots, y_5) = \dfrac{33.40^{\frac{6}{2}}}{2^{\frac{6}{2}} \Gamma\left(\frac{6}{2}\right)} \cdot \dfrac{1}{(\sigma^2)^{\frac{6}{2}+1}} \mathrm{e}^{-\frac{33.40}{2\sigma^2}};$$

(5) 用换元公式可以算出标准差的后验分布, 其形状为

$$g_\sigma(\sigma | y_1, y_2, \cdots, y_5) \propto g_{\sigma^2}(\sigma^2 | y_1, y_2, \cdots, y_5)\sigma \propto \dfrac{1}{(\sigma^2)^{\frac{5}{2}+1}} \mathrm{e}^{-\frac{33.40}{2\sigma^2}};$$

(6) 标准差的 95% 贝叶斯可信区间为 $\left(\sqrt{\dfrac{33.40}{14.449}}, \sqrt{\dfrac{33.40}{1.237}}\right) = (1.520, 5.195)$;

(7) 为检验假设 $H_0 : \sigma \leqslant 5$, $H_1 : \sigma > 5$, 计算零假设的后验概率

$$P(\sigma \leqslant 5) = P\left(W \geqslant \dfrac{33.40}{5^2}\right) = P(W \geqslant 1.336),$$

其中 W 是自由度为 6 的卡方分布, 从表 B.5 中可见, 它位于 0.975 和 0.95 的上尾值之间 (用 Minitab 算出零假设的准确概率是 0.9696), 因此我们接受零假设并得出结论: 在 5% 的显著水平上 $\sigma \leqslant 5$。

第 16 章   稳健贝叶斯方法

16.1   (1) 后验 $g_0(\pi|y=10)$ 是 $\text{Be}(7+10, 13+190)$; (2) 后验 $g_1(\pi|y=10)$ 是 $\text{Be}(1+10, 1+190)$; (3) 后验概率 $P(I=0|y=10) = 0.163$; (4) 边缘后验 $g(\pi|y=10) = 0.163 \times g_0(\pi|y=10) + 0.837 \times g_1(\pi|y=10)$, 它是两个 β 后验的混合, 其比例是 I 的后验概率。

16.3   (1) 后验 $g_0(\mu|y_1, y_2, \cdots, y_6)$ 是 $N(1.10061, 0.000898^2)$; (2) 后验 $g_1(\mu|y_1, y_2, \cdots, y_6)$ 是 $N(1.10302, 0.002^2)$; (3) 后验概率 $P(I=0|y_1, y_2, \cdots, y_6) = 0.972$; (4) 边缘后验 $g(\mu|y_1, y_2, \cdots, y_6) = 0.972 \times g_0(\mu|y_1, y_2, \cdots, y_6) + 0.028 \times g_1(\mu|y_1, y_2, \cdots, y_6)$, 它是两个正态后验的混合, 其比例是 I 的后验概率。

参 考 文 献

K. M. Abadir and J. R. Magnus. Matrix Algebra[M]. Cambridge: Cambridge University Press, 2005.

G. Barker and R. McGhie. The biology of introduced slugs (Pulmonata) in New Zealand: Introduction and notes on limax maximus[C]. New Zealand Entomologist, 8:106–111, 1984.

T. Bayes. An essay towards solving a problem in the doctrine of chances[J]. Philosophical Transactions of the Royal Society, 53:370–418, 1763.

R. L. Bennett, J. M. Curran, N. D. Kim, S. A. Coulson, and A. W. N. Newton. Spatial variation of refractive index in a pane of float glass[J]. Science and Justice, 43(2):71–76, 2003.

D. Berry. Statistics: A Bayesian Perspective[M]. Belmont, CA: Duxbury, 1996.

W. M. Bolstad. Understanding Computational Bayesian Statistics[M]. New York, NY: John Wiley & Sons, 2010.

W. M. Bolstad, L. A. Hunt, and J. L. McWhirter. Sex, drugs, and rock & roll survey in a first-year service course in statistics[J]. The American Statistician, 55:145–149, 2001.

J. M. Curran. Introduction to Data Analysis with R for Forensic Scientists[M]. Boca Raton, FL: CRC Press, 2010.

B. de Finetti. Theory of Probability, Volume 1 and Volume 2[M]. New York, NY: John Wiley & Sons, 1991.

M. H. DeGroot. Optimal Statistical Decisions[M]. New York, NY: McGraw-Hill, 1970.

D. M Fergusson, J. M. Boden, and L. J. Horwood. Circumcision status and risk of sexually transmitted infection in young adult males: an analysis of a longitudinal birth cohort[J]. Pediatrics, 118:1971–1977, 2006.

R. A. Fisher. The fiducial argument in statistical inference[J]. Annals of Eugenics, 8:391–398, 1935.

A. Gelman. Prior distributions for variance parameters in hierarchical models[J]. Bayesian Analysis, 1(3):515–533, 2006.

A. Gelman, J. B. Carlin, H. S. Stern, and D. B. Rubin. Bayesian Data Analysis[M]. 2nd edition. London: Chapman and Hall, 2003.

S. Geman and D. Geman. Stochastic relaxation, Gibbs distributions, and the Bayesian restoration of images[J]. IEEE Transactions on Pattern Analysis and Machine Intelligence, 6(6):721–741, 1984.

D. A. Harville. Matrix Algebra from a Statistician's Perspective[M]. New York, NY: Springer-Verlag, 1997.

W. K. Hastings. Monte Carlo sampling methods using Markov chains and their applications[J]. Biometrika, 57(1):97–109, 1970.

P. G. Hoel. Introduction to Mathematical Statistics[M]. 5th edition. New York: John Wiley & Sons, 1984.

E. T. Jaynes and G. L. Bretthorst (Editor). Probability Theory: The Logic of Science[M]. Cambridge: Cambridge University Press, 2003.

H. Jeffreys. Theory of Probability[M]. Oxford: Oxford University Press, 1961.

N. Johnson, S. Kotz, and N. Balakrishnan. Continuous Univariate Distributions, Volume 1[M]. New York, NY: John Wiley & Sons, 1970.

K. Johnstone, S. Baxendine, A. Dharmalingam, S. Hillcoat-Nallétamby, I. Pool, and N. Paki Paki. Fertility and family surveys in countries of the ECE region: Standard Country Report[R]: New Zealand, 2001.

P. Lee. Bayesian Statistics: An Introduction[M]. London: Edward Arnold, 1989.

A. Marsault, I. Poole, A. Dharmalingam, S. Hillcoat-Nallétamby, K. Johnstone, C. Smith, and M. George. Technical and methodological report: New Zealand women: Family, employment and education survey[R]. 1997.

G. McBride, D. Till, T. Ryan, A. Ball, G. Lewis, S. Palmer, and P. Weinstein. Freshwater microbiology research programme pathogen occurrence and human risk assessment analysis, 2002.

L. M. McLeay, V. R. Carruthers, and P. G. Neil. Use of a breath test to determine the fate of swallowed fluids in cattle[J]. American Journal of Veterinary Research, 58:1314–1319, 1997.

N. Metropolis, A. W. Rosenbluth, M. N. Rosenbluth, A. H. Teller, and E. Teller. Equations of state calculations by fast computing machines[J]. Journal of Chemical Physics, 21(6):1087–1092, 1953.

A. M. Mood, F. A. Graybill, and D. C. Boes. Introduction to the Theory of Statistics[M]. New York, NY: McGraw-Hill, 1974.

R. M. Neal. Technical Report 97222: Markov chain Monte Carlo methods based on "slicing" the density function[R]. Department of Statistics, University of Toronto, 1997.

R. M. Neal. Slice sampling[J]. Annals of Statistics, 31(3):705–767, 2003.

A. O'Hagan. Kendall's Advanced Theory of Statistics, Volume 2B, Bayesian Inference[M]. London: Edward Arnold, 1994.

A. O'Hagan and J. J. Forster. Kendall's Advanced Theory of Statistics, Volume 2B: Bayesian Inference[M]. 2nd edition. London: Edward Arnold, 2004.

F. Petchey. Radiocarbon dating fish bone from the Houhora archeological site, New Zealand[J]. Archeology Oceania, 35:104–115, 2000.

F. Petchey and T. Higham. Bone diagenesis and radiocarbon dating of fish bones at the Shag River mouth site, New Zealand[J]. Journal of Archeological Science, 27:135–150, 2000.

S. J. Press. Bayesian Statistics: Principles, Models, and Applications[M]. New York, NY: John Wiley & Sons, 1989.

J. Sherman and W. J. Morrison. Adjustment of an inverse matrix corresponding to changes in the elements of a given column or a given row of the original matrix (abstract)[J]. Annals of Mathematical Statistics, 20:621, 1949.

J. Sherman and W. J. Morrison. Adjustment of an inverse matrix corresponding to a change in one element of a given matrix[J]. Annals of Mathematical Statistics, 21:124–127, 1950.

S. M. Stigler. Do robust estimators work with real data?[J]. The Annals of Statistics, 5:1055–1098, 1977.

M. Stuiver, P. J. Reimer, and S. Braziunas. High precision radiocarbon age calibration for terrestial and marine samples[J]. Radiocarbon, 40:1127–1151, 1998.

E. Thorp. Beat the Dealer[M]. 1st edition. New York, NY: Blaisdell Publishing Company, 1962.

J. von Neumann. Various techniques used in connection with random digits[J]. Monte Carlo Methods: National Bureau of Standards Applied Mathematics Series, 12:36–38, 1951.

A. Wald. Statistical Decision Functions[M]. New York, NY: John Wiley & Sons, 1950.

B. L. Welch. The significance of the difference between two means when the population variances are unequal[J]. Biometrika, 29:350–362, 1938.

C. J. Wild and G. A. F. Seber. Chance Encounters[M]. New York, NY: John Wiley & Sons, 1999.

索　引